潘知常生命美学系列

潘知常 著

美学导论

江苏凤凰文艺出版社

图书在版编目(CIP)数据

美学导论：审美活动的本体论内涵及其现代阐释 / 潘知常著. —南京：江苏凤凰文艺出版社，2023.2
ISBN 978-7-5594-5644-1

Ⅰ.①美… Ⅱ.①潘… Ⅲ.①生命—美学—研究—中国 Ⅳ.①B83-092

中国版本图书馆 CIP 数据核字(2022)第 189275 号

美学导论

潘知常 著

出 版 人	张在健
责任编辑	孙金荣
责任印制	刘 巍
出版发行	江苏凤凰文艺出版社
	南京市中央路 165 号，邮编：210009
网 址	http://www.jswenyi.com
印 刷	南京新洲印刷有限公司
开 本	890 毫米×1240 毫米 1/32
印 张	18.25
字 数	520 千字
版 次	2023 年 2 月第 1 版
印 次	2023 年 2 月第 1 次印刷
书 号	ISBN 978-7-5594-5644-1
定 价	98.00 元

江苏凤凰文艺版图书凡印刷、装订错误，可向出版社调换，联系电话 025-83280257

潘知常

南京大学教授、博士生导师，南京大学美学与文化传播研究中心主任；长期在澳门任教，陆续担任澳门电影电视传媒大学筹备委员会专职委员、执行主任，澳门科技大学人文艺术学院创院副院长（主持工作）、特聘教授、博导。担任民盟中央委员并江苏省民盟常委、全国青联中央委员并河南省青联常委、中国华夏文化促进会顾问、国际炎黄文化研究会副会长、全国青年美学研究会创会副会长、澳门国际电影节秘书长、澳门国际电视节秘书长、中国首届国际微电影节秘书长、澳门比较文化与美学学会创会会长等。1992 年获政府特殊津贴，1993 年任教授。今日头条频道根据 6.5 亿电脑用户调查"全国关注度最高的红学家"，排名第四；在喜马拉雅讲授《红楼梦》，播放量逾 900 万；长期从事战略咨询策划工作，是"企业顾问、政府高参、媒体军师"。2007 年提出"塔西佗陷阱"，目前网上搜索为 290 万条，成为被公认的政治学、传播学定律。1985 年首倡"生命美学"，目前网上搜索为 3280 万条，成为改革开放新时期第一个"崛起的美学新学派"，在美学界影响广泛。出版学术专著《走向生命美学——后美学时代的美学建构》《信仰建构中的审美救赎》等 30 余部，主编"中国当代美学前沿丛书""西方生命美学经典名著导读丛书""生命美学研究丛书"，并曾获江苏省哲学社会科学优秀成果一等奖等 18 项奖励。

总　序

加塞尔在《什么是哲学》中说过:"在历史的每一刻中都总是并存着三种世代——年轻的一代、成长的一代、年老的一代。也就是说,每一个'今天'实际都包含着三个不同的'今天',要看这是二十来岁的今天、四十来岁的今天,还是六十来岁的今天。"

三十六年前,1985年,我在无疑是属于"二十来岁的今天",提出了生命美学。

当然,提出者太年轻、提出的年代也年轻,再加上提出的美学新说也同样年轻,因此,后来的三十六年并非一帆风顺。更不要说,还被李泽厚先生公开批评过六次。甚至,在他迄今为止所写的最后一篇美学文章——那篇被李先生自称为美学领域的封笔之作的《作为补充的杂记》中,还是没有放过生命美学,在被他公开提到的为实践美学所拒绝的三种美学学说中,就包括了生命美学。不过,我却至今不悔!

幸而,从"二十来岁的今天"、"四十来岁的今天"走到"六十来岁的今天",生命美学已经不再需要任何的辩护,因为时间已经做出了最为公正的裁决。三十六年之后,生命美学尚在!这"尚在",就已经说明了一切的一切。更不要说,"六十来岁的今天",已经不再是"二十来岁的今天"。但是,生命美学却仍旧还是生命美学,"六十来岁的今天"的我之所见竟然仍旧是"二十来岁的今天"的我之所见。

在这方面,读者所看到的"潘知常生命美学系列"或许也是一个例证。从"二十来岁的今天"、"四十来岁的今天"走到"六十来岁的今天",其中,第一辑选入的是我的处女作,1985年完成的《美的冲突——中华民族三百年来的美学追求》(与我后来出版的《独上高楼：王国维》一书合并)，完成于1987年岁末的《众妙之门——中国美感心态的深层结构》，以及完成于1989年岁末的生命美学的奠基之作《生命美学》，还有我1995年出版的《反美学——在阐释中理解当代审美文化》、1997年出版的《诗与思的对话——审美活动的本体论内涵及其现代阐释》(现易名为《美学导论——审美活动的本体论内涵及其现代阐释》)、1998年出版的《美学的边缘——在阐释中理解当代审美观念》、2012年出版的《没有美万万不能——美学导论》(现易名为《美学课》)，同时，又列入了我的一部新著：《潘知常美学随笔》。在编选的过程中，尽管都程度不同地做了一些必要的增补(都在相关的地方做了详细的说明)，其中的共同之处，则是对于昔日的观点，我没有做任何修改，全部一仍其旧。至于我的另外一些生命美学著作，例如《中国美学精神》(江苏人民出版社1993年版)、《生命美学论稿》(郑州大学出版社2000年版)、《中西比较美学论稿》(百花洲文艺出版社2000年版)、《我爱故我在——生命美学的现代视界》(江西人民出版社2009年版)、《头顶的星空——美学与终极关怀》(广西师范大学出版社2016年版)、《信仰建构中的审美救赎》(人民出版社2019年版)、《走向生命美学——后美学时代的美学建构》(中国社会科学出版社2021年版)、《生命美学引论》(百花洲文艺出版社2021年版)等，则因为与其他出版社签订的版权尚未到期等原因，只能放到第二辑中了。不过，可以预期的是，即便是在未来的编选中，对于自己的观点，应该也毋需做任何的修改。

生命美学，区别于文学艺术的美学，可以称之为超越文学艺术的美学；区别于艺术哲学，可以称之为审美哲学；也区别于传统的"小美学"，可以称之为"大美学"。它不是学院美学，而是世界美学(康德)；它也不是"作为学科的美学"，而是"作为问题的美学"。也因此，其实生命美学并不难理解。只要注意到西方的生命美学是出现在近代，而中国传统美学则始终就是生命美学，就不难发现：它是中国古代儒道禅诸家的美学探索的继承，也是中国近现代王国维、宗白华、方东美的美学探索的继承，还是西方从"康德以后"到"尼采以后"的叔本华、尼采、海德格尔、马尔库塞、阿多诺等的美学探索的继承。生命美学,在西方是"上帝退场"之后的产物,在中国则是"无神的信仰"背景下的产物,也是审美与艺术被置身于"以审美促信仰"以及阻击作为元问题的虚无主义这样一个舞台中心之后的产物。外在于生命的第一推动力(神性、理性作为救世主)既然并不可信,而且既然"从来就没有救世主",既然神性已经退回教堂,理性已经退回殿堂,生命自身的"块然自生"也就合乎逻辑地成为了亟待直面的问题。随之而来的,必然是生命美学的出场。因为,借助揭示审美活动的奥秘去揭示生命的奥秘,不论在西方的从康德、尼采起步的生命美学,还是在中国的传统美学,都早已是一个公开的秘密。

换言之,美学的追问方式有三:神性的、理性的和生命(感性)的,所谓以"神性"为视界、以"理性"为视界以及以"生命"为视界。在生命美学看来,以"神性"为视界的美学已经终结了,以"理性"为视界的美学也已经终结了,以"生命"为视界的美学则刚刚开始。过去是在"神性"和"理性"之内来追问审美与艺术,神学目的与"至善目的"是理所当然的终点,神学道德与道德神学,以及宗教神学的目的论与理性主义的目的论则是其中的思想轨迹。美学家的工作,就是先以此为基础去解释生存的合理性,然后,再把审美与艺术作为这种解释的附庸,并且规范在神性世界、理性世界内,并赋予以不无屈辱的合法地位。理所当然的,是神学本质或者伦理本质牢牢地规范着审美与艺术的本质。现在不然。审美和艺术的理由再也不能在审美和艺术之外去寻找,这也就是说,在审美与艺术之外没有任何其他的外在的理由。生命美学开始从审美与艺术本身去解释审美与艺术的合理性,并且把审美与艺术本身作为生命本身,或者,把生命本身看作审美与艺术本身,结论是:真正的审美与艺术就是生命本身。人之为人,以审美与艺术作为生存方式。"生命即审美","审美即生命"。也因此,审美和艺术不需要外在的理由,说得犀利一点,也不需要实践的理由。审美就是审美的理由,艺术就是艺术的理由,犹如生命就是生命的理由。

这样一来,审美活动与生命自身的自组织、自协同的深层关系就被第一次发现了。审美与艺术因此溢出了传统的藩篱,成为人类的生存本身。并且,审美、艺术与生命成为了一个可以互换的概念。生命因此而重建,美学也因此而重建。也因此,对于审美与艺术之谜的解答同时就是对于人的生命之谜的解答;对于美学的关注,不再是仅仅出于对于审美奥秘的兴趣,而应该是出于对于人类解放的兴趣,对于人文关怀的兴趣。借助于审美的思考去进而启蒙人性,是美学的责无旁贷的使命,也是美学的理所应当的价值承诺。美学,要以"人的尊严"去解构"上帝的尊严""理性的尊严"。过去是以"神性"的名义为人性启蒙开路,或者是以"理性"的名义为人性启蒙开路,现在却是要以"美"的名义为人性启蒙开路。是从"我思故我在"到"我在故我思"再到"我审美故我在"。这样,关于审美、关于艺术的思考就一定要转型为关于人的思考。美学只能是借美思人,借船出海,借题发挥。美学,只能是一个通向人的世界、洞悉人性奥秘、澄清生命困惑、寻觅生命意义的最佳通道。

进而,生命美学把生命看作一个自组织、自鼓励、自协调的自控系统。它向美而生,也为美而在,关涉宇宙大生命,但主要是其中的人类小生命。其中的区别在宇宙大生命的"不自觉"("创演""生生之美")与人类小生命的"自觉"("创生""生命之美")。至于审美活动,则是人类小生命的"自觉"的意象呈现,亦即人类小生命的隐喻与倒影,或者,是人类生命力的"自觉"的意象呈现,亦即人类生命力的隐喻与倒影。这意味着:否定了人是上帝的创造物,但是也并不意味着人就是自然界物种进化的结果,而是借助自己的生命活动而自己把自己"生成为人"的。因此,立足于我提出的"万物一体仁爱"的生命哲学(简称"一体仁爱"哲学观,是从儒家第二期的王阳明"万物一体之仁"接着讲的,因此区别于张世英先生提出的"万物一体"的哲学观),生命美学意在建构一种更加人性,也更具未来的新美学。它强调:美学的奥秘在人,人的奥秘在生命,生命的奥秘在"生成为人","生成为人"的奥秘在"生成为审美的人"。或者,自然界的奇迹是"生成为人",人的奇迹是"生成为生命",生命的奇迹是"生成为精神生命",精神生命的奇迹是"生成为审美生命"。再或者,"人是人"——"作为人"——"成为人"——"审美人"。由此,生命美学以"自然界生成为人"区别于实践美学的"自然的人化",以"爱者优存"区别于实践美学的"适者生存",以"我审美故我在"区别于实践美学的"我实践故我在",以审美活动是生命活动的必然与必需区别于实践美学的以审美活动作为实践活动的附属品、奢侈品。其中包含了两个方面:审美活动是生命的享受(因生命而审美,生命活动必然走向审美活动,生命活动为什么需要审美活动);审美活动也是生命的提升(因审美而生命,审美活动必然走向生命活动,审美活动为什么能够满足生命活动的需要)。而且,生命美学从纵向层面依次拓展为"生命视界""情感为本""境界取向"(因此生命美学可以被称为情本境界论生命美学或者情本境界生命论美学),从横向层面则依次拓展为后美学时代的审美哲学、后形而上学时代的审美形而上学、后宗教时代的审美救赎诗学;在纵向的情本境界论生命美学或者情本境界生命论美学的美学与横向的审美哲学、审美形而上学、审美救赎诗学之间,则是生命美学的核心:成人之美。

最后,从"二十来岁的今天"、"四十来岁的今天"走到"六十来岁的今天",如果一定要谈一点自己的体会,我要说的则是:学术研究一定要提倡创新,也一定要提倡独立思考。正如爱默生所言,"谦逊温驯的青年在图书馆里长大,确信他们的责任是去接受西塞罗、洛克、培根早已阐发的观点。同时却忘记了一点:当西塞罗、洛克、培根写作这些著作的时候,本身也不过是些图书馆里的年轻人"。也因此,我们不但要"照着"古人、洋人"讲",而且还要"接着"古人、洋人"讲",还要有勇气把脑袋扛在自己的肩上,去独立思考。"我注六经"固然可嘉,"六经注我"也无可非议。"著书"却不"立说","著名"却不"留名"的现象,再也不能继续下去了。当然,多年以前,李泽厚在自己率先建立了实践美学之后,还曾转而劝诫诸多在他之后的后学们说:不要去建立什么美学的体系,而要先去研究美学的具体问题。这其实也是没有事实根据的。在这方面,我更相信的是康德的劝诫:没有体系,可以获得历史知识、数学知识,但是却永远不能获得哲学知识,因为在思想的领域,"整体的轮廓应当先于局部"。除了康德,我还相信的是黑格尔的劝诫:"没有体系的哲学理论,只能表示个人主观的特殊心情,它的内容必定是带偶然性的。"

"子曰:何伤乎!亦各言其志也!"

需要说明的是,从"二十来岁的今天"到"六十来岁的今天",我的学术研究其实并不局限于生命美学研究,也因此,"潘知常生命美学系列"所收录的当然也就并非我的学术著述的全部。例如,我还出版了《红楼梦为什么这样红——潘知常导读〈红楼梦〉》《谁劫持了我们的美感——潘知常揭秘四大奇书》《说红楼人物》《说水浒人物》《说聊斋》《人之初:审美教育的最佳时期》等专著,而且,在传播学研究方面,我还出版了《传媒批判理论》《大众传媒与大众文化》《流行文化》《全媒体时代的美学素养》《新意识形态与中国传媒》《讲"好故事"与"讲好"故事——从电视叙事看电视节目的策划》《怎样与媒体打交道》《你也是"新闻发言人"》《公务员同媒体打交道》等,在战略咨询与策划方面,出版了《不可能的可能:潘知常战略咨询与策划文选》《澳门文化产业发展研究》,关于我在2007年提出的"塔西佗陷阱",我也有相关的专门论著。有兴趣的读者,可以参看。

是为序。

潘知常

2021.6.6　南京卧龙湖,明庐

目录

1	**绪论　学科定位：美学的当代问题**
1	美学何为
14	诗与思的对话
28	美学的对象、内容、范围

第一篇　根源层面：永恒的生命之谜

45	**第一章　审美活动的历史发生**
45	先天性："人生自是有情痴"
63	后天性："哥白尼式的革命"
76	从快感到美感
95	**第二章　审美活动的逻辑发生**
95	从理想本性、最高需要到自由个性
111	在自然与文明之间
124	守望精神家园

第二篇　性质视界：辨析与描述

135	**第三章　审美活动的外在辨析**
135	基础·手段·理想
149	向善·求真·审美
158	现实超越·宗教超越·审美超越

1

166	**第四章　审美活动的内在描述**
166	共时描述：生命的澄明之境
171	历时描述：生命的超越之维

第三篇　形态取向：历史与逻辑

183	**第五章　审美活动的历史形态**
183	中西形态："法自然"与"立文明"
195	古今形态：从"镜"到"灯"
206	**第六章　审美活动的逻辑形态**
206	纵向展开：美、美感、审美关系
236	横向拓展：美丑之间
251	剖向转换：从自然、社会到艺术

第四篇　方式维度：生成与结构

261	**第七章　审美活动的生成方式**
261	"我审美故我在"
273	生命之思
289	**第八章　审美活动的结构方式**
289	诗意的栖居
301	"澄怀味象"
317	从"无明"到"明"

333	附录一　生命的悲悯：奥斯维辛之后不写诗是野蛮的
348	附录二　美学的终结与思的任务：从"康德以后"到"尼采以后"——在"第一届全国高校美学教师高级研修班"的讲座

408	附录三	重要的不是美学的问题,而是美学问题——关于生命美学的思考
416	附录四	"生命视界":生命美学的逻辑起点——纪念改革开放四十周年
440	附录五	生命美学:从"本质"到"意义"——关于生命美学的思考
456	附录六	美学的重构:以超越维度与终极关怀为视域
481	附录七	无神的时代:审美何为?
505	附录八	"美在境界""境界本体"究竟是何时提出的?
511	附录九	生命美学:从"新时期"到"新时代"——纪念改革开放四十周年
538	附录十	超验之美:在信仰与自由与爱之间——读阎国忠老师《攀援集》的一点体会
560	附录十一	本书主要参考文献

CONTENTS

Foreword The Position of Aesthetics: Contemporary Problems of Aesthetics
.... 1

   What is Aesthetics 1

   Dialogue between Poetry and Thinking 14

   The Object, Content and Scope of Aesthetics 28

Part One The Source of Aesthetic Activities: The Mystery of Life

Chapter 1 The Historical Origin of Aesthetic Activities 45

   Apriority of Aesthetic Activities 45

   Acquiredness of Aesthetic Activities 63

   From Pleasant Sensation to Aesthetic Perception 76

Chapter 2 The Logical Origin of Aesthetic Activities 95

   From Idealistic Nature, Supreme Needs to Free Personality 95

   Between Nature and Civilization 111

   Defending Spiritual Homeland 124

Part Two The Nature of Aesthetic Activities:
Discrimination and Description

Chapter 3 The External Investigation of Aesthetic Activities ············· 135

    Basis, Means, Ideal ·· 135

    Kindness, Truth, Beauty ·· 149

    Transcending Reality, Religion and Appreciation of the Beautiful

    ·· 158

Chapter 4 The Internal Investigation of Aesthetic Activities ············· 166

    Synchronic Description ·· 166

    Diachronic Description ·· 171

Part Three The Form of Aesthetic Activities:
History and Logic

Chapter 5 The Historical Form of Aesthetic Activities ···················· 183

    Chinese and Western Forms: Return to Nature and towards Civilization

    ·· 183

    Ancient and Modern Forms: from "Mirror" to "Lantern" ············ 195

Chapter 6 The Logic Form of Aesthetic Activities ························· 206

    Beauty, Aesthetic Seasation, the Relationship of Appreciation of the

    Beautiful ·· 206

    Between Beauty and Ugliness ·· 236

    From Nature and Society to Art ···································· 251

Part Four   The Method and Style of Aesthetic Activities: Generation and Structure

Chapter 7   The Emergence of Aesthetic Activities 261
   How Is Aesthetic Activities "Possible"? 261
   The Insight of Life 273

Chapter 8   The Structural Method of Aesthetic Activities 289
   Appriciation of the Beautiful as the Supreme State of Living 289
   The Insight of Aesthetics and the Image of Aesthetics 301
   The State of Appreciation of the Beautiful: from Chaos to Insight
   317

Appendix   Selected General Bibliography 333

绪论　学科定位：美学的当代问题

美学何为[1]

远在20世纪初叶，克莱夫·贝尔在他的美学名著《艺术》的开始，就曾感叹："在我所熟知的学科中，还没有一门学科的论述像美学这样，如此难于被阐释得恰如其分。"[2]令人遗憾的是，迄至20世纪末，当为本书写下第一行文字的时候，我所不得不重复的，竟然仍旧是这一"感叹"！

在古代，美学家经常说："美是难的！"到了近代，美学家又经常说："美感是难的！"而在当代，美学家才开始大彻大悟：这一切，实在都是因为——"美学是难的！"我们考察过"美之为美""美感之为美感"……然而却从未考察过"美学之为美学"。因此，我们就根本无法说清楚"美之为美""美感之为美感"……也因此，要说清楚"美之为美""美感之为美感"……首先就要说清楚"美学之为美学"。

然而，令人遗憾的是，"美学之为美学"，偏偏又总是"如此难于被阐释得恰如其分"。

在这里，存在着一个引人瞩目的美学误区。这就是：把"美学之为美学"首先理解为对于"美学是什么"的追问，而不是首先理解为对于"美学何为"的追问。"美学是什么"，是一种知识型的追问方式。按照维特根斯坦的提

---

[1] 本书对于美学（这里指的是一般所称的哲学美学，本书称之为审美哲学）之为美学的学科定位的讨论，围绕着一个中心而展开，即美学之为美学如何可能。其中包括两个方面：其一是美学的学科性质，即美学之为美学，只有研究什么，才是可能的；其二是美学的学科范式，即美学之为美学，只有怎样研究，才是可能的。限于篇幅，后一方面不再讨论。

[2] 克莱夫·贝尔：《艺术》，周金环等译，中国文联出版公司1984年版，第1页。

示,知识型的追问方式来源于一种日常语言的知识型追问:"这是什么(Was ist das)?"在这里,起决定作用的是一种认识关系。而被追问的对象则必然以实体的、本质的、认识的、与追问者毫不相关的面目出现。"美学是什么"的追问也如此。作为一种知识型的追问方式,在其中起决定作用的仍旧是一种认识关系。它关注的是已经作为对象存在的"美学",而并非与追问者息息相关的"美学"。美学一旦以认识论的名义出现,对于"美是什么""美感是什么"……的追问,就都是顺理成章的事情了。在我看来,"美学之为美学"所以"如此难于被阐释得恰如其分",以至于"美之为美""美感之为美感"所以"如此难于被阐释得恰如其分",无疑就是在此基础上出现的。

"美学之为美学"首先必须被理解为对于"美学何为"的追问。这意味着一种本体论型的追问。在其中,起决定作用的不再是一种认识关系,而是一种意义关系。追问者所关注的是美学的意义。以海德格尔为例,他就曾明确地指出在追问"哲学之为哲学"时,至关重要的不应该是"什么是哲学"(Was ist Philosophie?),而应该是"什么是哲学的意义(Was ist die Bedeutung der Philosophie?)",也就是说,只有首先理解了哲学与人类之间的意义关系,然后才有可能理解"哲学是什么"。美学也如此。当我们在追问"美学之为美学"之时,首先要追问的应该是,也只能是"人类为什么需要美学"即"美学何为"。只有首先理解了美学与人类之间的意义关系,对于"美学是什么"的追问才是可能的。

那么,"美学何为"?

要回答这个问题,必须从"哲学何为"谈起。因为美学派生于哲学,不了解"哲学何为"就不可能了解"美学何为"。

所谓哲学,哲学家们说法各异。但无论如何,哲学总是与人类对于自身的根本困境、对于生存意义的深刻思考密切相关。换言之,哲学总是与人类对于智慧的爱密切相关。稍稍熟知人类哲学思想历程者就不会不知道,早在人类开始自己的哲学思考之初,苏格拉底就提出哲学并非智慧之学而是爱智慧之学,并且把哲学家称为区别于"智者"的"爱智者",称为人类智慧的自由反讽人或诘难者。在此之后,尽管从柏拉图开始西方哲学走了一段弯路,然而哲学作为爱智慧之学却已经成为人类对于"哲学之为哲学"的追问的最为深刻的提示。在这里,所谓智慧,可以理解为思维,而爱智慧则是对于思维的反思。就此而言,哲学虽然是一个形形色色的存在,然而作为智慧的追询者而并非拥有者,却是所有的哲学的一个共同之处。哲学不是求器之学,而是悟道之学。哲学并非为无所不能的智慧的化身,而是始终如一的爱智慧的化身。爱智慧,是所有的哲学的共同家园。而在人类社会中,只要有对于智慧的爱,就不可能没有哲学。对于智慧的爱心永存,哲学就永存。正是在这个意义上,当雅斯贝尔斯宣称:"……哲学的真谛是寻求真理,而不是占有真理……哲学就是在路途中""哲学不是给予,它只能唤醒",[1]当诺瓦利斯感叹说:哲学原就是怀着一种乡愁的冲动到处去寻找家园;应该承认,他们就真正地洞察了哲学之为哲学。

而哲学之所以要"怀着一种乡愁的冲动到处去寻找家园",之所以要"寻求"、"唤醒"和"在路上",无疑出之于人类的一种"形而上学欲望"。这是一种"导致产生世界意义和人类存在意义问题(现在这些问题或者是被明白地提出来,或者更经常地是作为一种伴随日常生活过程的负担而被感受到)的'形而上学欲望'",[2]这显然是哲学之为哲学的最为深层的根源。哲学就是借助于这样一种强烈的"形而上学欲望"表明人类对于自身的存在根据即生存的意义的深切关注。"我们哲学家不像普通人可以自由地将灵魂与肉体分开,更不能自由地将灵魂与思想分开,我们不是思索的蛙,不是有着冷酷内脏的观察和记录的装置——我们必须不断从痛苦中分娩出来我们的思想,慈母般地给它们以我们拥有的一切,我们的血液、心灵、火焰、快乐、激情、痛苦、良心、命运和不幸。生命对于我们意味着,将我们的全部,连同我们遇到的一切,都不断地化为光明和烈火,我们全然不能是别种样子。"[3]试想,没有那个著名的"火之夜",怎么会有帕斯卡尔的令人耳目一新的哲学?

---

[1] 雅斯贝尔斯:《智慧之路》,柯锦华等译,中国国际广播出版社1988年版,第6页。
[2] 施太格缪勒:《当代哲学主流》上卷,王炳文等译,商务印书馆1986年版,第25页。
[3] 尼采:《快乐的科学·序》,余鸿荣译,中国和平出版社1986年版。

3

没有那令人心碎的漂泊、流浪,又怎么会有尼采的惊世骇俗的哲学?谢林称自己的哲学是一篇《精神还乡记》、一篇《精神漂泊记》,实际上,所有的哲学莫不如是。

而较之哲学,应该说,美学同样如是。纵观古今,不难看到,尽管美学的存在类型可以五花八门,然而就其共同之处而言,却又是完全一致的。这就是:真正的美学应该是也必然是生命的宣言、生命的自白,应该是也必然是人类精神家园的守望者。清醒地守望着世界,是美学永恒的圣职。而且,由于美学是对于人类理想的生存状态——审美活动的反思,由于美学较之哲学要更为贴近思着的诗和诗化的思,因此,它也更是永远"在路上",永远"到处去寻找家园",就更总是"怀着一种乡愁的冲动"。

这使人联想到:与哲学相类似,美学之为美学无疑仍旧与人类的那种"形而上学欲望"密切相关。而且,由于哲学的"形而上学欲望",面对的是作为"思"与"诗"相统一的生命智慧,美学的"形而上学欲望"面对的却只是以"诗"为主的审美智慧,因此就更加与人类自身的存在根据即生存的意义密切相关。卡西尔在揭示儿童最初的对于范畴的使用时说过:"一个儿童有意识地使用的最初一些名称,可以比之为盲人借以探路的拐杖。而语言作为一个整体,则成为走向一个新世界的通道。"[①]波普尔也发现:生命就是发现新的事实、新的可能性。美学作为人类生命的诗化阐释,正是对于人类生命存在的不断发现新的事实、新的可能性的根本需要的满足,也正是人类生存"借以探路的拐杖"和"走向一个新世界的通道"。这样,我们才有可能理解:为什么美学之为美学的最高境界竟然不在于追问的完美,而只在于完美的追问,为什么美学的追问所要呈现给我们的,与其说是那些强迫我们信奉的结论,而毋宁说是那顽强的追问本身。原来,美学之为美学,也并非求器之术,而是悟道之学。在此意义上,联想到黑格尔所强调的:"哲学的工作实在是一种连续不断的觉醒"。[②] 我们又应该说,何止是哲学,美学的工作难道不

---

① 卡西尔:《人论》,甘阳译,上海译文出版社 1985 年版,第 169 页。
② 黑格尔:《哲学史讲演录·导言》,贺麟等译,三联书店 1956 年版。

也"实在是一种连续不断的觉醒"?

同时,我们也才有可能理解:为什么美学会与人类生存俱来,会使得那么多的人竟为之"衣带渐宽终不悔,为伊消得人憔悴"。施莱格尔说得何其机智:"对于我们喜欢的,我们具备天才。"①那么,对于既古老而又年轻的美学来说,它之所以能够如生活之树一样历千年百代而不衰,或者说,在美学的研究中我们之所以"具备天才",是否可以说,唯一的原因就是因为这是人类的一种最为根本的爱智慧的需要,就是因为"我们喜欢"?!

具体来说,美学之所以能够满足人类的那种"形而上学欲望",之所以令"我们喜欢",其中的关键,在于它独特的学科形态,这就是:它所面对的不是答案,而是问题。

所谓问题,是知识的结束,同时又是智慧的开始。因此,"爱美之心人皆有之","爱美学之心却不必人皆有之"。人们往往把"爱美之心"与"爱美学之心"不假思索地等同起来,却从未意识到,这正是美学悲剧的开始。人们没有学习过美学,无疑这并不影响他们进行审美判断,然而却不可能进行美学思考(犹如眼睛可以看到一切,却看不到眼睛本身)。因为只有当一个人不再简单地从前提出发去进行审美活动而是反过来对这一前提加以思考并且提出自己的美学问题之时,不再简单地满足于弄清楚"审美活动是什么"而是要进而弄清楚"审美活动的观念如何可能"之时,才是美学思考的开始。而美学,正是这一思考的理论表达。正是在这一思考中,美学才形成了自己的特殊问题、特殊性质、特殊价值。②

在此意义上,不难看出,美学的问题无疑来自对于观念的考察。美学问题的求解,必须借助于特定的观念,而要证明这些特定的观念有效,就要给出这些特定的观念之所以可能的理由。这是一项真正具有美学意义的工作,也是一项真正困难的工作。美学家与非美学家的区别就在于此。因此,

---

① 转引自何·奥·加塞尔:《什么是哲学》,商梓书等译,商务印书馆1994年版,第2页。
② 关于美学的问题,可参见苏珊·朗格:《艺术问题》,滕守尧等译,中国社会科学出版社1983年版,第3、4页。

相对实在的世界,美学更关心观念的世界;相对实在的美、美感、审美活动,美学更关心观念中的美、美感、审美活动。美学不是起源于对于世界的惊奇,而是起源于为什么会对世界惊奇。美学不能使我们多知,却能使我们多思,不能告诉我们世界是什么样的,但是能告诉我们应以什么样的眼光来看待世界。正是观念的考察,规范着美学家去怎样想和不去怎样想,去怎样做和不去怎样做。它是美学家在思考美学问题时的根据,也是美学家在思考美学问题时的限度,换言之,既是规定,也是否定,在美学思考中起着双重作用,既是美学思考中的最为基本的预设前提,也是美学思考中所要凭借的最为基本的提问方式。而这就意味着,美学家应该关心那些能够被称为美学的东西而不是那些只是被声称为美学的东西,应该关心怎样去正确地说一句话而不仅仅是怎样说十句正确的话,因为好的美学与坏的美学之间的区别恰恰在于能否正确地说话,美学与非美学之间、美学与伪美学之间的区别恰恰也在于能否正确地说话。

就美学与非美学之间的区别而言,可以文艺学与美学之间的差异为例加以讨论。文艺学体现了文艺的思维方法和文艺的概念系统的形成、扩大、深化、更新、革命的过程。在此过程中编制的范畴之网,构成了越来越深刻系统的文艺图景,探求着对象的规律、根据、本质,并形成解释对象的概念、命题、原理,所要回答的问题,包括作为"是什么"的知识和作为"怎么办"的规范,在这里,美和美感之类的问题被作为已知前提,是把已知判断承诺或者设定为前提,或者对于前提存而不论或置之不理,在此意义上,文艺学是构造性的(推导性的),是为基本观念所规定而有限地运用于某个领域。然而在人类历史上,各种已知判断的前提不是固定不变的,而是历史地变化着的,不是凝固的东西,而是发展着的东西,因此,我们不能不经常回过头来反省:为什么以此已知判断作为前提?为什么以彼已知判断作为前提?对此,文艺学不予讨论。或者说,文艺学正是建立在对于已知判断的必不可少的批判的"遗忘"之上,它往往是对于已知判断加以非批判地承认,并且进而由此出发去考察艺术审美活动中如何运用这一前提,在这个意义上,我们可以说,文艺学是以不考虑前提作为自己的前提,以认可某种观念、某种已知判断并以之为预设前提作为自己的前提,"已经存在着如此这般的条件,那么就这一条件而言,文艺学的某一命题是否可行"? 这就是文艺学。

美学研究自然不能够如此。就美学而言,这里的"遗忘",正是文艺学与美学发生联系的真正前提。因为所谓"遗忘",正是指"缺乏批判意识"。美学不是文艺学的扩大,即美学不等于把艺术的结论提升为普遍性的结论;美学也不是文艺学的转换,即把艺术范畴转化为美学范畴;美学是文艺学的超越。它把文艺学当作前提从而不予考察的对象当作自己的考察对象,以新的视角、新的方法、新的理论转向对于见惯不惊的文艺前提的考察,转向美学的考察。假如说文艺学形成于常识批判,文艺学的美学思考则表现为文艺学的自我批判,它从世界观角度提出:在文艺学中为什么蕴含着如此这般的概念框架、解释系统、研究方法、价值观念、审美意识? 它从何种角度推进了人类对于艺术的理解? 它从何种角度改变了人类的思维方式、价值观念? 可见,文艺学的美学思考是一种艺术哲学的或者美学的思考,这是一种追求智慧的行为,是创造性的,并因此而与追求知识的文艺学存在着根本区别。相对于文艺学,美学应该是反思性的。在美学中,我们关于文艺的美学属性的理解必须被看作是悬而未决的、值得怀疑的,而不是理所当然的。否则美学就成为盲目构造各种其实十分荒谬的知识而又毫无智慧可言的学科。因此,美学是把如此这般的理所当然地被当作前提条件的观念作为追问对象:"假如某一如此这般的前提是有效的,那么它至少需要满足什么样的条件?""我们假定某一如此这般的前提是有效的,然而它是否可能?"这就是美学。由此可见,美学与非美学(例如文艺学)之间存在着重大的差异。

就美学与伪美学之间的差异而言,可以西方传统美学的失误为例加以讨论。"美是什么?""美感是什么?"这几乎可以说已经被美学界视为一种理所当然的美学问题。然而事实上这类追问已经只具备历史的意义,而不再具备理论意义了。因此,在此意义上,我们只能称之为一种伪美学的追问。原因在于,"是什么"的追问意味着事实上已经知道了所有的"什么",而去看美、美感是其中的哪一个"什么",这是一个知识论的角度,而不是智慧的角度,是把美和美感当作一个既定的东西,似乎关键在于说出它是什么就可以了,但是却经常遗忘了一个更为根本的关键:这是永远也说不出的。不难看到,这里的"遗忘"正是指的前提批判意识的缺乏。由此,我们应该看到:事实上美学的研究对象就其本质而言是一个未完成的东西,在研究过程中,不可能描述出它的"是什么",而只能讨论它的"为什么"与"怎么样"。也因此,美学工作的本身就不能等同于某种信仰。你当然可以信仰某种东西,但是那已经不是美学活动了。"相信"正是美学思想的停止。美学恰恰是在知识和意义都显得十分清楚的地方才开始追问的,只有当那些最明显的而且是人类不得不关注的事情竟然在观念上处于十分可疑的时刻,美学才投入工作,否则就会面临着无聊对话的危险。美学要解决的是困惑的消解而不是知识的积累。在此意义上,知识之路的追求无疑妨碍着美学的正常发展。

进而言之,关于美和美感的本质的探讨并非一件可以毕其功于一役的事情。原因在于:我们在研究美、美感时经常遗忘它是蕴含着种种问题框架的。就研究对象而言,我们往往以为是以非中介的、直接的方式去把握世界,但实际上我们只是通过语言来认识世界,世界是透过语言传递给我们的,例如,"美"对于中外美学家来说就是包含在不同前结构中的,"放之四海而皆准"的"美"是没有的。我们以为是认识了"美",实际却只是认识了"美"的语言层面。何况,作为一种理论话语,关于美和美感的种种看法,事实上都只是一种话语权力,它们的合法性并非由对象的属性所决定,而是由不同的理论框架所决定。联想到西方把哥伦布到达千年前就已存在的美洲说成是"发现",以及中国的中医对于至今也没能在解剖学上找到根据的"经络"的界定,这个问题当不难理解。还以"美"为例,在西方,美与生活是对立的,这显然与西方的万物本源为"理式"而美只是摹本的摹本的理论框架相关;在中国,美与生活是同一的,这也显然与中国的"一月普现一切水,一切水月一月摄"的理论框架相关。再就研究主体而言,应该说前结构、先入之见也是存在的。需要强调的是,在这里,所谓前结构不同于所谓社会性。社会性是外在的,它会影响研究主体,然而不是普遍必然的,前结构对于研究主体的影响则是普遍必然的。其次,社会性是易于改变的,然而前结构却因为是从儿童时起就接受了的,因而很难改变。最后,更为重要的是,社会性是在意识层面发生作用,而前结构却是在无意识层面发生作用。这样,任何一个美学家都不再是一个美学处女,任何一种美学"理论"与"偏见"事实上也都是等值的。因此,任何一种"挟天子以令诸侯"的"唯我独尊",任何一种对他人研究的"指手画脚",都是愚蠢的。由此看来,在美学研究中只是关心研究主体是如何认识对象是不行的,更为重要的是要关心它是怎样在前结构的影响下产生的。其中,有"阐释"的问题、"偏见"的问题、"误读"的问题、"视界融合"的问题,也有话语权力中的"强势话语"与"弱势话语"的问题。就后者而论,我们目前在美学原理中对于美、美感的界定虽然形形色色,但是就其"前结构"而言却都是出于作为"强势话语"的西方传统美学,至于中国美学以及西方当代美学,则通通作为"弱势话语"而被排斥、压抑到了边缘。

这样看来,美学要研究的与其说是"美是什么""美感是什么",毋宁说是美学家讨论美学的前提"是什么",因此重要的是"美何为""美感何为",即转而去考察美、美感所蕴含的种种问题框架。对于美学理论的研究对象,美学关心的不是"美和美感是如此这般地存在着",而是:"作为一个断言,'如此这般'是一个有意义的观念吗?"而对美学史的研究对象,美学的追问方式不是"它说的到底是什么意思",而是"这个问题它为什么这样断言,它的特定根据是什么"。总之是要凸现其中的内在矛盾,以新的视角、新的方法去深化讨论。遗憾的是,我们有不少美学家往往背靠传统美学提问方式的大树,在"学术规范"的借口下把传统美学为保护自己的存在而炮制的正面启示法(以应遵循的提问方式的形式出现)和盘接受,在"离经叛道"的借口下同样把传统美学为保护自己而炮制的反面启示法(以应避免的提问方式的形式出现)全盘拒绝。这些美学家提不出自己的问题,也不懂得如何智慧地提出问题与思考问题,而是简单地活在前人的智慧之中,重复着前人的提问方式,结果把前人的智慧变成了白开水,也把别人的提问方式变成了自己的枷锁。美学应该产生于一种深刻的反省中,然而美学假如自以为知道一切秘密,却提不出任何问题,甚至认为不存在问题而只有答案,就实在是浅薄、愚蠢之极了。

因此,任何一种美学的完成都与一定的美学问题密切相关,而且与一定的预设前提密切相关。与此相应,任何一种美学的建构同样也与对于一定美学问题的批判密切相关,而且也与对于一定美学问题的预设前提的批判密切相关。在这里,所谓"批判",不是针对前此的美学考察的对象,而是针对前此的美学考察的根据、标准、尺度,即预设前提。① 在谈到哲学的问题时,恩格斯说得十分清楚,他指出:"我们的主观的思维和客观的世界服从于同样的规律,因而两者在自己的结果中不能互相矛盾,而必须彼此一致,这个事实绝对地统治着我们的整个理论思维。它是我们的理论思维的不自觉的和无条件的前提。"②这里的"我们的理论思维的不自觉的和无条件的前提",就是哲学研究所要面对的哲学问题和哲学批判所要面对的预设前提。而在哲学史中我们可以看到,真正的哲学家所提出的哲学问题总是与此密切相关。他们总是越来越深刻地追问着这"前提",质疑着这"前提",以求在更为深刻的层面把握这前提,从而不断地更新人类的思维方式、价值观念、审美意识,进而去更好地阐释自然、社会、艺术——尽管角度、层面各有不同。③

在这方面,哲学家为我们提供的启示是颇为值得注意的。例如,在人们还只能把普遍性表现在特殊形态里时,苏格拉底首先做到把普遍性自身作为对象予以考察,以概念为内容给美下定义。他的哲学就是以理论形式表现了他的这一思维方式。黑格尔指出:"这样做,是为了唤醒人们的思想,在人们的信心动摇之后,他就引导人们去怀疑他们的前提,而他们也就被推动

---

① 列宁在《黑格尔〈逻辑学〉一书摘要》中举过一个发人深省的例子:黑格尔关于逻辑学"说得很妙",因为人们把逻辑学说成是"教人思维"的,黑格尔说,这是一种"偏见"。这种看法,就类似于把生理学说成是"教人消化"一样。"消化"是生理学的"不自觉的和无条件的前提","思维"也是逻辑学的"不自觉的和无条件的前提",人人会消化,但是不能自发地懂得"消化",因为要懂得为什么要"消化"而不是如何"消化",就有了生理学,因为要懂得为什么要"思维"而不是如何"思维",就有了逻辑学。
② 《马克思恩格斯全集》第3卷,人民出版社1960年版,第564页。
③ "18世纪的唯物主义……只就这个前提的内容去研究这个前提。它只限于证明一切思维和知识的内容都应当起源于感性的经验,……只有现代唯心主义的而同时也是辩证的哲学,特别是黑格尔,还从形式方面去研究了这个前提。"(《马克思恩格斯全集》第3卷,人民出版社1960年版,第564页)

自己去寻求肯定的答案。"①再如,康德通过探讨数学真理何以可能以批判科学的前提,费希特、谢林通过对于同一律和判断形式的剖析以探讨批判形式逻辑的前提,至于康德的三大批判,则正是对于哲学前提的批判。毫无疑问,美学研究所要面对的问题和美学批判所要面对的预设前提,也是如此。在此意义上,我们甚至可以不无强调地说,对于一定美学问题的预设前提的批判,完全可以被认作美学之所以存在的重大意义之所在,或者说,是美学的神圣天命之所在。

进而言之,美学所要面对的问题又毕竟是历史性的。一方面它固然要对前此的美学前提加以批判、辨析、扬弃,然而一旦达到目的,又往往会转化为"已知的判断""确定的标准"。因此,对于同一个人来说,某种前提或许会是"已知的判断""确定的标准",然而对于不同的人来说,某种前提就只能是"或然的判断""可供选择的标准"。换言之,美学的问题,从特定历史过程来看,有其绝对性;从人类历史过程来看,却只有相对性。美学前提的历史进步性蕴含在历史局限性之中。而美学研究的永恒性,就在于它永远以承诺前提的或然性和可选择性为前提。因此,美学的考察才会成为一种无穷无尽的追问,才会具有一种历史性、开放性,才会表现为美学的前提批判的不断深化。而美学的进步,就表现在使得美学的前提的规定性日益从虚无走向丰富。

遗憾的是,在美学研究中人们往往忽视了这一点。例如,目前有人以对于新思潮、新术语的时髦追逐作为自己的美学研究,以为这就是新问题。就"追逐"而言,不可谓不"勤奋",然而实际上展现的却是智慧的无能和对真正的美学问题的逃避。就以对于西方当代美学提出的语言的转向或文化的转向为例。我们知道,古代美学是从物理、自然的角度考察美之为美,而近代美学则是对于古代美学的既定前提的考察,在它看来,要考察美是什么,就要先考察审"美"活动的前提——审美主体是什么,它意味着从意识、精神的角度去反省传统美学的前提,意味着在没有进行认识论的考察之前任何

---

① 黑格尔:《哲学史讲演录》第2卷,贺麟等译,三联书店1956年版,第53页。

本体论的承诺都是无效的。而当代美学则是对于近代美学的既定前提的考察，在它看来，要考察审美主体是什么，先要考察审美主体的中介——语言或文化是什么，它意味着从语言、文化去反省近代美学的前提，意味着在没有进行语言论、文化论的考察之前，任何认识论、本体论的承诺都是无效的。不难看出，这一反省是极为深刻的，因为在没有考察人类语言、文化之前就断言美感、美是什么，是错误的。换言之，在没有进行语言或者文化考察之前的审美认识论与审美本体论的考察是无效的。人类必须而且也只能在语言和文化中去进行审美活动，从表面上看，美确实是在人类之外（不依赖人类意识而存在），但就其实质而言，美又在语言之中（只能通过语言来表达）。显然，这一考察突出了审美主体的中介，从而更丰富地揭示了世界。然而另一方面，当代美学又只是把对于近代美学的前提的批判集中在对于命题、语言、理解、存在……之类个别环节的绝对性的批判上，例如，分析美学通过对于传统美学的"命题"的可能性的剖析，拒绝传统美学的前提；语言美学通过对于"语言"的表达思想的可能性的剖析，来拒绝传统美学的前提；解释学美学通过对于"理解"的可能性的剖析，来拒绝传统美学的前提；存在美学通过对于"存在"的可能性的剖析，来拒绝传统美学的前提。然而语言、文化固然是美学的一个十分重要的问题，但却不是唯一的问题。一味夸大语言、文化问题的重要性，误以为只要研究语言、文化，就可以最终揭开审美活动的秘密，无疑是对于在其背后隐含着的更为深刻的前提的漠视。中国当代美学应该为自己去寻找更为深刻的前提，至于语言、文化问题，则只能是更为深刻的前提中的一个环节，尽管是一个十分重要的环节。因此，把语言、文化当作一个既定的东西，似乎只要说出它是什么就可以使得美学研究万事大吉，显然是错误的。因为它忘记了这里的语言、文化同样是蕴含着种种问题框架的。不难看出，这里的"忘记"同样指的是前提批判意识的缺乏。当我们认为西方当代美学的提问方式是绝对可靠的同时，就已经默许了它的来路不明，也就已经放弃了自己的思维权利。这无疑会带来思想的轻松感和安全感。然而我们是否想过，我们如何可能毫无批判地享用他人的美学问题？又有什么必要放弃自己的美学思考的神圣权利？而这就意味着，在我们进入美学思考之前,首先要进行的,就是提出自己的美学问题、真正的美学问题。在我看来,这是美学之为美学的根本,也是美学家之为美学家的根本。放弃这一点,无异于放弃美学本身。

美学界的其他一些不良表现也是如此。例如,有人以"纯学术"自许,把对于某种学术性即所谓"知识增长"的强调作为美学研究本身,把美学转化为技术,把智慧转化为知识,甚至把美学理论研究转化为美学文献的整理。事实上,美学的进步不可能通过某种学术性即所谓"知识增长"来完成。况且,在这种看法的背后显然已经预设了对于美学的某种看法,即把美学当作一种知识论,当作一种实证的研究。因此在"纯学术"的背后,往往隐含着智慧的无能和对于真正的美学问题的回避,事实上连美学之堂也没有登上去,更不要说入室了。[1] 还有人热衷研究所谓现实问题,热衷于为现实给出种种答案、结论,然而在任何时候我们都不应忘记,美学之为美学,就在于它只能提出问题,但却不可能给出答案。这一切一旦被颠倒过来,就必然导致美学的自杀。其结果,除了使得美学自取其辱,使得世人越发鄙视美学之外,只会展示自身智慧的无能和对于真正的美学问题的回避,因为他们从现成的美学问题开始,鹦鹉学舌地讨论了许多问题,但是却从未讨论过真正的美学问题。也有人干脆远离美学基本理论的研究,而去热衷于研究美学的应用,所谓"打通""渗透",这无疑是一种不正常的情况,是一种美学的浮躁。在我看来,把美学混同于哲学研究固然是自杀策略,是对于美学特殊性的忽视。但是把美学研究混同于艺术研究、文化研究、伦理研究、经济研究、社会研究、心理研究,更是自杀策略,同样是对于美学特殊性的忽视。其根源都是对于智慧的无能和对真正的美学问题的逃避,都是幻想将其他学科的研究成果,直接搬运到美学中来,以代替问题的解决。还有少部分人深知美学要面对真正的美学问题,但却无论如何也搞不清楚什么是真正的美学问题,于是就干脆宣判"美学死了"。然而,美学又如何会"死"呢?即便就这些美学家

---

[1] 近年来,一些学者在各种场合强调以"知识增长"作为美学进展的标志,然而在我看来,美学的真正进展,应该以美学提问方式的转型和美学问题的转型为标志。

喋喋不休的对美学的终结的谈论而言,实际不也正是他们谈论美学的一种方式吗?这反而说明,美学大有希望,人类也仍旧需要美学。因此,在这"宣判"的背后,我看到的仍是智慧的无能和对真正的美学问题的逃避。

由此我们看到,美学问题的历史性和美学研究的永恒性,意味着美学要满足人类的智慧要求,首先就要求它自己要有智慧。倘若美学自身缺乏智慧,它就不可能意识到自己的真实位置。而美学要有智慧,就一定要不断地提出只属于自己的美学问题。正如艾耶尔所指出的:"哲学的进步不在于任何古老问题的消失,也不在于那些有冲突的派别中一方或另一方的优势增长,而是在于提出各种问题的方式的变化,以及对解决问题的特点不断增长的一致性程度。"[①]不言而喻,美学的活力和魅力,就在于它能够不断地提出只属于自己的美学问题,不断地提供像长青的生活之树一样的智慧(而不是灰色的理论),从而把人类的美学思考不断推向深入。

诗与思的对话

我们已经知道,任何美学研究都应以问题的存在为前提,否则就无所谓美学。它是美学之为美学的逻辑根据和最为基本的理论生长点,也是美学家进入美学研究的入场券、身份证。然而,这只是讨论的开始。更为重要的是,既然美学之为美学只能以问题的形态表现出来,那么,我们所面对的美学问题是什么,就成为一个不容回避的问题。换言之,要弄清楚美学之为美学,不但要考察什么是美学的问题,而且要考察美学的问题是什么。

在我看来,假如说什么是美学的问题是指美学之为美学的形态,那么,美学的问题是什么就是指美学的内容。美学的不同的基本思路和发展方向,使得我们面对着不同的美学问题。而一种美学的生命力也往往表现为它提出了什么样的美学问题,而不表现为对已有的美学问题的简单重复和陈陈相因。那么,我们所面对的美学问题是什么呢?

我们所面对的美学问题是多种多样的。然而,就美学之为美学而言,在

[①] 艾耶尔:《二十世纪哲学》,李步楼等译,上海译文出版社1987年版,第19页。

不同的时期,它所面对的美学问题却只能是一个。遗憾的是,到目前为止,我们为美学找到了"多种多样"的问题,但却没有找到只属于美学的那"一个"问题。例如,从历史上看,美学家已经从实证经验、理性范畴两个方面为人类的美学思考作出了贡献,但就当代美学而言,却无论如何都只能算是美学研究中的史前史。再如,迄今为止,我们已经习惯于一种只是把对象的实在性理解为客观性、逻辑性的美学,这对于一个以技术为手段建立起来的现代社会来说,是可以理解的。确定性、逻辑性、分析性、可操作性,因此而成为我们的美学准则。结果,我们往往只是从自然科学、社会科学的角度提出自己的美学问题,然而却忽视了一个更为根本的问题,这就是自然科学、社会科学的方法对于解开审美活动的奥秘实际上是于事无补的。夸张一点说,即便是所有的自然科学问题、社会科学问题都得到了回答,审美活动所蕴含着的美学问题还仍旧全然不曾触及。相比之下,倒是在语言研究中坚持逻辑实证主义的维特根斯坦的态度更为令人信服:"宇宙没有什么秘密,艺术则有一些神秘。"而且,就美学的分支学科而言,自然科学、社会科学的方法无疑是必须的而且是有效的。因此从语言学的角度建构语言学美学、从认识论的角度建构认识论美学、从心理学的角度建构心理学美学、从社会学角度建构社会学美学,也就都是必须的而且是有效的。因为人类的审美活动毕竟与人类的语言活动、认识活动、心理活动、社会活动不无关系。然而,它们却毕竟只是语言学美学、认识论美学、心理学美学、社会学美学所面对的美学问题,但却不是美学(在此意义上,这里的美学应理解为审美哲学)所面对的美学问题(因此,它们无疑都是一种有创造性的美学,但却毕竟不是一种为创造性而建立的美学。真正的美学还没有出场)。美学所面对的不能是一些依附于语言学、认识论、心理学、社会学背景的问题,否则就只能是一些假问题。①

---

① 例如把美学挤到"感性"领域,就是从认识论出发的分类结果。而"审美主体""审美客体""审美经验"等概念的提出,也是从心理学出发的分类结果。这使我联想到:美学的许多问题并不是出于审美活动的事实,而是出于某种从其他学科分类原则出发的拼凑。而在一个拼凑的结构中去探讨美学,其结果是可想而知的。

而把美学问题转变为某种特殊的语言学、认识论、心理学、社会学的问题,这本身也是对于美学的藐视。何况,美学研究的历史已经一再证实,一旦把它们上升为美学本身的问题,其结果就无非是:不论它的答案如何,美学的困惑都依然存在。

从美学的学科形态的角度加以讨论,无疑更有助于问题的解决。就学科形态而言,美学应该属于人文科学。这样讲,当然并不是为了否定美学学科的自然科学、社会科学的前提,也不是为了割断学科间的联系,而是为了确保美学自身得以存在的独立性与合法性。而且,也是为了更为有效地面对美学所应当面对的问题。这意味着,美学当然可以引进自然科学、社会科学的研究方法、研究角度,但就其自身性质而言,却毕竟不能等同于自然科学、社会科学,更不能因为存在着上述角度、方法,就轻率地甚至是任意地改变美学的学科形态。否则不但会模糊美学的学科界限,而且会导致美学的学科本性的丧失。那么,美学所应当面对的问题究竟是什么呢?显然,这应当是一个自然科学、社会科学所不去研究的问题,也应该是一个语言学美学、认识论美学、心理学美学、社会学美学所无法研究的问题,换言之,应该是一个语言学美学、认识论美学、心理学美学、社会学美学的"剩余物"。找到这个"剩余物",事实上也就找到了美学的问题。

在我看来,作为"剩余物",美学的问题应该在美学与哲学之间去寻找。这不仅仅是因为美学与哲学一样都是人文学科,因为美学自诞生伊始就是哲学的,也不仅仅是因为美学研究的深度只能决定于哲学研究的深度,所以要从根本上提出美学自己的问题就必须依靠哲学的力量,而且因为美学的问题事实上就是一个与哲学密切相关的问题——尽管这只是一个哲学刚刚意识到的问题,也是一个哲学所无法解决的问题。这个问题,就是审美活动的本体论内涵。

所谓本体论是一个哲学的范畴,而不是美学的一个范畴。本体论这一术语最早是在德国哲学家郭克兰纽、法国哲学家杜阿姆的著作中出现的,后来被沃尔夫采用。一般而言,在传统哲学中思维与存在是最高范畴,关于认识的学问被称为认识论,而关于存在的学问则是本体论。这样,事实上,本体论的提出,就显然意味着一种哲学精神、一种人文精神、一种超越精神的诞生。首先,它是对世界的一种终极关注,是对所有形而下的东西的概括,是一种形而上学的思考、自由的思考、抽象的思考。这种思考,从哲学发生的角度,是对世界本原的探索;从逻辑发生的角度,则是对哲学逻辑起点的探索。其次,正是因此,本体论所体现的就不仅仅是一种抽象思考的能力,而且是一种非功利的超越性。它预设了人类对于现实的超越性,使得人类可以通过把自身与现实世界区别开来的方式,在一定距离之外来批判性地面对现实世界。最后,也正是因此,在这里作为本体而出现的"存在",实际上就是一种人类自由的象征、一种理想的世界。由此,我们不难看到,从古到今人类虽然在一切生命活动中都在追求着自由理想,但是能够把自由理想与作为本体的"存在"联系在一起的,却只有哲学。所以,本体论是哲学之为哲学的最为内在的东西,是哲学所必须面对的问题,也是任何学科所夺不去的哲学领地和语言哲学、分析哲学、道德哲学、科学哲学、艺术哲学等等分支学科的"剩余物"。例如,分析哲学曾经认定哲学根本就不需要什么本体论,然而最终却发现,它的研究虽然减少了哲学的许多麻烦,但是却毕竟没有推进哲学的思想进步——哲学的进步只能表现为困难的消解而并非知识的积累。结果"分析哲学现在认识到,问题不是有没有形而上学,而是我们决定进行哪一种形而上学的思考"。[①] 在这个意义上,我们甚至可以说,本体论就是哲学。本体论不存在,哲学就不存在。

当然,就本体论本身而言,在历史上也存在一个演进过程,即从自然本体论——到神灵本体论——到理性本体论——到人类生命本体论。前面三个阶段,不论存在着多少差异,在假定存在一种脱离人类生命活动的纯粹本原、假定人类生命活动只是外在地附属于纯粹本原而并不内在地参与纯粹本原等方面,都是十分一致的。因此,从世界的角度看待人,世界的本质优先于人的本质,人只是世界的一部分,人的本质最终要还原为世界的本质,就成为它们的共同的特征。我们可以把它们称为传统本体论(美国哲学家

---

① 哈奇森:《世界哲学中活着的选择》,英文版,夏威夷大学出版社 1977 年,第 147 页。

威拉德·蒯因曾经提示:在讨论本体论时,要区别两种情况,一是何物实际存在的问题,二是我们说何物存在的问题,前者是关于本体论的事实,后者是在语言中对"本体论的承诺"的问题。但是传统的哲学家总是在口头上说何物存在,但在实际上却把它看作何物实际存在,因此总是把自我批判的本体论变成非批判的本体论信仰)。而从哲学的角度而言,所谓传统本体论,其实质就是思与世界、思与神灵、思与理性的对话。第四个阶段,开始于康德。正是康德,导致了传统本体论的终结。他摧毁了人类对传统本体论的迷信,并且只是在界定认识的有限性的意义上,为本体观念保留了一个位置。对此,只要回顾一下康德《纯粹理性批判》一书的"本体论的证明"部分,就可以一目了然。康德之后,出现了形形色色的看法,但大致可以分为两种类型。一种是直接提出自己的本体论,例如叔本华的"作为意志和表象的世界"、尼采的"生命力"、狄尔泰的"生活世界"、柏格森的"绵延"、海德格尔的"生存空间"、劳丹的"形而上学蓝图"、蒯因的"本体论承诺"、斯特劳森的"描述的形而上学",等等。另外一种是间接提出自己的本体论。这表现为对于传统本体论的拒斥。它把目标集中在对于实体本体论的命题的不可验证性的抨击上。在这方面,维特根斯坦的"对于不可说的就应该沉默"这一名言,是人们所熟知的。而在这拒斥的背后,则同样存在着自己的本体论。例如维特根斯坦的"我的世界"、波普尔的"三个世界"、卡尔纳普的实在理论等等。[①]

至于这两种类型的共同特征,我认为可以概括为:从对世界的本原的关注转向对于人类的命运的关注。脱离人类生命活动的纯粹本原不再存在,人类生命活动不再只是外在地附属于本体存在而是内在地参与本体存在甚至成为最高的本体存在。其特征表现为,从人的角度看待世界,人的本质内在于世界的本质,世界与人之间是一种同构关系,世界的本质最终可以还原

[①] 当代哲学确实否定了传统本体论,但是没有一并否定对于本体论的追求。忽视这一点是错误的。而有些人提出把本体论变成知识论,无疑只是一种不切实际的幻想。实际上认识论并没有抛弃本体论,而是间接追问。

为人的本质。①

我之所以把它称为人类生命本体论,也正是基于这一"转向"。而从哲学的角度而言,所谓人类生命本体论,其实质就是思与生命的对话。

本体论的从传统本体论向人类生命本体论的演进对于美学来说,意义尤为重大。

作为人类生命活动的理想形态,审美活动是人类生命活动中自我进化的重大成果。我们知道,人类生命活动是一个高度精密的有机结构,在严酷、苛刻的进化过程中,它要遵守的是高度节约的原则。在人类进化的历程中,任何一种功能、机制都要适应于生存、发展的需要,多余、重复的功能和机制,是绝无可能存在的。何况,人类在进化过程中本来就是依靠轻装上阵的方法超出于动物的。他把动物身上的许多东西都精简掉了,并且因此而使自身进化为人。然而令人困惑的是,人类一方面从高度节约的原则出发把动物身上的许多东西都精简掉,另一方面却又从某种无疑是非常重要的为人类所特有的需要出发,为自己进化出既不能吃又不能穿似乎毫无功利性的审美机制。显然,审美机制的与人类俱来,绝对不会是一种毫无用处的"奢侈";当然,也绝对不可能是一种认识活动的重复,即一种形象的"思维"或者审美的"认识",从而与认识功能重叠起来。因为作为一个高度精密的有机结构,人类生命活动竟然会进化出重叠的功能,这本身就是不可思议的事情。而从人类的发展历程来看,我们同样意外地发现:从古到今,不论人类遇到任何的艰难险阻,对于美的追求,却事实上从来都没有停止过。——不但没有停止过,而且反而愈来愈顽强、愈来愈深刻、愈来愈普遍。在西方,早在古希腊时代,柏拉图就声称:"自从爱神降生了,人们就有了美的爱好,从美的爱好就产生了人神所享受的一切幸福。"②而美国哲学家艾德勒曾经

---

① 由此带来的是一系列的转换,例如:从实在到生命,从客观世界到生活世界,从上帝、自然到过程、时间,从必然到自由。从认识对象的认识论到领会自身的认识论,其中,最值得注意的是海德格尔提出的"基础本体论"。它关注的是存在实现自己的方式。

② 柏拉图:《文艺对话集》,朱光潜译,人民文学出版社1963年版,第249页。

归纳出西方历史上经常讨论的基本范畴120个,然后从中选出64个基本范畴,再从中选出6个基本范畴,最后从中再选出跨领域、跨学科的3个基本范畴,其结果恰恰是:真、善、美。在中国,早在战国时代,庄子就把"原天地之美"①作为"圣人"的天命。而回顾历史进程,我国也有所谓"爱美之心,人皆有之"这一人人耳熟能详的说法。

 这一堪称神奇的现象,不能不引起美学家的关注。艾伦·温诺发现:"尽管艺术活动对于人类生存没有明显的价值,所有已知的人类社会却一直从事于某种形式的艺术活动。""艺术活动并不只是有闲阶级的奢侈品,而是人类活动内容中非常重要的组成部分。事实上,即使在一个人必须把他的大部分精力用于不折不扣的生存斗争的情形下,也不曾放弃过艺术创作活动。"也正是因此,"艺术行为提出了许多令人迷惑的问题。比如,为什么有那么强大的动力促使人去从事一项无助于物质生存的活动"。②毫无疑问,这一"发现"会在许多睿智的学者那里得到强有力的支持。例如,布罗日克就指出:"对于发达社会中的人来说,对美的需要就如同对饮食和睡眠的需要一样,是十分需要的。"③玛克斯·德索也强调:"审美需要强烈得几乎遍布一切人类活动。我们不仅力争在可能范围内得到审美愉快的最大强度,而且还将审美考虑愈加广泛地运用到实际事务的处理中去。"④杜夫海纳更断言:"在人类身上,有一种对美的渴望吗?答案应该是肯定的,即使把这种渴求看作是被文化唤醒的,或者至少是被文化指引的一种人为的需要也罢。"⑤马斯洛说得更加明确:"审美需要的冲动在每种文化、每个时代里都会出现,这种现象甚至可以追溯到原始的穴居人时代。"⑥"从最严格的生物学意义

---

① 《庄子·知北游》。
② 艾伦·温诺:《创造的世界》,陶东风等译,河南人民出版社1988年版,第1、2页。
③ 布罗日克:《价值与评价》,李志林等译,知识出版社1988年版,第76页。
④ 玛克斯·德索:《美学与艺术理论》,兰金仁译,中国社会科学出版社1987年版,第53页。
⑤ 杜夫海纳:《美学与哲学》,孙非译,中国社会科学出版社1985年版,第2页。
⑥ 转引自弗兰克·戈布尔:《第三思潮:马斯洛心理学》,吕明等译,上海译文出版社1987年版,第47页。

上,人类对于美的需要正像人类需要钙一样,美使得人类更为健康。""对美的剥夺也能引起疾病。审美方面非常敏感的人在丑的环境中会变得抑郁不安。"①

然而,令人遗憾的是,在传统本体论阶段,作为本体的存在是理性预设的,是抽象的、外在的,也是先于人类的生命活动的。既然人类的生命活动都没有地位,作为生命活动的理想形态的审美活动在其中自然也同样不会有地位,而只能以低级或者反面的形式出现。这是完全合乎传统本体论的所谓理性逻辑的。在历史上,我们看到的,也正是这样的情景。早在公元前6世纪到前5世纪,在希腊就存在诗人与哲学谁更具有智慧的被柏拉图称为"诗歌和哲学之间的古老争论"。柏拉图本人的选择更能说明问题。"柏拉图原打算做个戏剧诗人,但是青年时代遇到苏格拉底以后,他把自己所有的原稿都烧掉,并且献身于智慧的追求,这正是苏格拉底舍命以赴的。从此柏拉图的余生就跟诗人奋战,这个战争,首先,乃是跟他自身里的诗人作战。经过那次跟苏格拉底改变命运式的会面以后,柏拉图的事业一步步地进展,可以命名为:诗人之死。"②对于那场"诗歌和哲学之间的古老争论",柏拉图竟然遗憾自己没能赶上,而从他在著作中罗列的"诗人的罪状"以及宣布的放逐诗人的决定来看,他的立场是十分清楚的。③ 至于亚里士多德,他虽然说过诗歌比历史更富于哲学意味,但这只是为了说明它更接近哲学,而且也只是为了在比附的意义上把它称作一种"比较不庸俗的艺术"而已。假如说柏拉图是在理想中放逐艺术,亚里士多德就是在现实中放逐艺术。直到康德,仍然如此。康德同样贬低艺术。他虽然强调审美活动是某种中介,但之所以要这样强调还是为了强调审美活动的相对于理性活动而言的特殊性。确实,他不再强调艺术只会说谎话了,但是也并没有强调艺术可以说出真理。因此,康德对于审美活动的看法实际上只是提供了从另外一个角度去

---

① 马斯洛:《人性能达的境界》,林方译,云南人民出版社1987年版,第194页。
② 白瑞德:《非理性的人》,彭镜禧译,黑龙江教育出版社1988年版,第78页。
③ 值得注意的是,在柏拉图学说中存在着艺术灵感说与艺术摹仿说的顽强对立,事实上,这恰恰说明作为生命活动的理想形态的审美活动的强大生命力。

贬低艺术的路子。这种贬低同样出于"诗人之死"的古老传统。[①] 黑格尔也是如此。他对审美活动的兴趣,同样是一种"哲学兴趣"——而且连康德还不如(起码是退回到了把艺术当作认识的预备阶段的莱布尼茨)。他只是出于一种精神发展的完整性的考虑才把艺术纳入其中(这一点,从他提出的直观——表象——概念,与艺术——宗教——哲学的对应可知)。甚至连经验主义哲学大师洛克,在谈到审美活动、艺术的时候,也是如此。总而言之,哲学面对作为本体的世界,属于一种理性、本质的科学;而美学面对作为本体的世界的附庸的生命活动,属于一种感性、现象的科学。因此,美学的地位在历史上一直是很低的,这就是所谓的"感性学"的来源。克罗齐指出:西方美学就是以哲学与诗歌的对立为开端的,[②]正是有鉴于此。

而现在,伴随着本体论的从传统本体论向人类生命本体论的演进,人类的生命活动的地位日益突出,审美活动作为生命活动的理想形态,其地位自然更加突出。与此相应,伴随着人类生命活动本身成为哲学本体论的内涵,审美活动本身也无疑会因为它集中地折射了人类生命活动的特征而成为哲学本体论的重要内涵。在这个意义上,人类生命本体论的所谓思与生命的对话,就其实质而言,实际上就是思与诗(审美活动)的对话。回顾一下人类发展的历史,我们所看到的,正是这样的一幕。这一幕,从哲学的角度看,是从审美活动看生命活动,可以概括为把美学引入哲学,也就是卡西尔所说的"把哲学诗化"(实际上谢林早已说过,整个哲学的拱心石是艺术哲学)。它意味着通过对于审美活动的考察来更为深入地解决哲学本身所面对的问题。例如,在康德之后,席勒发现只有审美活动还保持着与自由的唯一联系,尼采以诗意之思与理性之思对抗,认为哲学必须卷入艺术,只有作为一种审美现象,人生和世界才显得合情合理。海德格尔把诗意之思上升为存在之思,认为哲学传统已经终结,思想成为诗人的使命。思想的诗人与诗意

[①] 参看伽达默尔:《真理与方法》,王才勇译,辽宁人民出版社1987年版,第126页。
[②] 参看克罗齐:《作为表现的科学和一般语言学的美学的历史》,王天清译,中国社会科学出版社1984年版,第4页。

的思想是一致的,是以同一方式面对同一问题。并且把思与诗的对话强调到不是要对文学史的研究和美学作出什么贡献,而是出于思之必需的高度。伽达默尔在哲学中首先讨论"艺术经验中的真理问题",而且认定解释学尤其适应于美学。维特根斯坦、德里达更是如此。尤其是德里达,他甚至把哲学解构为文学,提出哲学也是一种文学。最终走向了"美学还原主义"和哲学的"文学理论化"。我们在这一切中所看到的都是把美学引入哲学这一重大转换。而从美学的角度看,是从生命活动看审美活动,可以概括为把哲学引入美学,也就是卡西尔所说的"把诗哲学化"。它意味着对于审美活动本身所禀赋的本体论内涵加以考察。例如,雅斯贝斯就提出把审美活动提升到一个不可还原的哲学高度,以形而上学来界定审美的本体,认为在此意义上,艺术本身就是一种哲学研究。卡尔纳普说:艺术同形而上学同源,它们都是采取语言的表达功能而非表述功能。苏珊·朗格也说:"真正能够使我们直接感受到人类生命的方式便是艺术方式。"[1]不难想象,当代美学把哲学引入美学,意味着美学的根本问题的重大转换。过去,我们一般只是从审美活动所反映的内容的角度来考察审美活动本身的本体论内涵,但是现在我们却意外地发现了审美活动本身的本体论内涵,审美活动本身就是本体论的,就是形而上学的。由此,美学开始了诗与思的对话,开始走上了与哲学对话的前台。美学从哲学的殿军一跃而成为哲学的前卫。

值得指出的是,西方当代美学所开始的诗与思的对话,以及把哲学引入美学,也正是中国美学在长期发展演进的历程中所孜孜以求的。中国美学的不是从天人二分而是从天人合一的角度,不是从理性追问而是从诗性追问的角度,不是从对象性而是从非对象性的角度,不是从思与世界的对话、思与神灵的对话、思与科学的对话而是从诗与思的对话的角度,不是从把审美活动作为一种认识活动、把握方式之一而是从把审美活动作为人类根本性的生命活动、超越性的生命活动的角度,不是从说可说的现实世界而是从

---

[1] 苏珊·朗格:《艺术问题》,滕守尧等译,中国社会科学出版社1983年版,第66—67页。

说不可说的超越性境界的角度,不是从外在的超验的终极价值而是从内在的超越的终极价值的角度,不是从追问"有"而是从追问"无"的角度(在这里,"无"是造成"有"的根源。例如,这是玫瑰花,即不可能是其他,其他就是"无"),去考察审美活动,应当说,是极具当代性的。[①] 而西方当代美学与中国美学在这个方面的内在契合,恰恰说明:审美活动的本体论内涵,正是美学之为美学所必然面对的问题。

从当代社会的发展来看,以审美活动的本体论内涵作为美学之为美学的根本问题,无疑也有其深刻的意义。在当代社会,价值虚无以及精神家园的丧失,是普遍的精神困惑。对于工业文明的忧虑与反思,成为人文科学的内在要求。值此之际,审美之思义无反顾地担当起了看守哲思的天命,审美的觉醒也成为人性的觉醒的根本尺度。因此,以审美活动作为人类的精神家园和安身立命之所,以审美活动作为设定现实世界的理想根据,换言之,以审美来弥补现实活动的不足,以审美活动来弥补理性活动的缺憾,把一种新的灵性带到人们心中,就成为人类的重大抉择。而美学在这个时候隆重登场,深刻地反思审美活动的本体论内涵,就无论怎么对它的意义加以说明,也不会过分,因为,它所面对的,正是人类之为人类的最为根本的天命。

综上所述,审美活动的本体论内涵,正是当我们从把哲学引入美学以及诗与思的对话的角度去重建当代美学时所面对的美学问题。

不过,对于审美活动的本体论内涵的考察又不能等同于审美本体论。审美本体论(或者美学本体论、艺术本体论)是目前国内美学研究中的一大时尚。我的看法却略有不同。在我看来,审美活动确实禀赋着本体的内涵,但却并不就是本体,或者说,审美活动不能等同于本体。应该看到,万事万物都有本体的意义,都反映出本体的存在,但是不能说它们有自己的本体。否则就是离开本体论来谈本体论。我们可以说审美活动尤其禀赋本体论的

[①] 关于中国美学的诗与思的对话,以及把哲学引入美学,请参见拙著《中国美学精神》(江苏人民出版社 1993 年版)、《生命的诗境》(杭州大学出版社 1993 年版)。

内涵,尤其反映出本体的存在,但是毕竟不能说审美活动有自己的本体,否则同样是离开本体论来谈论本体论。假如一定要这样做,其实质就无异于把本体论降低到具体事物或者把具体事物提升为本体论,最终必将导致哲学的抽象性的不复存在。由此不难联想到,海德格尔之所以把重新肯定形而上学看作时代的进步,应该正是有鉴于本体论被降低到具体事物或者把具体事物提升为本体论的思维误区。另一方面,审美活动虽然并不就是本体,但这却并不意味着在审美活动中并不存在本体论的问题。恰恰相反,美学对于审美活动的本体论内涵的考察对于本体论的解决有着特殊的意义、价值。事实上,作为人类生命活动的理想形态,审美活动本身无疑因为它集中地折射了人类生命活动的根本特征而禀赋着本体的重要内涵。这一点,我们在前面介绍的中国古典美学与西方当代美学的大量论述中已经看到。平心而论,这些看法无疑都是十分精辟的。对此,只要我们联想到审美活动之中所深藏着的人类生存的本真形式,联想到审美活动的因为较之人类其他生命活动的基础而深刻地切近人的存在,联想到审美活动的因为在本体论没有出现当代转换之前就始终呵护着人类本体的完整形态、理想形态而当之无愧地成为本体论转换的根据,联想到杜夫海纳的重要发现,"在人类经历的各条道路的起点上,都可能找出审美经验;它开辟通向科学和行动的途径。原因是:它处于根源部位上,处于人类在与万物混杂中感受到自己与世界的紧密关系的这一点上……这就是为什么某些哲学偏重选择美学的原因,因为这样它们可以寻根溯源,它们的分析也可以因为选择美学而变得方向明确,条理清楚",[①]联想到我在前面已经一再强调的人类精神家园的从世界、神灵、科学的转向人类生命活动本身……就不难意识到,在人的存在的本体意义越来越受到关注的当代社会,审美活动的本体论内涵所回答的正是本体论的根本问题:存在的意义何在? 存在如何可能? 美学的关于审美活动的研究因此而被纳入了本体论的视野,换言之,审美活动的本体论内涵

[①] 杜夫海纳:《美学与哲学》,孙非译,中国社会科学出版社1985年版,第8页。

因此而成为美学的根本问题。

也因此,当代美学以审美活动的本体论内涵作为自己的根本问题,就不同于审美本体论的所谓本体论的美学阐释,而只是美学的本体论阐释。这阐释,就其特定视界而言,是着眼于审美活动本身的本体论内涵,而不是本体论意义上的审美活动。后者是把美学引入哲学的众多"诗人哲学家"的特定视界,他们只是从审美活动看人类生命存在的终极意义,因此也就始终是在哲学领域里研究审美活动,是思与诗的对话。至于审美活动本身如何可能、审美活动本身的本体论内涵是什么,他们是根本不予考虑的。前者不然,其特定视界就是审美活动本身如何可能、审美活动本身的本体论内涵是什么,是从人类存在的终极意义看审美活动本身,是在美学领域内对审美活动进行具体的研究,是诗与思的对话。而就特征而言,这阐释则表现为两个方面的内容:首先,是从本体论作为美学研究的世界观的角度,考察审美活动的本体意义。从这个角度,要考察的是,审美活动是否与人类本体相关,是否人类本体存在的展开,是否人类的必要、必然的活动,以及审美活动与人类活动之间的共同性何在。其次,是从本体论作为美学研究的方法论的角度,考察本体意义的审美活动的根本特征。从这个角度,本体论作为方法论存在于美学之中,着重考察审美之思的源头何在,审美活动的特殊性是什么,审美活动之所以为审美活动的特殊规定、根本特征是什么,或者说,审美活动以何种尺度显示本体的存在,审美活动是怎样建立起与世界的联系的。

严格而言,审美活动的本体论内涵应该说是古已有之,但是意识到审美活动的本体论内涵并且明确地以之作为美学的根本问题,则只有在精神充分自觉的时代才有可能,尤其是在传统本体论转向人类生命本体论之后才有可能。在这个意义上,对于审美活动的本体论内涵的强调无疑会为美学研究本身展示出极为广阔的全新的研究空间,同时也会导致对于审美活动的根本性质的深入理解。它使我们意识到:审美活动与人的本体存在的关系,实在还是一个可以而且必然重新讨论的问题。我所一再反省的"无根的美学"的现状,也将可以而且必须重新从根本上加以扭转。① 美学之为美学,将从更为根本的角度得以重新规定。换言之,美学由此为自己确立了真正的本体论关怀。②

  显而易见,审美活动的本体论内涵作为美学问题的确立,从根本上改变了美学研究本身。审美活动与本体存在之间存在着的命中注定的不解之缘,使得对审美活动的本体论内涵的揭示成为人类生命活动的敞亮。在这个意义上,西方哲学所强调的美学与哲学互换位置,以及对于人生的诗意与诗意的人生的执着追问,就显然有其道理。审美活动与人类的本体存在具有一种同构关系,审美活动与人类本体之间更存在着一种非此不可的关系、一种内在的同一性。审美活动是一种真正合乎人性的存在方式,又是一种人类通过它得以对人类本体存在深刻理解的方式,而不是一种认识物的方式,审美活动还是人类生命活动的理想形态。因此,只有进入对于人类本体的反思,才能与审美本体谋面,同样,只有从对于审美活动的本体论内涵的揭示出发,也才有助于揭示人类的超越之维、人类的审美生成的全部奥秘。因此,对于审美活动的本体论内涵的揭示,就不仅仅是一个美学问题,而且是一个文化哲学问题、哲学问题。这样,一方面,美学研究的重点不再是从审美活动如何反映了现实的角度去考察,而是从审美活动如何显现了存在的角度去考察;不再是在审美活动中反映世界如何可能,而是在审美活动中

---

① 我一直坚持认为:美学的发展首先应该是本体论的发展,美学的转型也首先应该是本体论的转型。例如对审美活动的看法不是着眼于审美活动是什么,而是关注审美活动为什么,关注在其中的人的自由的实现,以便最终为人类对审美活动的看法,甚至为人类对生命活动的看法提供一个本体论的根据、原则。

② 美学学科即"美学之为美学"的重建,包含三个层次:从深层的角度说,是对于美学学科的特定视界的考察,它着眼于美学学科即"美学之为美学"的根本规定(只有研究什么问题,美学才是可能的);从中层的角度说,是对于美学学科的特定范型的考察,它着眼于美学学科即"美学之为美学"的逻辑规定(只有怎样研究问题,美学才是可能的);从表层的角度说,是对于美学学科的特定形态的考察,它着眼于美学学科即"美学之为美学"的构成规定(只有研究问题,美学才是可能的)。而本书所提出的问题,无疑也与这三个方面密切相关。限于篇幅,学科范式的问题不再讨论,可参见《学术月刊》1997年第1期拙作《从独白到对话》。

人的存在如何可能;更为重要的也不再是审美活动的工具意义,而是审美活动的本体意义。另一方面,美学研究的重点也不像"诗人哲学家"那样,把美学问题提升为哲学问题,从审美活动看生命活动,而是把哲学问题还原为美学问题,从生命活动看审美活动。它通过对审美之根的清理以探求人类未来之路,担当起思考人类的命运的天命,由此相关,审美活动的特定存在方式,换言之,审美活动如何可能,就成为美学关注的中心。① 美学转而成为对于人之为人的审美生成、价值生成的深刻思考,成为对于审美存在的终极原因和根本特性的反思,以及对于审美活动的意义、价值的领悟和揭示。

美学的对象、内容、范围

在考察了美学的当代问题之后,对于美学的对象、内容、范围的考察,就成为可能。

确定美学研究的对象,应有其原则,这原则,我认为以费希特提出的确定哲学研究的对象时提出的原则最值得借鉴:"我们想把每种哲学提出来解释经验的那个根据称为这种哲学的对象,因为这个对象似乎只是通过并为着这个哲学而存在的。"②确实,每一种哲学用来阐释世界并构建理论体系的基本原则,就是它的研究对象。例如,"现实的人"是费尔巴哈用来阐释世界并构建理论体系的基本原则,因此他的哲学就是"将人连同作为人的基础的

---

① 目前,国内美学界对于美学研究所提出的大多是本质论、主体论之类,它们本身是否正确,此处无暇讨论。若从外在的研究对象的比较来看,对于审美活动的本体论内涵的研究,应该说比本质论的研究要为宽泛,但与主体论的研究相比,应该说又远为根本。其次,对于审美活动的本体论内涵的考察也并不意味着一种抽象的泛泛而论。事实上,我们可以从不同层面、不同角度入手,把对于审美活动的本体论内涵的研究深入下去。例如,再现论是从思维与存在的层面上去研究审美活动的本体论内涵,揭示的是最为根本的本体论内涵,涉及的是一般规律。形式论则是从艺术文本的构成方式与其产生审美效果的层次来研究的,揭示的是具体的本体论内涵,揭示的是特殊规律,等等。对此,本书分为根源层面、性质视界、形态取向、方式维度四个方面去加以考察。
② 见《18世纪末—19世纪初德国哲学》,北京大学哲学系外国哲学史教研室编译,商务印书馆1975年版,第187页。

自然当作哲学唯一的、普遍的、最高的对象"。① 黑格尔是以人类理性来作为阐释世界并构建理论体系的基本原则的,因此在他的哲学看来,"哲学是探究理性东西的"。② 美学也是如此。"本体世界""认识活动"曾经是传统美学用来阐释世界并构建理论体系的基本原则,因此在传统美学看来,美学就是以作为本体世界的显现的美或者作为认识活动的特殊形态的美感作为研究对象。

值得指出的是,在这方面,美学界也曾出现一些失误。这失误,从外在的角度讲,是往往把美学的研究对象混同于其他学科。例如,把美学的研究对象混同于"美化学"即美化生活之学。美化生活是出于"爱美之心",而美学却是出于"爱美学之心"。"爱美之心,人皆有之",但是"爱美学之心,不必人皆有之"。经常有人要求美学研究解决美化生活中的实际问题,然而在这方面美学家却甚至比不上一个家庭妇女,当然这并不是美学家的耻辱。须知,美学家思考的观念形态上的东西,应该是人们进行审美活动的前提、根据,否则美学研究就会成为一种常识研究,不可能具备深刻的理论性。再如,把美学的研究对象混同于艺术学。在西方,美学的研究对象与艺术学相等同是一个传统。但这主要是因为美学诞生于近代,艺术被定性为"美的艺术"也在近代,故误以为两者是同一的。实际上艺术在古代、在当代都并不是与审美活动等同的。而且,只要稍作比较就会发现:两者在范围方面存在着宽窄的差异,在内涵方面更存在着深浅的差异。而从内在的角度讲,这失误则表现在往往把美学的研究对象局限在认识论的层面上。其最为突出的表现,就是以美、美感或审美关系作为美学的研究对象。美学是研究美的,然而美学就不研究丑吗?显然失之狭隘。为弥补这一"狭隘",有人把美理解为广义的,但是问题仍然没有解决。因为它还存在一个根本缺憾,就是往往成为一种哲学的讨论,丧失了现实性。至于认为美学是研究美感的,则不但是失之于狭隘,而且根本就是不可能的。因为在这个意义上的美感只是

---

① 《费尔巴哈哲学著作选集》上卷,荣震华等译,商务印书馆1984年版,第184页。
② 黑格尔:《法哲学原理》,范扬等译,商务印书馆1961年版,第10页。

一个心理学的问题,不是一个哲学意义上的美学问题。目前流行的美学是研究审美关系的看法也有问题。原因是它只是一种哲学的讨论,容易限制在精神领域。其次,更为值得注意的是,把美学的研究对象局限在认识论的层面上,还存在着一个共同的从而也是更为根本的缺憾,就是它所把握的研究对象,不论是美、美感还是审美关系,都不是最为根本的东西。美不能离开美感,美感也不能离开美,审美关系则无法离开特定的审美主体、审美客体。那么,在它们之下的那个深刻地决定着它们的东西是什么呢?显而易见,事实上正是这个"东西",才很有可能成为美学的研究对象。

从当前的美学研究来看,以作为中国当代的主流美学的实践美学的探索较为成功,其成功之处在于通过"实践原则"深刻地抓住了这个"东西"。它所"提出来解释经验的那个根据",就是人类的实践活动。因此,它也就顺理成章地把在美、美感、审美关系之下的那个深刻地决定着它们的东西归结为人类的实践活动。这无疑是一个十分值得重视的开始,但也是一个需要修正的开始。因为,首先,它对人类实践活动的理解事实上是理性主义的,因此,它对人类审美活动的理解事实上也就是理性主义的。其次,它忽视了实践活动与审美活动之间的根本差异,而恰恰就是这个差异,导致了它在美学研究中的一系列缺憾。①

既然"实践原则"存在明显的失误,新的原则就呼之欲出了。它就是:生命活动原则。所谓生命活动原则,无疑是对于实践美学的拓展。在我看来,中国当代美学的转型,应该从把实践活动原则扩展为人类生命活动原则开始。这就是说,美学应该从实践活动与审美活动的差异性入手,应该以人类的超越性生命活动作为自己的逻辑起点。

实践原则,体现着马克思哲学思想的基本精神,也是他所带来的哲学变革的根本指向。然而,它本身又同时就是一个期待着阐释的原则。在一定时期内,人们把它理解为唯一原则,认为一切问题都可以直接从中得到说

---

① 关于实践美学的缺陷,可参见拙著《生命美学》(河南人民出版社1991年版)、《反美学》(学林出版社1995年版)。

明。然而,现在看来,这种"理解"也许仍只是一种关于实践原则的阐释系统而已。① 在我看来,实践原则并非唯一原则,而只是根本原则。人类的生命活动确实与实践活动有关,但却毕竟不是"唯"实践活动。因此,我们应该把目光拓展到人类生命活动上面来,从实践活动原则转向人类生命活动原则,而这就意味着:美学要在人类生命活动的地基上重新构筑自身。

我这样讲,理由在前面就已经略有提及。这就是:实践活动原则虽然在结束传统哲学方面起到了决定性的作用,但却毕竟仍然只是一个抽象的原则,只有人类生命活动原则才可以把它展开为一个具体的原则。

且看实践活动原则在结束传统哲学方面是怎样起到决定性的作用的。

就西方传统哲学而言,众所周知,从古代到近代,虽然存在着对于"世界的本原是什么"以及"能否或怎样认识世界的本原"的差异,从表面看,有所不同,但事实上,它们只是或者抓住了人类生命活动的物质方面,②或者抓住了人类生命活动的精神方面,就其根本而言,却又都是从抽象性的角度出发建立自己的体系。抽象性,是其根本的特征。

人类的思辨历程是一个否定之否定的过程。最初,无疑是开始于一种抽象的理解。或者是抽象的外在性:这意味着奉行实体性原则,总是抓住世界的某一方面,固执地认定它就是一般的东西。在人类从自然之中抽身而出的古代社会,这样刻意强调人同自然的区分,固然是一大进步——由此我们不难理解希腊哲学家泰勒斯声称"水是万物的本原",为什么在西方哲学史中总是被认定为哲学史的开端,并且享有极高的地位,它意味着西方人真正地走出了自然,开始把人与自然第一次加以严格区分,开始以自然为自

---

① 犹如说"美是人的本质力量的对象化"只是马克思美学思想的一种阐释系统而已。何况,马克思本人并没有直接提出这个美学命题。
② 从时间看,我们有文字描述的历史,只有数千年,相当于世界的存在时间的万分之四,从空间看,我们有文字描述的历史也只是对个别地区的描述。我们又有多大权利对世界作发生学的说明?世界的本原性,完全是我们根据人类主义的因果性需要以思想反推的方式建立的假设。从关系看,人既是世界的建筑师,又是这个大厦的砖瓦,又如何可能站在世界之外指手画脚?

然,不再以拟人的方式来对待自然——但却毕竟只是一种抽象的自然,而且无法达到内在世界。或者是抽象的内在性:这意味着奉行主体性原则,总是抓住主体的某一方面,或者是人区别于动物的某一特征,如理性、感性、意志、符号、本能,等等;或者是人的活动的某一方面,如工具制造、自然活动、政治活动、文化行为……等等。固然,这在强调人同内在自然的区分上是十分可贵的,通过这一强调,人才不但高于自然,而且高于肉体,精神独立了,灵魂也独立了。"目的"从自然手中回到了人的手中,古代的那种人虽然从自然中独立出来,但却仍旧被包裹在"存在"范畴之中的情况,也发生了根本的改变。通过思维与存在的对立,人的主体性得到了充分的强调。例如,笛卡尔的"我思故我在",就可以看作这种强调的一个标志。唯理论与经验论则是对于主体性的两个方面的强调。而康德进而把认识理性与实践理性作了明确划分,从而成功地高扬了人类的主体能动性。但却毕竟仍是一种抽象的主体。后康德哲学则开始尝试从抽象的外在性与抽象的内在性的对立走向一种具体性,以达到对于人类自身的一种具体把握。黑格尔把历史主义引进到纯粹理性,以对抗非历史性,提出了所谓思想客体。费尔巴哈则引进人的感性的丰富性以对抗理性主义对人的抽象,提出所谓感性客体,但他们所代表的仍旧是唯心主义或唯物主义的抽象性。[1] 现代哲学也不例外,或者划定理性的界限,或者转而关心非理性的方面,借助于对这些方面的夸大,起到了对于人类自身的一种具体把握的追求的补充效应,但也仅此而已,也只是抓住了非基础性的方面。正如施太格缪勒说的:存在哲学和存在主义的"本体论都企图通过向前推进到更深的存在领域的办法来克服精神和本能之间的对立"。[2] 而且,在其中心灵与世界的抽象对立始终存在,虽然不再简单地归于一方了。

---

[1] 美学也如此,康德对审美判断主要是作了一种抽象形式的分析,席勒转而作了一种历史形式的分析,黑格尔则在此基础上提出了"人的对象化""对象的人化",但仍旧是逻辑形式的剖析。
[2] 施太格缪勒:《当代哲学主流》上卷,王炳文等译,商务印书馆1986年版,第168页。

马克思主义的实践活动原则则正是上述抽象对立的真正解决。①

最终解除外在性与内在性的抽象对立而达到一种具体性,达到一种对于人类自身的具体的把握的,正是人类的实践活动。在实践活动中,不再用一种抽象性取代另一种抽象性,抽象的客体与抽象的主体真正统一起来了,抽象的物质与抽象的精神也真正统一起来了,转而成为实践活动的两种因素。正是在这个意义上,马克思才说:"不在现实中实现哲学,就不能消灭哲学,不消灭哲学,就不能'使哲学变成现实'。"②

但也正是因此,我们就不能不指出,马克思实践活动原则的提出,并非人类克服抽象性原则的结束,而只是开端。道理很简单,假如离开了人类生命活动的方方面面的支持,单纯的实践活动原则只能是一个抽象的原则。③

马克思在当时格外突出了实践活动,主要是因为传统哲学最为忽视的正是这个作为人类生命活动的基础的东西,同时也因为人类对于自身生命活动的方方面面的研究还没有开始,还不可能把它展开为一个具体的原则。因此我们在注意到实践原则的基础地位的同时,也无须把它夸大为唯一的原则。迄至今日,当我们面对把实践活动展开为一种具体的原则的历史重任,尤其是当人类已经在方方面面对于人类的生命活动加以研究之后,无疑

---

① 黑格尔在自己的思想探索中已经初步涉及了现实的人的劳动,但是却失之交臂,未能把握住这一关键环节,而且,黑格尔是从现实劳动到自我意识再到绝对理念,结果把自己理论中所蕴藏的革命活力和革命思想完全窒息了,马克思却是从绝对理念到自我意识再到现实劳动。
② 《马克思恩格斯全集》第1卷,人民出版社1956年版,第7页。
③ 在人类的主客体分化过程中,人的实践能力也处在形成过程中,因此实践活动并不是最早的活动,但其时生命活动却是存在的。恩格斯说过:"劳动创造了人本身。"(《马克思恩格斯全集》第23卷,人民出版社1972年版,第202页)这里的劳动显然不是实践,否则,实践是人的本质,但实践又创造了人,这不是矛盾吗?可见,人类生命活动在时间上先于实践活动;其次,生命活动分为外部活动、内部活动,实践活动则是外部活动,例如必须是"感性活动"。可见,人类生命活动在内涵上也较实践活动更为全面。

有必要同时有可能把它扩展为人类的生命活动原则。①

这样,从实体原则——到主体原则——到实践活动原则——到人类生命活动原则,应该说既忠实于马克思主义的哲学,又充分体现了发展着的时代精神,在我看来,这正是马克思主义哲学的题中应有之义。②

美学的从实践活动原则扩展为人类生命活动原则,又必然导致美学的研究中心的转移。

人类生命活动原则使我们有可能从更为广阔的角度考察审美活动。这使我们意识到:实践活动相对于审美活动来说,无疑是基础性的存在,但却并非审美活动本身。传统美学强调两者完全无关,显然是错误的,实践美学强调两者大同小异,也同样无法避免某种片面性的存在。正确的做法是:找到一个在它们之上的既包含实践活动又包含审美活动的类范畴,然后在类范畴之中既对实践活动的基础地位给以足够的重视,同时又以实践活动为基础对其他生命活动类型的相对独立性给以足够的重视。毫无疑问,这个类范畴应当是人类的生命活动,而实践活动、审美活动(包括艺术活动)以及理论活动则是其中最主要的生命活动类型。那么,美学的研究中心是什么呢?无疑应该是相对独立于实践活动的审美活动,不过,需要强调一下的是,假如从不"唯"实践活动(但必须以实践活动为核心、基础,否则人类生命活动原则就又成为抽象的原则了)的人类生命活动原则出发,那么应当承

---

① 从实践活动原则转向人类生命活动原则,可以更好地容纳当代哲学所面对的大量新老问题,老问题如自由问题、主客体的分裂问题、真善美、自由与必然、事实与价值、规律与选择、感性与理性、灵与肉的分裂,但它们也有了新内容;新问题如痛苦、孤独、焦虑、绝望、虚无,因核武器、环境污染、生态危机所导致的全球性人类生存问题,相对论、测不准关系、控制论、信息论、耗散结构以及发生认识论、语言哲学、科学哲学所涉及的哲学问题⋯⋯这些问题用实践活动是难以概括的,事实上,它们都是根源于人类的生命活动,发展于人类的生命活动,也最终必然解决于人类的生命活动。
② 人们总是忽视马克思与柏拉图、黑格尔为代表的知识论美学传统的根本差异,从而把后者的基本问题——思维与存在的关系问题当作马克思美学的基本问题。实际上,马克思探讨的是作为认识和思维活动的基础和前提——人类的生命活动。

认:这里的审美活动不再被等同于实践活动,而被正当地理解为超越性的生命活动。①

这样,传统美学的或者以美,或者以美感,或者以审美关系,或者以艺术为研究中心的失误也就从根本上得到了匡正。当我们把审美活动理解为超越性的生命活动之时,不难发现:传统美学一直纠缠不休的被抽象理解了的美、美感、审美关系、艺术,实际上只是审美活动的若干方面。例如,美不过是审美活动的外化,美感不过是审美活动的内化,审美关系不过是审美活动的凝固化,艺术不过是审美活动的二级转化,等等。② 因此,传统美学无论是以美为对象,还是以美感、审美关系、艺术为对象,都是遮蔽了审美活动本身的必然结果,都是一种实体思维或主体性思维。而全部美学的历史也无非是一部对于人类的审美活动的抽象理解的历史而已。或者无法准确说明主体,或者无法准确说明世界。而要恢复美学研究的真正面目,就要把这一切通通括起来,转而去寻找它们的根源,否则,美学研究就会永远停留在一种我一再提示的那种"无根"的困惑状态之中。而一旦以审美活动作为它们的根源,就会意识到:自古以来纠缠不休的美与美感的对立,无非是具体的审美活动内部的两个方面的对立,我们之所以视而不见,只是因为我们对于审美活动的抽象理解所致。换言之,假如说,美是什么是古代的问题,美感是什么是近代的问题,那么,审美活动如何可能以及在此基础上的美如何可能、美感如何可能,则是现代的问题了。于是,美学基本问题从对于美或者美感的研究转化为对于审美活动的研究。美学本身也转而出现一种全新的形态。

当然,以审美活动作为美学研究的特定视界,也并非本书独创。然而,我所说的审美活动却与其他美学家有着根本的不同。在那些美学家看来,审美活动只是一种把握方式、一种形象思维活动,把审美活动理解为一种以

---

① 关于人类生命活动、实践活动与审美活动之间关系的详细讨论,请参见本书第 2 章第 1 节。
② 还有不少美学家为审美主客体而大费心思。实际上,审美主体无非是进入审美活动的主体,审美客体也无非是进入审美活动的客体而已。

实践活动为基础同时又超越于实践活动的超越性的生命活动,是他们所不能接受的。在他们那里,实践活动成为决定一切的东西,但却未能进入到超越性的生命活动的层面,结果,他们错误地保留了主体与客体、美与美感的给定性,虽然言必称实践活动,但却只是以实践活动作为联结主体与客体、美与美感的桥梁,从未深刻意识到人类与自然之间固然存在连续性,因此才能够反映外在世界,但人类与自然之间更存在着间断性,否则人类就不可能从自然界中超越而出。结果,充其量也只能是在物质本体论的基础上去强调主观能动性,然而,这又怎么可能?须知,在此基础上两者之间的矛盾是根本不可调解的。最终,只能或者抽空物质世界,或者抽空主观能动性,或者美被美感所点燃,或者美感是美的反映。就后者而论,主观性被还原为客观性(全部内容无非是通过反映而得到的客观性)、主观能动性被还原为物质决定论,人的主体地位,就是这样成为一纸空文。生命活动的超越性不见了,剩下的只是对于客观的反映性,人对现实的超越变成了自然通过人所达成的自我超越,人的自由变成了对于必然规律的服从,人的主观能动性变成了对于客观规律的主动服从……不难看出,这类对于审美活动的提倡,只是为了设法回避矛盾,取消矛盾,在理论上把实际存在的矛盾一笔抹杀,因此才会不断把主观性还原为客观性、把精神还原为自然,或者把自然还原为精神、把客观性还原为主观性……最终自觉不自觉地重蹈了旧唯物主义的覆辙。由此,我不禁想起了马克思的一句名言:"这种对立的解决绝不是认识的任务,而哲学未能解决这个任务,正因为哲学把这仅仅看作理论的任务。"①确实,要解决美学的千古大谜,关键不在于不断地还原,而在于找到一个更高的范畴,把它们统一起来。"主观主义和客观主义,唯灵主义和唯物主义,活动和受动,只是在社会状态中才失去了它们彼此间的对立,并从而失去它们作为这样的对立面的存在;我们看到,理论的对立本身的解决,只有通过实践的方式,只有借助于人的实践力量,才是可能的。"②这意味着:主

---

① 《马克思恩格斯全集》第42卷,人民出版社1979年版,第127页。
② 《马克思恩格斯全集》第42卷,人民出版社1979年版,第127页。

体与客体、美与美感的对立,在审美活动中是同时存在的,因此也就应该相应地加以解决,而不能通过还原的方法回避。换言之,应该在审美活动的基础上,既在自然对象的面前承认人类的主体存在,也在人类的主体存在的面前承认自然对象的存在;既在客观性面前承认主观性,也在主观性面前承认客观性;既承认自由的实现应该以对于自然规律的认识为前提,也承认自由的实现本身应该是对于现实的超越。而这就必然导致把审美活动合乎逻辑地理解为超越性的生命活动。①

在相当长的时间内,美学学科本身一直没能真正确立。这与它没有找到自己独立的研究对象有关。姑且不说实践美学往往只是停留于对于实践活动的审美本性的说明,即便是国内目前较为流行的从审美活动的角度所建构的美学体系,正如我在上面剖析的,由于未曾敏捷地从实践活动转到人类生命活动的起点上来,未曾明确揭示审美活动并非把握方式而是生命方式这一根本特性,更未曾及时赋予审美活动以一种独立的、本体的地位,因此也就仍旧停留在对于审美活动的理性层面的说明上(只注意到审美活动的肯定性层面,却忽视了否定性层面)。这就难免使得审美活动总是给人以理性的附庸或理性的低级阶段之类的感觉,而这种以研究审美活动为主旨的美学学科也就难免总是给人以只是其他学科的附庸的强烈印象。而现在从人类生命活动的地基上重新为审美活动定位,无疑可以把审美活动从理性的附庸或理性的低级阶段这类屈辱形象中拯救出来,当然也就同时可以把美学学科从其他学科的附庸这类屈辱形象中拯救出来。它意味着:审美活动与理性活动并非附庸与被附庸的关系。因此应该超出理性活动在生命

---

① 对于这些美学家而言,康德、黑格尔、席勒的美学思想或许是他们所深以为然的。然而,在康德等人那里固然已经开始了对于审美活动的考察,但或者是只具有纯粹主观意义的心理活动(康德),或者是被从客观唯心主义的角度夸大了的精神活动(黑格尔),或者是试图突破康德的主观性从而走向客观性,开始具有较多的现实感的人性活动(席勒),其共同缺陷是离开了人类的生命活动这一根本基础,因而不可能真正说明审美活动。

活动层面上去为审美活动重新定位。① 这使我们发现:事实上,理性活动有理性活动的用处,审美活动有审美活动的用处,它们是对于人类的不同需要的满足。而且,后者的满足要远为本体、远为根本、远为重要。

进而言之,在相当长的时间内,我们基本上是通过西方的传统美学的眼光看待美学,并且是通过它的话语来描述和解释美学之为美学的。我们从来就没有去认真想过:西方的传统美学的问题为什么会成为全人类的问题,尤其是为什么会成为中国的问题? 而现在,我们终于有可能意识到:任何一种对于美的定义都与历史有关,从来就没有一种天生的放之四海而皆准的理论。事实上,任何一种理论的绝对化都与一定时代、一定历史有关(使理论权力化)。在这个意义上,西方的传统美学实际上不是一个结论而是一个前提,但我们却把这个前提当作一个已知的固定的事实或结论肯定下来,直接从中演绎出一些其他结论。结果我们关于美学的任何讨论、任何结论都被组织在一种以西方的传统美学为出发点的话语之中。实际上,很难说西方的传统美学建构了广义上的所谓美学,而只能说它在近代历史上非常成功地创造了一个很有力量的权力话语体系。

而且,情况还不仅仅如此。十年来,我围绕着在人类生命活动的基础上建构现代美学的课题,从"理论、历史、现状"三个方面加以研究,结果越研究就越是强烈地意识到:西方的传统美学并非如人们所说,是美学的唯一形态

---

① 非理性主义是错误的,但非理性则是非常重要的。人类在理性的早地上毕竟停留得太久了,以至于总是喜欢把批评理性的局限性的人说成是"反理性"。不妨看看祁理雅为柏格森的辩护:"所谓他的反理性主义只不过是他拒绝接受把对一个活生生的人或任何生动经验的现实的理解归结为各种概念和概念知识而已。"(祁理雅:《二十世纪法国思潮》,吴永泉等译,商务印书馆 1987 年版,第 15 页)确实,批评理性的局限的人经常宣传所谓人的死亡,但它不是指的有血有肉的人的死亡,而是指的"被主观主义地理解了的'人'的死亡"。消解掉这些思想的累赘,人类反而更加自由了。更重要的是,只有当理性能够认识非理性的时候,理性才称得上是理性,如果理性只能认识理性,只能停留在自身之内,那么走向灭亡的就是理性本身。

或者经典形态。实际上,就历史的角度而言,它存在着空间方面的局限性,无法阐释东方的审美活动,与东方的美学传统格格不入;①就现状的角度而言,它存在着时间方面的局限性,无法阐释当代的审美实践,与当代的审美观念背道而驰;②就理论的角度而言,它存在着逻辑方面的局限性,早已为西方当代美学所扬弃。③而本来就源出于西方美学传统的中国当代的实践美学所面临的困境,大抵也是如此。因此,走出西方的美学传统、中国当代的实践美学(当然也走出中国古代美学)的封闭世界,在人类生命活动的基础上建构现代美学,从而在理论上真正使人类的审美活动本身得到令人信服的说明,应该说,是可以在"理论、历史、现状"三个方面得到广泛的、强有力的支持的,也成为本书的必然选择。也正是出于上述考虑,在美学研究中,我尝试着将实践原则拓展为人类生命活动原则,将实践美学关注的"人如何可能"深化为"审美如何可能"(在美学研究中,完全可以假定人已经可能,而直接对审美如何可能加以考察),并且将"人化"与"美化"分离开来(实践美学的失误在于把"人如何可能"与"审美如何可能"、"人化"与"美化"等同起来,并且以对于前者的研究来取代对于后者的研究。事实上,美学研究开始于两者的差异性,并且主要应以后者为主),从对于"美"的本质论的、共名的、抽象的、对象化(面对美这一对象)的"是什么"的研究转向对于审美活动的存在论的、意义的、描述的、现象学(面对审美活动这一现象)的"如何是"的研究。其结果,就是不再"从实践活动的角度来考察美学",不再跟在实践美学的后面对"审美活动如何产生""美如何产生""美感如何产生"以及"审美活动与实践活动之间的同一性"等问题作美学发生学层面的考察,而是"从人类生命活动的角度考察美学",开始对"审美活动如何可能""美如何可能""美感如何可能"以及"审美活动与实践活动之间的差异性"等问题作出

---

① 例如中国。中国美学正是建立在生命活动的基础之上的。对此,我在《中国美学精神》(江苏人民出版社 1993 年版)中作过深入的说明,可参看。
② 对此,我在《反美学》(学林出版社 1995 年版)中作过深入的说明。
③ 事实上,马克思的美学也不是"实践美学"所可以概括的。对此,本书无法展开。

真正美学层面上的讨论。换言之,假如说"实践"美学意在强调从实践活动的角度去研究美学,本书则意在强调从人类生命活动的角度去研究美学。它意味着,本书将不去着重追问作为审美活动的外化的美和内化的美感,不去着重追问作为审美活动的凝固的审美关系,也不去着重追问作为审美活动的二级转化的艺术,更不去追问作为把握方式的审美活动本身(在本书看来,这些问题都是"假问题",起码是美学研究中的次要问题),而去追问作为人类自由本性的理想实现的超越性生命活动——审美活动本身,追问审美活动与人类生存方式的关系,即生命的存在与超越如何可能这一根本问题。换言之,本书所谓的美学,意味着一种以探索人类生命的存在与超越如何可能为旨归的美学。

就美学研究的指导原则而言,本书坚持强调马克思主义的基本立场。①

就美学研究的对象即美学学科不同于其他学科的特殊性之所在而言,本书以超越性的生命活动——审美活动为研究对象。② 就作为美学研究的内容即美学学科的特殊性的具体展开而言,本书从对于"美学的当代问题"的反思开始,围绕着"审美活动如何可能"以及它的具体展开即审美活动"是什么"(性质)、审美活动"怎么样"(形态)、审美活动"如何是"(方式)、审美活动"为什么"(根源)作为研究内容(这意味着审美活动研究即"审美活动如何可能"的在二级水平上的展开)。就美学研究的范围即美学的当代问题的具

---

① 就美学的基本立场而言,目前国内有两种情况:其一是坚持马克思主义的反映论,甚至把马克思主义的认识论归结为反映论;其二是坚持马克思主义的实践论,甚至把马克思主义的历史唯物主义归结为实践论,再把实践论与马克思早期的"人的本质力量对象化"联系起来,并以此为根本原则。在我看来,这都是不尽妥当的。我以为,美学的基本立场应是马克思主义哲学(主要是历史唯物主义)本身。

② 确定一种研究对象同时就意味着确定了对美学的一种理解,确定了美学研究者与美学之间的一种对话方式,遗憾的是,这个问题一直未能很好解决。以美、美感、审美关系、艺术为对象,无非是以一个外在于人的对象为研究对象,因而只是以与物对话的方式去进行美学对话,以理解物的方式去理解美学,最终必然导致人类自身生命活动的遮蔽和消解。

体展开所涉及的领域而言,本书则将上述设想展开为本书的全部内容。本书的具体安排正是以此为准,开篇伊始是对于"美学之为美学"即美学的学科性质的反省,属于全书的导论。第一篇考察的是审美活动的"为什么",即人类为什么需要审美活动。在这里,审美活动的"为什么"在三级水平上被展开为审美活动的历史发生与审美活动的逻辑发生,它们涉及对审美活动在人类生命活动中的根源、意义、功能的考察,也是本书的理所当然的开始。第二篇考察的是审美活动的性质"是什么"。它关涉到对于审美活动的本体意义的性质的阐释,并且在三级水平上被展开为对审美活动与人类生命活动之间外在关系的考察(在四级水平上被展开为对审美活动作为活动类型、价值类型、评价类型的考察),以及对作为人类生命活动之一的审美活动的内在关系的考察(在四级水平上展开为横向的共时轴和纵向的历时轴),等等。第三篇考察的中心是审美活动的"怎么样",即审美活动所构成的特殊内容,它指的是审美活动的性质是"怎么样"在具体的审美活动中展现出来的。它在三级水平上被展开为历史形态与逻辑形态,即历史上"曾经怎么样"、逻辑上"应当怎么样"两个部分;而在四级水平上,从历史的方面,审美活动可以分为东方形态、西方形态(从空间区分)以及传统形态、当代形态(从时间区分)四类。从逻辑的方面,可以分为三个方面,即纵向的特殊内容:美、美感、审美关系;横向的特殊内容:丑、荒诞、悲剧、崇高、喜剧、优美;剖向的特殊内容:自然审美、社会审美、艺术审美。第四篇考察的中心是审美活动的"如何是",即所谓构成审美活动的东西,它意味着从构成审美活动的特殊方式的角度去阐释审美活动,并且在三级水平上被展开为两个方面:其一是审美活动的生成方式,其二是审美活动的结构方式(在四级水平上展开为意向层面、指向层面、评价层面)。① 不难看出,本书的上述安排可以视

---

① 在我看来,美学研究内容的上述分类,可以有效地把历史上的中西美学家的探索容纳进来。例如,康德从主体心理机能方面展开的美学研究,可以看作是对构成审美活动的东西的研究;黑格尔从主体心理机能的对应物——艺术方面展开的美学体系,可以看作是对审美活动所构成的东西的研究,等等。

为审美活动研究即"审美活动如何可能"的在三级水平上的展开(至于五级水平上的展开,例如把艺术审美活动再展开为文学审美活动、艺术审美活动,以及六级水平上的展开,例如把文学审美活动再展开为小说审美活动、诗歌审美活动,在我看来,就已经超出了审美哲学研究的范围了)。

本书的主题词为:生命、超越、体验、审美。

第一篇

根源层面:永恒的生命之谜

第一章　审美活动的历史发生

先天性："人生自是有情痴"

对于"审美活动如何可能"的追问从审美活动的根源开始,这无疑会令不少学者感到意外。确实,一般来说,我们应首先研究审美活动的性质即审美活动"是什么",然后再研究审美活动的形态即审美活动"怎么样",继而研究审美活动的方式即审美活动"如何是",最后,才研究审美活动的根源即审美活动"为什么"。那么,本书为什么反其道而行之呢?

在我看来,审美活动的根源意味着审美活动所禀赋的对自身作用的预先规定以及完成这种作用的特殊能力。而这就必然隐含着一个怪圈:从逻辑的角度看,固然是审美活动的性质规定着审美活动的根源,但从历史的角度看,却又是审美活动的根源,规定着审美活动的性质。因此,首先把审美活动的根源即人类为什么需要审美活动搞清楚,无疑有助于进一步对于审美活动的性质、形态、方式的深刻把握。

审美活动的根源包括两个方面,即审美活动的历史的发生与逻辑的发生。不过,不论是历史的源头还是逻辑的源头,所涉及的都并不是传统的关于审美活动"是何时发生的"之类的问题,而是审美活动"为什么会发生"这类的问题。①

本章先从历史发生的角度考察。

审美活动的历史发生,是一个曾经被长期遮蔽起来的问题。这"遮蔽",表现为我们往往从还原论或非还原论的角度去对这一问题加以考察。所谓

---

① 美学家往往喜欢纠缠于审美活动如何从游戏、巫术、劳动中起源,实际上,这是一个错误的思路。与其说审美活动起源于游戏、巫术、劳动,不如说审美活动曾经隐身于它们之中。只有这样,我们才能理解在当代审美活动为什么又一次地回到了生活之中。

非还原论,是指的传统美学的看法,这种看法往往从人的"人性"的角度去考察审美活动的发生,强调审美活动的后天性,强调审美活动对于生命存在的超越性,强调人类的本质力量,强调对于现实生活的再造,强调审美活动的非功利性,强调审美活动的独立性。① 而还原论则是当代美学的看法。这种看法往往从人的"本性"的角度去考察审美活动的发生,强调审美活动的先天性,强调审美活动对于生命存在的依存性,强调审美活动的现实性,强调人类的本能力量尤其是其中的"性"。② 总而言之,还原论与非还原论的看法

---

① 这种看法的典型表现就是认为原始艺术的起源要先于原始审美的起源。然而,首先,原始审美与原始艺术并非一回事。艺术成为"美的艺术",是在近代之后才出现的。格罗塞在对原始艺术作了认真研究之后,也发现:"原始民族的大半艺术作品都不是纯粹从审美的动机出发,而是长时间想使它在实际的目的上有用,而且后者往往还是主要的动机,审美的要求只是满足次要的欲望而已。"(格罗塞:《艺术的起源》,黎慕晖译,商务印书馆 1984 年版,第 234 页)原始艺术可以说明巫术的起源、文化的起源,但是无法说明审美的起源。因此原始艺术与原始巫术、原始文化的联系要远远大于与审美的联系,用原始艺术去说明原始文化的起源、原始巫术的起源,要比用它去说明原始审美的起源更为合乎实际。其次,因此,原始审美的起源与原始艺术的起源之间也就并不存在某种严格对应的关系。例如,对于审美活动起源的说明的关键是从功利性到非功利性的转换的辨析,说明了这一点,就说明了审美活动的起源。而对原始艺术起源的辨析就不必着眼于此。以上事实并不难于辨析。然而很多学者却宁肯视而不见。原因何在呢? 关键在于这些学者总是想把审美活动的产生辨析为后天的,这样,就必须找到一个原始审美得以产生的温床,这个温床,无疑只能是原始艺术。

② 审美发生的代表首先是达尔文的自然进化论,弗洛伊德、华生追随之。弗洛伊德指出:"'美'和'魅力'是性对象的最原始的特征。"(弗洛伊德:《弗洛伊德论美文选》,张唤民等译,知识出版社 1987 年版,第 172 页)华生认为:性冲动在审美与艺术中扮演着"一个重要的角色"(转引自查普林等著《心理学的体系和理论》下册,林方译,商务印书馆 1984 年版,第 130—131 页)。其次是德谟克利特提出又经亚里士多德发展的"模仿说",认为审美活动是在人类的模仿、求知本能基础上产生的。再次是达尔文、谷鲁斯提出的"生物本能说",认为审美活动是在出于性需要对声音、颜色、形状等的快感基础上产生的。席勒、斯宾塞提出的"游戏说",认为审美活动是在游戏本能的基础上产生的。爱德华·泰勒、弗雷泽提出"巫术说",认为审美活动是在情感本能基础上产生的。无疑,这些与审美活动的产生都有关系,它使我们看到审美活动产生的一般规律:与人类进化的关系。当代美学对于"本性"这一极端的强调,使得我们意外地发现:传统美学主张的非还原论实际上只是一种颠倒过来的还原论,是对"人性"这一极端的强调。

固然差异颇多,但说它们是各执对立的"本性"或"人性"一极,应该大致不差。而无法清楚地说明生物的生存方式、进化方式与人类的生存方式、进化方式之间的复杂关系,则是其共同的缺憾。

在我看来,审美活动的起源既不是非还原论的,也不是还原论的,然而却并不在这两者之外,审美活动并不是出之于"人性",也不是出之于"本性",然而也并不在这两者之外。在我看来,前者揭示的是审美活动的起源的特殊规律,而后者揭示的是审美活动起源的一般规律。举一个相关的例子,长期以来,我们总是在达尔文的"自然进化论"与马克思的"劳动创造论"之间徘徊,片面地把人类的起源阐释为还原论的或者阐释为非还原论的。实际上,两者并不矛盾。前者考察的是包括人在内的自然进化的普遍规律,后者考察的则只是人类自身的特殊进化规律。① 这样,当我们从自然进化的还原论的角度考察人类之时,固然要兼顾劳动创造这一人类进化的特殊规律,然而在从劳动创造的非还原论的角度考察人类之时,也必须兼顾到自然进化这一万事万物进化的普遍规律。人不过是穿着裤子的猴子。显而易见,关于审美活动的起源的非还原论与还原论的争执,所揭示的也无非是审美活动的起源的特殊规律与一般规律。在这个意义上,应该说,审美活动的发生既是先天的,又是后天的。所谓先天,是指审美活动中的某些东西是先于劳动创造这一特殊规律的,然而却并不是先于自然进化这一普遍规律的;所谓后天,则是指审美活动中的某些东西是后于自然进化这一一般规律的,然而却并不是先于人类进化这一特殊规律的。而对于审美活动的起源的揭示,却恰恰应该在非还原论与还原论之间,在"人性"与"本性"之间。

---

① 有人把"劳动创造了人"作为一般规律,是不对的。劳动不可能为猿所有,但又不会独立于猿与人之外,假如说是劳动创造了人,那岂不是说,这创造了人的劳动本来就为人所具备? 那么,是谁创造了劳动呢? 在我看来,在从猿到人的过程中,应当承认是自然进化起着重要作用(本节考察在此阶段产生的先天性),劳动则起着关键作用(下节考察在此阶段产生的后天性)。应当指出,恩格斯在这个问题上的讨论是不尽清晰的。这表现在一方面承认猿的活动是劳动,另一方面又强调猿的活动不是劳动;一方面承认在从猿到人的过程中的"手和脚的分化""直立行走""滥用资源"等关键性变化不是靠的劳动,另一方面又承认在从猿到人的过程中的人手的形成、语言的形成、猿脑髓转变为人脑髓等关键性变化是靠劳动完成的。

本节先从还原论的角度考察审美活动的先天性。

中国人自古以来就相信"人之初,性本善",因此普遍喜欢接受非还原论而不喜欢接受还原论。就好像在心理学中普遍喜欢接受马斯洛而不喜欢接受弗洛伊德,因为弗洛伊德的看法使人感到丢脸。然而,说到底人也只是懂得高尚的动物,至于人本身却并不高尚。换言之,人之为人,并不是因为他高尚,而是因为他懂得高尚。

审美活动也是如此。人们总是喜欢把审美活动当作与自然彻底决裂的产物,然而必须指出,这只是一厢情愿。审美活动的起源的最深的源头,不仅在于人类与自然的差异,而且更在于人类与自然的同一。人类是大自然发展进化链条中的一环,而大自然中的一切,都是它自身发展进化的结果。例如人本身的出现。人的诞生十分偶然,物理学中的人择原理说:人的诞生取决于物理常数取现在的值。而为什么要取这样的"值"呢?唯一的解释就是人类与宇宙之间的深刻的同一性。[1] 又如人类的大脑的出现。萧汉宁在

---

[1] 以时空四维为例,假如自然不足四维,人类生命不能够从中生长而出;超出四维,整个宇宙生命有机结构就会瓦解。宇宙中存在着种种不同的物理参数和初始条件,只有物理参数和初始条件取特定值之时,人类才会产生。因此不但自然会选择人类,人类也会选择自然。进而言之,假如说地球的偶然性存在本身几乎可以说是一种不可思议的奇迹,那么人类的出现则是偶然之中的偶然了。"生命是什么? 按照我们的理解,它是某些特殊分子结构的表现,这些结构不断繁殖它们自己,并且按照一个既定的设计(因物种而异,但原则相似)诱导产生出其他的分子结构。只有在很特殊的条件下,原子才能聚集在一起而形成生物。温度必须足够地低,因而热运动不会破坏大分子的复杂结构。但又不能太冷,因为只有在蛋白质和核酸能够完成它们的化学合成的情况下才能有生命;对于这种活动,必须有一定的热运动。如果细胞物质冻结起来,那么所有的化学反应就会停顿下来。为了合成能量丰富的分子,必须取得阳光,但也不能太多,温度必须适中。"(韦斯科夫:《人类认识的自然界》,张志三等译,科学出版社 1975 年版,第 159 页)而且我们可以不断设想下去,假如宇宙中的某些物理常数稍有不同,假如电磁引力稍强些或稍弱些,假如地球离太阳稍远点或近点……人类都无从产生。因此,我们今天所说的人类的"劳动""进化",在我们的祖先那里,实在有可能是一种迫不得已。大自然并不懂得什么是"进化",它只懂得"适应"即"适者生存"。有时,这"适应"事实上是一种退化,但它也只好承受,否则,它就连命也保不住。在这个意义上,法国生物学家为之感叹说,人是"在蒙特卡洛赌窟里中签得彩的一个号码",也未必就一点道理也没有。

《脑科学概论》中介绍说:在人的胚胎发育过程中,外胚层细胞逐渐转化为神经板,神经板产生于人胚胎第三周约长1.5毫米时,它大致与脑进化史中的神经网络时期相互对应;神经板的演化成果是神经管,大约完成于胚胎第四周约5毫米长时,它与进化史中的神经链时期相似;神经管完成封闭之后,前端迅速膨胀,形成大脑后端的发育为脊髓,它与脊椎动物时期的进化对应。① 这样看来,人类的大脑也并不神秘。人类的大脑正是自然发展进化的最高成果。② 再如人类的精神的出现。人们往往把精神看作一种与自然完全对立的产物,是一种非物质的现象。实际这只是人类的"自恋",只是人类的"自我中心主义"的典型表现。③ 世界上没有非物质的东西,只有反物质的东西,它指的是一些基本粒子,其荷电量、质量与电子、质子、中子相同,但是荷电的符号相反。精神也不是非物质的东西,精神有主观性,但是没有非物质性。而且在自然与精神之间并不存在着一个截然的界限。因为物质也并非与精神完全绝缘。以记忆为例,树木有年轮,星系也有年轮,地质系统可以被看作地球的历史,粒子也记载着宇宙的衰老程度,其中的操作、储存、提取方式与人类是相近的。杰芙达丽娜指出:"在地球上,不仅在人类出现之前,而且甚至在出现生命以前的很多亿年的时间里,按实质说,已有比现代已知的所有信息传输系统更宏大的传送器在开始工作了。就像任何其他通信系统那样,这个传送器由编码组件和记忆装置所组成。在编码组件中依靠各种地质过程将地质学上过去的事件转换成各种信号,它们保存在记忆装置——地壳内。"④因此,严格地说,精神同样是自然进化的结果,不过,需

---

① 参见萧汉宁:《脑科学概论》,武汉大学出版社1986年版。
② 低等动物的大脑的各部分呈直线,这意味着大脑各部分的联系是直线的,高等动物的大脑进化为弯曲状。人的大脑最初呈馒头状,现代转为近似的球形。审美活动的出现与此有关,例如对曲线的欣赏、对复杂的音乐的欣赏。
③ 人类曾经把地球、太阳、宇宙、上帝、人类作为中心,最后又把"精神"作为世界的中心。人类对于审美活动的看法正与对于"精神"的"神化"有关。在我看来,把审美"神化"也是对于审美的歪曲,其中审美者的人格是扭曲的。
④ 杰芙达丽娜。转引自P.K.巴兰金:《时间·地球·大脑》,延军译,科学出版社1982年版,第21页。

要补充的是,精神不是自然进化的一般结果,而是自然进化的最高成果。①

而就自然而言,它确乎不具备审美的自觉,但是却具备审美的天性。应该说,整个自然就是一部敞开的"准"美学全书。就整体而言,我们知道,审美活动是生命的自由创造。事实上,自然本身在进化过程中也是充满了创造性的。由于充满了流动变化,自然万象日新、充满生机。在地球上最初并没有生命的存在,只是到了大约38亿年前,才由地球的化学动力机制产生了最简单、最原始的生命——无核单细胞生物。通过原始生命十多亿年的漫长进化,又产生了能够进行光合作用的蓝绿藻和细菌,于是给大气充氧,逐渐产生了大量的游离氧,从而为更为复杂的生命形式的诞生和发展创造了条件。而被生命改造了的新的宏观环境又推动着生命物种的微观进化,一旦微观进化产生出更新的物种以后,逐渐丰富起来的物种之间便建立起了一种复杂的关系,并共同改变着原有的环境。生命与环境就是在宏观与微观的相互交织、相互促进中共同进化的。这种共同进化,促进了真核细胞到生物的性征和异养性的产生,从而促进了复杂的多层次的生态系统的出现,最终产生出了有植物(生产者)、动物(消费者)、微生物(分解者)、人类(调控者)这四极结构的地球生态系统。② 试想,这自然世界的盎然生机,假如离开了自然的创造性,又如何可能?

就部分而言,也是如此。在审美活动之中,以对于音乐的审美欣赏为最早。其原因在于生命本身就处于一种律动之中。而这律动正是自然的产物。基本粒子、生物大分子、细胞乃至整个生物体,又有哪一个不是处于生命律动之中?勃拉姆斯的《摇篮曲》可以把鲨鱼吸引过来,而且使得它昏昏欲睡,而现代摇滚音乐却可以使得鲨鱼惊退远去。印度科学家的实验表明:配音的含羞草的生长能力超过未配音的含羞草的生长能力50%。更奇妙的

---

① 这使人想起佛教中有"石头开口说话",文学中也有"从石头中蹦出来的孙悟空"。地球冷却之后无非就是一块大石头,谁会想到从中会产生生命?对精神与物质之间的同一性的误解,就像对地球这块大石头与生命之间的同一性的误解。
② 参见余正荣:《关于生态美的哲学思考》,载《自然辩证法研究》1994年8期。

是，科学家把DNA的四种碱基T、G、A、C按照配对原则构成的螺旋结构进行处理，以每个碱基代表一个音符，结果发现正是一首极为优美的音乐。而且有的DNA音乐与肖邦的《葬礼进行曲》不谋而合。再将人体中感染的白血病病毒的基因排列成顺序配成音乐，然后用电子乐器演奏，竟然是一曲缠绵悱恻的音乐。

在审美活动之中，对于对称、平衡、比例……的追求是不可或缺的，然而，这一切也仍旧是自然的造化。天体是球体对称，雪花是平面对称，包括人体在内的所有生物则是左右对称。"原生动物中的变形虫没有一定的形状，它没有前、后、左、右、上、下的区别，因此也不需要平衡感觉。水螅、水母，靠水的浮力进行漂浮运动，它们有了上、下区别，但无前、后、左、右之别，它们是辐射对称的动物。既然有上、下之别，就有了简单的平衡感觉。自扁虫以后，动物有了头尾之分，有了上、下、左、右、前、后的方向感，动物开始向左右两侧对称的方向发展，动物的平衡感觉也越来越敏锐。这种平衡感觉，正是动物偏爱左右对称，而不顾及上下是否对称的内在原因。一旦动物发展了视觉，能看清了物象，动物便本能地偏爱左右对称的形状。"①诸如此类，正是审美活动对于对称、平衡、比例……的追求的根源。

审美活动中对于和谐的追求也如此。和谐并不自审美活动始。在自然中由于生命起源的同源性，因而从根本上保证了内在的和谐性。例如视觉，人类可以看见的光波波长仅在400毫微米—800毫微米之间。但光波的辐射波长全距却在10毫微米—100万毫微米之间，二者比较一下，可知人类所占光波的有限。然而稍加比较，我们惊奇地发现，人类的视觉光谱范围，正是太阳光线能量最高部分的波长。显而易见，在视觉与光线之间存在着一种深刻的内在和谐。具体来说，在自然生命的进化中，一方面通过遗传与环境的相互作用产生出日益多样的物种，它在垂直方向上造成了生命的分殊发展，然而在物种间又共同以亲和性来维护种群的利益；另一方面又在生命物种与环境之间建立起横向的信息联系（通过不断进化的感官和精神系

---

① 刘骁纯：《从动物快感到人的美感》，山东文艺出版社1986年版，第181页。

统),它在水平方向上造成了复杂多样,然而在物种间还是共同以共生、互惠、互补来支持、协助对方的发展。① 而这两个方面的过程又是相互联系的。"系统发生的每一代都涉及生态系统的横向过程,系统发生中的微观进化和生态系统中的宏观进化以及整个生物圈都是相互关联的。"②

不过,人类固然是一种自然存在物,人类与动物之间固然存在着异中之同,但还应该强调,人类又是一种非常特殊的自然存在物,人类与动物之间还存在着同中之异。因此,审美活动所具备的先天性也就不是一般的先天性而是特殊的先天性。过去我们总是从后天性上去强调人类与动物在审美活动上的区别,在理论上显然是不彻底的。因为这样反而无法说明为什么只有人类在生命活动的过程中最终通过实践活动而创造了自身,从而也创造了审美活动,而动物却不可能做到这一点。在这里,真正造成了人类与动物的区别的,是人类所独具的那种特殊的先天性。具体来说,就是人类在生命结构上的先天的"非特定化"。

哲学人类学的研究成果告诉我们,人之为人,其机体、生理、行为与环境之间在生存空间、感受模式、效应行为、占有对象等方面存在一种弱本能化的关系,即未特定化的关系,而动物的机体、生理、行为与环境之间在生存空间、感受模式、效应行为、占有对象等方面却存在一种强本能化的关系,即特定化的关系。后者的先天化、固定化、本能化、封闭化,使得它驯顺地与世界之间保持一种彼此对应的非开放性。就一般情况而论,毫无疑问,特定化正是动物在世界上占有其生存特权的原因所在。然而,世界并非一个恒定不变的环境,于是,随着环境的改变,一部分动物就会被迫丧失自己的生存特权。然而,求生的本能又会反过来逼迫它去寻求新的更复杂、更灵活的生理反应与行为反应系统等非本能的进化途径和适应模式。显而易见,人,正是这被迫丧失了自己的生存特权而又顽强地去寻求新的更复杂、更灵活的生

---

① 参见余正荣:《关于生态美的哲学思考》,载《自然辩证法研究》,1994年第8期。
② 埃·詹奇:《自组织的宇宙观》,曾国屏等译,中国社会科学出版社1992年版,第162页。

理反应与行为反应系统等非本能的进化途径和适应模式的动物中的成功者。而未特定化,则是人为自身所赋予的全新的性质。

这样,相对于动物而言,人确实是一种不"完善"的、有"缺陷"的和"匮乏"的存在,例如,面对特定的环境,动物必有特定的器官与之相适应。而且,动物的特定生存方式也就决定于这一特定器官,例如鱼的鳃。而人类却没有完全适应于某一特定环境的特定器官。自然没有对人类的器官应该做什么和不应该做什么,甚至连在什么季节生育都没有作出任何规定。因此,只依靠天然的器官,人类无法生存。可见人类在生物学意义上的生存能力是相当差的,没有多少生命的遗产。因此卢梭说人是被剥夺、腐烂的动物,格伦说人类是有缺陷的存在,莱辛说人类具有不可抵御的虚弱,赫尔德认为人类是世界上最孤独的儿童,确实不无道理。但另一方面,也正是因此,人又必须去不断创造自己的"完善",不断克服自己的"缺陷"和"匮乏"。[1] 正如

---

[1] 从历史的角度看,人之为人,并非自然史的简单延伸,而是一次巨大的变异。我们知道,就动物而言,它的所谓"它养"的生存方式,本身就是对于植物的"自养"的生存方式的一种否定。正如科学家所发现的:"事实上,植物是唯一的一种'生产性'的生命物质。它们借助于光从简单的矿物里制造出所有的它们的物质。一切其他的生命形式都是'破坏性'的。它们需要植物所形成的能量丰富的物质,用来生产它们自己的结构。动物和人是最厉害的'罪犯'。"(韦斯科夫:《人类认识的自然界》,张志三等译,科学出版社1975年版,第159页)不难看出,这种"它养"的生存方式的奥秘在于:轻而易举地获得了植物的劳动成果,为自己向更高水平进化提供了时间。其中的道理正如阿西摩夫所发现的:"随着生物体结构越来越复杂,似乎就越来越依靠从饮食中供应有机物,作为构筑其活组织所必需的有机'基砖',理由就是因为它们已经失去了原始有机体所具有的某些酶。绿色植物拥有一整套的酶,可以从无机物中制造出全部必需的氨基酸、蛋白质、脂肪和糖类。……只有人类,则缺乏一系列酶,不能制造许多种氨基酸、维生素及其他种种必需物,而必须从食物中摄取现成的。这看起来是一种退化,生长要依赖于环境,机体便处在一种不利的地位。其实并非如此,如果环境能够提供这些'基砖',为什么还要带着用来制造这些'基砖'的复杂的酶机器?通过省免这种机器,细胞就能把它的能量和空间用于更精细、更特殊的效用。"(阿西摩夫:《人体和思维》,阮芳赋等译,科学出版社1978年版,第1—2页)在我看来,这正是人类之所以进化成功的关键所在。假如说动物是无意识地利用了这一点,人类则是有意识地利用了这一点。在进化的道路上,人类是最为"精明"的,轻装上阵,就是他的制胜之道。

阿西摩夫发现的:"随着智力的增进,动物倾向于越来越摆脱本能和生来的技巧。因此,无疑失去了某些有价值的东西。一只蜘蛛,尽管它从未见过织网,甚至根本没有见过蛛网是什么样子,却在第一次就能完美地织造出令人惊讶的复杂蛛网。人类在生下来时却几乎没有任何本事。一个新生儿能够自动地吸吮乳头,饿了会哭嚎,假如要摔落下来会抓住不放,除此而外,几乎不会做别的什么了。每个父母都知道,一个小孩要学会合适行为的最简单形式,也要经受如何的痛苦,要多么艰辛地努力,但是,一只蜘蛛或一只昆虫,虽然生来完美,但却不能由此偏离一步,蜘蛛能构织很漂亮的网,但这种预先注定的网假如不行,它就不可能学会构织另一种类型的网。而一个小孩却从失掉'生来的完美'得到了巨大的好处。他可能学习得很慢,或许充其量只能达到不完美的程度,然而,他却可以达到多种多样的、可由他自己选择的不完美。人类在方便和可靠方面所失去的东西,却从几乎是无限的灵活性中得到。"①这意味着:人类必须借助于超生命的存在方式才有可能生存。正是生命功能的缺乏与生命需要的矛盾使得人类产生了一种超生命功能的需要。结果,就必然出现这样的一幕:人类只有满足了超生命的需要才能够满足生命的需要。对于人类而言,第二需要是第一需要的基础和前提。因此人类的生命存在与物质活动必然是同构、同一的。在这个意义上,我们应该看到,人类并非只是接受了知识的动物。在动物,只能把对象体会为某种功能,但是却绝不可能把对象体会为具有不同功能的"功能中立"之物。蜘蛛对于落在网上的苍蝇是认识的,但是对落在地上的苍蝇却一无所知,把整体事物从特定功能中分离出来,把事物的部分从它在整体中所扮演的角色中分离出来,对于动物,都是不可能的。然而,这一切对于人类来说,则是完全可能的。最终,人也就使自己区别于动物,人不再仅仅是一种有限的存在,而且更是唯一一种不甘于有限的存在。未完成性、无限可能性、自我超越性、不确定性、开放性和创造性,则成为人之为人的全新的规定。向世界敞开,就成为人类的第二天性,或者说,成为人类所独具的先天性。

---

① 阿西摩夫:《人体和思维》,阮芳赋等译,科学出版社1978年版,第154—155页。

不难看出,人类的这一使得自身在适应环境方面降到了最低极限的生命结构的"非特定化",必然导致其自身为了维持生存而必然从生命的存在方式走向超生命、非本能的存在方式,以便从中求得生存与进化,①而这超生命、非本能的存在方式,必然使人类最终走向实践活动,走向审美活动。

就审美活动而言,可以从阿德勒的自卑补偿说中得到启示。我认为,对于审美活动的先天性的阐释,弗洛伊德的性欲升华说不如阿德勒的自卑补偿说更为符合实际。从表面上看,人类的行为受超越性的支配,人类的一切动机都是追求优越,甚至天生就是追求优越。然而实际上人类对于优越的追求正是来自对于自卑的解脱。这自卑源于人类在适应外在环境上的软弱与无能,从自卑感出发去追求优越感,是一种本能需要,所谓追求补偿的需要。自卑与优越是构成人类的两大基本动力。在人类身上存在着"非特定化"这一不可克服的缺点,它所引起的自卑驱使个体去进行某种活动以恢复心理平衡。在原始生活中人类的自卑可以在相当谦卑地把动物、植物当作自己的同类甚至当作神中看到,也可以在神话中看到。而在日常生活中的小女孩"过家家"中,也可以感受到她在生活中作为爱的被动的接受者的地位,以及幻想利用"过家家"这一游戏摆脱自己的自卑心境。至于审美活动的应运而生,则是因为自卑与优越之间的永恒性。用哲学术语来表述,可以说自卑与优越是一个不断循环的过程。其结果,凝聚为一种精神生存中的巨大困惑,这就是:不确定性。不确定性是一种使人恐惧的东西,令人不堪忍受。奥古斯丁就曾感叹说:人的一切都是为了不确定性的东西而努力的。由此,不确定性所构成的,正是一个两难的悖论。一方面因为不确定性我们才要不断地努力、拼搏、奋斗,另一方面又是不确定性构成了我们的一切努力的目标。人类只能在想象中才能理想地解决这一矛盾,审美活动因此而诞生。它时时鼓舞着人类从自卑走向优越。哪怕是在对于丑恶现象的审美

---

① 这一问题还可以从许多方面得到说明。有兴趣的读者,可以参见汤因比《历史研究》(曹未风等译,上海人民出版社 1962 年版)的 106—107、108、207、208、211、225、229 页,他对因为过于完美地适应于自然的鲨鱼、爱斯基摩人、游牧人、斯巴达人最终"走进死巷"的剖析,是发人深省的。

中也是如此。例如,在审美中看到坏人就并不是要导致我们的行为出现,而是要从内部补偿我们精神上的自卑,使我们发现自己精神上的崇高的一面,肯定它并为它而自豪。

在我看来,审美活动的起源正与这种一方面与自然保持着异中之同,另外一方面又与自然保持着同中之异的先天性密切相关。固然,审美天性不同于审美能力,单纯依赖先天性无疑不能造就审美活动本身。然而,一味坚持说如果把审美活动的后天性抽去,人类就只会剩下完全与审美活动无关的先天性,也是不对的。应该强调,这先天性恰恰是审美活动的后天性之所以能够产生的前提。而且,由于这先天性已经是自然进化的特殊成果,因此也就截然区别于动物的先天性。实际上,假如不是人类的先天性就已经不同于动物,为什么动物就不通过审美活动的后天性来发展自己的精神需要,而人类偏偏要通过审美活动的后天性来发展自己的精神需要,就会成为一个不解之谜。人类进行审美活动的可能性与必要性要深入到先天性之内才是可以理解的。审美活动的重要性也只是针对审美活动的先天性才是存在的。对于动物来说就并不存在。因此,人类的审美活动的先天性正是审美活动之所以产生的必要前提。

换言之,审美活动在形式上是先天的,在内容上是后天的。人类一生下来就有了潜在的审美可能、潜在的审美天性。这是自然进化与生命遗传的结果,是一个精神基因、审美基因。人们往往否认这一点,是不应该的。一粒种子确实只有在外在刺激之后才能发芽,但是种子之所以能发芽却是因为它自身中已经包含着芽的结构,否则它还是不能发芽。一个人可以在教育之后进行审美,然而动物却无论怎样教育也不会进行审美。因为它不存在审美的可能与天性。作为人,必须先天地获得审美基因,否则就不可能审美。在这方面,唯心主义美学的天赋论有其深刻的片面之处。康德就认为存在着先验时空图式。例如蜘蛛从来没有人教导,却会吐丝结网。审美活动对人类来说也是先天的、先验的,是一个从动物到人类在长期的进化过程中发展起来的一种"空"的形式系统,是先天的而不是学习的结果。当然,在教育之前,在社会现象刺激之前,审美活动的先天性、先验性只能是一种可能性,只能是一种形式,只有通过后天的内容才能显示出来。这一点,正如普列汉诺夫指出的:"人的本性使他能够有审美的趣味和概念。他周围的条件决定着这个可能性怎样转变为现实。""人的本性(他的神经系统生理本性)给了他以觉察节奏的音乐性和欣赏它的能力,而他的生产技术决定了这种能力后来的命运。"①在这方面,唯心主义美学的经验论也有其深刻的片面性。

审美活动的先天性还表现在它与人类情感活动的密切关系上。

关于情感活动,在相当长的时期内,我们没有注意到它的动力作用和历史渊源。所谓动力作用,是指我们长期坚持"S—R"的认识公式,并且把审美活动依附于认识活动,后来注意到新皮质、神经系统即主体的作用,提出了"S—O—R",然而还是忽视了一个重大方面,这就是下丘脑、能量调节系统即情绪的作用。因而不但未能从根本上解决对于认识活动的阐释,而且更谈不上对于审美活动的准确阐释。实际上,人不同于机器,不可能在自身只存在一种工作机制,而把动力机制放在自身之外的电源中。人类的生命结构肯定存在着两种机制,即工作机制和动力机制。与情感密切相关的下丘脑正是这样的动力机制。当代的心理学家已经注意到这一问题。心理学家把它称为"向能性系统""向养性系统",心理学家甚至提出在其中存在"快感中枢""痛感中枢"。皮亚杰指出:"当行为从它的认识方面进行研究时,我们讨论的是它的结构;当行为从它的情感方面进行考虑时,我们讨论的是它的动力。"②而且,在此之前,一些思想家就已经意识到了这个问题。笛卡尔、爱尔维修、卢梭、休谟都曾提出,马克思也说过:"激情、热情是人强烈追求自己的对象的本质力量。"③列宁也指出:"没有'人的感情',就没有也不可能有人对于真理的追求。"④即便是黑格尔这样的理性主义者,也曾把"热情"和"观念"称为交织成世界的经纬线。值得注意的是,中国古代虽然没有明确提出

---

① 普列汉诺夫:《论艺术》,曹葆华译,三联书店1964年版,第16、37页。
② 皮亚杰等著:《儿童心理学》,吴富元译,商务印书馆1981年版,第18页。
③ 《马克思恩格斯全集》第42卷,人民出版社1979年版,第169页。
④ 《列宁全集》第20卷,人民出版社1989年版,第255页。

下丘脑概念,但是却提出了一个与脑相对的"心"的概念。而且把对于心脏的注意放在了较之对于大脑的注意的更为本原的位置上。"心者,五脏六腑之主也……故悲哀愁忧则心动,心动则五脏六腑皆摇,摇则宗脉感,宗脉感则液道开,液道开则泣涕出焉。"①确实,激动时会热血沸腾,大脑却不会发生变化。人在感情受到伤害之后,往往很难恢复,这一点也与大脑不同。生活中有"气死""笑死""吓死"之类的说法,现代医学甚至用验血的方式来预测自杀。中医也用"望""闻""问""切"中的"切"来看病,其中也不难看到"心脏"的作用。国外有这样一个例子,某人在做了心脏移植手术之后,竟然连性格也发生了变化。可见心脏对于生命活动的影响确实十分重要。同时,心脏也会参与大脑即神经系统的工作。心律不齐者容易得脑部疾病,就是一个例子。由此可见,在人类的生命结构中存在着两种机制,即工作机制和动力机制。前者面对的是"世界是如何",后者面对的是"世界应如何",前者以大脑、认识、理性为代表,后者则以心脏、价值、情感为代表。而且,相比之下,后者要更为重要,并且处于动力的、基础的、根本的位置上。无疑,审美活动显然应该属于后者。对于理解审美活动来说,这是一个基本的前提。

所谓历史渊源,则是指情感与人类生命的源头密切相关。从人类生命起源的角度看,"人生自是有情痴,此恨不关风与月"。情感较之理性的起源要远为悠久。维纳指出,在许多低级动物的行为中,初始的"情调"已在起作用。达尔文也指出,在动物行为中已经可以看到表情现象。科学家告诉我们,自动调节是一切生物的性质,植物往往不学而能。情绪更是动物之为动物的标志,在低级动物的阶段就开始了。德国生物学家恩斯特·海克尔甚至发现:稳定的向性在原生动物中就可以看到,"喜与厌这种基本情感"是原生动物身上就可以看到的。例如草履虫的避光、趋氧、趋弱酸、避正电荷。由于人类生命结构的"非特定化"特征所致,情感与人类生命活动的历史渊源更为突出。事实上,我们在原始生活的巫术活动、互渗心理中所看到的,都是一种极为迫切的情感抚慰的需要。

---

① 《黄帝内经》。

换一个角度,情感与人类生命活动的历史渊源,实际上仍可以在儿童的身上看到。儿童在零岁的时候,大脑迫切需要刺激才能发育,但是此时不要说思维、说话,就是视觉也不健全,那么,靠什么呢？情感的刺激。虽然不会思维、说话、看、听,但是已经有了情感交流的能力。这是一种人性的能力,是"情感之耳""情感之眼""情感的语言",虽不会以理智去认识世界,却会以情感去体验世界。1972年,心理学家雷特·戈德纳做过一次著名的"侏儒"实验。结果意外地发现,那些父母过早离异的孩子,或过早被父母中的一方抛弃的孩子,大多在身高和体重方面未能达标,他们的"骨骼年龄"远不及"实际年龄"。情感因素的剥夺,竟然导致了生理发育的迟缓,可见儿童在零岁的时候情感营养的重要。还有一个类似的例子,德国的一家孤儿院经过研究发现,如果把孤儿分为 A、B 两组,给他们配备相同的食物,但是 A 组配备一个温柔体贴的保育员,B 组配备一个粗暴无情的保育员,结果 B 组的儿童的体重会明显地不如 A 组。科学家发现,人体皮肤的触觉是人类的第五感官,也是机能最复杂的感官,其中包含着至少几种截然不同的感觉,而且每一小块皮肤都有不同感觉职能和特点。同时人体皮肤又是"人脑的延伸"。这使我们意识到,母子之间之所以存在着经常的包括触觉在内的抚慰行为,实际是意在情感的直接交流。许多动物在分娩之后,母亲都要用舌头舔遍儿女的全身,假如不这样做,儿女就无法进行第一次的排泄,也就无法生存下去。而人虽然不用舔婴儿,但是当婴儿穿过狭隘的产道,实际也是一次舔婴儿。而不论是动物还是人类,这样做的唯一目的都是着眼于情感的抚慰。难怪西方学者会疾呼:"'没有触觉'的社会是一种病态的社会,因为它脱离了人的肉体和情感系统的需要。"[①] 由此出发,我们可以合乎逻辑地推论说:没有情感交流的社会也是一种病态的社会。

进而言之,情感机制作为人类生命活动的历史渊源,可以从以下几个方面加以说明。

其一,可以从现代生理学的研究成果来说明。美国精神保健研究所脑

---

① 转引自金马:《生存智慧论》,知识出版社 1987 年版,第 597 页。

进化和脑行为研究室主任麦克莱恩发现:人脑是进化的三叠体(三结构),或称三位一体脑结构:

> 我们是通过完全不同的三种智力眼光来观察我们自己和周围世界的。脑的三分之二是没有语言能力的。
>
> 人脑就像三台有内在联系的生物电子计算机。每台计算机都有自己的特殊智力,自己的主观性、时间和空间概念,自己的记忆、运动机能以及其他功能。脑的每一部分都同各自的主要进化阶段相适应。①

在这个三位一体的脑结构中,爬虫复合体、边缘结构都是脑的原始结构、人性与动物性的共同栖居地,也是人类情感的发源地(当代西方的神经生理和生化研究已经证明皮质下大脑组织对情感有决定性作用)。而大脑新皮质则是人类理性进化的堆积物,为人所独具。它只是思维的器官,不是情感的器官。人类的个体生成就是凭借着这三部分的协调来完成的。遗憾的是,我们人类往往数典忘祖,只看到了理性的、思维的世界,却疏忽了它实际只是人类在征服自然时积淀而成的生命世界。在这个世界之下,还存在一个远为博大、远为根本的情感的、直觉的世界。只有它,才是人类最为本源的生命世界。它不可以被舍弃或改变。正如卡尔·萨根在《伊甸园的飞龙》中所告诫的:"很难通过改变脑的深层组织结构达到进化。深层的任何变化都可能是致命的。"而且早在理性的思维的世界形成之前,它就已经开始了自己的生命历程。换言之,人类的与爬虫复合体、边缘系统等"脑的深层组织结构"紧密相联的情感的、直觉的生命世界,正是人类最为深层的东西。

其二,可以从文化人类学的研究成果来说明。文化人类学通过对原始人的思维的研究发现:原始人的思维并不是周密地运用概念进行推理判断

---

① 卡尔·萨根:《伊甸园的飞龙》,吕柱等译,河北人民出版社1980年版,第43—44页。

的理性思维,而是情感思维。这一点,列维-布留尔在《原始思维》中作过详尽说明。从今天的眼光来看,显而易见,这种所谓的情感思维并非对于理性需要的满足,而是对于人类的情感需要的满足。情感思维不是思维,而是体验。这也可以证明:人类的与爬虫复合体、边缘系统等"脑的深层组织结构"紧密相联的情感的、直觉的生命世界,正是人类最为深层的东西。

其三,也可以从现代神经生理学的研究成果来说明。现代神经生理学揭示了左脑与右脑的存在,以及右脑在生命活动中的重要地位,指出了左脑与右脑各有分工。并且,在现代社会中左脑也确实占有重要地位。然而,我们不能因此把右脑贬为"休闲脑""动物脑""劣性脑""备用的马达",不能因此得出"人是理性的动物""人是语言的动物"之类的看法。因为他们都掩盖了这样一个事实:人的右脑绝不能等同于动物的大脑;右脑是潜意识活动的中枢,是精神生活的深层基础,擅长于对空间知觉、想象、隐喻、说话时的音调、面部表情、体态姿势的理解。我们知道,非语言活动是语言活动的基础,然而非语言活动恰恰是右脑的功能。而且,右脑是直觉思维的基础,是人与自然之间的最为原始的通道。因此,右脑的存在意味着人的感觉、情感活动同样是人的生命活动的一部分,而且是更为本体的一部分。何况,无论在人类或个体的生长过程中,右脑的诞生和成熟都早于左脑。这也可以证明:人类的与爬虫复合体、边缘系统等"脑的深层组织结构"紧密相联的情感的、直觉的生命世界,正是人类最为深层的东西。

最后,还可以从现代心理学的研究成果来说明。在相当一段时间内,我们十分推崇皮亚杰的儿童发展心理学的成果。皮亚杰片面地把成年人理性的、思维的生命世界作为幼儿的楷模,把认识结构作为生命结构,把情感现象作为认识现象的副现象或伴随物。相比之下,倒是一些深层心理学家,对此作出了重大贡献。例如,弗洛伊德针对上述错误看法,曾经明确表示:我作为一名精神分析学家当然应当对情感现象比对理智现象更感兴趣。由此,他率先绕过语言、理性的生成时期,去试图阐明个体的"情感""情绪"或"感受"的特性,以及它们与一生的错综复杂的联系。伊扎德则认为情感情绪的发生比理性认识的发生要早得多,资历也古老得多。它不但是人类进化过程中为适应生存而发生并固定下来的特性,而且是在脑的低级结构中固定下来的预先安排的模式。对于个体意识的产生来说,情绪是构成意识和意识发生的重要因素。情绪提供一种"体验——动机"状态,情绪还暗示对事物的认识——理解,以及随后产生的行为反应。以儿童为例,儿童最初的意识所接受的感觉材料是来自感受器。这些内源性刺激导致情绪体验发挥作用。这种作用的特殊意义在于它成为意识萌发的契机。也就是说,意识的第一个结构,其性质基本上是情感性的。这是因为婴儿最初和外界的联系、交往是同成人之间的感情性联系。早期婴儿(半岁以前)的知觉还不能提供足够的从外界而来的直接信息以产生意识,可见情绪作为动机就成为意识萌发的触发器。各种具体的情绪的主观体验都给意识提供一种独特的性质。随着情绪的分化和发展,意识在萌发。儿童对不同情绪的体验也就是最初的意识。[1] 这就是说,不论在人类还是在个体的生成过程中,情感模式都是理智模式的母结构,[2]这也就是说:人类的与爬虫复合体、边缘系统等"脑的深层组织结构"紧密相联的情感的、直觉的生命世界,正是人类最为深层的东西。

由此我们看到,既然审美活动主要地与人类的情感活动相关,或者说审美活动不是来源于作为工作机制的认识结构,而是来源于作为动力机制的情感结构,审美活动实际上就起源于人类的情感机制,审美活动的先天性无疑也就与情感的先天性密切相关。这样,对于审美活动的先天性的说明,不论是对与自然的同中之异抑或异中之同的方面的说明,就都不难从对于情感机制的先天性的说明中得到最为充分的说明。而传统美学对此却不屑一顾,甚至把情感需要称为动物性的东西,则是完全错误的。试想,经过进化

---

[1] 参见孟昭兰:《情绪研究的新进展》,载《心理科学通讯》1984年第1期。
[2] 弗兰克·梯利:"无论如何,我们都不可能通过理智来解释人的行为的最后目标。我们要把它完全提交给人的感情和情绪,而无需依赖于任何理性的能力。""道德判断……是建立在感情上的。……一个人应当追求什么最高目的不是一个推理证明的问题,而是一个感情的问题。"(弗兰克·梯利:《伦理学概论》,何意译,中国人民大学出版社1987年版,第93、164页)

规律所一再肯定的东西怎么可能是人所不需要的呢？而且，即便是动物性的东西难道就可以不屑一顾吗？人类应该尊重人类自身的特殊进化规律，这是人类所共同认可的，但是，人类还应该尊重人类与动物共同的一般进化规律。只重特殊不重一般，是错误的。莫里斯说：这个出类拔萃、高度发展的物种，耗费了大量的时间探究自己的较为高级的行为动机，而对自己的基本行为动机则视而不见。这里的"基本行为动机"就是所谓一般。还说：人的本性使他能够有审美的趣味和观念。他周围的条件决定着这个可能性怎样转为现实。这里的"人的本性"也是所谓一般。我们过去只注意到"较为高级的行为动机"和"周围的条件"，只涉及高层与外部对它的制约，但却很少注意到"基本行为动机"和"人的本性"，也未涉及内部的动力。因此，我们也往往只注意到审美活动对于"较为高级的行为动机"和"周围的条件"的满足，但却没有注意到审美活动对于"基本行为动机"和"人的天性"的满足。这个重大的失误，今后不能再继续下去了！

后天性："哥白尼式的革命"[①]

在考察了审美活动的先天性之后，还有必要进而考察审美活动的后天性。

我已经指出，审美活动的发生既是先天的，又是后天的。所谓先天，是指审美活动中的某些东西是先于劳动创造这一特殊规律的，然而却并不是先于自然进化这一普遍规律；所谓后天，则是指审美活动中的某些东西是后于自然进化这一一般规律的，然而却并不是先于劳动创造这一特殊规律的。而对于审美活动的起源的揭示，却恰恰应该在非还原论与还原论之间，在"人性"与"本性"之间。这样，当我从自然进化的还原论的角度考察了人类的审美活动，从而试图对审美活动的起源的一般规律作出说明之后，还有必要从人类进化的非还原论的角度去考察人类的审美活动，从而试图对审美活动的特殊规律作出说明。

---

① 本小节在本次再版中有增补。

在我看来,相对于从自然进化的还原论的角度考察人类的审美活动,从人类进化的非还原论的角度去考察人类的审美活动,从而对审美活动的特殊规律作出说明无疑尤为重要。因为审美活动的诞生固然与自然进化相关,但是它毕竟是人类生命活动中的一项创造,并且唯一的属于人类自己。因此人类何以能够在自身的进化过程中把审美天性发展而为审美活动,就不能不是一个引人瞩目的课题。于是,问题就合乎逻辑地转向了对于审美活动的后天性的考察。

何况,还原论毕竟只是一个比喻的说法。因为就方法论而言,非历史的还原论实际上是不可能的。换言之,人在历史上确实曾经与动物称兄道弟,但这并不意味着人类的生命过程可以还原为动物,达尔文的考察只是说明人的诞生与动物有关,不能说明人在本质上是动物。事实上只有人为的过程才是可以还原的,自然的过程则是不可逆的,因而也是不可还原的。广而言之,一切运动都是不可能被还原的。这样,对于审美活动的先天性的把握就必须进而推进到对于审美活动的后天性的把握。因此,正如我在上节中已经一再强调的那样,人类的先天性毕竟不能与动物的先天性相提并论。而且,现在我还要补充加以说明:审美活动的先天性只有在审美活动的后天性的基础上才能够加以说明。

审美活动的后天性来源于人类的超生命的生存方式。其根本原因在于:人类无法通过生物功能来满足生命需要,只有通过超生命、非本能的生存方式来满足生命需要,而这样一种超生命、非本能的生存方式无疑就预示了人类的超越性活动的出现。

而就本书所要讨论的问题而言,审美活动的后天性无疑是人类自由生命得以理想地实现的奥秘之所在。那么,人类的这一审美活动的后天性是怎样形成的?它为什么能够使人类的自由本性得以理想地实现?它又为什么在根本上区别于实践活动、理论活动得以实现的后天性?甚至更进一步,它为什么与人类的最高生存有着最为深刻的内在联系?毫无疑问,诸如此类围绕着审美活动的后天性而展开的种种美学变奏,只有延伸、推进到人类的超越性活动,才有希望得以解决。

应该承认,在这方面,中国当代美学已经作了大量的研究,收获颇丰。不过,对于审美活动的后天性与超越性活动之间的一个最为密切的问题,中国当代美学却未能予以充分的重视。因此,也就使得它的研究角度始终是实践美学的,而不是生命美学的。这个问题就是:使审美活动的后天性得以实现的人类感性存在的本体生成。

所谓感性存在,并不是指作为理性对立的存在,而是指人的机体、诸感觉乃至生命活动本身。它是身体与心灵融贯一体的共生态。对它,人们往往只从感性论或价值论的角度去评说,却忽略了远为重要的它的本体论的意义,因此,就无法对它在人类生存中的地位作出合乎实际的评说。

实际上,感性存在正意味着人的本体存在。它是人类存在的根据、基础和前提。在这个意义上,我很同意马尔库塞的意见:"这里所讲的感性是用以解释人的本质的一个本体论概念,而且,这一概念在任何一种唯物主义或感觉主义产生以前就已出现了。"从这一点出发,"我们可以懂得为什么马克思强调'人的感觉、情欲等等……是对本质(自然界)的真正本体论的肯定'。同在异化劳动中表现出来的人的忧伤和需要不纯粹是经济上的问题一样,感性中表现出来的人的忧伤和需求也不纯粹是认识上的问题。在这里忧伤和需求根本不是描述人的个体的行为方式,它们是人的整个存在的特征。它们是本体论的范畴"。[①]

感性存在之所以能够成为人类存在的本体,关键在于它是"以往全部世界史"的产物,是生命的人类学意义上的生成。对于这种生成,马克思曾作过大量精辟论述——

人不但在思维中,而且在全部感觉中肯定自己;

主体感觉的丰富性与对象展开的丰富性相适应;

五官感觉的形成是以往全部世界史的产物;

感觉通过自己的实践直接变成了理论家。

[①] 转引自《西方学者论〈手稿〉》,复旦大学哲学系现代西方哲学研究室编译,复旦大学出版社 1983 年版,第 111、113 页。

在这当中,最为重要的是思路,是本书一直提及的"自然界向人生成",它区别于实践美学的"自然的人化",是生命美学的立身之本。①

简单而言,迄今为止的美学视界大体有三:神学的视界、理性的视界、生命的视界。前面的两种,或者是指向神学目的,或者是指向"至善目的",推崇的是神学道德,或者是道德神学,因此是宗教神学的目的论或者是理性主义的目的论。它们的共同之处,则是先从神学世界、理性世界出发去解释生存的合理性,然后再把审美与艺术作为这种解释的附庸,并且规范在神学世界、理性世界内去赋予合法地位。总之,神学本质或者伦理本质始终规范着审美与艺术的本质。因此叔本华感叹:"最优秀的思想家在这块礁石上垮掉了。"

幸而,在"康德以后",出现了令人瞩目的转型。康德认为:在自然人与自由人之间,有审美人。而且,"人不仅仅是机器而已""按照人的尊严去看人""人是目的"。因此,康德美学应该被视作生命美学的序曲。但是,康德美学也有不足。他把道德神学化,因此而并没有比过去的把神学道德化走得更远。尽管没有了"必然"的目的,但是,其中还存在一个"应然"的目的。在自然人与自由人之间,在唯智论美学的独断论与感性论美学的怀疑论之间,在"美是形式的自律"与"美是道德的象征"之间,在"愉悦感先于对对象的判断"与"判断先于愉悦感"之间,也存在着亟待克服的矛盾。例如,阿多诺就以"无利害关系中的利害关系"来点明康德对于"利害关系"(功利性)的忽视。

由此,相比之下,倒是"尼采以后"更加值得关注。尼采,这个"不合时宜的思想"的美学家,这个最不被理解的美学家,敏捷地发现:宗教是"投毒者",道德则是"蜘蛛织网"。他发现:"很长时间以来,无论是处世或是叛世,我们的艺术家都没有采取一种足够的独立态度,以证明他们的价值和这些

---

① "自然的人化"只涉及马克思的劳动哲学、实践哲学。只注意到了横向的联系,而且还不是全部,只是其中之一,同时,还忽视了纵向的联系。其实,不是"自然的人化",而是"自然界成为人";不是"劳动创造了美",而是"劳动与自然一起才是一切财富的源泉";也不是"人的本质力量的对象化",而是"自我确证""自由地实现自由""生命的自由表现"。

价值令人激动的兴趣之变更。艺术家在任何时代都扮演某种道德、某种哲学或某种宗教的侍从;更何况他们还是其欣赏者和施舍者的随机应变的仆人,是新旧暴力的嗅觉灵敏的吹鼓手……艺术家从来就不是为他们自身而存在。"[1]由此,倘若康德美学是知识的梦醒,尼采美学则是生命的梦醒。在他看来,在审美与艺术之外没有任何的理由,例如神性的理由或者理性的理由,审美与艺术本身就是审美与艺术得以出现的理由。因此,毅然从审美与艺术本身去解释审美与艺术的合理性,并且把审美与艺术本身作为生命本身,把生命本身看作审美与艺术本身。这就是尼采的深刻洞察!

同时,这当然也就意味着:生命即审美,审美即生命。因此,如同在审美与艺术之外没有任何的理由一样,在生命之外也没有任何的理由。因此,同样也不需要再透过任何的有色眼镜(神性的或者理性的)去解释生命。生命的理由就是生命自身。正如别尔嘉耶夫所说:"为什么不从血液循环,不从活物,不从先于一切理性反思、先于一切理性分离的东西,不从作为生命职能的思维,与自身存在的根源联系在一起的那些未经理性化的生命材料,开始我们对于生命自身的把握呢?"[2]

这样,马克思提示的"自然界生成为人"的思路也就异常重要。并且,生命美学恰恰是以"自然界生成为人"去提升实践美学的"自然的人化"。严格而言,实践美学其实只是劳动美学。"自然的人化"也只涉及"自然界生成为人"的"现实部分",也就是"人通过劳动生成"这一阶段,但是"自然界生成为人"还存在着"非现实部分",实践美学却蓄意视而不见。这就是实践活动成为了世界的本体,成为了人类存在的根源,也成为了审美和美的根源的原因所在。但是,自然的"天然"之美又何以解释?例如,月亮的美何以解释?无疑,只看到"自然界生成为人"的"现实部分",看不见"自然界生成为人"的"非现实部分",实践也就被抽象化了,正如马克思所说的,陷入了"对人的自我产生的行动或自我对象化的行动的形式的和抽象的理解"。其实,为实践

---

[1] 尼采:《论道德的谱系·善恶之彼岸》,谢地坤等译,漓江出版社2000年版,第78页。
[2] 别尔嘉耶夫:《自由的哲学》,董友译,学林出版社1999年版,第97页。

美学所唯独看重的所谓"人类历史"其实只是自然史的一个特殊阶段。因此,马克思所说的"自然界的自我意识"和"自然界的人的本质",我们无论如何都不能忽视。而且它们自身也本来就是互相依存的,后者还是前者得以存在的前提。

换言之,人类历史其实是"自然界生成为人"这一过程的一个现实部分,它必须被放进整个自然史,作为自然史的"现实部分"。当然,是在"历史"中人类才真正出现了的,但是,这并不排斥在"历史"之前的"非现实部分"。彼时,人当然尚未出现,自然界的生成为人的过程也没有成为现实,但是,无可否认的是,自然界也已经处在"生成为人"的过程中了。冒昧地将自然界最初的运动,将自然演化和生物进化的漫长过程完全与人剥离开来,并且不屑一顾,是人类中心的傲慢,是没有根据的。而"自然界生成为人"则把历史辩证法同自然辩证法统一了起来,也是对于包括人类历史在内的整个自然史的发展规律的准确概括,而且完全符合人类迄今所认识到的自然史运动过程的实际情况。

具体来看,物质实践与审美活动其实都是生命的"所然",只有生命本身,才是这一切的一切的"所以然"。而且,这生命既包括宇宙大生命(涵盖了人类的生命,宇宙即一切,一切即宇宙)的创演,又包括人类小生命的创生。创演,是"生生之美",创生,则是"生命之美"。它们之间既有区别又有一致。"生生之美"要通过"生命之美"才能够呈现出来,"生命之美"也必须依赖于"生生之美"的呈现;但是,其中也有一致之处,这就是:自由生命。只是,"生生之美"对于"自由生命"是不自觉的,"生命之美"对于"自由生命"则是自觉的。总之,是"自然界生成为人"。

当然,也因此,在生命美学看来,外在于生命的第一推动力(上帝、理性作为救世主)既然并不可信,而且既然"从来就没有救世主",生命自身的"块然自生"也就合乎逻辑地成了亟待直面的问题。昔日的"上帝""理性"变成了今天的"自己"。由此,"生命的法则"也就必然会期待着自己的答案。对此,我们可以称之为"天算""天机",或者,可以称之为"天问"。弗朗索瓦·雅各布称之为"生命的逻辑",坎农称之为"身体的智慧"……万物皆"流",生生不已;万物曰"易",演化相续;逝者未逝,未来已来,那么,在大千世界的背后的一以贯之的大道或者"源代码"究竟是什么?其实,答案不难猜想。一切的一切就来自生命这个自组织、自鼓励、自协调的自控巨系统本身。它向美而生,也为美而在。而且,它既关涉宇宙大生命,更关涉人类小生命。至于审美活动,则是作为创演"生生之美"与作为创生的"生命之美"的"自觉"的意象呈现,亦即作为创演"生生之美"与作为创生的"生命之美"的隐喻与倒影。它是作为创演"生生之美"与作为创生的"生命之美"的导航,也是作为创演"生生之美"与作为创生的"生命之美"的动力。

换言之,生命,作为自组织、自鼓励、自协调的自控巨系统,奉行的是"两害相权取其轻,两利相权取其重"的"天道"逻辑,生物学家弗朗索瓦·雅各布则称之为"生命的逻辑"。它类似一只神奇的看不见的手,但是却以"无目的的合目的性"来驱动着人类,以"美"的名义驱动着人类。

意识及此,我们应该就不会斤斤计较于实践活动的某种作用了。[①] 更何况,人类在没有制造出石头工具之前就已经进化出了手,进化出了足弓、骨盆、膝盖骨、拇指,进化出了平衡、对称、比例……光波的辐射波长全距在10的负四次方与10的八次方米之间,但是人类却在物质实践之前就进化出了与太阳光线能量最高部分的光波波长仅在400毫微米—800毫微米之间的内在和谐区域;同时,温度是从零下几百度到零上几千度都存在的,但是人类却在物质实践之前就进化出了人体最为适宜的20—30度左右的内在和谐区域。显然,早在实践活动出现之前,人类就已经开始为在"两害相权取其轻,两利相权取其重"的"天道"逻辑、"生命的逻辑"下的"无目的的合目的

[①] 一味强调实践活动的决定作用,至少会遭遇四个问题的挑战:1.动物明明已经"制造工具"几百万年了,为什么却偏偏没有进化为人?而人类为什么通过"制造工具"就偏偏进化为人了呢? 2.本来已经被"制造工具"的实践"积淀"过的狼孩为什么无论怎么去教育都无法成为人? 3.在地震灾害降临的时候,在众多动物中,为什么最最愚钝无知的偏偏就是已经被"制造工具"的实践"积淀"过的人类自身? 4.性审美肯定是在实践活动出现之前的,这怎么解释?

性"而愉悦了。①

贝纳斯在《感觉世界》中告诉我们:"在生命的曙光微露的时光,一个极小的单细胞动物在水的世界里无目的地漂荡,偶尔会碰在石头上。经过千万年的发展,再碰到这种情况,它不再和它的祖先那样只能作消极反应,而是会运动着原生质的身体离开这个障碍物,然后又开始它的旅行。这种动物已能觉知环境中的物体,并能对之作出反应。感觉世界就这样开始了。"这无疑是在昭示:人类是走在"自然界生成为人"的道路之上。而从发生学的角度看,人类的意识反应,官能的进化,除了原生动物阶段的感应性外,从感觉开始,途经知觉和表象,然后才跃到思维阶段。从感觉到思维,分明代表着人类进化的四个相应的悠久历史阶段,感觉对应于环节动物阶段,思维则对应于灵长类动物。于是,从进化链或谱系树上看,每个阶段都相对独立地经历了一个比较漫长的历史阶段,因而也就相对独立地表现出感觉、知觉、表象、思维的独立形式及其特有运动模态。从这个意义上说,感觉、知觉、表象是感性认识,思维是理性认识,这是其界限的绝对方面。这当然更是在昭示:人类是走在"自然界生成为人"的道路之上。

而当人类的意识前史结束以后,人便进化到独具意识的真正的人。这时,人的感觉、知觉、表象便统一于一个现实生命体之内,在这样的情况下,感觉、知觉、表象又具有什么性质呢?其一是从器官水平上去看。即把感觉、知觉、表象这些心理形式放在认识论或价值论水平上加以孤立考察,作静态的孤立环节的分析。这样就其反映客观对象的功能、范围来说,仍是一种感性认识。二是从本体水平上去看。在这个意义上,它们又是"自然界生成为人"(马克思)的"一个世界"(黑格尔),不再是认识论或价值论意义上的感性环节,而是本体论意义上的历史"生成",其中的每一环节都存在着感性与理性的彼此渗透,要从这整体的生命存在之中去寻找单纯的感性或理性,

---

① 为此,需要重读达尔文《人类的由来》。达尔文提示:由于美的作用,动物才不断进化,也才最终进化为"人";因此,"人类的由来",就"由来"于美!当然,也因此,生命美学才孜孜以求生命与美的关联。

已属不能,要在这整体的生命存在之中去区分主体与客体,也已属不能。

例如,恩格斯曾经着重谈到的鹰眼与人眼的区别:"鹰的眼比人的眼看得远得多,但人的眼比鹰的眼在事物中所看到的东西也多得多。"为什么人眼比鹰眼看到的东西要多得多呢?朱光潜作过一个大致令人满意的说明:"鹰的眼还是自然形态的眼,人变成社会的人之后,经过长期的认识和实践过程,人的眼也变成社会形态的眼了。人比鹰在事物中所见到的东西更多,是由于人有社会形态的眼,这更多的东西,是人眼在长期认识和实践过程中所征服来的,也就是事物的社会意义。人的眼有它的'本质力量'(即社会形态所特有的力量)与这'更多的东西'相应。没有人眼的本质力量,就看不出这'更多的东西',没有这'更多的东西',也就显不出人眼的本质力量。人眼的这个'本质力量'和自然的这些'更多的东西'代表了人在一定历史阶段的文化水平,因此也就反映了当时的经济基础与社会生活……"①应该说,除了过分强调了人眼的社会意识形态的质的生成,而没有进一步强调人眼自身的人性的或人类学的质的生成之外,朱光潜的上述解释是颇为深刻的。显然,"人眼的这个'本质力量'和自然的这些'更多的东西'",就正是审美愉悦的来源。

还可以举出人的耳朵以及人的手指的历史生成在"自然界生成为人"上的意义。例如耳朵,"社会的人的感觉不同于非社会的人的感觉。只是由于人的本质的客观地展开的丰富性,主体的、人的感性的丰富性,如有音乐感的耳朵,能感受形式美的眼睛,总之,那些能成为人的感觉的感觉,即确证自己是人的本质力量的感觉,才一部分发展起来,一部分产生出来"。②再如手指,不论音乐家、雕刻家还是画家,都离不开灵巧的手指,但这灵巧的手指来自何处呢?来自他们的认识论意义上的练习?或者来自他们的价值论意义上的修养?这当然都有其合理性。但更主要的,还应强调是来自"自然界生成为人"上的历史生成。正像恩格斯所剖析的:"手不仅是劳动的器官,它还

---

① 《朱光潜美学文集》第3卷,上海文艺出版社1983年版,第50页。
② 《马克思恩格斯全集》第42卷,人民出版社1979年版,第126页。

是劳动的产物。只是由于劳动,由于和日新月异的动作相适应,由于这样所引起的肌肉、韧带以及在更长时间内引起的骨骼的特别发展遗传下来,而且由于这些遗传下来的灵巧性以愈来愈新的方式运用于新的愈来愈复杂的动作,人的手才达到这样高度的完善,在这个基础上它才能仿佛凭着魔力似的产生了拉斐尔的绘画、托尔瓦德森的雕刻以及帕格尼尼的音乐。"①

这就决定了对感性存在的说明,既应是认识论、价值论的,同时又应是本体论的。所谓五官感觉体现了全部世界历史成果,不就是说它成了人的历史存在的充分证明吗?因此,人的感性存在,不仅在认识或评价过程中是一个开端,属于认识论和价值论范畴,而且也是宇宙大生命与人类小生命在"自然界向人生成"中的存在方式。因而属于本体论范畴。艺术家的手指、耳朵、眼睛,不但创造出优美的艺术品,给人以认识和享受(认识论、价值论),而且也是艺术家本人的存在方式(本体论)。他的手指、眼睛、耳朵,同时也是他的生命存在、他的个体特性。你看,这不正是一种本体论的证明吗?马尔罗在他的名著《沉默的声音》中曾极为出色地描述过画家伦勃朗的一只"颤动的手":

> 在那一个晚上,当伦勃朗还在绘画的那个晚上,一切光荣的幽灵,包括史前穴居时代的艺术家们的幽灵,都目不转睛地注视着那只颤动的手,因为他们是重新活跃起来,还是再次沉入梦想,就取决于这只手了。
>
> 而这只手的颤动,几个世纪在黄昏中人们注视着它的迟疑动作——这是人的力量和光荣的最崇高的表现之一。

还应该补充说,"这只手的颤动",同时还是人的本质力量的证明。它实在可以"惊天地、泣鬼神",人类通过它才获得了自身的真实存在,伦勃朗通过它也才获得了自身的真实存在。还值得一提的是黑格尔的一段名言:"真

---

① 《马克思恩格斯选集》第3卷,人民出版社1975年版,第553页。

正艺术家都有一种天生自然的推动力、一种直接的需要,非要把自己的情感思想马上表现为艺术形象不可。这种形象表现的方式,正是他的感受和知觉的方式,他毫不费力地在自己身上找到这种方式,好像它就是特别适合他的一种器官一样……艺术家的这种构造形象的能力,不仅是一种认识性的想象力、幻想力和感觉力,而且还是一种实践性的感觉力,即实际完成作品的能力。这两方面在真正的艺术家身上是结合在一起的。凡是在他的想象中活着的东西好像马上就转到手指头上……"对这一段名言,人们并不陌生。确实,黑格尔发现了作家的一个根本特点:"凡是在他的想象中活着的东西,好像马上就转到手指头上。"然而,为什么会如此?黑格尔无法解释。其实,问题的关键在于:"艺术家的这种构造形象的能力不仅是一种认识性的想象力、幻想力和感觉力",也不仅"还是一种实践性的感觉力",而且首先是一种本体性的感觉力。换言之,首先是人的"自然界向人生成"的证明。

在这个意义上,所谓作家的创作、所谓审美体验,正渊源于一种只为人所具有的"享受的感觉"(马克思),正是一种通过把意义的形式从物理世界中成功地剥离出来而直观到自身感觉,从非人的单一、守恒走向人的丰富、创造时所产生的一种生命呈现。因此,"一个画面首先应该是对眼睛的一个节日"(德拉克罗瓦),"一幅画首先是,也应该是表现颜色"(塞尚),因此,"人的精神之路,是新的——再说一遍——是奇迹的感觉器官的培养和形成,这叫作艺术"(沃兹涅先斯基);也因此,作为人的本质力量的证明的审美感觉,才首先是作家的生命存在方式,其次才是作家的把握世界的方式。弄清楚这一点,我们也才真正弄清楚了本书为什么要一再强调审美活动与非审美活动共处于一个世界,为什么要一再强调人人都可以成为艺术家。在这里,唯一的区别只在于:是舍弃还是维护这作为"自然界向人生成"的证明的审美感觉。从后者出发,则必然进入生命存在的最高方式。于是,在你的生命屏幕上,或许会出现一幕幕这样的动人场景:在剧场出口处,忽然一双美丽而又幽怨的眼睛深情地凝望着你,几秒钟的默默相对,你微微一颤,转身走开。这时,你忽然回忆起……月光下幽绿的海水温柔地涌动,你踏着细软的沙子,任滑腻的风抚摸你裸露的臂膀。蓦地,远方传来一阵歌声,奇怪,偏偏是那首令人心碎的歌,于是,你不由沉浸在……而且,对于灵性未泯的人们来说:"一幢'房屋',一口'井',一座熟悉的塔尖,甚至连他们自己的衣服和长袍都依然带着无穷的意味,都与他们亲密贴心——他们所发现的一切几乎都是固有人性的容器,一切都丰盛着他们人性的蕴含。"(里尔克)即使是天上的明月,原野的鲜花,也如此。日本那位凭着一顶笠、一根杖、一只囊到处流浪的僧人芭蕉不就曾经说过"身处于风雅,从造化以友四时。所见之处无不是花,所思之处无不是月。见时无花则同夷狄,思时无月则类鸟兽。故应出夷狄以离鸟兽,从造化而归自然"吗?

因此,人的感性存在,就其用途和功能来说,固然是认识论和价值论的,但就其自身的生成过程及其与人类生存的关系来说,又毋宁是本体论的。而且,前者又首先是建立在后者的基础上,后者存在,才有了前者的存在,后者是前者的主体,前者是后者的功能。

也就是说,在认识论和价值论意义上,感性存在仅仅是某种充作过渡的中介,作为本体的是外在的实体。但在本体论意义上,感性存在却正是人类的栖身之地。它意味着,人的真正生存,或者说超越生存、价值生存如果只建立在外在的实体上,那全然是不可思议的。人要求着比这一切更多的东西——想象、激情、盼想、思念、回忆、圣爱。感性存在本身才是人的真正生存赖以建立的基础。人必须通过活生生的个体的灵性去感受世界,而不是通过理性逻辑去分析、阉割世界——尽管在异化社会我们不得不如是。人的生存,就是感性的生存;人的生成,就是感性的生成;人的超越,就是感性的超越。

在这方面,美国作家海伦·凯勒的《假如给我三天光明》,堪称最为深刻的启示录,这位自幼罹患聋、盲、哑种种疾病于一身的人,以其出众的敏捷,洞察到了人类的悲剧。她指出,世人虽然拥有"幸福的感官",却让它们懒散着、沉睡着、窒息着、扭曲着:"那些从未体会过失去视力和听力痛苦的人,却很少充分使用这些幸福的官能,他们的眼睛和耳朵模糊地看着和听着周围的一切,心不在焉,也漠不关心。"他们甚至不能准确地说出五个好朋友的面孔,从森林里回来,也从来不曾带回任何特别的发现,他们只去留意与自己私欲相关的特殊的事物。这一切,在凯勒看来,何等荒谬绝伦!在大自然的残酷剥夺下,她只拥有触觉。即便如此,世界在她面前又是何等弘阔辉煌:一片娇嫩的叶子的匀称、白桦树皮的光滑、枝条上的芽苞、天鹅绒般柔软的花瓣、芬芳的松叶地毯、轻软的草地、指间淌过的溪流……因此,她合乎情理地忽发奇想,建议大学应该开设一门必修课"怎样使用你的眼睛",以"让视野从聚精会神的注视里解放出来,以便不去留意特殊的事物而只看一看那瞬息万变的色彩"。最终"唤醒那些处于睡眠状态的懒散的'幸福官能'"。这是一个多么沉痛而又惊人的建议!而在这建议被采纳之前,所有人都应该在凯勒的痛心疾首中自省。凯勒说道:"我,一个盲人,向你们有视力的人作一个提示,给那些善于使用眼睛的提一个忠告:'想到你明天有可能变成瞎子,你就会好好使用你的眼睛,这样的办法也可使用于别的功能。想到你明天有可能变成聋子,你就会更好地去聆听声响,鸟儿的歌唱,管弦乐队铿锵的旋律。去抚摸你触及的一切吧,假如明天你的感觉神经就要失灵;去嗅闻所有鲜花的芬芳,品尝每一口食物的滋味吧,假如明天你就再也不能品尝了。让每一种官能都发挥它最大的作用,为世界通过大自然提供的各种接触的途径向你展示的多种多样的欢乐和美的享受而自豪吧。'人们呵,你们听见了吗?"

另一方面,在现实生活中,由于二分的世界观的粗暴干涉,世界进入漫无边际的黑夜,人的感性被迫离家流浪、漂泊异乡,饱尝了浪子的苦涩和艰辛。因此,席勒才会大声疾呼:"活生生的感觉也有发言权。""感受能力的培养是时代最急迫的需要。"[①]审美体验也正是因此而得以庄严诞生,"哪里有危险,哪里也有救渡。"审美体验不正是人类的自我拯救吗?马尔库塞指出:"一个既成社会给它的所有成果增加了同样的感受手段;通过个人和阶级的观点、视野、背景的所有差别,社会提供了相同的经验总体。结果,同侵略和剥削的连续统一体的决裂,也将同适应这个经验总体的感受力相决裂,今天的反抗者要按照新的方式来看,来听,来感受新的事物:他们把解放同废除

---

① 席勒:《美育书简》,徐恒醇译,中国文联出版公司1984年版,第43、60页。

普通的、守法的感觉联系起来。'trip'就包含着由既成社会形成的自我的废除——一种人为的、短暂的废除。但是,人为的私人的解放以一种歪曲的方式预告了社会解放的迫切需要:革命必须同时是一场感觉的革命,它将伴随社会的物质方面的和精神方面的重建过程,创造出新的审美环境。"① 显而易见,在这"一场感觉的革命"中,审美活动担当着莫大的忧心。它意味着人性的馈赠,向人的感性存在发出隐秘的呼唤,追寻着失落了的生命灵性,驱动着人们重返故里、重返童贞。

这样,人的感性生成就从更为深刻的意义上赋予审美活动以意义。从而,我们也才真正弄清楚了本书为什么要一再强调审美活动的本体性质,为什么要一再强调人人都必须进入审美活动。事实上,这正是在强调人之为人的本体性质,强调人之为人的根本活动!

从快感到美感

在从审美活动的先天性与后天性的角度对审美活动的历史发生作出说明之后,还有必要从正面对审美活动的历史发生加以说明,以求得一个完整的印象。

读者一定还记得我在本书伊始所提出的问题:审美活动是人类生命活动中自我进化的产物。人类生命活动是一个高度精密的有机结构,而且在严酷、苛刻的进化过程中要遵守高度节约的原则,任何一种功能、机制都要适应于生存、发展的需要,多余、重复的功能、机制,是绝无可能存在的。何况,人类在进化过程中本来是依靠轻装上阵的方法超出动物的。他把动物的许多东西都精简掉了,然而偏偏为自己进化出既不能吃又不能穿的审美活动,显然绝对不会是一种"奢侈",另外,也绝对不可能是一种重复,即一种形象的"思维"或者审美的"认识",从而与认识功能重叠起来。这本身就是不可思议的事情。现在,我们已经知道了这"不可思议"与人类的先天性、后天性的内在关系,那么,是否还可以作出进一步的阐释呢?

---

① 马尔库塞:《现代美学析疑》,绿原译,文化艺术出版社1987年版,第58—59页。

显而易见,人类任何一种生命活动的历史发生都是存在着心理前提的,揭示这前提,事实上也就更为深刻地揭示了任何一种生命活动的历史发生。那么,在审美活动的历史发生的背后,是否也存在着心理前提呢?假如存在,那么揭示了这心理前提,不就更为深刻地揭示了审美活动的历史发生吗?

在我看来,审美活动的历史发生同样存在着心理前提。这前提,就隐含在人类生命活动中的从快感到美感的心理嬗变之中。

快感与美感都与人类的情感存在有关。人是情感优先的生命存在,是情感的动物。情感的存在,是人的最本真、最原始的存在,终极性的存在。人最终是生存于情感之中的。直面生命,也就必须直面情感。在这个意义上,情感类似"大象",理性则类似"骑象人",实践美学只是与"骑象人"对话,生命美学却是与"大象"对话。而且,"大象"所使用的语言十分简单,就是"喜欢"或者"不喜欢"、"接近"或者"离开"。在他的身体里,有一个"喜欢计量表"。因此,我经常说,情感是人类与世界之间联系的根本通道,人类弃伪求真、向善背恶、趋益避害,无不以情感为内在动力。然而,情感判断的方式却也毕竟也不同于认知的方式。在审美活动中时间空间、相互关系、各种事物间的界限都被打破了,统统依照情感重新分类。这样,对于对象的审美经验,显然不是物的直接经验,而是物的情感属性经验。而且,情感判断作为内在的综合体验,在一定程度上,又只是一种"黑暗的感觉",要使它得以表现,就始终无法外在感知。这就是所谓"澄怀味象"的全部真谛之所在。情感判断,只有借助于被创造的形象才是可能的,超越性价值、绝对价值、根本价值也只有在被创造的形象中,才可以成为被直观到的东西。情感自由比理性自由更为根本。情感自由,是未来社会的立身之本,也是生命无限敞开的途径。

然而,情感自由又并非一蹴而就。人类最初的生命活动无疑是现实活动。其基本的评价功能则是快感,所谓快感,就是对于在进化过程中处在最优状态中的生命的生理能量的一种鼓励。我们知道,在大自然中,有机生命的出现完全是一种偶然,除了自己努力挣扎之外,不可能找到其他生存机遇。因此,生存就是战斗——不仅是为了自己,更是为了物种,就是一场不断地寻找生存的机会与可能的战斗。为此,生命可以说是武装到了牙齿,一切都要服从于维护和拓展生存这样一个根本的目的。在此之外的一切则无疑属于一种不必要的奢侈,都会被严酷的进化历程所淘汰。值得注意的是,快感却没有被淘汰,显然,它的存在不是一种奢侈。那么,快感的作用何在呢?就在于它是对于这场战斗的鼓励。

快感是生命的一种自我保护的手段,它引导着肌体趋生避死、趋利避害,不过,这里的"自我保护"与时下的含义不同,它是旨在鼓励生命去与懒惰抗争,主动突破生命的疆域,迎接环境的挑战,以避免被严酷的进化历程所淘汰。有时,它鼓励的甚至是一种"化作春泥更护花"的自我牺牲精神。在生命进化中,过分的自私只能走向灭亡,故快感要去鼓励一种无私。而快感或痛感的消失则是生命力衰竭的象征。我们看到,自然进化正是在用快感和恶感作为指挥棒来指导动物的行为,例如性快感,大多数动物的性行为都是机械的,没有性交前的抚爱,细菌、原生物甚至没有神经系统却也能完成性的交配,可见,性快感并不是性交之必需;至于珊瑚、蛤及其他无脊椎动物干脆把性细胞排入水中,可见无性繁殖也是存在的,而且,据科学家论证,无性繁殖反而更安全、健康、节能、利己。那么,性快感为什么会出现呢?原来,它是对于有性繁殖的鼓励。有性繁殖不安全、不健康、不节能,也不利己,但却可以创造出更多的适应环境的可能性,存在着更多的选择机会,因而有利于生命进化。性快感正是对于这一有性繁殖的行为的鼓励。而且,性快感总是鼓励雌性去寻找身强力壮者交配,原来,后者正是最适应环境的,因而也是最符合进化方向的。更为极端的例子是,人类的性快感四季均可出现,并可以升华为爱情,这是为什么?这就不但是为了鼓励有性繁殖,而且是为了鼓励稳固的性结合。确实,最没有社会性的动物肯定同时就是最不讲究交配仪式的动物。

再如,许多动物都是利用味觉快感去为生命导航的。鲑鱼是在淡水河中孵化成鱼苗的,但很快就要洄游到海洋中去觅食,直到产卵时,才又回到原来出生的河流中。相距遥远,它是怎样找到的呢?原来,是故乡河流中的特殊的气味,就是这种特殊的气味刺激着它,最终<u>丝毫不差</u>地回到家乡。成群鲸类集体冲上浅滩而自杀的报道时有所闻,有人分析是鲸的回声定位系统在特殊环境下失灵导致,但他们尝试着把其中的几头鲸送入深水,以便让它们的回声系统开始工作,然后把其余的同类带出浅滩,却发现这几头鲸又奋不顾身地游了回来,仍然挤在伙伴身边。有人因此分析说:原因在于当一头鲸搁浅后,就发出求援信号,于是附近游弋的鲸纷纷赶来,保护物种的快感使它们奋不顾身,于是就演出了这样一幕动物王国的悲剧。动物母亲在抚育后代时还有一种追求超常刺激的快感,总是喜欢选择那些比正常的刺激要强烈得多的刺激。结果那些身上用来恫吓天敌、伪装自己的特征越是明显的后代,就越是会得到母亲的照顾。① 动物就是用这个办法进行择优汰劣的选择的。

痛感、饥饿感也是动物的一种自我保护手段。它们的出现,本身就是自然选择的产物。是否有一种喜与厌之类的情绪倾向,是一切生命体与无机自然界的根本区别。把木头烧成灰,木头不会表示喜与厌,但蠕虫在被火烧的时候就会以强烈的扭动来表达自己的不适。而痛感、饥饿感也确实起着导航的作用。每当受到实在或潜在的危险时,就会有一种痛感,因此你才会避开它。饥饿感则逼迫我们不遗余力地去寻找食物从而维护了健康,每当我紧张地写作了一段时间之后,就会有一种要吃鱼的强烈感觉,我知道,这也是饥饿感在暗自导航,引导我去寻找含有某种元素的食物,而饱感则是对我的成功寻找的一种鼓励。

那么,作为审美活动的基本评价机制的美感呢?它似乎与快感不同,不像快感那样功能明确。但问题是:生命进化的事实是那样严酷,为什么会允

---

① 杜鹃之所以能够把自己的蛋下在别的鸟类的窝里,而别的鸟类不但会抚育它,而且往往把自己的孩子忘掉,道理就在于小杜鹃的嘴张得尤其大,嘴的颜色也尤其鲜艳,是一种超常的快感刺激。

许它进化出来而且遗传下去,并且在人类延续至今的发展过程中始终没有无情地淘汰它?看来,它肯定不会是一种奢侈品,而是有助于人类的进化的,甚至应该是在人类进化中不可或缺的,只是它的作用与快感的作用有所不同而已。事实也正是这样。应该说,人类的审美能力正是在漫长的生命进化的活动中逐渐形成的。它是对于人类的有助于进化的审美活动的肯定和奖励。在这个意义上,美感与快感有着内在的同一性。当然,两者也有区别,这就是:快感是动物与人类所共有的一种一般的快感,而美感则是只属于人类的一种特殊的快感。

然而,美感并不直接来自快感,而是来自快感的一种高级形式——形式快感。快感最初是来自对于功利外物的满足。[①] 然而当功利外物脱离了功利内容时,我们发现,动物仍然会从遗传出发感受到一种快感,这就是形式快感。[②]《灵长类》一书作者科特兰德教授有一次发现:一只黑猩猩花了整整十五分钟的时间坐在那里默默地观看日落,它观看天边的变幻的云彩,直到天黑的时候才离去。作者因此感叹说:一味认定只有人类才能崇拜和欣赏非洲的黄昏美景,那未免太武断了。《新的综合》一书也记录了一次灵长类绘画能力的实验:这些动物利用绘画设备画出线条、扇形甚至完整的圆形,宁可不吃东西,有时还因为停下来而大发雷霆。但十分经济的进化为什么会允许毫无用处的形式快感的存在呢?形式快感最终显然是源于动物的一次失误,但为什么这次失误偏偏被肯定下来了?看来它是被意外地发现了

---

① 有毒的蘑菇很漂亮,但人们产生的仍然是反感,可见人们首先要服从生存需要。《伊索寓言·野兔和猎狗》云:一只猎狗追赶一只兔子,但是没有追上,牧羊人嘲笑猎狗,猎狗却理直气壮地说:你可别忘了,为了吃饭是一回事,为了逃命又是一回事。可见生存需要更根本。
② 对于实际的对象器物装饰(如工具的韵律感,趋向光洁、有序、规则的石球、砍砸器、尖状器)的审视,可以说是人类最初的审美活动,一种与实践活动混淆在一起的审美活动,它的出现就与形式快感有关。人类的美感一旦产生并成熟,就转向了对于想象的对象的审视。此时,审美活动已经相对独立于实践活动了。不少美学家把两者混淆起来,而且把审美活动与实践活动等同起来,把对于想象对象的审视与对于实际对象的审视等同起来,是错误的。

自身的可以满足人类的某种需要的功能。

什么功能呢？借助形式快感可以展示出生活的丰富性、多样性，从而唤醒人们心中蛰伏的激情，也可以唤醒沉睡着的麻木不仁的情绪，鼓励他去冒险，去拼搏。或者，有助于动物的休息。

线条、色彩、明暗、节奏、旋律、和声、跳跃、律动、旋转，抑扬顿挫、起承转合……诸如此类，都是一些与我们没有直接关系的对象形式，但是却偏偏引起了我们的超功利情感。① 当它们符合我们的生命需要的时候，我们得到的是正面的情感；当它们背离了我们的生命需要的时候，我们得到的是负面的情感；当它们既符合我们的生命也背离我们的生命需要的时候，我们得到的就是既正面又负面的复杂情感，所谓悲喜交加。当然，如果我们人为地制造一个情感评价的象征物也就是艺术作品的时候，其中的情感体验就会更加复杂。例如作为客体审美的工艺、建筑、雕塑，就是借助于外在客体，以生命的客体为主；作为主体审美的人体装饰、舞蹈、戏剧，却往往是借助于自己的身体，以生命的主体为主；作为主客体融合审美的绘画、音乐、诗歌（文学）则一般要借助于符号，以生命的创造为主，等等。但是，无论如何，它们又都是形式征服了内容的结果。在这里，存在着从自我感觉到自我意识、从对象感觉到对象意识的根本转换。因此而出现的，是把自我当作对象来看待的心理的成熟，也就是自我的对象化。它对应着在自我认识—自我把握、自我完善—自我调节之外的自我欣赏—自我表现（求真活动的自我认识、向善活动的自我协调与审美活动的自我欣赏）。值此时刻，外在对象已经被形式化了，成为了精神享受的对象，是人类自身出于自己的需要在对象身上创造出来的，也是人类对于自己的精神进化的自我鼓励。换言之，自然界一旦成为人类的精神现象，也就不再以现实的必然性制约人，而是转而成为情感的形式，让人类以超功利的态度面对世界。由此，人类得

---

① 美学研究的核心问题其实就是对象形式所引发主体情感的愉悦问题。审美活动就是因为形式而引发的生命愉悦。

以成功地把自己的情感对象化到外在对象上,然后,"祭神如神在",再成功地在这个外在对象身上感受到自己的情感;情感看得见了,世界成为生命的象征。因此,我们可以说:美,是以"对象"的方式现身的"人",或者,美,是"自我"在作品中的直接出场。①

由此,我们看到,形式快感首先是可以导致生命的紧张,导致生命的朝向符合进化方向的冒险、创新、进化、牺牲、奉献的拼搏。它是对人们从结构性的精神生存中挣脱出来的一种鼓励。精神的生存指的是一种生成性的东西,而不是结构性的东西。然而,人类的精神生存却往往陷入结构性的板结,它不断重复着单调、无聊、停滞,最终导致衰退,形式快感则鼓励人们追求变化、偶然、多样、差异。痛苦的生活、空虚的生活,使我们陷入一种"自欺",形式快感挺身而出,勇敢地为人类导航,它把人类不断带出精神的迷茫,带向未来,这是人类在精神的维度上追求自我保护、自我发展的一种手段。因此,缺乏形式快感是一个人精神萎弱的象征。正如快感鼓励动物进行有性繁殖,以提高生存机会一样,形式快感也鼓励人类的精神进行多种探索,以增加更多的生存下去的可能性。在这个意义上,可以说,是生命选择了形式快感,生命只是在形式快感中找到了自己。而快感之所以同时属于动物和人类,形式快感却最终趋向于并且属于人类,更深的道理就在这里。

---

① 由此,学界争论不休的审美起源的实践说、模仿说、表现说、游戏说似乎就都还没有切近审美活动的最为根本的源头,例如,我们还可以问:人之为人,为什么要劳动?为什么要模仿?为什么要表现?为什么要游戏?可见,在模仿、表现、游戏的背后还有着亟待首先去加以追问的问题。这就是:人之为人,为什么要去进行审美活动?实践、模仿、表现、游戏追问的是审美活动出现于什么,可是,我们首先需要追问的却是审美活动为什么会出现,是"人类为什么非审美不可""人类为什么需要审美"。这样,我们再回想一下人类为什么喜欢照镜子,为什么要"找对象",为什么喜欢玩泥巴、堆沙子、捏面团,喜欢看投石头入河的涟漪。要知道,动物就没有这些行为。至于那喀索斯看见了自己的水中倒影从此就爱上了自己,皮格马利翁甚至爱上了自己雕刻的女性,更是意在提示我们一个重大区别:人类之所以如此,正是要看见自己"像一个人""是一个人",看见自己有"人样""人味"。无疑,这一切只有在审美活动中才能够成为现实。

形式快感可以导致生命的放松也如此。有学者指出,在生命进化的长河中,懂得休息的动物比不懂得休息的动物会更容易取胜,更容易被进化肯定下来。老虎与熊相争的故事,讲的就是这个道理。那么,休息对于动物来说为什么如此重要呢?这就涉及一个现象:"应激反应"。它是高等动物的体液系统和神经系统对外界刺激做出的保护。一旦遇到危险,就要调动全身的能量应急。在原始的古代,可以想象,这种"应激反应"是频繁发生的。以睡眠为例,面对种种危险,动物往往在极度紧张中度过每一刻。像天敌最多的野兔每天就只敢睡两分钟,其他一些动物,鸟是两腿站得笔直地睡;马是用三只脚站着睡,另一只脚不沾地;蝙蝠是倒钩着睡觉,一旦有危险松开脚爪即可展翅飞走;海豚睡觉时是睁一只眼,闭一只眼;刺猬睡觉时是除了把嘴和鼻子露在外边之外,还把身体蜷成似是针刺的球型,以防遭遇突然袭击。而人类的原始时代更完全是在恐惧中度过的,直到现在儿童的梦的内容还常由蛇、蜘蛛、老鼠……组成,而现代的危险物如刀、枪、触电却从未梦见。这足以说明原始人的紧张程度。然而,生命活动却无法长期紧张下去,须知,有效的行为取决于应激的某种最佳水平,应激反应可以保护生命,导致身体免受外在损害,但也可以因为没有找到发泄的目标而把淤积的能量留在体内,从"惊慌反应"到"对抗反应"到"衰竭反应",从而危及生命。因此,动物在遇到危险时,会产生应激反应。一旦无法实施,就要转向第二目标,否则就会出现问题。洛伦兹在《攻击与人性》一书中称之为"重新修正的活动"。例如,蜜蜂、蚂蚁、白蚁,在孤独的环境中根本就不能生存,有时只要伙伴少了一些(不能少于 25 个),它们就会不吃不喝,忧郁而死。在欧洲有一种毛虫,只能群居生长。它们一个个地紧挨着排成长长的纵队,从一棵树爬到另一棵树,把树叶吃得精光,但是后面的毛虫一旦掉队,就必定马上垂头丧气,代谢率降到最低点,直至死亡。这就是突然的应激反应所致。那么,怎样找到一种"重新修正的活动"呢?关键在于内部的反向机制——代偿。因此高度的紧张机制必然需要一种作为代偿的高级的休息方式。这很像身体内部的排汗机制。一个人活到七十岁,他一生排出的汗水大约有数十吨。排汗机制就是防止人体过热的一种代偿机制。在非洲丛林中对野生黑猩猩进行了十几年认真观察的英国女科学家珍妮·古多尔在《黑猩猩在召唤》一书中也披露:她曾几次看到黑猩猩在暴风雨中狂舞,她称之为神秘的"雨舞"。这正是黑猩猩在开始因为意识到危险而产生的"应激反应"被在代偿机制中加以宣泄的结果。①

要强调的是,上述代偿机制还包括另外一个方面,这就是对于缺乏应激反应时的宣泄。人类的器官都是成双成对的,其中一个往往作为备用的器官储存起来。心理学家发现:人类的大脑有十分之九在沉睡,从进化的角度看,或许不会允许它不进化,唯一的解释是这部分处在备用状态。因此缺乏信息刺激,也会使人产生病态心理。生活的空泛、单调、琐碎,也会使人产生一种心理失衡。借助形式快感可以展示出生活的丰富性、多样性,从而唤醒人们心中蛰伏的激情,也可以唤醒沉睡着的麻木不仁的情绪,鼓励他去冒险,去拼搏。而且,作为一种演习,又可以提高人的生理唤醒阈值,增强机体对抗过激刺激的调解能力。这使我们意识到在紧张之外还存在一段闲暇时间。这段时间怎样度过?或者消极休息,或者积极休息。生命进化的历程会鼓励哪一种呢?显然是积极休息。它并非不动,但又不是大动。一方面通过动的方式使生命时时处在一种"启动"的状态,另一方面又通过这种方式使生命得到更好的休息。这也是一种情绪需要。英国一家

---

① 宣泄是能量的一种疏导方式,同时又是精神的一种自我防御方式,具体方法大致为:压抑、投射、反向、转移、合理化、升华。其中,格式塔心理学发现了人类为什么喜欢形式,深层心理学发现了人类为什么喜欢内容,都是对宣泄的发现。例如弗洛伊德的研究。他从两个方面来考察,其一是"替代",这是实际对象的转移或者行为的转移;其二是"移置",这则是转向某种精神性的对象。而一种既能提供一定的替代对象,又能提供能量移置的精神性对象,就正是审美的对象。顺便说明一下,列维-布留尔对于原始人的"互渗"十分关注。原始人为什么要用这种奇怪的方式思维?当代人在信仰问题上也是这样"思维"的,并且,这并不妨碍他用理性去思维。可见,"互渗"应该是人类的一种内模仿能力的遗传机制,从根本上说,它绝对不是思维,而是一种心理调节方式。只是原始人处处要使用它,而现代人只是在审美和宗教中才使用它而已。

动物园让猴子看电视,发现猴子最喜欢看足球赛、拳击赛,这显然是不会导致实际行动的,但为什么猴子着迷于此呢?原来可以做到积极休息。其间,兴奋灶被严格限制而又不产生扩散,因此反而也就抑制了其他部分,使之得以休息。①

形式快感正是一种最佳的代偿机制。形式快感是动物的失误吗?这需要加以讨论。它肯定是对生存有利的。它可以起到一种"搁置效应",使动物暂时离开现实,暂时放弃进攻、追求。因为造成心理压力的负面情绪,诸如:痛苦、焦虑、压抑、不安,常常是由于心理能量过度使用所致,适时中止日常追求,把实在世界搁置起来,转向一种心灵的想入非非,无疑有助于减轻心理压力,尽快从疲劳性精神病症中解脱出来,因此也就预防了形成精神性的病灶。例如,野狼有一种天然的群体认同的需要,这甚至超过了生存欲望,一旦长期得不到满足,就会导致激烈的"应激反应",产生心理障碍,由此,我们不难解释野狼在荒野里的嚎叫以及"过杀行为"。人就更是如此了,情绪是无法长期受理性结构的制约的,更不肯完全被文化化,长期如此,会造成精神的紧张,造成心理的紊乱。形式快感对此可以起到有效的作用,可以使人得到一种"替代性的满足",把那种可能会造成伤害性后果的情绪宣泄掉。

---

① 应该强调,心理应激并不就是坏事。人类生命活动是对于平衡状态的追求。这有点像朗格打的比方,从运动形态讲,活动能量就像从高山上奔泻而下的瀑布,每一滴水都是瞬间不停地匆匆流走,但那瀑布却具有一个基本确定的形状,像一根在风中飘荡的飘带,组成风景的一个永恒存在的部分。这是对于生命的平衡状态的一个很好的比喻。实际上运动和静止都是生命的需要。经常叩齿,反而可以固齿;经常梳头,反而可以固发;经常感冒,反而可以固体。而人体的运动也是如此。它需要的是交替运动,左右交替、上下交替、前后交替、体脑交替、动静交替。坎农就发现:在肌肉休息时其中许多毛细血管并未被使用,也就是说它们是交替地让血液通过的;某些血管开放一段时间,然后关闭,不让血液流过,同时其他附近的毛细血管开放。可见身体内部也是如此。何况,兴奋灶的过分使用是非常危险的,因为附近的区域会因为把能量全部提供出去而枯竭。在剧烈运动后肌肉会出现"氧债"就是一个例子。祥林嫂在突然出现心理应激并且失控之后,只会到处讲"我的阿毛如果还在",道理也是在此。

而美感则是在形式快感的基础上产生的一种最佳的代偿机制。① 为什么进化会选择这样一种形式呢？原因无疑是因为美感比一般性的娱乐、休息或体育运动更能满足人类的情感需要。其中最为明显的,就是美感的内部自动调节性质与快感的外部人为调节性质的差异。快感满足的是外部的人为调节——现实活动,当某一功利事物被肌体所选择并引起主体的心理能量从一般阈值向最佳阈值转移时,这一功利事物就必然会影响到主体心理能量的人为调节过程。它所引起的快感,就是机体对这一调节过程的生理鼓励。但当人类的应激反应从肌体转向信息系统的时候,它的调节机制也就从外在转向了内在——审美活动。美感应运而生。它不再以外在的功利事物而是以内在的情感的自我实现、不再以外部行为而是以独立的内部调节来作为媒介。具体来说,在进行审美活动时,兴奋灶会因为相互诱导而被严格控制并不被扩散,由此导致对其他部分的抑制,最终产生心理上的积极休息。例如,在音乐审美活动中会给人以解脱感、宁静感,这解脱感、宁静感就来自从过量的应激反应中的解脱以及解脱之后的宁静。局部的兴奋反而导致了其他部分的抑制,这抑制无疑会带来解脱与宁静。"各感觉间的相互作用,有时能使感受性提高（感觉增强）,也有时能使感受性减低（感觉衰弱）。由此两种相对立的结果里,暴露出这个或那个结果必然还依赖于一系列远未研究透彻的规律。此处只能指出一条简单的规律,这规律在很多情景之下皆有效：微弱的刺激增大着对于其他同时发生作用之刺激的感受性；

---

① 由此,我们可以更为准确地将快感与美感加以区分。第一,快感主要是为群体的,美感是为了种族,但也是为了自己。因为你只有在精神上创新了,你才是人,否则你就还不是人,这就与动物不同,动物的快感只是出于动物种群的进化的需要。而动物的动物性也正是通过个体表现出来的,不存在创新的生命需要。其次,动物有生理快感,只是感觉到了对于它们的生命活动有利,但是与对象处于同一个自然过程,而不是意义、价值。生理快感是精神快感的基础,但也仅此而已。其中,"意识"是区别它们的关键。借此,生命需要不再直接通过生命活动表现出来,而是通过"意识"表现出来。"意识"不只是反映,而且是本体。对生命的"有利"开始由"意识"而不是由"本能"来决定了。

而强大的刺激则减少着这种感受性。"①再如对于平衡、对称、比例、和谐的审美活动,以及对于稳定中的变化、简单中的复杂、对称中的不对称、平衡中的不平衡的审美活动也是如此。就前者而言,格式塔心理学发现:人类知觉中存在着一种简化的"心理需要"。规则图形比不规则图形在感觉上更为节能,兴奋的区域小,显然会被认为是美的。这一点与人类的心理完全一致。精神病人所画的线条往往是断裂的,因为他们内心深处是断裂的,而且无法缓解。好的、和谐的、美的心情,线条也是规则的;不好的、不和谐的、不美的心情,线条也是如此。陶渊明演奏时连琴弦也不要,说明他的心情是极为平静的,因此心理应激几乎不存在,琴弦自然是多余的。在这方面,格式塔心理学美学的"完形压强"值得注意。其实,人类的审美活动本身的不需要经过概念,就已经意味着它是一种中间步骤简单,只需要一个兴奋灶,而不是需要几个积极的心理调节方式了。

　　在这里,我们不难从历史发生的层面上看到审美活动应运诞生的本体论内涵。② 以原始文化中最为引人瞩目的人体审美为例。在美学研究中,我们往往比较多地注意到人类的手的作用,但实际上,就审美活动的历史发生而言,更为值得注意的,是人类的脚。人体的直立导致了生殖器的含而不露,结果,导致性行为的主要兴奋源也消失了。它导致了嗅觉兴奋的衰退,③但也导致了性视觉的兴奋,身上的其他部位,例如臀部、乳房、嘴唇,就开始充当性的替代物,甚至衣服、文身的发明也是如此。我经常强调,衣服、文身在原始时代都是皮肤的延伸,实际也就是性器官的延伸。这种通过把原本

---

① 柯尼洛夫等:《高等心理学》,何万福等译,上海商务印书馆1952年版,第123—124页。
② 至于审美活动的具体内涵,无疑还存在着从动物美感到植物美感、从优美感到崇高感、从美感到丑感等一系列值得探讨的问题,本书从略。
③ 由于各种对距离起作用的不同感觉器官的作用的变化,尤其是视觉和嗅觉的感觉器官的作用的变化,视觉的作用越来越大,而嗅觉便开始退避边缘。这种变化在各种不同类的动物大脑皮质构造的特点中,表现十分明显。原始的前脑好像是嗅觉器官的延续物,而哺乳类嗅觉中枢在大脑皮质中的比例,由于有别的感觉中枢取而代之,减少了很多。由此,视觉中枢便开始在大脑皮质中占据更大的地位了。

只有单调颜色的皮肤变得五颜六色的努力,正是出于性刺激的需要,是通过欲扬先抑的"山重水复"的方式来强化性交活动本身。在这个意义上,把人类称为"穿着衣服的猴子",是恰如其分的。裸体的猴子并没有什么诸如天气寒冷之类(在此之前的几十万年中天气不也寒冷吗?可见不需要衣服)的物理因素迫使它穿上衣服,那么,为什么要穿上这多余的衣服?唯一的因素,是心理的。这是一件为脱而穿的衣服。难怪在原始部落中反而把穿衣服的人称为"下流"。显然,这一切就犹如一幕期待着最后高潮出现的戏剧,统统是服务于性交这一目的的。然而,它需要的毕竟是"山重水复"而不是"开门见山"。无疑,这在原始人那里难免会引起"性心理倒错",①以致出现激烈的心理应激。而人体审美的出现显然有助于这一由于性危机所导致的心理应激的宣泄。审美活动通过在一定程度上化解这种转移了的性兴奋防止了事态的逆转,而且成功地把最大的性兴奋留给性交活动。②正如安东·埃伦茨维希在《艺术视听觉心理分析》中所剖析的:"审美快感的主要作用是改变并摧毁(非生殖器官的)客体的狄奥尼索斯观淫兴奋。因此,一旦审美快感形成,这种兴奋就被摧毁了。男人要求女人身体的美,以便被女人吸引,因此男人就需要他的超我加上一种更强烈的美感混合物,这样他才能以此为条件,去减弱狄奥尼索斯兴奋。"③而诺尔曼·布朗在《生与死的对抗》中的剖析则可以说是心有灵犀:审美活动的升华是在与生命拉开距离和生命受到否定的条件下进入意识的,意味着性器官爱欲的"自下而上的移置",即

---

① 例如中国的三寸金莲,就是源于一种性心理倒错。它改变了女性的体态、步态,也使得女性的腿部的外形更为柔软、性感。辜鸿铭也曾指出:裹脚使得女性的血液向上流,结果使得女性的臀部更为丰腴性感。他甚至认为西方的高跟鞋所起到的作用也是如此。至于小脚本身也是如此。西方人莱维分析说:"金莲小脚具有整个身体的美;它具有皮肤的光洁白润,眉毛一样优美的曲线,像玉指一样尖,像乳房一样圆……"(转引自《脚·鞋·性》,北岳文艺出版社1993年版,第55页)这无疑已经是一种病态的性心理。

② 所以在原始文化中审美活动与性密不可分。

③ 安东·埃伦茨维希:《艺术视听觉心理分析》,肖聿等译,中国人民大学出版社1989年版,第181页。

它到达头部,特别是到达眼睛。"升华最偏爱的是听觉和视觉领域,因为它们与生命保持了距离;乱伦禁忌对你说,你欣赏你的母亲只能是远远地看她。……当生命被局限于看,而且是通过幻觉式的投射作用从远处看,而且中间隔着否定的帷幕并被象征符号所变形,这时,升华作用便算是保存了儿童式的解决办法——梦,并对之做了精心的加工。"①在这个意义上,应该说审美活动是在想象中为人类穿上的一件最完美的衣服。②

当然,人类在生命的自我进化之中之所以会产生审美活动,之所以会从形式快感走向美感,还有其自身的原因。这就是:从肌体系统向信息系统的拓展。

心理学家已经明确表述,人类社会的发展可以分为两个时代,第一个时代,以处理肉体生存为主,第二个时代,以处理精神生存为主。而且,即便在第一个时代,人类的精神生存也已经成为人之为人的重要标志。正如生物分类学告诉我们的,在动物的进化中,信息系统的进化已经是一个重要方面。从没有神经细胞的原生动物到有神经索的环节动物、节肢动物等无脊椎动物,再从无脊椎动物到具有脑的脊椎动物,从低级脊椎动物发展到大脑具有发达皮层的人类,这整个过程都体现出信息系统进化的在动物进化中的明显优先的地位。而随着信息系统的日益庞大复杂,它的精神应激水平也在逐渐提高。例如原生物或海绵动物,并没有睡觉的需要,但对于具有大脑的人类,睡觉就不可或缺。其特征就是脑机能的暂歇。这使我们意识到,

---

① 诺尔曼·布朗:《生与死的对抗》,冯川等译,贵州人民出版社1994年版,第185页。
② 事实上,人类文明所起到的作用在相当程度上就是"山重水复"式的欲扬先抑。例如非正常的节日与正常的工作日的区分,对于白天与晚上的区分(人类白天工作,晚上性交,但是动物却是以白天活动为主的就在白天,以晚上为主的就在晚上,两者是一致的),通过埋藏死者方式对于生与死的区分,都是如此。而审美活动则有助于缓解两者之间由于"倒错"而产生的心理应激。而美学家经常迷惑不解:为什么在美感中情感的自我实现能成为其他心理需要的自我实现的核心或替代物呢?为什么在美感中情感需要能够体现各种心理需呢?为什么美感既不能吃又不能穿更不能用,但人类却把它作为永恒的追求对象?在我看来,原因就在这里。

学者们在考察人类的生命发展过程之时,往往注重的是在肉体生存方面对生命进化历程的重演这样一种公认的生理建构规律,一些学者甚至称这一生理建构规律为"生物的建筑学",然而却忽视了在人类发展中同样重要的心理进化历程的重演。这是一个不可原谅的"忽视"。实际上人类的精神发育过程中也要重演动物进化的各个时期,这也是一个规律,即精神建构的规律,是"精神的建筑学"。举一个往往为人们疏忽的例子,人类婴儿的时期往往比动物要长,原因何在?在我看来,正是因为它还要完成一个心理历程的重演。而且就婴儿时期而言,越是高级动物婴儿时期就越长。而细菌则根本没有,因为它不需要重演期。弗洛伊德发现延长了的父母身份与延长了的儿童依赖感对于人类精神生存所产生的影响,也是着眼于此。"狼孩"在回到人群之后,还是不能成为人,一个重要的原因,就是因为他没有重演人类的心理发育的历程,在精神上永远是一个胚胎,永远不是一个真正的人。在第二个时代,信息系统作为一种代偿机制,已逐渐成为生命活动的关键。与此相应,为人类所需要的代偿需要也逐渐从外部转向内部,成为内部的信息系统中枢的代偿。这是一种较之肌肉系统的工作要远为精密、复杂的代偿机制。而美感正是这样一种内部的代偿机制。其中的原因说来也很简单,人类的信息系统日益成熟,在广度和深度上更呈现出复杂的内涵,加上人类还会无端地"胡思乱想",应激反应的强度也必然增加——它需要远为复杂的情绪能量,而且与控制身体相比耗费的情绪能量也要大得多。另一方面,社会的发展先是从"人为"的角度然后是从"物为"的角度激起信息系统的应激反应。由此,产生了人所独具的心理症状——"焦虑"。赫胥黎说:

> 当宇宙创造力作用于有感觉的东西时,在其各种表现中间就出现了我们称之为痛苦或忧虑的东西。这种进化中的有害产物,在数量和强度上都随着动物机制等级的提高而增加,而到人类,则达到了它的最高水平。而且,这一顶峰在仅仅作为人的动物中,并没有达到;在未开化的

人中,也没有达到;而只是在作为一个有组织的成员人中才达到了。①

这心理焦虑可以分为三种:现实性焦虑,神经性焦虑,伦理性焦虑。它是由于应激反应长期淤积而产生的一种畸形心态。随着第一座高楼出现的高楼病,随着第一座城市出现的孤独症,随着第一架电视机出现的电视综合症……人类的精神疾病也在与日俱增。② 而且,人类在其中左右为难。自我与理想不相符合,固然是极端苦恼,但据罗杰斯的一项研究表明:自我与理想高度统一的人,往往更会陷入一种病态,例如精神分裂症。③

对此,人类自然不会熟视无睹。太平洋的复活节岛上有一些巨大而神秘的石像,无人能识它的庐山真面目。后来,有学者证实:"正是东方岛屿上地方流行病对生存的打击(如麻风病)为这种狂热的艺术形式提供了动力,岛上居民中仍然健康的那部分人,期望用一种魔法来实现对疾病的控制,因此创造了这些石头巨人,这些巨人表现出不可摧毁的巨大力量,表现了对其躯体某些部位常受到麻风病损坏的防御。"④石像固然不能治病,但却可以使因疾病而生的心理能量发生转移,从而减轻由于精神崩溃而导致的压力。应该说,这象征着人类为找到信息系统的代偿机制所作的一次努力。眼泪也如此。据介绍,过去认为眼泪是无用之物,顶多可以清洗眼球,20世纪初,科学家发现眼泪中的具有杀菌功能的"溶菌酶素"也证明了这一点。但在所

---

① 赫胥黎:《进化论与伦理学》,《进化论与伦理学》翻译组译,科学出版社1971年版,第35页。
② 至于人类文明的负代价,就更是一言难尽了。但丁说:狼使人类想起野兽和平。但实际上,真正造成了连绵不断的战争的,却不是狼,而是人类自己。而且,人类的存在本身就是自然世界的生态平衡的破坏的结果,是反自然的结果,因此人类的文明也无疑是如此(马克思在《资本论》中就说过,机器劳动使神经系统极度疲乏,也使筋肉极度压抑)。弄清楚这一点,对于当代美学的重建极为重要。
③ 精神分裂症模式在当代文学中多有表现,估计和人与社会、自我的分裂有关;正如肺病模式在近代文学中多有表现,显然和人与自然的分裂有关。
④ 《东方岛屿的石雕:一个神经病学的观念》,载美国《感知与运动技巧》第28卷第2期,第207页。

91

有的动物中,为什么只有人会因情感的压力而流泪?20世纪70年代美国心理学家佛雷的研究确认:眼泪中所含锰的浓度比血清中的锰浓度高30倍。看来眼泪有排泄有害物质的作用,眼泪使我们减轻悲哀、抑郁、愤怒。无疑,这也是人类为找到信息系统的代偿机制所作的一次努力。

美感,正如我已经指出的,是人类找到的最佳的信息系统的代偿机制。

对于生理的代偿机制——快感,我们已经十分清楚:生理进化是一次历险,因此要用快感来加以鼓励,否则动物和人无法在这场生存竞争中取胜;但人类在为自己设定了信息系统之后,就又面临着新的历险,当他独自走上这条道路时,还要靠一种东西来不断地鼓励他,什么东西呢?正是美感!美感是对人们从结构性的精神生存中挣脱出来的一种鼓励。在这里,精神的生存指的是一种生成性的东西,而不是结构性的东西。然而,人类的精神生存却往往陷入结构性的板结,它不断重复着单调、无聊、停滞,最终导致衰退。美感则鼓励人们追求变化、偶然、多样、差异,乏味的生活、空虚的生活,使我们陷入一种"自欺",美感挺身而出,勇敢地为人类导航,它把人类不断带出精神的迷茫,带向未来,这是人类在精神的维度上追求自我保护、自我发展的一种手段。因此,缺乏美感是一个人精神上的贫血,是精神萎弱的象征。正如快感鼓励动物进行有性繁殖,以提高生存机会一样,美感也鼓励人类的精神进行多种探索,以增加更多的生存下去的可能性。在这个意义上,可以说,是生命选择了美感,生命只是在美感中找到了自己。而快感之所以同时属于动物和人类,美感却只属于人类,更深的道理是在这里。

进而言之,当人在人与自然之间插入了一个"精神"之后,他就走上了与动物不同的道路:人——信息系统——世界。因为精神只能以个体的方式存在。当人以精神为中介与自然发生关系时,就不仅是以类而且是以个体的名义面对世界,然而,在历史的实际发展历程中,人类却往往被迫以类的方式存在。为了争取真正属于人的存在,那些独一无二的东西、不可重复的东西、偶然的东西就必须成为目的,成为价值。人类必须打断必然的链条,为之加入偶然的东西,而且栖居于这些偶然的东西之上。美感正是对于这种努力的鼓励。它是一种派生的快感,但又是一种更为深刻的快感。应该说,从好奇心到科学假设、哲学探索,直到美感鼓励,都是一种更为深刻的快感。它们仍然是人的生存努力的一部分,仍然是为了增加生存的机会。而且这些为个体而努力的人,仍然是人这个物种自我设计、自我塑造的一种工具,个体发展快速的社会必然也是社会本身发展快速的社会。因此,快感把人作为手段是为了人的发展,美感把人作为目的也还是为了人的发展,它鼓励精神永远停留在过程中,不被任何僵化的结构所束缚。因此,假如说,快感是肌体系统的副产品,美感则是信息系统的副产品。

然而,快感与美感又毕竟不同。比如,快感是类型的,美感是个体的。快感人人相同,但美感却不允人人相同。再如,快感是守恒的,美感是开放的。"动物,即使是最聪明的动物,也总是处于一定的环境结构中,在这种环境结构中,动物只获得与本能有关的东西作为抵抗它的要求和厌恶的中枢。相反,精神却从这种有机的东西的压力下解放出来,冲破狭隘环境的外壳,摆脱环境的束缚,因此出现了世界开放性。"[1]例如加登纳就发现:动物的感知方式主要是"定向知觉"和"偏向知觉",而人的感知方式除此之外还有"完形知觉""超完形知觉"和"符号知觉"三种。就快感而言,它满足于给定的条件,外在条件如果没有发生变化,我们会产生快感;发生了变化,则会产生痛感。它不怕重复,口味一变就说"吃不惯",这并不是消极,因为在生理方面人类的变化需要较长时间的稳定性(生理的变化是以百万年计算的)。快感代表的是对于生理的边缘地带的维护,但这会使它的行为在人类看来显得十分刻板、笨拙,缺乏起码的应变能力,像大熊猫之与箭竹,像鱼之与水,[2]美感则不如此。美感是面对未来的,因为精神的演变不需要那么长时间,故美感以开放为主,是对给定条件的放弃,是在不完美的基础上去追求完美,是

---

[1] 转引自施太格缪勒:《当代哲学主流》上卷,王炳文等译,商务印书馆1978年版,第161页。

[2] 幼小的鸣禽假如掉到地下,被冻得张不开嘴,母鸟即便看到也不会再喂它,因为它只会按照机械的程序办事,谁张嘴就喂谁,不张嘴就是不饿。而杜鹃的后代虽然混在队伍里,但因为在饿了张嘴这一点上是一样的,而且它的嘴张得还更大,结果母鸟就专门去喂它吃东西。

对心理的边缘地带的探索。

至于审美活动与娱乐活动的区别也是如此。我们说审美活动之所以区别于娱乐活动,只是因为娱乐活动是动物与人的共同创造,审美活动则是人自己的创造,而且两者的区别并不在于是否与人类的动物性有关,而是在于前者主要满足的是肌体系统的需要,后者主要满足的是信息系统的需要。① 假如说娱乐活动是通过功利事物的中介将外部的情况转达到人的生理层面,使由于外部突发的、不稳定的刺激所导致的器官的不平衡、无规则的活动得到消解,造成器官和谐正常的运动,起到平衡和调解机体各器官活动的作用,使之不致因为超常压力而发生毁灭性的破坏,不致畸形发展,从而避免因为经常承受超常压力、超常消耗所导致的器官变异,是谋生的需要;那么,审美活动则是通过情感的自我实现这一中介使身心从忽强忽弱的心理状态中甚至是紧张状态中解脱出来,从而得到松弛和休息。消极的心态可以使机体超负荷、破坏性地运转,审美活动则能使人的心理器官正常运转,解除掉一度绷得很紧的危及机体的紧张状态,使内分泌恢复到正常,免疫系统得到加强。总之,人们强烈地追求审美的无功利就是因为它引发的无功利可以导致机体的和谐运动,缓解了由实际运动带来的紧张感,使机体得到松弛和休息,从而产生快乐的体验。它是自我发展的需要,追求的是符合人性与正常发展的一面,在人的心理机制方面,起到了对抗将人完全物化为工具的作用,维护了人的精神的本质属性。因此,它与娱乐活动不同,影响的不是人的生命的存在,而是人的生命的质量。但另一方面,它又与娱乐活动相同,因为又都毕竟是对于人的生命活动的需要的满足。②

---

① 在这个意义上,审美活动的诞生确实是一件大事,或者说是一个伟大的转折,是人类对动物性的精神上的一种征服,从而开辟了一个属于人类自己的世界。
② 关于快感与美感的生理基础的研究,国内学者黎乔立著有《审美新假说》(香港1992年版),我在研究从快感到美感时使用的若干事例得自该书。

第二章 审美活动的逻辑发生

从理想本性、最高需要到自由个性

在从审美活动的历史的发生的角度考察了审美活动的根源之后，还有必要从逻辑的发生的角度考察审美活动的根源。它包含从人类生命活动本身考察以及从人类生命活动的背景——自然与文明的关系考察两个层面。

本节先从人类生命活动本身考察，这包括理想本性、最高需要、自由个性三个方面。

首先，从理想本性角度来说明：审美活动与人的自由生命同在，是理想本性的全面实现。

我已经剖析过，人之为人，最为根本的就在于未来性。自身与生俱来的不完美，使得人天生就苦苦地去追求着完美。其中的道理，说来也十分简单：在现实世界中，人假如能够得到他所想要得到的一切，岂不就在世界上失去了主动的意义？因此，可以把人对于理想的追求看作一种必不可少的自我鼓励，看作人的一种不可缺少的理想本性。分析哲学曾经把任何一个形而上学都称为"无意义的假问题"，但是人却并没有因为他的追求的虚假而望而却步。看来，有些"无意义的假问题"也是有意义的。人的理想本性正是这样一个千万年来为人类苦苦呵护着的"假问题"。

在这方面，马克思的思考给我们以重要启示。马克思对人的本质，有许多重要的提法，如人是人的最高本质，人的本质是劳动，人的本质是社会关系的总和，人的本质是自由自觉的活动，人的需要即人的本性，人的本质在于人的主体性，等等，强调的重点与内容均有不同。这提示我们，人的本质在马克思的心目中并非一个抽象的东西，更非一个僵化、机械的东西，而是一个多维度、多层面、多角度的东西。其中，最值得注意的是人是人的最高本质和人的本质是自由自觉的活动，前者是马克思在《〈黑格尔法哲学批判〉导言》中提出来的，马克思说："对宗教的批判最后归结为人是人的最高本质这样一个学说,从而也归结为这样一条绝对命令:必须推翻那些使人成为受屈辱、被奴役、被遗弃和被蔑视的东西的一切关系。"①后者是马克思在《1844年经济学哲学手稿》中提出来的,马克思说:"生活活动的性质包含着一个物种的全部特性、它的类的特性,而自由自觉的活动恰恰就是人的类的特性。"②有人把上述看法与费尔巴哈的人本学等同起来,是不对的。联想到马克思在《手稿》中提出的把"人之感觉"变为"人的感觉",把人的对象变为"属人的对象",把人变为"作为人的人",联系到在《政治经济学批判大纲》中马克思提出的区别于"五分法""三分法"的人类历史"两分法",即把人类社会划分为共产主义之前的人类社会即人类社会的史前史和共产主义之后的人类社会,联想到马克思在《资本论》中还把资本主义的雇佣劳动称为"非人""异化"……可以看出,马克思所说的人是人的最高本质和人的本质是自由自觉的活动,是从人的理想本性对人的一种规定,是从人类生命活动的整体观照的角度(区别于动物)和从人类生命活动的理想观照的角度(区别于现实的失去了自由性质的人类活动)对于人的洞察。它们是人类理想社会中的现实本性,又是人类现实社会中的理想本性。

事实也正是如此,恩格斯曾经说过:"历史同认识一样,永远不会把人类的某种完美的理想状态看作尽善尽美的;完美的社会、完美的'国家'是只有在幻想中才能存在的东西;反之,历史上依次更替的一切社会制度都只是人类社会由低级到高级的无穷发展进程中的一些暂时阶段。"③然而,就人类本身而言,却永远会把"只有在幻想中才能存在的""人类的某种完美的理想状态看作尽善尽美的"。这正是人类的理想本性。"夸父追日""羿射九日""女娲补天""大禹治水""愚公移山"……折射的不就是人类的理想本性?何况,就人类的心理活动而言,其起源固然是社会的,其结构固然是中介的,其组织方式则是系统的。其中,起着重大的作用的是激活的网状结构,其来源包

---

① 《马克思恩格斯全集》第1卷,人民出版社1956年版,第9页。
② 马克思:《1844年经济学—哲学手稿》,刘丕坤译,人民出版社1979年版,第50页。
③ 《马克思恩格斯全集》第4卷,人民出版社1958年版,第212—213页。

括三个方面:其一是人的机体本身的代谢过程;其二是机体所受到的外界刺激;其三就是人类的理想的远景、计划。"这些远景、计划就其发生来说是社会的,首先是在外部语言然后在内部语言直接参加下实现的。"[1]难怪歌德会说:"到了我在实际生活中发现的世界确实就像我原来想象的,我就不免生厌,再也没有兴致去描绘它了。"[2]

在人类的理想本性之中,最为核心的东西是:理想。在人的生命过程中,正是对于理想的追求使得人顽强地追求着一种理想的境界(人类的一大发明就是圆,然而自然界中却没有圆)。这理想进驻生命,成为生命活动中最为重要的组成部分,以至于一旦丧失对于理想的追求,生存就失去了发展的可能。而不能发展的生存,也就失去了生命存在的意义。而且,由于理想的永远的未来性,由于旧的理想的实现同时就是新的理想的实现的开始,又可以说,未来其实只是一种永远无法实现的理想。它是一团永不熄灭的生命之光,在文明与自然的永恒碰撞中迸发出耀眼的火光。而碰撞则是它的永恒不息的表现形式。在人的历史生成过程中,人正是这样被自己的理想本性一步步地带向永恒。

理想之所以是理想,就在于它是永远无法实现的,就在于它只能存在于遥不可及的未来。只有现实的才是存在的,而理想的就是不存在的。理想本性也是如此,它之所以是理想本性,就在于它是理想社会的现实本性,又是现实社会的理想本性,因而是不可能现实地实现的。那么,作为人之为人的一种必不可少的自我鼓励,理想本性是通过什么把人带向永恒的呢?审美活动。换言之,人类的理想本性,在社会生活中是通过什么表现出来的呢?在理想社会中,毫无疑问是通过人类的现实活动加以表现,但在现实社会呢,则只有通过审美活动了。在这个意义上,马克思所提示的对于人类生

---

[1] 鲁利亚。转引自斯米尔诺夫等:《心理学的自然科学基础》,李翼鹏等译,科学出版社1984年版,第77页。

[2] 转引自阿瑞提:《创造的秘密》,钱岗南译,辽宁人民出版社1987年版,第35—36页。凯恩斯曾经引用一首诗歌:天堂将再响起赞美诗和甜蜜的音乐,但我将必须不再唱歌。然而在现实中就必须唱歌。

命活动的整体观照,就构成了审美活动的性质规定的一般根据,而马克思所提示的对于人类生命活动的理想观照,则构成了审美活动的性质规定的特殊根据。①

作为人的自由本性的理想实现,审美活动恰恰是人的理想本性的全面实现。② 我们知道,理想的特点就在于它的可望而不可及,而它的可"望",则正是通过审美活动而实现的。审美活动就是一种为人类所不可或缺的"望"。理想之光通过审美活动照亮了我们的生命。没有审美活动,我们就无法达到理想的世界。生命也只有在审美活动中才能得到自己。"春归何处?寂寞无行路","纵有万种风情","只在弦上说相思"! 审美活动正是当人意识到了自己的不完美之后对于完美的顽强追求。不完美而追求完美,这种需要只有人类才有,也只有在审美活动中才能得到满足。人不可能现实地实现理想的追求,但理想的追求却可以成为一种现实的象征,审美活动将人类的渴望、理想、憧憬这些不属于现实因此只能在非现实世界中才能实现的东西,借助一定的符号媒介加以实现,体现了人类的最为隐秘的要求:知其不可为而为之。③ 就是这样,审美活动令人痴迷地站在现实与理想的交

---

① 面对自然,或者改变主体的存在方式以适应对象,或者改变对象的存在方式以适应主体。人类走的是后一条路。开始只是附属于自然需要,随着生产力的发展、实践范围的扩大、认识能力的提高、操作能力的强化,结果在漫长的创造过程中,必然形成一种新的需要即创造的需要。在创造需要成为一种独立的需要的时候,审美活动的心理基础就出现了。正是因为自由理想的出现,人类才积极从事审美活动,反之,也正是因为审美活动,人类的自由理想才得以充分实现。所以马克思才说:消费音乐比消费香槟酒高尚。

② 马克思说资本主义在本质上是敌视美的,正是因为它敌视人的理想本性。而实践活动、理论活动则只能部分实现人类的理想。

③ 萨瓦托说得好:"人总是艰难地构造那些无法理解的幻想,因为这样,他才能从中得到体现。人所以追求永恒,因为他总得失去;人所以渴望完美,因为他有缺陷;人所以渴望纯洁,因为他易于堕落。"(萨瓦托:《英雄与坟墓》,申宝楼等译,云南人民出版社1993年版,第59页)具体来说,审美活动与理想的关系,是中西美学家所一直关注着的问题。以西方为例,"典型"范畴事实上就是"理想"范畴。这在柏拉图、亚里士多德、西塞罗、维柯、狄德罗、莱辛、康德、席勒、歌德、谢林、费希特、黑格尔的论述中都可以看到。朱光潜先生也曾指出:"'典型'(Tupos)这个名词在希

叉点上,或者直接地展示理想,这是人的肯定性的审美活动,或者通过直接揭示现实的不完美从而间接地展示理想,这同样是审美活动——否定性的审美活动。确实,与理想同在,当然是美好的追求,对于理想的追求就更是美好的追求。①

我们知道,实践活动与理论活动关注的是现实,而现实总是一个有限的世界,故它在实现人类的理想的同时又限定了人类的理想,审美活动则不然,②它固然涉足于有限,但却并非着眼于有限,更不是为了一个有限的创造,而是为了通过这有限而达到无限的境界,故被创造出来的有限就只是达到无限的手段。康定斯基说:"任何人,只要他把整个身心投入自己的艺术的内在宝库,都是通向天堂的金字塔的值得羡慕的建设者。"③梅洛-庞蒂也说:"生命与作品相通,事实在于,有这样的作品便要求这样的生命。从一开始,塞尚的生命便只在支撑于尚属未来的作品上时,才找到平衡。生命就是作品的设计,而作品在生命当中由一些先兆信号预告出来。我们会把这些

腊文里原义是铸造用的模子,用同一个模子脱出来的东西就是一模一样。这个名词在希腊文中与 Idea 为同义词。Idea 本来也是模子或原型,有'形式'和'种类'的涵义,引申为'印象'、'观念'或'思想'。由这个词派生出来的 Ideal 就是'理想'。所以从字源看,'典型'与'理想'是密切相关的。在西方文艺理论著作里,'典型'这个词在近代才比较流行,过去比较流行的是'理想';即使在近代,这两个词也常被互换使用,例如在别林斯基的著作里。所以过去许多关于艺术理想的言论实际上也就是关于典型的。"(朱光潜:《西方美学史》下卷,人民文学出版社 1979 年版,第 695 页)

① 当代审美活动、艺术活动,往往令我们困惑不解,但假如从对于理想的追求入手,就会发现,在其中我们看到的正是对于理想的追求。
② 理想本身也是有层次的,因主客体关系的层次和方面的不同,可以产生不同的理想。例如,科学理想、道德理想、美学理想。美学理想的特点在于它的超现实性、非现实性,也在于它的意象性、象征性、整体性。康德的"三大批判"主要解决:真的问题,"人知道什么";善的问题,"人应当做什么";美的问题,"人希望什么"。它们合起来才是:"人是什么"。这里的"知道""应该""希望"就正是对于科学理想、道德理想、美学理想的区分。所以他说:"只有'人'才独能具有美的理想,像人类尽在他的人格里面那样;他作为睿智,能在世界一些事物中独具完满性的理想。"(康德:《判断力批判》上卷,宗白华译,商务印书馆 1964 年版,第 71 页)
③ 康定斯基:《论艺术的精神》,查立译,中国社会科学出版社 1987 年版,第 31 页。

先兆信号错当原因,然后它们却从作品、从生命开始一场历险。在此,不再有原因也不再有结果,因与果已经结合在不朽塞尚的同时性当中了。"[1]其中,最为关键的就是:审美活动所涉及的不再是现实形象,而是审美意象。阿瑞提指出:"意象具有把不在场的事物再现出来的功能,但也有产生出从未存在过的事物形象的功能——至少在它最早的初步形态中是如此。通过心理上的再现去占有一个不在场的事物,这可以在两个方面获得愿望的满足。它不仅可以满足一种渴望而不可得的追求,而且还可以成为通往创造力的出发点。因此,意象是使人类不再消极地去适应现实,不再被迫受到现实局限的第一个功能。"[2]

由此,不难看到,审美活动的性质就在于它是人的自由本性的理想实现(注意:这里的"理想本性"是指人的超越性而不是什么抽象本质,因此它并非某种先在的理想本性)。假如实践活动是对于必然法则的抗争,理论活动是对于必然法则的认识,那么,审美活动则是对于必然法则的超越。用贝多芬的话说,审美活动是"向可怜的人类吹嘘勇气"。[3] 在人类社会的铁与血的洗礼中,历史关注的是铁,审美关注的则是血。实践活动从"人是什么"推论出"人还会是什么",审美活动则从"人应当是什么"推论出"人现在不是什么"。但同时,也正是因此,审美活动也就失去了它的现实性(但是,不能把审美活动与现实活动割裂开来,这不仅因为实践活动等现实活动与审美活动密切相关,而且因为审美活动本来就是人类理想地实现自己的一种广义的现实活动)。以理想的尺度去看待这个世界,成为它的基本立场。换言之,审美活动是对于征服外在世界的征服,但也因此而丧失了实在的征服外在世界的能力。德国古典美学、中国的实践美学恰恰没有看到后者,结果把审美活动当作征服世界的工具,事实上,人类实际达到自由的工具,只有实践。以神圣的名义抬高审美活动的结果是实际上降低了审美活动本身。审

---

[1] 梅洛-庞蒂:《塞尚的困惑》,载《文艺研究》1987年第1期。
[2] 阿瑞提:《创造的秘密》,钱岗南译,辽宁人民出版社1987年版,第64页。
[3] 人们常说,"心安理得","心安"靠的是什么呢? 正是审美活动。

美活动只是全面发展的人的理想实现。审美活动根源于实践活动又超越于实践活动,它的存在具有客观性,但这客观性不是来源于自身,而是来源于实践活动。① 再者,审美活动虽然根源于实践活动,但是实践活动本身还不就是审美活动,审美活动存在于超越的领域。因此它也就失去了实在需要,成为一种象征。因此,审美活动的可能恰恰证实了在现实中理想本性的不可能,审美活动要为人找到理想,恰恰因为在现实中缺少理想,审美活动要为人找到无限,恰恰因为在现实中没有无限……审美活动面对的是永远无法解决的问题,试想,假如不是因为永远也无法解决,"精卫填海"或者西西弗斯的推石上山又有何美可言呢? 也正是因此,审美活动是一朵不结果的鲜花,它不是实在地改造世界,也不是客观地理解世界,而是按照理想去造就一个世界。② 贡布里希说:"绘画是一种活动,所以艺术家的倾向是看他要画的东西,而不是画他所看到的东西。"③审美活动也是如此。

而从逻辑的角度看,人的存在也截然区别于动物的存在。动物的存在

---

① 就像审美活动的独立性是必须强调的一样,实践活动对于审美活动的基础作用也是必须强调的(美学研究的关键就是处理好这两者的关系)。审美活动只是一种"叶公好龙"的活动。其前提条件是功利关系先于审美关系。布什门人最初只会畜牧,生活在开遍鲜花的大自然中,却从未发现它的美,只是欣赏牛、羊。直到学会了种植物,才恍然大悟到花之美。"兕虎在于后,隋侯之珠在于前,弗及摄者,先避患而后就利。"(《淮南子·说林训》)这是很有道理的。审美活动是现实活动的征服现实世界行为的一种延续,是人类希望更加充分地征服现实世界的一种理想。所以,人类的审美活动的需要是与人类的现实征服能力的增长相联的。而且是首先发现了实用的规律,然后发现了美的规律。这意味着是自然使人类学会了创造艺术,而艺术不过是又使人学会了创造自然。不在某种程度上控制自然,就无法想象自然,这使得审美活动区别于宗教;不在主观上摆脱功利,就无法进入审美活动,这使得审美活动最终也区别于实践活动。

② 对此,很多美学家都有所认识。像康德、席勒、斯宾塞、朗格、伽达默尔等等,就很喜欢从"游戏"的角度去阐释审美活动,例如康德说:诗是"想象力的自由游戏";音乐美术是"感觉游戏的艺术";戏剧是"运动游戏"。其他美学家也指出:审美活动创造的是可能的世界,是"新的实在"(卡西尔)、"第二自然"(歌德)、"谎言"(毕加索)。又如,"艺术不就是真理。艺术是一种谎言,它教导我们去理解真理。"(见《欧洲现代派画论选》,宗白华译,人民美术出版社1980年版,第76页)

③ 贡布里希:《艺术与错觉》,林夕等译,浙江摄影出版社1987年版,第101页。

既不是肯定的也不是否定的;既不是主动的也不是被动的;既不是创造的也不是被创造的,而只是其所是,只是它自己,并且完全被自己充实、胶着住了。人则不然,他的诞生本身就是自然界的唯一的否定性举动,并且他自己也因此而被迫进入永恒的开始、永恒的建构、永恒的可能。所以,人不仅是一种已然,更是一种未然;不仅是一种现实,更是一种生成。不仅真实地生存在过去、现在,而且真实地生存在未来。①

或许正是出于上述发现,雅斯贝斯才会不断陈述说:"人是一个没有完成而且不可能完成的东西,他永远向未来敞开着大门,现在没有,将来也永不会有完整的人。"②不过,要强调指出,未来只是蕴含了无数可能性的中性概念。有活泼泼的未来,也有死寂的未来,有上帝的未来,或自然的未来,还有人的未来,其中的差异不容忽视。所谓上帝的未来,指的是与此岸世界绝对隔绝的彼岸世界,它是一个无法企及的所在,相比之下,人的任何努力和趋近都只能等于零。康德称之为"令人恐怖"的未来,黑格尔称之为"坏的无限"。所谓自然的未来,则是指固定不变的量的循环。动物的繁衍死灭、植物的开花结果、无机物的化合分解,都表明它们并非不能从一种存在进入另一种存在,从一种现实进入另一种现实,但它们之所以"进入"的原因却早已预先潜在于原因之中,因而只是同一过程的重复演出,不是真正意义上的未

---

① 这样,假如说追问动物的时候是在追问动物"是什么",那么在追问人的时候就只是在追问人之所"是"。值得注意的是,在古今中外的论坛上,几千年来,各家各派曾经争相发表意见,并为固执各自的意见而争辩得难分难解。但是,他们的意见虽然互不一致,但在追问的路径上却又出人意料地保持一致;他们都处心积虑地要找出一个"什么"来指证人,并且都宣称唯有自己的探索真正找到了它,却从来不去顾及从"什么"出发,实在是人的一种价值退化,实在是一场摩菲斯特式的颠覆人的阴谋,也从来不去顾及一旦把人现实化、对象化、关系化,就无论再滔滔不绝地陈述多少辩证法,都实在不是把人作为人,而是把人作为动物,最终也无非是从一个前提滑向另一个前提,从一个"什么"滑向另一个"什么",无法确立起人之为人的终极根据。殊不知,任何一个"什么"毕竟只是"什么",而不是"是",更不是人之所"是"。结果,对"人是什么"的追问成为一种无根的追问。越是追问,人就越不在;越是追问,人就越消解;越是追问,人就越晦蔽。
② 转引自徐崇温主编:《存在主义哲学》,中国社会科学出版社1986年版,第233页。

来,而毋宁是上帝的未来的此岸之翻版。而人的未来不是上述那种死寂的未来。它根源于人类的生命活动本身,是真正的未来,也是活泼泼的未来。这样,在人的未来的向度上,人本身得到了最为核心的规定。在生命活动中,人把先行进入未来作为自己的真正本质。这"本质"使自己成为永远比既定的现存者更加完美的存在,是成为充满生机的不确定性存在,成为禀赋无限可能性的开放存在。人永远走在自我超越的途中,永远高出于自己,永远屹立于地平线上俯瞰着自我,并且,一旦停留就不复为人。总之,人不是一种状态而是一种行为,人从来就是他之所不是而不是他之所是。

其次,从最高需要的角度说明:审美活动与人的内在需要同在,是最高需要的全面实现。

从人的理想本性的角度讨论审美活动的性质,无疑有助于对审美活动的深刻把握,但又毕竟并非唯一的角度。为什么这样说呢?我们已经指出:人的理想本性在于自由本性的理想实现。那么,这种知其不可为而为之的自由本性的理想实现的源头何在?正如近现代科学研究的成果所证实的:"任何生命机体的积极性归根到底都是由它的需要引起的,并且指向于满足这些需要。"[1]这就意味着:人类的自由本性的理想实现的动力是人的某种特殊需要。或者,人的某种特殊需要正是人的理想本性的内在规定。[2] 因此我们有必要把对审美活动的性质的讨论深入到需要的层次。

需要并不是人类独具的禀赋。早在动物阶段,需要便已经产生。但人的需要又与动物的需要有所不同。人的需要是指人同外部环境之间物质、能量、信息的一定必要联系,标志着人对外部环境的渴慕和欲望,它是人的丰富属性中最为基本、最为简单的规定。人的需要不同于动物的需要。首先,动物的需要是狭隘的、封闭的、有限的;人的需要却是丰富的、开放的、无

---

[1] 彼得罗夫斯基主编:《普通心理学》,朱智贤等译,人民教育出版社1981年版,第168页。
[2] 马克思在《德意志意识形态》中说过:"他们的需要即他们的本性。"这句话是说在现实社会中,物质的需要决定了劳动者的现实本性,不少人直接引用这句话来说明审美需要,这是不妥的,但不难推想,理想的需要也会决定人的理想本性。

限的。其次,动物的需要的产生是纯自然的,满足需要的方式也是纯自然的;人的需要的产生却不一定是纯自然的,满足需要的方式也不一定是纯自然的。例如,人的需要固然以物质需要为基础,但却并不局限于此,还有在物质需要基础上被人类自己不断创造出来的精神需要、创造需要、审美需要、艺术需要。又如,同为满足饮食需要,人的方式与动物的方式也并不相同。"他不再生吃食物,而必然加以烹调,并把食物自然直接性加以破坏,这些都使人不能像动物那样随遇而安。"①

那么,为什么如此呢?原因固然十分复杂,但关键之处却也十分简单,这就是:人的需要的发展所经历的总的途径,"无疑是开始于人为了满足自己最基本的活体的需要而有所行动,但是往后这种关系就倒过来了,人为了有所行动而满足自己的活体的需要"。② 在这里,所谓"往后这种关系就倒过来了",就是说,人开始以作为自由本性的理想实现的生命活动作为"最高需要"。因此,至关重要的是人的作为自由本性的理想实现的生命活动,正是这种生命活动,才使动物的需要成为人的需要,抛开人的这种生命活动,需要则只具有动物性质,这意味着:对需要的考察,必须从对人的自由本性的理想实现的生命活动的考察开始。

认清这一点极为重要。它昭示我们:就需要的深度而言,最高需要的实现,并不仅仅体现在对他人、集体、社会、人类的贡献上,而且也体现在自身的活动中,亦即在满足他人、集体、社会、人类的同时,又不断做到自我肯定、自我确证,维护着自己自由本性的理想实现。就需要的广度而言,则与人的活动在什么层次上超出了片面需要密切相关。正如马克思所指出的:"动物的生产是片面的,而人的生产是全面的,动物只是在直接的肉体需要的支配下生产,而人甚至不受肉体需要的支配也进行生产,并且只有不受这种需要

---

① 黑格尔:《法哲学原理》,范扬等译,商务印书馆 1961 年版,第 206 页。
② 阿·尼·列昂捷夫:《活动 意识 个性》,李沂等译,上海译文出版社 1980 年版,第 144 页。马克思也曾指出人所具有的"为活动而活动""享受活动过程""自由地实现自由"的理想本性。

的支配时才进行真正的生产。"①因此,人的需要在什么层次上超出了片面的需要,人也就在什么层次上实现了最高需要,超出的层次越高,最高需要的实现程度就越高,一旦人的活动完全超出了片面需要,最高需要也就真正得到了实现。

显而易见,从本书所讨论的主旨来看,上述"昭示"十分重要。学术界正是根据人的活动在什么程度上摆脱了片面需要,把需要划分为若干层次。在这方面,马克思曾经提出了生存、享受、发展的划分,但语焉未详。倒是马斯洛的探索值得注意。他把人的需要划分为五个基本层次,即生存、安全、归属、尊重和自我实现。并且,又进一步划分为两类:缺失性需要和成长性需要。他解释说:前者犹如"为了健康的缘故必须填充起来的空洞,而且必定是由他人从外部填充的,而不是由主体填充的空洞"。② 后者却只是瞩目于自身固有本性的实现,瞩目于一种永无止境地趋向个人内心的统一、整合或和谐,并且存在一种"功能自主"或"自治能力",可以相对独立地单独实现。

马斯洛的探索发人深省。毋庸讳言,成长性需要显然是在缺失性需要的基础上产生的,但更重要的或许是,假如成长性需要不能满足,人就不成其为人。原因在于,任何一种人的需要固然都是对人的本性的规定,都可以引发人的活动,但严格说来,只有作为对产生需要和满足需要的生命活动——自由本性的理想实现的生命活动这作为"最高需要"的成长性需要,才是真正的本质需要。它集中了人的理想本性,集中了生命活动的全部内容。正如马克思指出的:"富有的人同时就是需要有完整的人的生命表现的人,在这样的人身上,他自己的实现表现为内在的必然性,表现为需要。"③在这里,"表现为需要"的"富有的人同时就是需要有完整的人的生命表现的人"的"实现",正是我们所说的人的自由本性的理想实现,也正是人的作为

---

① 《马克思恩格斯全集》第42卷,人民出版社1979年版,第96页。
② 马斯洛:《存在心理学探索》,李文恬译,云南人民出版社1987年版,第19页。
③ 《马克思恩格斯全集》第42卷,人民出版社1979年版,第129页。

"最高需要"的成长性需要的实现。因此,就理想的状态来说,要成其为人,就必须满足作为"最高需要"的成长性需要,然而,就现实的状态来说,在实践活动、理论活动中,又无法完全做到这一点,实体性的或主体性的活动方式,由于或者是指向物质客体,以改造世界为中介,体现了需要的合目的性、实用性,或者是指向精神客体,以求真的理性为中介,体现了需要的合规律性、反映性,使得它们主要以满足人的片面的需要为主,并且对作为"最高需要"的成长性需要有意无意地采取了一种漠然态度,而生命活动本身在实践活动、理论活动之中,也往往只能处于一种自我牺牲(放弃成长性需要)和自我折磨(停滞在缺失性需要)的尴尬境地。或许,正是因为洞察及此,马克思才会指出:只有在理想社会,生命活动与最高需要才会达到同一。那个时候,人对自己本质的占有即是对自身需要的全面肯定和发展。他说:"我们已经看到,在社会主义的前提下,人的需要的丰富性,从而某种新的生产方式和某种新的生产对象具有何等意义:人的本质力量的新的证明和人的本质的新的充实。"①只有在这个时候,人的需要才不仅仅是占有、拥有、享受,而且成为"人以一种全面的方式,也就是说,作为一个完整的人,占有自己的全面的本质",②成为作为"最高需要"的成长性需要的全面实现。

这样,我们看到:就理想的状态来说,要成其为人,就必须满足作为"最高需要"的成长性需要,但就现实的状态来说,在实践活动、理论活动中,又无法完全做到这一点。那么,通过什么方式来解决这个难题呢?审美活动,还是审美活动。③ 因为,作为"最高需要"的成长性需要,是一种自由地表现

---

① 《马克思恩格斯全集》第 42 卷,人民出版社 1979 年版,第 132 页。
② 《马克思恩格斯全集》第 42 卷,人民出版社 1979 年版,第 123 页。
③ 人不可能像动物那样以驯顺地服从生命的有限作为生存的代价,也不应该反过来盘剥、掠夺和榨取自己有限的生命。对于人而言,既然生命是有限的,人就必须使之企达无限。这正是动物所做不到的。动物甚至也能在某些方面与生命的有限抗争,但却永远没有办法让生命澄明起来,意义彰显。能够做到这一点的,只有人。只有人,才能够不但征服生命,而且理解生命,与生命交流、对话,为生命创造出意义,为生命创造出从有限超逸而出的永恒的幽秘。而这一切,正是通过审美活动来达成的。

自己的生命的需要,一种超越现实性的理想性超越活动的需要,一种生命的享受、生命的自我实现的需要,一种没有直接功利性的以活动本身为目的、以活动为需要的需要,一种与世界建立起真正合乎人类理想的更为根本、更为源初、更为全面的关系的需要,同时,也是一种与世界本身(即形式)进行"直接情感交流"的需要,①它在理想的社会(事实上不可能出现,只是一种虚拟的价值参照),可以现实地实现;而在现实的社会,则只能"理想"地实现。而审美活动作为指向情感客体并且以情感形式为中介的体现了需要的合理想性、虚构性的活动,作为理想社会的现实活动和现实社会的"理想"活动,也就必然地与人的内在需要同在,必然地成为人的"最高需要"的全面实现。

康德曾经天才地发现,审美活动是贯通现实活动所造成的种种分裂的唯一途径。这奠定了近代以来美学思考的基本指向,正如黑格尔以其美学大师的敏锐,一再向后人昭示的:"我们在康德的这些论点里所发现的就是:通常被认为在意识中是彼此分明独立的东西其实有一种不可分裂性。美消除了这种分裂,因为在美里普遍的与特殊的,目的与手段,概念和对象,都是完全互相融贯的。"②而在中国美学界,则把康德的这一发现概括为审美活动的"中介"。这无疑都是十分可贵的。要考察审美活动与人类最高需要的关系,也无疑离不开这从康德就开始了的关于审美活动的"融贯"性或"中介"性的讨论,然而,由于只是在现实活动的角度来讨论,审美活动的"融贯"性或"中介"性,就难免变成了"中间"性,显然无助于问题的讨论。实际上,审美活动的"融贯"性或"中介"性的秘密在于:它并非发生于现实生命活动的

---

① 读者不难发现本书一直避免使用"形式"范畴,这主要是因为我对它在阐释审美实践的普适性方面持怀疑态度。其中的原因首先在于,所谓"形式"范畴与中国古代审美实践之间并不存在全面的对应关系;其次,所谓"形式"范畴与20世纪的当代审美实践之间同样不存在全面的对应关系(它只是现代美学的核心范畴),因此无论从历史还是从现状角度看,形式范畴似乎都不具备普适性。
② 黑格尔:《美学》第1卷,朱光潜译,商务印书馆1981年版,第75页。

层面,它是一种超越性的生命活动,亦即一种自由本性的理想实现。① 在现实生命活动中造就了种种对立而又无法超越的内在的与外在的必然性,都被它在理想中加以超越。② 这样,当审美活动实现着人类的超越性的生命活动的同时,又怎能不必然地实现着人类的最高需要?

再次,从自由个性的角度说明:审美活动与自由个性同在,是理想自我的全面实现。

自由个性与审美活动的关系,可以从两个方面加以阐释:

首先,从逻辑的角度说,自由个性是理想本性和最高需要在个体身上的最终实现。这包括两层涵义。第一层涵义:自由个性是一个内涵与理想本性和最高需要完全一致的概念,但着眼点又有所不同。自由个性当然是人的理想本性,但二者又并不等同。自由个性不是理想本性的一般表现,而是理想本性在个体身上的最终实现,即人作为个体在建立和推进一定的对象性关系时表现出来的理想特质。自由个性当然也就是人的最高需要,但二者也并不等同。自由个性不是最高需要的一般表现,而是最高需要在个体身上的最终实现,这也就是说,作为生命活动的动力,尽管最高需要是动机、手段、目的三者的同一,但在每一个个体身上,又有其内涵上的必不可少的差异。进而言之,对于人的考察实际可以分为两个方面:人的活动的性质和

---

① 审美活动毕竟是人类的精神需要,而不是生理需要。正如马克思所说,对于生理需要来说,审美活动是人类才有的一种"奢侈"。因此,从社会性的角度乃至从意识形态性的角度考察审美需要,要远比从非功利性的角度考察要深刻得多。在这方面,恩格斯指出的自己坚持"从作为基础的经济事实中探索出政治观念、法权观念和其他思想观念",以及对于"只和思维材料打交道","不去研究任何其他的、比较疏远的、不从属于思维的根源"(《马克思恩格斯选集》第 4 卷,人民出版社 1972 年版,第 501 页)的玄思的批评,值得我们警惕。可惜学术界做得还很不够。
② 需要越迫切,与这需要相关的情绪就越强烈,需要面越宽,与这需要相关的客观事物就越多,唤起情感的机会和可能性就越大。而审美需要是最为广泛的,因此也就最富于感情。被压抑的感情总是要找到一个突破口,而最容易找到的就是审美活动。审美活动的需要是几乎包含着所有需要的最宽泛的需要,随时随地都可以产生,随时随地都可以强化。其他需要也可以唤起情感,但是是一种专门的情感,而审美活动唤起的是一种对任何对象都产生感情的需要。

人作为活动者的性质。应该说,前面主要是从人的活动的性质的角度着眼,讨论人和非人的关系,而这里的自由个性则是从人的作为活动者的性质着眼,讨论的是人的自我实现问题。它和人的活动的性质尽管是同一个问题的两个方面,是同时产生、同步发展的,但又毕竟角度不同,层次各异。

第二层涵义,就人类而言,当他作为受动的存在出现时,只意味着他的第一次诞生,此时他还未从动物性中升华出来,他可以有肉体的生长,有生理的童年——青年——中年——老年,但又可以没有灵魂、人格和自我,充其量只是动物人或活死人。真正的人出现在"第二次诞生"中,人不但有肉体的生长,而且有了精神的成熟,有了健全的灵魂、人格和自我。他不断地向理想生成,不断地超越形形色色的必然性,不断地满足和创造着生命的最高需要。不过,这又毕竟只是从抽象的、类的或人的活动的角度对人的性质的说明,而自由个性则是从个别的、具体的或人作为活动者的角度对人的性质的说明。从后一角度看,上述论述就显得过于空泛了。[①] 要对自由个性加以说明,就必须进一步指出:对于个别的、具体的人来说,在"第二次诞生"中实现的精神的成熟,健全的灵魂、人格和自我都意味着什么?

那么,意味着什么呢? 意味着"进入个体性"和成为"有个性的人"(马克思)。值得注意的是,人们一般往往强调人的社会性,人的社会性固然很重要,但却毕竟是在动物阶段就有的,并且是从动物阶段进化而来的。个体性,只有个体性才是人的真正超越。它是大海上颠簸的希望,是暴风喧嚣中的崛起,是人类不屈不挠的生命的光荣凯旋,是人类漂泊流荡的灵魂的全部寄托。当它像一个温馨的微笑驱走了虚无,生命便在一个难忘的瞬间企达

---

① 不妨回顾一下马克思的话:"人们的社会历史始终只是他们的个体发展的历史,而不管他们是否意识到这一点。"(《马克思恩格斯全集》第 27 卷,人民出版社 1979 年版,第 478 页)需要强调,在社会生活中,"个性因而是人类整个发展中的一环,同时又使个人能够以自己特殊活动的媒介而享受一般的生产,参与全面社会享受",这正"是对个人自由的肯定"。(《马克思恩格斯全集》第 46 卷下册,人民出版社 1979 年版,第 473 页)自由个性是人类创造性生产与享受(包括物质享受)的派生物,这对于我们从"市场""消费""享受""休闲""娱乐"的角度说明审美活动,极为重要。

永恒。因此,每一个个别的、具体的人只有不失去自己的个体性才能不失去自身作为人的规定性;只有时时刻刻确证着自身的唯一性、神圣性和不可或缺性,才能时时刻刻实现自身作为人的规定性。或者说,只有进入个体才能最终实现理想本性,只有进入个体才能最终满足最高需要。①

其次,从历史的角度说,自由个性是人类向"每个人的全面而自由的发展"进化的最高成果。对此,只需举出马克思的一段名言,便足以说明:"人的依赖关系(起初完全是自然发生的),是最初的社会形态,在这种形态下,人的生产能力只是在狭窄的范围内和孤立的地点上发展着。以物的依赖性为基础的独立性,是第二大形态,在这种形态下,才形成普遍的社会物质交换,全面的关系,多方面的需要以及全面的能力的体系。建立在个人全面发展和他们共同的社会生产能力成为他们的社会财富这一基础上的自由个性,是第三个阶段,第二个阶段为第三个阶段创造条件。"②在这里,马克思为我们描述了一幅人类自由生命的实现和最高需要的满足的最终图景。这最终图景是什么呢?正是自由个性的诞生。

然而,正如我所一再强调的,这一切,在现实社会中根本无从谈起。换言之,自由个性在理想社会中是现实自我,但在现实社会中却只能是理想自我,那么,这理想自我在现实社会中通过什么去实现呢?还是审美活动。只有在审美活动中,理想自我才得以全面实现,自由个性也才得以理想地诞生。③

---

① 克尔凯戈尔为什么要用"这个人"作为自己的墓志铭?达尔文为什么说在人的一端是几乎不使用任何抽象名词的野蛮人,在另一端却是一个牛顿或一个莎士比亚?陀思妥耶夫斯基为什么宣称"为众人自愿献出自己的生命,走向十字架或火刑场。这只有最高度发展的个性才能做到"?马克思为什么断言,共产主义社会将造就出"自由的个人"?应该说都是着眼于这一点。
② 《马克思恩格斯全集》第46卷(上),人民出版社1979年版,第104页。
③ 这里,有必要说明一下,人们经常把社会的进步与理想的实现等同起来,把理想理解为一种逐渐实现的进步。这当然有其根据。但进步永远不可能等同于理想,却是一个毋庸争辩的事实。理想毕竟是理想。旧的理想实现之日,就是新理想诞生之时(即便是在共产主义社会,也仍然如此)。因此,就作为人的不完整的生命活动的一种自我鼓励而言,理想是永远无法实现的,或者说,理想是永远只能在审美活动中实现的(而在实践活动、理论活动中则只能部分地实现,不可能全面实现)。

由上所述，我们看到，在人的生命活动中，存在着超越性的生命活动，它是最适合于人类天性的生命活动类型，也是生命的最高存在方式，然而又是一种理想性的生命活动方式，一种在现实中无法加以实现的生命活动方式，理想本性、第一需要是它的逻辑规定，也是对它的抽象理解，自由个性则是它的历史形态，也是对它的具体阐释。在理想社会，它是一种现实活动，而在现实社会，它却是一种理想活动。而审美活动，正是这样一种人类现实社会中的理想活动。

在自然与文明之间

关于审美活动的逻辑发生，还有必要从人类生命活动的背景——自然与文明的关系去考察。在这个方面，它涉及的是审美活动与文明之间的既同步又不同步这一极为错综复杂的问题。

中国当代的美学研究往往把审美活动与人类文明等同起来，认为审美活动就是对于"人的本质力量对象化"的成果的直观，就是对于人类文明的讴歌。结果，或许能够讲清楚肯定性的审美活动的意义，如优美、崇高、喜剧，但却根本无法讲清楚否定性的审美活动的意义，如丑、荒诞、悲剧；或许能够讲清楚审美活动与实践活动、理论活动之间的同一性，但却根本无法讲清楚审美活动与实践活动、理论活动之间的差异性；或许能够讲清楚人在传统社会对于审美活动的需要，但却根本无法讲清楚人在当代社会对于审美活动的需要。而西方当代的美学研究则往往把审美活动与人类文明对立起来，认为审美活动就是对于人类文明的批判。人类文明一片黑暗，毫无可取之处，只有审美活动能够消除黑暗，给人以一线未泯的生机。现实中一切对立、一切矛盾、一切罪恶……在审美活动中通可以消除，在生活中是断片，在审美活动中却可以取得完整。这种看法看上去是强调了审美活动的独立性，但是因为忽视了人类现实活动的独立性，忽视了人类现实活动的基础地位和进步意义以及审美活动的非现实性质，因而也就最终忽视了审美活动的独立性本身。

要从逻辑的角度讲清楚审美活动的意义即人为什么需要审美活动，就必须回到人类生命活动的基点上来,回到文明与自然的永恒矛盾这一根本视点上来。这样,我们将会看到:审美活动与文明之间存在着一种错综复杂的关系,并非简单的同步关系,而是有时同步,有时却不同步,有时则甚至是完全背道而驰。

然而,也正是因此,人也就陷入了万劫不复的命运悲剧,也就置身于一种永恒的矛盾:文明与自然的矛盾。原因在于,从表面上看,人是从动物界分化而来,但实际上,人诞生的真正契机和直接根源却是人的以使用和制造工具为标志的实践活动。实践活动是对于外部世界的一种否定性的客观物质活动,是人对于外部世界的一种物质性否定关系。它是人类与自然、主观与客观、理想与现实分裂的直接根源。我们知道,动物的活动方式是直接肯定的,也是被动、现成的,但人却不同,他的活动方式是间接的,也是主动、创造的。人之为人就在于对于给定性的否定。人只能通过否定自然、通过扬弃自然的直接存在形态并使之成为人类的合目的性之物而存在,由此,人才把自己从动物王国提升出来,打破了原始的人与自然的统一。然而自然并非为人而存在的,不但不是,而且是先于人而存在的,因此,它不可能不抵制人所强加于它的主观目的,与人处于一种对立之中。这,就导致了人之原罪:文明与自然的矛盾。①

---

① 所以弗洛姆说:"一旦丧失了天堂,人就不能重返天堂。"(弗洛姆:《逃避自由》,莫廼滇译,台湾志文出版社 1984 年版,第 12 页)这种情况,令人不禁想起《安提戈涅》中克瑞翁与安提戈涅的争执。它是历史与人道的争执,又是文明与自然的争执。而且,正如美国学者哈迪森的深长喟叹:"这种状况已反复多次地出现——而且还重复——在人类的每一次运动中和地球的每一片区域里。人类仿佛处在一个上升的坡面上,永远见不到平顶。每一次外表的平衡都证明是一种假象,一次加速变异过程中的暂时休息。结果总是精神世界和客观世界——由传统形成的统一性和被现实打破的同一性——之间距离的扩大。这给社会和个人带来了巨大的压力。就社会一方而言,问题积累着,但解决被一次又一次证明是不得要领的,社会好像不是面对着有关的现实事物,而宁愿与那暮色中的阴影角斗。就个人一方而言,问题与解决之间的不一致引起了关于未来的焦虑和过去的怀念,因为在过去,精神和现实二者之间曾经,或者好像有过彼此相映的美好图景。"(哈迪森:《走入迷宫》,冯黎明等译,华岳文艺出版社 1988 年版,第 3—4 页)在这里,

在人之原罪——文明与自然的矛盾中,我们看到:一方面,人不得不依赖于自然,否则就无法生存,另一方面,人又必须超越于自然,否则就同样无法生存。一方面,要考虑人类对自然的"自由自觉"的主权(人类一旦穿上文明的红舞鞋,就只能不断"跳"下去);另一方面,又要考虑自然本身的再生能力以及恩格斯所一再强调的"大自然的报复"。人要实现文明,但却要首先面对自然。而且,人在多大程度上实现了文明,同时也就必须在多大程度上面对着自然。这意味着对人与世界的存在的合理性、合法性的同时确认。因此,人之为人,不在于摆脱自然界,而在于凭借自己的活动越来越广泛地利用自然界,但人对自然的依赖与人对自然的征服并非互不相关,应该说,人对自然的依赖正是以人对自然的征服为前提的——动物就不存在对于自然的依赖,因为它们从未有过对于自然的征服。所以,人正是因为超越了自然,才要反过来在更广阔的领域依赖自然。① 一味强调建立在人的主体性被绝对确立以及由主体对客体的作用指向所决定的人对世界的改造活动的基

还需要解释的是"文明"的内涵。文明,英文为 civilization,来自拉丁文 civitas。在流行看法中,往往把它与理想的实现等同起来,这是一个理论误区。对此,可以从两个方面加以讨论。首先,"文明时代,完成了古代氏族社会完全做不到的事情。但是,它是用激起人们的最卑劣的动机和情欲,并且以损害人们的其他一切秉赋为代价而使之变本加厉的办法来完成这些事情的。卑劣的贪欲是文明时代从它存在的第一日直至今日的动力。"(《马克思恩格斯选集》第4卷,人民出版社1972年版,第170页)这说明,所谓"文明"也并不纯粹。其次,"事实上,每一种文化,与广延、与空间,都有一种深刻的象征性的、几乎神秘的联系,经由广延与空间,它努力挣扎着实现自己。这一目标一旦达到了——它的概念、它的内在可能的整个内涵,都已完成,并已外显之后——文化突然僵化了,它节制了自己,它的血液冷冻了,它的力量瓦解了,它变成了文明。"(斯宾格勒:《西方的没落》,陈晓林译,黑龙江教育出版社1988年版,第96页)这说明,所谓"文明"也会异化。

① 人类总是两重存在,作为自在之物的自然存在,与作为自由主体的超越性存在。也总是两重原则,其一是适应性原则,即保存和维持人的物理的或生物的存在,自我保存原则;其二是超越性原则,自我实现原则。人类的超越不是独自完成的,而是与它的同道——大自然一同完成的,人类对自然存在的超越事实上也是自然存在对自身的超越。注意,广义的自然包括人类社会,也包括文明,狭义的自然才只指人类社会之外的宇宙。

础上的"人的本质力量的对象化",只能造成人的本质力量与大自然的同时"劣化"。① 换言之,在人与自然的关系中存在着两种互为依靠、彼此关联的关系,其一是自然对于人而言的基础关系,其二是人对自然而言的主导关系。就前者而言,人来源于自然,也依赖于自然;就后者而言,人不但要出于生存、繁衍的需要而适应环境,而且要出于生存、繁衍的需要而改造环境以适应自己的需要。这就意味着,人只能从自己的需要出发去选择自然,换言之,自然的发展只能以人的需要、人的发展作为主导。自然只能通过人来自觉地认识自己、调解自己、控制自己。因此,人在世界中的使命事实上应该是两重的。其一是自然的消费者,其二则是自然的看护者,而且,应该以后者为主。所谓人是万物之灵,也只能从这样的角度去理解:人是宇宙中唯一的觉醒者,他肩负着看护包括自身在内的自然这一神圣使命。在这里,看护自身与看护自然是统一的,看护自身就是看护自然,看护自然也就是看护自身。过去,由于我们只是从生态危机的角度意识到人要看护自然的生存,把人为什么要这样去做理解为一种权宜之计,因而很难提高到美学的角度来思考。现在,当我们意识到人类的天职就是自然的看护者,其中的美学内涵也就十分清楚地显示出来了。事实上,审美活动的本体论内涵正是在于:它是人类自身与自然的看护者。

由此可见,文明与自然都是一种永恒的存在。有人把它们之间理解为一种先后关系,是错误的,应该是以人为轴心的互补关系。它们是人要真实地生存所必须面临的前后两极。前面是文明,后面是自然,或者,前面是自然,后面是文明。而永恒地奔波其间,似乎就是人之宿命。幻想有朝一日能够终止其中的任何一极,并且以此作为人之为人的现实目标,都只能是一种自杀行为,也只能以人自身的终止作为代价。事实上,正是这种永恒的矛盾为人本身提供了永恒的生命空间。而且,正是因为这种矛盾是永恒的,人本

---

① 强调人之为人,并不意味着强调"人是大自然的主人",也并不以对于必然性的战而胜之为标志。在我看来,这种"强调"和"战而胜之"无异于一种变相的动物意识。只有动物才总是幻想去主宰世界,就像猫主宰着老鼠那样。

身才是永恒的。

颇有意思的是,这使我想起了爱因斯坦与玻尔的争论:爱因斯坦认为世界是一个必然的世界,玻尔却相信世界是一个偶然的世界。这也使我想起了克劳修斯与达尔文的争论:克劳修斯的热力学第二定律主张,世界不断退化,是必然;达尔文的进化论主张,世界不断进化,是自由。过去,我们经常在其中作正确与错误的选择,最终,这个矛盾在耗散结构中得到了真正的解决。必然与偶然、进步与退化事实上应该得到统一的说明。从而,"科学与人性之间达到更大统一的主要困难就会消失,我们用不着在'实践'的自由与'理论'的宿命之间进行选择了,明天不是包含在今天之中。"①事实上,世界不但不是由一个必然律统治着,而且也不是由一个几率统治着,不是由退化统治着,而且也不是由进化统治着。再进一步,假如我们意识到这里的几率与必然律、进化与退化的矛盾正是文明与自然的矛盾,一切也就清楚了。

就耗散结构而论,所谓文明与自然的永恒矛盾追求的正是一种生命活动的动态平衡,它远离绝对平衡状态,是靠不断与外界交换能量、不断在运动中保持有序状态、不断地吸取与耗散来维持着生命的一种非平衡的平衡,因此是一个既包含着痛苦、反抗、搏击、牺牲、破坏、过程,也包含着圆满、宁静、停滞、诞生、顺从、结果的二位一体。推而广之,从心理的角度看,所谓生命活动的动态平衡区别于弗洛伊德的"想象中的满足",弗氏的理论出之于所谓"快乐原理",把人的神经系统作为一种保护人、使人处于无刺激状态的装置,把生命看作一个消极、被动的过程。这实际上只包含部分真理,涉及的只是生命的和谐、平衡状态。同时,生命活动的动态平衡也区别于现代心理学,它把人的神经系统作为一种刺激人、激励人的装置,把生命看作一个积极、主动的过程。这实际上也只包含部分真理,涉及的是生命的非和谐、非平衡。生命活动的动态平衡恰恰在这两者之间,因此,是"理想的满足"。再从社会的角度看,在连基本需要都得不到满足的传统社会中,人们追求的

---

① 湛垦华等编:《普利高津与耗散结构理论》,陕西科学技术出版社1982年版,第216页。

是和谐、平衡；在基本需要得到了满足的当代社会中，人们追求的是非和谐、非平衡。至于生命活动的动态平衡本身则在这两者之间。从人类的日常生活角度看也是如此，在平淡无味的时期，对于结果的关注就成为中心，追求的是和谐、平衡；在波澜壮阔的时期，对于过程的关注就成为中心，追求的是非和谐、非平衡。生命活动的动态平衡也在这两者之间。推而言之，自然与文明的动态平衡同样也在这两者之间。

那么，文明与自然的矛盾何以与审美活动密切相关？或者说，就文明与自然的关系而言，审美活动的本体论内涵何在？

要回答这个问题，就要搞清楚自然的"退化"与"进化"和文明的"退化"与"进化"之间的复杂关系。

自然的退化与进化是一对相互依存的矛盾。自然的进化假如离开了自然的退化，事实上是无法想象的。反过来说，也是一样。针对克劳修斯等人提出的自然界片面退化论，恩格斯就是从这个角度予以批评。在他看来，事实上，宇宙片面冷却的局面并不会出现，"放到太空中去的热一定有可能通过某种途径（指明这一途径将是以后自然科学的课题）转变为另一种运动形式，在这种形式中，它能够重新集结和活动起来"，使得"已死的太阳重新转化为炽热的星云"。[①] 而普利高津开创的耗散结构则在自身的理论背景下对之加以阐释，结果它不再是片面强调自然退化并且否定自然进化的理论，而成为一种以退化这一进化的反演形式来揭示自然进化的复杂性的理论。这样看来，犹如自然的进化是必要的和普遍的，自然的退化也是必然的和普遍的。而在人类的生命活动在人与自然的关系中起着主导作用的时代，自然的进化与退化无疑也以激剧的形式表现出来。在一定意义上，这或许就是我们所说的"自然的人化""人的本质力量的对象化"。然而，另一方面，这一"激剧"又是存在着一定的限度的，在限度之内，无疑就是正当的，而且也可以"理想"地导致人类的审美活动。然而一旦超出了这个限度，人类就会反

---

① 《马克思恩格斯全集》第20卷，人民出版社1971年版，第378页。

而失去了自己生存、发展的必要前提,并且因此而走向毁灭。① 毫无疑问,此时此刻,这一切就不再是正当的了,②而且也不再"理想"地导致审美活动。

文明的发展也是如此。它的进化与退化也是一对相互依存的矛盾。文明的进化是必然的和普遍的,文明的退化也是必然的和普遍的。在这里,文明的进化是很容易理解的,对于它的肯定也是正当的。当然,把它"理想"地升华为审美活动也是完全有其合理性的。然而假如我们忽视了文明进化的局限性,忽视了文明进化所必然伴随而来的文明的退化,忽视了对于文明进化的局限性的批评,那么对于文明进化的肯定就难免是盲目的了。

事实上在文明的进化过程中,文明的退化总是与之相辅相成的。这当中,存在着几种情况。例如,就文明进化的手段与目的的关系而言,文明本来是人类实现自己的手段,然而就像人类往往反过来将造就自己的母体——自然作为实现自己的手段一样,文明也会将造就自己的母体——人类作为实现自己的手段。换言之,文明诞生之后,人类就不但要拥有之而且要超越之。人类如果只是拥有文明但是没有超越文明,那无疑就是文明的退化的开始。就文明进化的内涵而言,文明的进化应该是全面的,但是假如片面化为理性的进化,而其他诸如情感的进化转而成为证明理性外化的手段、工具,甚至被理性所压制、排斥,就失去了其本身的特定内涵,成为异化。再如,文明发展的目标有三:相对应于人的自然需要的是文明发展的物质富裕目标;相对应于人的社会关系需要的是文明发展的和谐目标;相对应于人

---

① 这一点,在人类非常容易出现。因为人与动物有一个基本差异。以食物为例,动物只有食物要求,而人类还有非食物要求。它不受生理条件限制,可以无条件地增加。据学者统计,美国人均消耗的资源是印度人均的近 500 倍。然而作为居住于金字塔式的生态系统顶部的人类,要靠基层与中部的生物体的能量供给。对这一供给的需要若限制在合理范围内,全世界就相安无事。一旦太过分并且极大超出了基层与中部的生物体的再生能力,就会造成一部分生物体的局部甚至全局的死亡。作为"万物之灵"的人类,一定要明确这一点,人类假若自损生态系统,就会成为第一个实施生态毁灭的有罪物种。

② 当人类为了自己的目的而把自然当作手段来看待的时候,实际上还是把自己当作手段来看待的,就如你把别人当作手段则意味着别人把你也当作手段。

的类本性需要即自由自觉活动的需要的是文明发展的自由目标。但是文明在发展中不可能同时满足这些需要,这就处于一种历史窘境。假如再对此不加以注意,就难免产生一种文明的退化。再如,就文明进化的主体而言,文明的发展是全人类的,而人类的发展却包含着个体的层面,由于文明是面对自然的,因而只能侧重于人类的"类"主体即一种外在的主体,而与人类个体层面的价值关怀无关。在这个意义上,我们看到,人创造了文化,文化作为人类活动的物化形式,肯定、象征着人本身;另一方面,文化又可能作为人的背景和环境,限制着个体的存在与发展,成为一种异化的力量。最后,就文明进化的性质而言,它既是一种恶也是一种善,不能单独把它作为一种恶或者善。① 之所以如此,是因为任何进步都是相对的,进步之中包含着退步,肯定当中包含着否定。② 而假如我们片面地把文明的性质规定为善或者恶,

---

① 西方当代美学往往把文明的性质定义为"恶"。中国也有人援引马克思、恩格斯的话来把文明的性质规定为"恶",确实,恩格斯说过:"自从阶级对立产生以来,正是人的恶劣的情欲——贪欲和权势欲成了历史发展的杠杆。"(《马克思恩格斯选集》第4卷,人民出版社1972年版,第233页)然而恩格斯说的是"正是"而不是"只有"。恩格斯的话没有排他性。而且这段话是针对费尔巴哈讲的,后者把人的善与恶对立起来,把"人类的爱"看作拯救一切的法宝而"没有想到要研究道德上的恶所起的作用",黑格尔却不但肯定了善而且肯定了恶。所以恩格斯引用黑格尔来批评他。说他"在善恶对立的研究上,他同黑格尔比起来是肤浅的"。这里的"肤浅"是说他把"善的作用"也抹杀了,但绝不是否定"善"的历史作用。"卑劣的情欲是文明时代从它存在第一日至今日的动力。"(《马克思恩格斯选集》第4卷,人民出版社1972年版,第173页)马克思也说过:"只有用人头做酒杯才能喝下甜美的酒浆"(《马克思恩格斯选集》第2卷,人民出版社1972年版,第75页),但这是指剥削阶级追求物质财富的主观动机,不是说劳动者们也是如此。其次在文明时代贪欲是发展文明的一种手段,但是不是唯一的手段。何况,在历史上,善推动历史的情况更多而且普遍。

② 所以我们在文明中往往会看到文化与反文化两种情况。所谓反文化不是文化的倒退,更不是消灭文化,而是对文化中产生的恶果进行批判。文化的正向发展是为了文化的发展,文化的反向发展也是为了文化的发展。反文化是文化内部的一种免疫系统,在于抵消运转过程中产生的弊端。文化中总会存在一些矛盾的因素,而文化的进一步发展肯定就是从合理地解决这些矛盾入手。反文化正是对于这一点的提示。另外,文化发展中靠无视一方来发展另外一方的方式是激化矛盾

就也是文明的退化的开始。

进而言之,还可以从人与文明之间无法保持永远的同步看文明的"进化"与"退化"。人与文明之间无法保持永远的同步,因为严格说来人是属于与文明相对立的自然一面的。人应该是一个"自然之子"。何况,文明并不就是人类的目的,而只是人不得不借助的东西。① 所以恩格斯要反复提示我们:"不要过分陶醉于我们对自然界的胜利。对于每一次这样的胜利,自然界都报复了我们。"② 例如,在地球上一百万种动物之中,唯有人在分娩时要发生阵痛,莫里斯认为,这是人直立的结果;卡尔·萨根则认为是智力的进化导致了头颅容积的连续增长,而头颅骨的迅速进化又导致了分娩时的阵痛,但无论如何,它是人背叛伊甸园的结果,则是毫无疑问的。

不过,更为值得注意的是比分娩时的阵痛远为剧烈的阵痛,这就是:人

的方式而不是解决矛盾的方式。只承认一种合理性而不承认另外一种合理性。这恰恰说明这里的所谓"理性"是脆弱的。只有当一方承认另外一方的规定性,并且给另外一方以发展时,文化本身才会得到发展。这使我想起弗洛姆说的人类有两种本性即创造性与破坏性,其实它们都是为完善人类服务的。人类要超越自然创造文化,而且要超越文化超越自我。这对于人类来说都是创造性行为。第一种破坏了自然的原始完整,而第二种破坏了文化传统。故有一定的反文化特征。然而这正是为进一步的创造提供条件的。"反者有不反者存",信然。

① 脱离自然进入文明状态之后,人类自身出现了一系列问题,例如:人类从直立行走以后,就逐渐形成了以胸式呼吸为主的呼吸方式,极大地限制了肺活量,而动物终生以腹式呼吸为主,因而得享天年。人类从直立行走以后,逐步缩小全身运动系统(骨、关节、肌肉、韧带)的运动幅度,直立形态也使得脊柱过分负荷。大脑的位置和头部高位运动导致缺氧缺血,双手使用不均使得大脑产生逆向调节。同时心脏运动也处于不利的模式之中,终生进行一些极度缩小生理强度的惯性运动,导致人类的大脑和心脏疾病——中风、冠心病。人类的血液循环系统功能与动物大相径庭。除了脑力劳动带来的运动不足之外,由于生活环境的舒适,人类也逐渐放弃了对全身血管系统的锻炼,使其日渐壅塞、硬化。完全依赖自然界生存的动物,为了适应四季气候的变化,保存了其皮肤的保暖和散热的功能,人的这方面能力却降低了。与动物相比,人类的消化功能的降低更为明显,例如咀嚼力的下降、饮食能力的丧失、胃肠道中细菌构成的改变,均使得人类在食不厌精、脍不厌细的享受过程中,过早出现了文明病和其他致命疾病。

② 《马克思恩格斯选集》第3卷,人民出版社1972年版,第517页。

必须在漫长的一生中不断通过各种方式确证自己之为人。在这个意义上看,所谓人在对象化的道路上不断地去确证自己,似乎就不是什么"喜悦",而是人在告别伊甸园之后向自然界所付出的最大代价,也是人世世代代永远"赎"不完的"原罪"(正是在这个意义上,我们把普罗米修斯、安提戈涅、卡桑德拉的神话看作人类命运的写照,以及人类文化的深刻隐喻)。因为人无疑是通过实践才得以诞生的,是通过对象的创造才得以自我实现的,即由非我确证自我,由非人确证人。但这样一来,却只好永远为这一确证而不断地创造对象。可是,当人建立起自我意识时,原来与他直接同一的现实就成为他的对象,成为他的外在现实,一种疏远感油然而生。这使他越来越难以做到通过改变外在事物来改变外在世界的那种顽强的疏远性,从而使之成为自己的外在现实以便确证自己。① 显然,这正是所谓文明的退化。这样一来,人的确证,本来应该是由人所创造的对象化的世界来实现的,但现在却只能通过"理想"地创造现实来加以实现了。结果,人的确证,本来应该是由"对象化"的世界来实现的,现在实际上却只能通过自我确证来实现了。并且,文明越是发展,这种自我确证就越是成为人之为人的必须,最终发展到它转而成为人类活动的一种"理想"需要,发展到不是为创造对象而自我确证,而是为自我确证而去创造对象,于是,审美活动就应运诞生了。

换言之,人类所处的文明世界只能是一个"人造界或人工界",②它是人类的本质力量对象化的结果,又是人类的本质力量被束缚的见证,是文明的进化,又是文明的退化。因为作为人造界,它是有其特殊规定的人的生命价值的体现,要在其中生存,人类就必须带头遵守,否则,作为人类成就的世界就失去了价值内涵,也就不成其为人类成就。这样,人类就总是走在两难的道路上:一方面要创造,一方面又要规范,为了在世界中生活得更好,就不得不刻意规范自己。人类的悲剧在于只能通过这"人造界或人工界"作为中介

---

① 人类学会了制造工具,但同时,在使用第一件工具的时候,工具"人化"为手的延伸,手也"物化"为工具的延伸。但要注意,进化并没有让人类屈从于工具,迫使人这样做的,是工具本身。
② 赫伯特·A.西蒙:《人工科学》,武夷山译,商务印书馆1987年版,第6页。

与世界交流、对话。后者隔断了人与世界的全面的联系,使人类与世界间的联系成为有限的交际,尽管无法全面满足人类的要求,但偏偏又是人类长期的驻足之地。严格说来,它只是手段,但是人类的目的过于遥远,这手段也就暂时充当了目的。最终,人类的精神系统干脆避难就易,停留于此,这就是文明的退化现象。就是这样,越规范离自身就越远。规范的目的是靠近自身,但结果却是建立了文明,文明毕竟不是自身。结果,人类实际上已在某种程度上失去了对于世界的主动意义。而审美活动所对应的正是这主动性。自由之光通过审美活动照耀着生命。此时,"无不忘也,无不有也,澹然无极而众美从之。"①生命终于在审美活动之中不断地找回了自己。因此,真正的审美活动对于人类的文明并不持一种盲目的赞颂态度,也不会视人类的文明为自己的敌人。它只是强调,人类的文明不但是家园而且是牢笼,②因此要不断地加以超越,不断地从旧的文明走向新的文明。所谓在审美活动中找回了自己,也只是说,找回了人类文明的创造者——人类自身,找回了高出于人类文明的那个超越性的生命活动本身。

综上所述,我们看到,就人类生命活动的背景——自然与文明而言,审美活动既不简单地与自然等同也不简单地与文明等同。就后者而论,审美活动与文明不但相互交叉,而且相互区别,甚至背道而驰。文明的世界,固然是人类的本质力量对象化的结果,但更是人类的本质力量被束缚的见证。

---

① 《庄子·刻意》。
② 有人把文明只作为牢笼,这是不对的。当亚当和夏娃偷吃了伊甸园里的智慧之果后,就走上了与自然相对立的道路,然而,应该说,这并非错误。《圣经》中就称赞说:"上帝说,看哪,亚当也成为同我们相似的了,他知道了什么是善和恶。"确实,文明是使人类"堕落"之路,但又是人类的必经之路。正如萨特在《脏手》中提出的:只有什么也不干,才不会弄脏自己的手。其次,就是理性也如此,它只有在僵化为理性主义的时候,我们才可以称它漠视了人。因为它的诞生也是出于对于人的关注的结果。试想,不真正对于客观世界加以认识,又如何可能真正认识作为自然的一部分的人类本身? 何况,人类所创造的知识本身也正是要造福于人类本身的。因为研究的对象是审美活动,故本书对人类实践活动、理论活动的巨大意义强调得不多,希望不致因此而造成误解。

它本身就蕴含着自我解构的因素,甚至蕴含着"伪造人类历史"的非人性因素。在这种时刻,生命活动就只有在审美活动之中才能得到自己,也只有通过审美活动才能为自己导航。审美活动是对人们从结构性的精神板结,从重复、单调、无聊、停滞,从最终导致衰退、空虚、自欺的生存活动中挣脱出来的一种鼓励。它鼓励生存活动永远停留在过程中,不被任何僵化的结构所束缚,鼓励生存活动去打断必然的链条,为之加入偶然的东西,而且栖居于这些偶然的东西之上,去追求变化、偶然、多样、差异,为了争取真正属于人的存在,追求独一无二的东西、不可重复的东西,应该承认:审美活动是人类在理想的维度上追求自我保护、自我发展从而增加更多的生存机遇的一种手段。在这个意义上,可以说,是生命活动选择了审美活动,生命活动只是在审美活动中才找到了自己。然而,它却不能现实地改变社会,而只能通过影响实践活动乃至认识活动的质量的方式来间接地影响社会,因此,它不可能是一种审美主义或者审美目的论。

弄清楚上述问题意义十分重大,因为它会使我们恍然彻悟:在传统美学之中,我们习惯于把审美活动完全局限在现实的世界里,局限于与自然、文明的进化同步的条件下,并且与人类的对象化的生命活动、与人的人类性等同起来,这无疑是一种对于审美活动的片面理解,是一种严重的失误。现在看来,审美活动还禀赋着超越于现实的世界,与自然、文明的进化无法同步的属性,并且存在着截然区别于对象化的生命活动以及人的人类性的或许更为重要的一面。还以人与文明的关系为例,文明可以服务于人类(传统美学应运而生),也可以束缚着人类(当代美学应运而生)。在相当长的时间内,大体上是文明服务于人类的时期,于是审美活动这个人类的"俄狄浦斯王"就不断地挣脱自然逃向文明(与此相应,肯定性的审美活动出现,如优美、崇高、喜剧……);进入当代社会之后,文明束缚着人类的一面日益暴露出来,[①]于是审

[①] 马克思指出:"劳动及其成果作为和劳动者对立的、统治地位的力量,就常常失去成为审美对象的可能。"(《马克思恩格斯全集》第 2 卷,人民出版社 1957 年版,第 405 页)这种"常常失去成为审美对象的可能"的当代文明,就是导致审美活动转型的根本原因。

美活动这个人类的"俄狄浦斯王"又不断地挣脱文明逃向自然(与此相应,否定性的审美活动出现,如丑、荒诞、悲剧……)。① 不言而喻,假如传统的美学意味着对第一个"挣脱"和"逃向"的总结,那么当代的美学呢? 显然就意味着对于第二个"挣脱"和"逃向"的总结。② 那么,这两个不同的"挣脱"与"逃向"是否应该用一个统一的关于审美活动的内涵来说明呢? 如果应该,那么,是用传统的作为"人的本质力量对象化"的实践活动的审美本性(在当代中国)或用作为理论活动的审美本性(在西方)来说明,还是用作为人类"理想"生存方式的超越性的生命活动来说明呢? 答案只能是后者。③

这样一来,我们看到,人类的审美活动并非一个僵滞固定的东西,也并不与任何一种具体的现实活动相互等同,而成为一种既依附于它们之中又超出于它们之上的自由的生存方式。就内容而言,它游移善变、移步换形。拜金主义盛行时,审美活动是一种呼唤灵魂的生命活动;愚昧主义泛滥时,审美活动是一种呼唤理性的生命活动;科学主义猖獗时,审美活动是一种呼唤自然的生命活动;权威主义肆虐时,审美活动是一种呼唤个性的生命活动;虚无主义繁衍时,审美活动是一种呼唤信仰的生命活动……概括言之,假如说审美活动大体上可以表现为等同于人的人类性和对于人的人类性的消解这样两个不可或缺的方面,那么,直接进入人的人类性固然是一种审美活动,消除这种人的人类性在一定时期内形成的对于人的束缚也无疑是一

---

① 或许可以从劳伦斯笔下的康妮——这个20世纪的夏娃身上得到启示:她的美,就正在于,她不是文明的一个合格的妻子,但却是自然的一个合格的情人。当代西方的作家注重从反小说的角度去从事小说创作,去展开一种"诗情的诅咒",也是为此。昆德拉也发现:18世纪以来,到处都在奢谈人类的进步,而文学自司汤达和雨果以来,却一直在揭示人类的愚昧。确实,俄狄浦斯的悲剧告诉我们的,不正是"人类一思索,上帝就发笑"吗?
② 上述区分是宏观的,就具体的审美活动来说,则上述两个"挣脱"与"逃向"可以同时存在于同一时期的不同审美活动之中。审美活动越是成熟,就越是如此。
③ 在这方面,倒是马尔库塞看得更深刻。他强调:美与社会有两种基本关系。在同质性的社会里,审美与社会是和谐的;在异质性的社会里,审美与社会是对抗的。但就其本质来说,美与人类的远大目标是一致的。故美不应是一种逃避,而应是一种对人类的功利的追求。

种审美活动。而就类型而言,它又表现为面对自然的进步与文明的进步的超越客体的审美活动与面对自然的退步与文明的退化的超越主体的审美活动。就前者而言,是从自然走向文明,是人对自然的超越,是由改造客观世界而通向实践(真)并最终升华为美,往往表现为肯定性的审美活动,表现为有我之境、物同化于我、由动入幻、崇高之美,现实意义十分突出。就后者而言,是从文明回到自然,是自然对人的超越,是由改造主观世界而通向道德(善)并最终转化为美,往往表现为否定性的审美活动,表现为无我之境、我同化于物、由静入幻、和谐之美,警醒意义较为明显。①

综上所述,最终我们看到:犹如西西弗斯神话,或者推石上山,或者石头滚落,审美活动原来竟置身于这样一个文明与自然互倚互重的哥德尔怪圈!而审美活动的历程,原来竟是在这哥德尔怪圈中艰难穿行!因此,审美活动实在是一只"不死之鸟";"'这不死之鸟',终古地为自己预备下了火葬的柴堆,而在柴堆上焚死它自己,但是从那劫灰余烬当中,又有新鲜活跃的新生命产出来。"②它一方面为自然与文明的进化而欢欣鼓舞,一方面为自然与文明的退化而痛心疾首,然而又只有通过它,人类生命活动才得以理想地实现自己的理想。在我看来,这就是从人类生命活动的背景——自然与文明的关系中所看到的审美活动的本体论内涵。

守望精神家园

从逻辑的角度考察审美活动的意义即人类为什么需要审美活动,还必须对审美活动在当代社会的重大意义加以说明。

当代社会是一个文明高度发展的社会,但同时也是一个文明的局限性空前暴露的社会。值此之时,人类的审美活动出现了一个重大转型:在对于

---

① 需要注意的是,审美活动只能起到警醒作用,却不能代替解决问题。既然是在文化中出现的退化,显然是人类的理性出了问题,因此要靠文化的进一步发展来克服,靠理性本身的更新来克服。在这里,"纸上大快人心"或者在"玫瑰宴席"上高歌自娱之类审美主义的做法是不可取的。例如中国传统美学。
② 黑格尔:《历史哲学》,王造时译,商务印书馆1956年版,第114页。

文明的赞颂的同时转向了对于"文明"的批判。然而,怎样认识这种批判的意义,却不但涉及对于审美活动的意义的把握,而且涉及对于审美活动的性质的把握。例如,在西方当代美学中,就往往存在着一种视人类文明为"罪恶",因而把审美活动的批判看作对于人类文明本身的批判的倾向。这种对于文明的全盘否定,是毫无道理的。文明无疑是一种人类片面的发展,但是歌德讲得何其深刻:"我们称为罪恶的东西,只是善良的另一面,这一面对于后者的存在是必要的,而且必然是整体的一部分,正如要有一片温和的地带,就必须有炎热的赤道和冰冻的拉普兰一样。"①事实确实如此,正如马克思指出的:"个体的比较高度的发展,只有以牺牲个人的历史过程为代价。"②也就是说,人的全面自由的发展,有待于物的极大丰富,简单地指责文明为"罪恶",只会导致马克思所抨击的"粗陋的共产主义",在这种"粗陋的共产主义"里,"工人这个范畴并没有被取消,而是被推广到一切人身上。"异化劳动并没有被消灭,而是使之普遍化、社会化为对立面,成为"普遍的资本家",其实质则是"对整个文化和文明的世界的抽象否定,向贫穷的、没有需求的人——他不仅没有超越私有财产的水平,甚至从来没有达到私有财产的水平——的非自然的单纯倒退,恰恰证明私有财产的这种扬弃决不是真正的占有"。③它从改造自然推进文明的角度去否定改造自然推进文明,"到处否定人的个性",袒护"忌妒和平均化欲望"。充其量只是改造自然推进文明的另一种形式而已。

从历史上看,应该说,为了占有人的本质,"个人必须占有现有的生产力总和",④这正是人的自由所无法逃避的厄运。从这个角度,马克思才会说:"人的孤立化,只是历史过程的结果。"⑤在这历史过程中,不再是"活的和活

---

① 中国社科院外文所外国文学研究资料丛刊编辑委员会编:《欧美古典作家论现实主义和浪漫主义》第2辑,中国社会科学出版社1980年版,第282页。
② 《马克思恩格斯全集》第26卷Ⅱ,人民出版社1974年版,第124—125页。
③ 《马克思恩格斯全集》第42卷,人民出版社1979年版,第118页。
④ 《马克思恩格斯全集》第3卷,人民出版社1960年版,第76页。
⑤ 《马克思恩格斯全集》第46卷上,人民出版社1979年版,第487页。

动的人同他们与自然界进行物质交换的自然无机条件之间的统一……而是人类存在的这些无机条件同这种活动的存在之间的分离"。① 而且,又正是这种"分离"为人的解放奠定了基础。犹如浮士德把灵魂抵押给魔鬼,目的却是为了有一天"在自由的土地上住着自由的国民"。人们把它称作"恶"。不过,它又不是一种日常意义上的"恶",而是人类解放的必经之途,正如"有机物发展中的每一进化同时又是退化,因为它巩固了一个方面的发展,排除其他许多方面的发展的可能性"。② 但也正是因此,才为人类的更进一步的自由敞开了充分的可能。黑格尔的话是多么意味深长:人类与其说是从奴隶制度下解放出来,不如说是经历了奴隶制度才得到解放。在这个意义上,我们才会真正理解马克思的告诫:"人类的进步……像可怕的异神教那样,只有用人头做酒杯才能喝下甜美的酒浆。"③也才会理解恩格斯的告诫:"人是从野兽开始的,因此,为了摆脱野蛮状态,他们必须使用野蛮的、几乎是野兽般的手段,这毕竟是事实。"④"黑格尔指出:'人们以为,当他们说人本性是善的这句话时,他们就说出了一种很伟大的思想;但是他们忘记了,当人们说人本性是恶的这句话时,是说出了一种更伟大得多的思想。'……在黑格尔那里,恶是历史发展的动力借以表现出来的形式。这里有双重的意思,一方面,每一种新的进步都必然表现为对某一种神圣事物的亵渎,表现为对陈旧的,日渐衰亡,但为习惯所崇奉的秩序的叛逆。另一方面,自从阶级对立产生以来,正是人的恶劣的情欲——贪欲和权势成了历史发展的杠杆。关于这方面,例如封建制度的和资产阶级的历史就是一个独一无二的持续不断的证明。"⑤

不过,承认文明的历史合理性,并不就意味着对于它的局限性的漠然视之。事实上,正如弗洛姆所断言的:它既是人类的福慧又是人类的苦恼。就

---

① 《马克思恩格斯全集》第46卷上,人民出版社1979年版,第488页。
② 《马克思恩格斯选集》第3卷,人民出版社1972年版,第571页。
③ 《马克思恩格斯选集》第2卷,人民出版社1972年版,第75页。
④ 《马克思恩格斯选集》第3卷,人民出版社1972年版,第220页。
⑤ 《马克思恩格斯选集》第4卷,人民出版社1972年版,第233页。

苦恼一面言之,原因固然十分复杂,但其中最为关键的,不能不是现实活动所导致的分门别类的生存方式和观照方式。我们知道,文明是人类社会之必须,但同时,文明又毕竟是人类自由得以实现的手段。然而,在当代社会,由于目的与手段之间的种种错综复杂的关系,文明的实现作为手段却往往与人的自由的实现这一目的脱钩,甚至错误地以自身作为目的,反过来去蔑视、践踏人的自由本性的实现这一真正的目的。换言之,人类自由的历史进程中所必不可免的悲剧恰恰在于:人类不能不经常地迷失在手段的王国中。卡夫卡笔下的"城堡"和"法门"就是隐喻此事。结果,不是手段跟着目的走,而是目的跟着手段走,手段反而成了人的生存方式,成了葬送目的的手段。这样,人本身的活动对人来说就成为一种异己的、与他对立的力量,这种力量驱使着人,而不是人驾驭着这种力量。由是,人有时又会迷失在一维的、公共的物质成果、历史进步和理性王国之中。他疑惑地看待自己,感到彷徨无所依归,他既不认识别人,也不认识自己,他成为到处漂流的流浪者。正是在这个意义上,我们发现,人类改造自然推进文明的任何一点微小的进步,都可能令人痛心地竟以人性的泯灭、自我的牺牲作为代价,而且,这种进步越是巨大、全面,这种牺牲就可能越是沉重、惊人,甚至,最终可能会使人类和世界在某种程度上失去人性的尊严,并不时沦入一场物质的疯狂贪欲之中。对此,可以借用威尔赖特的阐释来加以说明:"现代生活所助长的一个大害就是忘记了个人的存在,把个人只当作普遍中的一个实例。当然,概括有时候是实际上必需的。不过我们如果太习惯于概括,甚至于把概括出来的观念来代替这个光明的世界的本身,不论这是为商业上的功效,或政治上的需要,或挂上科学的招牌,结果总是歪曲了人类的理性。"[①]罗马俱乐部更是痛心疾首地指责人类迄今为止所取得的文明是"没有智慧的力量",它"使人成为一个具有巨大的力量但对于如何使用力量却没有很小的判断力的现代野蛮人"。

[①] 转引自中国社科院外文所外国文学研究资料丛刊编辑委员会编:《外国理论家作家论形象思维》,中国社会科学出版社1979年版,第204—205页。

进而言之,当代社会所带来的巨大困惑更在于:人类精神生态的蜕化。就当代社会而言,人类遇到的困境主要是精神的,精神进化是人类进化中的一大奇迹。法国社会学家戴哈尔特·德·夏尔丹曾经设想过一个"精神圈",他指出:在生物圈之外,还存在着"一个通过综合产生意识的精神圈",它意味着对世界的信仰,对世界中精神的信仰,对世界中精神不朽的信仰和对世界中不断增长的人格的信仰。通过它,可以达到"人类发展的巅峰"。①今道友信则断言:"人的生存原来是作为一种精神来确保自由和永生,去克服自己限定者的限定作用的。"②然而,在当代社会,"精神的失落""精神的蜕化""精神的失范",却成为令人痛心的现象。乔伊斯发现:"与文艺复兴运动一脉相承的物质主义,摧毁了人的精神功能,使人们无法进一步完善。""现代人征服了空间,征服了大地,征服了疾病,征服了愚昧,但是所有这些伟大的胜利,都只不过是在精神的熔炉化为一滴泪水!"③贝塔朗菲指出:"简而言之,我们已经征服了世界,但是却在征途中的某个地方失去了灵魂。"④台湾诗人罗门也疾呼:"当那个被物质文明推动着的世界,日渐占领人类居住的任何地区,人类精神文明便面临了可怕的威胁与危机。……人不再去过幽美的心灵生活,人失去精神上的古典与超越的力量,人只是猛奔在物欲世界中的一头文明的野兽。"⑤于是,人类终于发现:"任何进步,首先是道德、社会、政治、风俗和品行的进步",⑥首先是人自身精神的进步,正如汤因比所强

---

① 转引自 G.R.豪克:《绝望与信心》,李永平译,中国社会科学出版社1992年版,第218页。
② 今道友信:《存在主义美学》,崔相录等译,辽宁人民出版社1987年版,第120页。
③ 乔伊斯:《文艺复兴运动文学的普遍意义》,载《外国文学报道》1985年6期。
④ 贝塔朗菲:《人的系统观》,张志伟等译,华夏出版社1989年版,第19页。
⑤ 转引自张汉良、萧萧编:《现代诗导读·理论篇》,台湾故乡出版社1982年版,第49页。托夫勒引用美国汽车大王福特的话说:"我们发现,(生产工序)有670种可以由缺腿的男人干,有2637种可以由一条腿的人去干,有两种可由没有胳膊的男人干,有715种可由一条胳膊的男工和十名男瞎子来干。"(托夫勒:《第三次浪潮》,朱志炎等译,三联书店1988年版,第96页)
⑥ 奥尔利欧·佩奇:《世界的未来》,王肖萍等译,中国对外翻译出版公司1985年版,第65页。

调的:人类的使命不是谋求在物质上掌握世界,而是在精神上掌握自身。终于,在安魂曲还没有响起的时刻,人类意识到了灵魂的充盈像物质的丰富一样值得珍惜;意识到了挚爱、温情、奉献、艺术和美同样是这个世界上不可须臾缺少的无价之宝,犹如阳光、空气和水分。为此,美国哈佛大学的赖德勒断言:"当代社会的生存之战通常是情感的生存之战。"奈斯比特则在《大趋势》中大声疾呼着"高技术与高情感的平衡":

> 无论何处都需要有补偿性的高情感,我们的社会里高技术越来越多,我们就越希望高情感的环境。
> 我们周围的高技术越多,就越需要人的高情感。①

而台湾诗人罗门则在前边所引的文章中,进一步开出了通向"高情感"的救世良方:

> 这一把被物质文明越扣越紧的"死锁",它的钥匙,便是"人内在的联想",唯有这把钥匙能将这把"死锁"打开,而这一把被物质文明抛弃的钥匙,我们说哲学家能找回它,我们更应该说那专为人类的联想世界工作的文学家与艺术家,能找回它。

那么,哲学家、文学家和艺术家所瞩目的"找回它"的工作是什么呢?正是审美活动!正如 J-M·费里所预言的:"无足轻重的事件可能会决定时代的命运:'美学原理'可能有一天会在现代化中发挥头等重要的历史作用;

---

① 奈斯比特:《大趋势》,梅艳译,中国社会科学出版社 1984 年版,第 56 页。事实上,第三次浪潮本身就是一次精神危机,所以 E.拉兹洛才预言:"过了现在这段杂乱无章的过渡时期,人类可以指望进入一个更具承受力和更加公正的时代。那里,人类生态学将起关键作用。在人类生态学时代,重点将转移到非物质领域中的进步。这种进步将使生活的质量显著提高。"(E.拉兹洛:《即将来临的人类生态学时代》,载《国外社会科学》1985 年第 10 期)

我们周围的环境可能有一天会由于'美学革命'而发生天翻地覆的变化……生态学以及与之有关的一切,预示着一种受美学理论支配的现代化新浪潮的出现。这些都是有关未来环境整体化的一种设想,而环境整体化不能靠应用科学知识或政治知识来实现,只能靠应用美学知识来实现。"①

在当代社会,审美活动更多地着眼于改造自然推进文明的过程中的人类迷失。它"虔诚地歌颂酒神,辨寻逃离诸神的踪迹";"执着于神的形迹,为与他们同类的芸芸众生寻找回头之路"(海德格尔)。在这个意义上,荷尔德林的两句诗真可以说是审美活动的命运的预兆:

诗人,作为神意的传达者,
你须得早早辞别人世。

不过,审美活动"须得早早辞别"的并非真正的"人世"(假如这样理解,就误解了荷尔德林的本意),而是人们不得不生活于其中的虚假的"人世"。它凭借"辞别"虚假的"人世"而栖居于真正的"人世",反过来说也许更合适,它凭借栖居于真正的"人世"而"辞别"虚假的"人世"。

"哪里有危险,哪里就有被救渡的希望。"(荷尔德林)审美活动在当代社会的重大意义恰恰表现在这里。人类文明取得的进步越是有可能远离人类的自由面目,也就越是反过来强烈地推动着人类不断去重新发现自己、确证自己,审美活动在当代社会正是因此而应运诞生。物质的极大繁荣,生活条件的改善究竟能否必然为人类提供安身立命的根据?为什么以"文明"的名义挟裹而来的往往还有贪婪、疯狂、血腥、私欲甚至千百万人头落地?人类是否必须成为既聋又瞎而且不会开口说话的历史的附庸?是否必须笨拙地学舌着"历史命运""物质规律"之类的字眼,不但对人间的眼泪、叹息、巧

---

① J-M.费里:《现代化与协调一致》,载《神灵》,法国,1985年5期。茨威格也指出:"自从我们的世界外表上变得越来越单调,生活变得越来越机械的时候起,(文学)就应当在灵魂深处发掘截然相反的东西。"(茨威格:《茨威格小说集·译文序》,高中甫等译,百花文艺出版社1982年版,第7页)

取豪夺、尔虞我诈"无所住心",而且真心实意地劝慰人们在文明与自然的殊死冲突中去心甘情愿地随"文明"的某种虚妄,去把自己变成现实的工具,并悲壮而又毫无价值地沦入"物"的坟墓?现实固然创造着个人,但个人是否也参与创造着现实?人类社会是否存在着绝对的价值真实和终极的神圣意义?是否承认符合人性还是违逆人性、探索还是盲从、正直还是卑鄙、正义还是罪恶、崇高还是卑下的终极差异?在虚无主义到处弥漫的世界上,是否还应有美的神圣地位?人的情感、关怀、痛苦、哭泣、想象、回忆、仁慈、挚爱是否无足轻重?冷漠严酷和关怀温善、铁血讨伐和不忍之心、专横施虐和救赎之爱,或者说,向钱看和向前看是否可以等值?在蒙难的世界上,孤苦无告的灵魂在渴望什么、追寻什么、呼唤什么,在命运车轮下承受辗压的人生在诅咒什么、悲叹什么、哀告什么,难道可以不屑一顾?……审美活动执着地追问这些问题,并且不以虚幻的陶醉来让人类更好地适应当代社会、适应流水线的运转,不把审美活动作为上帝渎职后的替补、作为当代工业机器的润滑剂。在它看来,这些都是一些廉价的东西。它要做的是鼓励人们用新的追求来打破目前僵化的生存状态,一方面不把文明带来的困惑视为暂时的现象,而是视为人类真实存在状态本身。另一方面又不是鼓励人们甘于现状,而是鼓励人们改变现状;不是鼓励人们遗忘痛苦,而是鼓励人们清醒地意识到痛苦;不是鼓励人们弥合人生的分裂,而是鼓励人们看清分裂;不是鼓励人们回到圆满,而是鼓励人们超越圆满;不是鼓励人们遮盖深渊,而是鼓励人们洞察深渊……在这个意义上,审美活动无异于生命活动所能够给予人类的最可宝贵的馈赠。它是对僵化了的文明的一种亵渎,也是对虚幻的理想的一种亵渎。令人震惊的是,一旦把文明的一切阴暗面都暴露在光天化日之下,现实本身反而就得到了拯救,人类本身也就得到了拯救。审美活动就是这样"在神圣之夜走遍大地",不断地发现自己确证自己,不断地为世界赋予意义,从而使人类一次次进入并且栖居于理想的境界。

这样,不难看出,在当代社会,审美活动正是作为人类改造自然推进文明的必不可少的补充而出现的。它是对生命意义的固执,是对人类自由本性、人类精神家园的守望。我们不能只看到现实所取得的进步,只承认物质的规律,却看不到审美活动的作用,看不到审美活动的规律,更不能把审美活动的作用和规律强硬地纳入现实的进步和物质的规律之中。这会造成一种不可饶恕的重大失误。正确的态度只能是也必须是:越是面对现实所造成的失误,越是要进入并栖居于审美活动之中。例如,面对资本主义所带来的人性的全面分裂,在巴尔扎克、托尔斯泰、陀思妥耶夫斯基、雨果、卡夫卡等作家却是人性的进一步觉醒。巴尔扎克不就曾陈述说他写作《人间喜剧》的动机"是从比较人类和兽类得来的",是要"看看各个社会在什么地方离开了永恒的法则,离开了美,离开了真,或者在什么地方同它们接近"吗？其中耀露神采的,正是人性生成的光辉。看来,人类现实的局限性并不必然带来失误,只有在无视审美活动的存在的情况下才会如此。因此,一方面,这意味着离开了审美活动,任何进步都只能是一场骗局。另一方面,这也意味着现实所必然带来的局限性,又必然成为审美活动的强大动因。显而易见,人类正是通过一次又一次地发现自己确证自己,来顽强地与"驱使着人"的"异己的、与他对立的力量"抗衡。或者说,现实本身并无意义,它是虚无,否则人类无法生存;但现实又必须被赋予意义,否则人类也无法生存。这后一方面,正是人类发现自己、确证自己的审美活动的真正使命。因此,审美活动是一种唤醒、一种控诉、一种乞灵、一种允诺。它使世界发生一场翻转,使意义进入现实活动的虚无之中,使人们在生存状态的种种荒诞、虚幻、疏远、离异、陌生、空漠、失落中,与生存意义相遇。是的,审美活动正是与被现实所漫不经心地放逐了的生存意义的不期而遇的邂逅。

第二篇

性质视界:辨析与描述

第三章　审美活动的外在辨析

基础·手段·理想

本篇从对于审美活动的"为什么"的讨论转向对于审美活动的"是什么"的讨论。① 我已经指出,审美活动是一种以实践活动为基础同时又超越于实践活动的生命活动。审美活动是人类的自由本性的理想实现。② 对此,本篇拟从外在辨析和内在描述两个方面加以考察。

外在辨析分为三个层面:活动类型的外在辨析,价值类型的外在辨析,评价类型的外在辨析。本章先考察第一个层面。

审美活动是人类生命活动的一个类型,假如说后者处于一级水平,那么前者则处于二级水平。与审美活动同样处于二级水平上的,应该说,则还有实践活动、理论活动。这样,要从活动类型的角度对审美活动"是什么"加以辨析,就必须从与实践活动、理论活动的比较入手,考察它们所面对的共同问题是什么,分别面对的具体问题是什么,它们所采取的解决方式又是什

---

① 审美活动曾被康德称为"判断力原理中谜样的东西"(康德:《判断力批判》上卷,宗白华译,商务印书馆 1964 年版,第 6 页),对于审美活动,维特根斯坦等人认为无法定义,因为只有能够用必要条件和充分条件封闭起来的概念才是可以描述的命题,但审美活动却是回环往复、开放流动的。这固然是他们反对"本质主义"的一大举措,但实际上他们自己也还是一种本质主义。相反,倒是胡塞尔的看法更具启示:只要能够使研究对象的晦暗不明变得澄明光亮,为此所使用的方法就是好的方法。

② 追问"是什么",是传统的追本溯源的思路的继承,意在用非实在性事物说明实在性事物,用原因说明结果,但结论也只是一个虚假设定。"A 就是非 A",故我追问的"是什么"只是指的"是怎样的""是以怎样的方式存在着"。"审美活动怎样存在着",这是我在本章中所拟采取的角度。

么。而要做到这一点,首先就要弄清楚作为一级水平的总的活动类型的人类生命活动所面对的问题是什么,以及解决方式又是什么。

作为一级水平的总的活动类型的人类生命活动,它所面对的问题是自由的实现,它所采取的解决方式则是通过实践活动、理论活动、审美活动三种方式来实现自由。

人类生命活动面对的问题是自由的实现,这应该是没有争论的。然而,关于何为自由,就不能说没有争论了。自古以来学者给出了大量定义,并且自以为已经有了答案,但是认真推敲一下,会发现它们大多没有讲出什么是自由,而只是讲出了实现自由的条件,即在哪些条件下人是自由的。细细一想,这也难怪,自由之为自由,就在于它的不可定义性、不可规定性、无限可能性。自由之为自由就决定了无法在概念上给出定义,否则自由就成为大前提,就成为必然,成为"只能如此"和"不得不如此"的存在,成为不自由了。正是有鉴于此,学者建议对自由只能作一个全称否定判断。例如能量守恒定律的全称否定判断是没有任何办法造出第一架永动机;狭义相对论的相对性原理的全称否定判断是没有任何办法能测出绝对速度;在宇宙学中,宇宙基本原理的全称否定判断是没有任何一个点是宇宙中心。对自由的表述最好也如此。然而在我看来,这样做同样没有导致问题的解决,因为既然说不清什么是真正的自由,什么不是真正的自由事实上也很难真正说清楚。

我所采取的办法是从描述的角度去考察自由。在我看来,关于自由,古今中外的定义固然很多,但是从最根本的内涵来看,则无非是两个方面:其一是强调自由的主观性、超越性,例如古希腊的伊壁鸠鲁就曾经从原子的偏斜运动来描述自由;其二是强调自由的必然性、客观性。它们无疑都有其缺陷。例如就前者而言,无疑忽视了手段,是一种自由意志论意义上的自由,这自由所要超越的对象是什么?没有对象的超越未免令人费解。就后者而言,是忽视了目的,是一种外在决定论意义上的自由。例如,"自由是对必然的认识"。但这个定义实在有点"事后诸葛亮"的味道,与其说是对自由的定义,不如说是对自由的嘲讽。因为人类永远无法最终认识自由;那么按照这个定义,人类岂不是永远无法得到自由,或者,岂不是只有上帝才有自由吗?再者,假如自由只是对于必然的把握的话,那么它就只是虚假的承诺,而且自由与不自由之间的区别顶多也就只是自觉的奴隶与不自觉的奴隶之间的区别,却与人之为人的未特定性渺不相涉。换言之,对于必然的把握只是人之为人的必要条件,却绝非充足条件,只能决定人不能如何,却不能决定人应当如何。人们片面强调对它的服从,正因为忽视了两者的根本区别。何况,人的主观性、超越性是无法还原为必然性、客观性的,因此即便是认识了必然,也只是认识了实现自由的条件,但却绝对不是实现了自由。自由与必然是一种对立的关系。自由是对必然的超越。如果万物都处在必然规律性的支配下,那根本就谈不上什么自由。因此在必然范围内的自由不是真正的自由。对必然的改造也不是自由。自由是最高价值,假如说自由应该有其限制,那也只能是来自自由本身。然而,它们却毕竟抓住了自由之为自由的两个关键性的环节。首先,作为一种只能以理想、目的、愿望的形式表现出来的人类本性,自由只能是主观性的、超越性的。由于这种主观性、超越性正是人类生命活动的必然结果和根本特征,因此是无法还原为客观性、必然性的。在这个意义上,对于必然的超越,正是人类生命活动的根本规定,无疑也应该成为自由的根本规定。其次,人类生命活动虽然是没有前提的,然而人类生命活动的实现却是存在着前提的。对于必然性的改造、认识,就正是这样的前提。由此我们看到,人类生命活动所面对的自由,无论它的内涵如何难以把握,但却必然包含着两个方面。这就是:对于必然性的改造、认识,以及在此基础上的对于必然性的超越。前者是自由实现的基础、条件,后者则是自由本身。

因此,人之自由就在于:在把握必然的基础上所实现的自我超越。在这里,对于必然的把握只是实现自由的前提,而对必然的超越才是自由之为自由的根本。① 马克思指出:"自由不仅包括我靠什么生存,而且也包括我怎样

---

① 马克思在谈到人的本质是一切社会关系的总和时,曾特别要加上限定语:"在其现实性上",正是因为"现实性"反映的是人类本性中的现实性、确定性的一面,即对必然的把握的一面。这并不意味着他认定人只能如此。准确地说,马克思是从历史性、现实性、可能性三个方面来强调人的本质的。在历史性上,人是以往全部世界史的产物;在现实性上,人是一切社会关系的总和;在可能性上,人是自由生命的理想实现。

生存,不仅包括我实现自由,而且也包括我在自由地实现自由。"①这里的"靠什么生存""实现自由"就是指的对于必然的把握,而这里的"怎样生存""自由地实现自由",则是指的在对于必然的把握的基础上所实现的自我超越。②

因此,人的自由就既区别于上帝也区别于动物。上帝的自由由于毋须借助于手段而成为一种自由意志的实现,动物的自由由于失去了目的而成为盲目的服从。人则不然。也因此,人的以自由为核心的生命活动也就既区别于上帝也区别于动物。它是"是什么"与"应如何"的统一,也是"描述性"范畴与"规范性"范畴的统一。换言之,人类生命活动既以对于必然的把握为基础,同时,又以对于必然的超越为导向。假如说,前者意味着人的现实性,那么,后者就意味着人的理想性;前者意味着有限性,那么,后者就意味着无限性;前者意味着人的自我分裂,那么,后者就意味着人的自我救赎。

至于人类生命活动在自由的实现的过程中所采取的解决方式,则是通过实践活动、理论活动、审美活动三种方式来在不同层面上分别实现自由。之所以如此,有其内在的根据:人之为人,固然是起源于先天的未特定化以及后天的实践活动;人的生命活动,固然也因此区别于上帝与动物,而成为一种以对于必然的把握为基础又以超越对于必然的把握为导向的生命活动;然而,这毕竟只是一种逻辑的剖析,也毕竟只是就生命活动的整体功能而言。就现实而论,则应该看到,不论是人的现实性与理想性,抑或人的自我分裂与自我救赎,都实际上处于一种对峙的状态中。之所以如此,原因在于,人的生命活动已经不同于原始的混沌状态,为了在把握必然的基础上实现自我超越,它必须在实践活动的基础上分化为不同的活动类型。

大体来说,人类生命活动在实践活动的基础上分化出来的活动类型有

---

① 《马克思恩格斯全集》第1卷,人民出版社1956年版,第77页。
② 也因此我们所说的自由不是消极自由而是积极自由。消极自由只是对自由的一种空洞规定,没有任何积极内容,在霍布士、斯密、休谟、康德、费希特那里可以看到。"人不是由于有逃避某种事物的消极力量,而是由于有表现本身的真正个性和积极力量才得到自由。"(《马克思恩格斯全集》第2卷,人民出版社1957年版,第167页)这就是积极自由。

三种,这就是:实践活动、理论活动、审美活动。①

作出上述划分的依据可以从两个方面来看,首先,这是马克思的实践范畴的逻辑推演。马克思的实践范畴蕴含着双重规定:其一是对于所谓"从客体的或直观的形式去理解"的近代唯物主义的继承。近代唯物主义把实践看作改造外在世界的外部能动性、主宰外部世界的外部能动性,突出的是纯粹受动的能动性。这能动性包括实用活动的自由、认识活动的自由。其二是对于所谓"从主观方面去理解"的德国古典哲学的继承,马克思继承了近代唯物主义的实践观,但又有所批判,而这批判,正是在德国古典哲学中获得的启发。德国古典哲学把实践看作一种内在的能动性,强调内在精神自由比外在功利自由更为重要,突出的是纯粹能动的能动性。这能动性指的是精神活动的自由。马克思的实践观正是对这两者的融合。我们可以看到,在《1844年经济学—哲学手稿》中,突出的是后者,在《神圣家族》中突出的是前者,而在《关于费尔巴哈的提纲》《德意志意识形态》中突出的则是能动与受动的统一。马克思吸取了两者的真理性的因素,抛弃了两者的抽象性。既主张从人的精神自由的角度来理解人,但又反对德国古典哲学对人的精神自由的抽象理解,强调从现实活动的角度来理解人的精神自由。结果,在实践活动的双重规定中必然同时包括三方面的内容:其一是实用活动的自由,其二是理论活动的自由,其三是精神活动的自由。这样,一旦把实

---

① 关于人类生命活动类型的分类,马克思曾有所提示:"从理论领域来说,植物、动物、石头、空气、光等等",都是"自然科学的对象";"从实践领域来说,这些东西也是人的生活和人的活动的一部分";同时,自然界还是人类"艺术的对象"(《马克思恩格斯全集》第42卷,人民出版社1979年版,第95页)。此外,还有著名的关于四种把握方式的划分。康德也说过:"对外界事物的依赖性,使人很早就发展了取得生活必需品的能力。有些人就停留在这种发展阶段上。而把抽象的概念联系起来,以及通过理智的自由运用来控制情感,这样一种能力,发展较晚,在有些人身上则一辈子也不会有;在所有人身上这种能力也总是很薄弱的。"(康德:《宇宙发展史概论》,上海外国自然科学哲学著作编译组译,上海人民出版社1972年版,第209页)同样分为实用、理论、审美三种。这意味着:实践活动固然是自由实现的基本形式,但并非唯一形式。以实践活动为基础,还有两种派生的形式:理论活动、审美活动。后者有其独立的存在价值、独立的发展规律、独立的功能意义。

践活动展开为人类的生命活动,它们就必然成为人类生命活动的三种不同类型:实践活动、理论活动、审美活动。其次,这是从主客体关系角度作出的一种活动分类。我们知道,人类生命活动可以从不同角度分类,例如,从主体角度分类,根据主体形式的不同,可以划分为个体活动、集体活动、社会活动三类;从客体角度分类,依据客体形式的不同,可以划分为物质活动、社会管理活动、精神活动三类。本书是从主客体关系的角度去分类,在这个角度,依据主客体关系的不同,可以划分为以主体为主、以客体为主、以主客体同一为主的三种活动。不难看出,它们正是:实践活动、理论活动、审美活动。

这样我们就顺理成章地转入了对于审美活动与实践活动、理论活动的差异的外在辨析。毫无疑问,它们所面对的共同问题是自由的实现。然而,为了实现自由,它们所面对的具体问题是什么?它们所采取的解决方式又是什么?

首先看实践活动。从人类生命活动的角度,否定了对于实践活动的优先地位的抽象理解,并不意味着否定实践活动的优先地位本身,也并不意味着在人类生命活动中对实践活动不具体地加以肯定,只不过这种肯定从人类生命活动的外部的优先地位,转向人类生命活动的内部的优先地位而已。实践活动是人类生命活动的自由的基础的实现。① 它以改造世界为中介,体现了人的合目的性(对于内在"必需")的需求,是意志的自由的实现。它并非物质活动,而是实用活动。所谓物质活动是一种对于生命活动的抽象理解,在现实生活中并不存在。实践活动折射的是人的一种实用态度。而且,就实践活动与工具的关系而言,是运用工具改造世界;就实践活动与客体的

---

① 说人是理性的动物、思想的动物、使用工具的动物、使用符号的动物,都是抓住了人的整体本质的一个方面,是一种抽象表达。这是亚里士多德所开创的传统方法,只是一种历史成果的对比。在此意义上,注意到实践活动的重要地位是正确的,但假若只看到实践活动的基础地位,同样会导致将人的活动抽象化。再进而言之,假如只看到人类的生命活动,同样会导致将人的活动简单化。只有既看到实践活动的基础作用,又看到人类生命活动的广阔天地,才是正确的。

关系而言,是主体对客体的占有;就实践活动与世界的关系而言,是改造与被改造的可意向关系。不言而喻,在实践活动的领域,人类最终所能实现的只能是一种人类能力的有限发展、一种有限的自由,至于全面的自由则根本无从谈起,因为人类无法摆脱自然必然性的制约——也实在没有必要摆脱,旧的自然必然性扬弃之日,即新的更为广阔的自然必然性出现之时,人所需要做的只是使自己的活动在尽可能更合理的条件下进行。正如马克思所说:"不管怎样,这个领域始终是一个必然王国。"①

其二是理论活动。理论活动是人类生命活动的手段的实现。它以把握世界为中介,体现了人的合规律性(对于"外在目的")的需要,是认识自由的实现。它并非精神活动,而是理论活动。所谓精神活动也是一种对于生命活动的抽象理解,在现实生活中并不存在。理论活动折射的是人的一种理论态度。而且,就理论活动与工具的关系而言,是运用工具反映世界;就理论活动与客体的关系而言,是主体对客体的抽象;就理论活动与世界的关系而言,是反映与被反映的可认知关系。不难看出,理论活动是对于实践活动的一种超越。它超越了直接的内在"必需",也超越了实践活动的实用态度。理论家往往轻视实践活动,也从反面说明了这一点。但实现的仍然是片面的自由。②

其三是审美活动。实践活动是文明与自然的矛盾的实际解决,是基础;理论活动是文明与自然的矛盾的理论解决,是手段;但是,由于它们都无法克服手段与目的的外在性、活动的有限性与人类理想的无限性的矛盾,因此矛盾就永远无法解决。所以就还要有一种生命活动的类型,去象征性地解

---

① 《马克思恩格斯全集》第25卷,人民出版社1974年版,第927页。
② 理论活动是一种关于对象的活动,又是一种设定对象的活动。它以物质世界的逻辑作为先在前提。因此它描述的永远是结果而不是过程,只是末而不是本。因为物质世界可以外在于人,但不能先在于人,外在于人是指与人构成相互依存、互为前提的一个方面,但先在性则是指逻辑上在先,逻辑上独立于人。

决文明与自然的矛盾,这,就是审美活动的出现。① 审美活动是文明与自然的矛盾的象征解决。它以理想的象征性的实现为中介,体现了人对合目的性与合规律性这两者的超越的需要,是情感自由的实现。它以实践活动、理论活动为基础但同时又是对它们的超越,②它既不服从内在"必需"也不服从"外在目的",既不实际地改造现实世界,也不冷静地理解现实世界,而是从理想性出发,构筑一个虚拟的世界,以作为实践世界与理论世界所无法实现的那些缺憾的弥补。假如实践活动建构的是与现实世界的否定关系,是自由的基础的实现;理论活动建构的是与现实世界的肯定关系,是自由的手段的实现;审美活动建构的则是与现实世界的否定之否定关系,是自由的理想的实现。换言之,由于主客体在审美活动中的矛盾是主客体矛盾的最后表现,故审美活动只能产生于理论活动与实践活动的基础之上。三者是并列的关系,也是递进的关系,但绝不是包含关系。③ 审美活动是对于人类最高

---

① 在这方面,人类的宗教活动的意义或许是一个启示。宗教活动并非18世纪法国唯物主义者所说的那样,是骗子与傻子的相遇,而是出之于人类面对现实的不自由所产生的一种以虚幻甚至歪曲的形式使自由得以理想地实现的努力。所以马克思说:"只有当实际日常生活的关系,在人们面前表现为人与人之间极明白而合理的关系的时候,现实世界的宗教反映才会消失。只有当社会生活过程即物质生产过程的形态,作为自由结合的人的产物,处于人的有意识有计划的控制之下的时候,它才会把自己的神秘的纱幕揭掉。但是,这需要有一定的社会物质基础或一定的物质生存条件,而这些条件本身又是长期的、痛苦的历史发展的自然产物。"(《马克思恩格斯全集》第23卷,人民出版社1972年版,第57页)审美活动是人类面对现实的不自由所产生的一种使自由得以理想地实现的努力,但不像宗教那样采取虚幻甚至歪曲的形式。顺便说一下,马克思把宗教活动也划分为一种生命活动的类型。本书认为,宗教活动是审美活动的负形态,是从虚幻而不是从理想的角度对自由的满足。在这个意义上,说人类生命活动划分为四类也是对的。本书采取三分法,是因为它们涉及每一个人,而宗教活动只涉及一部分人,不具普遍性。
② 由此可见,直接套用实践活动的研究成果来解释审美活动之谜是不行的。审美活动一旦从中独立出来,就只是在整体上并且通过一系列中间环节才为实践活动所决定了。
③ 因此,审美的必定是自由的,但是自由的未必是审美的。而且,由此我们看到:自由总是与条件联系在一起的,总是具体的、相对的、历史的、辩证的。

目的的一种"理想"的实现。通过它,人类得以借助否定的方式弥补了实践活动和科学活动的有限性。① 假如实践活动与理论活动是"想象某种真实的东西",审美活动则是"真实地想象某种东西"。假如实践活动与理论活动是对无限的追求,审美活动则是无限的追求。在其中,人的现实性与理想性直接照面,有限性与无限性直接照面,自我分裂与自我救赎直接照面。马克思说的"真正物质生产的彼岸",或许就是审美活动之所在?而且,就审美活动与工具的关系而言,是运用工具想象世界;就审美活动与客体的关系而言,是主体对客体的超越;②就审美活动与世界的关系而言,是想象与被想象的可移情关系。因此,假如实践活动与理论活动是一种现实活动,审美活动则是一种理想活动,在审美活动中折射的是人的一种终极关怀的理想态度。

事实也确实如此,假如从不"唯"实践活动(但必须以实践活动作为核心、基础)的人类生命活动原则出发,那么应当承认,审美活动无法等同于实践活动(尽管它与实践活动之间存在着彼此同一、渗透的一面),它是一种超越性的生命活动。具体来说,在人类形形色色的生命活动中,多数是以服从

---

① 这里的"有限性"不同于马克思的"异化"概念。与卢梭的"社会异化"、黑格尔的"理念异化"、费尔巴哈的"宗教异化"不同,马克思的"异化"概念从一开始提出就主要是一个经济问题,这从《1844年经济学—哲学手稿》的书名中就可看出,而在后来的《大纲》《资本论》中就更是把"异化"与劳动价值理论、剩余价值学说联系起来论述,而且,就"异化"的两个前提来看(商品生产的具体劳动与抽象劳动的分裂,使用价值与价值的分裂),也是纯粹经济学的内容,而且是只有在资本主义社会才同时具备的两个前提。资本之谜即异化之谜。因此,异化是一种具体的不自由,而并非一般的不自由,不宜作宽泛理解,尤其不宜作美学发挥。其次,再顺便强调一下,"人的本质力量的对象化""美的规律""劳动创造了美""自然的人化"……其前提都是异化劳动理论,都是一种经济学的讨论,故对于美学的研究虽然具有重大意义,但却毕竟只具有方法论意义,绝对不能代替美学的研究本身。

② 假如再作一下比较,则可以说:实践活动是实际地面对客体、改造客体,理论活动是逻辑地面对客体、再现客体,审美活动是象征地面对客体、超越客体。值得注意的是,范登堡指出:有三个领域能够把人类文化的自我投射推向极端,达到文化上的超越,它们是场景、内在的自我、他人的一瞥。不难看出,这三者正是审美活动的内容。

于生命的有限性为特征的现实活动,例如,向善的实践活动,求真的科学活动,它们都无法克服手段与目的的外在性、活动的有限性与人类理想的无限性的矛盾,只有审美活动是以超越生命的有限性为特征的理想活动(当然,宽泛地说,还可以加上宗教活动)。审美活动以求真、向善等生命活动为基础,但同时又是对它们的超越。在人类的生命活动之中,只有审美活动成功地消除了生命活动中的有限性——当然只是象征性地消除。作为超越活动,审美活动是对于人类最高目的的一种"理想"实现。通过它,人类得以借助否定的方式弥补了实践活动和科学活动的有限性,使自己在其他生命活动中未能得到发展的能力得到"理想"的发展,也使自己的生存活动有可能在某种意义上构成一种完整性。例如,在求真向善的现实活动中,人类的生命、自由、情感往往要服从于本质、必然、理性。但在审美活动之中,这一切却颠倒了过来,不再是从本质阐释并选择生命,而是从生命阐释并选择本质;不再是从必然阐释并选择自由,而是从自由阐释并选择必然;也不再是从理性阐释并选择情感,而是从情感阐释并选择理性……①这一切无疑是"理想"的,也只能存在于审美活动之中,但是,对于人类的生命活动来说,却因此而构成了一种必不可少的完整性。

需要强调,在这里,审美活动的超越性质至关重要。审美活动之所以成为审美活动,并不是因为它成功地把人类的本质力量对象化在对象身上,而是因为它"理想"地实现了人类的自由本性。阿·尼·列昂捷夫指出:最初,人类的生命活动"无疑是开始于人为了满足自己在最基本的活体的需要而有所行动,但是往后这种关系就倒过来了,人为了有所行动而满足自己的活体的需要"。② 这就是说,只有人能够,也只有人必须以理想本性的对象性运用——活动作为第一需要。人在什么层次上超出了物质需要(有限性),也

---

① 参见拙著《众妙之门》,黄河文艺出版社1989年版,第327—338页。
② 阿·尼·列昂捷夫:《活动 意识 个性》,李沂等译,上海译文出版社1980年版,第144页。马克思也曾指出人所具有的"为活动而活动""享受活动过程""自由地实现自由"的本性。

就在什么程度上实现了真正的需要,超出的层次越高,真正的需要的实现程度也就越高,一旦人的活动本身成为目的,人的真正需要也就最终得到了全面实现。这一点,在理想的社会(事实上不可能出现,只是一种虚拟的价值参照),可以现实地实现;在现实的社会,则可以"理想"地实现。而审美活动作为理想社会的现实活动和现实社会的"理想"活动,也就必然成为人类"最高"的生命方式。

同时,更为重要的是,审美活动的超越性质还使它与纷纭复杂的审美形态严格地区分开来,从而真正摆脱了审美主义或者审美目的论的纠缠。我们已经看到,长期以来,传统美学把人类的主体性的活动,或者对象化的活动与审美活动等同起来,但事实上,它们之间固然在一定时期内相互交叉,但毕竟相互区别,而且在更多的时候甚至背道而驰。正如我已经指出的,主体性的世界,"对象化"的世界,固然是人类的本质力量的"类化"的结果,但更是人类自身被束缚的见证。因此,它本身就蕴含着自我解构的因素,甚至蕴含着"伪造人类历史"的非人性因素。审美活动无疑并非如此,它是人类在理想的维度上追求自我保护、自我发展从而增加更多的生命机遇的一种手段。正是在这个意义上,可以说,是生命活动选择了审美活动,生命活动只是在审美活动中才找到了自己。也正是在这个意义上,还可以说,审美活动本身是一种超越性的生命活动,它与主体性的活动或者对象化的活动并非一回事,尽管后者在一定时期可以成为审美活动的特定形态。推而广之,人类的许许多多的生命活动在一定时期都可能成为审美活动的特定形态,但也同样并不就是审美活动本身。

例如,从大的方面说,人类的生命活动可以分为从自然走向文明和从文明回到自然两种类型,这两种类型在人类审美活动的东方、西方形态与传统、当代形态中都可以成为审美活动,但也都可以不成为审美活动。在东方形态中,从自然回到文明就成为审美活动的特定形态,而从自然走向文明则没有成为一种审美活动的特定形态。但在西方形态中,情况却恰恰相反。在传统形态中,从自然走向文明就成为一种审美活动的特定形态,但从文明回到自然则没有成为一种审美活动的特定形态。但在当代形态中,情况又是恰恰相反。再从小的方面说,一种真正充满生命力的审美活动,必然应该是有其丰满的表现形态,就一个时代的审美活动看是这样,就整个人类的审美活动看也是这样。就前者而言,斯宾格勒曾经举过一个极好的例子:"西方的灵魂,用其异常丰富的表达媒介——文字、音调、色彩、图像的透视、哲学的传统、传奇的神话,以及函数的公式等,来表达出它对世界的感受;而古埃及的灵魂,则几乎只用一种直接的语言——石头,来表达之。"①道理很清楚,"西方的灵魂"之所以能够延续至今,就是因为它不是只是用"石头"这一种形态"表达它对世界的感受"。就后者而言,人类的审美活动无疑也有其丰富的表现形态。空间上的东方与西方形态,时间上的传统与当代形态,古典主义、现实主义、浪漫主义、现代主义与后现代主义,理性层面与感性层面,观照层面与消费层面,艺术与生活,和谐与不和谐,完美与不完美,主体性与个体性,深度与平面,美与丑,雅与俗,创造与复制,超越与同一,无功利与功利,距离与无距离,反映与反应,结果与过程,形象与类像,符号与信号,完美与完成,风花雪月与理论概念,中心性与非中心性,确定性与非确定性,整体性与多维性,秩序性与无秩序性……诸如此类的一切都可以成为审美活动的特定形态,但又都不是审美活动本身。它们的美学属性可以从审美活动的超越性中得到深刻的说明(对于审美活动来说,它们是互为前提的,缺一不可,但是在不同情况下可以有所侧重),但审美活动的超越性却不可能在它们身上得到完整的说明。

而审美活动千百年来最为令人迷惑不解的奥秘也就在这里。它可以是一切,但它并不就是一切。原来,作为一种不是因为创造对象而去自我确证而是因为自我确证而去创造对象的审美活动,世界的一切都是它"理想"地实现人类的自由本性的媒介;或者说,都是它的特定形态,但又并不就是它本身。假如我们把审美活动与任何一种特定的审美形态等同起来,都难免

---

① 斯宾格勒:《西方的没落》,陈晓林译,黑龙江教育出版社1988年版,第135页。

造成对于审美活动的误解。例如,传统美学对于人的人类性的赞颂,是相对于当时要比人类强大百倍的肆虐的大自然而言的,是人类要"理想"地实现自由本性的需要;当代美学对于人的自然性(个体性)的赞颂,则是相对于现在的几乎已经把人类自身完全束缚起来的人类"文明"而言的,同样是人类要"理想"地实现自由本性的需要。只有这种"理想"地实现人类的自由本性的需要才是审美活动的真正内涵,至于对于人的人类性的赞颂与对于人的自然性的赞颂,则只是审美活动的特定形态而已(对于审美活动来说,人类性与自然性、个体性是互为前提的,缺一不可。但是在不同情况下可以有所侧重,例如在古代社会或当代社会)。因此,审美活动是人类的一种超越性的生命活动,它是对于现实的否定,但这种否定却不同于革命,后者是现实的否定,当然也不同于宗教,它是被现实否定,审美活动的否定却是因为现实暂时还无法否定才会出现的一种否定。显而易见,审美活动的否定只是一种"理想"的否定。后者的价值形态是一种虚幻的形态,它的出现也不是为了直接地改变现实,而是为了弥补无力改变现实的遗憾,疏导失望、痛苦、绝望、软弱情绪,是对于生命的一种鼓励。当然,它不可能现实地改变社会,而只能通过改变生命活动的质量的方式来间接地唤醒社会,因此,它不可能是一种审美主义的或者审美目的论的存在,因为它一旦得以实现,就不再是审美活动了。在这个意义上,我们可以说,即便是到了人类的理想社会,人类的审美活动还只能是一种"理想"性的存在。审美活动就是因为它永远无法变成现实活动才是审美活动,它一旦变成了现实活动,就不再是审美活动了!而美学的全部任务,无非也就是从不同角度、不同层面、不同领域去揭示这样一种作为超越性的生命活动的审美活动的全部秘密!

由此,我们看到,在人类生命活动类型中,面对文明与自然的永恒矛盾,不论作为实用活动的实践活动,还是作为认识活动的理论活动,抑或作为理想活动的审美活动,都是一种不可或缺的生命努力,都是人类生命活动的一种自我设定、自我选择,都是获得自由的表现,但也都是片面的有限的自由,只有三者的统一才是自由本身。它们不论作为矛盾解决的基础、手段抑或理想,彼此之间也都是互为前提的。而且,审美活动之所以成为审美活动,一方面在发生学的层面上虽然确实要受实践活动的制约,但另一方面,在本体层面它又确实有其相对的独立性;①一方面同样不能成功地达到人类的自由本性的现实实现,另一方面,它却可以使人类的自由本性"理想"地得以实现。② 作为一种生命活动的类型,审美活动使人在其他生命活动中未能得到展现的一面,诸如理想性、无限性、自我救赎得到了"理想"的展现,也使人的生命活动有可能构成一种完整性——尽管只是在象征的意义上。③ 因此,它是人类理想的生命方式,也是人类最高的生命方式。这意味着,审美活动不仅是一种操作意义上的把握世界的方式,而且首先是一种本体意义上的生命存在的最高方式。它是自由生命活动的理想实现,是从绝对的价值关怀的生命存在方式的角度对"生命的存在与超越如何可能"这一终极追问、终极意义、终极价值的回答(所以席勒说"美先于自由而行")。审美活动从终极关怀出发,坚决地拒斥有限的生命,无情地揭示出固执着有限的自我的濒临价值虚无的深渊、自我的丑陋灵魂、自我的在失去精神家园之后的痛苦漂泊的放逐、自我的生命意义的沦丧和颠覆,并且着力去完成自由生命的定向、自由生命的追问、自由生命的清理和自由生命的创设,从而在生命的荒原中去不断地叩问精神家园,不断向理想生成,不断向自由的人生成。

---

① 例如,审美活动有其特殊的精神需要即"是什么",也有其特殊的满足精神需要的方式即"怎么样",还有其特殊的满足精神需要的功能即"为什么"。关于发生学层面,实践美学已经作过详细说明,关于本体层面,则正是本书所要讨论的课题。当然,借此还要强调,本书只是在强调审美活动的独立性时强调了它与实践活动、理论活动的差异,实际上,从另一方面看,也应看到它们之间的一致与贯通,正是因此,在实践活动、理论活动中同样可以有审美因素的存在。但本书暂时不予讨论。
② 假如还借助耗散结构的阐释角度,那么可以说,审美活动正是因为在达成生命活动的动态平衡中起到了根本的作用,因而才成为人类的永恒需要。人类固然可以不断超越外在世界,也可以不断超越内在世界,但这超越本身却是不可超越的。这就造成了审美活动的意义:超越之超越或者说使超越本身理想地实现。
③ 举一个有趣的例子,人类为什么需要"节日"? 这是一种人为的推翻日常生活的瞬间的需要,从而使人类恢复生命的活力。审美活动不就是人类的节日?

向善·求真·审美

从审美活动的价值类型来看,审美活动与向善活动、求真活动[①]处于同一系列,但又明显区别于向善活动、求真活动。

具体来说,所谓"处于同一系列",是指审美活动与向善活动、求真活动一样,是人类生命活动中最为基本的三种价值追求,是人类生命活动中的最为积极的成果。例如,就范围而言,它们都不表现在某种文化类型、某种专业学科之中,而是表现在所有文化类型、所有专业学科之中。正是在这个意义上,美国学者阿德勒才称之为"大观念"。就性质而言,它们应该说是三种最为根本的需要,因而与人的自我实现的联系最为密切。求真活动是认知活动意义上的自我实现,向善活动是意志活动意义上的自我实现,审美活动是情感活动意义上的自我实现。就内涵而言,求真活动、向善活动、审美活动是生命活动的最高理想——自由的不同表现形态。可以说,在求真的意义上,自由是对于世界的合乎规律性的认识;在向善的意义上,自由是对世界的合乎目的改造;在审美的意义上,自由是对于合规律性与合目的性的超越。它们既是人类生命活动中实现自由的三个层面,也是人类生命活动中实现自由的三个条件,同时还是人类生命活动中实现自由的三个阶梯(因此三者之间可以彼此渗透,例如科学美、道德美。实际上,假如离开求真与向善活动,审美活动就成为某种虚幻的抽象了。在当代社会,三者之间的渗透也是一个重大课题,更是人类生命活动的巨大进步。限于篇幅,本书暂不涉及)。

而所谓"明显区别",则是指审美活动与向善活动、求真活动又有其

[①] 关于真、善、美,看法有两类:其一是它们同为价值,但却是不同价值类型,其二是真不是价值,因此它们之间是价值与非价值的关系。第一种看法中又有三种不同看法:其一是绝对价值,德国价值哲学的创始人认为,真、善、美是一种绝对的判断,是作为最高目的、独立自存的价值意识,思想的目的为真,意志的目的为善,感情的目的为美(参见梯利:《西方哲学史》下册,葛力译,商务印书馆1979年版,第270页);其二是基本价值;其三是精神价值。

不同。

这不同,从横向的角度,表现为活动过程、活动心理、活动角度、活动原则、活动结果等各个方面。

就活动过程来看,它们表现为主体与客体之间的三种关系。求真活动是主体认识客体,向善活动是主体改造客体,审美活动则是主体超越客体。我们还可以把它们的关系表述为:求真活动所建构的主客体关系是外在的,向善活动所建构的主客体关系是内在的,审美活动建构的主客体关系则是既外在又内在既不外在又不内在的。同时,也可以表述为:求真活动是主体统一于客体即合规律性,向善活动是客体统一于主体即合目的性,审美活动是主客体的同一即对合规律性与合目的性的超越。

就活动心理来看,它们表现为三种不同的心理状态,例如就心理活动而言,求真活动是认知活动,向善活动是意志活动,审美活动是情感活动。就心理驱力而言,求真活动是认知力,向善活动是意志力,审美活动是情感力。就心理需要而言,求真活动是认知需要,向善活动是意志需要,审美活动是情感需要。就心理因素而言,求真活动是知,向善活动是意,审美活动是情,等等。

就活动角度看,求真活动是从客体认识世界,强调的是人类只能看到什么或世界是什么;向善活动是从主体评价世界,强调的是人类应当看到什么或世界对于人有什么意义;审美活动是从主客体统一感受世界,强调的是人类喜欢看到什么或人对世界有什么感受。或者说,求真活动是对自身自由行为的认识,向善活动是对自身自由行为的选择,审美活动是对自身自由行为的体验。

就活动原则看,求真活动体现的是必然之法、客体性原则(无我)、认识的最高价值,向善活动体现的是应然之理、主体性原则(无物)、行为的最高价值,审美活动体现的是理想之则、主客体统一原则(无我与我物的统一)、情感的最高价值。

就活动结果来看,审美活动与向善活动、求真活动表现为三种不同的理想境界。求真活动是主体与客体之间的矛盾即主观与客观矛盾在认识活动中的解决,是主客体在认识活动中的统一,是认识成果。向善活动是主体与客体之间的矛盾即自由与必然的矛盾在实践活动中的解决,是主客体在实践活动中的统一,是评价成果。审美活动是主体与客体的矛盾即理想与现实矛盾的解决,是主客体在审美活动的统一,是审美成果。

审美活动与向善活动、求真活动的不同,从纵向的角度,则表现为在它们之间所存在着的彼此不容替代,但是又依次递进的关系。

具体来看,以合规律性为特征的求真活动必须以以合目的性为特征的向善活动为前提,在此意义上,求真活动比向善活动是更高一级的价值追求活动。当然,另一方面,求真活动也反作用于向善活动,求真活动正是人们向善活动的动力。顺理成章的是,审美活动也必须以求真活动为前提。在此意义上,审美活动比求真活动又是更高一级的价值追求活动,当然,美也反作用于真,是人们追求真的动力。另一方面,既然求真活动是以向善活动为基础,那么审美活动显然也是以向善活动为基础。而且,向善活动要转化为审美活动,要以求真活动为中介,在某种意义上,求真活动转化为审美活动,也要以向善活动为中介。

为了能够把审美活动与求真活动、向善活动辨析得更为清楚,我们不妨回到审美活动本身,就审美活动与求真活动、向善活动的差异再作考察。

就审美活动与求真活动而言,审美活动所关注的是美与丑,而并非求真活动所关注的真与假。求真活动意义上的真与假,作为某种价值尺度,固然不能说与审美活动毫无关系,但却毕竟不能等同于审美活动。①

---

① 注意,假如只是意识到三者之间的横向差异,是肤浅的,还应该深入到三者的递进问题。否则就无法在完全的意义上把握审美活动的真谛。其次,我已经分析过,就纵向的角度看,真、善、美之间存在一种承继的关系,先有了善,在善的基础上有了真,在真的基础上才有了美。另一方面,就横向的角度看,真、善、美之间又存在一种对立的关系。而且,美以真为前提,但又超越了真,美以善为前提,但也超越了善。现在需要补充的是,有人把这种超越解释为:真与善的感性显现。这无异于说美是无美的内容与美的形式的统一,但一个对象只要是美的,就一定会有其独立的内容、独立的形式,因此,美应是对于真与善的内容与形式的同时超越。美是自由的内容与自由的形式的统一。

正像狄德罗宣布的：一切都是真实的，但不是一切都是美的。在这方面，我们过去往往把审美活动同求真活动等同起来，把美同真等同起来、同主观统一于客观等同起来，把不美同假等同起来、同主观未能统一于客观等同起来，这是非常错误的。对此，最为简单的反诘是，假如二者可以等同起来，可以如此在逻辑上同义反复，审美活动的存在岂不就是十分可疑的了？事实上，求真活动虽然是审美活动的基础，但它们毕竟不同。分析这"不同"，正是美学大显身手之处。这就是我所强调的对于审美活动的特殊性的分析。① 求真活动向审美活动转化的条件是什么？在求真活动的基础上升华而成的审美活动的特殊性何在？这才是美学研究中应该注意的。

在我看来，审美活动只是与求真活动在某一点上的互相适应、互相契合、互相同化、互相选择，在此之外的东西则或被排除，或被突出，或被强化，或被排斥，或被弱化，结果，互相弥合的那一点就成为一个新的世界，那是被情感激活的世界，既不是纯主观的，也不是纯客观的，也不再是几何空间的准确性，而是心理空间的准确性，形象不再是抽象，典型也不再是公式，展现的是境界的真实、假定的真实，因此只能接受假定性逻辑的检验，而不能接受现实逻辑的检验。例如，罗汉豆的味道都是一样的，但是鲁迅却说：只有看社戏后撑着船回家的孩子从地里偷来的罗汉豆最好吃。又如，马克思这样表达他对爱妻燕妮逝世时的感受：她的眼睛比任何时候都更大、更美、更亮。再如，普希金曾经在家里举行扮演普希金的比赛，他本人也参加，但却只得了第三名。当然，审美活动也不是完全与求真活动无关，甚至完全脱离

---

① 就像研究地球不能只注意到它是围绕着太阳公转，而且要注意到它的自转。也曾有学者举例云："酒是什么"，假如我们回答说是粮食，那无疑是错误的，因为酒虽然来源于粮食，但已经不是粮食了。那些公式化的审美，正是因为把求真活动直接搬到审美活动之中，结果反而就成为假的了。而且，假如审美活动中美不能在自身找到衡量尺度，而要在自身之外去找一个非审美的客观尺度，那只能是美之毁灭。

求真活动,其中的奥秘在于:"不似之似"。审美活动的魅力就在于"是"与"不是"之间。

进而言之,审美活动所关注的并非生命的真与假,而是生命的可能与不可能。这是两个完全不同的问题。假如前者关乎生活的有限,后者则关乎生命的有限。这意味着,现实世界不是审美活动的内容,而是审美活动的媒介。这样,现实世界的真假,在审美活动中并没有根本的作用。审美活动虽然离不开现实世界,但却并不僵滞于其中,而是把现实世界的实用内容剥离出去,对物之为物作理想性的解读,从而使之成为超越生命的有限的象征。卡西尔指出:"在科学中,我们力图把各种现象追溯到它们的终极因,追溯到它们的一般规律和原理。在艺术中,人们专注于现象的直接外观,并且最充分地欣赏着这种外观的全部丰富性和多样性。"①这正是对审美活动与求真活动的深刻辨析。而求真活动的真假标准之所以不能成为审美活动的标准,正根源于此。有人曾问马蒂斯面对西红柿时看到了什么,他回答说:颜色。人们在市场上买那些不光溜的橘子,说是"有吃相没看相",但丰子恺先生为了画画,却偏要买那些光溜的橘子,道理在此。须知,现实世界的实用解读,往往是人类分门别类加以界定的结果。以"竹子"为例,按照字典里的分门别类,它的含义是固定了的,但当杜甫写出"日暮倚修竹"的诗句时,这"竹子"的含义就不再等同于字典的意义了。在审美活动中,虽然不离开现实世界,但对其中的一切都不再是用分门别类的字典含义来阐释了,因此,美丑与真假并不对应。进而言之,为什么对于审美活动而言,"天可问,风可雌雄","云可养,日月可沐浴焉"?为什么"吾知真象非本色,此中妙用君心得。苟能下笔含神造,误点一点亦为道"(皎然)?应该说,也根源于此。所以,鲍山葵也才会如此痛快淋漓地指出:审美活动所面对的世界"丝毫不是从属于真正事实和真理的整个体系。它是一个代替的世界,固然是根据同样的最根本基础构成的,但是有它自己的方法和目的,而且它的目标是取得

---

① 卡西尔:《人论》,甘阳译,上海译文出版社1985年版,第215页。

另一类型的满足,不同于肯定事实后所取得的那种满足"。①

同样,审美活动的美与丑也不能等同于向善活动意义上的善与恶。向善活动意义上的善恶只是对生活的有限的评价,审美活动的美丑则是对生命的有限的评价。善与恶只是对生命的现实关怀,美与丑才是对生命的终极关怀:生命可能或生命不可能。因此,从善恶的角度看待审美活动也是非常错误的。

最后,审美活动的美与丑又不能等同于历史意义上的进步与落后之类价值尺度。进步与落后是一个求真活动与向善活动的真假与善恶于一体的综合性的标准,合规律与合目的的统一(既真且善)称之为进步,否则便称之为落后。然而,合规律性与合目的性的统一,真与善的统一,并不就是美,例如,人工驯养的猪仍然不美,人类发明的细菌武器也仍然不美,但张家界没有人为改造,却很美。反之,不真不善也可能美。还有,美而不善,也是存在的,例如有毒的花;美而不真,同样存在,例如人工制作的花。故三者有联系,但也有区别。简单等同是不行的(而国内之所以往往产生误解,关键在于把实践活动的对象化等同于审美活动,实际上,对象化只是审美活动产生的条件)。在很多人那里,进步与落后的标准是等同于审美标准的,这又是一种错误的看法。实际上,同上述善恶、真假标准一样,进步与落后关注的只是现实对象的世界内容,是对这一世界内容的认识和评价,而审美活动关注的则是现实世界的境界形态,是对这一境界形态的体验,因此,二者是不能等同的。它们的区别正类似于席勒提出的"诗意的真实性"与"历史的真实性"的区别。

由此我们还可以从审美活动的意义的角度把审美活动与求真活动、向善活动区别开。在此意义上,审美活动就是审美活动,它的意义主要不是外在的,例如以美导真、以美储善之类,"它本身就是它的目的"。黑格尔说得十分出色:"如果艺术的目的被狭窄化为教益,上文所说的快感、娱乐、消遣

---

① 鲍山葵:《美学三讲》,周煦良译,上海译文出版社 1983 年版,第 15 页。

就被看成本身无关重要的东西了,就要附庸于教益,在那教益里才能找到它们存在的理由了。这就等于说,艺术没有自己的定性,也没有自己的目的,只作为手段而服务于另一种东西,而它的概念也就要在这另一种东西里去找。在这种情形之下,艺术就变成用来达到教训目的的许多手段中的一个手段。这样,我们就走到了这样一种极端:把艺术看成没有自己的目的,使它降为一种仅供娱乐的单纯的游戏,或者一种单纯的教训手段。"①而马克思也一再强调:"密尔顿出于同春蚕吐丝一样的必要而创作《失乐园》,那是他天性的能动表现。""诗一旦变成诗人的手段,诗人就成其为诗人了。"据说在日本,有一个名画家画了一幅画,上面只有三粒豆,标价为六十万元。某商人见到竟惊叹说:"这种豆真稀奇,一粒就值二十万元!"而拜伦的葬仪在伦敦举行时,也有商人惊叹:"诗人是做什么生意的人?"其实,审美活动是不能从外在的功能、意义的角度去规定的,它不是手段而是目的。它既是一种创造,又是一种消费,消费存在于创造之中,创造也存在于消费之中,以全面的、自由的发展为最终的归依之地。因此,不能隶属于任何一种外在的意义。不过,从终极关怀的角度,应该说,审美活动也有其意义,区别于外在的意义,可以称之为内在的意义。它是手段与目的的同一,即赋予生命以灵魂。在审美活动中,人实现了自己的最高生命,但这实现本身也正是对最高生命的创造。他规定着生命,又发现着生命;确证着生命,也完满着生命;享受着生命,更丰富着生命……因此,审美活动固然不会只是导致"导真""储善"之类的作用,但却可以塑造人的灵魂,塑造人的最高生命,这正是审美活动的往往不为常人所理解的意义。②

另一方面,审美活动尽管并不具备外在的意义,但却并不是说,审美活动对社会现实毫无作用。虽然审美活动固然无法直接作用于社会现实,但却可以直接作用于创造社会现实的人,并借此去间接地作用于社会现实。

---

① 黑格尔:《美学》第 1 卷,朱光潜译,商务印书馆 1982 年版,第 63 页。
② 在这个意义上,我们才能真正理解审美教育的深刻涵义。参见潘知常、林玮的学术著作:《人之初:审美教育的最佳时期》(海燕出版社 1993 年版)。

"曾经沧海难为水,除却巫山不是云。取次花丛懒回顾,半缘修道半缘君。"经过在审美活动中对自身的发现、完满、丰富,①当人们以新的面目重返社会现实,无疑不会继续容忍它的局限、板滞和对于生命的种种有限的固执,而会毅然对之加以改造。正像马克思所指出的:"钢琴家刺激了生产,一方面是由于能使我们成为更其精神旺盛、生气勃勃的人,一方面也是由于(人们总是这样认为)唤醒了人们的一种新的欲望,为了满足这种欲望,需要在物质生产上投入更大的努力。"②并且,要强调指出,审美活动对社会现实的间接作用并不意味着它的可有可无、无足轻重,恰恰相反,这正证实了审美活动的意义是由不可偏废的直接作用和间接作用这两个方面组成的,忽视任何一个方面,都会导致错误的结论。对审美活动的间接作用,古今中外的美学家往往有所误解。有些人就坚持否认审美活动的间接作用,例如瑞恰兹就认为:当我们看一幅画或读一首诗或听音乐,我们并没有做什么不同于去展览会或早上穿衣的活动。席勒则认为:"甚至那摇尾乞怜的,充满铜臭的艺术,如果让审美趣味给加上翅膀,也会从地上飞升起来。只要审美趣味的手杖一碰,奴役的枷锁就会从有生命和无生命的东西上脱落。"③其结果只能

---

① 马斯洛发现:人们看到什么,他就是什么;人知觉到的世界越是完整,人自身也就越是完整;人自身越是完整,世界也就越是完整。卡西尔发现:"艺术家选择实在的某一方面,但这种选择过程同时也就是客观化的过程。当我们进入了他的透镜,我们就不得不以他的眼光来看待世界,仿佛就像我们以前从未从这种特殊的方面来观察过这个世界似的。"(卡西尔:《人论》,甘阳译,上海译文出版社1985年版,第185页)杜夫海纳发现:审美活动可以从根本上改变人类观察世界的方式。"在这种可见之物中,某种不可见之物便涌流出来。……因此,绘画在今天把我们带回到看的本原……音乐把我们带回到听的本原,诗则使我们回到了说的本原。"(杜夫海纳主编:《美学与艺术科学的主流》,英文版,纽约,1979,第236页)歌德也发现:"人每发现一个新的事物,就意味着在自我中诞生了一个新的器官。"(歌德。转引自滕守尧:《审美心理描述》,中国社会科学出版社1985年版,第368页)审美活动的意义由此可见。

② 马克思。转引自柏拉威尔:《马克思和世界文学》,梅绍武译,三联书店1980年版,第394页。

③ 席勒:《美育书简》,徐恒醇译,中国文联出版公司1984年版,第147页。

使审美活动或者等同于现实,或者完全脱离现实。于是,审美活动便成为一种极度脆弱的乌托邦。实际上,对于审美活动的追求固然是人的天命,固然是自由生命、最高需要和自由个性的全面实现,但审美活动本身却必须以社会现实为基础,否则,这追求就成了无源之水、无本之木。还有一些美学家则片面强调审美活动对于社会现实的作用,把它直接化、实用化,结果,审美活动被贬低为科学、道德或历史活动。实际上,审美活动对于社会现实的作用要明显区别于科学、道德,或历史活动的作用。首先,它是从人类最高的生命存在方式出发,从人类的自身价值出发,从人类的终极关怀出发,因而对于社会现实的作用,不能类比于从人类的一般生命存在方式出发、从人类的外在价值出发、从人类的现实关怀出发的现实活动。其次,审美活动对于社会现实的作用表现为赋予它以灵魂。审美活动不是要把社会现实变成艺术,而是说要为社会现实命名,要破解社会现实的板滞、封闭,使其中不能言的东西被说出来,尚付阙如的东西被呼唤出来,使不可见的东西变成可见的,使虚无的东西变成意义的。于是,它最终得以维护着生命的冥思、激情、灵性,允诺着人生的幸福、社会的美好和人类的未来,也拒斥着罪恶、残暴、无耻、卑下和虚无。

这样,与现实活动相比,审美活动固然显得异常软弱——它使人想起莱辛的一句名言:"上帝创造女人,用了过分柔软的泥土。"但谁能说,软弱就是无用?何况,从人的角度看,这软弱又正是审美活动的宝贵品格。正如陀思妥耶夫斯基所庄严表述的:"地上有许多东西我们还是茫然无知的,但幸而上帝还赐予了我们一种宝贵而神秘的感觉,就是我们和另一世界、上天的崇高世界有着血肉的联系,我们的思想和情感的根子就本不是在这里,而是在另外的世界里。哲学家们说,在地上无法理解事物的本质,就是这个缘故。上帝从另外的世界取来种子,播在地上,培育了他的花园,一切可以长成的东西全都长成了,但是长起来的东西是完全依靠和神秘的另一个世界密切相连的感觉而生存的。假使这种感觉在你的心上微弱下去,或者逐渐消灭,那么你心中所长成的一切也将会逐渐灭亡。于是你就会对生活变得冷漠,甚至仇恨。"①审美活动在现实活动的标准之外,为人们树立起美的标准。假如说现实活动的标准是相对标准,美的标准则是绝对标准。"君子之仕,行其义也,道之不行,已知之矣。"这就是审美活动的历史命运。黑格尔对此深有体味:"精神的生活不是害怕死亡而幸免于蹂躏的生活,而是敢于承当死亡并在死亡中得以自存的生活,精神只当它在绝对的支离破碎中能得全自身时才赢得它的真实性,精神是这样的力量,不是因为它作为肯定的东西对否定的东西根本不加理睬,犹如我们平常对某种否定的东西只说这是虚无的或虚假的就算了事而随即转身他向不再询问的那样,相反,精神所以是这种力量,乃是因为它敢于面对面地正视否定的东西并停留在那里。精神在否定的东西那里停留,这就是一种魔力,这种魔力把否定的东西转化为存在。"②在现实活动中,在全社会像一部开足马力的机器尽其所能为私欲奔波时,审美活动亟须满怀着对人类终极价值的关注,倾尽血泪造就一双整合这些不自觉活动所产生一切后果的无形的冥冥之手,推动着它向更合乎人性的方向发展。它是人性的悬剑!

现实超越·宗教超越·审美超越

从外在辨析的角度考察审美活动,最后要涉及的一个问题是:从生存方式的类型的角度对于审美活动加以辨析。

所谓生存方式,是指"生命活动如何可能",不过,这里要强调指出,本书所谓的"生命活动如何可能",是就人类生命活动的本性即自我超越而言,不是就人类生命活动的基础而言,也不是就人类生命活动的手段而言,"生命活动如何可能"即人类生命活动的自我超越如何可能。当然,"生命活动如何可能"问题在某些哲学著作中可能会着重考察它的整体或者它的基础如何可能,在某些科学著作中可能会着重考察它的手段如何可能。这无疑都

---

① 陀思妥耶夫斯基:《卡拉马佐夫兄弟》(上),耿济之译,人民文学出版社1981年版,第479页。
② 黑格尔:《精神现象学》上卷,贺麟等译,商务印书馆1981年版,第21页。

是可以的。而就美学著作而言,尤其是就本书这样一部以考察审美活动的本体论内涵如何可能的著作而言,"生命活动如何可能"就往往只可能去考察它的自我超越如何可能。而且,在这种考察中丝毫也不意味着对于自我超越的实现与基础、手段的实现的必然联系的忽视。因为没有后者的实现,前者的实现无异于纸上谈兵。

然而,这毕竟并不意味着人类生命活动中的自我超越问题就不重要了。在不少研究者那里,往往只强调人类生命活动中的基础、手段的重要,但却不敢理直气壮地强调自我超越的重要,这似乎是一种非常有害的心态。在他们看来,自我超越问题是一个可以还原为基础、手段的不值一谈的问题。然而,重大的失误正是由此而生。自我超越实际上是无法还原的。自我超越并非一个空洞的范畴,也绝不是一个可以靠还原就可以躲避的矛盾。它的产生固然以基础、手段为前提,但它的解决也只能以基础、手段为前提。基础、手段的解决毕竟不能代替它的解决。正如主观性理想并非直接从客观性、现实中引申出来,而是人类生命活动共同造就了主观性与客观性、理想与现实之间的对立。因此把主观性、理想还原为客观性、现实是荒谬的一样,自我超越也并非直接从基础、手段中引申出来,而是人类生命活动共同造就了基础、手段、自我超越之间的对立,因此把自我超越还原为基础、手段也同样是荒谬的。换言之,这就是说,自我超越作为人类生命活动的产物,有着自己的不可还原性、不可替代性,以及独特的性质、功能、意义。而对于美学研究者来说,首先强调基础、手段的初衷也正是要看到以此为背景所展开的自我超越的广阔空间,正是要看到自己在面前所展开的美学研究的广阔空间,而不可能也不应该是抹杀、否定这个广阔空间的存在。①

自我超越的问题确实十分重要,因此,在从群体的角度,从人类生命活动所造成的在集体的生命活动过程中所出现的基础、手段、自我超越的分裂

---

① 这是中国当代的美学研究中普遍存在的缺陷。实践美学是把审美活动直接还原为实践活动,认识论美学是把审美活动直接还原为认识活动。然而事实上审美活动是不可还原的。

的角度论证了自我超越的出现的必然性之后,还有必要从个体的角度,从人类生命活动所造成的在个体的生命活动过程中所出现的有限与无限的分裂的角度来进一步考察自我超越的出现的必然性。

就个体而言,在生命活动的基础上产生的文明与自然的矛盾具体呈现为有限与无限的矛盾。简而言之,每一个人都是生而不幸而又生而有幸。所谓生而不幸,是说每一个人一生下来就无异于被判了"死缓",最终都是必死的,而且是知道自己必死的。这里的"死",从狭义的角度可以理解为肉体的消解,世上万物,唯有人类自知生命的必然结束。在生命的万里云天,偏偏鼓动着死亡之神的黑色翅膀。生命从一个无法经验的诞生开始,又以一个必须经验的死亡结束。对于死亡的恐惧,作为一切生命的内心痛苦和自我折磨的最初和最后之源,缓缓地从过去流向未来,负载着生命之舟,驶向令人为之怵然的尽头。有谁能说,这一切不是人类的最大不幸呢?[①] 但从广义的角度则可以理解为生命的有限。死亡之神,不仅无情消灭了血肉之躯,而且更无情地践踏了这血肉之躯的劳动成果。后者,才是人生之最大不幸!因此,在个体,所谓生而不幸,就绝不仅仅意味着意识到生命的无法逃避的死亡,而首先是意识到生命的无法逃避的有限。

这生命的无法逃避的有限,是一种生命本体意义上的"沉沦"。它横逆而来,把人生天平的一端沉重地压了下去。人一旦屈从于此,便会坠入万劫不复的深渊,使生命的存在与超越成为不可能。在这个意义上,它相当于基督教中作为人与上帝间相互区别的标志:罪。因此,不能把这种生命的无法逃避的有限所导致的生命本体意义上的"沉沦"简单等同于历史意义上的"落后",向善意义上的"恶",求真意义上的"假",后者并非生命的有限,而是生活的有限。所谓生活的有限是一种有具体对象的有限,也是完全可以避开的,因而并未涉及"生命的存在与超越如何可能"这类本体意义上的诘问。

[①] 卡尔·萨根发现:"伴随着前额进化而产生的预知术的最原始结论之一就是意识到死亡。人大概是世界上唯一能清楚知晓自己必定死亡的生物。"(卡尔·萨根:《伊甸园的飞龙》,吕柱等译,河北人民出版社1980年版,第73页)

生命的有限面对的则是一种没有具体对象的有限,受到威胁的不是生命的某一部分,而是生命的本身;不是生命与世界的某一方面的关系,而是生命与世界的整个关系通通成为可疑的了。而且,生命的存在就意味着有限,有限就意味着使生命的存在与超越成为不可能的沉沦的可能。卑贱者固然如此,伟人也无法例外——伟人之所以为伟人,只是因为他的头抬得更高而已,他的脚毕竟还是与卑贱者站在一起的。因此,伟人也无法避免生命的"沉沦"。岂止是无法避免,伟人的"沉沦"更为可怕,反而需要一颗真正伟大的灵魂才能使之升华。显而易见,伟人也正是因此而成为伟人。

另一方面,人生而不幸,固然反映了生命的真实,但却毕竟只是问题的一个方面,而另一个方面,人又真是生而有幸。所谓生而有幸,是指人虽然必须承领生命的有限,但也正是这生命的有限逼迫人去孕育一种东西来超越生命的有限,最终使生命的存在与超越成为可能,最终使人成之为人。具体来说,人禀赋着无法逃避的生命的有限,一旦自知这生命的有限,就会把生命推向雅斯贝斯所谓生命的"边缘状态",为没完没了的生命痛苦所震撼。托尔斯泰笔下的列文就有过这种感受:"他现在才第一次意识到,在未来,等待着包括他在内的每个人的不是别的,而是痛苦、死亡和永远的灾难。因此他决定,他不能再这样生活下去,除非找到生命的意义,否则他必须杀死自己。"可见,生命的有限又是作为生命存在的背景而存在的,每一个人正是从这里艰难起飞,冲破种种羁绊和桎梏,追寻着生命的存在与超越的可能。

这样看来,犹如上帝为人类送来了洪水,但又为人类送来了诺亚方舟,人之为人,虽然为自己带来了痛苦,但也为自己带来了希望。这正是人类生命的二律背反的奇观。而且,这种生命的二律背反的奇观又是生命中的一种永恒的现象:生命的有限期待生命的超越,但这种超越转瞬又会成为新的有限,又会期待着新的超越,如此往复,以至无穷……由此我们看到,对于生命的有限的超越,正是生命活动的自我超越的真实涵义。

不过,对于生命的有限的超越,还有真实与虚假之分。真正的超越固然可以推动着生命不断地作出选择,走向生命的无限,最终使生命升华而出,使生命成为可能,但虚假的超越反而会僵滞于生命的有限,最终使生命趋于毁灭,使生命成为不可能。因此,在我们考察真正的对于生命的有限的超越方式是什么之前,首先需要考察的是:虚假的对于生命有限的超越是什么?

就价值类型而言,我已经剖析过,在人类生命活动中存在着三种最高的价值类型。然而在考察人类的生存方式的类型之时,却又并非如此。所谓生存方式,是指"生命如何可能"或"生命的超越如何可能",面对的是终极追问、终极意义、终极价值。在此意义上,生命的求真活动、向善活动固然是人类的生命活动,但人类的生命活动并不就是求真活动、向善活动。求真活动、向善活动面对的是被分解了的生命活动,因而是被排斥在生命的终极追问、终极意义、终极价值之外的。相比之下,倒是现实超越、宗教超越可以与审美超越并列,成为人类生存方式的三种类型。

在这里,所谓宗教的超越是以一种虚幻的价值关怀的生命存在方式对生命的终极追问、终极意义、终极价值的回答。蒂利希就认为:宗教不是人类精神生活的一种特殊机能,而是人类精神生活所有机能的基础,是一种终极眷注。从表面上看,它也是对于生命的有限的超越,但实际上却不但并未超越,而且反过来庇护和容忍了生命的有限,因为它的价值关怀的尺度是虚幻的。所以尼采才会揭露说:宗教是生命的引诱,是自我欺骗的登峰造极的精致形式。而所谓现实的超越则是以一种中止价值关怀的生命存在方式对生命的终极追问、终极意义、终极价值的回答,是价值关怀的阙如。准确地说,这只是一种虚无的超越,是以不超越取代超越的"超越",也是以生命的占有代替生命的超越。①

超越之为超越的根本内涵,是生命超越和超越生命,或者说,是出世而又居世。正因此,审美超越才区别于宗教超越与现实超越。对于审美活动来说,超越之为超越,是因为在现实生命中生命并不存在(这类似于海德格尔的名言:为什么"存在"在但"在"却不在)。真正的"居世",只有动物才能

---

① 不难猜想,占有作为生命存在,实际是用占有物来逃避成为人,用占有有限来逃避企达无限。然而,它所导致的却偏偏是有限生命的迅速消解,偏偏是"物人"的应运而生。参见拙著《生命美学》,河南人民出版社1991年版,第84—88页。

做到。现实超越无视的正是这一点。对于审美活动来说,超越之为超越,又是因为生命并不离开现实生命而存在。真正的"出世",只有神才能做到。宗教超越无视的正是这一点。因此,在现实的领域,人类的生命活动没有意义,在超现实的领域,人类的生命活动也没有意义,人类的生命活动只是因为既在现实生命之中同时又反抗这现实生命,因此才有意义。而要进入这既在现实生命之中同时又反抗这现实生命的人类生命活动,首先就要进入审美活动,或者说,实际上就是要进入审美活动。因此,不是"我占有,故我在",也不是"我信仰,故我在",而只能是:"我审美,故我在"。

那么,审美超越的具体内涵何在呢?

首先,审美超越不是对生命活动的全面超越而是对生命活动的最高超越。其中,涉及的问题主要有二。其一是审美活动的超越性的存在并非否定实践活动在实现人类生命活动的自由中的基础作用,也不是否定理论活动在实现人类生命活动的自由中的手段作用,而只是针对人类生命活动中的自由的理想的实现而言。换言之,不是针对自由的基础、手段而言,而是针对自由的自我超越本性而言。它意味着,自由的自我超越本性只能在审美活动的超越之中得以实现。反过来也是一样,审美活动的超越性所实现的自由的自我超越内涵,正是审美活动本身所禀赋的本体论内涵。其二是审美活动的超越性的存在并非否定规律性、必然性在实现人类生命活动的自由中的条件作用。规律性、必然性是存在的,也是人类生命活动中的不可或缺的条件和必要条件,但却并非决定一切的前提和充足条件。它固然能够规定人类生命活动"不能做什么",但是却不能规定人类生命"只能做什么"。在"不能做什么"与"只能做什么"之间还存在着一个广阔的创造空间。人无法超越饮食男女这些基本经济条件,但是在满足了这些基本经济条件之后,人能够自我实现到什么程度,却有着极大的自由度,人无法超越外在社会条件的种种限制,但是在这充满了种种限制的社会条件下,人能够作出什么样的贡献,仍有着极大的自由度……显而易见,这个自由度的最高表现就是审美超越。何况,在不同的领域,规律性所起作用的情况也有不同。一个明显的事实是,越是在精神的领域,生命运动的方式越是复杂,规律性的作用就越是弱化,而人的自由度也越是强化。显而易见,在这里,这个自由度的最高表现还是审美超越。因此,自由的自我超越的本性和自由度的最高表现,就是本书所说的审美超越。

其次,审美超越不是对物的超越而是对人的超越,在这个意义上,超越只意味着人的生命存在方式的提升,意味着不再以现实的生命存在方式置身生命世界,不再以现实生命的眼光来看待生命世界,而是以最高的生命存在方式置身生命世界,以最高生命的眼光看待生命世界。强调这一点,主要是为了与传统美学区别开,传统美学(例如德国古典美学、中国当代实践美学)也强调超越,但却往往误解超越的涵义,以为是指对物(诸如自然环境、工作环境、社会环境、科学技术之类)的超越,其实不然。对物的改造并未涉及直接超越问题,或者说,对物的改造还主要的是一个实践活动的问题。事实上,中国古代美学早就指出:审美超越不应该是"适人之适",也不应该是"自适之适",而应该是"忘适之适";不应该是"以系为适",而应该是"以适为系";不应该是"留意于物",而应该是"寓意于物";也不应该是"射之射",而应该是"不射之射"。① 以后者为例,"射之射"是指满足于具体目标的实现,因而徘徊于横向的东西南北的路向的选择,或"殉利",或"殉名",或"殉家",或"殉天下",整个生命都维系于此,然而目标一旦实现或消失,生命的安顿便瞬间震撼动摇,甚至崩溃瓦解。孔子疾呼:"君子不器""君子不径",就是有见于此。而"无射之射"却只关注生命本身的纵向的"上"与"下",而把生命的东西南北的路向的选择置于生命的"上"与"下"的选择之中。"利""名""家""天下"之类,不再成为关注的重点,而是返身内转,涵摄全部生命,致力于自身生命的开拓、涵养,使被尘浊沉埋的生命得以自我转化,由下至上地超拔、提升、扩充。② 在这个意义上,生命世界的改变只能是生命存在方式的

---

① 参看《庄子·田子方》中的"列御寇为伯昏无人射"的寓言。
② 参见拙著《中国美学精神》,江苏人民出版社1993年版,第254—262页。

改变,生命世界的超越也只能是生命存在方式的超越。"世界没有意义,为此埋怨它实在愚蠢。"(尼采)生命世界的从无意义到有意义,只能以生命本身的被赋予意义为根据,而不能指望外在于人的对象性存在。同样,生命世界的被超越,也只能以生命存在方式的超越为根据,而不能指望对物的占有。

同样毫无疑问,正是由于超越与非超越共处一个生命世界,由于只有在不可能出现审美超越的地方审美超越才必然出现(难怪席勒会认为"美先于自由而行"),最高意义上的审美超越往往只能以批判的名义出现,这就类似于上帝之所以要降临在世人厌恶的地方,基督之所以要诞生在污秽不堪的马槽里。正因为世界在意义上是虚无的,才最需要审美超越的显现或到场。正因为世界在受难,才最需要审美超越去参与这受难。须知,正是审美超越的承领苦难,才使得世界的受难最终具有了意义。而在这个意义上,审美超越本身无疑就既是这个世界上的"先知先觉者",又是这个世界的"守望者"。它一方面守望着漫漫长夜和无数的昏昏睡去的"后知后觉者",一方面分担着世界的苦难,流着泪亲吻受难的大地,并且主动选择无怨无悔的自我奉献,主动地选择柔弱、温暖、眼泪和受难。"在我们的地球上,我们确实只能带着痛苦的心情去爱,只能在苦难中去爱! 我们不能用别的方式去爱,我不知道还有其他方式的爱。为了爱,我甘愿忍受苦难。……我希望,我渴望流着眼泪只亲吻我离开的那个地球,我不愿,也不肯在另一个地球上死而复生。"[1]应该说,这正是审美超越想说的话。而且,审美超越既然以参与人类的痛苦作为灵魂再生之源,它就必须为终极目标的惠临而付出代价。这代价就是因为不被理解所导致的撕裂心肺的痛苦。这是一种因为远离终极目标所导致的痛苦,也是一种因为被抛弃于生命边缘所导致的痛苦。而对于每一个审美者来说,进入审美超越之路就意味着含着隐秘的泪水进入羞涩的虔敬之路,就意味着承担重负进入不屈跋涉之路,就意味着横遭弃绝而又顽强地进入救赎之路。

---

[1] 陀思妥耶夫斯基:《中短篇小说选》下卷,多人译,人民文学出版社 1982 年版,第 656 页。

第四章 审美活动的内在描述

共时描述：生命的澄明之境

在上述讨论的基础上，本节拟对审美活动的"是什么（是怎样的）"，作一个具体的描述。

假如把审美活动区分为一个十字打开的结构，那么，从横向的共时轴看，审美活动具有同一性、象征性、全面性、永恒性。

审美活动的同一性是指在追求自由本性的理想实现的过程中与对象交融同一的境界。在审美活动中，人自身刹那间超升进入超越、整全、空灵、理想之境，人我同一，物我同一。"何方可化身千亿，一树梅花一放翁"，这是审美活动的同一境界；"人看花，花看人。人看花，人到花里去；花看人，花到人里来"，这是审美活动的同一境界；"山川脱胎于予，予脱胎于山川""窗外竹青青，窗间人独坐，究竟竹与人，元来无二个"，这也是审美活动的同一境界。审美活动的同一性使人与对象从现实的我—它关系转而进入理想的我—你关系。这是人与对象之间真正意义上的相遇。"你"经由审美活动的中介与"我"相遇，"我"经由审美活动的中介与"你"相遇。"我"实现"我"时反而趋近了"你"，在实现"我"的过程中反而讲出了"你"。从这个角度讲，审美活动的同一性所实现的人生的最高存在，正是作为终极关怀的自由理想。

审美活动的象征性是指在追求自由本性的理想实现的过程中对自身终极价值的实现的境界。在这一瞬间，人自身仿佛处于自身潜能、自身创造的巅峰，他觉得"天上天下唯我独尊"，是独一无二的存在，是不可重复的我。他觉得自己就是作为万物主宰的上帝。终极完成、终极体验、终极实现、终极价值，审美活动所达到的就正是这样的终极之境。

审美活动的全面性是指在追求自由本性的理想实现的过程中自身的独立自足的境界。自我设定，自我证实，自我实现，自我超越，超目的，超功利，它使人畅饮生命之泉，置身纯全之在，使生命直截了当地投入世界、人生的体验。马克思说:"人以一种从全面的方式,也就是说,作为一个完整的人,占有自己全面的本质。人同世界的任何一种人的关系——视觉、听觉、嗅觉、味觉、触觉、思维、感觉、愿望、活动、爱——总之,他的个体的一切器官,正像在形式上直接是社会的器官的那些器官那样,通过自己的对象性关系,即通过自己同对象的关系而占有对象。"①这是在讲置身理想社会时的人的现实活动,也是在讲置身现实社会时的人的理想活动——审美活动。

审美活动的永恒性是指在追求自由本性的理想实现的过程中所把握到的超越时空的境界。卢梭描述说:"有这样一种境界,心灵无须瞻前顾后,就能找到它可以寄托、可以凝聚它全部力量的牢固的基础;时间对它来说已不起作用,现在这一时刻可以永远持续下去,既不显示出它的绵延,又不留下任何更替的痕迹;心中既无匮乏之感也无享受之感,既不觉苦,也不觉乐,既无所求也无所惧,而只是感到自己的存在,同时单凭这个感觉就足以充实我们的心灵;只要这种境界持续下去,处于这种境界的人就可以自称为幸福,而这不是一种人们从生活乐趣中取得的不完全的、可怜的、相对的幸福,而是一种在心灵中不会留下空虚之感的充分的、完全的、圆满的幸福。"②尽管我不赞成用"幸福"来指称审美活动的永恒性,但毕竟,他对于这一境界的体会是准确而深刻的,审美活动的永恒境界正是从感性个体的有限中超越而出,刹那凝固为永恒,寸土皆为大千,血肉之躯可以消失,但审美活动所把握到的永恒境界——绝对的价值和意义,却永远存在。③

---

① 《马克思恩格斯全集》第42卷,人民出版社1982年版,第123—124页。
② 卢梭:《漫步遐想录》,徐继曾译,人民文学出版社1986年版,第68页。
③ 库恩说:"科学与艺术对自己专业的过去采取不同的态度。尽管现代人以改变了的不同感觉去看过去的艺术作品,可是艺术活动的过去成果仍然是艺术舞台的一个重要部分。毕加索的成功,并没有把伦勃朗的绘画挤进博物馆的储藏室。……科学与艺术对比,再也没有比这个领域更强烈的了。科学教科书中也有许多老科学家的名字,有时还插入了他们的肖像,然而只有历史学家阅读古代著作。在科学里,由于有了新的突破,昔日在科学图书馆里占据重要位置的一些书刊突然过时了,被扔到仓库的废纸堆里。……与艺术不同,科学毁灭自己的过去。"(库恩:《必要的张力》,纪树立译,福建人民出版社1981年版,第342页)

进而言之,不论是同一性、象征性、全面性还是永恒性,从横向的共时轴来看,都表现为对于功利性的超越。从描述的意义上,可以说,审美活动之为审美活动,就是它是在所有的功利之外仍然存在着的某种东西,这个东西吸引着你,然而一旦去掉这个东西,它就不再是审美活动了。反过来说或许更为清楚,假如说在生命活动中存在着一种在驱除了功利之后还值得去从事的活动,那肯定就是审美活动。莫里兹说:"一件事物只有当它无用的时候才是美的。"①同样,一个活动只有当它无用的时候才是审美活动。列夫·托尔斯泰就曾自陈:"如果有人告诉我,我可以写一部长篇小说,用它来毫无问题地断定一种我认为是正确的对一切社会问题的看法,那么,这样的小说我还用不了两小时的劳动。但如果有人告诉我,现在的孩子们二十年后还要读我所写的东西,他们还要为它哭,为它笑,而且热爱生活,那么,我就要为这样的小说献出我整个一生和全部力量……"②

确实,只有从超功利的角度才能把审美经验与认识经验、实践经验准确地区别开来。也因此,强调审美与功利之间的对立,才会成为美学史中的一大传统。早在中世纪,托马斯·阿奎那就已经强调:"凡是只为满足欲念的东西叫作善,凡是单凭认识到就立刻使人愉快的东西就叫作美。"③至于中国美学,则可以说早在先秦时代,就已经有了对于审美无功利说的提倡。不过,同样是在描述的意义上,我又要强调,审美活动的所谓无功利,又有其特定的内涵,假如无视这一特定的内涵,就仍然不能把审美活动描述清楚。原因很简单,在美学史上,我们同样可以看到大量的对于审美功利性的描述。例如苏格拉底就把美与功利联系起来,认为美的就是有用的。休谟也从实用价值角度明确提出:"美有很大一部分起于便利和效用的观念。"④"理智是冷静的,超脱的,所以不是行动的动力……趣味则由于能产生快感或痛感,

---

① 莫里兹:《论对创造性的模仿》,英文版,图宾根大学,1962年,第72页。
② 列夫·托尔斯泰。转引自《文艺理论译丛》第1册,人民文学出版社1957年版,第224页。
③ 转引自朱光潜:《西方美学史》(上),人民文学出版社1980年版,第132页。
④ 转引自朱光潜:《西方美学史》(上),人民文学出版社1980年版,第228页。

带来幸福或苦痛,所以成为行动的动力。"①席勒、尼采更是进而从精神需要的角度提倡审美的功利性。例如,尼采指出:"所谓有用就是满足需要。人类特有的需要就是去占有和欣赏事物的意义,而这种需要在传统的'有用'这个概念中却被忽视而未曾予以满足。"②

那么,怎样描述这一现象呢?在相当的时期内,我们片面地强调了审美活动的功利性,在20世纪80年代以后,我们又反过来片面地强调了审美的无功利性。然而,正是这样一种非此即彼的知性思维方式,遮蔽了其中需要回答的真正的美学问题。实际上,"功利"的外延很广,内涵也十分不确定。因此,上述两种看法之间的焦点也就在于对功利的理解的不同,而不在于功利本身的有无。

具体来说,从个人与社会的关系看,所谓功利起码应该包括个人利益与集体(甚至人类)利益,从物质与精神的关系看,功利包括物质需要与精神需要,显然,审美活动与个人利益、物质需要是矛盾的,从这个角度,无疑会得出审美无功利性的结论。然而从审美活动与集体利益、精神需要来看,彼此之间却是并不矛盾的。从这个角度,无疑又会得出审美活动有功利性的结论。③例如,我们看到,康德、叔本华虽然提倡审美无功利说,但是对于这种功利性,他们也并没有反对。否则,他们对于审美活动的高扬,就是无法理

---

① 转引自朱光潜:《西方美学史》(上),人民文学出版社1980年版,第232页。
② 尼采:《悲剧的诞生》,周国平译,三联书店1986年版,第3页。
③ 可以举一个有趣的例子。在自然之中,颜色往往与性的追求密切相关。五彩缤纷的花朵偏偏是植物的生殖器官,动物的羽毛最为色彩鲜艳的时候,也是生殖的高峰期间。再如,自然界基因生存机器的所有成功的生存策略,都是矛盾折衷的产物。像雄孔雀的美丽的长尾巴,就意义深远。从表面看,它并无用处,而且对于生存极为不利。因为不但影响了行动的敏捷,而且给捕食者创造了方便条件。但是这反过来说明它的强大。拖着这么长的尾巴,仍然生活得很好,这不是十分自豪的事情吗?于是就会被雌性选中。没有长尾巴的雄孔雀,就得不到雌性的垂青,虽然比较灵活,但是基因传不下去,堪称是生不如死。有长尾巴的雄孔雀,虽会为自己带来杀身之祸,但是在死亡之前,基因已经传下去了。堪称死胜于生。结果,长尾巴就在这种性选择中得以进化了。

解之举了。

再者,我们已经讨论过,人类的进化过程是十分严峻而苛刻的。没有功利的生命活动是绝对不可能保留下来,更不可能进化出来。而且,事实上审美活动也是有其功利性的。那么,为什么审美活动会表现出超功利性的特征呢?在我看来,与我们往往只是在意识水平上理解"功利"有关。实际上,人类生命活动是宇宙间的一大创造,它并非一个机械的世界,而是一个几率的世界,一个自组织、自控制、自调解的世界,因此是一个"系统"而不是"系综",在其中,不是所有的功能与目的都是严格对应的。所以,我们面对生命活动时不能只注意到事实、实体而偏偏忘记了系统和关系。具体来说,所谓功利可以在生理、心理、意识三层水平上存在。其中在生理、心理两个层面上存在的功利只是一种隐秘的存在,它深刻地影响着生命活动的发展。然而长期以来我们总是把人类生命活动预设为实体、事实的存在,而并非系统、关系的存在,因此往往只是在意识水平上来理解"功利",把"功利"看作可以意识到的东西,然而审美活动的"功利"是意识不到的,所以,就认定审美活动是非"功利"的。实际上,审美活动也是有其功利性的,只是,这种功利性不在意识水平上出现而已。相对于传统的非功利,我把审美活动称为一种超功利(超越于狭义的意识水平上的功利)的生命活动。

在这个意义上看,王夫之的一段话就颇为发人深思:

> 能兴即谓之豪杰。兴者,性之生乎气者也,拖沓委顺,当世之然而然,不然而不然,终日劳而不能度越于禄位田宅妻子之中,数米计薪,日以挫其志气,仰视天而不知其高,俯视地而不知其厚,虽觉如梦,虽视如盲,虽勤其四体而心不灵,惟不兴故也。圣人以诗教荡涤其浊心,震其暮气,纳之于豪杰而后期之以圣贤,此救人道于乱世之大权也。[①]

[①] 王夫之:《俟解》。

王夫之所说的"兴",实际就是我们所说的审美活动。当人们沉湎于声色货利之中,是无法诗意地理解世界的,亦即是无法理解被声色货利遮蔽之前的根本性的、本源性的世界的意义的,此所谓"惟不兴故也"。而一旦进入审美活动(所谓"能兴"),则"荡涤其浊心,震其暮气",仰视天而恍然知其高,俯视地而恍然知其厚,灵心能觉,双目能视,因此而从"无明"到"明",成其为一个真正的人("能兴即谓之豪杰"),于是,不再仅仅借助实践活动去改造这个世界,也不再仅仅借助理论活动去分割这个世界,更进而去体味着这个世界,呵护着这个世界,借助活生生的方式去理解这个世界,与这个世界平等地对话,并且成为这个世界的"知音"。此即审美活动之为审美活动,所谓"纳之于豪杰而后期之以圣贤,此救人道于乱世之大权也"!这,是审美活动的无用之用,也是审美活动的大用!

历时描述:生命的超越之维

从纵向的历时轴看,审美活动在动机、态度、过程、能力、对象、内容、成果诸方面,也表现出明显的不同。

从动机的角度看:审美活动严格区别于现实活动(实践活动,理论活动,下同),在现实活动,是为了满足"粗陋的实际需要"而去刻意片面占有、拥有、享受对象,要受"必需和外在目的规定"的限制,因而是一种外在的、生存性的动机,又是一种自私的动机,渊源于一种乔装打扮了的无法最终区别于动物的"生存竞争"意识,因此,"不管怎样,这个领域始终是一个必然王国。"(马克思)在审美活动,其动机却是内在的和超越性的,出之于一种超出了"粗陋的实际需要"的全面发展的自我实现的需要。[①] 这也就是马克思所深刻洞见的:"事实上,自由王国只是在由必需和外在目的规定要做的劳动

---

① 马克思说:"自我实现是作为内在的必然性,作为需要,而存在的。"(转引自里夫希茨编:《马克思恩格斯论艺术》第1卷,曹葆华译,人民文学出版社1960年版,第278页)

终止的地方才开始,因而按照事物的本性来说,它存在于真正物质生产领域的彼岸。"①可见,审美活动的动机是对自然必然性("必需")和社会、理性必然性("外在目的规定")的超越。正也是因此,审美活动的动机必然是无私的,必然渊源于一种最为深挚、最为广博的人类之爱。它是作为无私的人类之爱在现实的人性废墟上出现的。审美活动是人类最高的生命存在活动。它自我规定、自我发现、自我确证、自我完满、自我肯定、自我观照、自我创造,是一种马克思称之为"享受"的活动。所谓"享受",马克思指出:"按人的含义来理解的受动,是人的一种自我享受。"②怀特海也认为:"自我创造的过程就是将潜能变为现实的过程,而在这种转变中就包含了自我享受的直接性。"③美学要以理论的方式展开的就是这个"自我享受的直接性"。这是一个内容十分丰富的世界,又是一个从未被触及的世界,更是一个美学家可以大显身手的世界。因此,在审美活动中,人们不再瞩目于"粗陋的实际需要",不再瞩目于片面地拥有对象,而是瞩目于"发展人类天性的财富这种目的本身"(马克思),瞩目于自由的生命活动本身。④

从态度的角度看,审美活动的态度不同于现实活动的态度,这不同,在主体方面表现为:充分消解了现实的功利性目的,并且从中超越而出,成为审美主体。用中国美学的话说,是变"骄佟之目"为"林泉之心",当然,这里审美主体的对于功利性的消解同样是本体论的而不是认识论或价值论的。在客体方面则表现为:不再是"占有"或"使用"的对象,而是生命意义的显现,或者说,是主体自身的价值对象。它不再服从外在的必然性,而服从内在于人的自由性,不再是外在于人的必然王国,而是内在于人的自由王国。

---

① 《马克思恩格斯全集》第 25 卷,人民出版社 1974 年版,第 926 页。
② 马克思:《1844 年经济学—哲学手稿》,刘丕坤译,人民出版社 1979 年版,第 77 页。
③ 转自 M.怀特编著:《分析的时代》,杜任之译,商务印书馆 1981 年版,第 84 页。
④ 如前所述,中国美学把现实活动的动机称为"适人之适""射之射",把审美活动的动机称为"无适之适""不射之射"。

这样，审美客体便并非以实在的对象身份存在，而是以理想的对象身份存在。①

从过程的角度看，首先，现实活动是一种乏味的、片面的体力或智力的消耗，是一种片面分工的活动，是把自由活动贬低为单纯的手段，从而把人类的生活变成维持人的肉体生存的手段，是外在于人的、与人对立的活动，是使人以物而非以人的面目出现因而并不符合人类天性的活动；其次，现实活动又是一种屈从于外在必然性的追求合规律性或者合目的性的活动，因而是一种听命于他者的被动的活动，只是自由的前提，但却不是自由本身；第三，因为以满足人类的"粗陋的实际需要"为目的，这就决定了现实活动必须以对象性思维（主体思维或者客体思维）为基础，因为只有通过对作为对象的客体或主体本身的对象性把握才能实现对对象的占有，并有效地加以改造。但审美活动则不同。审美活动不再是一种手段，而直接就是目的本身，人在审美活动中不瞩目于"粗陋的实际需要"，也不瞩目于片面地拥有对象，而是瞩目于"发展人类天性的财富这种目的本身"（马克思）。人本身成为目的，而不是作为手段；人成为他自己，而不是成为他人。甚至可以说，审美活动使人实现了自由的全面发展这一人类理想，是对真正的人的价值的创造和消费。因此，人从现实活动所导致的任何一种功利性中超越而出，成为一种虚灵昭明的真正意义上的存在。"每种我们能够进入的新的状态都

---

① 因此，从态度的角度来看，审美活动意味着主客体关系的转换。我们看到，在审美活动中，根本就不存在现实活动意义上的主体与客体的划分，不但不存在，而且审美活动必然要把主客体的对峙"括出去"，必然要从主客体的对峙超越出去，进入更为源初、更为本真的生命存在，即主客"打成一片"的生命存在。假如一定要强迫审美活动构成主客对峙，就难免"一叶障目"，导致审美活动本身的失落。"先生游南镇，一友指岩中花树问曰：'天下无心外之物，如此花树在深山中自开自落，于我心亦何相关？'先生曰：'你未看此花时，此花与汝心同归于寂，你来看此花时，则此花颜色一时明白起来；便知此花不在你的心外。'"（王阳明：《传习录》下，《王文成公全书》卷三）这里有审美主体和审美客体吗？显然没有。所有的只是既同生共灭又互相决定、互相倚重、互为表里的审美自我与审美对象。它们一旦"打成一片"，"则此花颜色一时明白起来"，反之，假如强行插入一个对峙着的主客体，不难想象，则"此花与汝心同归于寂"。

使我们返回到某种原来的状态,要消除这一状态就需要另外一种状态。只有审美状态是在自身中的整体,因为它本身包括了它产生和继续存在的一切条件。只有在这里我们才感到我们是处于时间之外,我们的人性以一种纯粹性和整体性表现出来,好像它还没有由外在力量的影响而受到损害。"[1]在审美活动中,人是以理想的人而非以现实的人的面目出现,因而在其中人才真正感到自己是一个自由的存在物。他以"充分合乎人性"的方式去活动。这是一种独特的不可重复的活动,充溢着人的欢乐的活动。其次,审美活动也是超越外在必然性的活动,外在规律被它超越为自由规律,内在目的被它超越为自由目的,因而审美活动的对象并非客观存在的客体,而是主体自身的价值对象,它不单与客体的必然性无关,而且充分地显示了主体的自由本性,是主体的自由本性的自我建构起来的,而审美活动的主体,由于也是从自我实现这一最高需要出发自我建构起来的,因此,也就完全超越了实用性、功利性、单向性、有限性等必然性,成为自由的主体,这样,在审美领域,主体与客体也就同时消解了内外必然性,从而不再是自由的前提,而成为自由本身,因而是一种绝不听命于他人的活动。第三,由于审美活动是着眼于这个世界同人自身的存在和发展的关系,着眼于确定世界和人生的意义,因此,着眼于世界与人生之意义的审美体验便成为它的基础。在这里,终极关怀的内在尺度是判断世界与人生有无意义的根本尺度。它"实际上是表示物为人而存在"。[2] 此时,不是把握作为对象的客体或主体本身固有的属性,而是从理想的终极关怀的尺度出发,去审美地解读世界和人自身,即用理想的尺度去阐释世界和人自身,从而使世界真正地成为世界,使人真正地成为人。

从能力的角度看,可以分为两个层面,从能力本身看,现实活动的能力因为未能全面实现"个体的一切官能",只与对象建立了一种"对物的直接

---

[1] 席勒:《美育书简》,徐恒醇译,中国文联出版公司1984年版,第112页。
[2] 《马克思恩格斯全集》第26卷Ⅲ,人民出版社1974年版,第326页。

的、片面的享受"关系,①所以只是一种片面的能力。审美活动的能力则不然,它突破了能力的有限性、单项性、功利性,使"个体的一切官能",如"五官感觉""精神感受""实践感觉"等等,都展现出丰富的内涵,是个体的感性存在的全面实现。对此,可以从两个方面去理解:首先,审美活动是一种建立了全面的对象性关系的活动,它并非片面的、乏味的、机械的、外在于人的,而是全面的、愉快的、自觉的、内在于人的,充分合乎人性。其次,审美活动是一种建立了丰富的感性世界的活动。德拉克罗瓦说过:"一幅画首先应该是眼睛的一个节日。"审美活动是对"个体的一切感官"的"节日"。在审美活动之中,"个体的一切感官"都从现实的片面功利中超逸而出,以充分合乎人性的方式"观古今于须臾,抚四海于一瞬"。从能力的中介看,现实活动的能力的中介是思维器官,运用的是工具语言、逻辑语言,审美活动的中介则是感觉器官,运用的是审美语言。

从对象的角度看,首先,由于现实活动是一种由外在必然性规定的活动,因此它的对象并非人的全面本质的对象,只体现着人的片面发展的本质力量("简单粗陋的实际需要"),只具有有限的价值和意义("世界不能满足人")。审美活动则不同,它"高瞻远瞩,认清在物的物性中值得追问的东西到底是什么"(海德格尔),因而它的对象不是外在的现实对象,而是理想性的对象,是自身的价值对象。它是对必然性的超越,理想地运用对象,自由地展现自由,是自由本性的自我建构,体现着理想本性的价值和意义,因此,又可以说是某种心理事实和内在意象。歌德说:人有一种构形的本性,一旦他的生存变得安定之后,这种本性立刻就活跃起来,只要他一旦感到无忧无虑,他就会寓动于静地向四周探索那可以注进自己精神的东西。康德也说过:在审美活动中,事物按照我们吸取它的方式显现自己。这就意味着,它不服从现实的种种规律(自然的、社会的、理性的),而只服膺全面发展和自由理想的内在规律,它是在想象中经过体验而自由地领会的,并以情感的需要重新熔铸的灵性世界,是我们以充分合乎人性的主体标准建立的作为人

---

① 马克思:《1844年经济学—哲学手稿》,刘丕坤译,人民出版社1979年版,第77页。

类现实命运的参照系的精神家园。法国美学家杜夫海纳在剖析梵高笔下的椅子时,曾颇具深意地向我们提示着这个不同于现实活动的对象的审美活动的对象:"梵高画的椅子并不是向我叙述椅子的故事,而是把梵高的世界交付予我:在这个世界中,激情即是色彩,色彩即是激情,因为一切事物对一种不可能得到的公正都感到有难以忍受的需要。审美对象意味着——只有在有意味的条件下它才是美的——世界对主体性的某种关系,世界的一个维度;它不是向我提出有关世界的一种真理,而是对我打开作为真理泉源的世界。因为这个世界对我来说首先不完全是一个知识的对象,而是一个令人赞叹和感激的对象。审美对象是有意义的,它就是一种意义,是第六种或第N种意义。因为这种意义,假如我专心于那个对象,我便立刻获得它,它的特点完完全全是精神性的,因为这是感觉的能力,感觉到的不是可见物、可触物或可听物,而是情感物。审美对象以一种不可表达的情感性质概括和表达了世界的综合整体:它把世界包含在自身之中时,使我理解了世界。同时,正是通过它的媒介,我在认识世界之前就认出了世界,在我存在于世界之前,我又回到了世界。"①其次,不同于现实活动的通过内容与世界建立起一种对象性关系,审美活动不是通过内容而是通过对象本身与世界建立起一种对象性关系的。② 简单说来,人类生存活动是一种双重的活动,它首先在现实活动中变"自然"为"世界",使它适应自己的物质需要,亦即功利地占有"自然",继而又在审美活动中变"世界"为"境界",使它适应自己的精神需要,亦即理想地欣赏"世界"。与此相应,占有的快感与欣赏的美感也就成为人类的两大生命愉悦(只是,欣赏的美感在后)。因此,实践活动本身并不就是审美活动,只有扬弃它的功利内容,把它转化为一种"理想"的自我实现的过程,从而不再功利地占有对象,转而对世界本身进行自由的欣赏,追求一种非实用的自我享受、自我表现、自我创造——所谓"澄怀味象"时,才是

---

① 杜夫海纳:《美学与哲学》,孙非译,中国社会科学出版社 1985 年版,第 26 页。
② 假如实践活动是指向"事"的,科学活动是指向"理"的,审美活动则是指向"对象本身"的。

审美活动,①而且,在变"自然"为"世界"中人处处受到压抑,不可能也不允许理想性地发挥想象力,但在变"世界"为"境界"时却可以做到,故理想地面对世界,本身就是一种对于现实的反抗、一种理想的追求。

从内容的角度看,审美活动不同于现实活动,不去面对那个普遍陷入计算、交易、推演的现实世界,也不是对于现实世界的追逐、企求、占有、利用,而是对于恬美澄明的理想境界的创造。这理想境界是最高的生存宇宙,是充满灵性、充满感受性的内在领域,是人的真正留居之地,是充满爱、充满温柔的情感、充满理解的"世界内在空间",是人之为人的根基,人之生命的依据,是灵魂的归依之地。

进而言之,这恬美澄明的理想境界自然不是一个物理的世界,但也不是一个精神的世界,而是一个意义的世界。所谓审美活动就正意味着一个意义的世界的创造。人类正因为在自己的生命中孕育出了一种神圣的意义世界,才有可能完成对生命的有限的超越。犹如里尔克在临终时所郑重告诫世人的:

……我们的使命就是把这个羸弱、短暂的大地深深地、痛苦地、充满激情地铭记在心,使它的本质在我们心中再一次"不可见地"苏生。我们就是不可见的东西的蜜蜂。我们无终止地采集不可见的东西之蜜,并把它们贮藏在无形而巨大的金色蜂巢中。②

在这里,所谓"不可见的东西"正是指的生命的意义,而真实地生存着的人类正是"无终止地采集不可见的东西之蜜"的蜜蜂,人类把被自己创造出来的生命的意义"贮藏在无形而巨大的金色蜂巢中",从而使自己的生命成

---

① 在这个意义上,可以说,欣赏的美感,是人类的超越性的生存活动的开始。它的秘密就是审美活动的超越本性的秘密。破译这个秘密,应该说,是我们终于意识到了美学之为美学的天职。
② 里尔克:《杜伊诺哀歌》附录之四,1939年德、英对照本,第59页。

为理想的生命、审美的生命。

　　不过,审美活动所创造的意义的世界,又是一个唯一而又不可重复的意义的世界。对于生命意义的创造不同于对科学知识的学习,也不同于对道德伦理的服从。后面两者都是群体性的,就像"1+1=2"对任何人来说都有效。但生命意义的创造却必须是个体的。它必须是唯一的,又必须是不重复的。换句话说,只有这种唯一而又不重复的并且唯独属于个体的生命意义的创造,才是真正的创造。或许正是有鉴于此,高尔基才这样告诫后人:"大多数人是不提炼自己主观印象的;当一个人想赋予自己所感受的东西尽量鲜明和精确的形式的时候,他总是运用现成的形式——别人的字句,形象的画面,他正是屈从于占优势的,公众所公认的意见,他形成自己个人的意见,就像别人的一样。"摆在审美活动"面前的任务是找到自己,找到自己对生活、对人、对既定事实的主观态度,把这种态度体现在自己的形式中,自己的字句中"。① 因此,进入审美创造的人,从本体论角度讲,是一个唯一的人。应该承认,正如歌德在《说不尽的莎士比亚》中感叹的,在现实生活中"不容易找到一个跟他一样感受着世界的人,不容易找到一个说出他内心的感觉,并且比他更高度地引导读者意识到世界的人"。甚至,我们还可以引用美国心理学家阿瑞提的看法,把这一问题表述得更为绝对一些:

　　毫无疑问,如果哥伦布没有诞生,迟早会有人发现美洲;如果伽利略、法布里修斯、谢纳尔和哈里奥特没有发现太阳黑子,以后也会有人发现。只是让人难以信服的是,如果没有诞生米开朗基罗,有哪个人会提供给我们站在摩西雕像面前所产生的这种审美感受。同样,也难以设想如果没有诞生贝多芬,会有哪位其他作曲家能赢得他的第九交响曲所获得的无与伦比的效果。②

----

① 高尔基:《文学书简》上册,曹葆华译,人民文学出版社1962年版,第426页。
② 阿瑞提:《创造的秘密》,钱岗南译,辽宁人民出版社1987年版,第387页。

也正因此,我们才把对生命的独特的、不可重复的理解看作对生命的一种创造,①才把不断地为生命创造一种全新的意义的生命活动看作审美活动。孟德斯鸠说过这样一句名言:女人只能以一种方式显得美丽,却能以十万种方式变得可爱。在我看来,这里的"以一种方式显得美丽"就并非审美活动,而"以十万种方式变得可爱"则是不折不扣的审美活动,真正的审美活动。

从成果的角度看,现实活动的成果与人建立的只是一种非人的、片面的和不自由的关系,是一种低级和可以片面占有的财富。因此,它并不涉及生命的意义,也无法等同于人的理想本性,只能作为功利性的成果去占有。而审美活动的成果满足的是人的最高需要——自由本性的理想实现的需要,因此,可以说是一种最高的财富。对此,马克思早有明确阐释:"所谓财富,倘使剥去资产阶级鄙陋的形式,除去那在普遍的交换里创造出来的普遍个人欲望、才能、娱乐、生产能力等等,还有什么呢? 财富不就是充分发展人类支配自然的能力,既要支配普遍的自然,又要支配人类自身的那种自然吗? 不就是无限地发掘人类创造的天赋,全面地发挥,也就是发挥一切方面的能力,发展到不能用任何一种旧有尺度去衡量那种地步么? 不就是不在某个特殊方面再生产人,而要生产完整的人么? 不就是除去先行的历史发展以外不要任何其他前提,除去以此种发展本身为目的外不服务于其他任何目的么? 不就是不停留在某种既成的现状里而要求永久处于变动不居的运动之中?"②值得注意的是,这最高财富不可能在改造自然推进文明的现实活动中实现,而只能在审美活动中实现——尽管是以象征的方式。道理说来

---

① 这涉及两个美学问题。其一是共同美的问题。共同美与唯一而又不可重复并不矛盾,它只是说引起共同的愉悦,但并非引起一致的愉悦。另外,不同民族、不同人的出发点、着眼点、取舍点均不同。要认识到其中的"同中有异"和"异中有同"的辩证关系。其二,是"百听不厌"与"见异思迁"的辩证关系。它们一者关注的是深度,在深度上总是"见异思迁",所以才"百听不厌";一者关注的是广度,在广度上总是"百听不厌",所以才"见异思迁"。这在认识经验中很难理解,因为它是"狗熊掰棒子"。新与旧、稳定与变化在审美活动中是一致的。

② 马克思:《政治经济学批判大纲》第 3 分册,人民出版社 1976 年版,第 105 页。

也很简单,只有在审美活动中,"[对物的]需要和享受失去了自己的利己主义性质,而自然界失去了自己的赤裸裸的有用性,因为效用成了属人的效用。"①其成果才能成为最高的财富。强调一句,这就意味着:人"以全部感觉在对象世界中肯定自己",而且,既然它的成果是满足人的全面需要,当然就不可能被片面占有,因此,它既属于全人类,也属于自己。

---

① 马克思:《1844年经济学—哲学手稿》,刘丕坤译,人民出版社1979年版,第78页。

第三篇

形态取向:历史与逻辑

第五章　审美活动的历史形态

中西形态:"法自然"与"立文明"

迄今为止,对于审美活动的考察,还只是停留在抽象的层面,还只是停留在对审美活动的性质即"是什么"的界定上,或者是从审美活动与其他生命活动的类型的区别中探讨审美活动的根本设定,或者是从审美活动自身出发探讨审美活动的动机、态度、过程、能力、对象、内容、成果等。然而,由于此时我们面对的还只是审美活动的抽象内涵,不难想象,对于审美活动的考察,假如只停留在这个层次上,是无法解开审美活动这一斯芬克斯之谜的。

因此,从本篇开始,我们将把对于审美活动的考察,从抽象转向具体,即从对审美活动的性质的考察转向对审美活动的形态的考察。

审美活动的形态是审美活动的具体化。前面已经讲过,审美活动是一种超越性的生命活动——所谓自由本性的理想实现。这当然是对于审美活动的一个美学规定。然而,这又毕竟是一个抽象的规定。在现实的生命活动中,我们只能看到形形色色的具体的自由生命活动,却不可能看到某种抽象的自由生命活动。因此,我们必须进一步去看审美活动的"是什么"是"怎么样"在形形色色的具体的审美活动之中展现出来的,抽象的超越性的生命活动是"怎么样"在形形色色的具体的超越性生命活动之中展现出来的。只有充分把握了这一切,才称得上对审美活动的真正把握,也才有可能从对审美活动的认识走向对于审美活动的实践。

审美活动的"怎么样"又可以分为两类,即历史形态意义上的"怎么样"与逻辑形态意义上的"怎么样"。前者是指审美活动在历史上"曾经怎么样",后者是指审美活动在逻辑中"应当怎么样"。

本章考察审美活动在历史上"曾经怎么样"。

审美活动在历史上曾经以四种形态出现,这就是:东方形态、西方形态、传统形态、当代形态。关于这四种形态的考察,在美学研究中一直未能引起应有的重视。有不少美学体系实际只是某种审美活动的形态的理论总结。例如,实践美学就只是审美活动的西方形态的理论总结。但这些创建体系的美学家却往往并不自知。而要建构一种建立在对于四种审美活动形态的理论总结基础上的美学体系,首先就要对这四种审美活动的形态作出准确的把握。

首先考察东西形态。不过,由于本书毕竟是立足于中国,故这里东方形态只考察中国,因此,可以称之为:中国形态。就审美活动的中西形态而言,它们的相同表现在都是把审美活动作为生命超越的一种方式,它们的不同则表现在超越什么的不同。

在西方美学看来,美是价值关系的生成、结晶,审美活动则是价值活动的设立、超越。因此,审美活动所着眼的也往往是"人化自然"的问题,或者说,后天自然的问题。为什么呢?联系上述超越根据的讨论,不难发现:这正是超越根据中的人本精神的合理推演。人类自身虽然拜倒在上帝之下,但却又高踞于万物之上。神说:"我们要照我们的形象,按我们的样式造人,使他们管理海里的鱼、空中的鸟、地上的牲畜和土地,并地上所爬的一切昆虫。"①上帝——人——万物,秩序井然。这样,为了抬高人类自身的位置,西方美学就必然刻意去强调人与万物的区别:"跟属人的灵魂相比,太阳、月亮和地球算得了什么呢?世界正在消逝,唯独人是永恒的。基督教使人跟自然毫无共通之处,因而陷入鹤立鸡群式的极端,反对把人跟动物作任何细小的比较,认为这样的比较,是对人的尊严的亵渎。"②那么,人为什么与万物"毫无共通之处"呢?关键在于:人是价值存在,而万物只是自然存在。由此,价值就成为先于存在的东西,成为第一位的东西,不断地化自然之物为

---

① 《旧约全书·创世纪》第1章第26节。中国基督教协会1988年印本。
② 《费尔巴哈哲学著作选集》下卷,荣震华等译,商务印书馆1984年版,第185页。

价值之物,就成为时时刻刻要加以关注的人类进程。最初,万物在西方眼里还只是一个"饮食男女"的对象,只是禀赋着使用价值,而借助于使用价值,西方为自己确立的是物质性的存在。继而,万物的存在方式在西方眼里又难以满足,西方不能不向万物提出一个更高的合目的性要求,不能不在万物之上打上意志的印痕。这标志着西方所创设的第二个价值范畴:善的价值。而借助于善的价值,西方为自己确立的是自由意志的存在。又继之,西方向万物提出合规律性要求,这就是西方实际征服万物的开始。它又必然要使合目的性要求在万物中获得合规律性形式,要求人对万物的把握从纷繁杂乱的现象深入到本质,获得规律性知识,并运用它来指导实践,使万物被剥落种种假象、外在性、虚无性,成为真实的存在。这标志着西方所创设的第三个价值范畴的应运而生:真的价值。借助于真的价值,西方为自己确立的是自由理性的存在。再继之,既然人对万物的把握从纷繁杂乱的现象深入到本质,获得合规律性形式,并运用它来指导实践,使万物被剥落种种假象、外在性、虚无性,成为真实的存在。另一方面,万物又实现了人的目的,合乎人的意志,就必然导致合目的性(善)与合规律性(真)相统一,这就意味着西方所创没的第四个价值范畴的应运而生:美的价值。借助于美的价值,西方为自己确立的是自由感性的存在。最后,西方虽然能够不断地从自我走向自由,然而,由于西方毕竟是此岸的有限存在,这使得西方最终所能获得的也只是有限的自由。至于无限的自由,则只能存在于彼岸世界的渴慕。这就催生了西方的第五个价值范畴:信仰的价值。借助于信仰范畴,西方为自己确立的是理想人格的存在。这理想人格的确立,把彼岸世界的渴慕转化为此岸世界的狂热行动,推动着西方在向价值存在生成的过程中,不断否定和跨越自身的自然存在而走向自由王国。这样,我们看到,对于西方美学来说,至关重要的是经自然而达到的后天自然。其中,人的自由是一个决定因素,而自然则不过是一个有待否定和跨越的中介。另一方面,当自由被表述为人的目的,又不能不是遥遥指向天国的。它赋予自由以形而上学的、超验的属性。这就决定了西方美学的价值取向,必然是指向人的主体性以及世界的积极否定的超验品格的。

而在中国美学看来,美是价值关系的否定、逆转,审美活动则是价值活动的消解、弱化。因此,中国的审美活动着眼的只是"人的自在"的问题,或者说,是先天自然的问题。换言之,西方美学的价值取向是从自在到自为,中国美学的价值取向则是从自为到自在。两者的抉择是完全相反的。

不难看出,这正是中国美学的超越根据的根本精神的合理推演。我们已经知道,中国美学虽然也追求自由,而且也以自由的获得作为美的实现,但对自由的理解却大相异趣。中国美学的自由是一种向自然的复归。在这里,自由完全是一种反价值存在的东西。第一位的不是价值的生成,而恰恰是价值的消解。因此,不断地化价值之物为自然之物,就成为中国美学中的自由进程。而不断地从真的价值回到善的价值,再从善的价值回到使用价值,最后从使用价值回到美的价值,就成为中国美学中的自由进程的唯一内容。

结果,我们看到了与西方美学完全相反的一幕:在中国美学,审美活动作为一种自由的生命活动,竟然不是人类向自然提出的要求,而是人类向自身提出的要求,是人类要求把自身作为非自然的因素消解掉。在这里,所谓"自由"实际就是"自然"本身。从自然到自由,根本不存在西方式的价值中介,更不存在西方式的价值生成过程。自由先天地就等同于自然,人们所要做的显然就不是西方那样的推进价值的生成,而是反过来否定自身、消解自身,主动、自觉地不去从事任何价值创造,以便在美的王国中安身立命。结果,假如说西方美学的中心是人的自由,自然只不过是一个有待否定和跨越的中介,中国美学的中心则是自然,人反过来成为一个有待否定和跨越的中介。毫无疑问,这必将导致人的消解,导致中国美学的前主体性的理论内涵。另一方面,假如西方美学的自由被表述为人的目的,中国美学的自由则被表述为手段。在西方,自由是不可实现的、彼岸的,因而是形上性的、外在超验的。在中国,自由(自在)则是可以实现的、此岸的,因而是形下性的、内在超越的,这又必将导致中国美学的超越的理论内涵。显而易见,中国的审美活动形态,只有从这样一个特殊的背景出发才有可能得到切合实际的说明。

由此,我们彻底看清了中西美学间完全反向的理论内涵。倘若还有必要使用"美""美感""对象化""自由""感性""异化""表现""再现"之类术语,或许也已经不至于再犯张冠李戴、指鹿为马的错误了。更为重要的是,我们终于可以由此入手去建立一种作为对于中西方审美活动的理论总结的美学体系。不过,在此有必要强调的是,指出一种美学是前主体性的和超越性的,并不就意味着对它的全盘否定,这恰似指出一种美学是主体性的超验性的,也并不就意味着对它的全盘肯定。因为从现代美学的角度看,否认自然向价值生成固然构不成审美活动,肯定自然向价值生成同样构不成审美活动。审美活动只能是一种后主体性的自由,只能是在从先天自然向价值生成的基础上的向后天自然的复归。因此,假如说西方美学因为其对先天自然的批判而构成了一种伪美学(混同于科学活动、物质活动),中国美学则因为其对价值生成的批判而构成了一种前美学(反科学活动、物质活动)。

具体来说,对于中西审美活动的形态,可以从两个角度来考察。

从横向的角度,中西审美活动的形态在审美活动的外延方面存在着明显的差异。在西方,审美活动与非审美活动、艺术与非艺术之间界限十分清楚。审美活动、艺术活动的被职业化,就是一个例证。而在中国,审美活动与非审美活动、艺术与非艺术之间却界限十分模糊。对于中国人来说,弹琴放歌、登高作赋、书家写字、画家画画,与挑水砍柴、行住坐卧、品茶、养鸟、投壶、覆射、游山、玩水……一样,统统不过是生活中的寻常事,不过是"不离日用常行内"的"洒扫应对",如此而已。朱熹说得好:"即其所居之位,乐其日用之常,初无舍己为人意。"以"艺术"为例,与西方的"艺术"完全不同,中国的艺术与非艺术并没有鲜明界限,"林间松韵,石上泉声,静里听来,识天地自然鸣佩;草际烟光,水心云景,闲中观去,见宇宙最上文章"。[①]"世间一切皆诗也",这就是中国的"艺术"。

进而言之,艺术作为生命回归安身立命之地和最后归宿的中介,只是中

[①] 《菜根谭》。

国人求得生命的安顿的一种方式。因此,艺术不是外在世界的呈现,而是解蔽,是一种"敞开",也是一个过程、一种生存方式。它犹如生命的磨刀石,是生命升华的见证,又是生命觉醒的契机。"进无所依,退无所据"的千年游子之心,"迷不知吾所如"的永恒生命之魂,由此得以安顿和止泊。不难看出,中国美学的博大精神正胎息于此。对此,美国学者列文森倒是独具只眼,他指出:中国绘画有一种"反职业化"倾向,重视"业余化",以绘画为"性灵的游戏"。此言不谬。

从纵向的角度,中西审美活动的形态在审美活动的内涵方面存在着明显的差异。在西方,追求的是生命的对象化,是对世界的征服,因而刻意借助抽象的途径去诘问"X",即生命活动的成果"是什么"。中国美学追求的则是生命的非对象化,是对生命本身的超越。因而刻意借助消解的途径去诘问"S",即生命活动的过程"怎么样"。因此,假如说在西方是以超验为美,以"为学日益"为美,以结果为美,那么,在中国就是以超越为美,以"为道日损"为美,以过程为美,简而言之,以道为美。道之为道(道＝S曲线,是过程的象征)即美之为美。

这样,相对于西方的"绝力而死",走上"畏影恶迹而去之走"的道路,中国则走上"处阴以休影,处静以息迹"①的道路。在它看来,生命中最为重要的就是使一切回到过程、回到尚未分门别类的"一"。就生理活动而言,是"负阴抱阳",即使生命停留在一个既"负阴而升"又"负阳而降"的过程。有眼勿视,有耳勿听,有心勿想,有神不驰,把日常的生理心理过程都颠倒过来(中医的阴阳五行、五脏六腑与科学世界观与常识因此都是几乎相反的)。就审美活动(价值活动)而言,则是化世界为境界,化手段为目的,化结果为过程,化空间为时间(毫无疑问,这一切也与西方几乎相反),因而拒绝单维许诺多维,拒绝确定许诺朦胧,拒绝实在许诺虚无,拒绝因果许诺偶然……并以此作为安身立命的精神家园。不难看出,这精神家园就存在于我们身边,极为真实、极为普遍、极为平常(因此没有必要像西方浮士德那样升天入

---

① 《庄子·渔父》。

地,痛苦寻觅),只是由于我们接受了抽象化的方法,它才抽身远遁,变得不那么真实、不那么普遍、不那么平常了,也只是由于我们接受了抽象化的做法,才会从中抽身远遁,成为失家者。正如老子所棒喝的,追名逐利者只能置身于"缴"的世界,却无法置身于"妙"的世界。原团何在? 从抽象的角度去"视"、去"听"、去"搏",当然"视之不见""听之不闻""搏之不得",但从消解的角度去"视"、去"听"、去"搏",却又可"见"、可"用"、可"得",这就是中国人在爱美、求美、审美的路途中所获取的公开的秘密。因此,与西方人的为美而移山填海、攻城略地相比,中国人在审美的路途中只是"损之又损,以至于无为"。所谓"反者道之动"。

就内容而言,西方的根本精神是"立文明",中国的根本精神则是"法自然"。西方的内容对于当代中国人来说很好理解,中国的内容则未必。在这里,"法自然"即所谓化世界为境界。这里的"自然"不是自然界,而是自然而然,不是世界,而是境界,是对文明的僵化状态的消解。不过,正因为它是自然而然,所以也就尤其得益于大自然。① 大自然全幅生动的山川草木,它的每一片风景,都是一种心境。《朱子语类》第九十九条云:"一身之中,凡所思虑运动,无非是天。一身在天里行,如鱼在水里,满肚子都是水。"这正是中国文人的真实体验。中国人对于世界所秉赋的,正是一种"如鱼在水"的相契。清人恽南田题画说:"写此云山绵邈,代致相思,笔端丝纷,皆清泪也。"不能复返自然家园而又心向往之,故要"代致相思"。"日暮乡关"的精神旅途中,花开花落,鱼跃鸢飞,或烟云空蒙,或啼鸟处处,或小窗梅影,或霜天木落,或孤舟帆影,或疏林渔火,或琦丽华滋的春光,或荒寒幽寂的秋景,都被视若"道"的显现,"天地之美"鼓鼓泊泊地从中自行显现出来。

另一方面,就置身于艺术过程中的中国人而言,面对自然而然的自然境界,要做的也并不是调整自然,而是调整自己,须知这不是人向世界的跌落,

---

① 中国的"开(開)"字的外面是一个"门",这或许就是"久在樊笼里,复得返自然"? 而中国的"行路""云游天下",也往往相对于跻身都市,在市井街间中沉浮翻滚之意,此中或大有深意焉?

而是人向境界的提升。一旦激活血脉,勘破人的主位,自由人生的全幅光华顷刻喷薄而出,拓展心胸,精神四达并流而不可以止。因此,如果没有这心灵的远游,没有在大自然的环抱中陶冶性情,开拓胸襟,去除心理沉疴,沐浴灵魂四隅,心智将因封闭、枯竭而死亡。又借助什么去提升精神境界,又何以为人?幸而一切都并不如此。在自然而然的境界中,中国人处处化解生命的障碍、闭塞、固执,使之空灵、通脱、飞升,被尘封已久的心灵层层透出,一层一层溶入大自然,因此也就一层一层打通心灵的壁障。而且,这"打通"无时无刻不在进行。生命不息,"打通"不已。孔子慨叹:登东山而小鲁,登泰山而小天下;李白放歌:"何处是归程?长亭更短亭";王之涣痛陈:"欲穷千里目,更上一层楼";司空图立誓:"大用外腓,真体内充,返虚入浑,积健为雄"……时时刻刻关注的都是人生境界的超拔与提升。不言而喻,这正是中国人在艺术活动过程中的最高追求。

如是,书画艺术的内容就往往与日常的功利生活背道而驰。庄子说"工匠之罪"就是"残朴以为器"。那么书画之道又是什么呢?只能是返"器"以为"朴"。在书法中,出现的始终是一根摇曳多姿的线条,而不是人们在生活中经常见到的块或者面,"笔迹者界也,流美者人也",日常生活中的块或面通过线条的消解转化为龙飞凤舞的元气淋漓的道,或许这就是书画之道了?难怪古人会说:"阳舒阴惨,本乎天地之心。"绘画也不例外,所绘多为世间无用之物,它们在生活中遭到漠视,可一旦进入艺术,反而就蕴含了反平庸、反习惯、反常识、反世俗的魅力。一山一石、一草一木,都并不黏滞于其自身的物象,而是即实即虚,灵动有致,融入元气鼓荡的宇宙,遥契生机流衍的大化,光明莹洁,犹如"太虚片云,寒塘雁迹",呈现着它们自由的、自得的生命,吐露着它们自由的、自得的光辉。例如门、窗、走廊、小楼、亭台楼阁……这是对四方远近、上下古今、有限无限、内外物我、时间空间、此处彼处、此时彼时的消解,都是心之所栖居之处。离开这些场所别求,就意味着宇宙的分裂。再如虚实。中国美学称之为"无往不复,天地际也"。它意味着打破日常生活中的那些分门别类的僵死规定,让世界回到那个一往一复、一反一逝、旋反旋逝、旋逝旋反、或吐或纳、或纳或吐、一纳一吐、一吐一纳、由里而外、由外而里、由大到小、由小到大、由浅到深、由深到浅……的境界，意味着往复变通，迂回委屈，绸缪往复，于无限中看到有限，又于有限中回归无限的境界，这就是书画艺术所要融入的艺术的世界。再如"远"。山水是一个外在的形体，精神在其中无法自由地加以体现。但在山水画中却不然。它以"远"来消解山水之形与山水之灵之间的障壁。从此"云烟遮不住，双目夺千山"，山水的形直接通向山水的灵，山水的灵又反过来烘托着山水的形，可见与不可见，有限与无限，由此得到了统一。再如"真实"。书画之道所追求的真实并不是对既定的外在世界的加工、提炼，而是对外在世界的消解。西方的"天使"借助外在的生理之力"有翼而飞"，这是从西方美学眼中看到的真实。中国的"飞天"借助内在的心理之力"无翼而飞"，这是从中国美学眼中看到的真实。它消解了生活常识所建构的既定世界，却"于天地之外，别构一种灵奇"，"总非世间所有"，但却是艺术家"灵想之所独辟"。

就技巧而言，西方的根本精神是"唯技巧"，中国的根本精神是"超技巧"。就中国而言，此即所谓化手段为目的。在中国美学看来，技必须进于道，技即道。例如在"庖丁解牛"中，美实际上已并非实体的、外在的存在，而成为一种从人的审美生命、艺术生命中拓出的最高的人生境界。"为之踌躇满志"，却又"所好者道也"，"道"在"技"外吗？当然不是，而是就在"技"中，就是"技"所达到的精神境界。再如"看"，在中国，"眼"并不是作为日常的视觉器官来理解，我们知道，人类的眼与耳区别于动物之处，正在于它已经成为距离器官，尽管在日常生活中往往要消灭距离以获利，但在艺术中却要对这样一种错误做法加以消解。因此要"塞其兑，闭其门"（老子）、"肉眼闭而心眼开"（庄子），因此要"目想""心见"。由此形成的书画艺术，固然是一种心灵的境界，所谓"灵山只在我心头"。但就"看"本身而言，它也已经不仅仅是一种"技"，而是已进乎"道"。马斯洛发现：人们看到什么，他就是什么。人知觉到的世界越是完整，人自身也就越是完整。人自身越是完整，世界也就越完整。人与世界之间是一种动态的交流关系。两者之间相互形成、相互提高和相互压低。因此，"看"与"道"之间，又怎么可以截然分开？再进一步，"技"作为消解"有""无"的"无无"，其本身就也要被消解（"破破""随说随划")。或许正是在这个意义上,老子才会说"为者败之,执者失之",《庄子》才会把"解衣般礴"者称为"真画者",石涛也才把"了法"奉若神明?何谓"无法之法"?何谓"生""拙""愚""钝"?其中固然有西方意义上的技巧的熟练到了忘记的程度的意思,但更主要的还是指"有经必有权,有法必有化",不为技巧所"役",是技巧的实现融化到生命的实现之中,"脱天地牢笼之手归于自然"(石涛)。再如"灵感"。以西方的灵感论来衡量中国的灵感论,是错误的。中国的灵感论是生命意义上的,而西方则是技巧意义上的。在中国,所谓灵感是指在生命立体层面上的超拔、飞升中随之而来的一种人生彻悟,是非对象性的而不是对象性的,至于艺术的使命则就是要使这电光石火的瞬间完整地呈现出来。这样中国的艺术家所关心的就不是反映现实对象,而是使"胸中有余地,腕下有余情,看得眼前景物都是古茂和蔼,体量胸中意思全是恺悌慈祥"(何绍基),然后以无挂无碍的至人心境,去谛听大自然最深的生命妙乐,在草长莺飞、杨花柳絮、平野远树、大漠孤烟之类平凡事物中去颖悟其内在的超越品格、诗性魅力。没有"慧心慧眼人",又怎么会有"天开图画"?这种境界,显然并非技巧意义上的灵感所能达到。其次再如用线条消解块面,[①]用无色消解五色,用神消解形,用虚灵消解实有,用意境消解意象,用景物消解情思,用妙消解美……这一切,都是中国审美活动对于"技"的"随说随划",因此也就同样是"道"的体现。

综上所述,我们看到,中西方虽然都以生命的超越作为自己的本体视界,但由于对本体的阐释不同,因而就导致在"超越什么"方面的根本的差异。就西方而言,它的本体是预设的,这就隐含了借助形式逻辑证实或证伪的问题,隐含了固执追求本原之真,透过现象达到本原的澄明状态——真理这一根本特征。西方的审美活动之所以更多地与认识活动混淆在一起,之所以与现实生活对立起来,之所以屈居于宗教活动之下,道理在此。由此入手,我们可以把西方审美活动所要超越的"什么"规定为"自然",把西方审美

---

① 这不仅仅限于书画,音乐中对于旋律的重视(西方是重视和声),以及小说、戏剧中对于历时性的描写的重视(西方是对于共时性描写的重视),都是如此。

活动规定为从"自然走向文明"的活动。就中国美学而言,它的本体只是一种伪本体,只是一种承诺,不是"陈述",而是"予名"。一旦设立起来,马上就转向对于禀赋着本体性质的世界图景、生命图景的勾勒。本体被融于现实之中。这就隐含着世界的诗化、生命的诗化这一根本要求,中国的审美活动之所以与伦理活动混淆在一起,之所以与生活同一,之所以成为中国人最高的生存境界,①道理在此。由此入手,我们可以把中国审美活动所要超越的"什么"规定为"文明",把中国审美活动规定为从"从文明回到自然"的活动。

这样,我们看到,中西方的作为历史形态而展开的审美活动,显然都是围绕着文明与自然的矛盾展开的。就"超越什么"而言,或者偏重文明一方,如西方形态;或者是偏重自然一方,如中国形态。但就超越性本身而言,却是完全一致的。这"一致",正是我所讨论的审美活动的本体论内涵。不过,

---

① 沈宗骞强调:"在天地以灵气而生物,在人以灵气而成画,是以生物无穷尽而画之出于人亦无穷尽,惟皆出于灵气,故得神其变化也。"(沈宗骞:《芥舟学画编》)这种以"生命为美"的思想是中国的一大传统。例如重视四时、时空合一、以时统空、时间的节奏化、四方是生命的四个方位;以生命作为分类的标准,在时间维度上创造生命,在空间维度上展开生命;重视生姿、生意、生趣、生机,化静为动、转实为虚、点枯为生;区别于西方的感知信赖的感知恐惧;区别于西方的感觉真实的想象真实;区别于西方的"死亡意识"的"生命意识";区别于西方的空间地考察世界的时间地考察世界;区别于西方的以悲剧为中心,重人与自然的对峙,重个体与社会的抗争,强调充满绝望感、幻灭感、恐怖感的外在冲突,而以喜剧为中心,重人与自然的融合,重个体与社会的互润,强调充满安宁感、梦幻感、超越感的内在和谐;区别于西方常见的那种在自然的粗暴又复狂虐的巨大力量面前的恐惧、幻灭、压抑和千方百计的征服,而推崇一种"山林与!皋壤与!使我欣欣然而乐与!"的亲切、相契、慰安和"独与天地精神往来"的心心相印;区别于西方自我扩张的外倾心态的自我萎缩的内倾心态;区别于西方的情感宣泄基础上的外在冲突的情感节制基础上的内在和谐;区别于西方的往往外在地征服自然、征服生命、征服人生的往往是内在地享受自然、享受生命、享受人生;区别于西方的往往满足于"有什么"的往往着眼于"是什么";区别于西方的侧重从个体情感需要的角度去力求理想人格的实现和追求美的历史价值;区别于西方的焦点透视的散点透视;区别于西方的"厄运""断裂""个体救赎""开天""悲剧"的"幸运""循环""集体救赎""补天""喜剧";区别于西方的"美""妙"……等等,参见拙著《中国美学精神》《美的冲突》《众妙之门》《生命的诗境》。

作为审美活动的"曾经怎么样",其内涵又有其不足。例如,西方形态最终势必走向"人的本质力量的对象化",其中的不足,我已反复强调。再如,中国强调从文明回到自然,也有不足。其关键是离开作为自由的基础的实践活动和作为自由手段的理论活动去追求作为自由的理想的审美活动的实现。

以中国美学所孜孜以求建构起来的自由境界为例。我们知道,真正的自由境界,只有在承认人的"等一"人格价值的基础上,才能建构起来。其中的要点有二:其一是人与对象自然的明确区分。正是这种在文明史中所一再进行着的区分,使人走上了罪恶、痛心、堕落,使人离弃了自己的纯朴天真。但也正是因此,才推动人们建构自己的自由境界去与之抗衡。荷尔德林吟咏的"哪里有危险,哪里就有被救渡的希望",或许就是这个意思?其二,是人与主体自然的明确区分。在人与对象自然的明确区分的基础上,人们又深入一步地发现了人自身内"不朽的灵魂"与"有死的肉体"的鸿沟。自由境界的建构,又是对这一鸿沟的批判与超越。简而言之,正是在人与自然、人与自身的全面分裂中,自由境界才应运而生。它是一种保护,保护人们免于坠入黑暗深渊中的虚无。它又是一种呼唤,呼唤人类黎明的亮光朗照。然而,中国的情况又如何呢?由于从来"没有争到过'人'的价格"(鲁迅),所以对外从未使人与自然尖锐对立。所谓"天人合一";"通天人,合内外";"只心便是天,尽之便知性,知性便知天。当处便认取,更不可外求";"安有知人道而不知天道者乎?道,一也,岂人道自是一道,天道自是一道……天地人只一道也。才通其一,其余则通",等等,都是如此。对内也从未使人与自身尖锐对立,正像黑格尔揭示的:它不去既意识到个体自我又意识到自然在彼岸与个体自我对峙,反而竭力含混、模糊上述对峙;"东方人主要的特性就是对于一个大力之畏惧,个人自知其在这个大力面前只是一偶然无力的东西。"所以,"(理性的)恐惧一般的是主要的范畴。"①我们看到,为了对"大力之畏惧"和个人的"偶然无力"从理论上予以说明,中国文化做了两个方面的工作:第一个方面是从宏观直析出发,无条件地设定和确认自然

---

① 黑格尔:《哲学史讲演录》第1卷,贺麟等译,三联书店1956年版,第95—96页。

的绝对性,并最终完成对自然的畏惧的神秘说明。显而易见,这种说明是拿不出切实的理论根据的。与其说是晓之取理,毋宁说是动之以情,是在人们都已在无意识中认可了这一结论的前提下的一种貌似认真的说明。第二个方面是从"人本于天"瞒天过海地推出"天人合一"。"人本于天"自然不错,进化论等自然科学也已证实了这一点,但现在的问题是,"人奉于天",说明人本身就是自然的一部分,那么,人岂不是只有做到"顺乎己"才能做到"顺乎天"吗?西方正是沿着这思路建构自己的人与自然的关系。中国却偏偏使问题人为地被扭转方向,不是改造对象,而是改造自己,不是让客观必然为自己服务,而是让自己去为客观必然献身。这就正如张岱年先生所批评的:"无为的思想是包含一种矛盾的。人的有思虑、有知识、有情欲、有作为,实都是自然而然。有为本是人类生活之自然趋势。而故意去思虑,去知识,去情欲,去作为,以返于原始的自然,实乃违反人类生活之自然趋势。所以人为是自然,而去人为以返于自然,却正是反自然。欲返于过去之自然状态,正是不自然,无为实悖乎人类生活之自然趋势,逆乎生活创进之流,过去中国人的生活萎衰不振,固有物质的原因,而亦实是蒙受道家思想之毒害。"①因此,自由境界的建构也就不能不失之虚妄。其真实结果只能是:或者屈从于现实世界,或者从现实世界逃避开去。而这,也正是中国形态的审美活动的所必然导致的误区。

古今形态:从"镜"到"灯"

审美活动的古今形态,②也有截然的差异。

我们知道,美学思考的根本内涵有二:其一是美学思考的目的指向何处,其二是美学思考的方式由谁提供。前者是指美学的基本主题,而后者则是指美学的思维模式。由此入手,不难看出,传统美学始终是指向人的肯定

---

① 张岱年:《中国哲学大纲》,中国社会科学出版社1982年版,第303页。
② 因为中国美学的古今形态的差异是以西方美学作为中介的,问题极为复杂,而且当代中国美学与西方美学又存在着较多的共同性,所以本节仅能以西方美学中的古今形态的差异为对象加以探讨。

性层面的,是从自我肯定的角度对人类自身加以考察。既然人只是被从肯定方面加以阐释,于是,作为肯定性的美如何可能,审美活动的肯定性质如何可能,换言之,"从自然走向文明"如何可能,就成为传统美学的基本提问方式。这就是传统美学的基本主题——肯定性主题。其次,传统美学思考的方式是由理性主义提供的,这就是所谓二元对立模式。这是一种以建构为主的肯定性的思维模式,其中的关键是将"存在"确定为"在场",所谓"在场的形而上学",于是世界万物的本质是什么以及人是否能够和如何认识世界万物的本质,就成为它所关注的中心。外在性、二元性、抽象性,是其根本特征。"美是什么""美感是什么""文学是什么""艺术是什么",则是它为自己所设定的特定对象。总之,传统美学习惯于从理性的角度去实现审美活动,以意识(有意识、可意识、意识到的)为研究对象来研究自由中的必然性,是其必然的选择。尼采也称西方传统美学为"审美苏格拉底主义","最高原则大致可以表述为'理解然后美'",①原因在此。

然而,进入 20 世纪之后,审美活动的形态却发生了根本的变化。② 随着"自我迷信"的被日益消解,人类终于意识到:人虽然有思想,但仍然是动物;人虽然发现了类,但仍然是自己。于是,人类不再吃力地生活在多少有些虚假的深度中,而是回过头来生活在难免有些过分轻松的平面里了。与此相应,传统美学的方方面面也通通出现了一种令人触目惊心的裂隙和扭曲。丹尼尔·贝尔概括得十分深刻:"在制造这种断裂并强调绝对现在的同时,艺术家和观众不得不每时每刻反复不断地塑造或重新塑造自己。由于批判了历史连续性而又相信未来即在眼前,人们丧失了传统的整体感和完整感。碎片或部分代替了整体。人们发现新的美学存在于残损的躯干、断离的手

---

① 尼采:《悲剧的诞生》,周国平译,三联书店 1986 年版,第 52 页。
② 例如:从深度模式到平面模式、从审美到审丑、从创造到复制、从对象化到非对象化、从超越到同一、从无功利到功利、从有距离到无距离、从反映到反应、从结果到过程、从形象到类像、从欣赏到消费、从理性的真实到欲望的真实、从符号到信号、从完美到完成、从中心性到非中心性、从确定性到非确定性、从秩序性到非秩序性、从整体性到多维性,等等。

臂、原始人的微笑和被方框切割的形象之中,而不在界限明确的整体中。而且,有关艺术类型和界限的概念,以及不同类型应有不同表现原则的概念,均在风格的融和与竞争中被放弃了。可以说,这种美学的灾难本身实际上倒已成了一种美学。"①

当代美学因此而应运而生。与传统美学不同,当代美学始终是指向人的否定性层面的,是从自我否定的角度对人类自身加以考察。从此,不再为现象世界逻辑地预设本体世界而且拒绝从千变万化的现象、经验出发去把握在它们背后的永恒不变的本体世界。这意味着对于人类自身的另外一种"力量假设":认为人并非无所不能,认为并非"一切问题都是可以由人解决的"。其结果,是从理性主义转向非理性主义,从对于"无我之思"的考察转向了对于"无思之我"的考察。于是,作为否定性的丑、荒诞如何可能?审美活动的否定性质如何可能?换言之,"从文明回到自然"如何可能?就成为当代美学的基本提问方式。这就是当代美学的基本主题——否定性主题。其次,当代美学思考的方式是由非理性主义提供的,这就是所谓多极互补模式。这是一种以摧毁为主的否定性思维模式。其中的关键是:将"存在"作为存在者"出场"的根据。因此,它关注的不再是世界"是什么",而是世界"怎么样",不再是理性层面的那个确定性的、分门别类的世界,而是在此之前的,更为源初、更为根本的非确定性的流动状态的世界本身,是从对于世界的抽象把握回到具体的把握,从过程的凝固回到过程本身。内在性、二极性、消解性,是其根本特征。美、美感、文学、艺术"不是什么",则是它为自己设定的特定的研究对象。总之,当代美学开始以非理性的方式实现美,以无意识(潜意识、不可意识、意识不到)作为研究对象来研究必然中的自由性,是其必然的选择。

需要说明的是,20世纪美学实际上包含着50年代以前的现代主义与50年代以后的后现代主义两大阶段。其中,反传统美学,是其共同特征。然而又存在着一些不容忽视的差异。具体来说,我们可以把此中的演进概括为:

---

① 丹尼尔·贝尔:《资本主义文化矛盾》,赵一凡等译,三联书店1989年版,第95页。

从透视镜(传统美学)到万花筒(现代主义美学)再到幻灯(后现代主义美学),或者,从高扬理性主体的优美、崇高,到高扬非理性的主体的丑,再到消解非理性主体的荒诞。在传统美学,优美、崇高的对象是本质的、必然的。优美是理性主体与客体的和谐,而崇高则是理性主体与客体的对立,面对不可表现之物,崇高力图通过"主观的合目的性"把它转化过来,并因而达到对主体的肯定,从痛感走向快感,可以说是对不可表现之物的正面表现。在现代主义美学,丑中的客体是个别的、偶然的。这意味着开始以非理性的实体取代理性的实体,以盲目的本质取代自明的本质,以非理性的形而上学取代理性的形而上学。由于是通过高扬非理性主体的方式进入审美活动,传统的强大客体被消解了,不可表现之物被与非理性的主体等同起来,同时因为非理性的主体事实上是无法表现的,因此对它的表现就只能是一种强硬的表现,所以丑对于非理性主体的表现是永远不可能成功的,而且也不可能达到对主体的肯定,而只能暴露非理性主体的孤独、无助,可以说是对不可表现之物的否定表现。荒诞中的客体是什么也不是。在后现代主义美学,实体性中心为功能性中心所取代,从实体的非理性转向了功能的非理性,从非理性的理性转向了理性的非理性,从无意识状态的非理性到有意识状态的非理性,从有内容的非理性到无内容的非理性,其根本特征是不再用一种非理性的本质来取代理性的本质,而是用理性的有限性和非稳定性来考察非理性,因此既不赞成理性主义的逻各斯中心主义,也不赞成非理性主义的在场形而上学,荒诞正是这一美学特征的概括。假如说丑认为世界是一个需要修补的世界,那么荒诞则认为世界是一个无法修补的世界;假如丑认为非理性主体是可以依赖的,荒诞则认为连非理性主体也是不可依赖的。既然如此,荒诞就干脆走向了对于不可表现之物的不可表现性的承认,换言之,荒诞是对不可表现之物的拒绝表现。

具体来说,传统审美活动形态与当代审美活动形态的差异,可以从两个角度来考察。

从纵向的角度,传统审美活动形态与当代审美活动的形态在审美活动的内涵方面存在着明显的差异。假如前者是"从自然走向文明",后者就是

"从文明回到自然"。在传统美学,审美活动本身是被"理性化""神圣化"了的。它与人类对于自身的理性本质密切相关。人类一直以能超出于自然而自豪,以会思想而自豪,也以有理性而自豪,而审美活动正是这一"自豪"的特殊载体。在传统的时代,抬高审美活动就是抬高人本身,强调审美活动的深度就是强调人的理性的深度。由此,传统美学推出自己的美学命题:美、美感、文学、艺术都是一种以个别表达一般的准知识。而在当代美学,则走向了传统美学的美、美感、文学、艺术都是一种以个别表达一般的准知识的命题的否定方面,并因此而提出了自己的美学命题:美、美感、文学、艺术不是一种以个别表达一般的准知识,而是一种独立的生命活动形态,一种个别对于一般的拒绝以及个别自身的自由表现。

具体来说,首先,是内容方面的深度理想与广度理想的差异。古代的深度的理想是以对于广度的压抑作为前提的,本质先于现象、必然先于偶然、目的先于过程、理性先于感性、灵先于肉,审美活动被极大地神圣化、深度化了。而当代却回到了广度的理想。是以压抑深度为前提的,现象先于本质、偶然先于必然、过程先于目的、感性先于理性、肉先于灵。审美活动被极大地通俗化、广度化了。我们所看到的历史从家史中退出、爱从婚姻中退出、情节从故事中退出、思想从对话中退出、精神从肉体中退出、美从艺术中退出、崇高从平庸中退出、理性从感性中退出、牺牲从死亡中退出……就是例证。

其次,是形式方面的封闭结构与开放结构的差异。从深度理想出发,古代形态的审美活动,把世界看作一个有秩序的结构,一个整体。宇宙被从低到高排列,价值标准也被从低到高排列,所以人物、情节、故事、主题……有高低之分、美丑之分、雅俗之分。包括以和谐有序的经典形式为基础的堂皇叙事:前后相继的时间感,井然有序的空间感,过去、现在、将来三位一体的彼此相互关联,连续性、同一性、对称性、封闭性、清晰性、开头、起伏、转折、高潮、结尾,再现、表现、情节、性格、主题、元叙事、焦点透视……等等。当代形态的审美活动却不再如是认为。精神运动不再是垂直运动,而是水平发展。由此,可以说,以一种系统的看法看待世界是古代审美活动的态度,而以支离破碎的态度看待世界则是当代审美活动的态度。因为不再从肯定性层面考察审美活动,这意味着必然是不再以美为中心。于是,从美走向了丑,丑如何可能就是美的否定方面如何可能,而丑的走向极端,就是荒诞。缘此,审美活动的内涵第一次被根本性地加以逆转。从审美活动的肯定性质到否定性质,于是一系列被传统美学压抑到边缘的而且连崇高也容纳不了的并且对传统美学构成内在否定的东西,在当代被突出出来。其中值得注意的是:对主体的"我思"的否定,走向了我思前的我思即非理性,非理性的主体因此而取代了理性的主体,而对客体世界的否定导致了无形式的对象的出现,结果长期以来一直被压抑着的大量的反"合目的性"的东西一下子涌进了美学。美走向了反面,意义被全面消解。真正的丑因此而出现,并作为独立的王国和美的对立面而大肆泛滥。不难看出,作为对于不可表现之物的否定性表现,丑的出现必然导致形式的从封闭转向开放(非和谐、非对称的非形式)。至于荒诞,就更是如此了。不但客体被消解了,主体也被消解了,这样一来,所谓形式(无形式),也就只能是开放的而不可能再是封闭的了。例如,传统的透视法被打破,所有的面都夷平到图画的平面上来,过去、现在的事情仿佛是同时发生的。因为在他们看来,世界是我的感觉,过去的事情在我现在的感觉里,所以都是现在。例如,在小说里就是把历时性的事物挤压在同时性的平面上来。在绘画中也如此,在它之外的事物有大、小、高、低之分,而现在只要进入作品,只要扮演的是同一造型角色,就都同样地重要。苹果与人头是同一价值的存在,因为同样是一个圆形;而山脉与女人的曲线也同样是曲线。结果,叙述的完整性被叙述的片断性所取代,零散化的意象、浮萍式的人物、作品整体形式的消解、无意识的拼凑、历史感的断裂、物与物的世界(不再是人与物的世界)、人物与人物行为统一性的丧失、作品叙事的客观化、非情感化、非个性化……都是如此。

再次,是美感方面的理性愉悦与感性愉悦。在传统美学,是以理性活动为基础,正如康德指出的:美感是一种"反思性"的判断力,是美感产生的必要条件。"如果那普遍的(法则、原理、规律)给定了,那么把特殊的归纳在它的下面的判断力就是规定着的。但是,假使给定的只是特殊的并要为了它而去寻找那普遍的,那么这判断力就是反省着的。""美直接使人愉快(但只是在反味着的直观里……)。"①显然,在传统美学看来,在感性中对理性的把握就是美感,因此,人只能在静观中获得美感,只能在人与对象之间插入一种反省判断力,审美主体成为一面中了魔法的镜子,其中的一切打上了类的、理性化的底色。眼睛则成为这面镜子的透明的中介。只有当被看的东西与看发生了分离之后,才有所谓"物"的出现。看因此而失去了直接性。我使用的是我们的目光,它已经把我的目光组织进去了。只有当我站在环境和历史之外的时候,才有可能去客观审视对象;也只有当我学会把自己当成主体,从客体中自我分离的时候,才有可能回过头来客观地审视对象。结果,审美活动成为固定距离之外的理性"阅读"。而当代美学的美感全然不同。它意味着审美活动从"反映"到"反应"的内在转换。前者是不顾生活中的实际感受,接受某种抽象的定点——这抽象的定点是一切对象的判断者,而不仅是个别画家的眼睛,从而形成一种因画面向自身深度的收敛而得到的统一的绘画空间。它是观照一个人所构造的自然的镜像,它有一个与世界有一定距离的完整的、内在统一的结构,例如画框、舞台的存在就意味着结构的存在,其深层的秘密则是生命节奏感的存在,此之谓"反映"。后者则是在接触一个真实的现实,既不需要一个有距离的结构,也没有生命的节奏感,充溢其中的是一种令人眼花缭乱的无机性节奏,可长可短,可激烈可平缓,一切视需要而定。此之谓"反应"。再者,前者的表现形式与内容之间,可以描述为一种异质同构的关系,内容是人的心灵状态外化为具有空间形态的观照对象,通过形式化,人的精神被纯粹化了,是一种恒定的模式,客观的形式,空间的造型,是有意识要构成的,而观众的任务则是站在一个指定的位置上去解读这个模式,传统的"作品表现了什么"之类的追问正是作者与读者之间形成的默契。后者的表现形式与内容可以描述为一种同质同构的关系,是为表现而表现,同样是超越日常生活经验,但它的方向是回归到本能,读者追求的也只是瞬间的刺激。又如,前者以理性构成的客体为中

---

① 康德:《判断力批判》上卷,宗白华译,商务印书馆1964年版,第17、202页。

介,通过"摹仿""再现"给人以知识,从而修正心中的既成的认识图式。读者一定记得,亚里士多德就把这种通过观照客体而拓展经验领域的过程称作"求知的快感"。后者却不再以理性构成的客体为中介,人们无法检验、修正既成的认知图式,故审美活动只是主观图式的外化,恰似幻灯一样把自我投射于外部世界。前者是以人类对外部世界的一种发现为美,后者则是以自我幻想的满足为美;前者是自然的一面透视镜,后者则是心灵的幻灯,是凭借着自居心理而产生的一种审美愉悦。

从横向的角度,传统审美活动形态与当代审美活动的形态在审美活动的外延方面也存在着明显的差异。假如前者是"艺术与生活的对立",后者就是"艺术与生活的同一"。在这方面,传统美学同样推出了自己的美学命题:真正的美、美感、文学、艺术应该是关于一般的准知识。由此出发,传统美学关于审美活动的外延的考察基本上不是源于审美活动的事实,而是源于一个变相的知识论框架。在这个变相的知识论框架之外的新鲜活泼的审美活动只是因为被当作准知识才可以被理解。与此相应,在传统美学,审美活动与非审美活动之间界限十分清楚。例如,美学与非美学、审美与非审美、审美文化与非审美文化、艺术与非艺术、文学与非文学之间,存在着鲜明的界限,其基础,就在于美学、审美、审美文化、艺术、文学对于非美学、非审美、非审美文化、非艺术、非文学的超越。前者是中心,后者只是边缘;前者是永恒的,而后者只是暂时的。相对于后者,前者禀赋着持久的价值和永恒的魅力(本雅明称之为"美的假象"、艺术的"光晕"),是在时间、空间上的一种独一无二的存在。这是永远蕴含着"原作"的在场,对复制品、批量生产品往往保持着一种权威性、神圣性、不可复制性,从而具有了崇拜价值、收藏价值。但是在当代,却走向了传统美学的真正的美、美感、文学、艺术应该是关于一般的准知识的命题的否定方面。由此,当代美学不再把事物当作对象,把自身当作主体,而是把对象还原为事物,使之不再是知识论框架之中的符号而是知识论框架之外的一种真实。它不再为我们表演什么,而只是存在着。另一方面,当代美学又把主体还原为自身,不再面对对象,而是与事物共处,让事物进入心灵。不承认有一个原本的存在(对本源、原本的追求实际只是一种形而上学),不承认审美是生活的模仿。福柯说:本源就存在于不可避免要失去的地方。德里达说:不存在的中心不复是中心。不再是原本先于摹本,而是摹本包含了原本,所谓既是原本又是摹本。既然达·芬奇的原本——模特谁也没有见过,杜尚的摹本就很难被否定了。在此基础上,美学家对于审美活动的外延作出了全新的规定。其中的关键是:压抑理性的美以拓展非理性的美,压抑理性的美感以拓展非理性的美感,压抑理性的艺术以拓展非理性的艺术。对于审美活动的否定性质的考察因此而大大推进了一步,尽管这是借助于对审美活动的肯定性质的压抑来实现的。也正是因此,当代美学对于审美活动的外延的界定十分宽泛。美与非美、美感与非美感、文学与非文学、艺术与非艺术之间界限模糊不清,形形色色的审美活动的实践因此而大多被容纳在内。审美与现实、艺术与生活的同一性开始显现出来。传统的对于审美活动的神圣话语权被现在的机械性的复制取代了。美和艺术可以以任何长度的时间存在,可以依靠任何材料而存在,可以在任何地方存在,可以为任何目的存在,可以为任何目的地(博物馆、垃圾堆)而存在。美学与非美学、审美与非审美、审美文化与非审美文化、艺术与非艺术、文学与非文学……的观念通通混淆起来。彼此之间不但可以互换,而且昔日的所有藩篱都被拆除了。艺术疆域从根本上发生了改变:不仅审美,而且审丑,还有非美非丑、美丑之间、美丑同一,不仅仅以艺术本体为核心,而且向商品、科技、传媒、劳动、管理、行为、环境、交际……渗透。毕加索说过一句耐人寻味的话:我从来就不知什么是美,那大概是一个最莫名其妙的东西吧?抒发的或许就是当代人的这种共同感慨。①

　　综上所述,我们看到,从古到今作为历史形态而展开的审美活动,显然仍然是围绕着文明与自然(艺术与生活的关系则是它的子命题)的矛盾展开

---

① 传统美学存在着对于日常生活的恐惧,以及认为日常生活必然无意义的焦虑,实际以日常生活为"人欲横流",正是站在生活之外看生活的最高表现。当代是用生活"是这样"的,拒绝了生活"应当是这样的"之类"乌托邦"和"罗曼蒂克"。它要提倡的正是日常生活无罪的概念,以及日常生活中的诗情。审美活动不再以日常生活为敌,现存的一切现象都是平等的,这与过去从本质与非本质区别现象是不同的。

的。它们之间的差异不在于是否以生命的超越作为自己的本体视界,就此而言,它们是完全一致的。它们之间的差异只是在于因为对本体的阐释不同而导致的"超越什么"方面的根本的差异。具体而言,古代形态的审美活动要超越的是"自然",而当代形态的审美活动要超越的是"文明"。前者可以规定为"从自然走向文明"的审美活动,后者则可以规定为"从文明回到自然"的审美活动。

当然,这里的"自然"同样不是原始意义上的"自然",而是"自然而然"意义上的"自然"。它是对于僵化了的文明的解构,或者说,是对文明的不文明的消解。在20世纪,人类摆脱文明的要求之所以日益增强,源于人类的文明突然加速。确实,在当代社会,人已不再是理性的英雄。他所考虑的也已不是如何强化自己的合法地位,如何吃饱穿暖,而是如何在工业文明中保持自己的非文明本质,如何在分门别类中保持自己的天性,他们面对的困惑既不是恶劣的自然环境,也不是恶劣的社会环境,而就是文明本身。文明同时就是天堂与地狱,文明既是一个幸福的源头又是一个不可跨越的永劫。

当代形态的审美活动所展现的正是人类对于上述问题的洞察。"从现代艺术中逐渐显现出来——无论多么零碎地——的新的人类意象中,有一个痛苦的讽刺。我们这个时代把无与伦比的力量集中在它外在的生活上,而我们的艺术却企图把内在的贫困匮乏揭露出来;这两者之间的悬殊,一定会使来自其他星球的旁观者大为惊讶。这个时代毕竟发现并控制了原子,制造了飞得比声音还要快的飞机,并且将在几年内(可能在几个月内)拥有原子动力飞机,能翱翔于外太空几个星期而不需要回到地球。人类有什么办不到的!他的能力比起普罗米修斯或伊卡洛斯或其他后来毁于骄傲的那些勇敢的神话人物都要大。然而如果一个来自火星的观察者,把他的注意力从这些权利的附属品转向我们小说、戏剧、绘画以及雕刻表现出来的人类形状,这时他会发现到一种浑身是洞孔裂罅、没有面目、受到疑虑和消极的困扰的极其有限的生物。"[①]确实,当美成为伪美,当恶披着美的外衣出现,当

---

① 白瑞德:《非理性的人》,彭镜禧译,黑龙江教育出版社1988年版,第64页。

"黑暗以阳光的名义,公开地掠夺",当美成为一种超凡脱俗、高高在上的甚至开始敌视人类的现实生活的存在,人类有什么理由反而只能忍气吞声地以身饲之呢?当恶以美的名义去征服美,当人类对于理想的狂热追求反而毁灭了人类的理想本身的时候,真正要审美的人,又怎么能够对此再去加以赞颂呢?唯一应该去做的就是揭露伪美。

因此,在当代社会,审美活动只能表现为一种神圣的拒绝、一种对于"神圣"的拒绝。过去我们强调审美对于文明的依赖性、反映性,但现在我们要强调的是审美对于"文明"的批判性、超越性。它固执地对"文明"宣称:不!我们固然无法去拯救这个世界,但我们却可以把这个时代的荒谬揭露出来,把这个世界所散布的种种甜蜜的谎言揭露出来(要知道,这些谎言也是一种暴力,它把我们与真实的世界隔离开来),不论过去审美活动曾经怎样为文明服务过,也不论今天审美活动怎样被"文明"践踏,审美活动都将走向这一前景,都将始终在失衡的困惑中寻找新的支撑点,在与传统审美活动相对抗的逆向维度中拓展当代审美活动。它不再着眼于人的社会地位、政治地位、经济地位,而是着眼于人的全面的感觉能力的唤醒,不再像黑格尔那样接受现实,而是解构现实,不再着眼于"一瞬",而是着眼于通过解构"一瞬"对于"一生"的遮蔽来成功地展示"一生"。结果,审美活动就成为当代社会中的人性的不屈呻吟。克里斯蒂娃在一篇著名的《人怎样对文学说话》的论文中说:"在那些遭受语言异化和历史困厄的文明中的主体看来……文学正是这样一个处所,在这里这种异化和困厄时时都被人们以特殊方式加以反抗。"劳伦斯也指出:"任何一件艺术品都不得不依附于某一道德系统,但只要这是一件真正的艺术品,那么它就必须同时包含对自己所依附的道德系统的批判……而道德系统,或说形而上学,在艺术作品中承受批判的程度,则决定了这部作品的流传价值及其成功的程度。"[1]确实如此!

---

[1] 转引自弗兰克·克默德:《劳伦斯》,胡缨译,三联书店1986年版,第29页。

第六章　审美活动的逻辑形态

纵向展开：美、美感、审美关系

本章谈审美活动在逻辑形态中"应当怎么样"。

审美活动的逻辑形态是通过"应当怎么样"具体展现出来。其中又分为三个方面，即纵向的具体化：美、美感、审美关系；横向的具体化：丑、荒诞、悲剧、崇高、喜剧、优美；剖向的具体化：自然审美、社会审美、艺术审美。

本节从纵向层面讨论美、美感、审美关系问题。

在纵向的层面，审美活动具体展现为美、美感、审美关系。它们分别是审美活动的外化、内化和凝固化。当我们从审美活动的角度去考察它们之时，意味着考察审美活动怎样造就了审美活动中的客体效应：美；审美活动怎样造就了审美活动中的主体效应：美感；审美活动又怎样造就了审美活动中的主客体结合效应：审美关系。这就是所谓美、美感、审美关系如何可能这类追问的真实内涵。[①]

首先来看美。美的本质在当代已很少再被讨论，这无疑是一个事实，然而，其原因却并不像很多人所强调的那样，认为它是一个假问题，事实上，当代美学对于美的本质问题的回避，恰恰是因为在更深层次与更多联系上发现了美的本质问题，是在美与美感、艺术、语言、文化的更广泛的联系中去考察美的本质，因此，我们不应在注意到这"联系"的同时反而失落了美的本质问题。其次，美的本质在当代已很少再被讨论，还因为没有意识到传统意义上的美的本质的问题的解体恰恰意味着它应该被超越。正是基于上述理

---

① 过去，我们只注意到美（美的本质、美的性质、美的对象）或者美感（广义美感：审美意识系统，及狭义美感：审美感受过程）之类的讨论，然而，离开了审美活动如何可能，美或美感的如何可能是无法得到深刻的说明的。

由,本书仍将对美的本质的问题加以讨论。

在我看来,关于美,需要从三个层面去讨论:美在哪里、美之为美、美怎么样。

美在哪里涉及的是美的根源,亦即美从根本上是如何可能的。过去的美学研究或者认为美在心,或者认为美在物,或者认为美在实践活动,互相攻击,各不相让,然而,真正的美却并未被把握住,或者说,它悄然隐匿起来了。之所以如此,存在两个方面的原因。其一,就美在心、在物而言,与长期以来的错误的追问方式有关。人们总是将美作为一个既定的存在,去追问"美是什么('美之为美'、'美怎么样')",但是却忽略了"美为什么会是"、"美如何可能"这一更为根本的问题。结果,或者用对于美之为美的追问(美在心),或者用对于美怎么样的追问(美在物),来取代对于美在哪里的追问。其实,美与美感的诞生不过是审美活动的展开的结果,犹如物质与精神不过是生命活动的展开的结果。在"美是什么"之前,还有一个"美如何可能"的问题。所谓美在哪里的追问,就应是对此的追问,对美的存在根据的追问。例如,在审美活动之前,自然的美就是不存在的,那时只有一些自然的自然属性,一些可能被审美活动提升为美的自然属性:材料、形式、条件、因素。至于我们所说的自然的美,则是指的对审美活动而言的可观赏的意义和价值(有人说,它客观上存在,其实,它客观上也不存在)。因此从自然的自然属性的角度去寻找美的本质,是错误的,美的根源不在于自然的自然属性(美不在物)。美的根源只能在审美活动中寻找。

其二,就美在实践活动而论,则与长期以来的对美的存在根据的不同层次的根本误解有关。一些美学家不满足于美在心、在物的传统看法,在马克思实践观的启发下,提出美在实践活动,其根据是实践活动创造了现实世界,当然也创造了美。然而,他们忽视了:美与现实世界并非同一层次,或者说,美并不属于现实世界。因此,实践活动无疑是美的根源,但却只是间接的根源,美的直接根源只能是审美活动。正确的提法应当是:实践活动是审美活动的根源,而审美活动则是美的根源。这些美学家显然是把美的存在根据的不同层次混淆起来了。①

而混淆的结果,则是一来使美学成为一种审美主义、一种目的论,二来使美成为先于审美活动而存在的东西,成为世界上的一种客观存在,成为美学研究中最为内在、最为源初的,而且自我规定、自我说明、自我创设、自我阐释的东西。至于审美活动和艺术活动,则成为对于美的反映。三来使美成为一种现实的东西。美本来是因为永远无法变成为现实,才成为美的。现在却把它放在现实的层面,把它看作实践活动所直接创造的东西,这无异于踏上了一条美学的不归路。

由此我们看到:美是相对于审美活动存在的,审美活动不存在,美自然也就不存在。美是审美活动的产物,美只相对于审美活动而存在。在审美活动之前,在审美活动之后,都并不存在一个独立的美。这也就是说,不是

---

① 国内美学界喜欢把美定义为"人的本质力量的对象化",对此,我已经反复提出疑问。在此,还要强调,在这个定义中,所谓"本质力量",就是令人疑窦丛生的。它承诺:存在着一个既定的抽象前提,换言之,人有一个既定的本质(正),它在现实社会中被异化了(反),现在需要复归(合)。但原始人并不存在这个前提,现代人也不是这一本质的丧失,理想社会更不存在这种本质的复归。人并非一次完成的存在,人的本质也不是一次完成的。因此,这是一种对于人的抽象理解。在这个意义上,马克思下列论述应该引起重视:他们把"他们名之为'人'的那种理想",称为"人的本质",然后,"用这个'人'来代替过去每一历史时代中所存在的个人,并把他描绘成历史的动力。……他们总是用后来阶段的普通人来代替过去阶段的人并赋予过去的个人以后来的意识。"这是一种"本末倒置的做法"。(《马克思恩格斯选集》第3卷,人民出版社1972年版,第77页)

而且,且不说连美还搞不清楚,就又来了一个比美更加模糊、抽象的"本质力量",是非常不合适的。更令人疑惑的是,人类的所有的美,偏偏大多是在人的本质的异化时期创造的。人的本质力量既然并不存在,又是怎么对象化到世界中去的?例如为马克思叹为观止的古希腊的美。再如,凝聚着当代人的全部本质力量的现代机器,为什么就不如西湖更为美丽?何况,人的本质力量并非"单个人的固有物",但审美活动必须通过个体来实现,那么,这"本质力量"是怎样体现的?马克思、恩格斯后来批评德国"真正的社会主义者"在法国社会主义文献下面写上"人的本质外化"之类的"哲学胡说",使它们变为"关于实现人的本质的无谓思辨"(《马克思恩格斯选集》第1卷,人民出版社1972年版,第277页),似乎值得我们注意!

先有了美,然后才有了审美活动,而是在审美活动中才有了美。美只存在于审美活动之中,美的本质之谜也就是审美活动的本质之谜。因此,美不是预成的,而是生成的,不是自在的,而是自为的,也不是美学研究中最为内在、最为源初,可以自我说明、自我创设、自我阐释的东西,而是美学研究中外在的、第二性的,需要被规定、被说明、被创设、被阐释的东西。美的问题的答案必须从审美活动中去寻找。只有审美活动,才是美学研究中最为内在、最为源初,可以自我规定、自我说明、自我创设、自我阐释的东西。至于美,则不过是审美活动的外在化,不过是审美活动的逻辑展开和最高成果。无视这一点,去探讨美的根源与美的本质,无异于缘木求鱼。

其次,看美之为美与美怎么样。这是在美的对象的角度讨论美即讨论什么是美的事物、美的对象。其中,美之为美主要侧重讨论审美对象即美与审美态度、审美感受的关系。在这方面,历史上的美的主观论者曾经作过大量有价值的讨论,然而,也有其根本的缺陷。这主要表现在:除了忽视美的客观因素的存在外,也忽视了美的根源这一根本层面。不但忽视了实践活动的间接作用,而且把审美活动片面理解为审美态度、审美感受。在我看来,审美态度、审美感受确实与美有关,但它所创造的却只是一种理想的境界———一种自由的境界。

那么,什么是自由的境界呢?它与物理世界、精神世界的关系如何呢?

人真是奇特的独一无二的动物。毋庸讳言,"人们为了能够'创造历史',必须能够生活"(马克思)。他运用自身的活动不断地促使着人和自然之间的物质交换,去维持吃、喝、住、穿的生存。在这方面,人类确实表现出了自己超常的力量,不但为自身赢得了生存的权利,而且为自身赢得了信心、荣誉和尊严。然而,它又使人们产生了一种错误的看法,错误地认定这就是一切。事实当然不是如此。人类的这种活动,并未使他最终超出动物的水平,或者说,超出野蛮人的水平。"像野蛮人为了满足自己的需要。为了维持和再生产自己的生命,必须与自然进行斗争一样,文明人也必须这样做。而且在一切社会形态中,在一切可能的生产方式中,他都必须这样做。""事实是,自由王国只是在由必需和外在目的规定要做的劳动终止的地方才开始,因而按照事物的本性来说,它存在于真正物质生产领域的彼岸。"①这彼岸是人类的自由的生命世界。或者说,是人类从梦寐以求的自由理想出发,为自身所主动设定、主动建构起来的某种意义境界、价值境界。

因此,正如我在本书中一再强调的,真正使人区别于动物的,是对于生命理想的追寻。人无法容忍没有理想的生命、虚无的生命,他必须不断为生命创造出某种理想,不断为生命命名,而且,正是对生命的理想创造,而不是对于外在物质世界的占有,才是人之为人的终极根据,也才使人最终超出动物的水平,或者说,超出野蛮人的水平。

在这里,很可能颇为令人迷惑不解的是,从表面看,人的生命活动似乎与动物的生命活动基本相似,都无非是在同物质打交道,因而都生活在物质世界之中。这其实是一种极大的误解。人和动物虽然都和物质打交道,但实际并不相同。动物所追求的,只是物质本身,人却不但追求物质本身,而且要追求物质的意义。这意义借助物质呈现出来,但它本身并非其中某种物质成分,而是依附其中的能对人发生作用的信息。因此,人就不仅仅生活在物质世界,而且生活在意义世界。进而,人还要为这意义的世界镀上一层理想的光环,使之成为理想的世界,从而又生活在理想的世界里。并且,只有生活在理想的世界里,人才真正生成为人。

这无疑使我们意识到了人所生活于其中的不同世界的存在。对于生活于其中的不同世界,古今的哲人早有种种猜测。例如,柏拉图就曾把它们区分为可感世界、灵魂世界和理念世界;弗雷格曾把它们区分为外在世界、精神世界和意义世界;波普尔也曾经把它们区分为世界1、世界2、世界3:"首先有物理世界——物理实体的宇宙……我称这个世界为'世界1'。第二,有精神状态世界。包括意识状态、心理素质和非意识状态;我称这个世界为'世界2'。但是,还有第三世界,思想内容的世界,实际上是人类精神产物的世界;我称这个世界为'世界3'。"②卡西尔曾把它们区分为"事物的领域"

---

① 《马克思恩格斯全集》第25卷,人民出版社1974年版,第926页。
② 波普尔:《科学知识进化论》,纪树立译,三联书店1987年版,第409页。

"经验对象的领域""形式的领域"。① ……尽管这些看法并不相同,而且即使同样三分世界,区分的内容也不尽相同,但隐现于其中的探索方向却是大体一致的,这就是把世界区分为客体的世界、主体的世界和主客体同一的(或超越于主客体之上的)世界。

对此,我们还可以从现代科学的角度予以说明。现代量子论、相对论的出现唤醒了人类对于一个不以人的意志为转移的绝对世界的迷梦,也证实了马克思当年的哲学断想:"正像人的本质规定和人的活动是形形色色的一样,属人的现实也是形形色色的。"②应该说,这是一个十分引人瞩目的启示。在相当时期内,人们往往把客体世界和主体活动对立起来,认为它完全独立于人类之外并且与主体活动无关。结果,使客体世界失去了"诗意的感性光辉",成为一个冷冰冰的物理世界,成为一个只剩下质量、广延、形状、数目等"第一性质"的世界。但现代科学却无情地推翻了这一偏见。在现代科学看来,这一偏见只是在宏观低速这一特定世界中才有其合理性。一旦把视野推广到世界的全景,就未免失之片面了。从质量、广延这类"第一性质"来说,表面上看是客体世界的固有属性,但相对论却提醒我们,随着运动速度的变化,它们都会发生变化;从微观世界来说,它们的属性,正像量子论强调的,也会受到观测仪器的干扰。因此,即便是客体世界,也无法做到完全独立于主体之上,尽管在这里主体的作用应该遵从客体的限定。可是,假如我们进一步推论,认为除了世界的"第一性质",世界的其他性质都是虚假的,则是错误的。恰恰相反,当我们从主体出发,建立起颜色、滋味、声音等"第二性质"的主体世界,显然不能简单地视之为一种主体的误差,而应视之为一种不同的"人的活动"所导致的"属人的现实"、一种真实的世界。再进一步,当我们从超越主客体或主客体同一的角度出发,建立起理想、想象等"第三性质"的生命的世界,尽管已经远离了客体世界,甚至也远离了主体世界,但由于它更深刻地触及人的本质,更全面地凝聚着人的特性,所以应同样视

---

① 卡西尔:《人论》,甘阳译,上海译文出版社1985年版,第212页。
② 马克思:《1844年经济学—哲学手稿》,刘丕坤译,人民出版社1979年版,第79页。

之为一种"人的活动"（审美活动）所导致的"属人的现实"、一种理想的世界。

显而易见，美正是隶属于这一"第三性质"的世界。在此基础上，美不可能是别的什么，它只能是审美活动在对自由生命的定向、追问、清理和创设中不断建立起来的一个理想的世界。正像里尔克吟咏的：审美活动的真谛就在于使生命的"本质在我们心中再一次'不可见地'苏生。我们就是不可见的东西的蜜蜂。我们无终止地采集不可见的东西之蜜，并把它们贮藏在无形而巨大的金色蜂巢中"。美，不正是这"无形而巨大的金色蜂巢"吗？它是人的最高生命世界，是人的最为内在的生命灵性，是人的真正留居之地，是充满爱、充满理解、充满理想的领域，是人之为人的根基，是人之生命的依据，是灵魂的归依之地。这样，假如说，实践活动实现的是自由的基础，认识活动实现的是自由的手段，审美活动实现的则是自由本身，只是不是现实的实现，而是理想的实现。进而言之，在对象方面，是实现为一种自由的境界。而这就正是我所说的美——美是自由的境界。①

这是一个源初、本真的世界。自由的境界体现着人与世界的一种更为源初、更为本真的关系。它先于在二分的世界观的基础上形成的人与世界的物质的关系或者科学和意识形态性的关系，是与世界之间的一种相互理解。在自由的境界，人与世界处在一个层次上，"我们不妨模仿康德有关时间的一句名言，说：我在世界上，世界在我身上。"②或者说，人既不在世界之外，世界也不在人之外，人和世界都置身于自由境界之中。同时，在自由境界之中，人诗意地理解着世界，重新发现了被分割前的"未始有物"的世界，并且"诗意地存在着"。或许正是因此，海德格尔才会出人意料地宣布：美是

---

① 在考察美之为美时，要区别现实对象与审美对象。只有意向性对象才是审美对象，在现实对象向意向性对象转化之后，充满了英加登所说的"不确定点"和伊泽尔所说的"空白"，这就是美之为美的原因。而且现实对象是"无限制意义上"的客观的绝对存在，审美对象是"有限制意义上"的从属于现实对象的相对存在。前者是在审美关系之外存在的，后者是在审美关系之中存在的。审美对象是在审美活动中诞生的，现实对象一旦成为审美对象，其存在就不再是物质的，而是情感的。所谓"斧成石亡""庙成石显"。

② 杜夫海纳：《美学与哲学》，孙非译，中国社会科学出版社1985年版，第33页。

无蔽的真理的一种现身方式。而我们也才有充分的理由宣布，审美活动不但是人的存在方式，而且同时也是作为自由境界的美的存在方式。显而易见，只有从这个角度去理解美，才能够真正有助于对审美活动与自由本性的内在关系、审美活动与人的理想实现的内在关系的理解。试想，自由境界原来是如此源初、如此本真而又如此普通、如此平常的生命存在。用禅宗的话讲，"是如人骑牛至家"，是"后山一片好田地，几度卖来还自买"，是"挑水砍柴，无非妙道"，只是由于我们自己的迷妄与愚蠢，才把它弄得不源初、不本真而又不普通、不平常了，才把它从自由的境界变为冷冰冰的世界。那么，还有什么理由不去重新领承审美活动的馈赠，还有什么理由不去重返自由的境界呢？"人应该同美一起只是游戏，人应该只同美一起游戏。"①席勒的宣言只有在把美理解为自由的境界的时候，才有了真正的生命力。

这也是一个可能、未知的世界。人活着，总要去寻觅一片属于自己的生命的绿色和希望的丛林。自由境界正是这生命的绿色和希望的丛林。它内在于人又超越于人。它不是一面机械反映外在世界的镜子，不是一部按照逻辑顺序去行动的机器，更不是一种与人类生存漠不相关的东西，而是人类安身立命的根据，是人类生命的自救，是人类自由的谢恩。它"为天地立心，为生民立命"，为人类展现出与现实世界截然相异的一片生命之岛；它为晦暗不明的现实世界提供阳光，使其怡然澄明；它是使生命成为可能的强劲手段，是使人生亮光朗照的潜在诱因，是使世界敞开的伟大动力；是一种人类精神上的难以安分的诱惑，诱惑着人们在追求中实现自己的自由本性——哪怕只是在理想的瞬间得以实现。② 如果我们不理解这诱惑、这追求，我们也就不可能理解人、理解自由境界，正如日本的一首短歌中吟咏的：

---

① 席勒：《美育书简》，徐恒醇译，中国文联出版公司 1984 年版，第 90 页。
② 美是对审美活动而言的一种价值和意义，离开了审美活动，无所谓价值、意义。那么，它的意义何在？就在于：美作为自由境界的创造，是有限的现实世界的扩大、现实世界的超越。它把人类所渴望已久的东西展示出来。当人类看到它离自己如此之近，就会产生一种追求的冲动。

恋情不减终难见

徘徊至此望其门

短歌里含孕着一种复杂的意味,是令人心折的惆怅,也是让人销魂的眷恋。生命的自由境界,或许正存在于这种"望其门"和"终难见"的惆怅和眷恋之中。它使人在惆怅和眷恋中既飘然远逝又倏忽归来,既向外求索又自省怡然。……这,或许就是那令人难以安分的诱惑?或许就是那渴望着自由本性的理想实现的追求?

由此,就美之为美而言,美之所以离不开审美态度、审美感受,正是因为美归根结底不是审美客体的属性,也不是审美主体的属性,而是审美关系的属性。美不是实体范畴,而是关系范畴。美不是实体的自然属性,而是在审美活动中建立起来的关系质,是在关系中产生的,在关系中才具备的性质。任何事物当然可以具有自己的某些内在属性,但同时,它也可以在与另一事物的复杂关系中产生以另一方为前提的对象性属性,因此也可以成为构成美的前提,不过,它一旦呈现为美就不再是物质存在,而成为审美存在,此即海德格尔所再三致意的"斧成石亡""庙成石显"。苏珊·朗格在谈到作为审美对象的舞蹈时,也说:"虽然它包含着一切物理实在——地点、重力、人体、肌肉力、肌肉控制以及若干辅助设施(如灯光、声响、道具等),但是在舞蹈中,这一切全都消失了,一种舞蹈越是完美,我们能从中看到的这些现实物就越少。"①这样看来,美无非是在审美活动中建立起来的关系性、对象性属性,也是在审美活动中才存在的关系性、对象性属性。它不能脱离审美对象而单独存在,是对审美活动才有的审美属性,是体现在审美对象身上的对象性属性。犹如我在有了自己的女儿之前,作为实体并非不存在,但作为"父亲"的属性却不存在,也犹如花是美的,但并不是说美是花这个实体,而是说花有被人欣赏的价值、意义。

至于美怎么样,则主要侧重美的性质即构成美的条件、因素、素质等客

---

① 苏珊·朗格:《艺术问题》,滕守尧译,中国社会科学出版社1983年版,第5页。

观因素是什么。历史上的美的客观论者也曾对此作过大量讨论。例如认为美在形式、美在比例、美在和谐、美在形象、美在典型、美在"人的本质力量的对象化"……等等。这些看法虽然触及了美怎么样的某些方面,但却大多为片面之词。之所以如此,关键在于:美是审美活动的产物,美的性质因此也就只能从审美活动的化现实世界为自由境界的性质来把握。在这个意义上,美只能是一个流动范畴,不能用任何具体的东西来加以概括。而我们的美学研究的误区正在这里。例如,用美是"人的本质力量的对象化"来概括美,就只能够概括产品美。产品美确实是"人的本质力量对象化"的产物,但自然美就不能用"人的本质力量的对象化"来解释。再如,把人在产品中直观到的"人的本质力量"称为美是对的,但认为在所有的美中看到的都是如此,则显然不符合实际。再如,把体现着人的自由本性的对象称为美是对的,但有些对象并非人类的创造,因此无法体现着人的自由本性,但它本来就天然符合于人的自由本性,这显然也应该是美的。再如,强调美在形式是对的,但美并不就在形式,在某些情况下,美也在内容。再如,强调美是统一、平衡、对称……无疑是对的,但在某些情况下,美也是不统一、不平衡、不对称……再如,美在典型是对的,但是,美在意象、美在意境,无疑也是对的。

那么,怎样对美作出一个合乎实际的理论说明和概括呢?在我看来,关键在于思维方式的转换。这一点,正如今道友信所概括的:

> 美学作为近代基本思维方式——形而上学的一种产物,在审美现象的一切领域,明显或含而不露地规定着当今我们的根本思想。
>
> 但是最近,人们对形而上学的僵化深恶痛绝,结果使现代哲学家们认为这种基本思维方式本身就有问题,似乎对所谓美学家从根本上加以反省的时机来到了。我们想了解现代思想家代表之一的海德格尔艺术论的理由也就在这里,他就是深切忧虑潜伏在近代基本思考方式中的问题,并苦心于其超脱的哲人。不,他不局限于对现代思考的反省,而试图超脱自从古希腊以来贯穿在谓之形而上学哲学的全部历史中的

基本思维方式。在他看来,近代形而上学所体现的思维方式,不过是柏拉图所确立的形而上学全部过程的尾声。①

而我们所看到的关于美怎么样的考察的美学误区正在此处。例如,美是形式是西方美学的主要看法。在亚里士多德那里已经可以看到。此后尽管情况不同,例如在古代是偏重于形式与内容的和谐,近代是偏重于形式与内容的分裂,现代是偏重于形式本身,但却大多没有离开过"形式"。但仔细考察一下,不难发现,这一切都决定于西方的实体思维,所谓原子、单子、理念、逻辑、形象、典型……都是一种实体。实际上,西方美学所主张的形式是来源于改造自然的路途中,是人类从自然走向文明的确证,但这又难免只注意到部分与整体、表层与深层乃至有限与无限、现实与超越、人类与自然的对立的矛盾,因此,只能代表美怎么样的一个方面。中国美学很少关注"形式"问题。它认为美是"无"即对"形式"的超越:意境、气韵、元气、妙、道……都是一种"无",所以孟子一再强调美的最高境界是"大而化之",是"不可知之"。同样仔细考察一下,也不难发现,这一切又决定于中国的功能思维。显然,以对于"形式"的消解为美,是人类从文明回到自然的确证,但这又难免只注意到部分与整体、表层与深层乃至有限与无限、现实与超越、人类与自然的和谐,同样只能代表美怎么样的另一个方面。因此,今天我们在探讨美之为美的时候,如果一味在"美是形式"或"美不是形式"上苦苦求索,换言之,在"美是什么"上苦苦求索,就只能一无所获。问题的关键在于,说"美是什么",本身就是一种错误。正确的追问方式应该是"美如何可能"。而当我们考察历史上的美的种种定义时,正确的方式也应该是:"美曾以某某方式出现过。"把美作为一个固定的、静态的东西,而不去问它是怎么来的,是错误的,因为它们只是美的凝固但却不是美本身。古典的美以和谐的方式出

---

① 今道友信:《存在主义美学》,崔相录等译,辽宁人民出版社1989年版,第77—78页。

现是自由本性的理想实现的一种表现，是人的敞开性的表现；现代的美以不和谐的方式出现也是自由本性的理想实现的一种表现，是人的敞开性的表现。同样，美不论是以形式或非形式、和谐或非和谐、形象或非形象、概念或非概念、思想或非思想、自然或社会……的方式出现，也都是自由本性的理想实现的一种表现。只有看到人的自由本性的理想实现，才是看到了问题的实质。这昭示着我们：在历史形态上我们确实看到了美以形式、形象、典型、意境等方式出现……但我们却不能反过来说美就是这些东西。要对美怎么样作出概括，必须在这些历史形态中找到某种共同的东西。那么，共同的东西是在什么地方呢？就在于它们都是一种人的自由本性的敞开，而不在它们的表现形式。

也因此，作为美，它可以借助任何具体的东西而出现。它并不远离现实的世界，但又并不就是现实世界，例如，并不就是西湖、黄山……只要理想地加以运用，一切皆可以成为美，或者说，只要理想地加以运用，现实世界即可转化为理想境界。这样，美当然离不开现实世界，但这里的外在世界只具有"媒介"的意味，即只是用以显现理想世界的媒介。借用禅宗的语言，被理想地运用了的现实世界已经是"空中之音，相中之色，水中之月，镜中之象"。这"音"、这"色"、这"月"、这"象"，比现实世界中的"音""色""月""象"更为"透彻玲珑"，可以说是业已"到此境界"。这就是朱熹说的从自然山水中"随分占取，做自家境界"！借助龙树的话说："譬如静水中见月影，搅水则不见。无明心静水中，见吾我骄慢诸结使影，实智慧杖搅心水，则不见吾我等诸结使影。"审美活动同样是不希望用现实的"实智慧杖"打杀和"搅"碎"水中之月"，而是希望把水澄得一碧万顷，用种种方式呈现出"水中之月"这一境界。净全禅师诗云："万古碧潭空界月，再三捞摝始应知。"审美活动的"再三捞摝"，不同于现实活动的"再三捞摝"，它使现实世界转化为理想境界，而这种"转化"，就正是人性的觉醒，也是人的自由本性的理想实现的开始。席勒讲得何等深刻："事物的实在是事物的作品，事物的外观是人

217

的作品。"①

典型的例子是:月亮。天上的月亮,作为物质实在,只有一个,但在审美活动中它却在"再三捞摝"中不断变化。"中天悬明月"(杜甫)的弘阔,"斜月照寒草"(冯延巳)的幽戚,"月漉漉,波烟玉"(李贺)的舒卷,"我歌月徘徊"(李白)的悲壮,不是又显现出月亮的不同的"精神、气韵、光景"吗？不过,这里更为典型的例子应该是海德格尔对梵高的名作《农妇的鞋》的精辟剖析：

从鞋具磨损的内部那黑洞洞的敞口中,凝聚着劳动步履的艰辛。这硬邦邦、沉甸甸的破旧农鞋里,聚积着那寒风料峭中迈动在一望无际的永远单调的田垄上的坚韧和滞缓。鞋皮上粘着湿润而肥沃的泥土。暮色降临,这双鞋底在田野小径上踽踽而行。在这鞋具里,回响着大地无声的召唤,显耀着大地对成熟的谷物的宁静的馈赠,表征着大地在冬闲的荒芜田野里朦胧的冬冥。这器具浸透着对面包的稳靠性的无怨无艾的焦虑,以及那战胜了贫困的无言的喜悦,隐含着分娩阵痛时的哆嗦,死亡逼近时的战栗。②

显而易见,这《农妇的鞋》已不再是物质实在,而成为一种理想存在。在农妇漫不经心地穿它、脱它、收藏它乃至抛弃它时,它是隐匿不见的；只是在梵高笔下,它才从物质实在的沉滞、僵死中挣脱出来,它才终于向世界敞开,成为世界意义的显现。颇有趣味的是,杜夫海纳和里普斯也作过类似的精辟阐释,前者在分析罗丹的青铜塑像的那只手时指出："这只手表现的是有力、灵活,乃至温柔;这只手背上突起的青筋诉说人类的苦难,诉说对平静的休憩的渴望。但这只手不涉及任何实事。它所表现的一切都寓于自身,也只有在它向我们打开的那个世界才真实。"③后者分析米隆的《掷铁饼者》塑

---

① 席勒:《美育书简》,徐恒醇译,中国文联出版公司1984年版,第134页。
② 海德格尔:《诗·语言·思》,英文版,纽约,1971年,第42页。
③ 杜夫海纳:《审美经验现象学》,英文版,1973年版,第76页。

像的形象时也指出:"这个人在雕像上并没现出实体而只现出形式或是人的空间意象,只有这个空间意象对于我们的幻想才是由人的生命所充塞起来的。大理石只是表现材料,表现的对象却是禁闭在那空间中的生命。"①由此,不难看出,在审美活动中,现实世界的消解,就正是理想境界的开始、美的开始。禅宗说:"我若羚羊挂角,你向什么处扪摸。"看来,美也是如此!

而且,现实世界又不会自动转化为理想境界,它"口欲言而嗫嚅","欲生"而又不得"生",只有人类"代言之"为之催"生"才会呱呱坠地。例如"水影""阳春"。它们统统是自然的造化,但却"欲生"而不能,只有人类的创造,才促其诞生。于是,"风乍起,吹皱一池春水","水影"始"生";"红杏枝头春意闹","阳春"始"生"。因此,李贺才会有"笔补造化"的诗句。在这里,从"造化"到"笔补造化",正是从现实世界到理想境界。它比"造化"更"造化",是"第二造化"——自由的"造化"。而且,严格说来,现实世界拒人类的自由理想于门外,因此也不可能成为象征着自由本性的理想境界。换言之,任何理想境界都是人的自由本性的实现的产物,都必然是从现实世界中超越而出的结果。西方美学家讲的"存在的显现""本真的显现",应从这个意义上去理解。中国美学家讲的"传神写照""气韵生动""美不自美,因人而彰。兰亭也,不遭右军,则清湍修竹,芜没于空山矣""天地之生是山水也,其幽远奇险,天地亦不能一一自剖其妙,自有此人之耳目手足一历之,而山水之妙始泄",也应从这个意义上理解,在这方面,讲得最为透辟的是王夫之:

> 两间之固有者,自然之华,因流动生变而成其绮丽。心目之所及,文情赴之,貌其本荣,如所存而显之,即以华奕照耀,动人无际矣。②

---

① 里普斯。转引自《古典文艺理论译丛》第8辑,人民文学出版社1964年版,第42页。
② 王夫之:《古诗评选》卷五。

"自然之华,因流动生变而成其绮丽",这正是现实世界中呼之欲"生"的境界,但它的真正诞生,却又只能是"心目之所及,文情赴之"的结果。因此,"华奕照耀,动人无际",就不能被看作外在世界的光辉,而只能被看作理想境界的光辉。这样看来,外在世界"口欲言而嗫嚅",只好由人起而"代言之",就只是审美活动中的表面现象。实际情况倒是:人类"口欲言而嗫嚅",巧借外在世界"代言之"。

　　因此,正如"此身合是诗人未"还只是一种现实感受,一旦咏出"细雨骑驴入剑门",美才应运而生。千古名句"细雨湿流光",被美学家赞誉为"能摄春草之魂",这里的"魂"是什么?难道不正是"境界"?正值"落花""残春"的时节,春草得"细雨"而越发怒苗碧润,恣意滋蔓,远望千里如茵,"光""影""流"动,生机无限,俨然为春色主。"叶上初阳干宿雨,水面清圆,一一风荷举",也被美学家赞誉为"真能得荷之神理者",这里的"神理"是什么?难道不也正是"境界"?你看,那小荷在突破了"宿雨"的遏止之后,沉浸在"初阳"、微"风"的亲切梳弄之中,呈现出"清圆"、摇漾、飘飘欲"举"的清丽风姿。应该说,这清丽风姿正是"荷之神理",也正是荷之"境界",这境界诞生于审美活动,①超越于有限生命的虚无,"映在'无尽'的和'永恒'的光辉之中,'言在耳目之内,情寄八荒之表'。一切生灭相,都是'永恒'的'无尽'的象征。"②它是生命所孕育出的理想世界,是人类自己创造出的美丽的星球,一旦被"镂诸不朽之文字",就成为人类万古不朽的生命写照和宝贵财富。③

---

① "境界之呈于吾心而见于外物者,皆须臾之物。"(王国维)
② 宗白华:《美学散步》,上海人民出版社1981年版,第71页。
③ 阿瑞提指出:"意象具有把不在场的事物再现出来的功能,但也有产生出从未存在过的事物形象的功能——至少在它最早的初步形态中就是如此。通过心理上的再现去占有一个不在场的事物,这可以在两个方面获得愿望的满足。它不仅可以满足一种渴望而不可得的追求,而且还可以成为通往创造力的出发点。因此,意象是使人类不再消极地去适应现实,不再被迫受到现实局限的第一个功能。"(阿瑞提:《创造的秘密》,钱岗南译,辽宁人民出版社1987年版,第64页)确实如此,"象"具有连接现实与理想的功能。正是它,使得人们能够从有限的现实世界进入理想的境界。在现实世界,要实现理想的境界,唯一的途径,就是"象"。

另一方面,"美怎么样"又正如美学家常说的那样,与可感知的具体世界中符合人的自由本性要求而且能够激发审美愉悦的对象性属性密切相关。美正是通过它们所建立起来的自由境界。因此,由于对象性属性的差异,现实世界被转化为理想境界的难易又有不同。换言之,"美怎么样",也有其对于对象的美学规定,例如,从生成层面看,美应是从历史到社会到文化的多层面的特殊沉积的一种瞬间生成。从类型的层面看,美主要表现为三种类型:意境、形象、意象。而且其中又有其具体差异,例如,从历史维度看,意境是中国传统审美实践的总结,形象是西方传统审美实践的总结,意象是西方当代审美实践的总结;从组合结构看,意境是意与象的交融,形象是象的突出,意象是意的突出;从主客体的角度看,意境侧重主客体的统一,形象侧重客体,意象侧重主体;从内容的角度看,意境侧重于对合规律性与合目的性的超越,形象侧重于对合规律性的超越,意象侧重于对合目的性的超越,等等。从内涵的层面,美起码包含三个由浅入深的方面:象内之象——象外之象——无象之象。……不过,这一切本书暂且不论,我要强调的只是,美只是通过它们,但却并非就是它们。

这样,在上述理论阐释的基础上,我们可以提出一个初步的关于美的定义:在第一个层面(美的根源),美是审美活动的外在化即逻辑展开和最高成果;在第二个层面(美之为美),美是审美活动所建立起来的自由境界;在第三个层面(美怎么样),美则是审美活动通过可感知的具体世界中符合人的自由本性要求而且能够激发审美愉悦的对象性属性所建立起来的自由境界。这是一个融汇了前面两个层面的美的内涵的、更为深刻也更为具体的美的定义,也是适应面更为广泛的定义。简单言之,也可以说:美是自由的境界!

关于美感的讨论,同样是对于审美活动的逻辑形态的考察的重要组成部分。[①] 美感同样只相对于审美活动而存在。过去我们往往从实践活动去

[①] 审美活动与美感不能简单等同。审美活动是包括感知、想象、理解等多种心理功能在内的复杂的心理活动。美感则是对审美对象的愉快的感觉、欣赏的态度、肯定的评价。感知、想象、理解等多种心理功能是美感产生的条件,但不是美感本身。简单说,审美活动是全过程,美感只是其中的顶峰。

讨论美感,因而把美感与实践活动中的实际的愉悦即满足感混同起来,实际上,美感最初与劳动中的实际的愉悦即满足感或许有些关系,但后来这种实际的愉悦即满足感就升华为自由的愉悦即超越感了。实践美学总是从实际的愉悦即满足感(而且把它误解为"自由感")讲美感,是肤浅的,对于美感,只能从自由的愉悦即超越感的角度来讨论。

为了与实践美学的看法相互区别,关于现实活动的愉悦与审美活动的愉悦,还有必要再深入展开。在现实社会中,现实活动的愉悦并非理想本性、最高需要、自由个性的实现,当然也并非审美愉悦的同义语。中国的美学家喜欢用马克思所说的"在他所创造的世界中直观自身"①一类论述来对审美活动加以说明,实际马克思这类论述显然存在着把现实活动描绘成抽象的、静态的、既定的东西的缺憾,从中不难看到人本主义的某些影响。何况,这种"直观自身"只是一种现实活动的愉悦,但是现实活动的愉悦并不就是美感。因此,首先,这类论述虽然有助于了解审美活动的发生历史,却并不是在为审美活动下定义。② 其次,即便是注意到从现实愉悦向审美愉悦的转化,这类论述也只能说明审美活动存在自身欣赏自身这样一种情况,但不能从中推出,审美活动就只是局限于自身欣赏自身,只是局限于欣赏产品。否则,就会把审美活动狭隘化。试想,只强调去欣赏物化在对象身上的自己的力量,在线条、颜色、鲜花,万事万物身上,看到的都只是人的本质力量,例如把一块石头看成是"望夫石",就完成审美活动了?审美活动有什么理由要搞得如此狭隘,人类又有什么必要气量狭隘得要到处看到自己呢?人类当然可以通过欣赏已经被对象化的世界来丰富自己,但是否也可以通过那些还没有被对象化的世界来丰富自己呢?人类的审美愉悦固然是一种自我欣赏、自我直观的需要,但不更是一种自我丰富、自我提高的需要吗?再次,归根结底,用这类论述来说明审美活动,是混淆了创造产品的现实活动与创

---

① 《马克思恩格斯全集》第42卷,人民出版社1979年版,第97页。
② 从现实愉悦转化为审美愉悦,还需要一些中介环节,例如开始可能会在产品身上加以改造,使之满足自己的日益发展的审美需要,但后来可能就不满足于这种情况了,就会转而专门制造并不具备实用价值的专门用于审美活动的产品了,等等。

造美的审美活动这两种不同方式,因而也显然是错误的。

假如说美是生命超越活动中所建构起来的对象世界,一个境界形态的世界,①那么,美感则是生命超越活动中所建构起来的一种愉悦情感,是对于生命超越活动的一种鼓励。② 简而言之,假如说美是自由的境界,美感则是自由的愉悦。③

至于美感的特性,美学界可以说是众说纷纭,但大多是随机地甚至是随心所欲地罗列若干方面,特征之间缺乏逻辑联系,而且缺乏内在深度。在我看来,至今为止,仍旧是康德的从质——量——关系——模态出发的概括精到、深刻。因为他抓住了审美体验中的矛盾运动所形成的种种"悖论"。所以鲍山葵才会宣称:美感"自经康德深刻阐发之后,就永远不再被严肃的思

---

① 这使我意识到:在审美活动中存在着两种情况,其一是对于人对自然的人化的强调,突出了人对自然的作用,例如移情说;其二是对于自然与人类之间联系的强调,突出了自然对人的反作用,例如内摹仿说。而心理距离说是对于两者的共同强调。马克思强调的"囿于"实际需要的感觉"只具有有限的意义","忧心忡忡的穷人"与"最美丽的景色","贩卖矿物的商人"与"矿物的美的特性",都是强调如果只是抓住人化这个方面,忽视自然这个方面,是无法进行审美的。我们过去只把这句话理解为不能太功利,却忘记了这主要正是指的对自然太功利。
② 它是人类进化史所肯定下来的人类功能;它的根本特征是"超功利性"。采用"超功利性"而不是"非功利性",意即美感实际是有功利的,只不过不是实践活动或者认识活动所需要的功利性而已。因为前面两者是现实活动,而审美活动只是理想活动,不是现实活动,所以不可能有现实的功利性。还有一点需要解释一下,西方美学特别强调"非功利说",之所以如此,实际是因为西方文化是作为一种社会现象,是功利性的,所以审美活动的出现首先就必须是非功利的,而中国文化作为社会现象,本身就是非功利,因此中国美学就不太强调非功利性问题。
③ 美感是在整个审美活动过程中所产生的生理成果、心理成果。过去只理解为狭义的即和谐的愉悦,是错误的。例如,人们往往用中国的"物我同一"来说明美感,但它只是注意到了美感的巅峰状态,整个过程不可能总是如此,而是既同一又不同一。卡西尔就一再致意:"我们在艺术中所感受到的不是哪种单纯的或单一的情感性质,而是生命本身的动态过程,是在相反的两极——欢乐与悲伤、希望与恐惧、狂喜与绝望——之间的持续摆动过程。"(卡西尔:《人论》,甘阳译,上海译文出版社1985年版,第189页)我这里所说的愉悦是广义的。

想家所误解了。"①但康德的概括似又有重复之处,因此,我把康德所阐释的质——量——关系——模态四契机概括为三种,把"无功利的快感"概括为非功利性,它区别于人类的实践活动,揭示的是人类的情感秘密;把康德说的"无概念的普遍必然性"概括为直接性,它区别于人类的认识活动,揭示的是人类的心理秘密;把康德的"无目的的合目的性"概括为超越性,它区别于人类的实践活动与认识活动,揭示的是人类的在情感与心理基础上所形成的审美活动的秘密。

其中的关键是美感的非功利性。至于美感的直接性、超越性则是广义的非功利性(非"概念的普遍性"的功利性、非"合目的性"的功利性)。因此,一旦真正把握了美感的非功利性,美感的直接性、非目的性也就得以真正把握。

区别于实践活动的功利性,审美体验的非功利性可以说是美学家所众口一词加以肯定的。"自从18世纪末以来,有一个观点已被许多持不同观点的思想家所认可,那就是……'审美的无功利关系'。"②而康德美学的意义也正表现在这里。他在《判断力批判》中综合前人的研究提出的"鉴赏判断的第一契机"——"美是无一切利害关系的愉快的对象",③堪称传统美学正式诞生的关键。它揭示了审美活动的本质特征,④作为一个重大的美学命题,它的诞生也就是近代美学的诞生。

为什么这样说呢?主要是因为它从外在和内在两个方面在根本上完成了近代美学的建构。在外在方面,近代美学与近代资产阶级的兴起密切相关。这使得它必须着眼于主体性、理性以及从耻辱感向负罪感的转换的美学阐释,必须着眼于资产阶级的特定审美趣味的美学阐释,换言之,使得它

---

① 鲍山葵:《美学三讲》,周煦良译,上海译文出版社1983年版,第75页。
② 彼得·基维。转引自朱狄:《当代西方美学》,人民出版社1984年版,第280页。
③ 康德:《判断力批判》上卷,宗白华译,商务印书馆1985年版,第48页。
④ 这本质特征,海里克曾通俗地比喻云:"嘴唇只在不接吻时才唱歌。"

必须在美学领域为资产阶级争得特定的话语权。由此,对于审美与生活之间的差异(以及艺术与生活之间的差异)的强调,就成为其中的关键。康德之所以对所谓"低级""庸俗"趣味深恶痛绝,之所以大力强调真正的美感与"舌、喉的味觉"等肉体性的感觉的差异,之所以要强调先判断而后愉悦,简而言之,之所以强调审美活动的非功利性,原因在此。

而在内在方面,则与对于审美活动乃至美学的独立地位的确立有关。美学固然在1750年已经由鲍姆加登正式为之命名。但他对审美活动的理解却很成问题,所谓"感性认识的完善",仍旧是把美感与认识等同起来,把审美活动从属于认识活动,并且作为其中较为低级的阶段,这样,美学不过就是一门"研究低级认识方式的科学"。另一方面,在英国经验主义则把审美活动与功利活动混同起来,把美学混同于价值论,借以突出审美活动的与价值论有关的"快感",但就美学本身而言,却仍旧没有找到自身的独立地位,因为它研究的对象——审美活动只是价值活动的低级阶段。康德提出审美活动的非功利说,所敏捷把握的正是这一关键。他指出:"快适,是使人快乐的;美,不过是使他满意;善,就是被他珍贵的、赞许的,这就是说,他在它里面肯定一种客观价值。……在这三种愉快里只有对于美的欣赏的愉快是唯一无利害关系的和自由的愉快;因为既没有官能方面的利害感,也没理性方面的利害感来强迫我们去赞许。"[1]这样,康德就从既无关官能利害(用"生愉悦"把审美活动与"功利欲望快感"相区别)、又无关理性利害(用"非功利"把审美活动与"感性知识完善"相区别)这两个层次把美与欲、美与善同时区别开来。审美活动因此而第一次成为一种独立于认识活动、道德活动的生命活动形态(在此意义上,假如说康德是以第一批判为求真活动划定界限,从而确定其独立性,以第二批判为向善活动划定界限,从而确定其独立性,那么第三批判就是为审美活动划定界限,从而确定其独立性。因此,与其说它是美学的,毋宁说它是哲学的),美学学科也因此而真正走向

---

[1] 康德:《判断力批判》上卷,宗白华译,商务印书馆1985年版,第46页。

独立。

然而,"非功利"说却毕竟只是传统美学而并非美学本身的完成形态,也毕竟只是一种权力话语而并非真理,因为美感不但有其非功利的一面,而且有其功利的一面。不妨简单地设想一下我在第一篇第一章提出的问题:生命进化的事实是那样严酷,为什么会允许审美体验遗传下来而没有无情地淘汰它呢?看来,它也不是一种奢侈品,而是有功利的,只是它的功利性与快感的功利性的内容有所不同而已。事实也正是这样。应该说,人类的审美活动就是在漫长的生命进化的功利活动中逐渐形成的。只是在传统文化的逼迫之下,审美活动、艺术活动在现实中完全处于一种被剥夺的状态,审美活动、艺术活动才不得不以一种独立的"非功利"的形态出现,而当代审美文化则从对于无功利的传统推崇,转向了对于功利的推崇,这意味着向超功利的转进。它意味着,对于审美活动、艺术活动是否必须作为一个独立范畴而存在的一种完全正当的怀疑。这是从原始时代以后就再也不曾有过的一种怀疑。实际上,作为一种独立的精神状态,审美活动的传统形态在某种意义上就是一个千年来的美学误区。因此,只是当我们站在传统美学的立场上才会说这是一种退步,假如站在当代美学的立场上则完全可以说这是一种美学革命,是对原始时代的一次美学复归。这使我们意外地发现:功利性就真的一无是处吗?在远古时代,人类不就是因为游戏而成为人的吗?我们有什么理由否认,当代人就不能通过游戏而成为更高意义上的全面发展的人呢?而且,从根本的角度来看,审美活动就是有功利的。① 只是这种功利不同于传统美学所批评的功利。传统美学所批评的功利,是一种从社会的角度所强调的功利,它要求审美活动抛弃自己的独立性,成为社会的附庸。毫无疑问,这种功利是必须反对的。但在传统美学,却因此形成了一种

---

① 人类的进化史告诉我们,它绝对不会允许任何一点毫无用处的东西的存在。即便是阑尾也不例外,过去一直以为无用,后来科学家发现,还是有用的。审美活动不会成为人类进化史中的一个疏忽。

错误的观念,以为审美活动就是无功利的,这则是完全错误的。① 当代审美文化的出现使我们意识到:严格地说,任何活动都是有功利的,审美活动的趋美避丑不就隐含着趋利避害的功利吗?

所以,承认审美活动的功利性的一面,就既是一种逻辑的必然,也是一种历史的选择。就后者而言,这是当代美学的明智之举。事实上,这一明智之举从叔本华、尼采就已经开始了。从叔本华开始,源远流长的彼岸世界被感性的此岸世界取而代之,被康德拼命呵护的善失去了依靠。在康德那里是先判断后生快感的对于人类的善的力量的伟大的愉悦,在叔本华那里却把其中作为中介的判断拿掉了,成为直接的快感。尼采更是彻底。康德也反对上帝,但用海涅的话说,他在理论上打碎了这些路灯,只是为了向我们指明,如果没有这些路灯,我们便什么也看不见。尼采就不同了,他干脆宣布:"上帝死了!"应该说,就美学而言,关于"上帝之死"的宣判不异于一场思想的大地震。因为在传统美学,上帝的存在提高了人类自身的价值,人的生存从此也有了庄严的意义,人类之所以捍卫上帝也只是要保护自己的理想不受破坏。而上帝一旦死去,人类就只剩下出生、生活、死亡这类虚无的事情了,人类的痛苦也就不再指望得到回报了。真是美梦不再!但是,一个为人提供了意义和价值的上帝,也实在是一个过多干预了人类生活的上帝。没有它,人类的潜力固然无法实现,意义固然也无法落实。但上帝管事太

---

① 就以花为例:占有花,可得实用快感;了解花,可得认识快感;崇拜花,可得宗教快感(例如"拈花微笑");欣赏花,可得审美快感。但康德没有区别实用功利与精神功利,美感并非与人没有"一切功利关系"(心理距离说也如此。它只注意了区别,没有注意统一,把与功利、实用的差别绝对化。事实上在审美活动中既有距离,又无距离,前者是指审美活动的前提,后者是指审美活动的状态)。首先,传统美学没看到长远功利与短暂功利的复杂关系。例如,与个人功利无关,但与社会功利有关;与短期功利无关,但与长期功利有关;与直接的功利无关,但与间接的功利有关;与物质功利无关,但与精神功利有关;与今天的物质功利无关,但与明天的功利有关。其次,功利也是与自由相关,否定它们与自由的关系,过分抬高审美活动与自由的关系,是不对的。其中,最重要的是区别两者与自由之间的特殊关系。第三,事物的功利性同样对审美有用,没有功利,人类也就无须审美。在这个意义上,也有助于美感的广度、深度。

多,又难免使人陷入依赖的痴迷之中,以致人类实际上是一无所获。这样,上帝就非打倒不可。不过,往往为人们所忽视的但又更为重要的意义在于:"上帝之死"事实上是人类的"自大"心理之死。只有连上帝也是要死亡的,人类数千年中培养起来的"自大"心理才被意识到是应该死亡的,一切也才是可以接受的。难怪西方一位学者竟感叹云:"困难之处在于认错了尸体,是人而不是上帝死了。"只有意识到这一点,我们才会懂得尼采何以混同于现实,反而视真、善为虚伪,并且出人意外地把美感称为"残忍的快感"的原因之所在。到了弗洛伊德等一大批当代美学家,则真正开始了对于审美活动的功利性的一面的考察。以弗洛伊德为例,他所关注的人类的无意识、性之类,正是意在恢复审美活动的本来面目。或许,在他看来,审美走向神性,并不就是好事,把审美当作神,未必就是尊重审美。而他所恢复的,正是审美活动中的人性因素。就人性因素而言,注重审美活动的功利性一面的考察,更是美学之为美学的题中应有之义。这绝非对于审美活动的贬低,而是对于审美活动的理解的深化。只有如此,审美活动才有可能被还原到一个真实的位置上。① 其中的原因十分简单,康德独尊想象、形式、自由以及审美活动的自律性,强调现实与彼岸、感性与理性、优美与崇高、纯粹美与依存美、艺术与现实、想象与必然性、艺术与大众的对立,并且把审美活动与求真活动、向善活动对峙起来,固然有其必要性,但是却毕竟是幼稚、脆弱、狭隘而又封闭的,充满了香火气息。审美活动不但要借助于"无目的的目的性"从现实生活中超越而出,与求真活动、向善活动对峙起来,而且更要借助于"有目的的无目的性"重新回到现实生活(这就是我们所看到的当代审美文化),与求真活动、向善活动融合起来。

而且,对于功利本身也要进行具体分析。从横向的角度看,功利的内涵可以分为个人、社会、人类三个方面。当它们与审美活动相矛盾时,无疑是

---

① 当然,弗洛伊德的情欲满足说、谷鲁斯的内模仿说,只是抓住了动物性的自然快感,也是片面的。须知,美感既是动物性的自然快感,也是社会性的心理快感。顺便强调一下,弗洛伊德强调的是怎样把诗人降低为普通人,而本书强调的是为何普通人会被提高为诗人。

妨碍审美的,但假如与审美活动不相矛盾,就不会妨碍审美。"美的欣赏与所有主的愉快感是两种完全不同的感觉,但并不是常常彼此妨碍的"。① 车尔尼雪夫斯基的看法不无见地。从纵向的角度看,从功利到非功利,是人类审美活动的历程中的一大进步。康德哲学说明的正是这一事实。而从非功利到超功利,或许也是人类的一大进步。

因此,就美感的根本属性而言,应该说它是超功利性的,即既有功利但又无功利。事实上,人类对于功利的追求本来就是最为合乎人性的。不少学者一味强调美感的非功利,强调对于功利的否定,是不对的。美感的存在只是为了强调不宜片面地沉浸于功利之中,因为那是非常危险的,也是不符合人类追求功利的本义。这就是审美活动的"不即不离"、审美活动的超越性的真实涵义。换言之,美感并非不去追求功利,它只是不在现实活动的层面上去追求功利性,而是在理想活动的层面上去追求功利,而且,是从外在转向了内在。它不再以外在的功利事物而是以内在的情感的自我实现,不再以外部行为而是以独立的内部调节来作为媒介。美学家经常迷惑不解:为什么在美感中情感的自我实现能成为其他心理需要的自我实现的核心或替代物呢?为什么在美感中情感需要能够体现各种心理需要呢?为什么美感既不能吃又不能穿更不能用但人类却把它作为永恒的追求对象?在我看来,原因就在这里。试想,对于自由生命的理想实现的追求,不就正是人类的最大功利吗?

美感的超功利性还可以从审美活动满足人类生存需要的特定方式加以解释。一般而言,生存需要的满足方式有二:其一是保存自己的满足,要靠占有外界来实现,可以称之为一种通过为自己增加包袱的办法来获得物质上的满足的方式。其二是宣泄自己的满足,要靠内在的表现自身来实现,可以称之为一种通过为自己扔掉包袱的办法来获得精神上的满足的方式。就信息系统而言,人类的理性活动属于前者,它是保存性的,其中占优势的是

---

① 车尔尼雪夫斯基。见北京大学哲学系美学教研室编:《西方美学家论美和美感》,商务印书馆1980年版,第258页。

记忆规律;而审美活动则属于后者,是宣泄性的,其中占优势的是遗忘规律。在这方面,奥夫夏尼科-库利科夫斯基的发现非常值得重视:"我们的情感心灵简直可以被比作常言所说的大车:从这大车掉下什么东西,就再也找不回来。相反,我们的思想心灵却是一辆什么东西也掉不下来的大车。车上的货物全部安放很好,而且隐藏在无意识的领域里……如果我们所体验的情感能保存和活动在无意识的领域里,不断地转入意识(就像思想所做的那样),那么,我们的心灵生活就会是天堂和地狱的混合物,即使最结实的体质也会经不住快乐、忧伤、懊恼、愤恨、爱情、羡慕、嫉妒、惋惜、良心谴责、恐惧和希望等等这样不断的聚集。不,情感一经体验并消失,就不会进入无意识领域。情感主要是有意识的心理过程,与其说情感是积累心灵的力量,不如说它们是消耗心灵的力量。情感生活是心灵的消耗。"①

　　美感的奥秘就隐藏在这心灵消耗之中。从神经机制的角度看,审美活动的过程无疑正是神经能量的消耗、耗费和疏泄的过程。任何审美活动都是心灵的消耗,哪怕是诗歌语言的陌生化,也是意在使情感的宣泄增加难度,从而导致情感的被大量宣泄。审美活动较之诗歌语言的陌生化无疑要复杂得多,因此它的消耗也就更大。由此可见,审美活动是反节约力量原则的,是作为破坏而不是保存我们的神经能量的反应向我们显示出来的。它更像爆炸,不像斤斤计较的节约。但它又是以消耗为节约,看上去很不节约地消耗我们的情感,反而使我们轻装上阵,能够做更多的事情。弗洛伊德举过一个例子来说明:这种特殊的力量节约的方式就像一个家庭主妇的那种小小的节约,为了能够买到便宜一分钱的菜,不惜舍近求远跑到几里外的市场上去买,结果以这种方式避免了那种微不足道的花费。"对这种节约,我们早就摆脱了那种直接的,同时也是幼稚的理解,即希望完全避免心理消耗,而且是以尽量限制用词和尽量限制建立思维联系来取得节约。我们那时就已对自己说过:简洁、洗练还不就是机智。机智的简洁——就是一种特

---

① 奥夫夏尼科-库利科夫斯基。转引自维戈茨基:《艺术心理学》,周新译,上海文艺出版社 1985 年版,第 263—264 页。

殊的,恰恰是'机智的'简洁。我们不妨把心理节约比作一家企业,当企业的周转额还很小的时候,整个企业的消耗当然也不会多,管理费也很有限。在绝对消耗额上还要精打细算。后来,企业扩大了,管理费的意义退居末位了。现在,只要周转额和收入大大增加的话,花费多大就不那么重要了。节约支出对企业来说就会微不足道,甚至干脆是亏本的事情了。"[1]

进而言之,神经能量消耗往往同时存在于外围和中枢这两极,因此,其中一极的加强就会导致另外一极的减弱,而一极的过多消耗也会导致另外一极的消耗的减弱。审美活动之所以可以以情感的自我实现为中介并且不导致外在行动(超功利),道理就在这里。我们的任何一种反应,只要它所包含的中枢因素复杂化,外围反应就会变得迟缓并丧失它的强度。随着作为情绪反应中枢因素的幻想的加强,情绪反应的外围方面就会在时间上延迟下来,在强度上减弱下来。谷鲁斯认为:在审美活动中和在游戏中一样,都是反应的延迟而不是反应的抑制。审美活动在我们身上引起强烈的情感,但这些情感同时又不会在什么地方表现出来。这正是审美情感与一般情感的区别的奥秘所在。前者也是情感,但又是被大大加强的幻想活动所缓解的情感。正是外在行动的迟缓才是审美活动保持非凡力量的突出特征。不是导致紧握拳头而是缓解,此即审美活动的超功利。狄德罗说得好:演员流的是真眼泪,但他的眼泪是从大脑中流出来的。[2]

而且,审美活动的奥秘还在于,它激起的是一种混合情绪。沮丧与兴奋、肯定与否定、爱与恨、悲与欢……交相融合在一起。达尔文就曾发现人类的表情运动存在对立的定律:"有些心情会引起……一定的习惯性动作,这些习惯性动作在最初出现时乃至在现在也是有用的动作;我们会看到,如果有一种直接相反的思想情绪,就会有一种强烈的、不由自主的意向要做出那些直接相反性质的动作,即使这些动作从来不会带来丝毫好处。""显然,

---

[1] 转引自维戈茨基:《艺术心理学》,周新译,上海文艺出版社 1985 年版,第 266—267 页。
[2] 当然,这种中枢缓解在一般情感中也偶尔可以见到,但不典型。

这就在于,我们在一生中随意地实现的任何动作总要求一定的肌肉发生作用;而在实现直接相反的动作时,我们就使一组相反的肌肉发生作用,例如,向右转和向左转,把一件东西推开或拉近,把重物举起或放下……因为在相反的冲动下做出相反的动作已经成为我们和低等动物的习惯性动作,所以,当某一类动作同某些感觉或情感活动联想起来的时候,自然可以假设,在直接相反的感觉或情感活动的影响下,由于习惯性联想的作用,完全相反性质的动作便会不由自主地发生。"[1]不难想象,当审美活动把相反的冲动送到相反的各组肌肉上去,同时向右转、向左转,同时向上提、向下降……情感的外部表现自然会被阻滞。相互对立的情感系列,导致彼此发生"短路"从而同归于尽。这就是现代意义上的美学"净化"。因此,又可以说,审美活动中的最为深层的奥秘恰恰在于:作为任何情感的本质的神经能量的宣泄,在此过程中是与此相反的方向中发生的,因此审美就成为神经能量最适当、最重要的宣泄的最为强大的手段。

由此我们又一次看到了审美活动与自由境界之间的内在联系。自由境界在审美活动中之所以被格外看重,正是因为只有它的出现,才能够把审美活动所激起的混合情绪设立在两个相反的方向上,形成两种情绪——审美情绪与内容情绪,从而使它们最终消失在一个终点上,就像消失在"短路"中一样。而且,在这两种情绪中,审美活动是采用审美情绪克服内容情绪(生活中只有内容情绪)的方式,使之从一种确定的情绪转而成为一种不确定的情绪。在这里,节奏、韵律能够引起与内容相反的某种情绪,引起情绪的"自燃",从而达到净化情绪的目的。

因此,把审美活动和艺术作品理解为以情感人,[2]是错误的。例如,托尔斯泰就曾对比两种艺术说:村妇们为祝福女儿出嫁而演唱的大型轮舞曲给

---

[1] 达尔文。转引自维戈茨基:《艺术心理学》,周新译,上海文艺出版社 1985 年版,第280页。
[2] 移情说的缺陷就在这里。它不但忽视了作为审美对象的自然属性的引发作用,更没有解决一般情感与审美情感的区别,审美活动并不是展示情感而是理解情感,审美活动就是对一种情感的审美解读。

他留下了深刻的印象,故是真正的艺术;贝多芬的第一百零一号奏鸣曲没有给他留下深刻的印象,故称不上是什么真正的艺术。但从上述分析来看,显然是不准确的。把审美作为一种情感表现,是一种误解。情感是一种内在心理过程,艺术作品则是一种物理事实,前者是内在的和个人的,后者则是外在的和公共的,那么,正如鲍山葵所反复自询的,情感是怎样进入物理事实中去的? 结果,还是用艺术之外的东西来评价艺术。人们往往以为:战斗的音乐是为了引起战斗的情绪,教堂的歌声是为了引起宗教的情绪。其实不然。假如艺术是为了传递感情,女性就更应该成为音乐家了,但事实上伟大的音乐家并没有女性。实际上,即便是军号也不是为了唤起战士的战斗情绪,而是为了使我们的机体在紧张的时刻同环境保持均衡,约束和调整机体的活动,使我们的情绪作必要的宣泄,驱除恐惧,从而为勇敢开辟一条自由道路。可见,审美不是为了从自身产生任何实际活动,它只是使机体去准备实现这一动作。弗洛伊德说:受惊的人一看到危险就恐惧、逃跑,在实际生活中,有用的是跑;在审美活动中正相反,有用的是恐惧本身,是人的情感宣泄本身,它只是为正确的逃跑创造条件而已。它们更多的是缓和和约束突发的热情,安抚紧张的神经系统,以便驱除恐惧。因而充其量也只是使战斗情绪容易表现出来,但它本身却并不直接引起这种情绪。

这样看来,最真诚的感情也创造不了审美活动,要创造审美活动,还要有克服、缓解和战胜这一情感的活动,只有出现了这一活动,才能创造审美活动。审美活动只是在生活最紧张、最重要的关头使人类和世界保持平衡的一种方法,其中往往包含着两种天衣无缝地被编制在一起的相反的情感倾向,它的作用则是缓和这些情感。看来,审美活动有着比感染别人更为重要的作用。就像在原始劳动中的合唱能以自己的节拍协调肌肉的活动节奏,表面上无目的的活动的游戏符合锻炼和调整臂力或脑力的无意识的生理需要,缓和紧张的劳动。同样,大自然把审美活动交给我们,也是为了使我们更容易忍受生存的紧张和不堪。这就是审美活动之所以诞生的根本原因。以音乐为例,它既不使人高尚,也不使人卑鄙,它只是激励人们的灵魂而已。情诗也如此,人们以为它是直接唤起人们的情绪的,但它实际是以完全相反的形式进行的。其中的审美情绪对于所有其他的情绪尤其是性欲起着缓和的作用,常常是麻痹着这些情绪。再如,阅读凶杀的作品不仅不会使人去凶杀,而且会使人戒除凶杀。我们已经知道,技术并不是简单地延长人们的手臂,审美和艺术也并不是简单的延长的社会情感。审美从来不是生活的直接表现,而是生活的转换,是我们的心理在日常生活中找不到出路的某个方面在艺术中的消耗。生活之中的恐怖、悲哀,我们避之唯恐不及,置身审美活动之中的我们却对此津津有味。看来它们也不一样。在审美活动中是让人观照的,而不是让人忍受或重新经历的。在审美活动中,表现一词的含义,不再是发泄,而是理解,不再是通过释放得到外化,而是将之变成一种意象让人在心理距离之外来观照和反思。说出自己的情感,就意味着把它转化为一种可以控制的东西了。表现就是对情感的审美理解。作为内心状态的东西,是作品的源泉,但不是作品的最后的东西,从因果表现论来理解审美活动所忽视的就是这一点。大家都高兴,就意味着共同享受同一种经验吗?只有同在一起讨论,共同交流,这情感才成为"共享"的东西,也才可以使情感成为可以控制的东西。换言之,世界上的任何事物都具有情感特征,其中的特殊意味会影响到人们的心理状态,然后借助公共的解释系统来解释之。审美活动的作用就在这里。它帮助人类解释自己的情感,是人类情感理解的主要来源。没有艺术家,普通人已经很难理解自己的情感了。再现教会我们看世界,表现教会我们感受世界。人们在表现自己的情感之前,并不知道情感是什么。情感是在表现中可以将自己对象化的东西。而这,不正是我们所说的美感吗?

审美关系同样只相对于审美活动而存在。审美关系不可能是预成的,而是在审美活动中建立起来的,离开审美活动,它就不复存在了。"人首先是要吃、喝等等,也就是说,并不'处在'某一种关系中,而是积极地活动,通过活动来取得一定的外界物,从而满足自己的需要。"[①]因此,任何一种关系都是人类在特定的活动中主动建构起来的。这样,或许在此关系中进入的

---

① 《马克思恩格斯全集》第19卷,人民出版社1963年版,第405页。

是世界,在彼关系中进入的则是境界了。审美关系正是人类在审美活动中所主动建构起来的一种关系。然而,又并非一种任意的建构。从纵向的历史角度来看,人类为自己主动建构了三种关系:其一是原始关系,其二是现实关系,其三是理想关系。这在方方面面都可以看到,例如,从人与自然的关系看,是从人依赖于自然的关系——到人脱离自然的关系——到人与自然和谐统一的关系;从人与社会的关系看,是从前资本主义社会形态——到资本主义社会形态——到共产主义社会形态;从人与自我的角度看,是从人的原始意识阶段——到人的自我意识阶段——到人的自由意识的阶段;从人与人类的关系看,是从人的原始性阶段——到人的异化阶段——到人的复归阶段。就目前而言,无疑是正居于这些关系中的第二种之中,即所谓现实关系。从横向的现实角度看,也有三种关系:其一是原始关系,即人依赖于自然的关系、人的原始性阶段、人的原始意识阶段,它在幼儿的活动及成人生活的某些方面存在;其二是现实关系,即人脱离自然的关系、人的异化阶段、人的自我意识阶段,这是人们在现实社会中所普遍建构起来的关系;其三是理想关系,即人与自然和谐统一、人的复归阶段、人的自由意识的阶段,它只能在审美活动中建构起来,这就是所谓审美关系。

由此可以看到:首先,审美关系所建构的是一种自由关系。当然,这里的自由是审美的自由,即人的自由本性的理想实现。实践美学也经常说审美关系是一种自由关系,但是却把它混同于实践的自由、认识的自由、伦理的自由。实际上,审美关系之所以是一种超功利的关系,正在于它要把现实关系"括起来",即把实践的自由、认识的自由、伦理的自由"括起来"。其次,人类建构起审美关系的中介是自己的感官。这意味着在审美关系中与在现实关系中截然不同,它不是一种通过人类的感官而建立起来的关系,而是一种为人类的感官建立起来的关系。在审美关系中,感官不再是为思维服务的媒介,也不再是透明的,而就是自我享受的,就是不透明的。再次,审美关系建构起来的是一种全面的、整体的关系。最后,审美活动建构起来的是一种主客体之间的同一关系。对此,很多美学家持否定的立场,仍然把审美活动与实践活动、认识活动中的主客体关系等同起来。这显然是错误的。

横向拓展:美丑之间

从逻辑形态的横向层面,我们看到的是在审美活动中所构成的丑、荒诞、悲剧、崇高、喜剧、美(优美)。

在这个层面,审美活动作为人的自由本性的理想实现,因为不同的实现方式而展现为不同的审美活动的类型。由此出发,首先可以把审美活动划分为肯定性的审美活动和否定性的审美活动两类。肯定性的审美活动是指在审美活动中通过对自由的生命活动的肯定直接上升到最高的生命存在,否定性的审美活动是指在审美活动中通过对不自由的生命活动的否定而间接进入自由的生命活动,最终上升到最高的生命存在。其具体特征可以表述为:肯定性的审美活动是将生活理想化,否定性的审美活动是将理想生活化。不过,对于审美活动的分类又不能仅仅停留在这一层次。之所以不能,关键在于生命活动很难被净化为纯粹肯定或纯粹否定的类型。假如一定要这样做,就会使生命活动机械划一,并且远离五彩缤纷的大千世界。东西方美学史中的古典主义美学和类型化的性格理论就是如此。"文革"中那种把英雄和敌人、正面人物和反面人物截然对立起来,把纯粹肯定和纯粹否定截然对立起来的美学观也是如此。实际上,纯粹肯定和纯粹否定只是审美活动中的两个极端参照系数,两个静态的界线,[①]在它们中间,还存在广阔的中间地带。对于这中间地带的考察,就是我所说的"横向拓展"。

在这里,需要对中间地带稍加说明。在相当长的时期内,我们固执一种是即是、否即否、此即此、彼即彼、非是即否、非此即彼的传统知性思维,这种知性思维并不否认对立面的存在,但是却不承认对立面之间的内在的联系以及中间地带的存在。然而对在人类美学思考的历程中早就开始了的对它

[①] "我们在艺术中所感受到的不是哪种单纯的或单一的情感性质,而是生命本身的动态过程,是在相反的两极——欢乐与悲伤、希望与恐惧、狂喜与绝望——之间的持续摆动过程。"(卡西尔:《人论》,甘阳译,上海译文出版社 1985 年版,第 189 页)

的批判,却未能给以足够的注意。事实上,这种批判对于美学思考的进步来说,是极为重要的。例如,从康德开始,就已经提出把审美活动作为知与意的中间地带,把艺术作为概念与非概念的中间地带等看法。在席勒那里,更是明确提出"中间状态"范畴,并且同样把审美活动作为感性与理性的中间状态。到了黑格尔、恩格斯就正式把中间状态上升为哲学范畴。黑格尔提出的用辩证法改造旧逻辑学以及"中介""第三者"的范畴,恩格斯提出的"一切差异都在中间阶段融合,一切对立都在中间环节互相过渡……",[①]在我们对审美活动的横向层面加以考察时,颇具参考价值。同样值得注意的是中国美学。它所提出的"执两用中""哀而不伤",也是对于中间地带的说明。确实,在审美活动的横向层面的考察中,应该注意到肯定性与否定性审美活动的存在,然而同时又应该看到,没有两极之间的中间地带,肯定性与否定性这审美活动的两极,就根本无从谈起。它们彼此既互相区别,也互相包含,肯定性审美活动不是否定性审美活动,但又包含着否定性审美活动,反过来也是一样。这样,它们才都不是孤立的、静止的。

换言之,当我们指出某事物存在的对立的两极之时,只是从一种静态的,甚至是预设的角度言之,只是出于讨论问题的方便。其实,任何一个事物的实际存在都是十分模糊和不确定的。例如,不仅作为事物的变化发展存在着随机性,作为事物的内涵、外延存在着不确定性,即使是关于事物的思维的物质外壳——语言材料也是存在着模糊性的。例如"很高""很矮""不错""太好了"……其中的语义本身就根本是不清楚的。《巴黎圣母院》中的敲钟人,就是绝对的丑吗?他的健康的体魄,难道不包含着美的因素?再如善与恶的问题。我们往往认为事物不是善就是恶,结果,由于人们对于善的期望值往往比较大,一些无法被划分到善之中的东西,例如贪心、权欲、野心、自私……就都被认为是恶。实际上它们未必就是恶。只要不违反法律,不损害他人,这些都是允许的。看来,社会生活远比二分法要复

[①] 参见黑格尔:《小逻辑》,贺麟译,商务印务馆1980年版,第97页;《马克思恩格斯选集》第3卷,人民出版社1972年版,第535页。

杂。在善与恶之间,还存在着非善但也非恶的中间地带。在此意义上,迈农所作出的划分很值得借鉴。他认为:在善的行为与恶的行为之间,是正当的行为和可允许的行为。结果,善和恶本身就从确定转向了不确定。

指出某事物存在的对立的两极,真正的意义应该是中间地带的确立。这意味着我们的思维要从二值逻辑发展到多值逻辑。二值逻辑是在 AB 之中选择一个,非 A 即 B,而多值逻辑则是在 AB 之间选择,这"之间"就是中间地带。较之两极,中间地带远为真实、丰富、广阔、博大。它与对立的任何一方都有联系,但又并不是对立的任何一方,具有两极的双重性质,但又不是任何一极的性质,而是亦此亦彼,非此非彼。具体到审美活动,也是如此。由于肯定性的和否定性的审美活动之间的冲突、纠葛以及由于这种冲突、纠葛所导致的量的变化,进一步又形成了丑、荒诞、悲剧、崇高、喜剧、美(优美)等不同类型的审美活动。[①] 在这里,丑是美(优美)的全面消解,荒诞是丑对美的调侃,悲剧是丑对美的践踏,崇高是美对丑的征服,喜剧是美对丑的嘲笑,美(优美)是丑的全面消解(如图):

丑……美……丑—荒诞—崇高—悲剧—喜剧—美……丑……美

它们又同样与对立的任何一极都有联系,但又并不是对立的任何一方,同样具有两极的双重性质,但不是任何一极的性质,而是亦此亦彼,非此非彼。而且,如果需要的话,我们还可以再进一步,在第三级、第四级……水平上把每一个范畴都再次加以展开。由此,构成审美活动的横向层面的丰富内涵。当然,从本书的角度,已经没有必要再这样去做了。

否定性的审美活动包括丑、荒诞、悲剧。

[①] 在我们常说的创作方法的差异中也可以看出:其中肯定性与否定性审美活动的比例各不相同,但其中不可能没有作为两极的审美活动则是一样的。例如,写丑对美的战胜的是批判现实主义;写美对丑的战胜的是社会主义现实主义;直接写美的理想的是积极浪漫主义;间接写美的理想的是消极浪漫主义。

首先就美的类型而言,丑是反和谐、反形式、不协调、不调和。这因为,第一,丑是一种抽象。它是对不可表现的表现,是要把不可表现的东西表现出来,换言之,是给一种无限的东西、无形式的东西以形式。传统的理性意义上的一切可指称性的对象都被抛弃了,对象世界的约束不存在了,只能是自己与自己的对话,结果既非"自然的客观合目的性",也非"主观的合目的性",剩下的只是主体的直觉。而这抽象显然只能由不同于自然的抽象的形式加以表现。不过,这里的抽象又完全不同于传统意义上的抽象。它的根本特征是反造型性。所谓反造型性实质上是否定了恒定的精神需要与价值,将艺术的生命表现意蕴消解为完全时间化了的能量运动过程。例如毕加索立体主义就是绘画把立体的东西拆散后再拼组在二度平面上,重组的结果是生命感的消失,世界变得像积木一样简单。这是一种无机的特征,是追求反人性的、无机的状态,以象征否定表现,以变形否定自然,以平面否定立体,以二度空间否定三度空间,是死的艺术。第二,丑是一种非形式的抽象。丑之为丑的特征,是在形式上非形式地表现自己,换言之,是以形式的方式对非理性的东西加以表现。我们知道,对象的形式是在理性基础上出现的,一旦从理性转向非理性,对象的形式也就不再可能,因此只能非形式地表现自己。康德就认为丑是无形式的东西。这里的无形式即非自然的形式、非理性的形式,就是丑。而且,要把无法表现的东西表现出来,这当然就要借助别的形式,这就要变形、抽象、扭曲,而且,形式只能表现具体的东西,要表现抽象的东西,还要变形、抽象、扭曲,再加上在这里所谓无法表现的东西是一个残缺不全的主体,非理性、无意识、孤独、不安、焦虑,要把它表现出来,只能是丑。最后,丑是一种非形式的抽象的成功的表现。对丑来说,是否与对象相符并不重要,重要的是,一种非形式的抽象是否成功地加以表现,只要是成功地加以表现的,就是丑的,当然也就是美的。正是在这个意义上,丑成为可能。也最终决定了崇高、喜剧是美的变体,然而丑(当然还有我们在后面所要讨论的荒诞)却不是美的变体,独立的丑因此而成为可能。

其次,就美感的类型而言,丑是消极的反应,是"一种混合的感情,一种带有苦味的愉快,一种肯定染上了痛苦色彩的快乐",①是非理性、非道德的被压抑的本能的越轨式的成功释放。这因为,第一,丑是非道德、非理性的。丑是对理性、道德的拒绝,它是非理性主体的自我表现,在对不可表现之物的非理性内容加以表现时,失去了理性的制约,不再对非理性的"反合目的性"进行"主观合目的性"的转换。对于丑,人们往往冠之以"非""反""否",就是因为它总是在寻找美中的丑、理性中的非理性、道德中的非道德,试图解构一切传统中的被抑制的因素,在美感上非道德地、非理性地表现自己。过去被从肯定的方面加以规定,例如人是理性的动物、道德的动物,现在都被从否定的方面加以规定,成为非理性的人,成为荒诞的人、虚无的人。人走向自身的反面。第二,丑是非理性、非道德的被压抑的本能的越轨式的释放。理性、道德既然已经不存在,只能把非理性、非道德的东西直接呈现出来。从非理性、非道德的片面的、破碎的、孤独无助的人出发,无意识的升华与满足就会被当作美感的实现。这是一种使人难堪的美感,事实上是无意识对理性的反叛所带来的解放感、性兴奋、犯罪感、罪恶感、放纵感,"在艺术和自然中感知到丑,所引起的是一种不安甚至痛苦的感情。这种感情,立即和我们所能够得到的满足混合在一起,形成一种混合的感情……它主要是近代精神的一种产物。"②所以,第三,丑是非理性、非道德的被压抑的本能的越轨式的成功释放。尽管丑是非理性、非道德的被压抑的本能的越轨式的释放,但它又可以是审美的。对丑的美感类型来说,是否与理性、道德相符并不重要,重要的是,一种非理性、非道德的被压抑的本能的越轨式的成功释放。只要是成功地加以释放的,就是合乎丑的美感的。

在审美活动的类型上,丑是优美的全面消解,是不自由的生命活动的自由表现。这里的关键是以丑为丑。以丑为丑与以丑为美不同。以丑为丑所强调的,是丑在美学评价中的独立地位。对此,不能简单地痛斥为人类美学评价的病态和美丑颠倒、嗜痂成痴。应该说,这恰恰是美学的更为成熟。我

---

① 李斯托威尔:《近代美学史述评》,蒋孔阳译,上海译文出版社1980年版,第233页。
② 李斯托威尔:《近代美学史述评》,蒋孔阳译,上海译文出版社1980年版,第233页。

们知道,欧米哀尔年轻时是十分美貌的,诗人维龙因此而称她为"美丽的欧米哀尔",可是面对年老时的欧米哀尔,罗丹却把她雕塑成"丑陋的欧米哀尔",然而正是因此,葛赛尔却称赞说"丑得如此精美"。为什么呢？正是因为罗丹没有赞颂她的美,而是真实地揭露了她的丑。推而广之,面对当代社会的生活的无意义、现实的非人性、文明的不文明,面对着一个平庸、病态、畸形的荒原,丑作为一种美学评价,不再是简单地回到传统美学,一味高扬美(狭义的)的大旗——这实在太廉价、太做作、太虚假,而是慷慨陈词:只爱美的人性是不完整的人性。在这里,丑不是要转化为美,而是要替代美。同时,因为在审丑的同时其实也就否定了丑,而对丑的否定无疑是符合人的理想本性的,所以痛感可以转化为快感;再者,审丑不仅揭示了坏人的丑,而且揭示了一般人的丑乃至自己的丑(通过自我亵渎而自我拯救),揭示了人性的共同弱点,于是审丑者就会在意识到自身的弱点被揭露的瞬间产生快感,在感到他人的境遇被揭示中产生同情,进而使自己的情感得到宣泄。有学者举鲁迅在讲到翻译马克思文艺理论时的例子说,打到别人的痛处时,就一笑;打到自己的痛处时,就忍痛,但也有既打到别人的痛处又打到自己的痛处的时候,大概就先是忍痛,后是一笑。并指出:痛中有笑就是审丑而能够得到美感的原因,我深以为然。可见,像美一样,丑既不消耗能量,也无实际的功利作用,又能够缓和心理的紧张,因此就能够使痛感最终转化为快感,做到在揭示自己的缺点中产生快感,在揭示丑中激发创造美的激情。它把"危机现实"转化为"危机的意识",因为揭露了现实的丑恶并且为现实定罪,因此也就揭露了自身的丑恶并且为自身定罪,因为现实丑恶正是人类自身的丑恶炮制出来的。因此,所谓不自由的生命活动的自由表现是意在使生命受到一种出人意外的震撼,从而缓慢地苏醒过来。丑是生命的不完满、不和谐。它粗拙、壮阔、坦荡、博大,它使人触目惊心地洞见人生的一切悲苦,洞见对于生命的有限的固执。从表面上看,它似乎只是清理出了生命的地基,或者说,只是暴露了生命的根本缺憾,与生命的艰难再造无甚关系,实际根本不是如此。丑是通过自我亵渎来实现自我拯救,通过它的非人性来保持对人性的忠诚,是一种在黑暗中对光明的渴慕,是一种在恶中对生命的挖掘。简而言之,丑是生命的清道夫!试想,当一个人毅然否定了罪恶、卑劣、贫困、病态的生命午夜,不就已经趋近幸福、理想、快乐、健康和自由之旅了吗?当一个人毅然告别了一个冰冷、污秽、黑暗的世界,不就已经企达了一个温暖、干净、光明、深邃的世界了吗?当一个人毅然开始了他的呼救、他的诅咒、他的叛逆、他的不安,不就也同时开始了他的追求、他的挚爱、他的建构、他的升华了吗?生活在恶之中,却渴慕着美;植根于泥淖之中,却眷恋着绿洲;涉难十八层地狱,却向往着遥远的天堂。这难道不正是在审丑的直接否定中被间接肯定着的东西吗?这被间接肯定着的东西不就是人的最高的生命存在吗?就是这样,丑一次次地把生命逼进"山重水复疑无路"的绝境,但也因此激起了更为广阔、更为深邃、更为震撼人心的生命波澜,使生命越发瑰丽、越发丰富、越发壮观、越发恢弘,一次次进入"柳暗花明又一村"的更为广袤的天地。

就审美活动的类型而言,荒诞虽然与丑一样,同样是一种否定性的审美活动,但又是丑的极端的表现。在丑那里,是上帝死了,在荒诞那里,是人死了。因而准确地说,应该是一种虚无的生命活动的虚无呈现,是丑对美的调侃。其根本特征为:不确定性和内在性。世界既在理性之外,也在非理性之外。这样,在丑那里存在着的形式与内容的矛盾,就获得根本的解决。在丑对于统一性、合理性的否定以及对不统一性、不合理性的发展的基础上,荒诞干脆把它推向了极端,走向对统一性、合理性和不统一性、不合理性的共同发展,从而导致一种综合倾向。然而,由于缺乏理性作为综合的基础,因而事实上这综合也无非只是混合。于是,在丑中出现的人妖颠倒、是非倒置、时空错位,在荒诞中干脆则是人妖不分、是非并置、时空混同。一切既然都不可思议,无可理喻,并且无须表现,也无可表现,我们唯一能够做的就只能是取消一切界限,抹平一切差别,填平一切鸿沟,把世界的既在理性之外又在非理性之外这一根本内涵直接呈现出来。这,就是荒诞。

就美的类型而言,是无形式、无表现、无指称、无深度、无创造。这因为,荒诞是无可呈现、无以呈现、无从呈现、无力呈现、无意呈现的不得不呈现。

我们已经分析过,面对不可表现之物,崇高是对不可表现之物的正面表现;丑是对不可表现之物的否定表现;荒诞是对不可表现之物的拒绝表现。因此,荒诞只能是无形式、无表现、无指称、无深度、无创造的。这一点,我们可以在以强调客体的呈现为主的新小说,以及在以强调主体的呈现为主的黑色幽默小说、荒诞派戏剧中看到。例如在新小说中,人与对象就处于一种差异的、非对立的、弥散的、无中心的并置状态。因此,在荒诞中是反人物、反戏剧、反小说、反艺术、反技巧、反主题、反情节的。任何细节,在艺术中都地位同等,人与物毫无关系地、冷漠地并列在一起,传统的在存在与价值两极中把存在同一于价值转换为如今的把价值同一于存在,传统的对混乱的反抗转换为如今的对混乱的默认。深度、高潮、空间被夷平了,开头、中间、结尾,前景、中景和背景混同起来,对称、平衡不复存在了,现象与本质、表层与深层、真实与非真实、能指与所指、中心与边缘也不复存在了,时间被消解了,连续性变为非连续性,过去和现在已经消失,一切都是现在,历史事件成了照片、文件、档案,历时性变成共时性,人的中心地位不存在了,人的为万物立法的特权消失了,成功的复制使"真品"与"摹本"的区别丧失了意义,"类像"成为一切艺术的徽章。面对令人茫然的世界,精神的运动不再垂直进行,而是水平展开,高与低、远与近、过去与现在、伟大与平凡被平列在一起,消极空间(里面没有事物)的重要性与积极空间(物体的轮廓)相同了。人像则被分裂到画布的各个部位上。

就美感类型而言,荒诞是一种生存的焦虑。荒诞是无意义、无目的、无中心、无本源的。其内涵有二:(一)这种无意义、无目的、无中心、无本源不是指生活的某一个方面或人与世界的某种关系,而是指生活的整个存在或人与世界的全部关系。过去误以为现象背后有深度,就像是古希腊的魔盒,外表再丑,里面却会有价值连城的珍宝,重要的是找到一套理论解码的方法。现在却发现,"本源"根本就不存在,一切都在平面上,而且,这里的平面不是指的现代主义所重新征服了的那种平面,而是指的一种深度的消失——不仅是视觉的深度,更重要的是诠释深度的消失。其特点是全称否定,即对所有的中心、意义的否定,没有深度,没有真理,没有历史,没有主体,同一性、中心性、整体性统统消解了,伟大与平凡、重要与琐碎的区分也毫无意义。(二)这种空虚和无意义不是来自理性的某一方面,而就是来自理性本身。荒诞产生于面对非理性的处境而固执理性的态度。当理性固执要不就一切清楚,要不就一切都不清楚的态度时,荒诞就应运而生了。它很快发现,世界并不像过去所说的那样黑白分明、真假易辨、善恶显然、美丑界清,而往往是互相融合、难分难解、好中有坏、坏中有好,美不一定与善相联,而是与恶甚至罪行相联。这犹如地球上的某个地方的白夜现象,谁能说清它是白天还是黑夜? 也有些像奥古斯丁称异教徒的美德为"辉煌的罪恶",到底是"辉煌"还是"罪恶"? 也犹如刘勰说的"谐隐"即"言非若是,说是若非"(范文澜),究竟是"是"还是"非"? 结果犹如逻辑学家发现了悖论,物理学家发现了佯谬,美学家也发现了荒诞,在这里,所谓荒诞不是靠正常事物的颠倒,而是本身就建立在矛盾的基础上,在没有矛盾的地方引入矛盾,在常识认为有矛盾的地方不引进矛盾。美国学者埃利希·赫勒说:荒诞是一种打开所有可以用得上的灯,却同时把世界推入黑暗中去的力量。确实如此。也因此,荒诞展示的正是生命中的理性限度和非理性背景。所谓荒诞,也无非就是对于生命中的理性限度和非理性背景的意识。它提示我们放弃理性的意识,从而重新走向生命。进而言之,既然无意义、无目的、无中心、无本源,因此荒诞感不再是单纯的快感或痛感,而是一种"亢奋和沮丧交替的不预示任何深度的强烈经验",詹姆逊称之为"歇斯底里的崇高"。欣奇利夫在比较布莱希特戏剧与荒诞派戏剧时也指出:"当布莱希特希望'激发观众批评的、理智的态度'时,荒诞戏剧则'对观众更深的心灵深处'说话,它迫使观众给无意义以意义,迫使观众自觉面对这一处境而不是模糊地感受它,在笑声中领悟根本的荒诞性。"①这是一种尴尬的感受,悲喜混合、爱恨交加、不置可否、没有褒贬、没有希望、无可奈何,不是哭,但也不是笑,而是哭笑不

---

① 欣奇利夫:《荒诞》,英文版,梅森出版公司1969年版,第12页。

得。相比之下,在美感类型中,荒诞最为复杂。它的愉悦是一种理智的愉悦,与优美的情感的愉悦不同;它的笑是不置可否的笑,①与喜剧的开怀大笑不同;它的哭又是漫不经心的哭,与悲剧的痛楚的哭也不同(荒诞是是与是之间的冲突,而悲剧是是与非之间的冲突);它的痛感是转向焦虑,与崇高的痛感转向快感更不同;它的压抑是在人类理性困乏时产生的,既轻松不起来,也优越不起来,永远无从发泄,也不像崇高的压抑可以一朝喷发,因此,它始终是一种疏远感、陌生感、苦闷感,而不是一种征服感、胜利感、超越感。加缪描述云:"一旦世界失去幻想与光明,人就会觉得自己是陌路人。他就成为无所依托的流放者,因为他被剥夺了对失去的家乡的记忆,而且丧失了对未来世界的希望。这种人与他的生活之间的分离,就像演员与舞台之间的分离,真正构成荒诞感。"②埃斯林也指出:荒诞感展现了"在人类的荒诞处境中所感到的抽象的心理苦闷"。③ 因此,荒诞是一种生存的焦虑。假如说丑是心态正常者的感受,那么荒诞则是心态不正常者的感受,是"用不属健康人,而是属于重病患者的观点去分析理解问题"。是一种虚无的重负和恐惧所导致的空洞,是理性的"恶心""呕吐"所导致的非理性的笑声。

悲剧,就美的类型而言,是命运对于人类的欺凌,是自由生命在毁灭中的永生。悲剧必须是庄严的。即便是坏人,也要具备"优良品格"或者"强大而深刻的灵魂"。④ 就美感类型而言,悲剧是一种复杂的美感体验,其特点是在理性、内容层面暴露人类的困境,而在情感、形式层面又融合这一"暴露"

---

① 人们很难忘记贝克特的《最后的一局》中的主人公纳尔从垃圾桶里伸出头来高喊的:"没有什么比不幸更可笑了。"因为找不到出路,只好通过这种自我嘲笑与痛苦拉开距离,这就是荒诞的笑。还要强调,当代人对自身的否定与近代人对自身的肯定都是一致的,后者是针对中世纪对人的无情否定,前者是针对近代人的盲目肯定,都是为了追求真实的存在,恢复本来意义的真实,恢复真正的理性。意义消解是为了追求更高的意义的过渡。
② 加缪:《西西弗的神话》,杜小真译,三联书店1987年版,第6页。
③ 埃斯林。转引自伍蠡甫主编:《现代西方文论选》,上海译文出版社1983版,第358页。
④ 分别见黑格尔:《美学》第3卷下册,朱光潜译,商务印书馆1981年版,第284页;别林斯基:《别林斯基选集》第2卷,满涛译,上海译文出版社1980年版,第117页。

（西方重"暴露"，而中国重"融合"）。对此，亚里士多德的"怜悯感"、拉法格的"恶意快感"、莱辛的"恐惧感"的说法，是较为典型的概括。在我看来，悲剧是悲喜交集、惧悦交集，是在怜悯、恐惧中使情感得到陶冶。就审美活动的类型而言，悲剧是丑对美的践踏。悲剧是丑占据绝对优势并且无情地践踏美时的一种审美活动。应该说，由于生命的有限性所导致的生命的苦难和毁灭，是生命活动中不可避免的现象。并且，这种生命的苦难和毁灭"似乎不能完全归结为罪过或错误，而更多是伴随任何伟大创举必不可免的东西，好比攀登无人征服过的山峰的探险者所必然面临的危险和艰苦"。[①] 因此，它是生命活动中的厄运。此时，丑竟然如此嚣张，它演出着邪恶的胜利，嘲笑着生命的痛苦，造就着不可逆转的失败，以至于在它面前，美犹如肥皂泡，吹得越大，就越难免粉身碎骨的天命。

但悲剧的美学意义，却不在于展现这种丑对美的践踏，而在于展现出美的一种令人痛心的毁灭，甚至在于美在这种毁灭时所出现的巨大增值。这就恰恰表现出"人在死亡面前做些什么"的不同。因为，尽管正像《堂吉诃德》中安塞尔在宽恕自己失节的妻子时所说的："她没有义务创造奇迹。"对于现实的人，我们确实应该说，他们"没有义务创造奇迹"，但对于自由本性的理想实现来说，人类却必须创造奇迹。正像俄狄浦斯宁愿刺瞎双眼、自放荒原也不愿隐匿生命的本来面目，苟且偷生；也正像哈姆雷特"在颤抖的灵魂躁动不安的运动中，依靠绝望的英雄主义和纯正的眼光"（雅斯贝斯），去反抗横逆而来的命运；从自由本性出发，人类必须对现实提出抗议、提出质疑，必须不惮于捅现实的马蜂窝，必须以生命的完结去否定那种"超过人类之上的残酷力量"。人类用对现实活动的生命的有限性的直接否定去间接地肯定理想，用对于阻碍着自由的生命活动的生命的有限性的直接否定去间接地肯定自由的生命活动。

因此，悲剧表现出一种对生命的价值和意义的独到的审美解读。它通

[①] 麦克奈尔·狄克逊语。转引自朱光潜：《悲剧心理学》，张隆溪译，人民文学出版社1983年版，第91页。

过生命的苦难和毁灭,展示出:生命的秘密不在于长生不死地活着,而在于为什么活着。生命犹如故事,重要的不是多长,而是多好。生命的价值和意义并不与生命的量成正比,而是与生命的质成正比。这样,更为人瞩目的便不是生命何时毁灭,而是生命为何毁灭。只要生命能够勇敢地去创造,去追求,即便是毁灭了,也最终从有限进入无限,赋予生命以深刻的意义。

肯定性的审美活动包括优美、崇高、喜剧。

优美,是丑的全面消解。就审美活动的类型而言,此时,外在的一切已经失去了它高于人、支配人、征服人的一面,不难迅即激起主体的快感,内在的自由生命活动因为没有了自己的敌对一面与自己所构成的抗衡而毫无阻碍地运行着,和谐、单纯、舒缓、宁静,同样不难激起主体的美感体验。就美的类型而言,勃兰兑斯曾描述说:"没有地方是突出的巨大,没有地方引起人鄙俗的感觉,而是在明净的界限里保持绝对的调和。"①因此,从浅层的角度看,优美意味着球形、圆形、蛇形线,意味着"杏花、春雨、江南",突出的不是内容的深邃、深刻,而是感性特征的完整、和谐、单纯、自足、妩媚,易于接近、感知、把握。从深层的角度看,优美的形式对于内容的显示有其清晰性、透明性的特点。其典范的文本则是:希腊神庙与希腊雕塑。就美感的类型而言,优美则意味着"乐而玩之,几忘有其身"(魏禧)、"温柔的喜悦"(车尔尼雪夫斯基)。它是自由的恩惠、生命的谢恩,"乐""喜悦"的情绪始终贯穿其中,既无大起大落的情感突变,又无荡人心魄的灵魂震荡。其次,优美是一种心理诸因素的和谐。对此李斯托威尔概括得十分准确:"当一种美感经验给我们带来的是纯粹的、无所不在的、没有混杂的喜悦和没有任何冲突、不和谐或痛苦的痕迹时,我们就有权称之为美的经验。"②

---

① 勃兰兑斯:《十九世纪文学主流》第 1 卷,刘半九译,人民文学出版社 1958 年版,第 136 页。
② 李斯托威尔:《近代美学史评述》,蒋孔阳译,上海译文出版社 1980 年版,第 238 页。不过,要强调一下,优美的和谐不是绝对的,而是和谐中有不和谐,平衡中有不平衡,这就是中国美学说的"声一无听,物一无文"。

崇高,就美的类型而言,像人们熟知的那样,是恐怖、堂皇、无限的巨大、深邃的境界,是"骏马、秋风、冀北"。其中,从浅层的角度看,是感性因素间的矛盾冲突,所以爱迪生才会称之为"怪物",荷迦慈才会称之为"宏大的形状""样子难看",博克才会称之为"大得可怕的事物",康德才会称之为"无限"。从深层的角度看,是内容时时压抑着形式,准确地说,是形式缺乏一种清晰性、透明性,康德称之为"无形式",即缺乏某种可以准确表达内容的形式,因此,很难迅即激起主体的快感。其典范的文本是哥特式大教堂和浮士德形象。就美感类型而言,则是"惊而快之,发豪士之气"(魏禧),是"惊惧的愉悦"(爱迪生),是努力向无限挣扎。此时,生命先是受到瞬间压抑,然后得以喷发。主体由矛盾冲突转向一种处于强烈的震撼,由痛感转向快感,并产生一种超越后的胜利感。因此,与优美感相比,崇高感不再是单纯的,而是充满着复杂性、矛盾性,不易迅即激起美感体验,而且,也不再是轻松的,而是深刻的,充满了巨大的主体力量。也因此,崇高感不再是单纯的喜悦,而是热烈的狂喜、惊喜。不过,崇高也不同于悲剧,后者是恐惧与怜悯,是毁灭中的净化,而前者是痛感与快感,是抗争中的超越。因此,崇高令你震颤,但不会令你震撼;令你惊骇,但不会令你惊惧。

就审美活动的类型而言,崇高是美对丑的征服。西方美学家在谈到崇高时,往往只是着眼于外在的"大",以及对于外在的"大"的超越,例如朗吉弩斯、博克。从康德开始才注意到内在的超越,后来黑格尔却把它阐释为对绝对理念的敬畏,车尔尼雪夫斯基则干脆又退回到外在的"大"。事实上,康德的看法才是最深刻的。只是,对于"内在超越",还要加以阐释。歌德说:"人们会遭受许许多多的病痛,可是最大的病痛乃来自义务与意愿之间,义务与履行之间,愿望与实现之间的某种内心的冲突。"[①]从现实活动的角度讲,这种"最大的病痛"就表现为个体生命对社会律令的冲突、感性生命对理性律令的冲突、理想生命对现实律令的冲突。而从审美活动的角度讲,这种

[①] 歌德。转引自宋耀良:《艺术家的生命向力》,上海社会科学院出版社1988年版,第86页。

"最大的病痛"一旦表现为个体生命对社会律令、感性生命对理性律令、理想生命对现实律令的理想征服的时候,就意味着人类的生命活动的理想实现。这就是所谓"内在的超越"。它是对生命的有限的超越。我们知道,在对于外在世界的抗争中自由精神会凝聚为理性的力量,在对于内在世界的超越中自由精神会凝聚为意志的力量,但这都是对于生活的超越。而崇高则是对于外在与内在世界的同时超越,其中自由精神会凝聚为情感的力量。朗吉弩斯曾经慷慨陈言:"作庸俗卑陋的生物并不是大自然为我们人类所订定的计划;它生了我们,把我们生在这宇宙间,犹如将我们放在某种伟大的竞赛场上,要我们既做它丰功伟绩的观众,又做它雄心勃勃、力争上游的竞赛者;它一开始就在我们的灵魂中植有一种所向无敌的,对于一切伟大事物、一切比我们自己更神圣的事物的热爱。因此,即使整个世界,作为人类思想的飞翔领域,还是不够宽广,人的心灵还常常超越过整个空间的边缘。当我们观察整个生命的领域,看到它处处富于精妙、堂皇、美丽的事物时,我们就立刻体会到人生的真正目标究竟是什么了。"[①]这里,"人的心灵还常常超越过整个空间的边缘"、"观察整个生命的领域,看到它处处富于精妙、堂皇、美丽的事物",就是所谓"内在超越"。其中的关键是,不再仅仅是对社会律令、理性律令、现实律令的征服,而是对凌驾于这一切之上的生命的有限的征服。那么,什么是生命的有限呢?马斯洛说过:"我们害怕自己的潜力所能达到的最高水平……我们通常总是害怕那个时刻的到来。在这种顶峰时刻,我们为自身存在着某种上帝最完美的可能性而心神荡漾,但同时我们又会为这种可能性而感到害怕、软弱和震惊。"[②]生命的有限,就是"为这种可能性而感到害怕、软弱和震惊",而一旦理想地对此加以超越,而且为"自身存在着某种上帝最完美的可能性而心神荡漾",就是所谓崇高。因此,对社会律令、理性律令、现实律令的征服,是现实的征服,可以称之为伟大;对凌驾

---

① 转引自伍蠡甫主编:《西方文论选》上卷,上海译文出版社1979年版,第129页。
② 转引自戈布尔:《第三思潮:马斯洛心理学》,吕明等译,上海译文出版社1987年版,第66页。

于这一切之上的生命的有限的征服,是理想的征服,可以称之为崇高。

喜剧,就美的类型而言,是一种"透明错觉",是内容与形式、现象与本质、目的与手段之间的错位,毫无理由地自炫、自大,自以为是的优越,不致引起痛感的丑陋,背离规范的滑稽与荒谬。就美感的类型而言,喜剧不像崇高那样由消极转向积极,而是直接表现为积极的过程;也不像崇高那样靠牺牲自己来换取对对象的肯定,即通过对自身的无能的否定来肯定对象的无限,而是通过否定不协调的对象来肯定自己;不像悲剧那样导致一种压迫感,而是一种由误解而产生的紧张;不像悲剧的美感是痛感中的快感,而是直接的快感。因此,喜剧的美感类型集中表现为笑(笑是人类的特权,动物并不会笑)。这是一种轻松愉快的笑、一种突然荣耀的笑、一种预期失望的笑、一种通过夸张理想的方式来实现理想的笑、一种意识到自身优越性的笑。① 里普斯说:"在喜剧性中,相继地产生了两个要素:先是愕然大惊,后是恍然大悟。……愕然大惊在于,喜剧对象首先为自己要求过分的理解力;恍然大悟在于,它接着显得空空如也,所以不能再要求理解力了。"②就是对此的揭示。

就审美活动的类型而言,喜剧是美对丑的嘲笑。此时,丑在喜剧中处于绝对的否定状态,美在喜剧中则处于绝对的肯定状态。相对于悲剧,喜剧冲突的内容不是庄严的而是滑稽的,发展不是必然的而是偶然的,结局不是悲壮的而是可笑的。因此,丑对美的反抗、挑战,实际偏偏只是一种夸饰、虚

---

① 美学家喜欢说,悲剧是对于世界的悲剧性的体验,喜剧是对于世界的喜剧性的体验。在我看来,这把它们对立起来的做法是错误的。实际上两者之间不仅有对立,如悲剧是通过各种方式直接否认肉体(生),间接高扬生命的超越本身,喜剧是通过各种方式夸大肉体(生),直接高扬生命的超越本身;而且更有同一,例如悲剧既展示悲剧性,又展示喜剧性,悲剧把世界的悲剧性当作直接的表现对象,而把喜剧性作为间接的表现对象,喜剧则正相反。再如同一题材,既可以写成悲剧,也可以写成喜剧(例如以夸大人类力量的方式)。事实上,人类最初较易发现世界的悲剧性,直到成熟之后,才会发现喜剧性,从而超越现实的悲剧性,发现悲剧背后的喜剧性。
② 里普斯。转引自《古典文艺理论译丛》第七辑,第 84—85 页。

幻、无力的代名词,这就不能不导致一种美对丑的强大、无情的嘲笑。并且,正是这强大、无情的嘲笑,使人栖居于自由的生命活动之中。确实,喜剧正是通过对丑的嘲笑而企达对于生命的终极价值的绝对肯定。因此,我们可以把喜剧称为:生命的智慧。

值得注意的是,在当代,由于与荒诞的彼此渗透,喜剧越来越成为美学所关注的中心。所以会出现这种情况,关键还是在于理性主义的被解构。传统美学更为推崇的往往是悲剧,原因在对于必然规律、理性法庭、道德尺度的超越的关注。而在当代美学看来,人类之所以要面对必然规律、理性法庭、道德尺度,并非因为必然规律、理性法庭、道德尺度的毁灭,而是因为必然规律、理性法庭、道德尺度在审美活动中从来就不存在。因此,"必然规律、理性法庭、道德尺度"之类东西一开始就有其虚假的一面,传统美学的悲剧所面对的,正是这虚假的一面。但实际上,把一切偶然解释为必然,是人类为自己的失败寻找理由的一种常见的方式。在古代,基督教就曾把智慧与罪恶联系在一起。在近代,理性主义传统强调的社会悲剧、性格悲剧,同样是人类为自己的局限找到的理由,是为自身辩护。只是到了当代,人类才发现,真正的悲剧在于对自身的存在的一无所知。事实上,人类在某些方面无非是一个精神的盲者,没有理由一味崇拜自己,不论是高大,还是渺小,是痛苦,还是幸福。因此,人们不应像过去那样只是热衷悲剧的参与,有时还要转而袖手旁观,不为所动;不应像过去那样只是以苦难为美,有时还要视苦难为平常;不应像过去那样只是把有价值的东西毁灭了给人看(因为有时根本就没有),而且还要把虚假的东西砸碎了给人看。"我得,我幸;我失,我命。"这就是喜剧中所蕴含的当代美学精神。①

剖向转换:从自然、社会到艺术

在逻辑形态的剖向层面,我们所看到的,则是在审美活动中所建构起来

---

① 在这方面,米兰·昆德拉所再三致意的"喜剧智慧",代表着人类的生存观念、审美观念的转型,给我们以极为现代的启迪,亟待认真挖掘。

的自然美、社会美、艺术美。①

自然美的存在是一个事实,然而对于自然美的看法却是各执一词。总的来看,大体是或者认为自然美与人无关;或者认为自然美与人有关(其中又分为两个方面:其一是认为与人类的实践活动有关,其二认为是与人类的意识活动有关)。在我看来,两者都有道理。前者使我们意识到自然美与社会美、艺术美之间存在着根本区别,后者则使我们意识到自然美仍然与人无关。然而,它们又都有其不足。就前者而言,山水是可触的,但山水的"美"却是不可触而只可欣赏的。这说明"美"不存在于山水自身,而是存在于山水与人之间的关系之中。就后者而言,实践活动只能创造出自然,但无法创造出自然的美。至于说离开实践活动的意识活动创造了自然美,更是虚假的。

关于自然美的问题,可以从两个层面去考察。在第一个层面,是实践活动创造了"自然"。没有实践活动,就没有"自然"(对于原始人来说,就没有自然)。这不仅因为实践活动既改造了外在自然,也改造了内在自然,而且因为只有在实践活动的基础上,才会出现"社会",也才会出现与"社会"相对的"自然"。

在第二个层面,是审美活动创造了自然美。没有自然审美活动,就没有自然美。有人说自然美是自然人化的产物,这无异于说自然是人类的产品,显然是错误的。这种看法遮蔽了人的对于自然美的欣赏,使人无法去真正了解自然美的特性,甚至让人在自然美中仍然去欣赏抽象的观念、理论之类的内容。事实上,社会美才是人类的产品,自然美则只是人类的对象,换言之,自然美只是"属人化"的对象,社会美才是"人化"的对象。这意味着,自然美不是"人化"的产物(因此不能只强调社会性),但也不是自然的产物(因此不是只有自然性),而是"属人化"的产物。自然美是审美活动在进入人与自然的层面时所建构起来的。

---

① 严格地说,应该称之为自然审美活动、社会审美活动、艺术审美活动,但因为与美学界的惯用范畴保持一致,故暂不作改变。

然而,在"自然"业已存在的基础上,人为什么还要进行审美,还要把"自然"审成"自然美"?这当然不是因为在自然中有"美"要去反映、要去欣赏,而是因为审美活动是人之为人的特殊呈现。换言之,这个时候,"自然"已经被提升、升华了。至于"提升、升华"的原因,则当然是出自审美活动的特殊需要。

人之为人的灵魂,类似人之为人的精神面孔。遗憾的是,它却无法在非我的现实世界得以呈现,就犹如现实的镜子无法照出我们的精神面孔。那么,又应该如何去让这一切呈现而出呢?睿智的人类当然不可能因此而被难倒,而这,就是审美活动的出场。审美活动,其实也就是通过创造一个非我的世界来证明自己。这意味着,要去主动地构造一个非我的世界来展示人的超生命,主动展示人类超生命得以实现的美好,以及人类超生命未能得以呈现的可悲。不过,与通过非我的世界来见证自己不同,创造一个非我的世界,不是把非我的世界当作自己,而是把自己当作非我的世界;过去是通过非我的世界而见证自己,现在是为了见证自己而创造非我的世界。而且,把一个非我的世界看作自己,这当然是我们日常所说的现实世界中的实践活动,但是把自己看作一个非我的世界呢?那岂不正是我们所说的审美活动?

必须强调,所谓自然美,只有在上述的审美活动的基础上才能够被正确地加以阐释。事实上,在审美活动之前,在审美活动之后,都只存在"对方"、自然,但是,却不存在"对象"、自然美。当客体对象作为一种为人的存在,向我们显示出那些能够满足我们的需要的价值特性,当它不再仅仅是"为我们"而存在,而且也"通过我们"而存在的时候,才有了能够满足人类的未特定性和无限性的"价值属性",当然,这就是所谓的自然美。因此,犹如审美对象涉及的不是外在世界本身,而是它的价值属性,[1]自然美之类的审美对

---

[1] 在这方面,自然美是区别于艺术美的。人类在艺术中可以直接去创造一个非我的世界来见证自己,可是,人类在自然中却只能通过将"对方"转换为"对象"来见证自己。

象因此也并不是客体的属性或者主体的属性,更非实体范畴,而是关系范畴——在审美活动中建立起来的关系属性。它是在关系中产生的,也是在关系中才具备的属性。它不能脱离审美对象而单独存在,是对审美活动才有的审美属性,也是体现在审美对象身上的对象性属性。犹如花是美的,但并不是说美是花这个实体,而是说花有被人欣赏的价值、意义。因此,客观世界本身并没有美,美也并非客观世界固有的属性,而是人与客观世界之间的关系属性。也因此,客体对象当然不会以人的意志为转移,但是,客体对象的"审美属性"却是一定要以人的意志为转移的,因为它只是客体对象的价值与意义。

当然,在具体的审美活动过程中,自然美还可以再作区分,例如,可以区分为与社会美、艺术美相分离的自然美,与社会美、艺术美结合的自然美,等等。本书不再讨论。

社会美问题,也可以从两个层面去考察。在第一个层面,是实践活动创造了社会。没有实践活动,就没有社会。正是在这个意义上,我们说社会是"人的本质力量的对象化"。在第二个层面,是审美活动创造了社会美。没有社会审美活动,就没有社会美。与自然美一样,社会美间接产生于实践活动,直接产生于审美活动。因此,应该说,社会美是审美活动在进入人与社会的层面时所建构起来的。社会美是社会现象,也是自然现象——它要以自然性、真为中介,社会美是自然的人化,是从自然到社会的结果。社会美是以善的形式展现真的内容。是对于善的超越,对于内容的超越。

就自然美与社会美而论,两者都是自然性与社会性的统一,或者说,两者都既决定于自然属性,也决定于社会属性,但是侧重点有所不同。不同的自然属性与不同的社会属性的结合,或以自然属性为主,或以社会属性为主,就构成了自然美或社会美。甚至可以说,自然美与社会美是两个相对的范畴,都要相对于对方而存在,都是意在展示为对方所忽视了的另外一面。在一定意义上,可以说,社会美是以对于自然的否定而成为可能的,自然美则是以对于文明的否定而成为可能的。换言之,从自然作用于人的角度有自然美;从人反作用于自然的角度有社会美。自然向人生成与人向自然生成的理想是双向循环过程：自然的人化和人的自然化。社会审美活动侧重于展示审美活动的结果，自然在这里找到了人的本质；自然审美活动侧重于审美活动的过程，人在这里找到了自然的本质——附带说一句，这种两重性在审美活动中可以同时看到，在艺术活动中则在二重转换的意义上同样可以看到。至于社会美的分类，则包括以面对外在对象、客体自然的实践活动（包括科学技术活动）为审美对象，以面对内在对象、主体自然的社会活动为审美对象，以面对外在对象、客体自然与内在对象、主体自然的统一——人体活动为审美对象三类。其中，人体美是社会美的最为集中的表现。不过，本书不去讨论。

艺术美问题，同样存在着两个层面。在第一个层面，是艺术活动创造了艺术。没有艺术活动，就没有艺术。在第二个层面，是艺术审美活动创造了艺术美。没有艺术审美活动，就没有艺术美。艺术美是审美活动进入人与感性符号层面时所建构起来的。假如说自然美面对的是人与自然的超越关系，社会美面对的是人与社会的超越关系，艺术美面对的则是人与自我的超越关系。艺术美是对于内容与形式的在感性符号层面的同时超越，①即对真与善的同时超越。艺术美是通过自然的"人化"向自然的"属人化"的复归。假如说，审美活动象征的是人类既从自然走向文明同时又从文明回到自然的矛盾的解决，那么，一方面，在这个矛盾解决中，自然美与社会美各居一个侧面，艺术美则是借助与感性符号对于自然美、社会美的同时超越。社会美是改造自然，自然美是超越社会，艺术美则是既改造自然又超越社会。在社会美，因为它是人类的生产产品而感到美；在自然美，因为它不是人类的生产产品而感到美；在艺术美，则因为它既是人类的生产产品又不是人类的生产产品而感到美。

也因此，艺术的存在纯然是人类精神关系的解放的见证。它是精神生

---

① 艺术美通过感性符号与世界发生关系，因此比自然美、社会美的影响更大，所谓"精神之浮英，造化之秘思"（徐祯卿：《谈艺录》），因为感性符号使人可以发挥更集中、更富创造性的想象，这本身就是对现实的超越。

命的生产,尤其是审美生命的生产。马克思憧憬的"按照美的规律"去创造,只有在艺术作品中才真正得以实现。人类在艺术作品中呈现着生命,展示着生命,也实现着生命,并且"生成为人"。艺术作品是生命的享受,也是生命的提升。在这个意义上,艺术作品已经不是在创作作品,而是在创作人。至于艺术欣赏,也无非是关于人的二度创作。

唯其如此,诸多美学家、艺术家的断言才会发聋振聩:"艺术原是天国的一种召唤""艺术是一种谎言"(毕加索),"艺术是影子的影子"(柏拉图),"艺术仅为了人性而存在"(施莱格尔)。艺术是人生世界中的上帝。它的光辉笼罩着黑暗长夜中辗转于物欲之轮下的人类群体,笼罩着他们的恐惧、畏缩和挣扎着的灵魂。艺术是一双冥冥之中的巨手,它在纷纷流变、分门别类的物质世界重建出一个供人栖居的意义存在。

艺术是对事物的感觉,而不是对事物的了解,艺术把心灵从现实的重负下解放出来,激发起心灵对生命的把握。艺术展示一个更高更美好的世界。艺术是生命本体达到透明的中介,是生命力量的敞开,是生命意义的强化。"诗与生活的关系是这样的:个体从对自己的生存对象世界和自然的关系的体验出发,把它转化为诗的创作的内在核心。于是,生活的普遍精神状态就可溯源于包括由生活关联引起的体验的需要,但所有这一切体验的主要内容是诗人自己对生活意义的反思。"(狄尔泰)大诗人里尔克说得好:"我们应该毕生期待和采集,如果可能,还要悠长的一生;然后,到晚年,或者可以写出十行好诗。因为诗并不像大家所想象,徒是情感(这是我们很早就有了的),而是经验。单要写一句诗,我们得要观察过许多城许多人许多物……得要能够回忆许多远路和僻境,意外的邂逅,眼光望它接近的分离,神秘还未启明的童年,和容易生气的父母……和离奇变幻的小孩子的病,和在一间静穆而紧闭的房里度过的日子,海滨的清晨和海的自身,和那与星斗齐飞的高声呼号的夜间的旅行——而单是这些犹未足,还要享受过许多夜不同的狂欢,听过妇人产时的呻吟,和坠地便瞑目的婴儿轻微的哭声,还要曾经坐在临终人的床头和死者的身边……必要等到它们变成我们的血液、眼色和姿势了,等到它们没有了名字而且不能别于我们自己了,那么,然后可以希望在极难得的顷刻,在它们当中伸出一句诗的头一个字来。"①艺术的诞生就是这样艰难。

然而,艺术固然出于对生命意义的深刻体验,但是,生命意义的体验本身并不必然构成艺术。朗格指出:人类与动物的不同之处,在于他时时想使体验象征化、符号化。艺术也是如此。它驱使着体验走向符号。艺术是人的生存意义在符号和语言上的显现。艺术是一种符号形式,是对世界的一种把握方式。这把握既不是再现也不是表现,而是对世界的理解和解释。与哲学不同的是,理解和解释,在艺术不是通过概念而是通过直觉,不是通过思想的媒介而是通过感觉的形式。因此,虽然艺术也裹挟着现实生活的外衣,但在艺术中现实生活只是解释和理解世界的媒介。对生活而言,艺术才更为根本。它使人从物质生活中超升而出,栖居于精神生活的意义世界,形式愉悦的世界。因此,在更加深刻的意义上,人还是一种形式存在物。"看到死亡和痛苦当然感到不快和沉重。但是,为什么自古以来艺术一直热衷于悲剧题材和情节呢?为什么人们不可遏制地迷恋于表现罗密欧和朱丽叶的死亡、安娜·卡列尼娜的痛苦和恰巴耶夫的毁灭的艺术呢?它使人心理处于严重的失衡状态,从而产生沉重感、痛苦感;但在悲剧中美好的东西被毁灭又能产生最为兴奋的情绪,这种兴奋使人的心灵被提升到从未有过的高度。当秤砣般的沉重被战胜之后,会产生一种难以言说的轻松感,当至深的痛苦被克服之后,会产生一种无与伦比的胜利感。"斯托洛维奇为此总结说:这是一种人所独有的"审美享受的特殊愉悦",会"产生最高的享受"。②因此,艺术是用刻刀、泥巴、金石、色彩、旋律声部、文字节奏显现出生命深渊中对世界的理解和解释。在特定的时刻,世界竟然会作为形式而存在,作为形式化了的世界而存在。画面上的女人永远不可能与你亲吻,银幕上的枪弹也绝对不可能射中你的心脏。那关闭了栅栏的白昼,那藏匿了影子的夜

---

① 转引自宗白华:《美学散步》,上海人民出版社1981年版,第15—16页。
② 斯托洛维奇:《审美价值的本质》,凌继尧译,中国社会科学出版社1984年版,第231、235页。

晚,那太阳、那云空,那树丫上被晾晒着的无人认领的思念的风。不也只在你的想象中诉说着生命的故事?而且,艺术对世界的理解和解释也并非先验,而是经验。对艺术来说,在艺术之前不存在一个意义世界,在艺术之外也不存在一个意义世界。艺术本身创造出了一种对世界的理解和解释,创造出了一个意义世界。艺术选择了一种符号形式也就选择了一种意义,选择了一种理解和解释,同时也就选择了自己的存在方式。

　　艺术,就是艺术的世界。

第四篇

方式维度:生成与结构

第七章 审美活动的生成方式

"我审美故我在"

对于审美活动,还可以从审美活动的特定方式的角度去考察。审美活动使自由生命的实现成为可能,那么,审美活动以何种方式使自由生命的实现成为可能呢?审美活动是怎样从现实生命中超越而出,进入自由生命,进入自由的境界的呢?或者说,审美活动的性质是通过什么样的特定方式显现出来的?这意味着对于构成审美活动的东西(而不再是审美活动所构成的东西)加以考察,即从构成审美活动的特殊规律的角度去诠释审美活动的特殊存在根据。显而易见,在对审美活动的考察中,这是一个亟待回答而又无法回避的问题。

对于审美活动的方式的讨论包括两个层次的问题:其一是审美活动的生成方式,需要讨论的是:审美活动的方式何以能够成为人类生存的最高方式?何以能够禀赋着本体论的内涵?其二是审美活动的结构方式,需要讨论的是:审美活动的方式是如何实现人类生存的最高方式的?是如何体现本体论的内涵的?

本章先讨论审美活动的生成方式,即:审美活动的方式何以能够成为人类生存的最高方式?何以能够禀赋着本体论的内涵?不过,要回答这两个问题,首先还要回答:现实活动为什么不能成为人类生存的最高方式?为什么不能禀赋着本体论的内涵?

我已经剖析过,人类生命活动是一种以对文明与自然的矛盾的服从为基础,同时又以对文明与自然的矛盾的超越为主导的生命活动。从逻辑的角度看,它是对于自由的不懈追求,但从现实的角度看,由于文明与自然的矛盾的永恒性,这种对于自由的不懈追求又只能分解为自由的基础、自由的手段,以及自由的理想,并在不同的生命活动类型中得以实现。其中,审美活动作为超越性的生命活动,是一种自由本性的理想实现的生命活动,它所创造的成果体现着人的自身价值,而实践活动、理论活动则是一种人的现实本性的现实实现的生命活动,它所创造的从生产关系到政治制度到文化形态和从思维机制到深层心态等则体现着人的外在价值。当然,这里的"自身价值""外在价值"都是一种人的需要,从现实的角度讲,没有高低之分,然而,从逻辑的角度看,它们的性质与功能又毕竟不同。这不同,正如我已经一再剖析过的,假如说,前者讲的是人之所"是",后者讲的则是人是"什么"。而且,还不妨再作推论,假如前者是指的人的最高价值,后者则是指的人的次要价值;假如前者是指的人之为人的生成性,后者则是指的人之为人的结构性。并且,假如人的最高价值和人的次要价值的区分是着眼于生命的存在方式(审美活动"是什么"),人之为人的生成性和人之为人的结构性的区分则是着眼于生命的超越方式(审美活动"如何是")。

关于人的最高价值和人的次要价值,前面已经详瞻论及。这里要论及的是人之为人的生成性和人之为人的结构性。从生命的超越方式角度着眼,人的自身价值和外在价值由于在使生命成为可能的方式时的地位不同,而被区分为生成性和结构性两类。具体而言,人的自身价值是生成性的,它无所不在但又永不停滞,始终在创造的过程中跋涉;人的外在价值是结构性的,作为人的自身价值的对应物,它或者作为正在生成着的自身价值的最新成果,构成正在进行的自由的生命活动的一部分,或者作为已经完成的自身价值的既有成果,反过来阻碍着正在进行的自由的生命活动。但无论如何,人的外在价值都是现实的而不是理想的。就两者的关系而言,人的自身价值是创造的,人的外在价值是既成的;人的自身价值是超前的,人的外在价值是滞后的;人的自身价值是直接的,人的外在价值是间接的;人的自身价值是不可重复的,人的外在价值是可以重复的……因此,人的生命超越方式虽然是作为人的自身价值的生成性和作为人的外在价值的结构性的对立统一,但要使生命不断超越,则必须以作为人的自身价值的生成性为动力和主导方面。

也因此，人的自由生命的理想实现就只能通过作为人的自身价值的生成性来完成。而这作为人的自身价值的生成性，就正是本章所要讨论的作为生命超越方式的审美方式。

遗憾的是，目前美学界对此却缺乏普遍的了解。最为常见的做法是把作为人的外在价值的结构性作为审美体验的基础，但却从未认真想过，作为人的外在价值的结构性固然可以导致自由的基础的实现，也固然可以导致自由的手段的实现，但是否可以导致自由的理想的实现？答案只能是否定的。自由的理想的实现只能是理想的（在自由王国），而不会是现实的（不会在必然王国）；换言之，只能在作为人的自身价值的生成性的基础上实现，但却不能在作为人的外在价值的结构性的基础上实现。

作为人的外在价值的结构性，是人的现实生命活动的实现方式。它从作为外在价值的结构性出发，首先推出一个至高无上的思维结构——我思，把原为同一的主体与客体、人与世界分裂成两个对立的东西，然后以冷漠的态度对主体或客体、人或世界作出外在的描述、测量、说明。它不但把物当作一种认识对象，当作"什么"或存在物来考察，而且把人当作一种认识对象，当作"什么"或存在物来考察。结果，在成功地把握了物的同时，却全面地遗弃了人。那么，自由的理想呢？自由的理想却偏偏不在了。它徜徉远去并且自行隐匿起来了。

这种人的现实生命活动的实现方式，可以分成两种情况：即事与理。正像皮亚杰在分析儿童的心理发生时曾经深刻指出的："消除中心化过程同符号功能的结合，将使表象或思维的出现成为可能。"①在这里，前者是指主体在生命活动中"消除中心化"从而走向外在对象，即"事"；后者是指主体在主体活动中最终走向符号，即"理"。毋庸讳言，这种分化固然有其巨大的历史价值，但又毕竟是靠不断地舍弃自由的生命、舍弃对于人的自身价值的切实体验换取来的。就"理"而言，它指逻辑、一般、普遍、抽象或无差别，是以"理"统"事"。它是从有限的超越角度去完成生命的超越，因而是使生命

---

① 皮亚杰：《发生认识论原理》，王宪钿译，商务印书馆1981年版，第24页。

成为可能的方式。但实际上这里对有限的超越是用形而上的有限取代形而下的有限,并且仍然是以这形而上的有限为客体,这就不能不构成生命灵性的灭顶之灾,生命意义的衰萎。就"事"而言,它指与逻辑、一般、普遍、抽象或无差别相对应的现实、现象、特殊、存在或差别,是以"事"统"理"。它用对外在对象世界的盘剥、占有、掠夺来僭越对自由生命的叩问、体味、持存,却丝毫未意识到生命灵性已陷入冥暗之中。于是,人成为工作的动物。

实事求是地说,"我思"不失为人类的一个创造,它的诞生无疑使自由的基础、自由的手段的实现成为可能,但另一方面,它又无法使自由的理想成为可能。对于"我思"的局限性的把握会使我们更为成功地使用这一武器,但对于"我思"的局限性的忽视却会使我们付出沉重的代价。而人的愚蠢和智慧就恰恰同时表现在这里。当笛卡尔自豪地断言"我思故我在",有几个人又曾意识到这是一位人类的智者所说出的一句蠢话呢?其实,以二分的"我思"和"我思"的对象为基础的"我思",恰恰是对"我在"的谋杀,因此,恰恰是"故我少在"。例如,从理想对象的角度说,"我思"使自然与我们之间,甚而至于在我们与我们自己的意识之间,都隔着一重帷幕,"我看,我听,我以为我看到了我所能看到的一切,我以为我是在省察我自己的心灵;然而,事实上我都没有做到……事物全按照我认为它们所具有的用途而加以分类。正是为了分类,于是我再也知觉不到事物的真相,除了仅仅留意到一样东西所属的类——也即我应该加到那样东西上的标签之外,我简直看不到那一样东西。"[①]兰逊则无比愤慨地说,我思使人类成了"谋杀者":"他们的猎物便是形象或物象,不管它们在哪里他们都会追杀,就是这种'见物取构'的行为使得我们丧失了我们想象的力量,不让我们对丰富的物性冥思。"[②]于是,"世界不能满足人"了(马克思)。从理想主体的角度说,人们的感觉变得

---

① 休谟。转引自刘文潭:《西洋美学与艺术批评》,台湾环宇出版社1984年版,第130—131页。
② 兰逊。转引自叶维廉:《寻求跨中西文化的共同文学规律》,北京大学出版社1987年版,第116页。

狭隘、自私、迟钝了。而从自由理想的角度说，人则成为工具，成为物，成为无家可归者。①

那么，审美活动的方式何以能够成为人类生存的最高方式？何以能够禀赋着本体论的内涵？

在我看来，要做到这一切，关键就在于把被割裂并被彻底颠倒的人的作为自身价值的生成性和作为外在价值的结构性重新弥合并颠倒过来，掉回头来，重新在作为人的自身价值的生成性的基础上去追问人的自由生命。那么，人的自由生命又是什么？正如我已经反复说明的，不正是"是"吗？这样讲，或许会给人以误解，以为实在只是某种毫无意义的循环论证，一切都等于没说。不过，它又从反面告诉我们：人的自由生命本身不可说。这正是人的自身价值与外在价值之间深刻的本体论差异。如是，"我思"也就面临着一场本体论上的革命转变：人不再是一个认识对象、一个"什么"或"存在物"，而是"存在"。② 于是，相对于过去往往把人的本体规定为外在于人的实在的绝对本体，我们也可以把人的本体规定为人的超越性生成，即人的自由生命的理想实现。这当然意味着把一种传统的实在的绝对的本体论转换为一种人类的自由的生命活动的本体论，意味着人的自由生命的理想实现作为人生活于其中的世界的根据。再进一步，假如一定要仿效传统的模式指定一种可以把握或起码可以把握的东西的话，那也只能是人们创造于斯又

---

① 在此意义上，当克尔凯戈尔勇敢地喊出"我思故我少在"，就不能不被全人类誉为智慧之语。确实，正是因为"我思"，存在物才在，存在才"少在"；人的外在价值才在，人的自身价值才"少在"。正是因为"我思"，帕斯卡尔才会深感困惑地自诘："我不知道谁把我置入这个世界，也不知道这世界是什么，更不知道我自己"；卡夫卡才会惊叫"无路可走"，"我们所称作路的东西，不过是彷徨而已"；加缪才会告诫每一个世人，"当有一天他停下来问自己，我是谁，生存的意义是什么，他就会感到惶恐"，发现"这是一个完全陌生的世界"，"比失乐园还要遥远和陌生就产生了恐惧和荒谬"；席勒才会哀诉："美丽的世界，而今安在？"；海德格尔也才会感叹："无家可归状态成了世界命运。"

② 在这个意义上，海德格尔才用下述语言来暗示它："隐匿自身者""应思的东西""无蔽中的在场""闻所未闻的中心""怡然澄明地自己出场"……

栖居于斯的人的超越性的生命活动。人的生存，就是超越性生命活动的生存；人的实现，就是超越性生命活动的实现；人的创造，就是超越性生命活动的创造。这样，不难看出，真正意义上的生命超越方式，只能是追问着人的自身价值的生命超越方式，只能是自由生命的挺身而出，自由生命的亮光朗照，或者说，只能是自由生命的恬然澄明，换言之，只能是审美活动的出场。

至于审美活动究竟"如何是"，日本学者铃木大拙与中国元代学者刘壎的看法值得注意：

> 如何给所谓"悟"来规划一个定义呢？这的确是非常困难的。但方便简单地说，悟，只是把日常事物中的论理分析的看法，掉过来重新采用直观的方法，去彻底透视事物的真相。禅开启了迄今二元观的另一新看法，所以对迄今所见到的环境，亦可展开未曾预料到的新角度，而对于开悟的人来说，可说这世界已不是原来的世界了。虽然川照常流，火照常燃，但那不是悟之前的流法燃法了。至今在论理上二元上所见到的事物，其对抗之相，矛盾之相亦复消失。处在原来的矛盾环境中，却能展开出不矛盾的境界来，这一般人看来似奇迹，然而在禅者看来，这是应该的（当然的），并没有什么奇迹存在，总之，这是必须经过一度体验才能获得的。①

请注意这里的"掉过头来"（消解掉对象性思维）和"处在原来的矛盾环境中，却能展开出不矛盾的境界来"，这正是审美活动之为审美活动的真谛之所在。刘壎也指出：

> 儿童初学，蒙昧未开，故懵然无知，及既得师启蒙，便能读书认字，

---

① 铃木大拙：《悟道禅》。转引自皮朝纲等：《静默的美学》，成都科技大学出版社1991年版，第169页。

驯至长而能文,端由此始,即悟之谓也,然此却止是一重粗皮,特悟之小者耳。学道之士,剥去几重,然后逗彻精深,谓之妙悟,释氏所谓慧觉,所谓六通……世之未悟者,正如身坐窗内,为纸所隔,故不睹窗外之境。及其点破一窍,眼力穿逗,便见得窗外山川之高远,风月之清明,天地之广大,人物之错杂,万象横陈,举无遁形,所争惟一膜之隔;是之谓悟……惟禅学以悟为则,于是有曰顿悟,有曰教外别传,不立文字,有曰一超直入如来地,有曰一棒一喝,有曰闻莺悟道,有曰放下屠刀,立地成佛,既入妙悟,谓之本地风光,谓之到家,谓之敌生死。①

这里的"所争惟一膜之隔",同样道出了审美活动之为审美活动的真谛所在。

在我看来,审美活动之所以能够成为人类生存的最高方式,之所以能够禀赋着本体论的内涵,道理正在这里。它能够使生命活动的方式重新从对立、片面回到融洽、整合的状态,正如伽达默尔和杜夫海纳所发现的:"真正的精神潜沉(深层体验)敢于打碎它的现实性,以便在破碎的现实中重建精神的完整。能够这样携带着向将来开放的视野和不可重复的过去而前进,这是我们称之为体验的本质。"②"审美活动,它不再要求两重性,而重新要求'失去的统一',人与世界的统一。"③显然,这就是审美方式中最为深层的秘密。

因此,审美活动的方式正是使自由生命的理想实现成为可能的生命超越方式,是使现实进入理想的生命超越方式,也是使理想进入现实的生命超越方式,它是对于人的自身价值的体验,是生命意义的发生、创造、凝聚,是使生命呈现出来的中介。晦暗不明的生命正是通过审美活动而进入了自身

---

① 刘壎:《隐居通议》卷一。
② 伽达默尔:《美的现实性》,张志扬等译,三联书店1991年版,第13页。
③ 杜夫海纳:《美学与哲学》,孙非译,中国社会科学出版社1985年版,第204页。

的透明性。① 它与现实活动的方式基于不同的目的和功能,代表着人类精神的两面。不少美学家认为审美方式与认识方式之间没有区别。理查兹就说:"实际上在我们看一幅画,读一首诗,听一段乐曲的时候,和我们早晨起来到阳台上去穿衣服等活动是没有什么根本区别的。"②但更多的美学家却认为两者之间存在着区别。例如,布洛克认为两者存在推理性理解与直觉经验的差异,③奥尔德里奇则把两者区别为"观察"与"领悟"的不同:"在观察中,物质性事物的特质表现为对它进行'限定'的'特性',而在领悟中,物质

---

① 审美活动的方式,又可以称之为审美体验。体验,在西方解释学美学中成为一个极为重要的范畴。德文"Erfahrung"兼具"感觉经验""人生经历"两方面的涵义,英文"Experience"同样兼具"感觉经验""人生经历"两方面的涵义。中国对此的区别较为清楚,一是"闻见之知",一是"体验""感受""阅历""经历"。体验从内涵上看,不是一般感知,而是一种蕴含着阅历性、体验性的东西,是亲历一种生命、事件所直接形成的个体心理感受,是直接的而不是间接的,而且是语言概念难以把握的,先于理解、先于反思。其内涵一是内在于生命活动即生命的经历,二是直接的生命活动,即生命的结果。黑格尔最早使用它。施莱尔马赫、狄尔泰把它正式命名为理论范畴,胡塞尔再从现象学的角度确立它的本质与功能,海德格尔则更为深入地阐明了它的本体地位。在西方文化中,体验总是伴随着个人的生命痛苦、矛盾,即一种否定的精神,黑格尔说过,感受痛苦(否定的感觉)是生命之物的特权。因此,痛苦以及由于痛苦而导致的陌生感,是体验的产生的先决条件。比经验更为根本,是生存方式成为可能的根据,而不是认识成为可能的工具。其次,在美学史上,西方使用得较多的是美感、审美意识、审美经验等范畴。最初(从古希腊到17世纪)是美感,然后(从18世纪到19世纪)是审美意识,现在(20世纪)是审美经验。一般认为,美感侧重于主体的审美知觉的因素,审美意识侧重于主体与客体在审美关系中产生的整个意识过程与反映过程,审美经验则是审美实践经验(创造审美对象)和心理经验的统一。而我之所以不采取审美经验范畴,是因为这里的经验只是从主观的心理体验角度而不是从社会实践的角度来解释审美方式,也因为它只是从认识的附庸而不是从本体的角度来解释审美方式。二元化、主观化、形式化是其主导倾向。其主要观点,如快感说(桑塔耶纳)、移情说(费肖尔、里普斯)、距离说(布洛)、直觉说(克罗齐)、无意识说(弗洛伊德)、幻觉说(冈布里奇)、孤立说(闵斯特堡)、完形说(阿恩海姆)、意向说(杜夫海纳)、信息说(理查兹),都存在着程度不同的缺憾。
② 转引自朱狄:《当代西方美学》,人民出版社1984年版,第253页。
③ 布洛克:《美学新解》,滕守尧译,辽宁人民出版社1987年版,第22页。

性事物的性质表现为'赋予它活力'的'外观'(客观印象)。"[1]英伽登说："一个实在对象(事物)的知觉在哪一点过渡到审美经验,从实际生活的自然态度或研究态度到审美态度的特殊变化,就是一个极有趣同时也极困难的任务。是什么造成了这种态度的变化?"[2]显然也认为存在着自然态度与审美态度的区别。在我看来,两者之间的区别无疑是存在的。假如说,现实方式满足的是人类进行演绎和归纳的需要,审美方式满足的则是人类自我表现的需要,前者的实用性、占有性很强,后者正好反之;前者是片面的,后者却是全面的;前者以论证的形式实现自己,后者以感受的形式显现自己。现实方式满足的是精神与外在物之间的协调、平衡的关系,审美方式则只顺从心灵的自由理想的需求,以心灵的自我满足为原则。以面对一朵花为例,在现实方式中会想到："它是什么"(实体思维)、"它作何用"(主体思维),是要认识花的客观属性;但在审美方式中想到的则是："它是否令我愉快",是要发现花与人的关系。当然,另一方面,现实方式与审美方式又并非毫无关系。事实上,两者之间又存在着复杂的关系。起码,审美方式必须以现实方式为材料,是对现实方式的回味、反刍、体味,或者说,是对现实方式的二度感受、二度经验、二度知觉,只有现实方式,审美方式固然无法想象,没有现实方式,审美方式同样无法想象。

综上所述,我们发现:审美方式正是人之为人的最为根本、最为源初、最为直接的存在方式,也是人之为人的既最简单又最艰难的存在方式。说它最简单,是因为它是人之为人之所不学而能的,只要能够把该放下的(我思)暂时放下,该加括号的全加上括号,自然就会真正地面对万事万物、世界、人生。说它最艰难,则是因为人们往往不愿把该放下的暂时放下,把该加上括号的全加上括号,甚至反而在这该放下、该加上括号的东西中乐不思蜀,因此,再不愿面对,也不会面对万事万物、世界、人生。我们知道,在现代社会

---

[1] 奥尔德里奇:《艺术哲学》,程孟辉译,中国社会科学出版社1987年版,第22页。
[2] 英伽登:《对文学的艺术作品的认识》,陈燕谷等译,中国文联出版公司1988年版,第197—198页。

中,人们普遍认定:"我思故我在。""我思"已深深浸透于人和世界的所有领域。生命被"我思"分门别类予以简约、概括,因而不再真实,心灵也已经呆滞、僵化、腐朽。这就更加亟须回到审美方式。可见,要使人成为全面发展的人,离不开审美方式;只有审美方式才能使世界的丰富性、全面性永存,使世界的诗意的光辉永存。在人的自由本性的理想实现中,不是"我思故我在",而是"我审美故我在"。"我思"只是在"我审美"的基础上,对人与世界的某一方面的描述、说明和规定。它并非人类生存本身,而只是人类生存的一种工具、手段,故不能把"我思"等同于"我在"。"我审美"则不然。人必须最为根本、最为源初、最为直接地生存在审美体验之中。审美方式使人成之为人。审美方式即生存,审美方式即世界,真实地进入审美方式即理想地去生存。它是人之为人的根本,也是人类最为理想的生命存在本身。

审美活动的方式的内涵有二:其一是直接性,其二是超越性。

所谓直接性是指审美活动在形式上是一种直接的观物方式。审美方式无疑不是一种理性的观物方式,但也不是一种非理性的观物方式,因为把观物方式分割为理性与非理性,正是二分世界的产物。但审美活动却是超越于二分世界的产物。因此,它既不是理性的,也不是非理性的。用中国禅宗的话说,正是所谓"两头皆截断,一剑倚天寒"。打个比方,它类似禅宗强调的"非思量":"当药山坐禅时,有一僧问道:'兀兀地思量甚么?'师曰:'思量个不思量底。'曰:'不思量底如何思量?'师曰:'非思量。'"①王夫之指出:"俱是造未造,化未化之前,因现量而出之。一觅巴鼻,鹞子即过新罗国去矣"。②所谓审美活动,正是指的"造未造、化未化",即二分世界产生之前的一种观物方式。庄子也指出:"古之人,其知有所至矣。恶乎至?有以为未始有物者,至矣,尽矣,不可以加矣。其次以为有物矣,而未始有封也。其次以为有封焉,而未始有是非也。是非之彰也,道之所以亏也。"③假若二分世界产生

---

① 《五灯会元》。
② 王夫之:《题芦雁绝句序》。
③ 《庄子·齐物论》。

于"有封""是非之彰也"的阶段,审美体验则产生于"未始有物""未始有封"的阶段。它既"莫若以明"又"照之于天",而且"藏天下于天下",较之二分世界也更为根本、更为源初、更为直接。在这个意义上,可以看出,审美活动针对的是先于二分世界的东西。说得更明确一些,它针对的是人与世界的关系,是人所看到的世界,而不是被二分世界所分门别类加以筛选、简约过的人与世界的某一方面的关系,某一方面的世界。

换言之,审美活动不再瞩目于现实世界的建构如何可能,以及如何认识现实世界,而是瞩目于理想世界的建构如何可能,瞩目于怎样进入理想世界、永恒价值、诗意的栖居。显而易见,审美活动正是完成这一转换的中介。审美活动,是对理想世界的寻找和表述,是生命之谜的破解,是人生与内在的生命之流的真实相遇。由此,审美活动虽然不是对有我(主体思维)的体验,但也不是对无我(实体思维)的体验,而是对超越于有我与无我(亦即主体与客体,人与世界)的对立的非我(亦即理想世界)的体验。这非我既非有我,又非无我,也非有我与无我的抽象本质,而是它们存在的根源和方式。因此,是一个"出外于相离相,入内于空离空"的"无"。

所谓超越性是指审美活动的直接性的内容和收获。因为消解了对象性思维的魔障,从形形色色的心灵镣铐中超逸而出,并且转而以活生生的生命与活生生的世界融为一体,所以,人才得以俯首啜饮生命之泉,得以进入一种自由的境界,得以禀赋着一种审美的超然毅然重返尘世。借助于荷尔德林的诗句,海德格尔说得何等潇洒:

……人诗意地栖居在大地上。

这正是审美活动的超越性。如是,审美活动便全身心地沉浸在生活之中,不旁逸斜出,也不再盘剥、占有。一切现成,一切圆满。

但另一方面,审美活动尽管全身心地沉浸在生活之中,但生活又不再是昔日的生活,而被赋以全新的理解、诗意(审美)的理解。正像里尔克在1925年的一封信中陈述的:

一幢"房子",一口"井",一座他们所熟悉的尖塔,甚至连他们自己的衣服,他们的长袍都依然带着无穷的意味,都显得无限亲切——几乎一切事物都蕴含着、丰富着他们的人性,而他们正是从它们身上发现了自己的人性。①

海德格尔则把这种对生活的全新的理解、诗意的理解,称为对家乡的思念和追寻。他据此发挥说:"对那些在其出生地居住的人来说,家乡的内在本质早就为之而具备,并且已经给了他们,就好像是他们自己的东西一样。家乡的内在本质早就是天道的命运了,或如我们现在所称的:历史。然而,当天道在遣发出来时,没有把本质完全交付出来。它依然被扣住不发,因而,天道只安于这样的情况:它健好,却还没有被发现。"②在这里,家乡已经成为一个哲学概念,成为人之为人的根本,亦即"天道"。但它又并不必然彰显出来,而是隐显不定、或隐或显,这就需要人们去历经艰险寻找它。而审美活动与对象性思维的根本性区别正在这里。审美活动是超越性的。对它来说,虽然"房子""井""尖塔""衣服""长袍"与在对象性思维中看到的无甚不同,但后者只是按照日常标准去看待它,却对其中的"无穷意味"若明若暗。前者则不然,在这些平常的事物中,能够深味其中的"无穷意味"。于是,平常的事物便不再那么平常了:"一切都如此亲切,甚至一个匆匆的点头,似乎也是朋友的问候,每张脸上流露出情趣相投。"(荷尔德林)按照海德格尔的话说,似乎这就是:"你之所寻近在眼前,早已同你相会照面。"

进而言之,审美活动的超越性来源于世界的意义性,世界并非实体的,而是意义的。过去,我们把世界理解为实体,因而在人—符号—世界的关系中,以为人只要掌握了符号,诸如公式、概念、定义、语言……就可以把握世界。而这正是对象性思维的合法性根据,它着重处理的只是符号—世界的

---

① 转引自海德格尔:《诗·语言·思》,张月等译,黄河文艺出版社 1989 年版,第 119 页。
② 海德格尔:《生存与存在》,英文版,第 263—264 页。

关系,至于人,则必须把自己转换为符号化的存在。而现在,世界被进而理解为意义的,成为有待于在掌握了的基础上的加以超越的对象,而这正是审美活动的合法性根据。审美活动着重处理的正是人—符号的关系。它是把长期遮蔽起来的人被等于符号的缺憾展现出来的结果。由此不难发现,卡西尔说人是符号的动物,尽管给美学界以极大的启发,但其中的缺点却被忽视了。这缺点就是:只注意到人与动物的矛盾的解决,却没注意到人与符号的矛盾的解决,即只注意到结构性的矛盾的解决,但却忽视了生成性的矛盾的解决。试想,人被等同于符号,这难道不是一种人的异化?人不但要使用符号以把握世界,而且要消解符号以超越世界。须知,人靠文化脱离自然,但又会沉溺其中,以致丧失自己。如何通过对于符号的消解,以实现人类自身的自由存在,这正是审美活动所面临的重大课题。

生命之思

审美活动的方式何以能够成为人类生存的最高方式?何以能够禀赋着本体论的内涵?从更深的角度看,首先在于它不仅在时间上先于对象性思维,而且在逻辑上先于对象性思维。

所谓在时间上先于对象性思维,是指从历史的根源看,审美活动是先于对象性思维的。对此,我已在第一章从现代生理学、文化人类学、现代神经生理学、现代心理学的最新成果的角度加以说明。这里,不妨再从人类历史的缩影——个体心理发生的角度来加以讨论。[①] 在这方面,值得注意的课题是:动作思维。

我们知道,洛克在其著名的《人类悟性论》中,曾经把幼儿的心灵譬喻为

[①] 美学界习惯于以宏观的对实践活动的考察来阐释审美活动的产生,因此往往批评专门研究个体心理发生学的皮亚杰忽视了实践活动的作用,而不是批评他的个体心理发生学本身有何缺陷。但事实上,审美活动总是个体的,因此,在实践活动的宏观生成角度之外,还必须从个体心理的微观生成角度考察审美活动的生成。为此,我与林玮合作,写了一部学术著作《人之初——审美教育的最佳时期》,海燕出版社1993年版,请参看。

一块"什么字迹也没有的白板",这或许不尽准确,但洛克却毕竟揭示了一个往往被世人忽略过去的真理:经验先于认识。这也就是说,伴随着幼儿的情感感受出现的,是以动作与感知为主体的思维,而不是逻辑思维。

值得庆幸的是,洛克的发现已经逐渐得到了心理学家的证实。他们发现:幼儿心理的产生,并非先验的遗传,但也并非对外界的直观、机械的镜子般的反映。幼儿心理是在幼儿的积极活动,在主体与客体的相互作用中产生的。因此,幼儿从来就不是被动接受外界刺激,而是积极地与外界相互作用。即便在胎儿期间,我们也不难观察到他的最初的动作。[1] 幼儿出生后,便会出现哭叫、手脚乱动、吸吮等动作,这些都是以无条件反射为基础的。这些先天的无条件反射动作,很快就和后天的条件建立各种不同的联系,形成各种条件反射。这就是在主体和客体相互作用中的一种智慧,其中主要的是感觉和动作,是后天获得经验的来源。与此同时,幼儿不但和外界事物建立条件联系,也在幼儿自身的各种感官机能之间建立条件联系,如手眼协调动作,等等。[2]

正是有鉴于上述事实,皮亚杰才把幼儿动作、感知的产生这一敏感期称为"哥白尼革命":"从出生到学会语言的这个时期心理便有了异乎寻常的发展……这个发展就是利用感知和动作去征服周围整个实际的宇宙。"[3]亦即用动作智慧去"征服周围整个实际的宇宙"。

所谓动作思维,是指幼儿动作不像成人那样,靠思维来支配动作,而是动作就是思维,思维就是动作。幼儿并不具备成人思维的那种超前性、虚拟性、预测性,而是借助外部或身体本身去解决问题,达到突然的理解或顿悟。

显而易见,动作思维的世界是一个直接动作的世界,它以自身动作为主要内容。之所以如此,关键在于婴儿的知识是来源于动作,而不是来源于对

---

[1] 动作是人类机体生命的第一信号,也应该是审美生命出现的第一信号。舞蹈之所以在人类艺术中率先出现,值得注意。
[2] 参见朱智贤:《思维发展心理学》,北京师范大学出版社1986年版,第250—252页。
[3] 皮亚杰:《儿童的心理发展》,傅统先译,山东教育出版社1982年版,第12页。

象世界。对婴儿来说,对象世界尚不存在,成人所说的对象世界都只能从他们与动作的联系中去考察。因为离开了自身的动作,婴儿的知觉就会像电视屏幕一样只能起到显示图像的作用,一旦信号中断,图像就会消失得不留任何痕迹。皮亚杰概括得十分精彩:"幼年婴儿的世界是一个没有客体的世界,它只是由变动的和不实在的动画片所组成,出现后就会完全消失……"①

值得指出的是,关于动作思维,一直未能引起人们的注意。对成人而言,是往往意识不到动作思维的存在;对于一些心理学专家而言,则往往认为动作思维无非就是向成人思维的一种过渡,例如从动作性表象到图像性再现表象再到符号性再现表象。在我们看来,这无疑是错误的,并且统统是片面地以智能发展作为价值尺度的必然结果。其实,从人的自由发展、审美发展的角度考察,动作思维恰恰为人的本体生存提供了最为深层的根据,因而是十分重要的。

不过,仅仅从心理学的角度去解释动作思维的为人的本体生存提供了最为深层的根据,是远远没有说明问题的,因此,还有必要作出更为全面的解释。

首先,从人的起源角度看,人的动作思维固然与动物的动作思维表面上相近,但实际上根本不同。我们知道,人是在生理尤其是大脑尚未成熟的状态下出生的。动物学家波特曼在对人类胎儿和动物胎儿详细调查后发现:人无疑是所有动物中最高级的,但恰恰又是出生最早的。例如,长颈鹿、大象、马等动物出生后马上就能站起来,并很快就能随父母行走,而人却还需要最少一年的时间才能够做到这一点,为什么呢?原来,从成熟程度的角度来推算,动物实际上在母体内所停留的时间要比人多一倍。波特曼指出:如果人也想达到它们的程度,起码要在母体内停留21个月。这是一个很有意思的现象。对于人类来说,又实在是一个不幸中的万幸!可以设想一下,假如人类真的在母体内停留21个月,出来后会是一番什么景象:或许会达到其他动物那个程度,但却永远不会成为最高级的动物了。显而易见,正是这种先天

---

① 皮亚杰等:《儿童心理学》,吴福元译,商务印书馆1980年版,第21页。

的不成熟,造就了后天的突飞猛进的发展和真正意义上的成熟。动物也有自己的动作思维,但却是生而有之,虽然精确、完善,但却无法作出丝毫改进。人则不然。他虽然是在后天学习中学会了动作思维,但却并非不能改进。

其次,从心理发生的角度看,动作思维又是人类思维的基础。行为主义心理学家曾经做过一个实验,证明:在思维中,与之相关的不仅是大脑,还有身体。在心理活动中,臂、腿、躯干的肌肉的紧张会增强。假如你想象举起一个重物,那么,在你的手臂上就能记录到动作的爆发,虽然你的手臂并没有动。在清醒思维时,也能从眼的外肌测出这一类潜能的频繁活动,即便在入梦时也不例外。皮亚杰也曾指出:一个人在想象一个躯体的运动时,与身体实际从事这一运动时,无论是在脑电图式或肌电图式方面,都伴随着同样的电波形式。由此不难推测,动作思维一定是其他思维形式的基础,否则,在其他思维形式中就不会看到动作思维的痕迹。因此,皮亚杰经过长期研究后指出:主观与客观之间"一开始起中介作用的并不是知觉,有如唯理论者太轻率地向经验主义所作的让步那样,而是可塑性要大得多的活动本身。知觉确也起着重要作用,但知觉是部分地依赖于整体性活动的……用一般的方式,每一种知觉都会赋予被知觉到的要素以一些同活动有联系的意义,所以我们的研究需要从活动开始。"①这种活动,在婴儿那里最初只是一些本能活动,即"遗传性图式",只是随着不断的分化,才逐渐演进为多种图式的协同作用,并建立新的图式和调整原有的图式,对外界刺激再进行新的各种水平的同化。图式的这种不断分化、不断演进,使得自身日趋复杂,最后达到逻辑结构。这样,我们不难看出,人类思维之所以能取动作思维而代之,不仅因为克服了动作思维的局限性,而且更因为作为"以往全部世界史产物"的人类思维必然有动作思维沉淀其中。

最后,更为重要的是,从审美发展的角度看,动作思维是审美活动的形态结构的历史生成的基础。对于审美活动来说,动作思维堪称它的原始形态,换言之,审美活动其实正是更高意义上的动作思维。

---

① 皮亚杰:《发生认识论原理》,王宪钿译,商务印书馆1981年版,第22页。

作为审美活动的形态结构的历史生成的基础,动作思维的影响可以从对于幼儿的审美能力的影响中看出,也可以从对于成年人的审美能力的影响中看出。

就前者而言,不难从幼儿的诗性智慧与符号体验能力的形成上看出。幼儿的诗性智慧是人们所熟悉的。原因何在?显然与动作思维有关。它是在动作思维基础上形成的一种异质同构的思维方式。它意味着:幼儿在面对外物时,并不按照人和非人、动物和植物、有机物和无机物、有用之物和无用之物之类的标准去对事物进行分类,而是按照它们所体现的情感表现性去对它们加以分类,也就是说,幼儿在思维时往往去寻找内在的情感结构与外在事物的形式结构之间的同构效应。

那么,如何阐释这一现象呢?从发生心理学、格式塔心理学和深层心理学的研究成果中,可以得到有益的启示。艾里克斯基成功地描述了幼儿生理机能与心理发展之间契合演进的蓝图:幼儿的活动行为首先集中在口腔期,然后转到肛门期,最后走向生殖器期。在口腔期,活动行为主要集中在两种方式上:一种是"得到",属于被动摄取;一种是"获取",属于主动寻觅。而这两种活动方式一旦转向食物之外的事物,同样会以"得到"或"获取"、被动或主动的两种方式去处理。在肛门期,则主要表现为"维持"与"排泄",它们起初也只是与被排泄物有关,但随之也转向被排泄物之外的事物。最后是在生殖器期形成的"进入"与"包含"两种活动行为,也是如此。这看法固然有片面之处,但也发人深省:幼儿对世界的思考是出于对自己身体活动的体验,并寻求一种结构式的对应和阐释。正如加登纳在此基础上发现并描述的:"(儿童)能不断以态式——向式方式(即异质同构——引者)与对象进行深入的缠结。一个听音乐和听故事的儿童,他是用自己的身体在听的。他也许入迷地、倾心地在听;他也许摇晃着身体,或行进着,保持节拍地在听;或者,这两种心态交替着出现。但不管是哪种情况,他对这种艺术对象的反应都是一种身体的反应,这种反应也许弥漫着身体感觉。"[1]这段话清楚

---

① 加登纳:《艺术与人的发展》,兰金仁译,光明日报出版社1988年版,第199页。

地道出了动作思维与诗性智慧之间的一致性和递进关系,为幼儿诗性智慧的产生作出了明确的阐释。也正是因此,加登纳最后评价并加以发挥说:"艾里克斯基的贡献在于,他描述了最初与策动状态及身体式样相联系的那种心理学态式(它不应与感官态式相混淆)变成社会与文化形式——该幼儿体验其体外世界的方式——的过程。当把这种观点初步运用到艺术发展的领域之后,便使我们感到,一个幼儿不仅不断地经验到自己体内以及与环境相联系的态式,而且还倾向于区分他所见到的各种刺激物中相同的态式外形——包括符号对象——并以某种态式方式向外界对象施以行为。"①应该承认,这个结论是令人信服的。

就动作思维对于成年人的审美活动的影响而论,应该说,成年人的审美活动不仅从纵向的角度是从诗性智慧、符号体验转换而来,而且应该说,成年人的审美活动从横向的角度更是动作思维在更高意义上的再现。事实上,审美活动作为一种精神实践,我们不能忽视的仍然是它的内在动作这样一个特性。须知,人类有现实的活动,即通过对对象的实际改造来完成,但也有想象的活动,它通过对对象的理想改造来完成。然而,不论是实际的抑或想象的活动,它们又都是一种活动。例如,皮亚杰就发现:一个人在想象一个躯体的动作时,与身体实际完成这个动作,无论是在脑电图或肌电图式方面,都表现为同样的电波形式。从中可以看到一种同源、同构、同质的对应性。谷鲁斯和浮龙·李的"内摹仿"理论也如此。他们发现:在审美观照中,观看石柱会产生升腾运动感觉,观看花瓶会产生上提下压的感觉,它们包含着"动作和姿势的感觉(特别是平衡的感觉)、轻微的筋肉兴奋以及视觉器官和呼吸器官的运动"。由此我们意识到,在审美活动中的经验并不只是一种专门的视觉经验,在审美活动中所感受的东西并不是由所见到的东西构成的,它甚至也不是由所见到的东西经过视觉想象的修正、补充和纯净之后所构成的。它不仅属于视觉,而且也(在一定场合甚至更主要地)属于触觉,属于我们动用肌肉活动四肢时所体验到的那种运动感觉。威廉·詹姆

---

① 加登纳:《艺术与人的发展》,兰金仁译,光明日报出版社1988年版,第129页。

斯就曾经这样谈到过审美过程中的切身体验:"当美激动我们的瞬息之际,我们可以感到胸部的一种灼热、一种剧痛,呼吸的一种颤动、一种饱满,心脏的一种翼动,沿背部的一种震摇,眼睛的一种湿润,小腹的一种骚动,以及除此而外的千百种不可名状的征兆。"① 而这,也就令人信服地证实了:审美活动的生成方式的在时间上的先在性。

所谓在逻辑上先于对象性思维,是指它比后者更为根本。② 对象性思维在现实活动中与两种思维形态有关,其一是实体性思维,以"事"为主,其二是主体性思维,以"理"为主。或者以世界为对象,或者以主体为对象,但究其实质,都是一种对象性思维。③ 我已经一再指出:绝对不能否认对象性思维的特殊价值,不能否认对象性思维的历史贡献,何况,正是它,为人类带来了科学的高度昌明和物质的极大丰富。然而,站在美学的立场上,又不能不清醒地看到:在对象性思维之中,还蕴含着有可能造成生命的灭顶之灾的癌瘤,它的增殖必然威胁着人类的生存和发展。因为对象性思维固然造成了人与自然的一次成功对话,但又毕竟是靠远离活生生的生命活动,远离对于生存意义、生存价值的切实体验换取的。因此,它只能作为人类把握世界的一种方式或一种工具,却绝不允许把它作为人类生存的最高方式,否则,就无可避免地会造成一个沉默的生命世界。何止是沉默,简直可以说是被分

---

① 威廉·詹姆斯。转引自杨健民:《艺术感觉论》,人民文学出版社1988年版,第362页。
② "先于"即更为根本。这里,审美体验在"逻辑上的先于"十分重要。由于中国当代美学深受黑格尔主义的影响,因此很难理解,而且会想当然地把"逻辑上的先于"转换为"时间上的先于"。这使人想起:康德把"感性直观""知性范畴"称为"先验形式",就是一个"逻辑上的先于",至于它从哪里来的问题,康德强调,根本不是他所关心的问题。他关心的问题是有了以后怎样运作的问题。但中国的美学家用实践论来批评之,从而把"逻辑上的先验"偷换成"时间上的先验",这正是从黑格尔主义出发所产生的误解。看来,就康德、黑格尔而言,中国的美学家因为坚持从黑格尔入手了解康德,所以就不可能真正了解康德;因为不可能真正了解康德,所以也就不可能真正了解黑格尔。而中国又主要是通过认识黑格尔来认识西方美学的,而不是通过康德,因此也就误解了西方美学。重新认识康德,对中国当代美学十分必要。
③ 人们经常从形象思维的角度入手,把审美活动说成是一种形象的对象性思维,这代表了理性主义时代美学思考的最高成果,但仍旧是错误的。审美活动并非形象思维。

门别类了的、被无情肢解了的生命世界。而常见的错误则在于不仅未能认识对象性思维的工具性质,而且进而借助它去把握内在世界的秘密。这就无异于把作为秘密的生命意义当作一个客体,当作一个问题去把握,毫无疑问,这只能使人陷入更深的失望。结果,人只是融解在外在必然的巨大阴影下的幽灵。他"不能哭、不能笑,只能理解";他活得侏儒样卑微和小心翼翼;他忘却了生命母语,被从大地上连根拔起;他被迫承认"现实"的必然性,被迫在理性的荒唐和谬误中沉睡,被迫穿上命运的甲胄,最终被掷回至高无上的无常命运中。由是,世界必然变得荒凉起来。①

舍斯托夫曾经万分痛心地诘问:"当代科学和哲学的最著名的代表们都完全把他们自己的命运以及人类的命运交付给理性,同时都不知道,或不愿知道理性的权威和力量的界限。理性提出了它的要求,我们就无条件地同意了去神化石头、愚笨和虚无。没有人有勇气去问这样一个问题:是一种什么神秘的力量迫使人们放弃一切的希望和雄心、我们认为是神圣与安慰的一切东西,放弃我们在其中看到公正和幸福的一切东西呢?理性并不关心我们的希望或失望,它甚至于还严禁我们提出这样的问题。"②确实,与时人一味推崇"知识就是力量",并简单地把知识的价值与人生的价值等同起来的做法相反,"我们觉得即使一切可能的科学问题都能解答,我们的生命问题还是仍然没有触及到"。③ 因此,对象性思维还必须被超越。事实上,"千红万紫安排著,只待新雷第一声",当对象性思维一接触及到人生最为深层的存在,它就一方面把人逼进两难绝境,逼进生命死谷;另一方面又反而成为使生命意义的破释,成为由形而下的知的层面转移到形而上的思的层面,

---

① 难怪尼采要呼吁"不能靠真理生活",科恩要哀叹"完善的真理使人痛苦",马尔库塞要呼吁"理性的进化=奴役的扩大",爱因斯坦要痛陈:生活的机械化和非人化,这是科学技术思想发展的一个灾难性的副产品,真是罪孽! 我找不到任何办法能够对付这个灾难性的弊病,马克思也要慷慨陈言:技术的胜利,似乎是以道德的败坏为代价换来的。我们的一切发现和进步,似乎结果使物质力量具有理智生命,而人的生命则化为愚钝的物质力量。
② 舍斯托夫。转引自《哲学译丛》1963 年第 10 期,第 57 页。
③ 维特根斯坦:《逻辑哲学论》,郭英译,商务印书馆 1985 年版,第 103 页。

由科学的、价值的、理性的、分析的、逻辑的层面转移到生命的、悟性的、情感的、直觉的层面的契机。这或许就是中国古人讲的"转识成智"？换言之，对象性思维的努力毕竟不能导致人生全部意义的解决。人生的基本困惑，诸如有限与无限、短暂与永恒、生命与死亡、现实与超越……之所以被视为永恒的主题，关键就正是在于它不是对象性思维所能问津并解决的，正是在于它是"不可名言之理，不可施见之事，不可径达之情"。① 它是一个丰富的感性存在，所谓"未始有物""不期精粗"(庄子)、"一片心理就空明中纵横灿烂"(王夫之)，具有不可抽象化、解析化的特性，更不是一个可以简单地用"是"或"不是"来回答的问题，而是一个令人心折又复销魂的秘密。它应该有答案，否则人类无法生存下去；它又永远没有答案，否则人类同样无法生存下去。可是，它虽然是秘密，但毕竟要加以破释，由谁来完成呢？审美活动。显而易见，对于"不可名言之理，不可施见之事，不可径达之情"的彻悟和体味，这就是它——审美活动。在此意义上，我们可以说，审美活动的生成方式不是一种对象性思维，而是一种非对象性思维。而且，假如说对象性思维代表的是科学之知，非对象性思维代表的就是审美之思。对此，阿瑞提称之为"旧思维能力"，②即一种根本性、创造性的思维能力，如果把这里的"旧"理解为"根本"，显然应予首肯。

　　严格说来，审美之思远比科学之知更为原初，更为本真。我们只能在前者的基础上去讨论后者，但却不能在后者的基础上讨论前者。审美之思与人类的每一新的生命起点密切相关，也与人类的根本目的密切相关。康德仅仅把它规定为手段与中介，是不妥的。鲍姆加登把它规定为感性过渡到理性的中介状态，席勒把它规定为感性与理性简单和解的中间状态，黑格尔把它规定为理性的一种形式，也是不妥的。事实上，它是手段也是目的，是动因也是归宿。就它作为一种区别于认识论意义上的感性而言，可称为"超感性"，就它具有理性因素而言，可称为"归纳性感性"。它不遵循概念、判

---

① 叶燮：《原诗》。
② 参见阿瑞提：《创造的秘密》，钱岗南译，辽宁人民出版社1987年版，第89页。

断、推理等一般程序和思维规律,也不经过从感性到理性的深化过程,但却仍旧是一种"思",而且是一种远为深刻的"思"。其本体论内涵,可以从康德的"先验反思形式",解释学的"前理解""解释的历史性",荣格的"原型",卡西尔的"隐喻",叔本华、柏格森、克罗齐、桑塔耶那、朗格所反复讨论的"直觉",阿恩海姆、门罗所一直推崇的"知觉",科林伍德、萨特、瑞恰兹所着意挖掘的"想象",英伽登、杜夫海纳所和盘端出的"意向",海德格尔所再三致意的"思"以及中国的"立象尽意"等思考中看到。

而且,审美之思虽然不可能像科学之知那样带来问题的解决,但却能导致人生的彻悟。通过这彻悟,生命存在被异乎寻常地嵌入某种胜境。这胜境是一切创造的巅峰,是一切可能性的巅峰,也是一切自由境界的巅峰……此时此刻,人生犹如置身百尺竿头,经"彻悟"的一击,迅即超升而"更进一步",结果惊喜地发现,自己已趺坐在美大圣神的莲花座上(不妨回顾禅家诗句:"百丈竿头不动人,虽然得入未为真。百丈竿头须进步,十方世界是全身。")。而且,一旦达到这一胜境,人们便会以全然清新的身心,一种前所未有的凛冽心境毅然重返尘世。

审美活动的生成方式之所以能够成为人类生存的最高方式,之所以能够禀赋着本体论的内涵,还在于他在外在方面与内在方面对于必然性所实现的美学转换。

具体来说,审美活动首先是对于内在必然性的超越。它对内建立了一个全面的内在世界。

关于内在的必然性,按照马克思的剖析,可以概括为五个方面:"是片面的";"只是在直接的肉体需要的支配下生产";"只生产自己本身";"产品直接同它的肉体相联系";"只是按照它所属的那个物种的尺度和需要来进行塑造"。在现实活动中,这五个方面是无法逾越的障碍,但在审美活动中却不然,上述五个方面通通被加以超越,成为:"是全面的";"摆脱肉体的需要进行生产";"再生产整个自然界";"自由地与自己的产品相对立";"按照美的规律来塑造物体"。[①]

[①] 马克思:《1844年经济学—哲学手稿》,刘丕坤译,人民出版社1979年版,第50—51页。

此时,审美活动不是在实现自由,也不是在认识自由,而是在自由地体验自由。它从实用性、功利性、合目的性的低级需要中超越而出,同时也从单向性、有限性的活动能力中超越而出,自我建构为一个超越性、超功利性、丰富性、全面性、自由目的性的生命存在。于是,它不再是生命的一般显现,而成为生命的最高褒奖,成为生命倾尽全力弹起的一朵灿烂的浪花,成为生命的一次动人心魄的飞翔——飞出了狭小的心灵幽室,获得了无限广阔的自由天地;飞出了封闭的灵魂死谷,融入了永恒的神圣生命。一方面,是以自由为需要,对于超越的超越,对于创造的创造,所谓"不是永恒的生命,而是永恒的创造",名正言顺地成为根本追求,这正如马克思所说的,之所以进入审美活动是"出于同春蚕吐丝一样的必要",是"他的天性的能动的表现"。[1] 另一方面,又是以自由为目的,"感受音乐的耳朵",感受形式美的眼睛,简言之,那些能感受人的快乐和确证自己是属人的本质力量的感觉,[2]这一切真正属于人的存在方式的东西,都被加以展现。再一方面,还是以自由为内容,进入生命,是人同一切动物共有的奇迹,但只有人才知道他同时是被超越者和超越者,因此也只有人才能够不但超越对象而且超越自己,从而最终超出动物王国,超出生存的被动性和偶然性,并孕育出自我确证、自我实现、自我超越、自我创造……这一生命活动中最为辉煌、最为神圣同时又只是在理想中才得以存在的内容,它的真正实现,正是在审美活动的过程中。

换言之,审美活动对于内在必然性的超越,表现为主体的转换,在《什么叫思想》一文中,海德格尔曾举例说,当我们相对一棵树而站时,树也面对着我们,我们看到树是因为树让我们看,向我们显示自己。因此,我们不能说,树是我们的判断对象;相反,我们使自己显身于此,而与此同时树也显身于我们面前,这个相互向对方显现自己的活动,与盘踞于我们头脑中的"观念"无关,而是来自对于知识论意义上的主体的突破。

---

[1] 《马克思恩格斯全集》第 26 卷,人民出版社 1974 年版,第 432 页。
[2] 马克思:《1844 年经济学—哲学手稿》,刘丕坤译,人民出版社 1979 年版,第 79 页。

一般而言,主体活动往往与观念相伴,一旦达到再现就总想进行智力活动,所寻求的是关于对象的真理,或者是围绕着对象的真理。然而却忽视了这只是我们的生存世界的一部分,而且是不太重要的一部分。这是一个被"遮蔽"的世界。在这个被"遮蔽"的世界,由于我们的日常生活被知识论控制着,我们习惯于把自身作为主体,把事物作为客体,从而把它们纳入一种知识论的框架去把握。事物在彼处成为对象,因为它被限制在观察、征服、使用的观念之中;事物在我们的观念中被理解,是因为按照我们的观念,整体、圆融的事物在其中被分解、抽象化,被区分为不同的方面、层次、因素、结构。事物不再是原初的事物,因为感知也不再是原初的感知了——它暗示着人与事物之间存在的一种互相对立的关系,看不到事物的不可分解、不可还原、不可抽象的内涵,看不到面对的事物,只是看到这个事物的某些属性,以及观念强加给它的抽象意义,因而无疑不具有美学意义。

　　在审美活动中,主体活动出现于知识论之外,是我们的生存世界的另外一部分,一个更为重要、更为根本的部分。在它看来,事物无须迎合我们,甚至为我们表现什么,而就是存在着。它不为客体立法,也不为自身立法。因为事物就其本身而言,就是事物,本来不可能从我们的经验中剥离出来,一旦脱离了生命本身,就成为死板的、无机的对象。实际上我们在观察时我们同时也在生活,我们在观察的世界,也与我们一起在生活。只是在知识论习惯中它才转化为对象。在知识论中,我们为事物立法,使得它有意义,但是在审美活动中,对象还原为事物,它为我们的心灵立法,使得我们的存在有意义。这样,真正的审美活动不是把我们的愤怒、不幸、欢乐倾泄给事物,而是敞开心灵,让事物进入心灵甚至改变心灵。在审美活动中我们与事物同在。我们进入事物。我们就是事物。在审美活动中,我们看到了事物的本来面目,事物的完整性、具体性。审美活动寻求的是属于对象的真理,在感性中被直接给定的真理。唯一存在的世界就是属于审美对象的世界。①

----

① 在此意义上,诸如审美认识、审美判断、审美分析、审美思维、审美主体、审美客体、形象思维,实在是十分可疑的范畴。

审美活动同时也是对于外在必然性的超越，它对外建立了一个全面的对象世界。

在现实生命活动之中，外在世界是一个体现着种种外在必然性的客体对象，只能满足人的低级需要，同时也处处给人以根本限制。但在审美活动之中就不然了，它以超越的视界去面对外在世界，此时外在世界只是作为刺激物而存在，人本身一旦进入自由存在，便围绕着外在对象转而自行其是，自由发展，成为一种自由的表现。这可以称之为一种"幻觉情感"，一种"有意识的自欺"，结果，外在世界被转换成为"幻觉对象"，成为一种虚幻的非现实的存在，也就最终做到了化外在的客体对象为主体的自由的价值对象，化客体的合规律性为自由规律，化现实世界为可能世界。正如黑格尔所说："审美带有令人解放的性质。它让对象保持它的自由和无限，不把它作为有利于有限需要和意图的工具而起占有欲和加以利用。"[①]

需要指出的是，对于外在必然性的超越，导致的必然是不再存在审美主体与审美客体的划分。不但不存在，而且审美活动的生成方式的根本特征正是表现在把主客体的对峙"括出去"，表现在从主客体的对峙超越出去，进入更为源初、更为本真的生命存在，即主客"同一"的生命存在。结果，主客之间从主客对峙的关系回到前主客对峙的源初的关系，从对象性的我—它关系回到非对象性的我—你关系，从彼此的认识关系回到相互的对话关系。[②] 在这方面，中国美学有着丰富的研究成果。例如，吴乔指出："叙景惟欲阔大高远，于情全不相关，如寒夜以板为被，赤身而挂铁甲。"[③] 王夫之指

---

① 黑格尔:《美学》第 1 卷，朱光潜译，商务印书馆 1979 年版，第 147 页。
② 王阳明的一段话有助于我们的理解。"先生游南镇，一友指岩中花树问曰:'天下无心外之物，如此花树，在深山中自开自落，于我心亦何相关?'先生曰:'你未看此花时，此花与汝同归于寂，你来看此花时，则此花颜色一时明白起来，便知此花不在你的心外。'"(《传习录》下，《王文成公全书》卷三)这里有审美主体和审美客体吗？显然没有。所有的只是既同生共灭又互相决定、互相倚重、互为表里的审美自我与审美对象。它们一旦"打成一片"，"则此花颜色一时明白起来"，反之，假如强行插入一个对峙着的主客体，不难想象，则"此花与汝同归于寂"。
③ 吴乔:《围炉诗话》。

出:"夫景以情合,情以景生,初不相离,唯意所适。截分两橛,则情不足兴,而景非其景。""写景至处,但令与心目不相瞵离,则无穷之情,正从此而生。一虚一实、一景一情之说生,而诗遂为阱为梏为行尸。"①又如,"意中有景,景中有意"(谢榛)、"情景齐到,相间相融"(刘熙载)、"景无情不发,情无景不生"(范晞文)、"情景互换"(李重华)、"情景相生"(黄图珌)、"情景双收"(王夫之)……在这里,被再三致意的是物我之间在意向性的水平上通过互观双会而各自向对方融契,以及交相融合、互相逗发、彼此往复、层层渗透。不仅仅是从物到我或从我到物的单向交流,而是既从物到我又从我到物的双向交流。一方面,审美自我融契为审美对象,"自有濠濮间想"(庄子)、"兀同体乎自然"(孙绰)、"浩然与溟涬同科"(李白)。例如,我观照青山,于是青山就不再是物质形态的对象,而成为境界形态的对象,我沉浸其中,抚摸这青山,想象这青山,"相看两不厌",最后,我化作了这青山,与它共同拥有着生命。"山性则我性,山情即我情"。另一方面,审美对象融契为审美自我。李日华指出:"胸次高朗,涵浸古人道趣多,山川灵秀,百物之妙,乘其傲兀恣肆时,咸来凑其丹府。"②恽南田指出:"离山乃见山,执水岂见水?所贵玩天倪,观古尚吾美。何由镜其机,灵标趣来萃。"③正因为审美对象"咸来凑丹府"、"灵标趣来萃",又反过来为人代言:"净几横琴晓寒,梅花落在弦间。我欲清吟无句,转烦门外青山。"④杜夫海纳说:"价值表现的既非人的存在,也非世界的存在,而是人与世界间不可分割的纽带。""我在世界上,世界在我身上。"⑤这使我们意识到:物我双方的融契所联接的,也并非别的什么,而是一根最具人性的审美纽带,一根确证着"人与世界之间不可分割的纽带"。正是这纽带,导致了审美活动的出场,或者说,使审美活动成为可能。

进而言之,任何一种客体对象,与理想自我之间都禀赋着一种全面的、

---

① 王夫之:《古诗评选》。
② 《竹嬾墨君题语》。
③ 《贻范生》。
④ 杨慈明诗。转引自罗大经:《鹤林玉露》丙编卷五。
⑤ 杜夫海纳:《美学与哲学》,孙非译,中国社会科学出版社1985年版,第33页。

丰富的关系,一旦把它放在对象性思维的层面上,不论把它"叫作什么""看作什么""当作什么",都只能是一种割裂、歪曲、单一的处理,都会导致全面的、丰富的关系的丧失。只有把"叫作什么""看作什么""当作什么"加上括号,根本就不把它"叫作什么""看作什么""当作什么",直接回到主客同一的源初层面,外在世界才会真实显现出来,理想自我也才能在全面的、丰富的关系中体验到真实的生命存在,体验到一种精神生命的自由、解放。① 这就是所谓"世界的本来面目"。在道家是"有以为未始有物者,至矣尽矣,不可以加矣"②的源初世界,是"夫道未始有封"的源初世界。在禅宗,则是"万法明明无历事""混沌未分时""无佛无众生时""空劫前""洪钟未击"的源初世界。对于每一个人,它是"最亲近"的。人们只要放下对象性思维的重担,就不难"目击道存","寓目理自存"。正像圜悟禅师所说:"觌面相呈,即时分付了也。若是利根,一言契证,已早郎当,何况形纸墨,涉言诠,作露布,转更悬

---

① 在现实活动中,对于自身和世界的理解全然是通过把某一具体对象放到自己早已知道的类别中来完成的。如"这是一朵桃花",对于这朵花,我们并不进行全面、立体的审视,而是一瞥之中把握住那些为分类所必需的特征(如有根茎、有绿叶、有花蕾,等等),只是一朵字典意义上的桃花。它们本身的许多方面、许多特色都被省略了,都受到了压制,都被驱赶到未经释放的潜在背景中,只有一小部分(如社会的、认识的、道德的)进入了视野,故只看到了它们在类上的相同。在审美活动中则不然,在审美活动中这一切都产生了神奇的变化。审美活动是对现实活动的拒绝,因而也必然会拒绝那种把某一具体对象放到自己早已知道的类别中的生存方式和观照方式。毋宁说,审美活动是一种"出类拔萃"的生命活动。它强调从"类"中超越而出,不再屈从于日常的分类,不再屈从于日常的对于生命和世界的理解,而与生命和世界建立起一种更为根本、更为源初的关系。于是,生命和世界都在我们眼前焕发出美丽的光彩。审美活动使我们的眼睛、耳朵、心灵都恢复了人性的尊严,对象本身有机会被直接置入前景,恢复了自己的天性,使世界也恢复了人性的尊严。于是,我们不再仅仅关注对象的内容,仅仅满足于对对象的内容的分门别类,而把焦点集中在对象本身,集中在对对象本身的无穷意味的理解上,或者说,不再关注对象的所指而去关注对象的能指。这样,对象本身和对象的能指的无穷意味就为人类的创造开创了广阔的天地,为生命、世界的人性内涵的不断生成开拓了广阔的天地。
② 《庄子·齐物论》。

远。"①这里的"形纸墨,涉言诠,作露布,转更悬远",不难看出,与海德格尔说的存在在对象性思维中转而与人"最遥远"也是完全一致的。所揭示的同样是一个在客体化、对象化、概念化之前的那个本真的、活生生的世界,"思想与存在同一"的世界,人与万物融洽无间的世界。它"无所不在",明明白白地呈现在我们面前,如果我们看不到它,则完全是自己的过错。"我来问道无余说,云在青天水在瓶"。这恰似:"宝月流辉,澄潭布影,水无蘸月之意,月无分照之心,水月两忘,方可称断。"

在这个意义上,审美活动无非是对于存在的一种惊奇。现实活动经常喜欢把世界划分成为一种虚假的真实:这是"是",那是"否";这是"肯定",那是"否定"。但存在的面目却绝非如此,它既非"是",也非"否",但又既是"是",又是"否"。一旦进入了审美活动,也就超越了这一切,不复去追问何为存在,而是直接呈现为存在,就是存在。审美活动中不存在主体与客体的划分,不但不存在,而且必然要把主客体的对峙"括出去",必然要从主客体的对峙超越出去,进入更为源初、更为本真的生命存在。这里的"源初"并不是指原始,而是指根本。它意味着:从被主客体的对峙抽象化、片面化了的存在,重返在此之前的感性之根。②

---

① 《圜悟心要》卷下。
② 正是因此,胡塞尔才会强调:"一个想看见东西的盲人不会通过科学论证来使自己看到什么,物理学和生理学的颜色理论不会产生像一个明眼人所具有的那种对颜色意义的直观明晰性。"(胡塞尔:《现象学的观念》,倪梁康译,上海译文出版社1986年版,第10页)梅洛-庞蒂也才会强调只有回到"概念化之前的世界",回到"知识出现前的世界",才能找到直觉的对象。"回到事物本身,那就是回到这个在认识以前而认识经常谈起的世界,就这个世界而论,一切科学规定都是抽象的,只有记号意义的、附属的,就像地理学对风景的关系那样,我们首先是在风景里知道什么是一座森林、一座牧场、一道河流的。"(梅洛-庞蒂:《知觉现象学》序言,英文版)杜夫海纳更是再三阐释:"审美经验揭示了人类与世界的最深刻和最亲密的关系。"(杜夫海纳:《美学与哲学》,孙非译,中国社会科学出版社1985年版,第3页)审美活动"所表示的主客关系,不仅预先设定主体对客体展开或者向客体超越,而且还预先设定客体的某种东西在任何经验以前就呈现于主体。反过来,主体的某种东西在主体的任何计划之前已属于客体的结构。"(同上书,第60页)甚至声称:"我在认识世界之前就认出了世界,在我存在于世界之前,我又回到了世界。"(同上书,第26页)

这样,作为超越性的生命活动,审美活动既然是对于内在、外在必然性的超越,最终也就必然深刻地区别于现实活动。它不像现实活动那样,是人类被动选择的活动方式,虽然是自由的前提、手段,但却毕竟不是自由本身,由于它的活动者是一个理想的存在,它的对象又是通过作为理想的存在的审美者建构起来的,是一个可能的世界,因此,它是人类主动选择的活动方式,它以自由本身作为根本需要、活动目的和活动内容,从而达成了人类自由的理想实现。

第八章　审美活动的结构方式

诗意的栖居

对审美活动的结构方式,需要讨论的是:审美活动的方式是如何实现人类生存的最高方式的? 是如何体现本体论的内涵的? 对此,我们可以从三个层面加以讨论:意向层面、指向层面、评价层面。

意向层面包括:审美无意识、审美欲望、审美兴趣、审美情感、审美意志、审美态度、审美期待,等等。[①]

在审美活动过程中,意向层面构成的是动力系统,是审美活动发生、发展、演进的推动力量。指向层面包括:审美感觉、审美知觉、审美表象、审美想象、审美理解,等等。在审美活动过程中,指向层面构成的是能力系统,是审美活动发生、发展、演进的操作力量。评价层面包括:审美趣味、审美观念、审美理想,等等。在审美活动过程中,评价层面构成的是反馈系统,是审美活动发生、发展、演进的协调力量。在审美活动过程中,这三个层面互相

---

① 在过去的研究中,往往忽视了这一层面,只重视眼、耳等感官在审美活动中的作用,是错误的。恩格斯说:"庸人把唯物主义理解为贪吃、酗酒、娱目、肉欲、虚荣、爱财、吝啬、贪婪、牟利、投机,简言之,他本人暗中迷恋的一切龌龊行为;而把唯心主义理解为对美德、普通人类爱的信仰。"(《马克思恩格斯全集》第4卷,人民出版社1958年版,第228页)"庸人"的教训,是否值得我们注意?

弥补、互相渗透,而又时有侧重,从而形成了丰富、多样、深刻、有序的审美活动本身。

审美活动的形态结构的二级转换,则构成了审美创造、审美欣赏、审美批评三个子结构。

限于篇幅,本书已无可能对上述问题详加探讨。这里,只能对由意向层面、指向层面、评价层面凝聚而成的美学范畴:审美意向、审美指向、审美评价,略加考察。

本节先讨论审美意向。审美意向是一个重要的问题。审美活动的愿望、需要、爱好、欲求是如何发生的?在相当长的时间内,美学家总认定是外界的刺激,毫无疑问,这是沿用了理性主义的"应激"的看法。① 然而,在生活中我们发现:"视而不见""听而不闻""食而不知其味"的现象也并非个别。在审美活动中则尤其如此。这就提醒我们:在对于审美活动的推动力量的考察中,刺激性与意向性的共通才是真正的答案。而心理学家的研究也证实了这一点。勒温曾提出心理生态学说,用"心理生活空间"来补充"应激"的不足,B=F(PE),即认知行为(B)等于人(P)和心理环境(E)的函数。应该说,审美活动正是起源于心理环境。

意向,"是由于人与之发生相互作用的对象涉及他的需要和兴趣而产生的。这样在人身上所产生的多种多样的倾向在人的行为的有意识的或无意识的调节中得到了自己的有效的表现。"② 它是一种预备情绪,一种预在的构

---

① 审美活动是一种极为复杂的生命活动。然而在相当长的时期中,人们往往把它简单化,试图用"美—审美"的反映方式把它规定为一种对世界的把握方式或认识方式,结果却恰恰遗忘了审美活动的最为根本的特性——自由生命的自我创造,遗忘了审美活动的深层动因,正像恩格斯所指出的:"人们已经习惯于以他们的思维而不是以他们的需要来解释他们的行为。这样,随着时代的推移便产生了唯心主义的世界观。"(《马克思恩格斯全集》第 3 卷,人民出版社 1960 年版,第 515 页)在我看来,审美活动不是一种对于世界的把握方式或认识方式,而是一种生命的最高存在方式,不是一种"美—审美"的反映活动,而是一种作为自由生命的理想实现的超越性的生命活动。

② 谢·列·鲁宾斯坦:《存在和意识》,赵璧如译,三联书店 1980 年版,第 329—330 页。

成性意识。而人之为人的关键,如前所述,是生活在可能性中间,这正意味着:意向是最有可能代表人的超越性的方面、最有可能体现人的理想性的东西。不难想象,审美意向在作为人的自由生命的理想实现的审美活动之中,会起到怎样的作用。确实,审美意向是人类意向之中最有独立存在的可能的意向。这里的"向"就是向着未来、向着理想的。那么,什么是"审美意向"呢?它指的是在最高需要的基础上形成的一种主客体之间的特定的能动意识——特定的意识行为和意识反应。这特定的能动意识不同于在一般需要的基础上形成的主客体之间的认识或实用的能动意识,在认识或实用的能动意识中,主体与客体之间是一种对峙、冲突的关系,外在必然性和内在必然性以客体的名义与人遥遥相对,并束缚、控制、支配着主体。但在审美的能动意识中则不然,它是在最高需要的基础上形成的,外在和内在的必然性已不复存在,主客体之间也转而呈现一种同一的关系,并由此而导致一种今道友信所谓的"意识方位"的心理转换。① 其结果,按照英伽登的剖析,其一造成日常意向的中断。"这一情绪(它是一种使我们激动的特质或所谓格式塔唤起的,它同时包含了一种欲望,一种以直觉感到的特质中获得满足的渴望),使我们对某些事实或某些现实世界中的事实的自然态度,改变为对特质的直觉交流的态度。"其二推动着审美活动走向审美指向,并最终导致审美对象的建构。审美意向是一种特定的"寻求满足的急切欲望","这种欲望在我们为一种特质所骚扰、所激动,然而又未曾与它产生直接的和直觉的交流,因而也未能为之倾倒时就会产生。"它"引起了审美经验的过程,最后导致它的意向关联物——审美对象的产生"。②

由此我们看到,就积极方面而言,审美意向首先意味着一种肯定。它造就了审美活动的特殊动机——期待视界。这期待视界是一种对于生命的最

---

① 这心理转换可以称之为:审美态度。按照心理学家米尔纳的看法,它从心理姿态上看,是"解脱自我""伸展自我""放松自我"(参见马斯洛等:《人的潜能与价值》,林方等译,华夏出版社1987年版,第427—428、428—429、434—435页)。
② 转引自李普曼编:《当代美学》,邓鹏译,光明日报出版社1986年版,第293、290页。

高生存方式的认同,一种对于自我实现、自我发展、自我肯定的自由本性的理想实现的认同。它呼唤生命从出于狭隘功利目的和占有欲望或出于外在强制和自我否定的现实活动中超越而出,进入理想地表现自身的自由的生命活动,进入"最无愧于和最适合于他们的人类本性"的生命活动。美学家把这种肯定等同于对于"非功利性"的肯定,无疑是一种误解。[①] 正如马克思所说的:"私有财产的扬弃,是人的一切感觉和特性的彻底解放;但这种扬弃之所以是这种解放,正是因为这些感觉和特性无论在主体上还是在客体上都变成人的。眼睛变成了人的眼睛,正像眼睛的对象变成了社会的、人的、由人并为了人创造出来的一样。……需要和享受失去了自己的利己主义性质,而自然界失去了自己的纯粹的有用性,因为效用成了人的效用。"[②]正是由于生命活动从非自由的生命活动向自由的生命活动的转进,功利性才向非功利性转进;也正是因为对自由的生命存在方式的肯定,才导致了对于非功利性的肯定。这就告诉我们,审美活动对于自由的生命活动的肯定并不

[①] 对此,古今中外的美学家都曾有过种种深长思考。在中国,从老子的"涤除玄览"开始,有"解衣盘礴""游心太玄""澄怀味象""澄心端思""散怀山水""林泉之心"等种种说法。在西方,从柏拉图提出在审美时应"像一个鸟儿一样,昂首向高处凝望,把下界一切置之度外"开始,托马斯·阿奎那、夏夫兹博里、康德、叔本华、布洛等很多美学家也纷纷各抒己见。英国美学史家鲍山葵曾经总结他们的意见说:"到目前为止,审美活动好像是这样的:贯注在一个愉快的情感上,体现在一个可以静观的对象上,因而遵守一个对象的那些规律;而所谓对象,是指通过感受或想象而呈现在我们面前的表象。凡是不能呈现为表象的东西,对审美态度来说是无用的。"(鲍山葵:《美学三讲》,周煦良译,上海译文出版社1983年版,第5—6页)不过,我又不能不指出:在这些有关审美活动的动机的看法中,大多停留在把握方式或认识方式的层次上。在这些人看来,审美活动意味着对一种独特的把握方式或认识方式的认同,通过这种独特的把握方式或认识方式,可以把实用的、功利的甚至对人有一种危险的对象世界推到一个适宜的位置,以便静静地观览。因此,他们的看法往往集中在三个问题上面:其一,对待世界的一种无功利的观审方式;其二,主体的洗涤心胸、虚廓情怀;其三,客体的去除物象、事事无碍。这样,尽管我们必须承认,他们对审美活动的起点的认识是达到了一定的深度的,但我们又无法否认,由于审美活动主要或者根本不是把握方式或认识方式层次上的问题,他们在这方面所取得的认识又是十分有限的和必须重新加以澄清的。

[②] 《马克思恩格斯全集》第3卷,人民出版社1960年版,第125页。

就意味着毫无价值和意义（仅仅从非功利性着眼，很容易导致这种看法。也因此，我把"非功利性"称为"超功利性"），更不意味着万念俱寂、心如死灰，而恰恰意味着生命的最大自由、最大解放，意味着最为充分的价值和意义。

就消极方面而言，审美意向又意味着一种拒绝——不是对于某种把握方式或认识方式的拒绝，而是对于某种生存方式的拒绝。上面谈到的美学家们所津津乐道的"审美活动的非功利性"正是这一拒绝的集中写照。不过正如我所强调的，这种"审美活动的非功利性"导致的不仅仅是把握方式或认识方式的转变，而且是生存方式的转变。换言之，"审美活动的非功利性"不是某种把握方式或认识方式的尺度，而是某种生存方式的尺度。为什么这样讲呢？关键在于功利性本身就是一个本体论的而并非认识论或价值论的问题。因为狭隘的功利性正是把生命活动作为"维持肉体生存的需要的手段"（马克思），作为片面的、占有的中介的必然结果，正是一种异化的生命活动所造成的对人的感觉的异化。马克思讲得何其精辟："私有财产使我们变得如此愚蠢和片面。以至一个对象，只有当它为我们拥有的时候，也就是说，当它对我们说来成为资本而存在，或者被我们直接占有，被我们吃、喝、穿、住等等的时候，总之，在它被我们使用的时候是我们的……一切肉体的和精神的感觉都被这一切感觉的单纯异化即拥有的感觉所代替。"①于是，主体成为"占有""使用"的主体，对象成为"占有""使用"的对象。这就是我们在日常生活中所看到的所谓"功利性"。而要拒绝这种功利性，首先就要拒绝那种作为"维持肉体生存的需要的手段"和片面占有的中介的生命活动，拒绝那种造成人的感觉的物化的生命活动。所以马克思强调"自由王国只是在由必需和外在目的规定要做的劳动终止的地方才开始"；英伽登也强调："预备审美情绪（在一个人的经验系列中）的出现，首先中断了关于周围物质世界的事物中的'正常的经验'和活动。在此之前吸引着我们、对我们十分重要的东西突然失去其重要性，变得无足轻重。与这种中断同时发生的还有对有关现实世界的事物的实际经验的压制乃至完全消除。我们对世界的意识范围明显地缩小。……还可能产生一种对

---

① 《马克思恩格斯全集》第 42 卷，人民出版社 1979 年版，第 124 页。

现实世界的假遗忘状态。"①——哪怕只是以理想的方式。

而从更为深刻的角度看,审美意向的拒绝在更为深层的意义上,恰恰意味着审美活动的缘由。根据在于:自我审判。所谓自我审判,是指对生命的有限(功利性的生存方式就表现为对于生命的有限的固执)的否定。审美活动正是对于人类自身生命的有限的明确洞察,正是那种往往为世人"所不能听见的微弱的声音"。它起源于对生命的有限的自我否定,起源于对于自我的濒临价值虚无的深渊、自我的丑陋灵魂、自我的在失去精神家园之后的痛苦漂泊和放逐,以及对自我的生命意义的沦丧和颠覆的无情揭示,起源于着力完成生命意义的定向、生命意义的追问、生命意义的清理和生命意义的创设,从而在生命的荒原中去不断地叩问栖息的家园的生命努力,因此,是生命的自我敞开、自我放逐、自我赎罪和自我拯救。正是在这个意义上,易卜生才会说出这样一句发人深省的名言:文学创作就是自我审判。② 这无疑是十分令人信服的。不过,我们还可以把这句名言合理地加以推演:审美活动就是自我审判。在我看来,这也应该是十分令人信服的。

在这个意义上,审美活动不可能从别的什么地方开始,它只能开始于对于自身的现实生命的拒斥。也不可能是别的什么,它只能是:自我审判。③

---

① 李普曼编:《当代美学》,邓鹏译,光明日报出版社1986年版,第291页。
② 奥尼尔指出:"今天的剧作家一定要深挖他所感到的今天社会的病根——旧的上帝的灭亡以及科学和物质主义的失败……以便从中发现生命的意义,并用以安慰处于恐惧和灭亡之中的人类。在我看来,今天凡是想干大事的人,一定要把这个大题目摆在他的剧本或小说中许许多多小题目的背后。"(转引自《外国现代派作品选》第2册,上海文艺出版社1981年版,第210页)格拉宁讲得更为清晰:人之所以需要文学、艺术和文化,是为了认识自己,认识自己的个性和内心世界,是为了理解别人和克服自己的局限性。这显然是对审美活动的深刻洞察。
③ 要强调指出的是,在对于审美活动的缘由、根据的看法上还有一种观点是与本书针锋相对的,这就是:审美活动不是起源于自我审判而是自我认同。在它看来,人类最可悲的不在于无法主宰自己,而在于无法主宰人类,不在于只有拯救了自己才能拯救人类,而在于只有拯救了人类才能拯救自己。因此,它是用对于社会的审判来代替对于自我的审判,或者说,它是对作为客观存在的人类生活中美与丑的审判。对于这一观点的批评参见拙著《生命美学》,河南人民出版社1991年版,第82—84页。

审美意向的本体论内涵有二:其一是孤独,其二是直觉。

对于孤独,西方美学家称之为"边缘处境""畏""痛苦""颓废""焦虑""恶心",中国美学家则称之为"愁""穷"。"王东海登琅琊山,叹曰:'我由来不愁,今日直欲愁!'"①陈子昂《登幽州台》:"前不见古人,后不见来者,念天地之悠悠,独怆然而涕下!"沈德潜:"余于登高时,每有今古茫茫之感。"②对此,尤金·奥尼尔剖析说:"一个人只有在达不到目的的时候才会有值得为之生、为之死的理想,从而才能找到自我。在绝望的境地里继续抱有希望的人,比别人更接近星光灿烂、彩虹高挂的天堂。"③日本学者三木清则指出:"一切人间的罪恶都产生于不能忍受孤独。""孤独之所以令人恐惧并不是因为孤独本身,而是由于孤独的条件。任何对象都无法使我超越孤独,在孤独中我是将对象作为一个整体来超越。"④在这里,"孤独"是一个本体论的范畴,是指的就最为根本的层面而言,审美活动起源于对于日常的"常态"的现实的超越。它因为包含着历史感、人生感、宇宙感,因而使人惆怅、孤独;因为从"我们"回到"我",从"有"回到"无",⑤因而使人惆怅、孤独。它意味着:审美活动要追求生命的意义、追求人生的永恒、追求对于生命的有限的真正的超越,首先就必须拒绝接受生命的有限。这就要无畏地揭露生命的沉沦所蕴含的虚妄,同样,这就要因为无畏地揭露生命的沉沦所蕴含的虚妄而进入孤独。

对于生命的沉沦的拒绝,也是对曾经失落了的生命的意义的追寻。孤独,是在生命的意义的毁灭中对生命的意义的固执。孤独,是在拒绝生命的沉沦时所面临的一种本体状态(孤独并不是自由的代价,而就是自由本身。越独立就越孤独)。它当然不是关于生命的沉沦的自由的感觉,而是关于生

---

① 《太平御览》卷四六九引《郭子》。
② 《唐诗别裁集》卷五评语。
③ 尤金·奥尼尔:《天边外》,荒芜、汪义群等译,漓江出版社1987年版,第100页。
④ 三木清:《人生探幽》,张勤等译,上海文化出版社1987年版,第50页。
⑤ 这里的"无"不同于"虚无",因为它有意义;但也不同于"有",因为它消解了科学、逻辑、知性的局限。这是一种形而上学的超越,自然无法用逻辑、知性去把握。

命的沉沦的不自由的感觉。但是,这种不自由的感觉却正是人类自由本性的证明。倘若面对生命的沉沦,人们却仍旧有一种自由之感,就只能意味着生命和死亡。孤独虽然从表面上看来是不自由之感,但它却展示出生命中可能成为自由的东西,因而是一种真正的自由之感。不妨回顾一下卡夫卡《变形记》中的那句著名的开头:"一天早晨,格里高尔·萨姆沙从不安的睡梦中醒来,发现自己躺在床上变成了一只巨大的甲虫。"从表面上看,格里高尔·萨姆沙因为成为异端而十分孤独,因而也十分不自由、十分不正常。但从深层看,在一个人人都已变形的生命的沉沦之中,难道不是只有发现了自己的变形的格里高尔·萨姆沙才是尽管十分孤独但又十分自由、十分正常的人吗?

而且,孤独是人类理想自我生成、自我确定的产生的前提,或者说,是人类生存通过自我生成、自我确定所获得的本体意识。它不是指的置身远离亲朋、孑然独处的生活环境中所产生的孤独,那不过是"生活的孤独",而是指的不论是否远离亲朋,是否孑然独处,是否置身闹市或旷野,一旦意识到生命的沉沦状态时所产生的一种本体的存在境遇,所谓"生命的孤独"。谁想拥有一个完整的世界,谁就该首先拥有一个独立的自我。谁想进入审美活动,谁就该首先面对"生命的孤独"。在这里,"生命的孤独"显然意味着忠实于理想自我。

换句话说,生命的孤独就并不是"采菊东篱下,悠然见南山"式地同人群相隔离,也不是生命陷入寂静境界的无力自拔,更不是形单影只的斤斤计较甚至向隅而泣,而是理想的境界、灵魂的独舞。生命的孤独不是执着于生命本身,而是执着于生命的意义。生命本无意义,只是一场虚无;但生命又必须有意义,否则,也只是一场虚无。生命的孤独正是生命的意义的赋予者。生命的沉沦所造成的理想自我的泯灭是可怕的,更可怕的是人不能自知这种可怕的理想自我的泯灭,偏偏在它导致的不自由中感受到了自由,以致最终"自由地"认可了自我泯灭。生命的孤独正是对这一现象的挑战。它从形形色色的必然性中超逸出来,以全新的形象莅临世界,并且庄严地宣喻世人:"人活着可以接受荒诞,但是,人不能生活在荒诞之中。"(马尔罗)人的灵魂独舞,人与自己的自由本性的结合,远比与具体的自然状态、社会形态或理性形态的结合更为重要。① 同时,感到生命的孤独的人正是因为现实世界中生命意义的被遗弃而忧心憔悴,形单影只,但是他坚持不离弃生命的意义,被世人遗弃的生命意义的隐秘存在就是他在精神的漂泊中直观到的东西。在他那里,生命意义的阙如无论如何也是虚妄不实的,人们不屑于为之操心和忧虑的生命意义反倒是理想世界的根基,整个人类必须亲密而且自觉地维系在生命意义的亮光朗照之下。在这个意义上,生命的孤独实在是一种冒险、一种重建意义世界的冒险、一种对现实世界固执地加以拒斥的冒险、一种孤独地为世人主动承领苦难的冒险、一种为推进世界从自我泯灭的午夜回归自我复苏的黎明的冒险!荷尔德林有一句著名的诗:"诗人是酒神的神圣祭司,在神圣之夜走遍大地。"我想这应该是对生命的孤独的最富启迪的阐释。

综上所述,不难看出,不论是"边缘处境""畏",还是"痛苦""颓废""焦虑""恶心",抑或是"穷",都是关乎"生命的生存与超越如何可能"的本体意义的诘问,都意味着对生命的有限的拒斥,显然,也意味着审美活动的起点。然而,它却并不必然导致审美活动。因为,要走向审美活动,不但要走入孤独,而且还要走出孤独。然而,何以走出孤独?只有借助于直觉。

直觉是对生命本体的终极关怀,是一种形而上学的彻悟。我们知道,孤独是一种本体状态、本体意识。因此走入孤独就意味着面临困惑、焦虑。而这困惑、焦虑又会反过来成为一种内在的心理动力,推动着孤独者走向一种对于生命本体的终极关怀、一种对于形而上学的彻悟。这终极关怀、这彻悟,就是直觉。

需要强调,这里所说的直觉,是一个当代社会的范畴。在古代社会,孤独会导致摹仿。因为古代社会是一个有限世界。通过对它的摹仿无疑就可以走出孤独。在近代社会,孤独会导致想象。因为近代社会是一个无限世

---

① 当然,生命的孤独又并不因为对现实世界的拒斥便意味着与世隔绝,未能独立的自我才是与世隔绝,因为它要处处借助"物"的媒介才能理解、接受并置身世界。

界。通过对它的想象就可以走出孤独。① 而在当代社会,孤独会导致直觉。因为当代社会是一个相对世界。既非有限也非无限,本质与现象、内容与形式、必然与偶然都是断裂的,要走出孤独,只有依赖直觉。正如海外华裔学者叶维廉所意识到的:

> 所有的现代思想及艺术,由现象哲学家到 Jean Dubuffet 的"反文化立场",都极力要推翻古典哲人(尤指柏拉图及亚里士多德)的抽象思维系统,而回到具体的存在现象。几乎所有的现象哲学家都提出此问题。②

应该说,叶氏的洞见是准确的。"回到具体的存在现象",事实上就是回到直觉。例如,梅洛-庞蒂指出:"回到事物本身,那就是回到这个在认识以前而认识经常谈起的世界,就这个世界而论,一切科学规定都是抽象的,只有记号意义的、附属的,就像地理学对风景的关系那样,我们首先是在风景里知道什么是一座森林、一座牧场、一道河流的。"③萨特指出:"我们的每一种感觉都伴随着意识活动,即意识到人的存在是起'揭示作用'的,就是说由于人的存在,才有(万物的)存在,或者说人是万物借以显示自己的手段……这个风景,如果我们弃之不顾,它就失去见证者,停滞在永恒的默默无闻状态之中。"④杜夫海纳也指出:审美活动"所表示的主客关系,不仅预先设定主

---

① 不论是古代世界还是近代世界,都出之于对一种真实世界的强调。无论是黑格尔的辩证法、费尔巴哈的唯物主义、孔德的实证论、达尔文的进化论、法拉第的电学、门捷列夫的元素表,都以为为人类展示了一个真实的世界。巴尔扎克要写一部"历史学家忘了写的风俗史",狄更斯"要追求无情的真实",萨克雷要"表现自然,最大限度地传达真实感",托尔斯泰要用艺术"揭示人的灵魂的真实",罗曼·罗兰要用笔"对现代欧洲做出评判",也是如此。在一定程度上,可以说,追求所谓真实感,正是人类的阿喀琉斯之踵。
② 叶维廉:《比较诗学》,台北东大图书公司 1983 年版,第 56 页。
③ 梅洛-庞蒂:《知觉现象学·前言》,英文版。
④ 萨特。转引自柳鸣九编:《萨特研究》,中国社会科学出版社 1981 年版,第 2—3 页。

体对客体展开或者向客体超越,而且还预先设定客体的某种东西在主体的任何经验以前就呈现于主体。反过来,主体的某种东西在主体的任何计划之前已属于客体的结构。"①"它处于根源部位上,处于人类与万物混杂中感受到自己与世界的亲密关系这一点上。"而"回到具体的存在现象"这一美学转进的理论成果,无疑可以以风靡西方世界的现象学作为代表。"现象学并不纯是研究客体的科学,也不纯是研究主体的科学,而是研究'经验'的科学。现象学不会只注意经验中的客体或经验中的主体,而要集中探讨物体与意识的交接点。因此,现象学要研究的是意识的意向性活动,意识向客体的投射,意识通过意向性活动而构成的世界。主体和客体,在每一经验层次上(认识或想象等)的交互关系才是研究重点,这种研究是超越论的,因为所要揭示的,乃纯属意识、纯属经验的种种结构;这种研究要显露的,是构成神秘主客关系的意识整体结构。"②这里的"意识整体结构",正是指的主体与客体同一的意向性活动——直觉。

而孤独之所以能够成为一种走向直觉的内在心理动力,究其原因,还因为它从根本上说是出之于一种心理创伤。关于心理创伤,弗洛伊德为之定义云:"一种经验如果在一个很短暂的时间内,使心灵受一种最高度的刺激,以致不能用正常的方法谋求适应,从而使心灵的有效能力的分配受到永久的扰乱,我们便称这种经验是创伤的。"③中国的"创作"的"创"更明确的是指"伤也,从刃",④不过,孤独又不是一种一般的心理创伤。一般的心理创伤,是通过把心理创伤直接转换为具体的目标来加以实现的,并没有离开平面的东西南北之类的人生选择。但孤独作为一种心理创伤就不同了。它要求审美者把心理创伤垂直地加以提升,使它不再指向任何具体的目标,而是直

---

① 杜夫海纳:《美学与哲学》,孙非译,中国社会科学出版社1985年版,第60页、第8页。
② 美国学者詹姆士·艾迪语。转引自郑树森:《现象学与文学批评》,台北东大图书公司1984年版,第2页。
③ 弗洛伊德:《精神分析引论》,高觉敷译,商务印书馆1985年版,第216页。
④ 许慎:《说文解字》。

接进入立体的上与下之类的本体状态、本体意识。① 这,就是直觉的应运而生。

至于从孤独走向直觉的心理条件,则包括内在条件、外在条件、实现媒介三个方面的涵义。这一点,可以从欧阳修的一段话中看到:

> 凡士之蕴其所有,而不得施于世者,多喜自放于山巅水涯。外见虫鱼草木,风云鸟兽之状类,往往探其奇怪。内有忧思感愤之郁积,其兴于怨刺,以道羁臣寡妇之所叹,而写人情之难言。②

所谓"多自放于山巅水涯",是指外在条件的转变。它不再固着于某个具体对象,转而演变为与整个存在、宇宙、人生、社会的对抗,或者说,它不再是针对某个具体对象的愤怒,转而演变为作为一种"隐伏增长的、普遍渗透的、在危险世界中的孤独感和无助感"③的焦虑。

所谓"内有忧思感愤之郁积",则是指内在条件的转变。它意味着心理创伤在心中反复出现,不但挥之不去,而且迫使主体去不断地加以反刍、品味、咀嚼,直到从中升华而出。

显然,内外条件的转换必然推动着审美意向从孤独走向直觉。在这方面,中国的雍门子周为孟尝君鼓琴的故事,是典范的例子。正是雍门子周在鼓琴前的循循善诱,使孟尝君从生活的有限进入了生命的有限。请注意这一段:"千秋万岁之后,庙堂必不血食矣。高台既已坏,曲池既已渐,坟墓既已下,而青廷矣,婴儿竖子樵采薪荛者,踯躅其足而歌其上,众人见之,无不

---

① 我们看到,孤独往往是情感体验的开始,例如克利斯朵夫正是在孤独中才感到了宇宙的泛人情化,李白也只是在孤独中才把感情移向相看两不厌的敬亭山。推而广之,可以把日神精神看作人类自我意识的一个环节即客体的主体化,所谓拟人的情感体验,同样可以把酒神精神看作人类自我意识的另外一个环节即主体的客体化,所谓移情的情感体验。
② 欧阳修:《梅圣俞诗集序》。
③ 荷妮语。转引自 B.R.赫根法:《现代人格心理学历史导引》,文一、郑雪等编译,河北人民出版社 1988 年版,第 61 页。

愀焉为足下悲之,曰:'夫以孟尝君尊贵,乃可使若此乎?'于是孟尝君泫然泣,涕承睫而未殒,雍门子周引琴而鼓之,徐动宫徵,微挥羽角,切终而成曲。孟尝君涕浪汗增,歔而就之曰:'先生之鼓琴,令文立若破国亡邑之人也。'"①结果,它使人有了卡夫卡所谓的"另一副眼光"。这"另一副眼光"能够透过、撕开遮蔽在现实之上的"覆盖层","在黑暗中的空虚时找到一块从前人们无法知道的、能有效地遮住阳光的地方"(卡夫卡语)。然而,只有进入"边缘处境",只有"畏""痛苦""颓废""焦虑""恶心",才有可能做到这一切。萨特的名著《恶心》中的主人公洛根丁就终于走向艺术,认定美不在现实中,而要在想象中去寻觅。因为美是与想象同时开始的,美是由想象的意识创造的。萨特也曾用明确的理论语言表示过这一看法:"现实从来就不是美的。美是从来只能适用于想象物的一种价值,在美的基本结构里包括把世界虚无化。"②

内外条件的转换实在非同小可。不过,又并不仅仅如此,要真正实现审美活动,还需要辅之以实现媒介的转换。进而言之,这里的"想象"不可能实际地加以实现,只可能幻想地表现为自由的境界,亦即必须从"澄怀"走向"味象"。而这,就已经是下节的内容了,此处不赘。

"澄怀味象"

审美指向的含义与审美意向有所不同。它是在审美意向的基础上建立起来的一种特定的审美观照。十分值得注意的是,从表面上看,它与实践活动、理论活动的指向一样,同样面对着客观外界的实在对象,但实际上却并不指向这实在对象的某一功利方面,而是指向这实在对象本身。这就是所谓"澄怀味象"。在这里,"澄怀"是无欲无我,其目的则是为了"味象"即把审美目光集中在对象的形式上。在这方面,中国美学的论述很多。例如,郭熙指出:"真山水之云气,四时不同。春融冶,夏蓊郁,秋疏薄,冬黯淡。画见其

---

① 刘向:《说苑》卷十一《善说》。
② 萨特:《想象心理学》,英文版,纽约,1972年,第277页。

大象,而不为斩刻之形,则云气之态度活矣。"①皎然指出:"兴者,立象于前。"②《文镜秘府论·论文意》指出:"目击其物……以此见象。"姚最指出:"立万象于胸怀。"王夫之指出:"言情则于往来动止缥缈有无之中,得灵蠁而执之有象,取景则于击目经心丝分缕合之际,貌固有而言之不欺。"③"目击其物……以此见象";"兴者,立象于前";"立万象于胸怀";"诗本无形在窈冥,网罗天地运吟情";"风雨晦明,山川之气象也";"诗者,象其心而已矣"……所谓"唯蜩翼之知",以便真实地生存于"象"的世界,而不是"物"的世界。

对于审美指向,人们往往从把握方式的角度去考察,然而却忽视了从生存方式的角度去加以考察。因此,往往忽视了后者的意义。事实上,就后者而言,审美指向是一种本体论意义上的"替代性满足"。弗洛伊德称之为:"投入能量以形成某个事物的意象,或者消耗能量以针对能满足本能的事物发出动作。"④康德称之为:"强有力地从真的自然所提供给它的素材里创造一个像似另一自然来。"⑤席勒则称之为:创造一个"不会像认识真理时那样抛弃感性世界"的"活的形象"。⑥ 不过,在这里,"活的形象","既不是物理世界的模仿,也不是强烈感情的流露,它是对现实的一种解释";"它不是现实的模仿,而是现实的发现"。⑦ 人们在审美活动中正是通过对对象本身的发现赋予世界以意义,从而深刻地推进着自身自由的实现。因此,值得强调的是,审美活动的指向对象本身,并不意味着对人生的疏远甚至逃避,更不意味着生命的退化。恰恰相反,它是人性进化和人性觉醒的尺度,使对象从外在世界的分门别类的实在内容中分离、超越而出,这种分离、超越,只能理解为人性生成的开始,世界被赋予意义的开始。席勒讲得何其发人深省:"事

---

① 《林泉高致·山水训》。
② 《诗议》。
③ 王夫之:《古诗评选》。
④ 转引自霍尔:《弗洛伊德心理学入门》,陈维正译,商务印书馆1985年版,第34页。
⑤ 康德:《判断力批判》上卷,宗白华译,商务印书馆1964年版,第160页。
⑥ 席勒:《美育书简》,徐恒醇译,中国文联出版公司1984年版,第130页。
⑦ 卡西尔:《人论》,甘阳译,上海译文出版社1985年版,第146、143页。

物的实在是事物的作品,事物的外观是人的作品。"①

审美指向有其内在的根据,卡西尔的研究表明:"在人类世界中我们发现了一个看来是人类生命特殊标志的新特征。[与动物的功能圈相比]人的功能圈不仅仅在量上有所扩大,而且经历了一个质的变化。在使自己适应于环境方面,人仿佛已经发现了一种新的方法。除了在一切动物种属中都可以看到的感受器系统和效应器系统以外,在人那里还可发现可称之为符号系统的第三环节,它存在于这两个系统之间。这个新的获得物改变了整个的人类生活。"②这种"符号系统的第三环节",显然也就是加登纳所讲的"符号知觉",当然也就是我们所说的审美指向。因此,能够洞察对象的"象",正是人类本性的丰富性的体现。歌德早就说过:"人有一种构形的本性,一旦他的生存变得安定之后,这种本性立刻就活跃起来。"③生命的本性是创造的,但在现实中实现不了这个创造,于是要在想象中实现,要在审美中实现。然而,实现的方式是什么? 只能是在意象中得到满足(不论是直接建立一个理想的世界,或者是间接建立一个理想的世界,都如此)。

由此看来,对象可以以两种方式进入人类内心,其一是思想图式,其二是象征图式。④ 就后者而言,应当强调,"象"与"物"不是一回事,"象"是从"物"中浮现出来的。它意味着,我们日常所关注的物的物质性、使用性、科学性,只是用命题陈述的形式向人类提供的一种真理,现在它已不再被关注,被关注的是物之为物本身。西方称之为"形式",中国称之为"物色""景色",而对它的把握,正是审美指向。在此意义上,不难看出,审美指向是一种意向性活动,正是它,使得"象"从"物"中浮现出来,使得"物"真正向人类敞开。因此,审美指向所指向的"象"正是在主客体之间的意向性结构中生成的,也只能在这里生成。"美感就是对各种形式的动态生命力的敏感性,

---

① 席勒:《美育书简》,徐恒醇译,中国文联出版公司1984年版,第133页。
② 卡西尔:《人论》,甘阳译,上海译文出版社1985年版,第32—33页。
③ 歌德。转引自卡西尔:《人论》,甘阳译,上海译文出版社1985年版,第179页。
④ 参见萨特:《想象心理学》,英文版,纽约,1972年,第156页。

而这种生命力只有靠我们自身中的一种相应的动态过程才可能把握。"①

审美指向的实现从"澄怀"到"味象"的美学转换,须经过感知、语言、途径的三重转换。

首先,是实现感知的美学转换。感知,是认识经验的门户,也是审美活动的门户。就感知本身而论,它绝不像认识活动所要求的那样片面、简单,而是十分复杂、丰富的,是一个相对独立的世界。科学家告诉我们:假如人的一只眼睛的视值是1,那么两只眼睛所形成的多维感觉,其视值的相加,结果并不是2,而是7。科学家还发现:人类的五官感觉之间是互相渗透的。康德曾把视、听感官称为间接性感官,把触觉、嗅觉、味觉称为直接性感官,并片面强调前者的作用,但实际上,前者与后者是彼此渗透的。例如,听觉神经与神经中枢的许多部位联系密切,在神经中枢的许多部位,可以发现听觉刺激的诱发电位。因此,任何感知事实上都是"牵一发而动全身"的。更为重要的是,感知还是一个能动的世界。那种"把知觉当作外界事物对被动地直觉到世界的主体所起的片面作用的结果",是心理学家"需要整整一个世纪,才能使心理学摆脱"的误解。② 维特根斯坦就曾强调:甚至最大的望远镜都必须携带一个不大于人的眼睛的目镜。阿恩海姆也曾强调审美知觉具有完整性,"这种整体性不仅可以直接知觉,而且必须被确定为基本的知觉现象,它们似乎是在把握视觉对象更多的特殊细节之前就已映入眼帘。"③因此,我们可以用既沉淀着过去的感知的丰富累积,又蕴含着现在的感知的多方位的渗透,同时,还往往会展现出全新的面貌的感知的全面创造,来加以概括。正如詹姆斯发现的:人类对每一事物的心理反应"总是独一无二的;……遇到同一事实再现的时候,我们一定要按新样子想它,从多少不同

---

① 卡西尔:《人论》,甘阳译,上海译文出版社1985年版,第192页。这个意向性结构正是审美活动的秘密,美学之为美学,最为根本的任务,事实上也就是要揭示这一秘密。
② 阿·尼·列昂捷夫:《活动 意识 个性》,李沂等译,上海译文出版社1980年版,第15页。
③ 阿恩海姆:《走向艺术的心理学》,英文版,伯克莱加利福尼亚大学出版社1966年版,第30页。

的观点看它……经验每刹那都在改变我们;我们对每一事物的心理反应,实在都是我们到那个刹那止,对于世界的经验的总结果。"①可见,感知之所以是一个相对独立的能动的世界,正因为它是一个融过去、现在、未来三维为一身的世界。

然而,感知在认识经验与审美活动中的遭遇又大不相同。在认识经验中,感知只是思维的跳板、中介,因此只能以扭曲的形式出现,但在审美活动中则受到重视。原因在于,审美活动源于人类的情感体验,我们已经讨论过,情感是人类与世界之间联系的根本通道。② 这里,只需进一步指出:情感正是人类弃伪求真、向善背恶、趋益避害的动力。对此,只要回忆一下《圣经》中也把亚当与夏娃偷吃禁果的原因归于受情欲的驱使,就可以了然。而心理学家也告诉我们:"人的情感是人脑对客观现实和主体的具体关系的反映。""肯定性的情感是人脑对于客观现实和主体的和谐关系的特殊反映,否定性的情感是人脑对于客观现实和主体的矛盾关系的特殊反映。"③人类进化过程中产生的情感在真与善、合规律性与合目的性之间所发挥的作用,由此可见一斑。同时,另一方面,人类文明的发展,又并非通过大量消耗能量换来的,而是靠提高能量的效率而达到的,其手段就是:分工、脑力劳动、以机器来代替人。可是,在几十万年、上百万年中进化而来的能量,尤其是情感,是不可能很快改变甚至消失的,那么,人体的能量何以宣泄?将向何处发泄?审美活动正是因此应运而生。因此,审美活动的需要不是对于认知的需要,而是一种内在情感的需要,即与对象本身进行"直接情感交流"的需要。④ 同样,审美活动的方式也不同于认知的方式。在审美活动中时间空

---

① 詹姆士(即詹姆斯):《心理学原理》,唐钺译,商务印书馆1963年版,第81—82页。
② 审美活动与情感体验的关系颇值深究。例如历史悠久的宗教、神话中的迷信内容为我们所抛弃,但是对于它们的活动方式即情感体验,却不能简单抛弃,否则人类为什么会对此千万年保持着兴趣,是无法解释的。审美活动的应运而生,正与情感体验密切相关。
③ 杨清:《心理学概论》,吉林人民出版社1981年版,第491页。
④ 参见李普曼编:《当代美学》,邓鹏译,光明日报出版社1986年版,第290页。

间、相互关系、各种事物间的界限都被打破了,统统依照情感重新分类。这样,对于对象的审美经验,显然不是直接的物的经验,而是物的情感属性的经验。列维-斯特劳斯发现:"审美感本身就能通向分类学,甚至会预先显示出某些分类学的结果。"①正是有见于此。②

然而,情感体验作为内在的综合体验在一定程度上只是一种"黑暗的感觉",要使它得以表现,就始终离不开感知。这就一方面使感知自身的属性,诸如历史性、现实性、超前性,被充分地加以展示,正如杜夫海纳指出的:"一般知觉一旦达到表象,就总想进行智力活动,它所寻求的是关于对象的某种真理,这就可能引起实践,它还围绕对象,在把对象与其他对象联系起来的种种关系中去寻求真理。而审美知觉寻求的是属于对象的真理、在感性中被直接给予的真理。全神贯注的观众毫无保留地专心于对象的突出表现,知觉的意向在某种异化中达到顶点。……对世界的信仰被搁置起来了,同时,任何实践的或智力的兴趣都停止了。说得更确切些,对主体而言,唯一仍然存在的世界并不是围绕对象的或在形象后面的世界,而是属于审美对象的世界。由于形象是富于表现力的,所以这个世界就内在于形象,它不成为任何论断的对象,因为审美知觉把现实和非现实都中立化了。"③另一方面,更为重要的是,又使得感知被诱导到情感的领域。因为仅仅是感知,与审美活动是无关的。例如马克思就曾把科学研究在所谓"纯粹状态"下进行的观看称为无感受的观看。美国记者马利根也曾说:假如一艘船失了火,记者的任务就是把读者带到那个场合,使他们看到火灾,闻到它的气味,听到警铃的响声,看到救生艇放下去的情景,感受到从舱口冒出的热浪,总之要诉诸所有的感官。这是审

---

① 列维-斯特劳斯:《野性的思维》,李幼蒸译,商务印书馆1987年版,第18页。
② 从情感体验的角度对审美活动加以考察,要注意美学史上的种种成果的得失。例如,在我看来,移情说偏重于主观情感,却忽视了对象形式本身的情感表现性;同构说偏重对象本身形式的表现功能,却忽视了主观情感,把对象形式的可能性当作了现实性。因此,就移情说而言,是未能解决一般情感与审美情感的区别,审美活动并不是表现情感,而是理解情感。审美活动也无非是对情感的解读。同构说则忽视了一般形式与审美形式的区别。
③ 杜夫海纳:《美学与哲学》,孙非译,中国社会科学出版社1985年版,第53—54页。

美活动吗？显然不是。洛尔伽说："诗人是他五官感觉的指导者。这五官，就是视觉、触觉、听觉、嗅觉和味觉。为了得到合乎理想的想象，他必须打开联系五种感官的大门；他常常必须凌驾于五种感觉之上……"①怎样"打开联系五种感官的大门"而且"凌驾于五种感觉之上"呢？或者说，怎样完成感知的美学转换呢？正是通过情感的诱导。易卜生说：必须"清楚地区分被体会到的东西和被肤浅地经历过的东西，只有前者才能够作为创作的对象"。②赫拉普钦科说："被掌握的生活素材的规律和被体会到的东西的深度常常不相符合。作家的精神经验远不是经常跟他密切接触到那些重大现象和事件直接相符的。伟大作家有时是有伟大经历的人，有时却不是。果戈理、契诃夫的生平都不是以充满着外部重大事件见长的。不是这些外部事件决定着他们的精神生活的强度，而是那种对于现实的深刻感受决定着他们的精神生活的强度，这种深刻的感受使一些卓越的作家从微小平凡的日常事物中看到并感受到伟大与不平凡的东西。"③在这里，"被体会到的东西"和"对于现实的深刻感受"，都显然来自情感。审美活动的特点正在于使感知向深层的情感渗透，从而进行再组织、再加工、再整理、再定性，结果，感知的客观性被超越，代之以感知的主观性。感知也因此而走向深刻和丰富，既不像过去那样浮浅而芜杂，也不像在认识过程中那样贫乏而抽象。

进而言之，作为一种特殊的情感体验，审美活动的起点是情感，终点也是情感。海德格尔称之为"领会"："领会总是带有情绪的领会"，④"被我们称之为情感或情绪的东西或许是更为合理的，就是说，更具深刻的感知力。因为与所有那些理智相比，它更向存在敞开。"⑤它与自然情感不同，但又是自

---

① 转引自中国社科院外文所外国文学研究资料丛刊编辑委员会编：《欧美古典作家论现实主义和浪漫主义》第1辑，中国社会科学出版社1980年版，第205页。
② 转引自米·赫拉普钦科：《作家的创作个性和文学的发展》，上海人民出版社1977年版，第91—92页。
③ 米·赫拉普钦科：《作家的创作个性和文学的发展》，上海人民出版社编译室译，上海人民出版社1977年版，第91—92页。
④ 海德格尔：《存在与时间》，陈嘉映等译，三联书店1987年版，第174页。
⑤ 海德格尔：《诗·语言·思》，英文版，纽约，1971年，第25页。

然情感的提升。自然情感无疑带有功利性,它的被压抑会形成阿瑞提所谓的"情感倾向"。这"情感倾向"要通过外向与内向两种方式宣泄,前者是现实的宣泄。而后者,却是审美的宣泄。杜卡斯说是"对情感的内在目的性的接受",①在此意义上,审美活动的结构方式正是变自然情感为审美情感的必经之途。"如我们所看到的,一种未予表现的情感伴随有一种压抑,一旦情感得到表现并被人所意识到,同样的情感就伴随有一种缓和或舒适的新感受……我们可以把它称为成功的自我表现中的那种特殊感受,我们没有理由不把它称为特殊的审美情感。"②对"审美情感",一般人无法体验,只有通过阿瑞提所谓"内觉体验"去把握。但是,这并不意味着"情感倾向"要向意识生成,而是意味着要向"象"生成,也就是要向"感知"生成。

由于对于感知的美学转换,审美活动才得以建立一个假定性的理想世界。由于感知向情感的升华和情感对于感知的诱导,审美活动才建构起了自身历史、现实、未来的三维结构,不是被动地接受和记录对象的印象,而是创造性地建构对象。从而,不但能够保持对象的完整性、丰富性、多样性,而且能够深刻地体味着对象的完整性、丰富性、多样性。③克罗齐在谈及"直觉品"时曾说:"直觉品是:这条河,这个湖,这小溪,这阵雨,这杯水;概念是水,不是这水那水的个例,而是一般的水,不管它在何时何地出现;它不是无数直觉品的材料,而是一个单一常住的概念的材料。"④审美活动所建构的对象正是这样的"直觉品",它把感知在实践活动、认识活动中无法实现的无限的可能性加以实现。不过,克罗齐的看法又有不足,因为对于审美活动来说,最为重要的不是"直觉品",而是对"直觉品"的情感体验。由于情感的诱导,感知才会出现变异,摆脱了被动的生理物理感知的束缚。德国诗人里尔克

---

① 杜卡斯:《艺术哲学新论》,王柯平译,光明日报出版社1988年版,第108页。
② 科林伍德:《艺术原理》,王至元等译,中国社会科学出版社1985年版,第123页。
③ 从感觉、知觉中派生出情感来,是必须的,所谓触景而生情。事实上,人们的感觉恰恰在此情况下比较敏锐、比较丰富。对自己的孩子爱得比较深,感觉得也就比较细致。对别人的孩子漠不关心,就不会有那么丰富、那么细腻、那么具体的感觉。
④ 克罗齐:《美学原理·美学纲要》,朱光潜等译,外国文学出版社1983年版,第29页。

说:看任何事物就像这些事物刚刚被上帝创造出来一样。这里的"看",正是在情感诱导下出现的。"昨夜雨疏风骤,浓睡不消残酒。试问卷帘人,却道'海棠依旧'。知否知否,应是绿肥红瘦。""海棠依旧"无疑尚未进入审美活动的视界,在情感诱导下出现的"绿肥红瘦"才不仅登审美活动之堂,而且入审美活动之室。①

其次,审美指向之所以能够实现从"澄怀"到"味象"的美学转换,还与对于语言的美学转换有关。语言是人类的生存方式,也是人类与对象世界发生联系的中介(在语言未曾诞生之前,人类只拥有一个世界,语言一旦诞生,人类就拥有了无限个世界),然而,在实践活动、理论活动中,语言成为一种"陈述"、一种"指称语言",对立、片面的对象世界正是在此基础上建立起来的。审美活动要实现对象世界的美学转换,无疑毋须摒弃人与世界的联系,只须改变人与世界的联系,使语言成为"非指称语言",成为"伪陈述"。应该说,我们在人类的审美活动中所看到的正是这一点。然而,由于理性主义的影响,历史上的美学家未能做出令人满意的阐释。

西方现代的美学家开始注意到这一重大课题。维柯提出了"诗性语言";卡西尔提出了"隐喻思维";海德格尔更注意到语言的"家"与"牢笼"、"澄明"与"遮蔽"的一身而二任,称它"既遮蔽又澄明",是"最危险的东西",同时又是"最纯真的活动"。这使我们意识到,在相当长的时间里,语言的存在呈现一种不尽正常的状况。从理性主义出发,人们把语言与对象世界等同起来,结果,在认识论方面,虽然造成了语言与人的统一,但在本体论方面,却造成了语言与人的对立。事实上,对于一个整体的、本体的、空灵的、先于逻辑的审美世界来说,语言显然是无能为力的。试想,当人类的视角转向那个最为内在、最为源初、最为直接的对象世界:"那些似乎清醒和似乎运动着的东西,那些昏暗模糊和运动速度时快时慢的东西,那些要求和别人交流的东西,那些时而使我们感到满足时而又使我们感到孤独的东西,还有那

---

① 这里存在着"物"的世界与"像"的世界的差异。而且,"物"的世界只是一个,但"像"的世界却可以是无数个。例如实在的月亮与审美活动中的无数个月亮。

些时时追踪某种模糊的思想或伟大的观念的东西……这些东西在我们的感受中就像森林中的灯光那样变幻不定、互相交叉和重叠,当它们没有互相抵消和掩盖时,便又聚集成一定的形状,但这种形态又在时时分解着,或是在激烈的冲突中爆发为激情,或是在这种冲突中变得面目全非。"[1]此情此景,惯于从机械的、实证的、确定的、逻辑的方式去网罗世界的语言无论如何也无法胜任。怎样解决这个矛盾呢? 这就要"活看"语言,所谓"不立文字""不离文字"。什么叫"活看"语言文字? 它意味着化解语言对于机械、实证、确定、逻辑的执着,使它不再指谓世界,而是显示世界,并且成为世界的一部分。它指向世界,维系于世界,并且只有透过世界才能呈现出来。这样,所谓"活看"语言,就无非是以语言消解语言。尽量利用语言的不确定性、多义性、含糊性,以子之矛,攻子之盾,来打破对语言的"执著"。所谓"随说随划"。《金刚经》云:"如来说世界,非世界,是名世界。"联想到维特根斯坦曾经倡导的"重要的胡说",即把语言干脆作为一种"因指见月""到岸弃舟"的随说随划的"胡说",利科尔曾经倡导的"有限工具的无限运用",胡塞尔和海德格尔曾经倡导的"我不想教诲,只想引导,只想表明和描述我所看到的东西","关键不在于用推导方式进行论证,而在于用悬示方式显露根据";联想到西方当代美学推出的种种"解数":"阐释循环"(海德格尔)、"语言游戏"(后期维特根斯坦)、"问答逻辑"(伽达默尔)、"活的隐喻"(保尔·利科尔)、"消解方略"(德里达)……似乎应该说,这"随说随划",是可行的。

何况,语言本来就完全应该是另外一个样子。它实质上就是诗,是被扭曲了的、干涸了的诗。从现代语言学的最新成果的角度,我们看到,最早的语言就是情感的,或者说,就是诗的。索绪尔指出:语言由"概念"、"音响—形象"两者组成,这对我们启发很大。应该说,后者更为早出,也是语言的深层结构。卡西尔认为动物也有"符号化过程",但又根据桑戴克、苛伊勒的研究成果介绍说:"动物不会认为一物像一物……它根本就不思考什么,而只

---

[1] 苏珊·朗格:《艺术问题》,滕守尧译,中国社会科学出版社1983年版,第21—22页。

认定什么。""猿的语音学的全部音阶是完全'主观的',它们只能表达情感,而绝不能指示或描述对象。"更值得注意的是,其中有许多"人类语言中所共有的语音成分"。① 维柯认为与"实践思维"相平衡的,是"实践的声音",是"声音的语言",是一种"诗性表达方式"。"以象(谐)声的方式发展出来,我们现在仍然看到儿童们恰当地用象声方式表达他们自己。"② 奥托·叶斯柏森认为存在一个语言起源中的"发音阶段",说:"这些发音不再被称为真正的语言,而只是某种先于语言的东西。"③这似乎与中国的象形、形声关系密切。就美学而言也是如此。例如中国美学对于"兴"的强调。西方当代美学也意识到这一点,科林伍德说:"语言就其原始性质而言,它所表现的不是这种狭义的思维,而仅仅是情感。"④朗格也说过:"一切标示事物的性质的字眼,同时又可以用来表示某种情感。……从词源学上来讲,形容词在最初都是同某种情感色彩联系在一起的,只是到了后来,它们才自由地和自然地与某些有助于解释这种情感色彩的事物之感性性质联系在一起。"⑤德里达在《哲学的边缘》中也援引卢梭《论语言的起源》的话说:"人类最初的说话动机是出于情感,他的最初的表达是比喻。形象的语言是最先诞生的,本义发现得最晚。"⑥当然,最早明确地从语言学的角度把以移情、隐喻为特征的审美思维提升为人类生存的根源的,是维柯。⑦

因此,"活看"语言无非是恢复它的源初形态,把它从扁的、平面的形态

---

① 卡西尔:《人论》,甘阳译,上海译文出版社1985年版,第41、28、41页。
② 维柯:《新科学》,朱光潜译,商务印书馆1989年版,第208页。
③ 转引自卡西尔:《人论》,甘阳译,上海译文出版社1985年版,第141页。
④ 科林伍德:《艺术原理》,王至元译,中国社会科学出版社1985年版,第258页。
⑤ 苏珊·朗格:《艺术问题》,滕守尧等译,中国社会科学出版社1983年版,第163—164页。
⑥ 德里达:《哲学的边缘》,英文版,芝加哥,1982年,第269页。
⑦ 参见维柯的《新科学》,朱光潜译,商务印书馆1989年版。值得注意的是,萨丕尔的看法似乎有所不同:"绝大多数的词,像意识的差不多所有成分一样,都附带着一种情调,一种由愉快或痛苦化生的东西……可是这种情调一般不是词本身固有的价值,它毋宁说是在词身上,在词的概念核心上长出来的情绪赘疣。"(萨丕尔:《语言论》,陆卓元译,商务印书馆1985年版,第35页)

恢复为圆的、丰满的状态,亦即以共时的、感性的、偶然的、个别的、具体的、独创的、自由的、驳杂的、开放的、隐喻的语言,来取代历时的、理性的、必然的、普遍的、抽象的、既定的、稳固的、纯粹的、封闭的、转喻的语言。中国美学称之为"立象尽意",这只有在审美活动中才能够做到。"我们可以为了陈述所引起的联想,不论真联想或假联想,而用陈述。这就是语言的科学用法。但我们也可以为了陈述引起的联想所产生的感情和态度方面的效果而用陈述。这就是语言的情感用法。"①这"语言的情感用法"一方面是自足的,不再确指对象,指称功能被弱化,语言是透明的,英伽登称之为"透视缩短",在指称对象的同时消解了自己,所谓对象的出场即语言的退场,所谓得鱼而忘筌,所谓文学就是用语言来弄虚作假和对语言弄虚作假(罗兰·巴尔特),自身的表现功能和丰富内涵都充分暴露出来;另一方面又是不自足的,充满了需要读者连接、填补的空白,它是对语言的超越,淡化语言的逻辑功能概念的确定性、表达的明晰性、意义的可证实性,强化语言的多义性、表达的象征与隐喻、意义的可增生性,把语词从逻辑定义的规定性中,把语句从逻辑句法的局限中,把语言从语法的束缚中解放出来,从一种语言方式(与认识相对),回到一种言说方式(与本体相对),这是一种"陌生化""反常化"的美学转换。②雅可布逊就曾经指出:"当一个词语被当作词语得到接受之时,而不是作为被命名物的简单替代物或某处感情的迸发;也就是说,当词语及其

---

① 瑞恰兹。转引自《现代英美资产阶级文艺理论文选》,作家出版社1962年版,第99—100页。
② "陌生化""反常化"的看法古已有之。韩愈在《答刘正夫书》中就说:"夫百物朝夕所见者,人皆不注视也。"在西方,锡德尼的"另一个自然"、卡斯特尔维屈罗的"新奇性"、诺瓦利斯的"奇异性",以及康德指出的"新颖,甚至那种怪诞和内容诡秘的新颖,都使注意力变得活跃。因为这是一种收获,感性表象因此而获得了加强。日常的和普通的事情则淡化这种现象"(康德:《实用人类学》,邓晓芒译,重庆出版社1987年版,第44页),也是如此。但这只是突出主体的创造力,是作为手段。而在当代的什克洛夫斯基那里,疏远化、陌生化已被证明为本体的,是审美之为审美的根本。"陌生化""反常化"背离了人们的日常经验,阻止了审美活动与所面对的现实之间的联系以及与其他意义的联系,解除了所指与能指的联系,使得能指具备了独立的价值。审美对象成为不及物的、自足的实体。

句式、含义,其外部和内部的诸形式不再是现实世界的冷漠的征象,而是具有其自身的分量和独特的价值,诗性便得到了体现。"①在这里,"一个词语被当作词语得到接受","具有其自身的分量和独特的价值",就正是所谓圆的、丰满的状态。

不难看出,在这圆的、丰满的状态的基础上,审美活动所建构起来的必然是一个圆的、丰满的对象世界,一个从"澄怀"到"味象"的世界。

审美指向实现从"澄怀"到"味象"的第三度美学转换,是对于媒介的美学转换。由于感知与语言的美学转换,审美活动的媒介也从实践活动、理论活动的概念、逻辑,转换为超概念、超逻辑。它不再在对立、片面的实践活动、理论活动角度去使用感知、语言,当然也就不再用间接的概念、逻辑去看待世界,而是毅然冲破这间接的媒介,不透过任何的中间媒介而重返对立、分裂前的完整的、活生生的对象世界,重返生命中最为基本、最为源初的东西,直接啜饮甘甜的生命之泉。应该说,这就是中国古典美学强调的"直寻""现量""不隔",也就是西方现代美学颖悟的"回到事物本身","呈现具体的存在"。②

具体来说,假如以概念、逻辑为媒介是对于世界的"正读",那么对于概念、逻辑的超越则是对于世界的"倒读"。它把以概念、逻辑为媒介的世界悬置起来,倒过来去读那本真的、源初的世界。假如说,前者是在不断地立、不断地设定对象、不断地征服世界,后者则是在不断地破、不断地揭示世界的本来面目、不断地重返源初的世界。因此,海德格尔和中国美学所谓的"真",不是要得到些什么,而是要丢掉些什么。丢掉些什么呢?丢掉那个被对象化、片面化、概念化了的世界,丢掉那个被实用化、功利化、占有化的世界⋯⋯于是,存在和道的世界就会自然而然地由隐而显地显现出来。这样,

---

① 雅可布逊:《何谓诗》。转引自《美学文艺学方法论》下卷,文化艺术出版社 1985 年版,第 530—531 页。
② 西方当代美学对此十分关注。Zu den sachen selbst(直面事物本身),这是胡塞尔在 1900 年喊出的美学最强音。Don't think, but look(不要想,而要看),这则是维特根斯坦晚年时发出的美学呼唤。

在海德格尔和中国美学眼中,审美活动就不是一种审美主体与审美客体的符合、反映,而是解蔽,是使美自行显现出来。陶渊明诗云:"试酌百情远,重觞忽忘天。天岂去此哉,任真无所先。"①不但要"百情远",而且要"忘天",不过,不是要忘掉"天"本身,而是要忘掉那个对象化、片面化、概念化了的"天",所谓"任真无所先"。如是,美才会显现出来。② 禅宗美学的一则公案则更具深义:

> 山一日举竹篦,问:"唤作竹篦即触,不唤作竹篦即背。唤作什么?"师掣得掷地上曰:"是什么?"
>
> (百丈)指净瓶问曰:"不得唤作净瓶,汝唤作什么?"林曰:"不可唤作木楔也。"丈乃问师,师踢倒净瓶便出去。③

在这里,竹篦、净瓶都是一个本真、源初的世界,"唤作什么"都是用对象性思维、用关于"真"的"理"去割裂它,只有把"唤作什么"加上括号,根本就不用对象性思维,不用关于"真"的"理"去把握它,它才会完整地显现出来。这正是在讲审美活动的解蔽。中国美学之所以时时强调"以造化为师""参造化""夺天地之功,泄造化之秘""窥天地之纯""以一管之笔,拟太虚之体""独得玄门",正是要揭示出那"人人心中所有,笔下所无"的存在之"真"、生命之"真"。你看:

> (黄庭坚)往依晦堂,乞指径捷处。堂曰:"只如仲尼道,二三子以我为隐乎?吾无隐乎尔者。太史居常,如何理论。"公拟对,堂曰"不是!不是!"公迷闷不已。一日侍堂山行次,时岩桂盛放,堂曰:"闻木樨香么?"公白:"闻。"堂曰:"吾无隐乎尔。"④

---

① 陶渊明:《连雨独饮》。
② 萧统说:陶渊明"论怀抱则旷而且真"。这里的"旷"也可与"倒读"和"解蔽"对看。
③ 《五灯会元》。
④ 《五灯会元》。

"吾无隐乎尔"(真实地呈显世界),这就是审美活动。从正读的角度看,它或许是"无所作为",但从倒读的角度看,又实在是"无不为"的。它虽无言,却是"一默如雷","直得火星迸散"。因为正在这一瞬间,世界忽然回归本真、源初的面目。人们恍然大悟:原来只是自己有意闭上了眼睛,那充满生香活意的世界,是时时刻刻在源源不断地涌现出来啊。于是,"凡遇高山流水,茂林修竹,无非图画⋯⋯"(唐志契)。正像王羲之所自豪宣称的:"仰视碧天际,俯磐绿水滨,寥朗无涯观,寓目理自陈。大矣造化工,万殊莫不均,群籁虽参差,适我无非新。"①

审美指向对于媒介的美学转换,首先意味着时间的无阶段、无距离、无间隔、无中介、无空隙,直接接触、直接吻合。审美指向是发生在假定性的基础上的,因此,在审美指向与对象世界之间当然也就不存在阶段、距离、间接、中介、空隙之类时间的障碍。这很像中国的郭熙所指出的"可游可居""饱游饫看"。像西方现代美学一样,中国美学认为,看正产生于"可游可居""饱游饫看"的基础上的直接性:"鼻无垩,目无膜"(葛立方);"只于心目相取处得景得句,乃为朝气,乃为神笔","以神理相取,在远近之间,才着手便煞,一放手又飘忽去"(王夫之);"最妙的是此一刻被灵眼觑见,便于此一刻放灵手捉住,盖于略前一刻,亦不见,略后一刻,便亦不见,恰恰不知何故,却于此一刻忽然觑见,若不捉住,便更寻不出"(金圣叹);"须在一刹那上揽取,迟则失之"(徐增)。

---

① 这里,要注意"我思故我在"与"我看故我在"之间的差异。我思只是在我看的基础上,对人与世界的某一方面的描述、说明和规定。它并非人类生存本身,而只是人类生存的一种工具、手段,故不能把我思等同于我在。我看则不然。它是人之为人的根本,也是人类根本的存在。它"不纯在外,不纯在内,或往或来,一来一往,吾之动几与天之动几,相合而成"(王夫之),"目既往还,心亦吐纳"(刘勰),"存在并不单是人和事物的共同命运、人和事物并存。人愈深刻地与事物在一起,他的存在也愈深刻"(杜夫海纳:《美学与哲学》,孙非译,中国社会科学出版社1985年版,第50页),故人正是最为根本、最为源初、最为直接地生存在看之中,正是看使人成之为人。看即生存,看即世界,真实地去看,真实地去生存,学会看即学会生存。

审美指向对于媒介的美学转换,其次意味着空间的非割裂、非局部、非片断、非枝节、非层次、非抽象。审美指向是发生在假定性的基础上的,因此没有必要出现隔裂、局部、片断、枝节、层次、抽象。这即中国美学强调的"以天下藏天下""大人游宇宙""万物归怀"。① 西方现代美学从康德美学开始,也提出审美观照的距离说、孤立说、直觉说、内摹说和移情说,主张通过从对象性思维超脱而出,去重现整体的存在。迄至现象学美学和存在主义美学,这一主张更加蔚为大观。杜夫海纳十分强调审美主体与审美对象、"知觉"与"知觉对象"、"内在经验"与"经验世界"的"不可分",强调审美活动"所描述的事物乃与人浑然一体的事物",主张"追根溯源,返归当下,回到人与世界最原始的关系中",并且大声疾呼,为了方便说明,我们立刻就提出现象学的口号:回到事物本身。② 梅洛-庞蒂的看法十分类似。他指出,审美活动的第一准则是:"回到事物本身。"回到事物本身就是回到知识出现前的世界。因此,实体是只能描述的,不可以构筑和塑造。存在主义美学也指出,真实的世界是原初的世界,"全然是存在物本身的呈现"(海德格尔)。白瑞德对此曾作过详细剖析,他指出:"在海德格尔看来,人与世界之间并没有隔着一个窗户,因此也不必像莱布尼兹那样隔着窗向外眺望。实际上,人就在世界中,并且与世界息息相关。故'现象'这个字——时至今日,这个字已经是所有欧洲语言中的日常用语——在希腊文里的意思是'彰显自己的事物'。所以,在海德格尔看来,现象学的意义就是设法让事物替它自己发言。他说,唯有我们不强迫它穿上我们现成的狭窄的概念夹克,它才会向我们彰显它

---

① 这很像云门提出的"一镞破三关"。"函盖乾坤,目机铢两,不涉世缘",是著名的云门三关。后人德山进一步加以修改,就成为我们今天经常提到的"函盖乾坤,截断众流,随流逐浪"。一般认为,它们是指我即世界即佛的遍在性、超越性、内在性。在云门看来,这是成佛者必得通过的三个关口。然而却不能把它们看作互不相关的三个关口,否则它们就会成为彼此封锁、互相对立的三关,从而割裂了整体性。所以,云门提出要"一镞破三关",亦即圆融无碍,一超直入,重新恢复整体性的绝对地位。
② 杜夫海纳。转引自郑树森编:《文学批评与现象学》,台北东大图书公司1984年版,第2页。

自己……照海德格尔的看法,我们之认识客体,并不是靠着征服式击败它,而是顺应其自然,同时让它彰显出它的实际状况。同理,我们自己的人类存在,在它最直接、最内部的微细差别里,将会彰显出它自己,只要我们有耳朵去聆听。"①令人拍案惊奇的是,这些论述与禅宗关于妙悟的空间的直接性的看法竟有很大的相似之处。

审美指向对于媒介的美学转换,同时意味着意义的超逻辑、超概念、超历史、超物我、超区别。正如前边分析的,审美活动以假定性为基础,这样,它也就与逻辑、概念、历史、物我、区别暂时不存在直接关系,而直接关注于对象世界本身。而这样一种特殊的关注,使审美活动就不能不渗透着一种意义的直接性。卡西尔指出:"在科学中,我们力图把各种现象追溯到它们的终极因,追溯到它们的一般规律和原理。在艺术中,我们专注于现象的直接外观,并且最充分地欣赏着这种外观的全部丰富性和多样性。"②英伽登指出:"审美对象不同于任何对象,我们只能说,某些以特殊方式形成的实在对象构成了审美知觉的起点,构成了某些审美对象赖以形成的基础,一种知觉主体采取的恰当态度的基础。""因为对象的实在对审美经验的实感来说并不是必要的"。③而这样一种特殊的关注,使看就不能不渗透着一种意义的直接性。正如卡西尔强调的:"有着一种概念的深层,同样,也有一种纯形象的深层。前者靠科学来发现,后者则在艺术中展现。"④

从"无明"到"明"

审美评价是审美意向与审美指向交融贯通、协调共生后所产生的动态

---

① 白瑞德:《非理性的人》,彭镜禧译,黑龙江教育出版社 1988 年版,第 216 页。
② 卡西尔:《人论》,甘阳译,上海译文出版社 1985 年版,第 215 页。
③ 转引自李普曼编:《当代美学》,邓鹏译,光明日报出版社 1986 年版,第 288、284 页。
④ 卡西尔:《人论》,甘阳译,上海译文出版社 1985 年版,第 215 页。

心理要素,①属于审美活动中的协调范畴。而且它不像实践活动、认识活动那样侧重于对外在对象的认识评价,而是侧重对于外在世界的满足自身程度的价值评价。这价值评价,就其内容来说,源出于超越性的终极关怀;就其实现来说,则是一种生命的"大游戏、大慧悟、大解脱"。②

审美评价的内容为什么会源出于超越性的终极关怀,而不是功利性的现实关怀呢?原因在于:审美活动是人之为人的全部可能性的敞开,是人类自由的瞳孔、灵魂的音乐。它永远屹立在未来的地平线上。因此,审美活动一旦进入评价层面,就只能表现为一种超越性的终极关怀。③正如马克思所强调的:"我们现在假定人就是人,而人跟世界的关系是一种合乎人的本性的关系,那么,你就只能用爱来交换爱⋯⋯"④那么,我们现在假定进入了自由本性的理想实现的层面,此时,"人就是人,而人跟世界的关系是一种合乎人的本性的关系",审美评价会如何呢?无疑是只能"用爱来交换爱"了。在这里,爱就是所谓超越性的终极关怀,它是超越现实法则和历史规定的生命存在的终极状态。它意味着不论何时都存在着一个自由本性的理想存在,意味着个体与这自由本性的理想存在的相遇。因此,它是在一个感受到世界的冷酷无情的心灵中创造出的温馨的力量、义无反顾的力量、自我牺牲的力量、无条件地惠予的力量、对每一相遇生命无不倾身倾心的力量。它永远

---

① 中国美学讲的"无听之以耳,而听之以心,无听之以心,而听之以气"(庄子),"故上学以神听,中学以心听,下学以耳听"(王通),"直观感相的模写,活跃生命的传达,到最高灵境的启示"(宗白华:《美学散步》,上海人民出版社1981年版,第63页),"悦耳悦目""悦心悦意""悦志悦神"(李泽厚:《美学四讲》,三联书店1989年版,第155页),概括的正是审美活动的从最初的对于对象的外在的感知快乐到内在的心灵感悟,最后进入深层的自由愉悦的过程。这是一个交融贯通、协调共生中的上升过程。
② 《脂砚斋重评石头记》(庚辰本)第19回评语。
③ 在这里,所谓爱,不能等同于人们常说的"爱情"。"爱情"只是爱的海洋上溅起的一朵微末的浪花。爱要比爱情弘阔得多,深刻得多。参见拙著《生命美学》,河南人民出版社1991年版,第296—298页。
④ 马克思:《1844年经济学—哲学手稿》,刘丕坤译,人民出版社1979年版,第108页。

不停地涌向每一颗灵魂、每一个被爱者,赋予被爱者以神圣生命,使被爱者进入一个崭新的生命。当然,应该承认,爱是柔弱的、幻想的,爱是一种乌托邦,不过,"天将救之,以慈卫之"。[①] 爱又正因为是柔弱的、幻想的,是一种乌托邦,才能够成为现实世界中真正理想性的东西(这世界对我们是何等吝啬!)。爱是一根连接着人类与世界的脐带。没有爱的生命是残缺的生命,没有爱的灵魂是漂泊的游魂。在被功利主义、虚无主义包裹一切的世界大沙漠中,唯有爱才能给人一片水草。因此,学会爱、参与爱、带着爱上路,是审美活动的最后抉择,也是这个世界的最为理想化的抉择。

这样,从最为根本的角度言之,审美评价就只能从生命的本真状态——不确定性、可能性和一无所有出发,只能从超越性的生命活动即对于"生命的存在与超越如何可能"的超越追问出发。因此,就必然是一种终极关怀,而不可能是一种现实关怀。它敞开了人类的生命之门,开启了一条从有限企达无限的绝对真实的道路。它通过对于生命的有限的揭露,使生命进入无限和永恒;通过对现实的、占有的生命的拒斥,达到对于理想的超越的生命的肯定;通过清除生命存在中的荒诞不经的经验根据,进而把生命重新奠定在坚实可靠的超验根据之上。试想,假如人们不愿明察自身的有限,又怎么可能有力量追求完美?假如人们不确知自身的短暂,又怎么可能有力量希冀永恒?假如人们不曾意识到现实生命的虚无,又怎么可能有力量走向意义的充溢?假如人们不悲剧性地看出自身的困境,又怎么可能有力量走向内在的超越?

在此意义上,不难看出,审美评价类似于基督教的"末日审判"(但不是到了彼岸才进行,所以美学与宗教不同)。它是人类对生命的深切诘问,是知其不可为而为之的乌托邦式的阐释。然而,令人瞩目的是,只有立足于此,人们才会看清自己在现实活动中所形成的困窘处境和局限性,看清"在非存在的纯净里,宇宙不过是一块瑕疵"(瓦雷里),看清再"美丽的世界也好像一堆马马虎虎堆积起来的垃圾堆"(赫拉克利特)。为什么在有了改造对

[①] 《老子》。

象推进文明的普罗米修斯之后,还要有发现自己确定自己的俄耳甫斯和那喀索斯呢?为什么"欲过上一种新生活成为活生生的生命,我们必须再死一次"(铃木大拙)呢?不正是因为有了终极关怀这一审美评价的绝对尺度吗?因此,没有救世主,就无所谓堕落;没有上帝,就无所谓上帝的弃地;没有终极关怀,也就无所谓世界的虚无。

不过,这并不意味着审美评价逃避现实。恰恰相反,审美评价是最趋近现实的,它靠超越现实去趋近现实。审美评价一面超越现实,一面也就复现了现实。而这就已经涉及了审美评价的超前性。审美评价的超前性是指人的全部可能性的敞开。它意味着:审美活动是人类自由的瞳孔,它永远屹立在未来的地平线上,引导着人性的回归。它是我们为告别这个世界所描绘的一幅希望的肖像,又是我们对这个世界的一种终极关怀。它允诺着某种现实世界中所没有的东西,把尚未到来的东西、尚属于理想的东西、尚处于现实和历史之外的东西,提前带入历史,展示给沦于苦难之中的感性个体。在这个意义上,审美活动就成了这个世界的根据,或者说,审美活动的世界就成为现实世界的样板,审美活动昭示着这个世界的唯一真实——理想的真实。

因此,审美活动从来就是人类苦难的拳拳忧心。清醒地守望着世界,是审美活动的永恒圣职。在审美活动中,你可以看到生命的绿色,听到人类的欢乐和哭泣,感受到无所不在的挚爱,寻找到人类生存之根。审美活动决不会跪倒在"不能哭,也不能笑"的形形色色的必然性面前,更不会在"不能哭,也不能笑"的形形色色的必然性中昏昏睡去。恰恰相反,它裸露着滴血的双足,在冥夜的大地上焦灼地奔走,殷切地呼告人类从虚无主义的揶揄和狭小黑暗的心理囚室中解放出来。它"一面哭泣,一面追求"(帕斯卡尔),引导着人类的感性超越,守望着人类的精神家园,警醒人类从单向度的物质存在走向全面的价值存在。它在生命超越中体悟着生命,追问着生命意义的灵性的根据。即便是在一个异化的世界,在一个被物质欲望混淆了人性与兽性、正义与罪恶、价值生存与物质生存的界限的世界,审美活动仍然会艰难地寻找着人类的失落了的理想本性,并且凭借这找回的理想本性去找回失落了的世界。

因此,审美活动不仅是征服自然的普罗米修斯,而且是恬然澄明的俄耳甫斯和那喀索斯。审美活动穿越不透明的必然性的屏障,赋予人以超越必然规律划定的现实界线的尊严,使人从奴颜婢膝的束手待毙中傲然站立起来,使人成为人。在这个现实的世界上,有了审美活动,才有了一线自由的微光,才有了一个神圣的节日;冷漠严酷和同情温柔、铁血讨伐和不忍之心、专横施虐和救赎之爱,或者说,向钱看和向前看才永远不允等价,在蒙难的歧途上孤苦无告的灵魂在渴望什么、追寻什么、呼唤什么,在命运的车轮下承受碾轧的人生在诅咒什么、悲叹什么、哀告什么,才不再成为一件无足轻重或者可以不屑一顾的事情;人们也才不至因为一时的物质贫困而漫不经心地忘却掉回家的路。席勒讲得何其动人:"人性失去了它的尊严,但是艺术拯救了它……在真理把它胜利的光亮投向心灵深处之前,形象创造力截获了它的光线,当湿润的夜色还笼罩着山谷,曙光就在人性的山峰上闪现了。"审美活动,正是人类的精神家园的守护神,正是"我们的第二造物主"。[①]

不难想象,真正进入审美活动的人,因此也就必然是能够从终极关怀的角度审视人生的人。[②] 正如高尔基所说:"当你感受到生活印象在压抑着你的灵魂,就把灵魂提高起来,把它放得稍稍高出于你的经验之上。"[③]审美活动正是一种"把灵魂提高起来"的活动。它使得审美者禀赋着另外一种终极关怀的眼光。例如巴尔扎克,他曾经自称为"书记官",恩格斯也认为从他的作品中学到的甚至比经济学著作还要多,但这并不意味着他的创作是出于一种现实关怀。对此,巴尔扎克在《人间喜剧·序言》中有明确的陈述,倒是

---

① 席勒:《美育书简》,徐恒醇译,中国文联出版公司1984年版,第63、111页。
② "终极",在这里是逻辑深度概念,不是时间概念。既然是"终极",就不再是别的目的的手段。它存在于整个人类,而不是人类中的某个部分,例如民族、阶级、集团、家庭、个人;它存在于整个领域;它存在于人类的全部历程;它处于目的系列的终点。现实关怀则从不同的方向、角度、位置指向它。同时,它还涉及美的相对性与绝对性的关系。相对性是指美的程度是相对而存在的,绝对性则是指只要符合某种属性,就必然具备的美的属性。终极关怀,是讲的后者。
③ 高尔基:《文学书简》上册,戈宝权译,人民文学出版社1962年版,第308页。

我们的许多理论家对此有意视而不见。他说,他写作《人间喜剧》的动机"是从比较人类和兽类得来的",是要"看看各个社会在什么地方离开了永恒的法则,离开了美,离开了真,或者在什么地方同它们接近"。① 无独有偶,舍斯托夫在论及果戈理的《死魂灵》时,也说过类似的警言:

> 果戈理在《死魂灵》中不是社会真相的"揭露者",而是自己命运和全人类命运的占卜者。②

在这里,对"自己命运和全人类命运的占卜",无疑正是一种"人类和兽类"之间区别的"占卜",一种"各个社会在什么地方离开了永恒的法则,离开了美,离开了真,或者在什么地方同它们接近"的"占卜"。而中国古代的廖燕则从另一个角度对此作出精辟的说明:

> 余笑谓吾辈作人,须高踞三十三天之上,下视渺渺尘寰,然后人品始高;又须游遍十八重地狱,苦尽甘来,然后胆识始定。作文亦然,须从三十三天上发想,得题中第一义,然后下笔,压倒天下才人,又须下极十八重地狱,惨淡经营一番,然后文成,为千秋不朽文章。③

这无疑也是对作为终极关怀的审美活动的深刻洞察。

因此,所谓审美评价虽然并不超脱于现实之外,但却不再仅仅禀赋着一种执着的现实关怀,不再仅仅以科学意义上的真假,道德意义上的善恶以及历史意义上的进步落后去观照现实,而是从"永恒的法则"或从"三十三天上发想",去审视"各个社会"、"自己和全人类"以及"十八重地狱",去固执地追问着生命如何可能,呼唤着应然、可然、必然的理想本性,或者渴望洞彻:人

---

① 伍蠡甫主编:《西方文论选》下卷,上海译文出版社 1979 年版,第 168 页。
② 舍斯托夫:《在约伯的天平上》,董友译,三联书店 1989 年版,第 106 页。
③ 廖燕:《五十一层居士说》,见《二十七松堂集》第 3 卷。

类是在什么样的生命活动中,由于什么样的原因而僵滞在生命的有限之中,以至丢失了理想的本性,最终使生命成为不可能。

其次,审美评价的实现何以成为生命的"大游戏、大慧悟、大解脱"?第一,就"方式"本身而言,审美活动的评价方式独立于向善活动、求真活动的评价方式。恩格斯曾经谈到在巴尔扎克的《人间喜剧》里看到了资本主义对于现实的人的人格的扭曲,而不是为历史学家、经济学家、统计学家所津津乐道的一大堆历史事件、经贸记录、统计数字,并且说这比从当时所有职业的历史学家、经济学家和统计学家那里所学到的全部东西还要多。在我看来,这里的"还要多"是非常值得注意的,也正是美学之为美学所要研究的重大课题。而审美活动之所以会在其中看到不同的东西,则是因为它自身评价"方式"的不同。具体来说,这不同起码表现在三个方面。一是内涵不同。以花为例,就理性思维而言,"这朵花是红的",在这里主语"花"和宾语"红"都是一个一般概念,具体的花、具体的红都被抽象为分门别类的"花"和"红"了;就审美活动而言,则"这朵花是美的",在这里主语"花"和宾语"红"都不是一个一般概念,花仍旧是具体的花,美也仍旧是具体的美。二是角度不同。对此,我已经反复强调,世界是"是",是一个多维的存在,然而人们往往把它简化为某个"什么",某一维的存在,例如玻璃杯。列宁曾经剖析说:"玻璃杯既是一个玻璃圆筒,又是一个饮具,这是无可争辩的。可是玻璃杯不仅具有这两种属性、特质或方面,而且具有许许多多其他的属性、特质、方面以及同整个世界的相互关系和'中介'。玻璃杯是一个沉重的东西,它可以用来作为投掷的工具,玻璃杯可以用来压纸,可以用来装捉到的蝴蝶。玻璃杯可以作为带有雕刻或图画的艺术品。"[①]我们还可以补充说:杯子在几何学上的本质是圆柱体,在光学上的本质是透明体,在化学上的本质是玻璃,在经济学上的本质是商品……世界的多维性由此可见一斑。而具体到审美评价与理性评价的差异,我认为,理性评价强调的是在二元对立基础上的世界之所"是",审美评价强调的是在天人合一基础上的超越于世界之所"是"

[①] 《列宁选集》第4卷,人民出版社1972年版,第452页。

的世界之所"不是"(所谓"适我无非新");理性评价强调的是站在世界之外来把握世界"是什么",审美评价强调的是站在世界之内来体验世界"怎样是";理性评价强调的是世界的把握,是"言说存在",审美评价强调的是境界的提升,是"给神圣的东西命名"……这可以说是它们之间的重要区别。最后是标准不同。在这方面,我们也存在着误区,长期以来,我们往往以为标准只有一个。因此重要的不是去发现标准而是去掌握标准。于是理性评价的标准就堂而皇之地成为审美活动的标准。然而,事实上标准也是多种多样的。不同的标准,所看到的对象也就不同。例如:有人以为"钱"是万能的,是根本的标准,然而我们却发现,作为评价标准,金钱同样存在着盲区。正如人们常说的:钱可以买到"房屋",但买不到"家";钱可以买到"药物",但买不到"健康";钱可以买到"美食",但买不到"食欲";钱可以买到床,但买不到"睡眠";钱可以买到"珠宝",但买不到"美";钱可以买到"娱乐",但买不到"愉快";钱可以买到"书籍",但买不到"智慧";钱可以买到"谄媚",但买不到"尊敬";钱可以买到"伙伴",但买不到"朋友";钱可以买到"奢侈品",但买不到"文化";钱可以买到"权势",但买不到"威望";钱可以买到"服从",但买不到"忠诚";钱可以买到"躯壳",但买不到"灵魂";钱可以买到"虚名",但买不到"实学";钱可以买到"小人的心",但买不到"君子的志"……就审美活动而言也是如此。理性评价注重的是认识标准,审美评价注重的只是价值标准。因此,理性评价之所见,是审美评价所不屑见,而审美评价之所见,则是理性评价所不能见。"千万恨,恨极在天涯。山月不知心里事,水风空落眼前花,摇曳碧云斜。"(温庭筠)或许,前面的几种"恨"是理性评价所能把握的,然而"摇曳碧云斜"却绝非理性评价所能够把握的,那正是审美评价大显身手的所在。"花不知名分外娇"(辛弃疾),理性评价只能够把握知名的花,然而,最为娇艳的鲜花却偏偏是不知名的,那也正是审美评价大显身手的所在("碧瓦初寒外""晨钟云外湿"也如此)。

而且,更为重要的是,较之理性评价,审美评价与人类生存的关系要远为根本。这一点,在中国美学中应该说是公开的秘密,然而在西方美学中却是一个巨大的盲区。在《神曲》中,作者设置了一个诗人维吉尔把但丁带到炼狱,又设置了一个作为爱和美的象征的比阿特里斯把但丁带入天堂。固然是看重审美活动,但却只是以之为中介。近代之后,审美中介论仍然是一个既成的模式。例如康德,就是把审美活动作为真与善、理论与实践、认识与欲求、自然与自由、感性与超感性之间的一个中介。至于把审美活动作为最为根本、最为内在的东西,则只是当代美学的事情。在这个意义上,我们应该说,正是在审美评价中,人类才一方面维护了世界的完整性、丰富性、多样性(可以借王阳明"此花颜色一时明白起来"来说明),一方面满足了生命的创造性、超越性、整体性(可以借禅宗"自己一段光明大事"来说明),也才有效地推进了自身的人性生成,从而安顿着生命,提升着生命,超越着生命。豪克在《绝望与信心》中指出:"幻想使具有社会本质的人超越自身,在卡尔·马克思看来,幻想有助于'人性的丰富发展'。"①显然,作为"幻想"的集中体现的审美评价无疑也是如此。但是,另一方面,也必须指出:审美不同于审美主义。所谓审美主义是审美评价的肆意"越界"。以理性评价取代审美评价是错误的,但是以审美评价取代理性评价也是错误的。审美评价并非"忘川"之水,以致借助于它便可以自我幽闭于现实社会之外;审美评价也并非精神胜利法,以致天堂与地狱、悲剧与喜剧、善良与罪恶都只是"一念之差";审美评价更并非变戏法,以至于"红肿之处,艳若桃花,溃烂之时,美如乳酪"(鲁迅)……审美评价的最为深层的动力,应该说,还是来源于凛然重返现实生活的生命需要本身。雅斯贝斯讲得十分深刻:"世界诚然是充满了无辜的毁灭。暗藏的恶作孽看不见摸不着,没有人听见,世上也没有哪个法院了解这些(比如说在城堡的地牢里一个人孤独地被折磨至死)。人们作为烈士死去,却又不成为烈士,只要无人作证,永远不为人所知。"②现实生活中的许多东西都与此类似,它的"无辜的毁灭"亟待作证。在此意义上,审美评价即作证。而作证的目的,则是为了获得对于世界加以现实改造的动力。

---

① 豪克:《绝望与信心》,李永平译,中国社会科学出版社 1992 年版,第 67 页。
② 雅斯贝斯:《悲剧知识》。转引自刘小枫主编:《人类困境中的审美精神》,知识出版社 1994 年版,第 457 页。

犹如天上的云彩尽管十分漂亮,但最后还不免要化作雨点落在大地上,因为它无法逃脱地球的引力。席勒说:"恰好在这一点上,整个问题超出了美,如果我们能够满意地解决了这个问题,那么我们就能找到线索,它可以带领我们通过整座美学迷宫。"①确实如此。

第二,就"方式"的实现而言,审美评价的实现不同于任何的理性评价、伦理评价、历史评价的实现。后者的实现无法理想地回答生命的全部意义,一旦以之作为生命意义的回答,就反而会异化为一种占有。结果,不论它们的目光是何等的心平气和,都无异于一种禁锢、一种封闭、一种标签、一种惰性力量。审美评价的实现当然不是如此。它是永恒的缄默、永恒的追求、永恒的身心参与、永恒的生命沉醉、永恒的灵魂定向,因此需要永远重新开始,永远重新进入生命。借此,在审美评价中才有可能消解理性评价、伦理评价或历史评价所导致的对于人类理想生存本身的揶揄,趋近隐匿的生命幽秘,为生命世界确立福祉、救赎、祈求与爱意,使疲惫的灵魂寻觅到一片栖居之地。当然,这并不是说审美活动就与理性、伦理和历史方面的因素毫无关系,②审美评价当然也要借助理性、伦理和历史方面的因素,但却毕竟只是以它们为媒介,只是消解中的借用和借用中的消解,所谓"既写出又抹去"(海德格尔),所谓"随说随划"(颜丙),所谓"就我来说,我所知道的一切,就是我什么也不知道"(苏格拉底)。审美活动与理性、伦理、历史的关系也是这样。似有非有,似无非无,或者说既有既无,既无既有。说它有,是因为它毕竟不得不借助理性、伦理、历史的因素,毕竟与理性、伦理、历史的因素存在着某种一致性;说它无,又是因为从它的本性看,理性、伦理、历史的因素毕竟并非根本。并且,归根结底,它与理性、伦理、历史的因素既殊出而又不同归。

既然审美评价的实现不同于理性评价、伦理评价或历史评价的实现,那么,它的实现表现为什么呢?我认为,表现为生命从"无明"到"明"的生成。

---

① 席勒:《美育书简》,徐恒醇译,中国文联出版公司1984年版,第34页。
② 克罗齐提出美感是形象直觉的产物,对传统的认识愉悦说是一个突破,但缺点恰恰表现在忽视了渗透其中的理性因素,忽视了形象直觉是途径,理性认识是基础。美感的深度与广度来源于理性因素的介入。

审美活动不同于科学知识、道德修炼或历史进步,它是生命的自我拯救。在理性、伦理和历史活动中,目标集中在作为对象的问题之上,一旦解决了,也仅仅是解决了而已,并不影响自身的生命存在。但在审美活动中,目标却集中在作为自身生命意义的秘密之上,一旦洞彻,无异于生命的再造。试想,人的自身价值原来是人的根据,但由于虚无生命的迷妄,却使之倍受阻碍,无从自由展开,所谓"无明"。现在,一旦清除迷妄、单调、乏味的生命,空虚无聊的生命摇身一变,成为丰富多彩的生命、自由自在的生命。这不是从"无明"到"明"又是什么?不过,从"无明"到"明"又并非天地之隔,更不存在此岸与彼岸的区别。世界是一个世界,生命是一个生命,"无明"破除就是"无明"破除,从"无明"到"明"也就是从"无明"到"明",并不是在此之外还能有所得或有所建树。正像佛家讲的,佛虽成佛,"究竟无得"。也正像孟子讲的,"予,天民之先觉者也"。① 苏东坡有诗云:"庐山烟雨浙江潮,未到千般恨不消,及至到来无一事,庐山烟雨浙江潮。"这就是从"无明"到"明"。神会禅师说:"如暗室中有七宝,人亦不知所,为暗故不见。智者之人,燃大明灯,持往照燎,悉得见之。"② 这也就是从"无明"到"明"。因此,从"无明"到"明",就是使生命真正落到实处,真正有所见。当然,说生命在从"无明"到"明"的过程中无所得或无所建树,也只是从日常的功利的角度言之。其实,从"无明"到"明",假如从非日常、超功利的角度言之,应该说,还是有所得和有所建树的。这有所得和有所建树就是:人们缘此而"成就一个是",缘此而"方成个人,方可柱天踏地,方不负此生",缘此而"不离日用常行内,直到先天未画前"。这就是所谓"大游戏、大慧悟、大解脱"。

需要强调指出的是,长期以来,有些人已经习惯于从现实活动的角度去看待审美评价,因此不但拒绝它的倾身惠顾,而且蔑视它遥遥送来的福祉和爱意。在他们看来,在这个世界上,绝对神圣而又至高无上的东西只是人的

---

① 何谓"天民之先觉"? 程子释之曰:"天民之觉,譬之皆睡,他人未觉来,以我先觉,故摇摆其未觉者,亦使之觉,及其觉也,元无少欠,盖亦未尝有所增加也,通一般尔。"(《遗书》第2卷)
② 《五灯会元》。

现实本性，至于人的自由本性，则是一个天方夜谭式的神话。审美活动呢？不过是"文化搭台，经济唱戏"的组成部分而已。因此，或者是地位、头衔、职务、文凭、权力……或者是金钱、美女、享乐、花天酒地……面对这一切，他们宁肯奴颜婢膝，言听计从，却从不允许流露出一丝不满，更遑论任何实际的反抗。

而从现实情景看，这种理论误导的后果是异常严重的。其中，尤以后者为烈。金钱、美女、享乐、花天酒地……诸如此类的字眼儿，竟被镀上了一层神圣的色彩。为了这一切，人们"脸不变色心不跳"地从血泊和眼泪中昂首走过，父子可以反目，夫妻可以成仇，一些人可以盘剥、利用、欺骗另一些人。并且，只要以上述一切的名义，就无论做什么都被认为是合理的。至于爱心、温情、善良、谦卑、宽恕、仁慈，则统统不过是多愁善感者的愚蠢。由是，人生成了一场巴尔塔萨狂宴，愚昧无明，自我亵渎，金钱、美女、享乐、花天酒地……之类，则成为生命意义的来源、人生之旅的终线。它要求人们把自我永远隐匿起来，跪倒在世俗圣殿的门前，无条件地奉献出全部忠诚。而在这一切面前，有些人也逐渐学会了精神的爬行，学会了屈从于一切外在的力量，学会了承领一无所有的灵魂空虚，学会了对凄苦、痛楚、血泪、哀告不屑一顾，学会了伪善、虚妄、专横、欺骗、无耻、怯懦、缄默、忍受、玩世不恭和口是心非。

然而，不难看出，虽然谁也不敢宣称自己能抗击种种必然（例如经济的必然）的铁与血的步伐，谁也不敢宣称冷酷无情和血泊淤积的"恶"不会为人类带来最终的希望之光，但是，即便这铁与血，即便这冷酷无情和血泊淤积不以人的意志为转移，是否就一定需要一笔勾销其中非人的丑恶，并且屈辱地承认"成者王侯败者贼"？是否就一定需要人们驯顺地泯灭自我，自愿地沦为奴隶呢？是否就一定需要人们无条件地放弃对自由生命的理想实现的终极关怀呢？

问题很简单，谁有胆量对上述诸问题作出肯定的回答，谁就应该有胆量承受痛苦、血腥、人性退化和夜的荒原，有胆量承认这个世界没有什么符合人性还是违逆人性、探索还是盲从、正直还是卑鄙、正义还是犯罪、崇高还是卑下之类的终极差异。既然个人不过是服从必然性的手段和工具,既然一切都是必然的,每个人就不必为自己的抉择和行为负责。如果他见钱眼开、坑蒙拐骗、卑鄙、犯罪或杀戮,也统统不过是必然进程中的产物,不过是一种无须用也不允许用终极关怀的价值尺度去衡量的东西。

事实当然并非如此。正像阿多诺讲的,并非所有历史都是从奴隶制走向人道主义,还有从弹弓时代走向百万吨炸弹时代的历史。在我看来,只要人本身尚未经过改造,任何单纯的经济进步都不能改善人类的根本困境,只要人类不把理想自我重新带回灵魂的地平线,一切的一切就有可能是痛苦和罪恶,有可能是"涕泣之谷",有可能是无可逃避的深渊,有可能是不值得留恋和苦难的炼狱。并且,在经济时代,尽管它会产生出像人一样活动的物,但也会生产出像物一样活动的人;尽管它可以僭妄地宣称"给我规格,我就会给你人",但又可以卑怯地承认"人是物质的一种疾病";尽管它能够扩大人的工具职能,但同样还能扩大人的灵魂虚无……在它的放纵之下,任何一次历史演变的结果都仍旧是"怎样服役、怎样纳粮、怎样磕头、怎样颂圣"(鲁迅)。"经济必然"成了绝对的检验尺度。它说明一切,检验一切,横扫一切。面对它,我们命中注定"不能哭、不能笑,只能理解"。取上帝而代之,"经济必然"成了我们这个世界的独裁者和统治者。

正像马克思指出的:"技术的进步,似乎是以道德的败坏为代价换来的。""我们的一切发现和进步,似乎结果使物质力量具有理智力量,而人的生命则化为愚钝的物质力量。"[①]为什么爱默生要痛斥"物居于马鞍上驾驭人类"? 为什么托马斯·曼要疾呼"收回贝多芬第九交响乐"? 为什么爱因斯坦要震惊,"人比他所居住的地球冷却得更快"? 千万不要以为这只是西方的流行病。要知道,这正是人类只要盲目信奉"经济必然"的力量就不能不导致的瘟疫,它们的根源都在于人自身,在于人这个丧失了理想本性的动物。

勃洛克的诗句何其深刻:"我们总是过迟地意识到奇迹曾经就在我们身边。"确实,我们似乎从来没有认真而又独立地思考过:是否所有的经济进

[①] 《马克思恩格斯选集》第2卷,人民出版社1972年版,第79页。

步、生活提高都蕴涵着价值真实？是否所有的经济进步、生活提高都拥有至高无上的权力，迫使我们非接受不可？并且，是否任何经济进步、生活提高都是不容加括、不可悬置、不容反驳？我们无条件地接受这一切，但却从未意识到：这同时意味着无条件地接受愚昧、蜕化、自戕的信条，接受无意义的妄念。这使人不禁想起了克尔凯戈尔对黑格尔的讥讽："在黑格尔之前，曾经有哲学家们企图说明……历史。看到这些企图，神明只能微笑，神明没有立刻大笑起来，乃是因为这些企图还有一种人性的忠厚的诚意。但对黑格尔！……天神们是怎样的大笑呵！这样一个可怕的区区教授，他只从眼前的一切需要来看一切。"①不难猜想，对于我们，"天神们是怎样的大笑呵"！

毫无疑问，上述情景是绝对不能接受的。然而，在这样的时刻，究竟是谁将成为使人站出来生存的救赎之星？究竟是谁将敢于拉开帷幔去窥视美杜莎的头而不惮于化作岩石？究竟是谁将成为挺身而出承担绝对责任、绝对自由的俄瑞斯特斯？难道不正是人们自己吗？既然是人单方面不负责任地扼杀了生命，那么，他就必须独自远征去领承再造生命的天命。一切取决于人们对人之为人的终极根据的笃信和祈祷，一切取决于用复苏的终极关怀来重新俯瞰人生，一切取决于每个人我行我素和义无反顾地固守圣洁的天国，一切取决于毅然终止无谓的聒噪并保持超然的沉默，一切取决于远离灵魂的猥琐而走进怡然澄明，这是人们迅速逃离困境的重要途径。②而这一切，不又通通要以重新理解"生命的存在与超越如何可能"作为辉煌起点，作为绝对尺度吗？而审美活动不也正因此而成为生命的源泉和推动力量，因此而成为生命的再生之地和理想目标吗？

因此，我们不仅需要种种必然的铁与血的步伐，不仅需要冷酷无情和血泊淤积的"恶"，而且更需要爱心、需要温情、需要善良、需要关怀、需要仁慈、

---

① 转引自田汝康等选编：《现代西方史学流派文选》，上海人民出版社1982年版，第162页。
② 根本的途径，当然还是作为基础的实践活动、作为手段的理论活动、作为理想的审美活动。

需要梦、需要诗、需要美;①我们不仅需要面对"功利性"的"无所住心",而且更需要"虽九死其犹未悔"的拳拳忧心;②我们不仅需要"雄关漫道真如铁"式的跨越,而且更需要莫大的忧心,需要不惜承担一切苦难地在幽夜中对精神家园的守望。我想说,守望于幽夜是一种最大的幸福,怕就怕在幽夜中人们都睡熟了……

这一切,使我不能不想起那个敢于用"流血的头撞击绝对理性的铁门"的著名思想家舍斯托夫,想起他那令世人灵魂震撼的"约伯的天平",尤其是想起他曾经描述过的陀思妥耶夫斯基的一次灵魂的搏击,它给人的印象实在是刻骨铭心:

  他在凝思而忘记了世上的一切,干自己唯一重要的事情:同自己历来的敌人——"二二得四"进行没完没了的诉讼。天平一端盘上放着沉甸甸的不动的"二二得四"及传统"自明"的全部构成物,——他用颤抖的双手急急忙忙给天平的另一端放上"没有重量的东西"——即凌辱、恐惧、喜悦、吉利、绝望、美、未来、丑、奴役、自由以及普罗提诺用"最受尊敬的"一词所包罗的一切。任何人都不怀疑,二二得四的重量不仅超过陀思妥耶夫斯基一天之内七拼八凑的一堆"最受尊敬的"东西,而且超过世界史的全部事件。难道二二得四动了半毫分吗?……
  一个盘上放着巨大的、不可计量的、沉甸甸的自然及其法则,这是

---

① 换言之,审美活动使我们进入了生命活动的极深处、极高处、极广处。在范围上具有整体性,在深度上具有超越性。此即审美活动的理想性。
② 在某种时刻,这拳拳忧心甚至表现为:哭泣。因为,哭泣正是对失落了的生命灵性的隐秘的呼唤,哭泣意味着人性的馈赠,意味着生命的拯救!它驱动着人们重返故里、重返童贞。"一位腐儒看见梭伦为了一位死去的孩子而哭泣,就问他说:'如果哭泣不能挽回什么,那么,你又何必如是哭泣呢?'这位圣者回答说:'就是因为它不能挽回什么。'……是的,我们必须学习哭泣!也许,那就是最高的智慧。"(乌纳穆诺:《生命悲剧意识》,《上海文学》杂志社1986年印本,第17页)而且,中国的刘鹗不也说过"哭泣也者,固人之所以始成终也……盖哭泣者,灵性之现象也,有一分灵性即有一分哭泣,而际遇之顺逆不与焉"吗?(刘鹗:《老残游记·自叙》)

聋子、瞎子、哑巴;另一个盘上,他放上了自己的没有重量的、无法保护也保护不了的"最受尊敬的"东西,并屏住呼吸,全神贯注地期待着,看看到底那一端的重量大。①

在我看来,陀思妥耶夫斯基的灵魂搏击实在是一个美学的隐喻和象征,因此,完全有理由称之为一场全人类的历史性的和世纪性的灵魂搏击。在这场灵魂搏击中,一端是"沉甸甸的不动的'二二得四'及传统'自明'的全部构成物",一端是那些"没有重量的、无法保护也保护不了的'最受尊敬的'东西"(无疑也包括人类的审美活动),那么,二者究竟孰轻孰重? 或者,人类究竟何去何从? 这,确实还是一个问题。弗洛姆说过:人类正处在一个十字路口,迈出错误的一步,就是迈出最坏的一步。面对上述问题,我也想说:人类正处在一个十字路口,因此,在作出抉择之前,务必要慎之又慎,千万不要迈出错误的一步。因为,迈出错误的一步,就是迈出最坏的一步!

1996 年春,南京大学
2022 年春,修订于南京卧龙湖明庐

---

① 舍斯托夫:《在约伯的天平上》,董友等译,三联书店 1989 年版,第 67、72 页。

附录一 生命的悲悯:奥斯维辛之后不写诗是野蛮的

德国美学家阿多诺说:"在奥斯维辛之后写诗是野蛮的。"

这当然是因为奥斯维辛本身就是"野蛮的"!试想,在人类历史上,还有什么能够较之德国法西斯的奥斯维辛集中营更为黑暗、更为血腥同时又更为令人震撼呢?难怪阿多诺会如此激愤地予以痛斥:"奥斯维辛集中营无可辩驳地证明文化失败了";"奥斯维辛集中营之后,任何漂亮的空话,甚至神学的空话都失去了权利";"有人打算用'粪堆'和'猪圈'之类的话来使儿童记住使他震惊的事情,这种人也许比黑格尔更接近绝对知识";"人们禁不住怀疑它强加于人们的生活是否变成了某种使人们发抖的东西,变成了鬼怪,变成了幽灵世界的一部分,而这幽灵世界又是人们觉醒的意识觉得不存在的。"然而,更加"野蛮的"却是"诗"(审美),作为人类灵魂的太阳、自由的呼吸,置身奥斯维辛之中的时候,却有太多的诗人跪下去说,我忏悔,有太少的诗人站起来说,我控诉;从奥斯维辛挣脱而出的时候,又有太多(原来跪着)的诗人站起来说,我控诉,太少的诗人跪下去说,我忏悔!而且,更加发人深省的是,人类之"诗"(审美)及其诗人为什么事先竟然对于这样惨烈的人间悲剧从未察觉?或者,是否根本就无法察觉?显然正是基于这一系列的原因,阿多诺才会再次如此激愤地痛斥云:在罪恶面前,"生存者要在不自觉的无动于衷——一种出于软弱的审美生活——和被卷入的兽性之间进行选择。"但是"二者都是错误的生活方式"。确实,对于杀戮、兽行……竟然保持了一种"不自觉的无动于衷",这种"软弱的审美生活"还不是一种"错误的生活方式"吗?更有甚者,人类之"诗"(审美)及其诗人竟从一开始就"保持一种旁观者的距离并超然于事物",也"从一开始它就具有一种音乐伴奏的性质,党卫队喜欢用这种音乐伴奏来压倒它的受害者的惨叫声"。无疑,这应该就是人类之"诗"(审美)及其诗人的罪责的见证了!在此意义上,以旁观的姿态面对人类的苦难的人类之"诗"(审美)及其诗人实在是虚伪的,因此也实在是野蛮的。

这样,无论是自恕、自欺、自慰……都已经无法继续"诗"的谎言。"在奥斯维辛之后你是否能够继续生活,特别是那种偶然地幸免于难的人,那种依法应被处死的人能否继续生活:他的继续生活需要冷漠,需要这种资本主义主观性的基本原则,没有这一基本原则就不会有奥斯维辛。"这,就是阿多诺所作出的绝望的判词。"冷漠",不正是奥斯维辛之为奥斯维辛?因此,"在奥斯维辛之后写诗是野蛮的"!

一

"在奥斯维辛之后写诗是野蛮的"所结束的是一个时代。

从19、20世纪之交开始涌动在陀思妥耶夫斯基的小说中,里尔克的诗歌中,克尔凯戈尔、尼采、海德格尔的哲学中,弗洛伊德的心理学中,斯宾格勒的历史学中……的先知般的悲剧预言,借此终于山呼海啸地迸发而出。千百年来为人类所深信不疑的人性神话、审美神话以及与此相关的美学神话通通因此灰飞烟灭。即便是再麻木不仁的人,对于它所带来的历史命运、文化意义与美学天命,也已经无法安之若素、若无其事。因为,它意味着千年以来人作为万物灵长的传统人性的结束,同时,也意味着千年以来作为思想王国的最后贵族的传统美学的结束。

人之为人,曾经是个美丽的神话。自亚当、夏娃伊始,人类最先发现的本来是自己的与上帝竟然完全不同的"羞处",自己的邪恶、丑陋、龌龊,自己的必死、软弱、无能,但是却加以百般掩饰。例如,思考对于人类来说往往只会令上帝发笑,但是人类却用"真理"把自己推进甜蜜家园;世界本来置身荒谬之中,但是人类却以"理想"把自己送入甜蜜梦乡;生命的归宿必然就是死亡,但是人类却以"不朽"为自己建起永恒的纪念碑;前途事实上根本就无法预知,但是人们却以"进步"为诱饵并幻想光明在前。理性主义的魔法,更是使人类得以将渴望超越自己的邪恶、丑陋、龌龊与自己的必死、软弱、无能的愿望投射到抽象、普遍、绝对、必然、确定、本质之上,从而为自己建起一个虚幻的形象。个别、具体、相对、偶然、不确定、现象,诸如此类人类生命中唯一的真实被不屑一顾,个体、自我,这人类生命的唯一载体更被碾成粉末。"宇宙的中心""万物的灵长""理性的动物""社会的动物""万物的尺度"……这就是人类的定义;万能、高贵、高尚、纯洁、美好、神圣、平静、幸福、永恒、不朽、无限,这则是人类的形象。西塞罗说:只要我们想象神,眼前就出现了人的形象。反过来无疑更为明确:只要我们想象人,眼前就出现了神的形象。人形的神,这无疑就是人类为自己臆造的一切。从此,人类开始生活在一种虚幻的美好世界中。真实的生命存在是虚假的,外在的理性本质才是真实的。个体的一切是渺小的,人类的"类本质"才是神圣的。罪恶只属于肉体,灵魂却终将得救,道路是曲折的,前途则一片光明。撒旦是人类的异数,地狱是恶魔的归宿,天堂是未来的必然,进步是历史的宿命。而且,人无往不胜,人无所不知,人无所不能。在此基础上,人类甚至盲目地形成了某种乐观主义的态度,某种"一切问题都是可以由人解决"的"力量假设"。人类的"类"意识的觉醒、本质力量的觉醒也随之出现。也因此,人有本质,宇宙有实体,人类有归宿,理性万能、至善和完美,就成为在思考人之为人之时的逻辑起点。由此不难看出,人类对于自己的种种描述实际上只是人类在走出伊甸园之后的心理自慰,只是人类在婴儿摇篮中用于自我欣赏、自我怜悯的催眠曲,也只是掩饰人性黑暗与自我困惑的乌托邦、海市蜃楼与甜蜜的梦。遗憾的是,身在庐山之中的人类却陶然忘机,不但将错就错,而且甚至对此始终懵然不知。

审美之为审美,更曾经是个美丽的神话。既然理性活动是人类的本质活动,审美活动也就只能作为理性活动的附庸,作为一种形象思维、形象阐释的活动。也因此,所谓审美活动不但因为自身已经被理性法庭审判过了,被无罪开释的审美活动本身自然已非真实的审美活动,而且它在理性主义的地基上面对的也实际已是一个生活中根本就不存在的东西。结果,它或者在理性的指导下形象地解释生活,或者闭上双眼一味地玩味生活,或者处心积虑地想方设法去美化生活,游戏、趣味、把玩、自适、自失、净化、距离、无功利,就是美学家们所津津乐道的一切。

然而,究其实质,它又难免存在着某种虚假甚至是虚伪——一种骨子里的虚伪,一种以屈从于理性的方式来逃避现实的虚伪。不但损毁着审美的本真,遮蔽着生命的显现,而且制造着虚假的光明,粉饰着虚幻的太平,苦难与之擦肩而过,反省更形同虚设。中国所谓的"乘兴而来,兴尽而返",西方所谓的"玫瑰筵席",庶几似之。为阿多诺所深恶痛绝的审美活动的"软弱""伴奏""旁观""冷漠"以及因此而导致的"虚伪""野蛮",就正是缘此而生。因为,犹如西方人在喝了"忘川之水"后才能上"天堂",审美活动只是在与苦难保持距离的基础上才能够愉悦释怀,也犹如中国人总是在为无法远离"形役"而"惆怅而独悲",审美活动从来不将人类的苦难化为自己的痛苦而泣血吟唱。现实生活中所面临的"是与不是"和"确实如此",在审美活动中却被转化为"该与不该"和"应该如此"。这样,在审美活动中固然也会绽露光明,但是这所谓的光明,其实还是黑暗,甚至是比黑暗更黑暗的黑暗,或者,在这光明的背后,隐藏了更为巨大的黑暗。因此,当"奥斯维辛"一旦暴露其"野蛮"的一面,审美活动立刻就手足无措。不但事先对于这样惨烈的人间悲剧从未察觉——事实上根本就无法察觉,更无从对之加以揭露。"奥斯维辛",就是这样书写着审美活动的耻辱。披着光明外衣的黑暗常常比赤裸裸的黑暗更加可怕,在审美活动身上,我们所看到的就是这样的一幕!

与人之为人和审美之为审美相同,美学之为美学,也曾经是个美丽的神话。出于对作为理性活动附庸的审美活动辩护的需要,美学家纷纷以走出"洞穴"世界(现象世界)"进入纯粹光明的人"自居,追求无黑暗的光明世界(理念世界),经历"向日式"的精神炼狱,也甘为可见世界中的创造光和光源者。他们把世界统一于抽象的知识,固执于一种纯粹的知识论立场,形而上学地思、形而上学地言、形而上学地在。与此相应,美学信奉的是"光明"隐喻(知识论)、"镜子"隐喻(符合论)、"信使神"隐喻(证明体系)。换言之,美学成为在真理中展开自己的知识型的美学,真理的展开方式是证明,证明的单位则是命题。它处处以知道得更多作为快乐之源,因而事实上只是"被赋予了思想的石头"。海德格尔的批评很深刻:一片森林,只有借助空隙,阳光才可能照得进来。空隙是光明得以进入的前提,也是真正的澄明之境。现在却放逐了黑暗,结果,真正的问题化为乌有,思想成为游戏(因为必须按照思想的法则去思想,所以思想就成为思想的对应物)。

毋庸多言,知识型的美学实在是一种方向性的错误,在美学研究中需要"美学地"加以追求的知识毕竟十分有限,一味这样去做,难免很快就会接近思想的限度,最终,美学难免成为喋喋不休的呓语,美学家也难免成为"靠舌头过活的人"(阿里斯托芬)、"精神食粮贩子"(柏拉图)。更为严重的是,生命维度被遮蔽,生命向度被取消,知识向度则大大凸显而出。一切都围绕着"美(审美)是 X"这样一道填空题,一切都围绕着推出一种普遍有效并且可以一劳永逸的理论体系,一切都围绕着知识至上、知识增长,因而,逻辑推理被作为理论形态的网络,从内涵上加以把握的概念、范畴被作为理论形态的网结,在纷纭复杂的审美活动现象中探求本质、规律,则成为目的。这样,就必然固执地坚持从抽象、一般、普遍、知识、真理、理性、本质入手,从主客关系的角度出发提出、把握、思考所有的美学问题,例如,把美学问题归结为美的本质是什么与人是否能够以及如何认识美的本质。然而,实际上在这当中并没有什么真正的美学问题。因为,由此出发,其根本追求必然是:透过现象看本质。这样,就只能导致对于绝对真理以及与之相应的符合论的追求,美学之为美学,就无非是对于审美活动如何成为关于事物的共同本质的准知识(在中国,这叫作形象思维)这一根本就莫须有的问题的考察。而且,由于在主客关系中一切都总是彼此外在、相互限制,因此最终也无法达到自由(最多只能达到那种被曲解了的作为人之为人的一种属性的自由,或者那种把握必然的自由),也更没有什么美可言。长期以来在美学中没有一个真正的问题得到真正的解决——这些问题不是悬而未决就是变得无效,而那些根本不存在的问题却被煞有介事地津津乐道,道理就在这里。

苏格拉底在同希庇阿斯谈美时就曾感叹说:"我头脑弄昏了。"费尔巴哈在黑格尔的学说面前更感叹云:他已经在"战栗"和"发抖"! 而我则要说:这不是真正的思想,而只是在概念里套来套去的知识魔方。"奥斯维辛"更使我们意识到:在美学当中人性已经被谋害,生命已经被失落。因此,在美学中发生的不是什么"美学的危机",所谓"美学的危机"在美学史中经常出现,而是"美学危机",它意味着美学自身的可能性是非常可疑的。对眼泪、苦难、绝望、不幸、死亡漠然视之,对与人类毫不相关的规律、法则却忧心如焚,美学是否在结束一种神话的同时也变成了一种神话?显然,继续以这一方式去思想已经无法面对我们在"奥斯维辛"之后所遭遇的世界命运,在"奥斯维辛"之后美学是野蛮的。

海德格尔说:"有待去思的东西实在是太重大了。"确实如此!

二

"在奥斯维辛之后写诗是野蛮的"事实上还蕴涵着另外一层含义,这就是:它不但是过去了的美学千年的绝望的判词,而且是即将来临的美学新千年的启示录。因为"奥斯维辛"不仅仅意味着罪恶,而且意味着契机——人性自觉、审美自觉的契机,美学自觉的契机。

犹如中国的人性自觉的历史应该从封建王朝结束以后开始,西方的人性自觉的历史应该从奥斯维辛开始。正是奥斯维辛,使得人类在被抽象、普遍、绝对、必然、确定、本质主宰了千年之后,开始普遍地意识到:这一切都是虚假的。人不是钢琴键,因此也不可能是我思故我在——不但不是,而且是我思故我少在。此时,就像托尔斯泰笔下的卡列宁在崩溃之后所经历的感觉:"如今他经历到的感觉,就好像一个人走过横在悬崖上面的桥梁之际,突然发现桥断了,而底下就是深谷。那个深谷便是生活本身。"人性的面纱被完全揭开之后,"底下"的"深谷"也无情地呈现出来,这或许可以称之为:我在故我思!

生命总是以个体的形式存在,自我的诞生,不亚于宇宙在大爆炸中的诞生。自我的诞生就是世界的诞生。一个新的自我的诞生,就是一个新的世界的诞生。对于世界而言,我无足轻重;对于我而言,我却就是一切。陀思妥耶夫斯基曾经借地下室人的口说:"要不世界完蛋,要不我没茶喝?我说,世界完蛋吧,而我要永远有茶喝。"而在俄国废除农奴制后,整个文学界都在举行盛大的庆祝活动,陀思妥耶夫斯基也没有去分享大家的欢乐,不但如此,他还干脆躲进了地下室。因为在他看来,俄罗斯的理想并不是他的理想。这一切和他没有关系。1914年4月2日,卡夫卡的日记也只有两句:

"德国向法国宣战。——下午游泳。"把个人的细节与世界、时代的大事情相互连接,说明他同样不肯为世界所左右,同样坚持以个人的理想去面对世界,坚持捍卫最最个人、最最内在的东西。也因此,存在就是存在。存在先于本质,在存在之前、之中、之后都不存在什么本质,存在先于任何抽象、普遍、绝对、必然、确定、本质的概括。而且,对于任何的抽象、普遍、绝对、必然、确定、本质的概括来说,我都必须例外一次,因为我本来就是一个例外。如果不是自己为自己打开自由之门,而是被任何抽象、普遍、绝对、必然、确定、本质的概括引入某种原来并不属于自己的生活,这样的生活,就是再好也不值得一过。

必须看到,自我的诞生,对于人类来说,并非常人所谓的"福音"。千百年来,人类都是超然于个体之外而存在的,但是几乎仅仅就在一夜之间,人类的秘密便大白于天下了,然而,随之而来的,却是高高在上的"做人"的自信被与个体俱来的痛苦、绝望、孤独、罪孽撕扯得支离破碎。人是什么?生命是什么?这一切曾经有过明确答案的问题又成为无解的。理念、实体、逻各斯、必然、因果、时空等范畴被生命、意志、酒神精神、悲剧感、厌恶、荒谬、烦恼、恐惧等范畴取而代之。经过了千百年的理性生活,人类突然发现,自己所过的仍旧是虚假的生活。理性主义不但没有使人走向真实,而且反而使人失去了自己的本真。加缪说:这是一个完全陌生的世界。卡夫卡说:无路可走。海德格尔说:无家可归成为世界命运。在这里,人性成为地狱,而且这地狱根本不是通向天堂的必由之路,而是一个永远不可跨越的荒原,一场永远的劫难。过去在理性的预设下,我们处处从明确无疑的价值规范出发,现在却必须每天都去默默忍受生命本身的混乱、晦涩、不可理解,借用西方的一个著名比方,我们翻阅的是世界这部书的第零卷,第负一页。所谓被抛于此,既有且无,既如此又不能如此。生命的自我开放、自我揭露,生命的绝望,生命的荒谬,生命的悲剧……就是这样严峻、冷酷地展现在我们面前。歌德终其一生思考的问题是:浮士德如何得救?在寻找"光明的瞬间"中由"光明的圣母"指引方向,或许就是他的答案。而在陀思妥耶夫斯基,终其一生思考的问题却是:如果上帝不存在,我将如何活下去?在尼采,终其一生思考的问题却是:"当我们通过无际的虚无时不会迷失吗?"在这背后,是人类从对自身的肯定、确信到对自身的否定、怀疑,从乐观主义到悲观主义,从人无所不知到人有所不知……传统的人性之"底"终于被"问"破了,千百年来似乎牢不可破的人性基础成为无源之水、无本之木,人类千年酣睡其中的甜蜜大梦终于一朝梦醒。"光明的瞬间"已经不复存在,到处是黑暗、黑暗……"光明的圣母"也无处可寻,横行其间的就是恶魔撒旦。

不过,这并非就意味着人类从此一蹶不振。应该说,真正的生命只是从这里才真正地得以开始。我们固然需要寻找希望的东西但却并不就需要寻找生活之外的东西,固然需要一种更伟大的生活但也并不就需要生活之外的另外一种生活。痛苦、绝望、孤独、罪孽的个人是可笑的、屈辱的,然而仍旧是真实的。虽然没有了胜利的事业,但是失败的事业也同样令人感兴趣。人生有意义,当然值得一过;人生没有意义,同样值得一过。只有在预期胜利、成功、希望、把握的条件下,才敢于接受挑战,那岂不是连懦夫也敢于一试?人的生命力量不仅表现在能够征服挑战,而且尤其表现在能够承受挑战,不仅表现在面对光明、温暖、幸福、快乐时能够得到正面的展示,而且尤其表现在面对黑暗、苦难、血腥、悲剧时得到负面的确证。坦然面对失败,承受命运,正是人之为人的真正的力量所在。加缪笔下的西西弗斯不就是一个在荒诞的世界中不得不理性地生活下去的英雄?维纳斯不也诞生于一片虚无的泡沫?确实,我们不得不如此,但是我们也可以把这种"不得不"转化为一种悲悯、一种期待,也可以把"宿命"转化为"使命"。这对事实来说当然无意义,因为它改变不了事实,但是对人却有意义,因为它在造成人的痛苦的同时也造成了人的胜利。其中的关键是:"承当"。于是最终人类发现:命运仍旧掌握在自己的手里。

既然生命的真实是个体,那么审美活动无疑就大有用武之地。就其实质而论,审美活动本来就应该是个体的对应形式,只是在理性主义的重压下,它才不得不扭曲自己的本性,去与真理为伍,勉为其难地图解生活或者博人一笑。现在生命一旦回归个体,审美活动也就顺理成章地回归本性,成为生命个体的"一个通道"(海德格尔)。里尔克曾将诗人的工作阐释为:"我赞美。"这实在是一语道破审美活动之真谛。审美活动并非游戏、趣味、把玩、自适、自失、净化、距离、无功利,而是赐予、显现、无蔽、敞开、澄明、涌现,这是理论与判断之外自己显现着的东西,隐匿的存在因此呈现而出,不在场因此呈现而出。换言之,审美活动并不面对"秘密",而只面对"神秘",因为前者展现的只是"世界如何",而后者展现的不是"世界如何",而是——"世界存在"。

审美活动因此而从制造虚假的光明走近真实的黑暗,生命固然有其美好的一面,但是还有其悲剧的一面,而且,就其本质而言,生命本身就是悲剧,是已经写成的悲剧和尚未写成的悲剧中最令人震惊的悲剧。作为"一个通道",审美活动对此无疑无从回避。不但从不回避,而且始终执着地呈现着世界,以便更完整、更不虚伪、更不矫揉造作地"赞美"世界。叔本华认为审美活动意在摆脱苦难,尼采认为审美活动意在使人快乐,实际上,审美活动只是为了更为深刻地体验苦难、冲突、分裂、毁灭,甚至不惜把苦难推向极致,从而开启自由的大门,使得生命因此而开放、敞开、启迪、觉醒,并且在其中得到淋漓尽致的呈现。乌纳穆诺说:我们不当吃鸦片以求自适,而应当在灵魂的创伤上撒盐粒或酸醋。马克思说:消除罪恶的唯一办法就是首先要真实地揭示罪恶。契诃夫《第六病室》里的伊凡·德米特里奇说:"受到痛苦,我就喊叫,流眼泪;遇到卑鄙,我就愤慨;看到肮脏,我就憎恶。依我看来,只有这才叫作生活。"索尔仁尼琴说:一句真话能比整个世界的分量还重。阿多诺说:让苦难有出声的机会,是一切真理的条件。斯皮尔伯格说:《辛德勒名单》是"用血浆拍成的"。审美活动就是如此。因此,它使得人类再一次体验到了亚当夏娃的一丝不挂的恐惧、耻辱,但却只能如此,因为审美活动正是这样一种面对自由而且对自由负责的生命活动。有一种看法认为:审美活动表现的是所谓"异化"。这显然不够深刻。因为生命的悲剧是自古而然的,审美活动只是第一次真实地把它呈现出来,而不以伪装它们不存在而加以逃避而已。正如维特根斯坦说,在这个无聊的世界上,我们居然还能够活着,这本身就是奇迹,就是美。

然而,人们或许会提一个鲁迅式的著名问题:既然人生犹如一个根本无从逃出的铁屋子,那么又何必残酷地将睡梦中的人们唤醒呢?这无疑涉及对于审美活动的现代理解。雅斯贝斯说得何其精彩:"世界诚然是充满了无辜的毁灭。暗藏的恶作孽看不见摸不着,没有人听见,世上也没有哪个法院了解这些(比如说在城堡的地堡里一个人孤独地被折磨至死)。人们作为烈士死去,却又不成为烈士,只要无人作证,永远不为人所知。"苦难必须见证,才能为人所知,审美活动正是这样的见证!苦难本身并非悲剧,只有对于苦难一无所知才是悲剧。而要使苦难为人所知,就要借助于审美活动。因为苦难是共同的,只有痛苦才是自己的,因此苦难只有转化为自己的痛苦时,才是所谓的审美活动。正如死亡并不痛苦,痛苦的是只有个人才会有的对于死亡的意识,因此只有死亡意识才会走向审美活动。也因此,"生命的悲悯"才得以脱颖而出。我们知道,人类生命的原动力正是痛苦,也惟有痛苦;离开痛苦,人类就会成为石头。因此真正的人生往往宁肯在痛苦中死去,也不肯在平静中苟活。而痛苦一旦转化为歌唱,就成为生命中的巨大推动力量。阿瑟·密勒在《英雄》中说过:"人人都有苦恼,不同的是我试着把苦恼带回家中,教它唱歌。"而这正是审美活动的根本意义之所在。并非冷漠而是忧心,在仇恨中寻找爱心,在苦难中寻找尊严,在黑暗中寻找光明,在寒冷中寻找温暖,在绝望中寻找希望,在炼狱中寻找天堂,陀思妥耶夫斯基坚持把幸福与眼泪联系在一起,给我们以无尽的启示。人世充满了苦难,但是我们不能仅仅承受苦难,更不能让苦难把我们包裹起来,而应该用我们的爱心去包裹苦难,在化解苦难中体验做人的尊严与幸福。体验不到痛苦的心灵不是人性的,体验不到幸福的心灵不是审美的。无论现实有多可怕,或者如何无意义、如何虚无、如何绝望,审美活动都会使它洋溢着人性的空气。世界不是世界而是深渊,无法企及却又绝对不能放弃,审美活动就是这样见证着自由的尊严、人性的尊严,见证着人性尚在,这实在是一个重要的证明。人类一旦因为觉察到人类别无出路而生长起最真挚、最温柔的爱心,就已经在内心中体察到了在精神上得到拯救的可能。陀思妥耶夫斯基小说中的佐西马长老就坚持"用爱去获得这个世界",坚持时时"跟大家共同分享他内心的喜悦和欢乐",在罪恶和黑暗面前,他没有闭上悲悯的眼睛,他说:"我们每一个人对世界上所有的人和所有的事都是有罪的,这是毫无疑问的。这不但是因为我们都参与了整个世界的罪恶,而且每个具体的人对于世界上所有的人和每一个人都是有罪的。"这就是悲悯。而在里尔克身上,人们发现:"他被重重恐惧包围着,他对自己的软弱供认不讳,然而,无论在他的作品中,还是在他的信束里,我们里外翻寻都找不到一个疲惫、胆怯、不坚定的字眼,在最小的表述背后屹立着一个人。""我在他身上发现了一个人,我熟悉他这个我们世界上最柔弱、精神最为充溢的人。"(汉斯·卡罗萨)这也是悲悯。不难想象,一旦我们在审美活动中做到了这一切,我们也就最终战胜了苦难,最终"走出"了那个根本无从逃出的铁屋子(须知,只要能进去,就肯定可以走出)。

也因此,为了走出"奥斯维辛",我们必须进入审美活动,必须去写诗。因为——奥斯维辛之后不写诗是野蛮的!

三

人性的自觉、审美的自觉必然导致美学的自觉。而这,就正是生命美学的诞生。舍斯托夫在剖析悲剧哲学的诞生时曾指出:"只有当事实说明唯心主义承受不住现实的压力的时候,只有当人的命运的意志和实际生活面对面发生冲突,突然恐惧地看到一切美妙的先验论都是虚伪的时候,只有在这个时候,人们才会第一次产生极大的怀疑。这一怀疑一下子就摧毁了旧的虚幻的看来很牢固的墙。苏格拉底、柏拉图,以及一切过去的天使和那些使得人的无辜的心灵免于怀疑主义和悲观主义侵蚀的圣人,他们的善、人性和思想都消失得无影无踪,人面对自己最可怕的敌人第一次在生活中感到可怕的孤独,因此人无论如何不能保持一颗纯洁和火热的心。这就开始了悲剧哲学。"生命美学的诞生也是如此。

我们知道,人性的自觉、审美的自觉,就是审美活动不再与理性活动为伍,而是与生命活动密切相关。生命活动只有通过审美活动才能够得到显现、敞开,审美活动也只有作为生命活动的对应才有意义。换言之,生命的困惑只有在个体出现之后成为问题,理性显然无法解决这一问题,能够解决这一问题的只有审美活动,因为只有审美活动与人的生命活动直接相连。生命是"断片"(席勒)、"痛苦"(叔本华)、"颓废"(尼采)、"焦虑"(弗洛伊德)、"烦"(海德格尔)……而归宿却是"游戏"(席勒)、"静观"(叔本华)、"沉醉"(尼采)、"升华"(弗洛伊德)、"回忆"(海德格尔)……"歌即生存"(荷尔德林)。那么美学不是生命美学又是什么?而科学已经为"我们的世界"立法,已经说明了这个世界,美学难道不应该为"我的世界"立法,去说明这个世界?由此美学找到了比康德的问题更为重大的美学问题。真正的美学家应该马上行动起来,清醒地意识到自己的使命和立场,不再为那些无谓的问题而耗尽生命,而回到那些根本的问题上来,为爱、绝望、匮乏、拯救、悲悯……这些永恒的问题贡献出自己的哪怕并不成熟的思索。

必须强调,美学的为"我的世界"立法,必然导致美学的远离主体与客体分裂的主客关系的世界,进入使主客关系成为可能的超主客关系的世界。这使得它把目光从"相同"转向了"相通"。当然,美学的问题并没有因此而变得浅薄,而是变得更为深刻了。卡夫卡《审判》的著名开头声称:"准是有人诬陷了约瑟夫·K,因为在一个晴朗的早晨,他无缘无故地被捕了。"谁是这个"谁"?谁都有可能,谁都是这个"谁",但是事实上这个"谁"不是具体的人,而就是这个世界。美学所面对的对象也是如此,它与"本质"脱钩,并不意味着同时也与世界、他者脱钩。它确实并非"本质"的表现(因此传统的思路确实此路不通),但是却转而成为"不在场"的显现。换言之,任何一个事物都与万物有着或远或近、或直接或间接、或有形或无形的关系。它们构成了一个系统之网(而不是一个实体),彼此交织、纠缠,其缘由堪称无穷无尽,一切都是无根之根、无底之底,恰似里尔克所说的"最宽广之域",但是在审美活动中却被敞开、照亮、澄明。

生命美学恰恰就由此开始。

例如,中国美学传统之所以区别于西方美学传统,关键就在于后者从主客关系出发去研究美学,而前者却从超主客关系出发去研究美学,这已经是公认的事实。而从西方美学的历程来看,最初,因为深受基督教关于自由问题的反省的启迪,康德率先将自由问题升华为哲学问题、美学问题(这使人想起中国后期美学对于禅宗关于自由问题的反省的升华),并且加以深入思考,从而使得西方思想中源远流长的"有"出人意外地转向了"无"。于是,"主观的普遍必然性"这一真正的美学问题,也就应运诞生。这无疑是西方美学传统的一次真正的转折(所以黑格尔说:康德说出了关于美的第一句合理的话)。在此基础上,叔本华提出的"表象"、胡塞尔提出的"现象",则开始从透过现象看本质转向了在现象之中看本质、现象就是本质。本质而又可以被直观,这,就是胡塞尔所要竭力说明的美学难题(在现象学出现之后,应该说西方美学才走上了一条康庄大道)。当然,这也是他的失误所在。事实上,二元对立只是在认识论中存在,在本体论中它根本就不存在。意识到这一点,正是海德格尔的历史贡献。于是,西方现当代美学开始尝试从超主客关系出发去提出、把握所有的美学问题。这,正是生命美学在西方的诞生。

而不论是东方的生命美学,还是西方的生命美学,从超主客关系的角度出发去思考美学问题,从超主客关系出发去提出、把握所有的美学问题,则是其中的一致之处。在生命美学看来,只有超主客关系中的美学问题才是真正的美学问题(它们不再是知识论的而是存在论的)。在超主客关系中,本质并不存在(因此也无须加以直观),存在的只是现象,或者,只是互相联系、彼此补充的现象。当然,现象世界也有待超越,不过,这超越并非超越到现象世界背后的永恒不变的本体世界,而是从在场的现象世界超越到不在场的现象世界。因此,现象世界根本就无处(本质)立足——德里达称之为"无底的深渊"、中国的庄子称之为"无故而然"、中国的禅宗称之为"桶底脱",而只能绵延于无穷无尽(不同的系统质)之中。因此,越是深刻、丰富地显现了无穷意味(系统质),就越是美的。也正是因此,追求真理就转而成为追求道理,符合论也就转而成为显现论。因为只有在显现的道理中才有美可言,而且意味无穷。换言之,任何一个对象都又是现象世界的普遍联系之网中的一个网结、一个交点(不妨联想中国美学中那一即一切、一切即一的"空")。所谓审美活动,无非就是通过超主客关系中的体验把其中的无穷意味显现出来而已(所以中国美学才如此强调所谓宇宙意识)。与此相关,既然审美活动只是超主客关系中的体验,那么它就不再归属于认识活动(不再受任何限制),而被归属于最为自由、最为根本的生命活动;同样,既然从主客关系转向超主客关系,自由也就不再是人的一种属性,而就是人之为人本身。正是自由才使人成之为人,也正是自由才显现出系统质意义上的生命、意味无穷的生命,显现出美。

进而言之,生命美学强调的是超主客关系中所形成的自由的超越性。在生命美学看来,这自由不再是什么对于必然性的把握,而只能是对于必然性的超越(生命的自由表现)。也因此,生命美学把人生的意义规定为自由,然后进而把自由的内涵规定为选择。这自由的选择意味着:从无限而不是从有限、从超越而不是从必然、从未来而不是从过去的角度来规定人、阐释人。它在一般、普遍、统一、本质、整体之外,为人之为人敞开无数扇自由之门,打通无数条自由之路(展现出无限的可能性)。它不再指向一个已知的单一未来,而是指向多元的开放、无穷的瞬间的超越(每个瞬间都是独一无二的,而且无法重复)。也因此,人之为人,就永远不是什么抽象之物,也永远不是"什么",而是要成为"什么",永远不是其所是,而是是其所不是。而且,既然不再有任何的永恒之物,那么,那个作为历史上的唯一一人、空间上的唯一一点、时间上的唯一一瞬而又作为现象世界的普遍联系之网中的一个网结、一个交点的自我,就成为唯一真实的存在。不难看出,从最为根本的意义上说,这自我的自由的选择,无疑就是审美活动本身。由此,我们可以把在超主客关系中所形成的美学问题规定为:审美活动的本体论内涵。

总之,美学的根本问题就是人的问题,因此,从不同的假设出发的对于人的不同阐释,就构成了不同的美学。生命美学的诞生正是如此。它是在漫长的历史进程中人之为人的丰富性被不断展开的必然结果。我甚至要说,较之人们常常津津乐道的所谓非理性的转向、语言论的转向、文化批判的转向……等等,美学的生命论的转向要更为根本,完全可以称之为真正的世纪转向。而这一世纪转向为我们展示的,正是一片广阔的全新领域,一片美学真正可以独享的全新领域,由此出发对审美活动的根源、性质、形态、方式等方方面面加以考察,就正是生命美学的重大使命。当然,必然性的领域只是知识的领域,而美学的领域却是对于必然性领域的超出(所以康德才强调"限制知识",这是西方的美学觉醒),这样,生命美学的研究就必然要超出传统的知识论框架,必然要为自身建构一种全新的提问方式(活生生的东西是否能够成为科学,如何"说'不可说'"),从而使自身从发现规律、寻找本质的知识与思的对话转向超越自我、提升境界的生命与思的对话(老子称之为"学不学")。这意味着,首先,从美学的特定视界、根本规定的角度,突破过去的主客关系的视界,从而把美学的对象转换为:在自由体验中形成的活生生的东西、"不可说"的东西;其次,从美学的特定范型、逻辑规定的角度,突破过去的知识论的阐释框架,从而把美学的方法转换为:阐释那在自由体验中形成的活生生的东西,"说'不可说'"的东西;从美学的特定形态、构成规定的角度,突破过去的知识型的学科形态,从而把美学的学科形态转换为:在阐释自由体验中超越自我、提升境界的人文学。也因此,从知识型美学中警醒,并且义无反顾地从知识型美学转向智慧型美学,就成为生命美学的唯一选择!

(原载《杭州师范学院学报》2002年第6期)

附录二　美学的终结与思的任务：
从"康德以后"到"尼采以后"
——在"第一届全国高校美学教师高级研修班"的讲座

一、从"康德以后"到"尼采以后"

生命美学的思考,是从"尼采以后"开始的,或者叫作:"美学的终结与思的任务——从'康德以后'到'尼采以后'"。

美学研究,可以直接面对问题,但是,这只有"天才"才能够胜任,例如庄子。在中国思想史上,其他的思想家都是思想脉络清晰,例如,孔子就是"吾从周",庄子不同,完全是天马行空,天外来客,一无依傍,前无古人,很难看得清他的"来龙"是什么。维特根斯坦也如此,打仗的时候,他在战场上写了著名的《哲学笔记(1914—1917)》。总之,他们都是"自己讲"。还有,就是直接面对学术史,不是"自己讲",而是"接着讲",借道学术史来讨论学术。一般而言,作为学者,既然不是天才,也没有那么高的天赋,换言之,上帝没有赏我们"学术"这碗饭吃,那么,最好的方式,就是从学术史出发,间接地面对学术问题,直接地面对学术历史。当年欧洲的大诗人里尔克去给罗丹当秘书。一见面就吃了一惊,他说:我眼前的罗丹是一个"老人"。可是,当时罗丹才四十多岁,怎么就成了一个老人了呢? 原来,里尔克说的是在罗丹身上可以看到历史的沧桑和沧桑的历史。同样,我们在说到一个学者的时候,也经常说,这个学者的背后一定要有学术史。我们要看得到他是读哪本书成功的,是从哪一段学术史起家的,就好像我们看书法,好的书法往往笔笔都有来历,每一笔都有出处,不可能随手涂抹,肆意比划。武术的名家也一样,一出手,一拳一脚都有出处。1984年,我在《学术月刊》发表了一篇文章,其中就谈到:美学理论是美学历史的逻辑浓缩,美学历史是美学理论的具体展开。所以,当我们研究理论的时候,不一定直接去研究理论,而可以去研究历史;当我们研究历史的时候,也不一定就是在研究历史,而也可以是在研究理论。因为它们之间本来是内在贯通的。也因此,多年来,我一直十分喜欢陈寅恪先生的一句诗:"后世相知或有缘。"美学的历史是可以折叠的。有时候出发就是归来,有时候归来也是出发。美学不会终结,这与自然科学不同。比如说物理学,爱因斯坦的物理学出来以后,牛顿的物理学你可以不看。但是美学不是这样的,它有时候偏偏要回到过去。即便有了新学说,旧的学说也仍旧还独立存在,甚至,新的思想往往还是从旧的学说出发,所以"后世相知或有缘"。

生命美学也是如此。因为我提出生命美学的时候只有二十八岁,在新时期以来的美学史上,提出新说的美学家一般都是四十岁到六十岁之间,而且,这些提出新说的美学家一般也都要比我晚十到二十年左右,因此,我所遇到的,也就会误解与不理解要更加多些。例如,有人会说:"他异想天开。"当然,李泽厚的不认可也起到了推波助澜的作用。新时期以来,被李泽厚公开批评过五次的,也许就只有我了。不过,后来我也慢慢开始心态平和了。因为我现在年纪也逐渐大了,也到了李泽厚当年的年龄,甚至超过了李泽厚当年的年龄,我现在再看学术界的那些二十多岁的年轻人,再看我们学院那些二十多岁的年轻博士,我也觉得,他竟然敢提出一个新想法、新学说?而且还很固执,屡劝不改?这怎么可能呢?不过才二十多岁。但是,而今回头来看,我必须说,其实,从1985年开始,提出自己的美学新想法、新学说的时候,我的背后也是有"来历"、有"家谱"的,或者说,我也属于"后世相知或有缘"。我其实是在"照着讲"的基础上的"接着讲"。在我背后有两大支撑:一个是中国的古代美学,一个是西方的生命美学,尤其是尼采的生命美学。"生命为体,中西为用",则是我的立场。在这方面,有研究者曾经误解。以为我的起步是从基督教美学思想开始的,其实完全不然。多年以来,我学习、研究最多的,是尼采。而且,我还必须强调,其实这也不是我一个人的选择。王国维研究美学是从哪里入手的呢?是生命美学。他一开始是从康德入手,但是却没有看懂,于是,就转向了叔本华。结果,就造就了王国维之为王国维。再看宗白华、方东美,他们是怎么成功的?他们入门的地方还是生命美学,是柏格森。朱光潜也不例外,同样是生命美学。朱光潜老年时曾经痛悔过,因为他起步的时候就是从叔本华、尼采开始的,但是,后来因为胆怯,就向世人宣告:他是从克罗齐起家的。而且,我愿意设想,以朱先生的天赋与深厚造诣,如果坚持一开始的选择,坚持叔本华、尼采,他的成就应该会很大。还有鲁迅,鲁迅当然是尼采的传人。鲁迅自己就说过:托尔斯泰、尼采是他的偶像。无疑,他这样说,绝不是偶然的。

人们常说,一个美学大家,一定是从"入门须正"开始的,如果入门正,后来的研究又有"来历"、有"家谱",所谓成功,也就指日可待了。幸运的是,我的美学起步,也是生命美学,也是尼采。

而且,多年以来,我所关注的问题,就是从"康德以后"到"尼采以后",或者叫作,"接着'尼采以后'讲"。

当然,这与我们一直所置身的美学现场有关。我们每一个美学学者都有一个痛楚的,甚至是痛苦的感觉,就是:"美学有什么用?"我们总是要为自己的美学辩护,总是要为自己的美学提供解释。我从来没有看到一个学物理学、学化学的学者竟然整天跟人家解释物理学的重要性、化学的重要性,但是我们搞美学的人好像是很有点痛苦,我们总是要跟别人解释,这是因为什么?[①] 何况,我要说,恰恰在这之中,蕴含着美学的最为深刻的秘密。

原来,我们进入美学界的时候,都是被康德、尼采这样的美学大家"感召"进来的——就好像西方基督教所说的"召唤",我们都是被美学大家"召唤"进来的,但是,进来以后我们却发现:他们都在哲学教研室,而我们却在美学教研室。跟我们一起工作的,都是另外一些人,他们并没有"感召"过我们。那么,前者与后者有什么区别呢?前者诸如康德、尼采等等都是思想家,后者诸如我们的那些同事等等却只是教授。当然,教授也很好,我并没有贬低教授的意思,但是,两者毕竟并不相同。我们是被思想家带入美学界的,可是我们做的却是教授的工作,这是一个所有从事美学研究的学者必须

[①] "地质学家能在两分钟之内向我们说清楚什么是地质学,但究竟什么是美学,至今众说纷纭莫衷一是。"(布洛克:《美学新解》,滕守尧译,辽宁人民出版社 1987 年版,第 1 页)

一入门就思考清楚的,否则,你"入门"就不"正",就可能研究了一辈子最后却发现:竟然是黄粱一梦。

例如,如果把康德、尼采这些人抛开,把海德格尔、阿多诺这些人抛开,美学其实从来就是一个边缘学科,甚至,在很长时间里它都不是一个学科。米森就告诫我们:"由于美学研究中缺乏一种坚实而连续的传统,结果造成了英国任何大学都没有设置致力于美学研究的教席。"①这个方面的情况,随着国门的不断打开,我们也已经越来越清楚地获知了。我在2001年的时候在纽约州立大学布法罗分校做访问学者,当然,我去不是学美学,而是学传播学,但是,我顺便问了一下,我的导师回答我:美学?没有。我们没有专门开这门课的教授,不过有对美学问题感兴趣的教授。澳门,我是2007年应聘过去的,后来在澳门科技大学也做过创院的主持工作的副院长,这所大学在中国大陆、台湾、香港、澳门的排名在第十七位,我们南京大学是排在第十四,但是,它也没有美学教授。后来我也参与过筹备一所影视传媒领域的新大学,在我们的课程设置里,也没有美学。甚至,我尽管没有做过认真调查,但是我基本可以断定,把美学课带入澳门的,肯定一定是我本人了。因为在我去澳门之前,澳门的几所大学应该也没有开设过美学课程。

再看内地的情况,尽管在开设课程与研究队伍方面我们在全世界都一枝独秀,但是,却也只是短时间的热度。而今我们必须承认:"美学热"早已远去。为此,我也经常感慨,"爱美之心人皆有之",这是古今如此,谁也无法推翻的。你可以不爱"真",但你不可能不爱"美";你可以不爱"善",但你不可能不爱"美"。但是,奇怪的是,"爱美学之心并非人皆有之"。甚至人们常说:"学好数理化,走遍天下都不怕。"那么,有人说"学好美学课,走遍天下都不怕"吗?从来没有听说过!可是,为什么就偏偏是"爱美学之心并非人皆有之"呢?进而,美学这个学科本身有没有问题?我们总是埋怨市场经济时代人们对我们不了解,可是美学让别人了解了吗?或者,美学有让别人了解的理由吗?有人会自我安慰说,作家、艺术家会看我们的美学著作的。这其

---

① 米森:《英国美学五十年》,载中国社会科学院《哲学译丛》1991年第4期。

实也是一个谎言！在江苏这个地方，我跟作家艺术家还算是比较熟的，一些著名艺术家办画展、书法展，有时也会让我给他们写序，更经常约我出席开幕式，去为他们站台。但是我知道，没有哪个作家、艺术家的创作是因为受益于我们美学而成功的。不但没有，他们还经常嘲笑说：不看美学著作，我倒还会创作；一看，却反而不会创作了。当然，这种说法比较偏激，但是，也确实不无道理。还有一种自我安慰的说法，我们的著作是给大学生看的，甚至我们的著作是有益于审美教育的，可是，作为一个美学教师，我深知，没有哪个大学生是读了我们的教材而提高了审美水平的。因此，我们中国明朝的一个学者李东阳说的一句话就尽管刺耳但却深刻："诗话作而诗亡。"美国的希利斯·米勒也说："文学理论促成了文学的死亡。"① 在这个意义上，我们必须看到，美学的存在远不如文艺学和艺术学的存在来得真实而且可信。而且，再来看一看我们当前的美学研究，也不难发现，研究美学基本理论的人寥寥无几，研究中西美学历史的人倒是很多，还有就是越来越热的生态美学、环境美学、身体美学、文化美学、生活美学、文艺美学……当然，这一切都不是坏事，我也都是赞成的。但是，这些研究的结果不就是为了结晶化为美学基本理论的研究吗？这些研究不也就是美学基本理论的展开吗？可是，我们看到的却是从事这些研究的学者每每直接就宣称，他们所研究的就是美学基本理论。当然，蕴含在这背后的，就是美学基本理论研究的消亡。

这样一来，回过头来再听一听西方一些著名专家的批评，我们也就不会觉得"打脸"了。比如，保罗·德·曼指出："尼采对形而上学的批判包括了美学，或者说是从美学出发的。海德格尔也可以被认为是这样。"② 海德格尔说：他很反感那些"今日还借'美学'名义到处流行的东西"。③ 比梅尔则说："过去，

---

① 希利斯·米勒：《文学死了吗》，秦立彦译，广西师范大学出版社2007年版，第53页。
② 王逢振等编：《最新西方文论选》，漓江出版社1991年版，第215页。
③ 海德格尔：《尼采》上卷，孙周兴译，商务印书馆2003年版，第85页。

人们往往把对艺术的考察还原为一种美学的观察,但这样的时代已经终结了。"①古茨塔克·豪克说:美学,"由于它片面的出发点,今天显得陈旧了。"②帕斯默尔说:"本来就没有什么美学。""美学的沉闷来自人们故意要在没有主题之处构造出一个主题来。"③还有维特根斯坦,我前面说到过他的《战时笔记(1914—1917)》,在其中,他也对美学毫不留情:"像'美好的''优美的',等等……最初是作为感叹词来使用的。如果我不说'这是优美的',只说'啊!',并露出微笑,或者只摸摸我的肚子,这又有什么两样呢?"④因此,海德格尔的提醒也就十分重要:"最近几十年,我们常常听到人们抱怨,说关于艺术和美的无数美学考察和研究无所作为,无助于我们对艺术的理解,尤其无助于一种创作和一种可靠的艺术教育。这种抱怨无疑是正确的。""这种美学可以说是自己栽了跟斗。"甚至,他还不惜与我们所谓的"美学"划清界限:"本书的一系列阐释无意于成为文学史研究论文和美学论文。这些阐释乃出于思的必然性。"⑤

无疑,这就是美学自身的尴尬!然而,更为尴尬的是,这一切却又并非可以用取消美学研究来解决。

因为,还存在着另外的一面,问题也因此而变得十分复杂:确实,到处都在宣传美学的终结,但是,却又到处都在关注审美的崛起;所有的人都敢于宣布美学并不存在,但是,所有的人却连一分钟都不敢无视审美的存在。尤其是,几乎所有的大思想家、大哲学家都热切地关注着美学。那么,这又是因为什么?例如,伊格尔顿就关注到了这一奇特现象。在名著《美学意识形态》里,他一再提醒我们:

---

① 比梅尔:《当代艺术的哲学分析》,孙周兴等译,商务印书馆2004年版,第1页。
② 古茨塔克·豪克:《绝望与信心》,李永平译,中国社会科学出版社1992年版,第151页。
③ 转引自王治河:《后现代哲学思潮研究》,北京大学出版社2006年版,第268页。
④ 蒋孔阳主编:《二十世纪西方美学名著选》下卷,复旦大学出版社1988年版,第82页。
⑤ 海德格尔:《荷尔德林诗的阐释》,孙周兴译,商务印书馆2014年版,第2页。

"任何仔细研究自启蒙运动以来的欧洲哲学史的人,都必定会对欧洲哲学非常重视美学问题这一点(尽管会问个为什么)留下深刻印象。"

"德国这份比重很大的文化遗产的影响已经远远地超出了国界;在整个现代欧洲,美学问题具有异乎寻常的顽固性,由此也引人坚持不断思索:情况为什么会是这样?"

"不是由于男人和女人突然领悟到画或诗的终极价值,美学才能在当代的知识的承继中起着如此突出的作用。"[①]

而我想说,正是从这里,我意识到了美学之为美学的天命。我发现:美学的"危机"的存在并不是坏事。承认"美学热"的不可逆转的衰落,或者说,静静的衰落,也不是坏事,因为这其实不是什么"美学的危机"(所谓"美学的危机"在美学史中经常出现,不足为奇),而是"美学危机"。它意味着美学自身的可能性已经非常可疑。也就是说,不是我们的美学研究的内容遇到了障碍,不是"美学的问题"研究不下去了,而是"美学问题"研究不下去了。是我们预设的美学本身出了问题,或者,美学本身并不如我们所想象。所以,假如说美学有"终结",那也应该不是"美学的终结",而是"美学的新的开始"。美学"终结"蕴含的并不是美学的结束,而是美学自身的深刻反省。正如海德格尔在谈到哲学问题的时候所发出的惊天一问:哲学如何在现时代进入终结了? 海德格尔的回答是:哲学终结之际为思想留下了何种任务? 原来,一个东西,不可能说终结就终结,有时候,终结就是新生,所谓凤凰涅槃。由此,我也可以问:美学终结之际为思想留下了何种任务? 当然,这个时候我们就已经进入了"后美学"的时代,面对的也已经是"后美学问题""非美学的思想",所谓:"一种非对象性的思与言如何可能?"

这其实也就是说,当我们遭遇"美学终结"的时候,是说美学教研室从事的美学研究遭遇了挑战,但是我们并没有说在哲学教研室工作的那些哲学大师、那些思想家所从事的美学研究也遭遇了挑战。恰恰是"美学的终结"这个耸人听闻的说法引导着我们去关注那个长期被遮蔽了的审美问题,也

[①] 伊格尔顿:《美学意识形态》,王杰等译,广西师范大学出版社1997年版,第1—3页。

推动着我们,走向了对于真正的美学追问的真诚期待,所谓"美学反对美学"。因此,美学已死,但是,美学也永生! 美学是不需要终结的,需要终结的,只是人们长期以来所形成的关于美学的错误观念。阿多诺总结说:"美学不应当像追捕野雁一样徒劳无益地探索艺术的本质。"①这里的"美学"指的是西方的那种传统的以"美学"的方式谈论审美活动的研究,它只是西方的本质化思维的产物。正如海德格尔发现的:过去的美学是说希腊语的。黑格尔也说:过去的美学家都是"理性思维的英雄们"。在他们那里,人与智慧是分离的。这是一种知识型的美学,而且,也是一种方向性的错误。充其量,它只是一种"定义式"的关于"何为审美"的讨论,因此,它理应终结。

由此,我们也就逐渐逼近了美学研究的真正的前沿。波普尔说:"我们之中的大多数人不了解在知识前沿发生了什么。"②那么,究竟"在知识前沿发生了什么"?当然,这也就是我一再强调的"尼采以后"。正如巴雷特所指出的:"哲学家必须回溯到根源上重新思考尼采的问题。这一根源恰好也是整个西方传统的根源。"在我看来,就西方美学而言,尼采才是真正的开端。在他之后,西方美学才开始独自上路。巴雷特又说:"人必须活着而不需要任何宗教的或形而上学的安慰。假若人类的命运肯定要成为无神的,那么,他尼采一定会被选为预言家,成为有勇气的不可缺少的榜样。""既然诸神已经死去,人就走向了成熟的第一步。"③这当然是正确的。因为,在人类的美学研究领域,唯有尼采,才堪称哲学先知、美学先知。

毅然揭开西方现代美学帷幕的,是尼采。

在我看来,西方美学,到尼采为止,一共出现过三种美学追问方式:神性的、理性的和生命(感性)的。也就是说,西方曾经借助了三个角度追问审美与艺术的奥秘,这就是:以"神性"为视界、以"理性"为视界以及以"生命"为视界。从尼采开始,以"神性"为视界的美学终结了,以"理性"为视界的美学

---

① 阿多诺:《美学理论》,王柯平译,四川人民出版社1998年版,第591页。
② 波普尔:《客观知识》,舒炜光等译,上海译文出版社1987年版,第102页。
③ 巴雷特:《非理性的人》,杨照明等译,商务印书馆1999年版,第183页。

也终结了,以"生命"为视界的美学则开始了。从"生命"本身出发去追问审美与艺术,而不是从"理性"或者"神性"出发,正是尼采的抉择。具体来说,当下的美学前沿问题,就是在"神性"和"理性"之外来追问审美与艺术。过去,在美学研究中,"至善目的"与神学目的是理所当然的终点,道德神学与神学道德,以及理性主义的目的论与宗教神学的目的论则是其中的思想轨迹。美学家的工作,就是先以此为基础去解释生存的合理性,然后,再把审美与艺术作为这种解释的附庸,并且规范在神性世界、理性世界内,并赋予其不无屈辱的合法地位。理所当然的,是神学本质或者伦理本质牢牢地规范着审美与艺术的本质。当然,这也就是叔本华这个诚实的欧洲大男孩之所以出来一声断喝的原因:"最优秀的思想家在这块礁石上垮掉了。"①至于康德,则恰恰置身于新的思想转折的出现的中间地带。他从理性之梦的觉醒开始,我们称作"知识的觉醒"。尽管他并没有完成这一转折,但是,我们必须承认,这一转折无疑是从他开始的。康德发现:在自然人和自由人之间,有审美人。这当然十分重要,堪称即将出现的未来美学的序曲。康德指出:"人不仅仅是机器而已""按照人的尊严去看人""人是目的"。诸如此类,在西方美学史上完全就是石破天惊之论。然而,无论如何,康德毕竟还是把道德神学化了。过去是把神学道德化,现在康德离开了"神性"思维的道路,转而走上理性思维的道路,但是却把道德神学化了。所以,他也并没有比过去的把神学道德化的道路走得更远。尽管在康德那里没有了"必然"的目的,但是,"应然"的目的却仍旧存在。所以阿多诺说,要拯救康德,并且提示:还存在着"无利害关系中的利害关系"。② 显然,在康德美学中存在着矛盾。这就是:在自然人和自由人之间,在唯智论美学的独断论和感性论美学

---

① 叔本华:《自然界中的意志》,任立等译,商务印书馆1997年版,第146页。
② 但是,千万不要以为康德本人对此就一无所知。正如海德格尔批评的:"康德本人只是首先准备性地和开拓性地作出'不带功利性'这个规定,在语言表述上也已经十分清晰地显明了这个规定的否定性;但人们却把这个规定说成康德唯一的,同时也是肯定性的关于美的陈述,并且直到今天仍然把它看作这样一种康德对美的解释而到处兜售。""人们没有看到当对对象的功利兴趣被取消后在审美行为中被

的怀疑论之间,在"美是形式的自律"与"美是道德的象征"之间,也在"愉悦感先于对对象的判断"和"判断先于愉悦感"之间,出现了巨大的裂痕。

当然,尼采的重要性也就在这里。在"康德以后",尼采横空出世。人们喜欢把尼采的思想称为"不合时宜的思想",其实,不妨把尼采的思想称为"不合时宜的思想"的归来。从古典到现代,在我看来,正是尼采,走完了最为重要的一步。尼采也因此而成为一个标志性的人物。西方经常说,当代有三大思想家:尼采、弗洛伊德、马克思。当然,我们也能够看到别的排列方法,各有各的说法,但是,没有人敢轻视尼采的存在,却是人所共知的。为什么不敢"轻视"? 正是因为尼采对于思想转折的敏锐洞察。在他看来,所谓宗教其实是"投毒者",所谓道德则是"蜘蛛织网"。而且,像迈克尔·坦纳发现的那样:有一个闪闪发光的概念,"它于尼采的第一部作品中首次亮相,并且直到最后一部作品依然存在,所有的一切都是基于这个标准最终得到评判。这就是:生命。"[1]当然,注意到这一点的不止是迈克尔·坦纳,像凯文·奥顿奈尔也注意到:尼采所力主的"超人的所作所为是为了解放和提升

保留下来的东西。""人们耽搁了对康德关于美和艺术之本质所提出的根本性观点的真正探讨。"(海德格尔:《尼采》上卷,孙周兴译,商务印书馆 2014 年版,第 129 页)当然,这个"耽搁",可以从席勒把康德的崇高误读为优美、把康德的精神信仰误读为世俗交往、把康德的超验误读为经验中看到,也可以从黑格尔的进而把康德的本体属性的审美误读为认识神性的审美中看到,还可以从李泽厚的实践美学中看到,然而,究其实质,从康德开始,美学对于审美活动的思考的真谛却始终都在于:"人的自由存在。"因此,我们在关注康德的所谓"人为自然界立法"之时,应该关注的,就不是他如何去颠倒了主客关系,而是他的对于"人的自由存在"的绝对肯定。"人的自由存在",是绝对不可让渡的自由存在,也是人的第一身份、天然身份,完全不可以与"主体性"等后来的功利身份等同而语,所以,康德才会赋予人一个"合目的性的决定","不受此生的条件和界限的限制,而趋于无限"(康德:《实践理性批判》,韩水法译,商务印书馆 1999 年版,第 177—178 页);才会认定:审美"在自身里面带着最高的利害关系"(康德:《判断力批判》上卷,宗白华译,商务印书馆 1964 年版,第 45 页);才会要求通过审美活动这一自由存在"来建立自己人类的尊严"(康德:《论优美感和崇高感》,何兆武译,商务印书馆 2001 年版,第 3 页)。

[1] 迈克尔·坦纳:《尼采》,于洋译,译林出版社 2011 年版,第 83 页。

生命,而不是践踏大众"。①"生命",在这里也被格外地关注。至于尼采的发现,则显然是:审美和艺术的理由再也不能在审美和艺术之外去寻找。这也就是说,在审美与艺术之外没有任何其他的理由。神性与理性,过去都曾经一度作为审美与艺术得以存在的理由。现在不同了,尼采毅然决然地回到了审美与艺术本身,从审美与艺术本身去解释审美与艺术的合理性,并且把审美与艺术本身作为生命本身,或者,把生命本身看作审美与艺术本身,结论是:真正的审美与艺术就是生命本身。人之为人,以审美与艺术作为生存方式。"生命即审美","审美即生命"。也因此,审美与艺术自身不存在任何的外在规范,正如尼采所提示的:"很长时间以来,无论是处世或是叛世,我们的艺术家都没有采取一种足够的独立态度,以证明他们的价值和这些价值令人激动的兴趣之变更。艺术家在任何时代都扮演某种道德、某种哲学或某种宗教的侍从;更何况他们还是其欣赏者和施舍者的随机应变的仆人,是新旧暴力的嗅觉灵敏的吹鼓手……艺术家从来就不是为他们自身而存在。"②无疑,尼采要改变的现状就是这个,审美和艺术不需要外在的理由——我说得犀利一点,也不需要实践的理由,而且亟待"采取一种足够的独立态度"。审美就是审美的理由,艺术就是艺术的理由,犹如生命就是生命的理由。对于一体的审美、艺术与生命而言,没有任何的外在理由,也不需要借助任何的有色眼镜,完全就可以以审美阐释审美、以艺术阐释艺术、以生命阐释生命。

在这个意义上,倘若说康德美学是西方人的知识的梦醒,尼采美学则是西方人的生命的梦醒。西方人第一次彻悟:情感先于理性,意志先于知识,自由先于必然。在理性思维之前,还有先于理性思维的思维,在传统美学所津津乐道的我思、反思、自我、逻辑、理性、认识、意识之前,也还有先于我思、先于反思、先于自我、先于逻辑、先于理性、先于认识、先于意识的东西。只

---

① 凯文·奥顿奈儿:《黄昏后的契机》,王萍丽译,北京大学出版社 2004 年版,第102 页。
② 尼采:《论道德的谱系·善恶之彼岸》,谢地坤等译,漓江出版社 2000 年版,第 78 页。

有它,才是最为根本、最为源初的,也才是人类真正的生存方式。因此,美学也就必须把理性思维放到"括号"里,悬置起来,而去集中全力研究先于理性思维的东西,或者说,必须从"纯粹理性批判"转向"纯粹非理性批判",必须把目光从"认识论意义上的知如何可能"转向"本体论意义上的思如何可能"。而这当然也就是——"生命"的出场。

于是,西方美学毅然走出了康德的"无功利关系说",康德的"伦理应然"的设定也让位于"审美生存"的设定。美学家们终于发现:天地人生,审美为大。审美与艺术,就是生命的必然与必需,人类的生命也无非就是一次审美与艺术的实验,是"重力的精灵"与"神圣的舞蹈"。在审美与艺术中,人类享受了生命,也生成了生命。这样一来,审美活动与生命自身的自组织、自协同的深层关系就被第一次地发现了。因此,传统的从神性的、理性的角度去解释审美与艺术的角度,也就被置换为生命的角度。于是,在尼采那里,康德的"伦理应然"让位于尼采的"审美生存",审美与艺术因此溢出了传统的藩篱,成为人类的生存本身。并且,审美、艺术与生命成为一个可以互换的概念。换言之,在尼采那里,创造—艺术—生命的三位一体,已经完全改写了美学与哲学的等级秩序。生命因此而重建,美学也因此而重建。在这里,对于审美与艺术之谜的解答同时就是对于人的生命之谜的解答的觉察,回到生命也就是回到审美与艺术。从历史上来看,"诗人不醉心于预言,不负起智者的使命,这样的时刻在人类历史上从未有过"。因为,"诗人也像哲学家那样,试图对整个生活作真实的解释"。[①] 换言之,"艺术就可以被看作是生命的呈现,是一种自由的并且是独立的生命,它已经存在着,并且呈现着,就在此时,就在此地。"[②]于是,因为神性与理性都是对于世界的外在把握,只有审美与艺术才是生命的内在体验。它与人的生命直接相关、相依为命。因此,要解答审美之谜,就必须回到生命,审美与艺术也就因此而成为本体。

[①] 凯·埃·吉尔伯特、赫·库恩:《美学史》上卷,夏乾丰译,上海译文出版社1989年版,第10页。

[②] 马里奥·佩尔尼奥拉:《当代美学》,裴亚莉译,复旦大学出版社2017年版,第40页。

这样的认识,正是逐渐形成的共识,到了尼采,则堪称水到渠成。正如酒神在黑格尔、布克哈特、荷尔德林、施莱格尔、瓦格纳那里都曾经被关注,但是到了尼采,才把它形而上学化了,也才成为了生命的象征。并且,进而,在西方,人们曾经寻求过对世界的宗教解释、科学解释,等等,但却始终没有寻求过审美解释。自古以来,审美与艺术似乎就只能是取悦生命的形式,却没能成为解说世界的一种方式。现在,对于审美与艺术之谜的解答同时成为了对于人类自身的生命之谜的解答。于是,哲学成为了美学的派生物。这就是在西方最为引人瞩目的"审美转向":"第一哲学在很大程度上变成了审美的哲学。"①

我们看到,尼采本人对于这一巨变完全就是胸有成竹。至于我们,则当然要紧紧抓住尼采所开辟的思想道路。要真正意识到:生命,是美学研究的"阿基米德点",是美学研究的"哥德巴赫猜想",也是美学研究的"金手指"与"热核反应堆"。从生命出发,就有美学;不从生命出发,就没有美学。海德格尔的《尼采》写得十分出色,也一直都是我的必读书。而且,关于尼采,正是海德格尔给了我以最为震撼的警示:"尼采知道什么是哲学。而这种知道是稀罕的。唯有伟大的思想家才拥有这种知道。"②确实如此。尼采的最大贡献是:呼唤我们走出康德的"无功利关系说"。对于我们,这恰似美学天空的一声惊天霹雳,把我们所有研究美学的人都唤醒了。原来,在审美活动身上,存在着"无利害关系中的利害关系"。它意味着生命之为生命,其实也就是自鼓励、自反馈、自组织、自协同而已,不存在神性的遥控,也不存在理性的制约。美学之为美学,则无非是从生命的自鼓励、自反馈、自组织、自协同入手,为审美与艺术提供答案,也为生命本身提供答案。如是,我们也就得以觉察,何以过去竟然会"美学生则审美死",同样也不难觉察,何谓尼采所开辟的"尼采以后"。当然,这也就正是福柯称康德为"现代认识型"的代表、称尼采为"当代认识型"的代表的根本原因。换言之,康德代表了西方现代

---

① 沃尔夫冈·韦尔施:《重构美学》,陆扬等译,上海译文出版社2006年版,第58页。
② 海德格尔:《尼采》上卷,孙周兴译,商务印书馆2008年版,第5页。

美学的童年,而尼采则代表了西方现代美学的成年。

也许,这就是西美尔为什么要以"生命"作为核心观念,去概括19世纪末以来的思想演进的深意:"在古希腊古典主义者看来,核心观念就是存在的观念,中世纪基督教取而代之,直接把上帝的概念作为全部现实的源泉和目的,文艺复兴以来,这种地位逐渐为自然的概念所占据,17世纪围绕着自然建立起了自己的观念,这在当时实际上是唯一有效的观念。直到这个时代的末期,自我、灵魂的个性才作为一个新的核心观念而出现。不管19世纪的理性主义运动多么丰富多彩,也还是没有发展出一种综合的核心概念。只是到了这个世纪的末叶,一个新的概念才出现:生命的概念被提高到了中心地位,其中关于实在的观念已经同形而上学、心理学、伦理学和美学价值联系起来了。"①确实,而今已经不复是宗教救赎的福音,而是审美救赎的福音。所以,正如尼采强调的,要"用艺术控制知识",要把艺术当成可以取代理性主义哲学的新文化。② 而且,艺术也确实要比知识更有力量。因此,理查德·罗蒂才说:"尼采对康德和黑格尔的反动则是那样一些人所特有的,他们想用文艺(而且尤其是文学)来取代科学作为文化的中心,正如科学早先取代宗教作为文化中心一样。从那些追随尼采把文学当作文化中心的知识分子观点来看,那代表着人类超越自身和重新创造自身的人是诗人,而不是教士、科学家、哲学家或政治家。"③

于是,我们就合乎逻辑地从"康德以后"来到了"尼采以后"。在我看来,事实上,尼采美学就是西方现代美学的"百门之堡",也是西方现代美学的"凯旋门"。在他以后,西方美学最少开拓出了五个发展方向,例如,柏格森、狄尔泰、怀特海等是把美学从生命拓展得更加"顶天";弗洛伊德、荣格等是把美学从生命拓展得更加"立地";海德格尔、萨特、舍勒等是把美学从生命拓展得更加"主观";马尔库塞、阿多诺等是把美学从生命拓展得更加"社

---

① 西美尔:《现代文化的冲突》,转引自刘小枫编:《现代性中的审美精神》,学林出版社1997年版,第418—419页。
② 尼采:《哲学与真理》,田立年译,上海社会科学院出版社1993年版,第9页。
③ 理查德·罗蒂:《哲学和自然之镜》,李幼蒸译,三联书店1987年版,第13页。

会";后现代主义的美学则是把美学从生命拓展得更加"身体"。当然,其中也有共同的东西,这就是生命的概念被提升到了中心地位。而且,也都是从生命出发,以生命为世界,以直觉为中介,以艺术为本体,等等。① 在他们之后,诸如克莱夫·贝尔的艺术论、新批评的文本理论、完形心理学美学、卡西尔和苏珊·朗格的符号美学,再如有意味的形式、新批评、格式塔、符号学美学等的出现,也都无法离开生命美学的发现。因为正是对于生命的重新发现才导致了对于审美活动的重新发现,尤其是对于审美活动的独立性的重新发现。不可想象,倘若没有这一重大发现,艺术的、形式的发现会从何而来。例如,从美术的角度考察的"有意味的形式",从文学的角度考察的新批评,从形式的表现属性的角度考察的格式塔,从广义的角度即抽象美感与抽象对象考察的符号学美学,等等。

由此,"尼采以后"的重要性也就得以凸显而出。

至于中国美学,过去我已经说过很多次了。它可以分成三段:古典美学、近代美学、当代美学。古典美学,可以总结为"与生与仁"。不论儒家美学、道家美学、禅宗美学还是明清美学,都是以生命和仁爱作为核心的,没有例外。中国美学就是生命美学,这应该已经成为共识了。再看近代美学,我已经说过,王国维、方东美、宗白华,其实严格说也包括朱光潜,他们全都是生命美学的传人。还有当代美学,从1985年开始,我提出了生命美学。平心而论,也已经得到了诸多美学同行的认可,生命美学已经成为一个崛起的美学新学派,这应该也没有什么异议。在当代的美学界,很多人走的是生命美学的路,我们互相鼓励、相互支持。尽管其中存在区别,但是也有共同处,共同的地方就是我们都从生命出发,而不是从理性出发。路径不同,角度不同,取向也不同,但是,以生命为视界,以直觉为中介,以艺术为本体,则应该是大体相同的。

---

① 参见拙作《生命美学在西方》,载《东南学术》2021年第5期。

二、如何才能成为一个有价值的美学家

而"尼采以后"对于我本人的深刻影响,当然也可以由此看出。

首先,"尼采以后"让我懂得了,重要的不是放弃思想,不是一看到美学遇到了困难就四散逃亡,这不是一种有出息的做法。没有出路,也许才是寻找出路的最大机遇。为什么要逃亡?为什么不去学会思想?为什么不去比过去更为深刻地思想?值此之际,我们所要做的,其实应该是不要再提供假问题、假句法、假词汇。坦率说,美学界充满了无数的假问题、假句法、假词汇,我们亟待跟它们说"拜拜"。而且,亟待走上正确的思想道路。例如,王国维同时接触了康德、叔本华和尼采,最终他选择了叔本华,但是,还有没有更好的选择?倘若他更多地选择了尼采,一切又将会怎样?朱光潜在《西方美学史》里没有提过叔本华和尼采。而且平心而论,朱光潜先生的《西方美学史》的最后的总结也是值得商榷的:形象思维、现实主义等等,他总结了西方美学史的几大规律,今天我们作为后学,也确实毋需为尊者讳,这显然并非西方美学史的精彩之处。当然,我们也不会苛求于他。在那个时代,朱先生也只能这样了。但是有一点却是必须指出的,这就是朱先生自己到了晚年在香港也曾经反省过的,他说他要承认自己其实是尼采的信徒,但过去太胆怯了不敢承认,只能对外说自己是克罗齐的信徒。我必须说,这是一个十分值得关注的问题。倘若从一开始朱先生就坚定不移地走"尼采以后"的道路,那么,朱先生的成就会不会更大?这是我前面已经诘问过的问题,因为它太重要了,因此,我在这里不妨再追问一次。

无疑,在这追问中,我们应该已经听到了话外之音。这就是:我们应当坚定地做尼采的信徒(当然不应该只是尼采,而且,也不应该盲从)。王国维先生、朱光潜先生走过的弯路,我们不必再走。也因此,我十分庆幸自己从一开始就选择了的美学道路——"尼采以后"的美学道路。而且,1985年,我提出美学研究的新的可能性——生命美学,其实也正是要"接着尼采讲"。那个时候,我在文章里已经提出:"康德以后"还是一个未完成时,还必须走到"尼采以后"。因为康德还有一个关键性的工作没有去做。这就是:回到

生命本身去解释审美与艺术的奥秘。这也就是说,犹如生命奥秘的回答,审美与艺术的奥秘的回答也不需要神性与理性。"从来就没有什么救世主,也不靠神仙皇帝!要创造人类的幸福,全靠我们自己!"由此,我当时就借助歌德的话,指出了在"尼采以后"生命美学的历史使命——

或许由于偏重感性、现实、人生的"过于入世的性格",歌德对德国古典美学有着一种深刻的不满,他在晚年曾表示过自己的遗憾:"在我们德国哲学里,要做的大事还有两件。康德已经写了《纯理性批判》,这是一项极大的成就,但是还没有把一个圆圈画成,还有缺陷。现在还待写的是一部更有重要意义的感觉和人类知解力的批判。如果这项工作做得好,德国哲学就差不多了。"①

我们应该深刻地回味这位老人的洞察。他是熟识并推誉康德《判断力批判》一书的,但却并未给以较高的历史评价。这是为什么?或许他不满意此书中过分浓烈的理性色彩?或许他瞩目于建立在现代文明基础上的马克思美学的诞生?没有人能够回答。

但无论如何,歌德已经有意无意地揭示了美学的历史道路。确实,这条道路经过马克思的彻底的美学改造,在 21 世纪,将成为人类文明的希望!②

无可讳言,这正是中国生命美学的起步。我写下这些话的时候,是在 1984 年的岁末,1984 年 12 月 12 日的一个寒冷的冬夜。1984 年,在奥威尔的预言中,这应该是一个不祥的年份,但是,恰恰也就在那一年,我却固执地开始了自己的致敬未来的美学行程。这也就是我后来一再提及的:生命美学——致敬未来!尼采从哪里开始?尼采又在哪里结束?我们今天亟待去做什么?我们今天又应当如何去做?……诸如此类,也就成为 1985 年以后我的所思所想。因此,当有人对生命美学冷嘲热讽的时候,当有人认为生命美学无非是"瞎折腾"乃至"自我炒作"的时候,我却始终坚定地认为,在当代中国美学的各个美学学派中,生命美学的"来历"与"家谱"恰恰是最为清晰

---

① 爱克曼辑录:《歌德谈话录》,朱光潜译,人民文学出版社 1987 版,第 185 页。
② 潘知常:《美学何处去》,载《美与当代人》(后易名为《美与时代》)1985 年第 1 期。

的。犹如成熟的书法,生命美学堪称"笔笔有来历"。也因此,当后来李泽厚先生公开批评生命美学的时候,我才能够像二十七岁的他当年创建实践美学的时候一样的坚定与无畏。李先生那样的大名家,愿意给我五次公开批评,我非常感谢!这是很多人终生也得不到的荣誉,我从来没有把它视为我的耻辱,而是把它视为我的无上光荣。但是,李先生的批评,我坦率说,也实在是无法做到"笔笔有来历"。因为他的问题是在康德的基础上向黑格尔的倒退。他也意识到了"康德以后",但是,结果却是退向了黑格尔,而不是走向尼采。当然,我的提出生命美学,也包括我的从二十八岁起就挑战李先生,其中都绝不包含对李先生的任何不尊重。事实上,学术上的对头往往才是彼此之间最为尊重的。直到今天,在与"新实践美学"、"实践存在论美学"以及生活美学、身体美学……等诸多学派彼此之间讨论问题的时候,我也都往往是出于尊重。观点不同,学说各异,但是,我们都是走在追求真理的道路上的、创新的道路上的,因此,反而是彼此心灵相通的。

但顺便要说一下学派问题。关于生命美学,我经常说两句话,第一句,重要的不是美学的问题,而是美学问题。第二句,重要的不是内容,而是形式。当然,这也是生命美学与实践美学的根本区别。例如,实践美学重视的是"内容",而生命美学重视的却是"形式"(具体的解释,后面会谈到);再如,实践美学往往是从美学的问题开始研究,而生命美学却认为:重要的是先把"何为美学"考虑好,而不要一上来就下手去研究。重要的是做正确的事,不要先就正确地做事。可是,这样也就涉及到了与一些学者的不同。在他们看来,一上来就构筑一个体系是行不通的,重要的应该是去研究具体问题,也就是"美学的问题"。例如,李泽厚在自己率先建立了实践美学之后,就经常劝诫诸多在他之后的后学们说:不要去建立什么美学的体系,而要先去研究美学的具体问题。当然,我并不赞同这种看法。为什么呢?因为当你对美学本身没有一个总体构想之前,你是不可能进行具体研究的。一定要先解决"美学问题",然后才能够去解决"美学的问题"。相比李泽厚,相比国内的某些学者,我宁愿更相信的是康德的劝诫:没有体系可以获得历史知识、数学知识,但是却永远不能获得哲学知识,因为在思想的领域,"整体的轮廓应当先于局部"。除了康德,我宁愿更相信的还有黑格尔的劝诫:"没有体系的哲学理论,只能表示个人主观的特殊心情,它的内容必定是带偶然性的。"[1]我们必须承认,对于每一个美学初学者而言,康德、黑格尔的话才真正特别重要。我们在研究"美学的问题"之前,不能不首先思考我们对于"美学问题"的思考是否正确,更不能不思考我们自己是否也需要首先对"美学问题"本身去加以思考,因为,否则我们关于"美学的问题"的研究就很可能无功而返。人们常说,要做正确的事,而不要正确地做事。无疑,对于"美学问题"的关注,就是"做正确的事";而对于"美学的问题"的关注,则是"正确地做事"。至于学派,那并不是想建立就能建立的。实践美学的名字就是后来被追认的,生命美学也从来没有依赖过自己的弟子,而是依赖学界的公认。因此,不必事后去过分猜测"开风气之先"的美学学者的"学派"动机。我二十八岁的时候想过建立学派吗?我刚一提出生命美学就被挤得东歪西倒的,甚至被有些人利用,被有些人整肃,提出生命美学就是"狂妄",就是"自我炒作"的,等等。现在有人喜欢采取"诛心"的研究方法,倒过来猜测我1985年的时候就想建立学派。二十八岁的年轻人就想建立学派?其实只是想说话而已,只是有话要说。当然,我也是始终坚持了有话好好说的原则的。"先活下来,再活下去",这就是我当时的所思所想。能"活下来"就不错了,最后,我还不是不得不离开美学界十八年吗?

其次,"尼采以后"还让我们意识到:尼采以后,怎么才能做一个有价值的美学家?这是我要讨论的第二个问题。当然,这个问题并不是我提的,而是胡塞尔提的。胡塞尔问:如何才能成为一个有价值的哲学家?我把它改为:如何才能成为一个有价值的美学家?至于由此得出的结论,则无非是:认识到美学不是一个学科,而是一个问题,进而,认识到美学成为一个问题的前提是上帝和理性主义退出了历史舞台,这个时候,就开始走向一个有价值的美学家了。

而这就要重新反省我们所置身的时代。

---

[1] 黑格尔:《小逻辑》,贺麟译,商务印书馆1980年版,第56页。

二三十年前，国内曾经有过一场意义深远的争论，甲乙双方是林毅夫与杨小凯。林毅夫先生认为：我们中国尽管落在了西方的后头，但是也因此我们就正好有了可以少走弯路的"后发优势"，从而在不远的将来超过西方。而杨小凯认为，如果不知道西方现代化是怎么起步的，如果不去学习西方现代化的精髓，"后发"一方反而更有"劣势"，这就是所谓的"后发劣势"。我们研究美学也必须关注这场争论，也不能只谈美学。只依靠一点琐碎的美学知识，只去削尖脑袋钻营"空白"，是成不了真正美学家的，更成不了大美学家。因为就他们的争论而言，其实涉及到的，恰恰就是一个我们所置身的时代的根本问题。这就是：信仰。换言之，就是："到信仰之路！"当然，这个术语是我杜撰的，不太合语法，但是很合情合理。好在，冯友兰先生也写过《中国到自由之路》。我所说的"到信仰之路"也正是从这里来的。而且，我认为这五个字道破了我们的现代化所直面的最大问题。落后国家的"后发优势"与"后发劣势"，都来源于是否对"到信仰之路"有着明确的省察。极而言之，一个国家、一个民族距离信仰有多远，距离现代社会就有多远；一个国家一个民族距离信仰有多近，距离现代社会就有多近。当然，同样的，一种美学距离信仰有多远，距离真正的美学就有多远；一种美学距离信仰有多近，距离真正的美学就有多近。

在这个意义上，2015年的时候，我写过一篇文章，《让一部分人在中国先信仰起来》，分上中下三篇在《上海文化》刊登。2016年，由《上海文化》《学术月刊》等组织，在北京和上海还分别有过两次专家的讨论会。具体来说，我的想法是：我们一定要注意到自身的一个根本缺憾，1949年的时候，我们曾经很高兴地说：中华民族已经站立起来了！完全正确，这是一个巨大的成绩，令人振奋。但是，中国"人"是不是也已经站立起来了？这个问题我们却关注不够。还有"科学"与"民主"，引进它们，也是中华民族百年来的一个巨大成就。但是，值得反省的是，西方的现代化进程确实是借助于"科学"和"民主"这样一个精神杠杆撬动了地球，可是，过去因为这个精神杠杆太长了，以至于国人只看到了杠杆撬起地球的那一端，但是却忽视了，在遥不可及的杠杆手柄的那一端，还赫然刻着两个金光闪闪的大字：信仰。因此，而今回忆往事,我们必须说,我们的"五四"做对了两件事——引进"科学"和"民主",但是,也做迟了一件事——未能及时引进"信仰"。

"信仰"问题真的有这么重要吗?埃及卢克索神庙法老像上的一个铭文刻着:"我看到昨天,我知道明天。"现在,我们也要回过头去看看我们人类的"昨天",因为只有如此,我们才能够"知道明天"。而这就涉及到了"大历史观"、"大文明观"和"大美学观"。在我看来,研究美学,就必须具备这三观,没有这三观,就无法洞悉我们所置身的时代,当然,也就无法洞悉我们所面对的美学的历史走向。

就以美国学者斯塔夫里阿诺斯的一本很著名的书——《全球通史》为例。它是经典中的经典,因为它一出现就几乎完全重新改写了人类历史。对它,人们就往往会赞誉为:站在月球上看世界历史。而它最重要的特征,就是"大历史观"。这类似于法国历史学家布罗代尔把历史区分为短时段、中时段、长时段中的"长时段"。它是我们观察历史的一个很重要的视角。因为正是从"长时段",我们才能看到什么样的历史走向才得以最终赢得未来。就类似中国的江河湖泊很多,但是为什么只有长江黄河流成了大江大河?正是因为还在它们从巴颜喀拉山流下来的时候,"心中"就潜在着"方向",江河湖泊只有"流向",随低不随高,反正水往低处流而已,但是长江、黄河不同,不但有"流向",而且有"方向",不惧千难万险,总之我要东流入海。而这个"方向",却只有借助"长时段"才能觉察。

同样的,人类历史也不但有"流向"而且更有"方向"。历史学家告诉我们,在旧石器时代直到现在的250万年里,从旧石器时代到1500年,如此漫长的时间中,人类花费了99.98%的时间,人均达到的仅仅是90国际元。而从1500年到1750年,人类花费了0.01%的时间,人均却就达到了180国际元。再从1750年到2000年,在0.01%的时间内,人类更是达到了人均6600国际元的显赫成绩。这意味着:人类的97%的财富,是在过去250年里(0.01%的时间)创造的。那么,在这过去的250年里,究竟发生了什么?何以竟然会一日千里,而且何以竟然会一日千年?其中的"动力"何在呢?

更值得注意的是,在1500年以后,世界的诸多进步都已经不再与中国相关。对此,《中国:发明与发现的国度》做过统计:1500年以前,全世界45

件重大发明中,中国有32件;可是,1500年以后,全世界472件发明中,中国却只有19件,占了其中的4%,[①]再考虑到中国的众多人口,按人均计算的话,这个4%无疑还将被大大稀释。由此,西方一位历史学家克拉克甚至断言:人类只发生过一件大事:工业革命。因此人类的世界也完全可以被分为工业革命前的世界和工业革命后的世界。而我们也要因此而问:我们又是如何掉队的?

关键的关键,就是最近的这几百年。或者,关键的关键,是工业革命前与工业革命后。而我们如果以工业革命作为一个周期,则立即就会发现,有些国家的"前世今生"其实在300年前、500年前的"前世"中就已经命中注定了终将衰败,但是,也有些国家与民族的命运其实也是在300年前、500年前的"前世"中就已经命中注定了终将崛起。

几百年来的全部世界,动荡和变局非常非常频繁。我们的大清帝国的GDP一度领先于全世界,可是,后来却一蹶不振;俄罗斯帝国曾经不可一世,最终难逃覆灭命运;不可一世的奥斯曼帝国,曾经雄霸欧亚非,可是,现在却踪迹全无;英国更加神奇,曾经在几个世纪中跃居世界之巅,成为日不落帝国,尽管现在已经风光不再;至于美国,后排末座的身份,也并未影响到它的在百年中就后来居上,至今仍旧是全世界的头等大国;德国与日本也令人困惑,曾经崛起,但是后来却悍然发动战争,挑衅全世界的人性底线(在战败之后,竟然仍旧能够转而变身成为经济大国,更是一大奇观);当然,最令人痛心的当属亚非的那些前殖民地国家,它们左拼右突,但是,到现在却还大多没有走出贫困的泥沼。

那么,在一幕幕兴衰沉浮的背后,一定存在着什么规律;冥冥之中,应该存在着一只有条不紊地把神秘"天意"分配给各个国家与民族的"看不见的手"。很长的时间里,我们曾经把这兴衰沉浮都泛泛归因于一个国家与民族的"民主政治"或者"市场经济",然而,现在回头来看,显然并非如此。一个国家与民族的崛起与衰落无疑与"民主政治"或者"市场经济"有关,但是,仅

[①] 罗伯特·K.G.坦普尔:《中国:发明与发现的国度》,陈养正等译,二十一世纪出版社1995年版。

仅"民主政治"或者"市场经济"却又远远不够。无疑,在一个国家的"民主政治"或者"市场经济"起来的背后,一定还存在着一个首先要先"什么"起来的东西,而且,也正是这个先"什么"起来的东西,才导致了一个国家的终将崛起或者终将衰落。

具体来说,在历史学界,一般都将公元 1500 年作为一个极为值得关注的时间节点。《全球通史》分为上篇和下篇,上篇是"公元 1500 年以前",下篇则是"公元 1500 年以后"。还有一本书,是美国人写的《大国的兴衰》,也是如是划分:"公元 1500 年前"和"公元 1500 年以后"。看来,公元 1500 年,从今天来看,应该是一个最佳的长时段,一个洞察我们所面对的全部世界的"前世今生"的时间节点。

既然如此,我们不妨就以公元 1500 年为一个参照的"长时段",来回顾一下我们所置身于其中的这个世界所走过的历程。

首先,公元 1500 年以后,到 1900 年为止,几百年的时间,世界上公认,一共出现了 15 个发达国家。然而,值得注意的是,这 15 个发达国家完全都是欧洲人口。当然,这 15 个发达国家里有三个国家,它们的地理位置并不在欧洲,这就是美国、新西兰和澳大利亚,但是,它们却同样都是欧洲人口。因此,必须承认,在最近的 500 年里,现代化的奇迹都主要是欧洲国家创造的——也都暂时基本与亚非国家无关。

其次,公元 1500 年以后,西方国家全面赶超了中国。我们看到,1830 年,欧洲的 GDP 全面赶超中国,1865 年,英国一国的 GDP 也赶超了中国,到了 1900 年,美国不仅仅赶超了中国,而且赶超了英国。

不过,值得注意的是,倘若因此而将现代化与欧洲等同起来,将现代化意义上的"西方"与欧洲等同起来,那无疑也将会铸下大错,并且会混淆我们即将讨论的问题的实质。事实上,在公元 1500 年以后,西方世界的崛起并不能仅仅大而化之地界定为全部欧洲。回顾一下西方的现代化历程,不难发现,从公元 1500 年以后,整个的欧洲不仅仅是开始了大步奔跑,而且,更为重要的是,自身也还在大步奔跑中不断加以筛选、淘汰。我们看到,欧洲在奔跑中很快就首先甩掉了东正教的国家,然后又甩掉了天主教的国家。葡萄牙、西班牙、意大利,都相继后继乏力,不得不从"发达国家"的行列中被淘汰出局。因此,一个不容忽视的现象是,最终真正跑进现代化的第一阵容的,恰恰全都是"先基督教起来"的国家,都是基督教(新教,下同)国家。以我们所熟知的第一批现代化8国为例,除了法国、比利时两国属于天主教与新教混合外,其余6国,就全都是基督教国家。

再如英国,在它刚刚崛起的时候,只有一千万人口,可是,它所带来的正能量,却实在不容小觑。本来,葡萄牙、西班牙都跑在英国前面,英国要晚一百多年。然而,伴随着英国的宗教改革(安立甘宗、圣公会。美国社会学家帕森斯就认为:英国"在宗教上,是清教徒主义"),伴随着新教在英国的日益崛起,它却很快就大步追赶了上去(历史学家说:是加尔文宗教信徒创造了英格兰)。公元1500年的时候,三个国家的人均GDP还相差不多,可是到了1870年的时候,英国的人均GDP却已经是西班牙的2.3倍,是葡萄牙的3.2倍,到了今天,葡萄牙和西班牙更已经不值一提。那么,原因何在呢?答案根本无可置疑,也无可挑剔:英国是"好风凭借力",借助宗教改革和新教的拓展,是"先基督教起来"的国家,而葡萄牙、西班牙却是天主教国家,也是没有"先基督教起来"的国家,因此,前者才从殿后变为领先,直至彼此不可同日而语;后者也才从领先变为殿后,直至掉队落后。

再如北美。同在美洲,但是北美与南美却截然不同。它们都是欧洲背景,现在北美已经是世界上最富裕的地区,可南美却仍旧停滞于落后的境况中,仍旧还是发展中国家。原因何在?为什么南美和北美竟然会差那么大?为什么南美北美都是殖民地,但竟然结果完全不同?南美为什么始终就萎靡不振?而北美为什么就一直高歌猛进?原来,长期治理南美的葡萄牙和西班牙都是天主教国家,而长期统治北美的英国却是基督教国家。是否"先基督教起来",在发展中是否曾经被基督教的手触摸过,于是就成为它们之间的根本差异之所在。①

---

① 例如,1531年的时候,西班牙人的一个武装小分队登陆了南美的厄瓜多尔,随着欧洲人新航路的开辟,西班牙人入侵印加帝国,厄瓜多尔沦为西班牙殖民地,1670年,一个英国人才赤手空拳登陆了北美的南卡罗来纳,可是,我们今天谁都已经知道,被天主教的西班牙和基督教的英国染指之后,南美和北美的差距何等之大。

由此我们看到,在西方现代社会的崛起的背后应该确乎存在着规律,在冥冥之中也还确乎存在一只有条不紊地把天意分配给各个国家与民族的"看不见的手",这就是:基督教;或者叫作:宗教改革。① 它较之文艺复兴、经济扩张、资本主义的出现、国家建设、海外企业的兴起……都要更为关键。我常说,学术研究要学会做减法,要学会找到它的优先级。只有这样,才能找到要研究的问题,显然,基督教或者宗教改革,在这里就是优先级。例如,《全球通史》举过一个例子:公元1500年的时候,亚欧大陆是这样区分的,地球的最西边是欧洲,最东边是朱元璋的大明,中间是穆斯林帝国。在这当中要数穆斯林帝国气势最大。欧洲东部的君士坦丁堡(伊斯坦布尔)被攻陷,巴尔干半岛改信了伊斯兰教一百多年。欧洲腹地匈牙利、奥地利成为反击穆斯林帝国的前线,欧洲已经被穆斯林帝国打得像一张纸一样贴在欧洲的墙角上了。于是,《全球通史》问:就在1500年,如果有一位火星观察者,他会认为最终谁会胜出?无疑,一定会认为穆斯林帝国胜出,至少,也应该是中国胜出。但是,结果却是欧洲胜出。其中的一个重要原因,就是恰巧就在1500年前后,基督教登上了欧洲的历史舞台。

杰克·戈德斯通也曾经告诉我们一个十分惊人的现象:当年你如果从英吉利海峡向大陆望去,你会发现从法国到土耳其再到中国,都是一片专制王权的海洋。但是,英国却截然不同。2012年,奥运会在英国举办,开幕式的导演一开始曾经无所适从,因为看到了2008年的北京奥运会上张艺谋展示的四大发明,很有点震撼。可是后来突然想到:英国可以炫耀的恰恰是在中国的四大发明之后,也就是1500年以后。于是,他也就顺理成章地为自己国家的开幕式找到了主题词,这也就是莎士比亚戏剧中的那句台词:"这岛上众声喧哗。"什么样的"众声"呢?西方有一个短语,叫"西班牙式价值观",指的是天主教的西班牙等国所推崇的以掠夺与拼抢为核心的价值观;还有一个短语,叫"英国式价值观",指的是基督教为主的英国等国所推崇的

---

① 杜兰的《世界文明史》就把基督教与新文明之间的关系比喻为母子关系,见杜兰:《世界文明史》,幼狮文化公司译,东方出版社1999年版,第62页。

以创造与共享为核心的价值观。因此,"这岛上众声喧哗",当然就是"英国式价值观"的"众声喧哗"。

由此我们看到,"先基督教起来",是其中的一个优先级。不过,我又要立即强调的是,"先基督教起来"只是表象,"先信仰起来"才是实质。因为基督教催生的东西实际有两个,一个,是在教会形态下的由神职人员构成的宗教,还有一个,则是没有教会也没有神职人员的宗教精神,后者,就与"信仰"密切相关。在这个意义上,我们必须强调,基督教的重要,在于它是"信仰"的温床,人类在其中酝酿而出的,恰恰就是"信仰"。而且,只有"信仰",才是现代化的内在动力。这就正如丹尼尔·贝尔指出的:"现代性的真正问题是信仰问题。"[1]也正如巴雷特指出的:"世界历史的唯一真正的主题是信仰与不信仰的冲突。""一旦忘记了这种信仰的存在,那么同样也就忘记了人的存在。"[2]

当然,因此我们也就必须牢记:信仰高于宗教。宗教(包括基督教)只是信仰的载体。而且还很可能是"信仰"的扭曲与颠倒,因此马克思才疾呼:要"力求把信仰从宗教的妖术中解放出来"。[3]而且,宗教并不永恒,但是,信仰永恒。所以,2002年的时候,我在南大为学生做过一次讲座,后来有些学生说:我一直很怀念潘老师那次讲座,尤其是那几句话。因为当时我说过:我们可以拒绝宗教,但是不能拒绝宗教精神;我们可以拒绝信教,但是不能拒绝信仰;我们可以拒绝神,但是不能拒绝神性。

那么,宗教(包括基督教)与信仰的最最根本的区别何在?在我看来,就在于:从来就没有救世主,一切要靠我们自己。这意味着,昔日由宗教(包括基督教)庇护着的人之为人的不可让渡的绝对尊严、绝对权利、绝对责任,昔日由宗教(包括基督教)庇护着的人之为人的不可让渡的自由,现在都回到了人类自己的手中。自由地行善、自由地行恶,最终逐渐由恶向善,成为人

---

[1] 丹尼尔·贝尔:《资本主义文化矛盾》,赵一凡等译,三联书店2010年版,第28页。
[2] 威廉·巴雷特:《非理性的人》,杨照明等译,商务印书馆1995年版,第93页。
[3] 《马克思恩格斯文集》第3卷,人民出版社2009年版,第48页。

类的必然选择。把生命看作一个自组织、自鼓励、自协调的自控巨系统,也是人类必须直面的现实。

由此,再来回顾一下百年前的中国,其中的历史线索也就一目了然。"以美育代宗教"(蔡元培)、"以科学代宗教"(陈独秀)、"以伦理代宗教"(梁漱溟)、"以哲学代宗教"(冯友兰)……甚至是"以主义代宗教"(孙中山),也就是:以意识形态代宗教,以革命代宗教。梁漱溟后来总结说:在其中真正成功的只有"主义加团体",也就是以主义代宗教和以团体新生活取代伦理旧组织,在他看来,这是百年中国所完成的两件大事。而在其中,我们所必须看到的,却是无论如何都要"代宗教"。中国人的焦灼心态在这里显而易见。也因此,梁漱溟才总结说:宗教问题是中西文化的分界线。而严复总结为:"身贵自由,国贵自主。"国家富强与贫弱的关键,在于"自由不自由耳",也恰恰深刻地回答了所谓"信仰"的真实涵义。至于鲁迅说的"东方发白,人类向各民族所要的是'人'",那就更是清清楚楚了。从这个角度,我们不难发现:中国人亟待走向现代化,但是却不必要走向西方,更绝对不必要走向基督教,唯一的选择,就是走向信仰。

这样,从"大历史"到"大文化",现在也就来到了"大美学"。我们已经看到,在西方,是宗教(包括基督教)退回了教堂,在中国,是革命退回了殿堂。那么,信仰的建构如何可能?显然,审美与艺术的历史使命也就因此而脱颖而出。审美与艺术,取代宗教与革命,成为了信仰的孵化器、信仰的温床。而且,它也完全可以胜任。因为宗教是"超验表象的思",以笃信去坚守绝对价值、终极价值,也是将意义人格化;哲学是"纯粹的思",以概念去表征绝对价值、终极价值,是将意义抽象化;审美与艺术则是"感性直观的思",以形象去呈现绝对价值、终极价值,是将意义形象化。因此,"因审美而信仰"与"因信仰而审美",其实都是一回事。康德、谢林、叔本华、尼采、海德格尔、阿多诺、马尔库塞……这些真正震撼了世界的大哲,正是由此出发,才意外地发现并且走向了审美与艺术。审美与艺术成为时代的焦点,也成为哲学的核心问题,甚至成为第一哲学,道理在此。美学为什么会被西方的大哲学家关注?道理也在此。他们并不关注美学这个学科,而是关注审美与艺术的重大意义。尼采发现了问题,出来断喝一声:上帝死了。于是,审美与艺术也就进入了世界。它过去只是奢侈品、附属品,现在却要承担起时代的重任。因此,我们必须重新去认识和把握审美与艺术的真实内涵,尤其是过去所未能去认识与把握的审美与艺术的真实内涵。生命美学的诞生,原因就在这里。当然,这一切都是那些美学教授所无法胜任的,因为他们所关注的恰恰是人类所不关注的,也是西方的大哲学家所不关注的。犹如孔子与孔家店。孔子要面对的是时代问题,而孔家店关心的只是开"店"。因此,我们才要打倒孔家店,但是,我们从来就不同意打倒孔子。

"大美学",还使得我们可以从反面去把握审美与艺术的重大意义。这就是:审美与艺术对于作为元问题的虚无主义的阻击。在西方,宗教(包括基督教)退回了教堂,在中国,革命也退回了殿堂,于是,虚无主义也就四处肆虐并且甚嚣尘上。因此,在美学教授的眼中,看到的是生态问题、生活问题、身体问题,或者审美文化问题,等等,但是,在思想家的眼中,看到的却是虚无主义的问题。而且,必须要说,在所有的问题之中,只有虚无主义,才是元问题。所以尼采才说:未来将是两百年的虚无主义盛行。这当然是真知灼见!因为尼采一家五代出了二十多个牧师,所以他深知其中的弊端。因为虚无主义,才导致了不生态、不生活、不身体、不文化,总之,是导致了不自由。由此,也只有从阻击虚无主义的角度去研究生态、生活、身体、文化,乃至研究自由,才算是直面了真正的问题。也因此,审美与艺术的重大意义,也就再一次地显露出来。这就是所谓的审美救赎。当然,阻击虚无主义,还离不开马克思所说的劳动救赎。但是,这毕竟是把虚无主义作为了一个历史性的问题,然后再用历史性的劳动去救赎。至于审美与艺术,则仍旧是附着于劳动之上的附属品和奢侈品。但是却忽视了,现实劳动无可避免地总是带有着现实性,也是没有办法真正地实现人类的自由的。真正地实现人类的自由,则唯有在象征的维度,当然,这也就是审美与艺术的重大意义,所谓审美救赎。这也就是说,审美救赎,意味着对于自己所希望的生活的以审美方式的赎回。人注定为人,但是却又命中注定生活在自己并不希望的生活中,而且也始终处于一种被剥夺了的存在状态。它一直存在,但是却又一直隐匿不彰,以致只是在变动的时代中我们才第一次发现,也才意识到必须要去赎回。然而,因为已经没有了彼岸的庇护,所以,这所谓的赎回也就只能是我们的自我救赎,也就是所谓的审美赎回、审美救赎。当然,这已经不复是宗教救赎的福音,而是审美救赎的福音。因此,尼采才会说:"无论抵抗何种否定生命的意志,艺术是唯一占优势的力量,是卓越的反基督教、反佛教、反虚无主义的力量。"这就是尼采的生命美学,它已经远远溢出了传统的美学的领域,而成为现代文化的救赎方案,成为人类自身的自我谋划,因而,也就进而成了一个生命政治学的问题、文化政治学的问题。而包括荣格、海德格尔、阿多诺、马尔库塞在内的许多大思想家的走向审美救赎,道理也在这里。

例如,1915年,韦伯就提出了审美救赎的问题。在他看来,审美与艺术之所以能够代替宗教,是因为存在着价值分化。这也就意味着,从理性合理化的角度、技术合理化的角度,韦伯看到了由于合理化组织社会生活而导致的现代社会的分裂,看到了科学技术、法律道德、审美与艺术三个领域的"胜利大逃亡"。审美与艺术曾经是宗教的附属,本来是要依附于宗教的,而在现代社会却日益自主,开始禀赋了自己的权利。它有了独立的生命,成为独立的世界,可以自主设立价值目标,沿袭着自己的生长逻辑,并且已经有了自己的技术保证:"新的技术手段的发展首先只是意味着分化的增长,并且仅仅提供了在强化价值意义上增加艺术'财富'的可能性。"[1]独立自足的审美与艺术第一次出现了。那么,作为一种有可能去遏制工具理性带来的恶果的力量,审美与艺术的奥秘何在?这又应该与韦伯对于目的理性与价值理性的思考有关。区别于以达到目的为目标的合理性,以价值的实现为目标的合理性是一种不计得失的、不讲任何条件的、不顾一切的价值。[2]"谁要是无视可以预见的后果,他的行为服从于他对义务、尊严、美、宗教训示、孝

---

[1] 马克斯·韦伯:《社会科学方法论》,韩水法译,中央编译出版社2002年版,第167页。
[2] 马克斯·韦伯:《经济与社会》(上),林荣远译,商务印书馆1997年版,第57页。

顺或者某一件'事'的重要性的信念,不管什么形式的,它坚信必须这样做,这就是纯粹的价值合乎理性的行为。"①而"不管什么形式的",对"尊严、美"的"坚信",就是审美与艺术。韦伯指出:"科学工作要受进步过程的约束,而在艺术领域,这个意义上的进步是不存在的。"②"一件真正'完美'的艺术品,永远不会被超越,永远不会过时;每个人对它的意义评价不一,但谁也不能说,一件艺术性完美的作品被另一件同样'完美'的作品超越了。"③艺术就因为自身的无功利性和普遍有效性,而在对抗因目的理性和宗教缺失所导致的社会矛盾和信仰空白中功绩卓著。现代性的关联,在艺术中第一次被建构起来。由此,"在生活的理智化和合理化的发展条件下,艺术正越来越变成一个掌握了独立价值的世界。无论怎样解释,它确实承担起一种世俗的救赎功能,从而将人们从日常生活中,特别是从越来越沉重的理论的与实践的理性主义的压力下拯救出来。"④

再如法兰克福学派。关于法兰克福学派的研究,在中国可谓显学,研究论著、论文之多令人欣喜。但是,无可讳言,这些研究却大多是从物化、异化、生态、自由、正义问题开始,也是到物化、异化、生态、自由、正义问题结束,难免给人以就事论事之憾。其实,在这些问题的背后,还潜在着一个更加内在、更为根本的角度:虚无主义。法兰克福学派,就其实质而言,也是对于虚无主义的克服。只有从这个角度,才能够真正深入地挖掘法兰克福学派关于审美救赎的思考的内涵。而且,我们知道,对于审美与艺术,西方马克思主义美学中的"东马"一般都持"艺术工具论"的观念,而西方马克思主义美学中的"西马"却持"艺术自主论"的观念。当然,在"东马"内部也有不同。在列宁,强调更多的,是"党领导下的艺术";在卢卡奇,却是"自由的艺术"。只是,这里的"自由的艺术"仅仅是"认识的自由",这就是卢卡奇所谓

---

① 马克斯·韦伯:《经济与社会》(上),林荣远译,商务印书馆1997年版,第57页。
② 马克斯·韦伯:《学术与政治》,冯克利译,外文出版社1998年版,第27页。
③ 马克斯·韦伯:《韦伯文集》(上),韩水法译,中国广播电视出版社2000年版,第82页。
④ 转引自李健:《审美乌托邦的想象》,社会科学文献出版社2009年版,第44页。

"具体的总体"(请注意"东马"与中国的实践美学的"神似")。然而,要论实际影响,那无疑还要数"西马"。这当然是因为,"西马"所发现的当代社会的奥秘要远为深刻。

其中的第一步,其实从"东马"的卢卡奇已经开始。西方马克思主义注意到,国家现在不光是一个政治社会,还已经是一个市民社会。这也就是说,国家不但是一个硬国家机器,还是一个软国家机器。国家＝政治社会＋市民社会,国家＝硬国家机器＋软国家机器。例如,领导权是由统治权产生的,但是却要比统治权更丰富。它是一种建立在普遍同意之上的"统治权"。其中的关键,就是暴力与强权已经被文化的控制所取代。因此,亟待找到一个较之"经济基础决定上层建筑"更具说服力的、关于文化的相对独立作用的考察。由此,法兰克福学派把目光投向了文化世界。值此时刻,社会现代化进程中的关键并不在于感性与理性的对立,因此审美的所谓"协调",究其根本而言,其实也无足轻重;事实上,社会现代化进程中的关键在于:人与物的颠倒。也就是马尔库塞所抨击的所谓"痛苦中的安乐""不幸中的幸福感"。"虚假的需求"被当作自己的"真正的需求"。在真正的文化世界,必须是两大要素的体现:"否定"以及"对幸福的承诺"。但是现在在文化世界中这两点却都已经无法看到。究其原因,则是由于异化与物化的出现。弗洛姆、马尔库塞等人发现资本主义意识形态所染指的已不仅仅是人的意识,而且是人性。资本主义意识形态对人性的奴役早已深入骨髓,进入无意识层面,早已将人性重新进行编码了。也因此,这被重新编码了的人性从来不会支持任何一场旨在改变资本主义社会制度的革命。审美与艺术的重大意义恰恰在于借助于见证自由以及对于人之为人的不可让渡的尊严、权利的维护来唤醒人性。由此,沃林曾经称本雅明的美学为"救赎美学",其实,整个法兰克福学派都是"救赎美学"。以至于福柯竟然会感叹:"道路已经被法兰克福学派打开了。"[1]因此,我们也必须重新去认识与把握审美与艺术的真实

---

[1] 福柯:《结构主义和后结构主义》,见杜小真编:《福柯集》,上海远东出版社1998年版,第493页。

内涵,尤其是过去所未能去认识与把握的审美与艺术的真实内涵。当然,这一切同样都是那些美学教授所无法胜任的,因为他们所关注的恰恰是人类所不关注的,也是西方的大哲学家所不关注的。克罗齐就已经开始将席勒的"游戏冲动"评价为"不幸的命名",并且认为:"到底什么是审美活动,席勒并未说清楚。"原因在此。生命美学的诞生,原因也在此。

总之,时代的巨变,使得审美与艺术真正成为审美与艺术,简而言之,它不再是实践活动的附属品、奢侈品,而成为生命活动中的必然与必需。它当然无法取代现实的实践活动,"武器的批判"与"批判的武器"之间的区别,我们无疑是知道的。但是,从"康德以后"到"尼采以后",他们所开辟的美学道路,也是无可争议的。因为在价值分化的世界,科学技术、法律道德和审美艺术三个领域之间亟待协调,人类毕竟亟待在象征意义上去与工具理性、目的理性抗衡。何况,人类世界是一个自由为恶也自由为善的过程,这一点没有谁可以干涉,上帝不行,理性也不行,都无法干涉这个世界的恶,也无法干涉这个世界的善,但是,这个世界又毕竟是由恶向善的,又毕竟是慢慢地自由趋向善的,这当然是生命本身自鼓励、自反馈、自组织、自协同的结果,也是审美与艺术在其中发挥了巨大作用的结果。打个比方,我们开车的时候倘若要自己的车开在车道上,我们要如何去做?正确的方式是方向盘左边打一下,右边打一下,不断地打方向盘,结果自己的车就一直开在了车道上。那么,是谁促使我们把手中的方向盘打来打去的?过去,我们认为是神性或者是理性,而现在我们认为是生命本身,这就是恩格斯所说的"历史的合力"。它是无数互相交错的力量,有无数个力的平行四边形,在其中各种力量都在不自觉地和不自主地起着作用。这一点,在神性的时代与理性的时代我们并不清楚,起码是并不十分清楚。毕竟,那个时候社会的主要动力仍旧是"神性"或者"理性",审美与艺术仅仅是在辅助的、从属的、娱乐的意义上存在。也因此,人类也就必然呼唤着全新的美学,去对审美与艺术在其中发挥的巨大作用加以认真的说明,这就正如尼采所感悟到的:"超感性世界没有作用力了。它没有任何生命力了。"因此要"创造一种对生命的袒护,强大到足以胜任伟大的政治:这种伟大的政治使生理学变成所有其他问题的主宰,——它要把人类培育为整体,它对种族、民族、个体的衡量是根据他们的未来,根据他们所蕴含的对于生命的保证进行的,——它无情地与所有蜕化者和寄生虫一刀两断"。无疑,这正是一个世纪的"次生子""早产儿"的睿智。对此,德国学者彼得·科斯洛夫斯基也曾经以"技术模式"与"生命模式"的不同导向来加以说明。在他看来,也许,"我们完全可以设想会出现又一个轴心时代",以便为人类的行为规范和价值系统"重新定向"。昔日我们一味赞美"现代"似乎它永远"一个开始",而没有,也不会有"一个终结"。现在我们却发现:可以"将人类,实际上作为一个整体的生命,重新纳入到自然中来,同时,不仅将各种生命当成达到我们目的的手段,而且当作它们自身的目的"。当然,这也就是生命美学在"尼采以后"横空出世的全部理由。因为在借助神性与理性并且仅仅"将各种生命当成达到我们目的的手段"去对于审美与艺术加以说明之后,现在还亟待借助生命并且将生命"当作它们自身的目的"对于审美与艺术重新加以说明。

三、美学的终结:四个转向

综上所述,我讲到的,其实是生命美学之所以出现的思想背景。概括言之,可以叫作:"以信仰代宗教"与"以审美促信仰"。简而言之,在宗教退回教堂、革命退回殿堂之后,信仰的重要性被凸显出来。审美与艺术则成为了信仰建构的重要推动力量。因此,是"因审美,而信仰",也是"因信仰,而审美"。①

不过,前面我所讲的,还只是生命美学得以产生的外在原因。可是,外因毕竟是变化的条件,内因才是变化的根据。因此,下面我们还要来进而讨论一下生命美学得以产生的内在原因。

而这就涉及对于审美与艺术本身的讨论。

然而,这也并不容易。本来,问题并不复杂。审美与艺术所涉及的,其实就是一个人所共知的困惑。叔本华曾经提示说:"关于美的形而上学,其

---

① 具体的论述,可参见拙著《信仰建构中的审美救赎》一书,人民出版社 2019 年版。

真正的难题可以以这样的发问相当简单地表示出来:在某一事物与我们的意欲没有任何关联的情况下,这一事物为什么会引起我们的某种愉悦之情?"①在我看来,这段话是对"主观的普遍必然性"这一康德的重大发现的一个深入显出的说明。确实,情感愉悦早已是一个老问题,而且,诸如逐利的情感愉悦、求真的情感愉悦、向善的情感愉悦,也都已经得到了令人信服的解释。但是,引人瞩目的是,审美的情感愉悦却始终没有能够得到令人信服的解释。"画饼"不是为了"充饥","望梅"不是为了"止渴",那么,为什么还要"画"?为什么还要"望"?其他的木头都可以"焚","琴"何以就不能"焚"?鸡鸭鱼肉都可以"煮","鹤"何以就不能"煮"?或者,审美与艺术没有用,但是为什么却又须臾不可离开?平心而论,人类也并不是没有意识到其中必定蕴涵着深刻的涵义,但是,长期以来,却学派纷争,各持一说,似乎谁都难以服众。而且,当年曾经以为已经完美解释了的,一旦时过境迁,似乎也就变得破绽百出,难以令人信服。例如,人们曾经将审美与艺术作为神性的附庸,或者将审美与艺术作为理性的附庸,并且由此而在辅助的、从属的、娱乐的层面作过解释,可是一旦连上帝、理性都灰飞烟灭,这些解释也就再也没有了市场。然而,审美与艺术却仍旧存在,而且,还一切如前所述,不论是就"以审美促信仰"而言,还是就阻击作为元问题的虚无主义而言,其影响都日益重大,日益显赫。因此,对于审美与艺术的解释又是必然的,也是必需的。

无疑,这一切都期待着一种全新的对于审美与艺术的解释。而且,这也正是在"尼采以后"的生命美学的努力方向。

具体来说,生命美学亟待完成的,是四大转换。同时它也意味着:美学要走出四大误区。具体来说,美学要走出"自然的人化"的误区,走向"自然界向人生成"的转换;美学要走出"适者生存"的误区,走向"爱者优存"的转换;美学要走出"我实践故我在"的误区,走向"我爱故我在"的转换;美学还要走出审美活动是实践活动的附属品、奢侈品的误区,走向审美活动是生命

---

① 叔本华:《叔本华思想随笔》,韦启昌译,上海人民出版社2005年版,第33页。

活动的必然与必需的转换。

首先,美学要走出"自然的人化"的误区,走向"自然界向人生成"的转换。

昔日的美学,无论具体的看法如何,都存在着一个外在的原因,却是共同的。例如神性的推动,例如理性的推动,等等,实践美学也是如此,无非是把推动力放在了外在的实践活动身上。所谓"劳动创造了美""自然的人化",则是其中的关键词。但是,我已经讨论过,而今神性、理性作为外在的推动力已经完全没有了说服力,第一推动力、救世主都没有了。再用神性或者理性去解释审美与艺术,也已经此路不通。应该说,这已经成为了人们的共识。

就以中国的新时期以来的美学研究为例,表面看起来是"实践"与"生命"的对立,但是实际上却是一个不断地"去实践化""弱实践化"与"泛实践化"的过程。生命美学、超越美学、存在美学就不用说了,因为它们都是走在"去实践化"的道路之上,而新实践美学也好,实践存在论美学也好,包括李泽厚本人力主的实践美学也好,其实也都是在不同程度地给实践加括号,都是在悬置它。新实践美学的"新"在哪里?实践存在论美学何以要为"实践"加上"存在"?他们当然都是解释为"拓展",但是,与其解释为"拓展",远不如解释为"弱实践化""泛实践化"更为合乎实际情况。李泽厚的"情本体"是怎么回事?难道不也是在"弱实践化""泛实践化"?显然,从一般本体论的实践本体论转向了基础本体论、主体间性的超越本体论、情本境界的生命本体论,是其中的大趋势。而在这背后的,则是"去本质化""弱本质化""泛本质化",也就是不再幻想用神性或者理性的方法来界定审美与艺术。严羽说:"吾论诗,若那吒太子析骨还父,析肉还母。"其实,中国的新时期以来的美学研究所走过的,也同样是"析骨还父,析肉还母"的道路,这就是"去实践化""弱实践化"与"泛实践化",也是"去本质化""弱本质化"与"泛本质化"。

海森堡说:"在物理学发展的各个时期,凡是由于出现上述这种原因而对以实验为基础的事实不能提出一个逻辑无可指责的描述的时刻,推动事物前进的最富有成效的做法,就是往往把现在所发现的矛盾提升为原理。

这也就是说,试图把这个矛盾纳入理论的基本假说之中而为科学知识开拓新的领域。"显然,当美学发生了转变,当上帝与理性退出了美学的中心之后,我们也亟待提出一个新的"假设",以便把"现在所发现的矛盾提升为真理"并且"开拓新的领域"。当然,这个"假设",就是"生命"。

我所强调的美学的第一个转换,也就因此而呼之欲出了。这就是向"自然界生成为人"的转换。

在中国,人们喜欢讲"自然的人化",甚至出现了"实践拜物教"或者"劳动拜物教"(因此我经常建议年轻博士可以写一篇博士论文,去认真地反省一下当代中国美学的"实践"话语或者"劳动"话语),但是后来却遭遇了几乎是所有人的迎头痛击。最煞风景的是,连被奉为神圣的马克思的"劳动创造了美"也被改译为"劳动生产了美"。何况,这样一种把自然界与人蛮横无情地用"实践"去断开的方法也既不合情也不合理。其中,至少有四个没有办法解释的困惑。第一,自然科学早就证明了动物也制造工具,而且已经制造了好多万年,那么,为什么动物偏偏就没有进化为人?第二,本来已经被制造工具的实践积淀过的"狼孩"——就是被狼弄去养大的小孩,为什么无论如何无论怎么教育都再也无法成为人了呢?第三,地震灾害降临的时候,众多动物中为什么最愚钝无知的偏偏是已经被制造工具的实践积淀过了的人类?第四,性审美肯定是出现在实践活动之前的,这无可置疑,那么,又怎么解释?

其实,物质实践与审美活动都是生命的"所然",只有生命本身,才是这一切的一切的"所以然"。人类无疑是先有生命然后才有实践。我们知道,宇宙的年龄大约是150亿年,地球的年龄大约是46亿年,生物的年龄大约是33亿年,而人类的年龄则大约是300万年。试问,在这300万年里,人类的生命无疑已经自始至终都存在着,可是,是否也自始至终都存在着人类的物质实践?如果有,无疑还需要科学论证;如果没有,那么,是否就是在断言,那个时候的人还根本就不是人?而且,马克思已经指出:"任何人类历史的第一个前提无疑是有生命的个人的存在。"那么,生命难道不也是物质实践的"第一个前提"?更何况,人类是在没有制造出石头工具之前就已经进化出了手,进化出了足弓、骨盆、膝盖骨、拇指,进化出了平衡、对称、比例……光波的辐射波长全距在 10 纳米与 1 毫米之间,但是人类却在物质实践之前就进化出了与太阳光线能量最高部分的光波波长仅在 400 纳米—800 纳米之间的内在和谐区域;同时,温度是从零下几百度到零上几千度的都存在的,但是人类却在物质实践之前就进化出了人体最为适宜的 20—30 度左右的内在和谐区域。再如,与审美关系密切的语言也不是物质实践的产物,而是缘于人类基因组的一个名叫 FOXP2 基因,它来自 20 万—10 万年前的基因突变。

那么,何去何从?在我看来,只有转向"自然界生成为人"。

这个问题,我在 1991 年出版《生命美学》的时候就已经提出了。可惜,那个时候也许是太年轻了,根本没有人理睬我。知音少,年轻有谁光顾?知音少,弦断有谁听?但是,真理是不问年龄的,就像英雄不问出处一样。至于原因,则已如前述,从来就没有救世主,也没有神仙皇帝,作为第一推动力的上帝与理性根本就不存在。我们或者可以把广义的自然称为宇宙世界,而把狭义的自然称为物质世界,前者涵盖人,后者却不涵盖人。因此,宇宙世界不但是物质性的,而且还是超物质性的。在这个意义上,它与人有其相近之处。不同的只是,我们把宇宙世界称为宇宙大生命(涵盖了人类的生命,宇宙即一切,一切即宇宙)的创演,而把人类世界称为人类小生命的创生。创演,是"生生之美",创生,则是"生命之美"。它们之间既有区别又有一致。"生生之美"要通过"生命之美"才能够呈现出来,"生命之美"也必须依赖于"生生之美"的呈现,但是,也有一致之处,这就是:超生命。或者叫作自鼓励、自反馈、自组织、自协同的内在机制,所谓"天道"逻辑——"损有余而补不足",奉行的"两害相权取其轻,两利相权取其重"的基本原则,生物学家弗朗索瓦·雅各布则称之为:"生命的逻辑"。它类似一只神奇的看不见的手。只是,"生生之美"对于"生命的逻辑"是不自觉的,"生命之美"对于"生命的逻辑"则是自觉的。

而借助马克思的思考,我们则可以把这样一种生命的创演与创生,生命的自鼓励、自反馈、自组织、自协同称为"自然界生成为人"。

马克思早已说过:"历史本身是自然史的一个现实部分,即自然界生成为人这一过程的一个现实部分。"可是我们却一直未能深究,未能意识到亟待去以"自然界生成为人"去提升"自然的人化"。因此,我们忽视了,"自然界生成为人",才是马克思主义哲学的核心,也是美学研究的理论基础。"自然的人化"只是马克思的劳动哲学、实践哲学。我们不能只注意到了其中的横向的联系,而且还不是全部——只是其中之一,却忽视了其中的纵向的联系。而其中一系列的区别是:不是"自然的人化",而是"自然界生成为人";不是"劳动创造了美",而是"劳动与自然一起才是一切财富的源泉";也不是"人的本质力量的对象化",而是"自我确证""自由地实现自由""生命的自由表现"。

具体来看,"自然的人化"只能涉及"自然界生成为人"的"现实部分",也就是"人通过劳动生成"这一阶段,但是"自然界生成为人"的"非现实部分"却无从涉及。例如,实践美学从实践活动看审美活动,主要思路就是美来自"自然的人化",顺理成章地,人类社会之前也就无美可言了,至于自然美,当然是"自然的人化"的结果。但是,自然的"天然"之美又何以解释?例如月亮的美?因此,只看到"自然界生成为人"的"现实部分",看不见"自然界生成为人"的"非现实部分",实践也就被抽象化了,正如马克思所说的,陷入了"对人的自我产生的行动或自我对象化的行动的形式的和抽象的理解"。结果,实践活动成为了世界的本体,成为了人类存在的根源,也成为了审美和美的根源。至于人类实践之前、人类实践之外的一切,则完全被忽略不计。其实,为实践美学所唯独看重的所谓"人类历史"应该只是自然史的一个特殊阶段。因此,马克思所说的"自然界的自我意识"和"自然界的人的本质",我们都不能忽视。而且它们自身也本来就是互相依存的,后者还是前者得以存在的前提。这样,离开自然去理解人,离开自然史去理解人类历史,就无疑是荒谬的。换言之,人类历史其实是"自然界生成为人这一过程的一个现实部分",它必须被放进整个自然史,作为自然史的"现实部分"。当然,是在"历史"中人类才真正出现了的,但是,这并不排斥在"历史"之前的"非现实部分"。彼时,人当然尚未出现,"自然界生成为人"的过程也没有成为现实,但是,无可否认的是,自然界也已经处在"生成为人"的过程中了。冒昧地将自然界最初的运动、将自然演化和生物进化的漫长过程完全与人剥离开来,并且不屑一顾,是人类中心主义的傲慢,是没有根据的。而"自然界生成为人"则把历史辩证法同自然辩证法统一了起来,也是对于包括人类历史在内的整个自然史的发展规律的准确概括,更完全符合人类迄今所认识到的自然史运动过程的实际情况。

而且,从马克思所告诫的"自然界的人的本质"出发,从"自然界的人的本质"的客观存在出发,我们不难理解,那个"被抽象地孤立地理解的、被固定为与人分离的自然界"其实是不存在的,如此这般的自然界,对人来说只能是"无"。自然界往往被实践原则去加以抽象理解,却忽视了它始终都与人彼此相互关联,无从分离。在人生成之前和生成之后,都如此。可是,在由无生命到有生命直至最高的生命的"自然界生成为人"的过程里,实践活动却主要是在"由无生命到有生命"的阶段起到了重大作用(但也并非唯一),在前此的"无生命"和之后的"最高的生命"阶段,却并非如此。由此,实践美学言必称"实践",似乎是领到了尚方宝剑,谁都奈何它不得,一切的一切都是缘起于实践也终结于实践,实践无所不能,实践也万能,然而,一旦如此,偏偏也就把"劳动""实践"抽象化了、神秘化了。其实,实践原则并不是万能的。倘若从实践原则发展到"唯实践""实践乌托邦",则也是不妥的。例如,认为只有实践与人发生关系中的自然才是自然,这就难免落入实践唯心主义、实践拜物教。而且,在现实生活中,我们也已经领教了实践唯心主义、实践拜物教的危害。它将人与自然肆意分离,结果当然认为对待自然可以为所欲为,而且无论怎样去对待自然,都不会反过来伤害自身。"人有多大胆,地有多大产",就是这样出笼的。自然界是人的无机的身体,破坏自然界,当然也就是破坏"自然界的人的本质";破坏人的本质,也就是把人变成"非人"。如此一来,美学也就无从立足了。

其次,美学要走出"适者生存"的误区,走向"爱者优存"的转换。

这意味着,作为高级的生命现象,人类已经意识到:变化、差异以及对多样性的追求,是对抗拒生命中熵流的瓦解和破坏的制胜法宝,而人类一旦从被动适应发展到主动适应,人类的自觉也就得以显现。因此,人才可以自觉地与宇宙彼此协同。并且把宇宙生命的创演乃至互生、互惠、互存、互栖、互养的有机共生的根本之道发扬光大,这就是生命美学所立足的生命哲学:"万物一体仁爱""生之谓仁爱"。而当我们把生命看作一个自鼓励、自反馈、自组织、自协同的巨系统,当我们自由行善也自由行恶,从而最终得以由恶向善,爱,都是生命之为生命的忠实呵护者。爱守于自由而让他人自由,是宇宙大生命与人类小生命自身的"生命向力"的自觉。

周辅成回忆说:熊十力"觉得宇宙在变,但变决不会回头、退步、向下,它只是向前、向上开展。宇宙如此,人生也如此。这种宇宙人生观点,是乐观的,向前看的。这个观点,讲出了几千年中华民族得以愈来愈文明、愈进步的原因。具有这种健全的宇宙人生观的民族,是所向无敌的,即使有失败,但终必成功"。[①] 其实,这也是人类生命的共同境界。"你要别人怎样待你,你就要怎样待人",这是用肯定性、劝令式的方式来表达的西方文化的"爱的黄金法则";"己所不欲,勿施于人",这则是以否定性、禁令式的方式表达的中国的"爱的黄金法则",而且比西方早提出了五百多年。何况,中国有"仁爱",西方有"博爱",印度有"慈悲"……这一切告诉我们:爱,内在地靠近人类的根本价值,也内在地隶属于人类的根本价值。爱,是人类根本价值中所蕴含的作为最大公约数与公理的共同价值。

当然,这也就是所谓的"爱者优存"。或者,我们也可以把它称为"非零和博弈"。

"零和博弈",是"适者生存"的黄金法则。因此,任何时候自己都不能输,而只能是他者输,就是其中的根本要求。但是,这恰恰不是生命之为生命的发展方向。生命史上最完美的故事一定应该是合作的故事、互助的故事。我活着,首先就要让你活着;我不想做的,也首先不让你做。莎士比亚提示我们:"在命运之书里,我们同在一行字之间。""同在一行字之间",才是人类的共同命运,也才是人类的生命逻辑。因此,生命发展的推动力和最终

[①] 周辅成:《回忆熊十力》,湖北人民出版社1989年版,第135页。

趋向并不是你死我活的竞争关系,而是互利共赢的合作关系,即"非零和"。这正是柏格森所孜孜以求的"生命冲力",①正数的互利利他、正数的利益总和。它是可以改变一切的"宇宙酸",也是共同进化的提升机。人类生命的演进,就是这样地逐渐走向"非零和博弈"的时代。

在这方面,值得一读的,是罗伯特·赖特的《非零和博弈——人类命运的逻辑》。他指出:早在康德那里,就已经认定人类历史存在着"大自然隐秘计划",也就是"爱者优存"或"非零和博弈"的"大自然隐秘计划"。"作出这种'设计'的并不是人类设计师,而是自然选择。"它是人类生命存在的"非零和动力"。"地球上迄今为止的生命演变就是由这种驱动力塑造的。"因此,"唯有博弈论才能让我们看清楚人类自己的历史。""地球上生命的历史是一个好到难以书写的故事。但是,无论你是否相信这个故事背后有一个天外的作者,有一点是相当清楚的:这就是我们的故事。作为它的主角,我们无法逃避它的意义。"②

再比如,达尔文有两本书,一本叫《物种起源》,还有一本叫《人类的由来》,《物种起源》是他前期的工作成果。那个时候,达尔文认为物种的进化是靠什么呢?"适者生存"。也就是说,是"弱肉强食"。这当然都是我们所非常熟悉的。但是,这并不是真正的达尔文。达尔文的《人类的由来》是他后期的工作成果。在这本书里,出人意外的是,达尔文极少再用"适者生存"这个概念。有个学者做了个统计,说达尔文在他的这本书里一共只用过两次。其中还有一次是因为要批评"适者生存"这一观念。但是,有一个词,达尔文却用了九十多次,这就是"爱"。达尔文提示:事实上什么样的动物种群才能够进化呢?以"爱"作为自己的立身之本的动物种群。这无疑是一场赌博——一场豪赌。因为没有谁知道进化的最终结果,所以不同的动物种群实际上也都是在豪赌:是自私自利,还是互相关爱?颇有意味的是:最终

---

① 罗伯特·赖特:《非零和博弈——人类命运的逻辑》,赖博译,新华出版社2019年版,第6页。

② 罗伯特·赖特:《非零和博弈——人类命运的逻辑》,赖博译,新华出版社2019年版,第22、8、4、426、425页。

胜出的不是"适者生存"的动物种群,而是"爱者优存"的动物种群,是以"爱"作为自己的立身之本的动物种群最终胜出!因此,哈佛大学的研究员爱德华·威尔逊称之为"亲生命假设"。因为这个假设认为:生物间存在一种与其他生物亲近的渴望,而人类更需要人与人之间亲密的联系。曾经有一个考古学家带着学生挖出了一个人的尸骸,考古学家发现:那个人的腿是断了以后又接上的。于是,他对学生断言:这应该已经是文明社会。因为所有的动物和人一样,都怕受伤,一旦受伤,往往就失去了照顾,其结果就是因伤痛而死。但是这个人不一样,尽管受了伤,但是却能够伤愈。这说明,他一定已经生活在一个互相关爱的社会。这正如舍勒所说:"只有当我们爱事物时,我们才能真正认识事物。只有当我们相互热爱,并共同爱某一事物时,我们才能相互认识。"[1]

总之,我在前面已经说过,信仰的觉醒一定就是自由的觉醒。现在我还要说,自由的觉醒也一定伴随着爱的觉醒。爱是自由觉醒的必然结果,所以生命即爱,爱即生命。在这个意义上,我们再来看马克思的话,就实在犹如醍醐灌顶:"我们现在假定人就是人,而人同世界的关系是一种人的关系,那么你就只能用爱来交换爱,只能用信任来交换信任,等等。"因此,提倡爱,其实强调的就是一种"获得世界"的方式。正如西方《圣经·新约》说的:"你们必通过真理获得自由";也正如陀思妥耶夫斯基《卡拉马佐夫兄弟》中的佐西马长老说的:"用爱去获得世界。"或者,不是"我思故我在",而是"我爱故我在"。在这里,"爱"成为一种"觉",但不是先天的(先知)先觉,而是后天的(先知)先觉,而且也先于实践的"积淀"。懂得了这一点,也就懂得了王阳明的"龙场顿悟",所谓"吾性自足"。换言之,其实在这里存在着一个西方积极心理学所提示的"洛萨达线"——一个消极情绪要以三个积极情绪来抵消。这是临界点。[2] 因此,我们可以通过向积极情绪移动的方式来改变自己。因为这样的话,我们的作为创造力与可能性的心理杠杆就会变得更长,于是力

---

[1] 舍勒:《爱的秩序》,林克等译,三联书店1995年版,第120页。
[2] 马丁·塞利格曼:《持续的幸福》,赵昱鲲译,浙江人民出版社2012年版,第61页。

量也就越大。最后，甚至可以撬动一切。这也就是人们往往会意外发现的所谓"爱能战胜一切"。事实上，是积极情绪在不断地创造和修正着我们的心理地图，帮助我们在这个复杂的世界中快乐地生活。失败不再被看作绊脚石，而被看作垫脚石。尽管"人生不如意事常八九"，但是也不再是"常念八九"，而是"常念一二"。犹如人之为人当然要首先满足衣食住行的欲望，但是重要的是我如何去满足衣食住行的欲望。在这个意义上，李泽厚提出"吃饭哲学"，其实就是从康德向黑格尔的倒退。因为，在衣食住行的欲望的背后，还存在着孔子所谓的"安与不安"。什么叫"安与不安"？这个东西不是实践"积淀"而来，而是人生而"觉"之的，是生命的自鼓励、自反馈、自组织、自协同的巨系统的呈现。因此熊十力才说：只讲生命活动不是真儒学，还要与"仁"结合。这就意味着：在"自然界生成为人"的过程中，还存在着一个不可或缺的东西，这就是"爱"。对此，我们思考一下西方学者阿瑞提提出的"内觉"：一种"无定形认识、一种非表现性的认识——也就是不能用形象、语词、思维或任何动作表达出来的一种认识"，①或许能够有所启迪。

我还要提示的是，同样是在1991年，我已经就提出要"带着爱上路"："生命因为禀赋了象征着终极关怀的绝对之爱才有价值，这就是这个世界的真实场景。""学会爱，参与爱，带着爱上路，是审美活动的最后抉择，也是这个世界的最后选择！"可惜，那个时候也许还是太年轻了，因而还是根本没有人理睬我。知音少，年轻有谁光顾？知音少，弦断有谁听？不过，后来"带着爱上路"的思路也在逐渐拓展，大大拓展。我还提出了"万物一体仁爱"的生命哲学。当然，北京大学的张世英先生曾经提出过"万物一体"的哲学。但是，我认为还很不够。正如熊十力先生所发现的，只意识到了"万物一体"还不是真儒学，还要意识到"爱"。何况，全部的宋明理学也都在做这件事情，都在超越万物一体，也都已经推进到了"万物一体之仁"，因此我们不应该只停留在"万物一体"的初级阶段。我所做的，则是再进一步，进而以"爱"释"仁"，把传统的"万物一体之仁"的生命哲学提升为现代的"万物一体仁爱"

---

① 阿瑞提：《创造的秘密》，钱岗南译，辽宁人民出版社1987年版，第70页。

的生命哲学,爱即生命、生命即爱与因生而爱,因爱而生则是它的主题,而且,它并非西方的所谓"爱智慧"与智之爱,而是"爱的智慧"与爱之智。当然,顺理成章的是,这一生命哲学也已经作为生命美学的哲学基础,具体的论述,可以参看我的有关论著。

再次,美学还要走出"我实践故我在"的误区,走向"我审美故我在"的转换。

在实践美学一统天下的时候,"实践"成为了人之为人的标志,所谓"我实践故我在"。今天的新实践美学、实践存在论美学也仍旧是"犹抱琵琶半遮面",不敢走出"我实践故我在"的藩篱(因此它们的最大问题是解释不了实践活动之前的审美生成,也无法真正把实践活动与审美活动区分开来)。可是,在生命美学看来,却不但可以"我实践故我在",而且也可以"我审美故我在"。"审美",同样也是人之为人的标志。甚至,在生命美学看来,只有"我审美故我在",才是人之为人的标志,"我实践故我在"则不是。当然,如果我们不想过早引起争论的话,那么起码也可以说:人是直立的人,人是宗教的人,人是理性的人,人是实践的人,人——也是审美的人。

无疑,如果只强调人是实践的,只强调"我实践故我在",其他的都是派生的,包括审美与艺术,无疑会产生很多问题。因为实践活动无论如何也解决不了的一个问题,就是自由的觉醒的理想呈现。这本来是只有在彼岸世界才能呈现的,这就是马克思所憧憬的"把人的世界和人的关系还给人自己",也是马克思所憧憬的"人的自我意识和自我感觉"。[①] 犹如我们说的,只有当人充分是人的时候,他才游戏;只有当人游戏的时候,他才完全是人。同样,只有当人充分是人的时候,他才审美;只有当人审美的时候,他才完全是人。在这个意义上,因爱而美与因美而爱也就完全等值;生命即爱、爱即生命与生命即审美、审美即生命同样完全等值;进而,"我爱故我在"与"我审美故我在"也完全等值。审美与艺术是自由的觉醒的"理想"实现,也是爱的"理想"实现。因此,如果我们今天在此岸世界要看到美的实现,那就只能借

[①] 《马克思恩格斯选集》第1卷,人民出版社1995年版,第1页。

助于审美与艺术。除此之外,别无他法。我们无法从实践活动中逻辑地推论出审美活动,实践活动也不可能作为审美活动的根源。但是,在现实的层面无法实现的,出之于人类的超越本性,人类却可以去理想地想象它,而且理想地去加以实现。因为,区别于实践活动、认识活动,审美活动是以理想的象征性的实现为中介,体现了人对合目的性与合规律性这两者的超越的需要。它既不服从内在"必需"也不服从"外在目的",不实际地改造现实世界,也不冷静地理解现实世界,而是从理想性出发,构筑一个虚拟的世界。这就是马克思说的"真正物质生产的彼岸"。而且,这也正是只有审美与艺术才能在"理想"的层面"把人的世界和人的关系还给人自己",也才能呈现"人的自我意识和自我感觉"的原因之所在。

在这里,十分重要的是形式的生命与生命的形式。"我审美故我在"建构的是一个形式的世界。1991年出版《生命美学》的时候,我在封面上题了一句话:"审美活动所建构的本体的生命世界。"其实正是对此的觉察。[1] 也因此,审美与艺术都是形式对于内容的征服。并且,也因此而区别于内容的生命与生命的内容。人们发现,审美与艺术的世界往往与真的世界、善的世

---

[1] 我们的美学研究对此有所忽略,是没有注意到美学研究亟待从"大道至简"开始。例如,对于音乐首先要做"减法",要把音乐中的美术化的视觉形象、文学化的思想概念减掉。视觉化、概念化,或者美术性、文学性,或者造型性、语义性,以及形象化的内容、概念化的哲理,都不属于音乐的美。应该去关注的,只能是音的高低强弱以及节奏、速度。但是,谁又能说这样的音乐里就没有哲学?"德国是高度追求纯音乐与绝对音乐性质的东西,而把音乐当成一种哲学式的东西来掌握的。"(野村良雄:《音乐美学》,金文达等译,人民音乐出版社1991年版,第90页)莎士比亚在《威尼斯商人》里甚至说:"坏人""灵魂里没有音乐,或是听了甜蜜和谐的乐声而不会感动"。在音乐里,人就是存在于节奏之中的。人是节奏的存在物。节奏也是音乐的灵魂。柏拉图认为:节奏和曲调会渗透到灵魂里面去,并在那里深深扎根,使灵魂变得优美。席勒认为:节奏中可以达到某种普遍的东西,也就是纯人性的东西。节奏使得审美者具有了一种完全不同的审美判断力。叔本华则认为:节奏"在未做任何判断之前,就产生一种盲目的共鸣"以及"一种加强了的、不依赖于一切理由的说服力"。因此尼采总结说:思想不会步行,要借助韵律的车轮。广而言之,中国诗歌的四声八病,其实也是节奏,它是生命的节奏,也是节奏的生命。诗歌的魅力就来自这里。那么,这是否就是"我节奏故我在"?

界无法重叠,例如曹禺的《雷雨》里的繁漪在现实生活里应该是个坏女人,可是在曹禺的作品里却是个好人;托尔斯泰的安娜·卡列尼娜也是如此。《红楼梦》里的贾政在现实生活里是个好干部、好父亲,可是贾宝玉却认为他不可爱。还有,健康活泼的东施何以就不如病恹恹的西施美?号啕大哭的情感抒发何以就不是艺术?这就是美和善之间、美和真之间的误差。犹如我们在理解物质世界、动物世界的时候,往往是存在决定现象,可是我们在解释人的精神世界的时候,却是精神创造存在。例如,在求真向善的现实活动中,人类的生命、自由、情感往往要服从于本质、必然、理性,但在审美活动之中,这一切却颠倒了过来,不再是从本质阐释并选择生命,而是从生命阐释并选择本质,不再是从必然阐释并选择自由,而是从自由阐释并选择必然,也不再是从理性阐释并选择情感,而是从情感阐释并选择理性……正如费尔巴哈所发现的:"心情厌恶自然之必然性,厌恶理性之必然性。"这当然是因为,在现实生活中,是内容决定形式,但是,在审美与艺术中,却是形式决定内容。

因此,在形式中存在、存在于形式中,无疑也是一种人之为人的生存方式。审美的情感愉悦就是来自形式的愉悦。线条、色彩、明暗;节奏、旋律、和声;跳跃、律动、旋转;抑扬顿挫、起承转合……那喀索斯看见了自己的水中倒影,从此就爱上了自己的倒影,这"水中倒影"不就是"我审美故我在"?皮格马利翁是古代塞浦路斯的一位善于雕刻的国王,由于他把全部热情和希望放在自己雕刻的少女雕像身上,后来竟使这座雕像活了起来。这座活了起来的雕像不也是"我审美故我在"?上帝第一天造了光;第二天造了空气;第三天造了地、海并地上的草木;第四天造了日月星辰;第五天造了水里的鱼和空中的飞鸟;第六天造了地上的牲畜、昆虫、野兽,并且照着自己的样子造了人。可是,什么叫"照着自己的样子"?由此我们不难受到启发,我们也经常会说:人像"样子",或者不像"样子",人有"人味",或没有"人味"。可见,倘若我们能够活得有"样子"、有"人味"而且又能够在形式中把它呈现出来,无疑也就正是"我审美故我在"。再联想一下人为什么要照镜子,为什么要找对象。黑格尔也曾经好奇:人为什么喜欢看投石头入河的涟漪?还有,儿童们为什么喜欢玩泥巴、堆沙子、捏面团？其实，也都是"我审美故我在"。至于真虾不是艺术，齐白石的虾却是艺术，以及打仗不是艺术，京剧的武打却是艺术，也只能从"我审美故我在"来加以解释。因此，克罗齐才会说："正是一种独特的形式，使诗人成为诗人。"

进而，怎样才能"把人的世界和人的关系还给人自己"？怎样才能"获得""人的自我意识和自我感觉"？马克思剖析说，或者是"还没有获得自己"，"或是再度丧失了自己"，那么，马克思所谓的"获得"又会如何？在我看来，这"获得"可以是通过自我设计而完成的自我认识，也可以是通过自我调节而完成的自我完善，但是，也可以是自我欣赏而完成的自我表现。"我审美故我在"，就是自我欣赏，也是自我表现。它的前提是：自己的生命本身转而成为对象（动物的机体反应——自我感觉与对象感觉——无法被当作自我、当作对象）。不是借助于神性，也不是借助于理性，而是借助于情感来建构世界、理解世界，让自我被对象化，让世界成为生命的象征。于是，世界，"一方面作为自然科学的对象，一方面作为艺术的对象"，成为了"人的意识的一部分"，成为了"人的精神的无机界"。[①] 而且，世界一旦成为人类的精神现象时，也就不再以现实的必然性制约人。在这个意义上，我们可以说：美是以"对象"的方式现身的"人"；我们也可以说：美是"自我"在作品中的直接出场。

遗憾的是，我们过去对"我审美故我在"关注不够。也始终未能敏捷意识到其中所蕴含的美学的全部秘密。以至于苏珊·朗格要告诫我们说："哲学家必须懂得艺术，也就是，'内行地'懂。"因为仅仅客观地理解人的存在还是不够的，还亟待"主观地"理解、"内在地"理解。因此，歌德的一个提示就非常值得注意。前面我已经说过，1985年的时候，歌德的一句话对我影响很大。其实，后来歌德的另外一句话同样也对我影响很大。他指出："直到今天，还没有人能够发现诗的基本原则，它是太属于精神世界了，太飘渺了。"[②]

[①] 《马克思恩格斯全集》，第42卷，人民出版社1979年版，第95页。
[②] 歌德：《诗与真》，刘思慕译，人民文学出版社1983年版，第445页。

我们只要把"诗的基本原则"理解为美的基本原则,一切也就清楚了。歌德还提示过:"文艺作品的题材是人人可以看见的,内容意义经过一番努力才能把握,至于形式对大多数人是一个秘密。"①这其实都是对形式的生命与生命的形式的重要提示,也都是对于"我审美故我在"的重要提示。因此,正如同我经常说的那两句话:重要的不是"美学的问题",而是"美学问题";重要的不是"内容",而是"形式"。审美与艺术是精神对于世界的创造。如前所述,要解释物理的世界、动物的世界,那无疑应该是存在决定现象,但是,要阐释人类的世界,那就一定是意识"创造"存在。人之为人,一旦失去了这种精神的创造,也就失去了人的本性。这个本性,就是在形式中存在以及存在于形式中的本体存在,也是"我审美故我在"的本体存在。

最后,美学还要走出审美活动是实践活动的附属品、奢侈品的误区,走向审美活动是生命活动的必然与必需的转换。

前面的三个转换,最后必然走向新的转换:审美活动是生命活动的必然和必需。

确实,一首诗、一部小说从来就没有阻止过一次劫机或一次绑架,但是陀思妥耶夫斯基却仍然坚持说:"世界将由美拯救。"其实,他是有道理的。实践美学喜欢说"劳动最光荣",可是如果我通知你说,你一辈子都不用劳动了,那么,你还劳动不劳动?这个问题,只要凭良心回答,答案不难想见。当然,我没有贬低"劳动"的意思,因为它也十分重要。但是,生命活动的最终完成,也确实是在劳动之外完成的。因为在未能到达"理想王国"之前,这个"完成"只能是在象征的意义上。因此,人类也就必然是为美而生,向美而在的。

这样一来,实践美学过于抬高实践,也过于贬低审美与艺术的缺憾就被暴露了出来。在实践美学,审美与艺术只是实践活动的奢侈品、附属品,或者是神性的奢侈品、附属品,或者是理性的奢侈品、附属品,总之"皮之不存,

---

① 转引自宗白华在1961年11月《光明日报》编辑部召开的"艺术形式美"座谈会上的发言摘要,原载《光明日报》1962年1月8日、9日。

毛将焉附",都是衍生性质的。当然,这并不正确。因为审美与艺术并不是实践活动的奢侈品、附属品,而是生命活动的必然与必需。因为审美活动并不在生命活动之外,生命即审美,审美即生命。它们彼此之间一而二、二而一,是一体的两面。

具体来说,审美与艺术作为生命活动的必然与必需,一方面可以从"因生命,而审美"中看到,另一方面也可以从"因审美,而生命"中看到。

"因生命,而审美"是指的人类的生命活动必然走向审美活动,审美活动是生命的理想本质的享受。可以简称为:生命的享受。它是从生命活动的角度看审美活动,涉及的是人类的特定需要,所谓"人类为什么需要审美",直面的困惑是:"人类为什么需要审美活动""人类究竟是怎样创造了审美活动""审美活动从何处来"。

在人的生命活动中,存在着一种超越性的生命活动,它是最适合于人类天性的生命活动类型,也是生命的最高存在方式,然而又是一种理想性的生命活动方式,一种在现实中无法加以实现的生命活动方式。理想本性、第一需要是它的逻辑规定,也是对它的抽象理解,自由个性则是它的历史形态,也是对它的具体阐释。在理想社会,它是一种现实活动,而在现实社会,它却是一种理想活动。审美活动,正是这样一种人类现实社会中的理想活动,也即是一种超越性的生命活动。

这是因为,尽管实践活动、理论活动和审美活动这三种基本的活动类型都同样是着眼于自由的实现,但是又有所不同。实践活动是人类生命活动的自由的基础的实现。它以改造世界为中介,体现了人的合目的性(对于内在"必需")的需求,是意志的自由的实现。它并非物质活动,而是实用活动,折射的是人的一种实用态度。而且,就实践活动与工具的关系而言,是运用工具改造世界;就实践活动与客体的关系而言,是主体对客体的占有;就实践活动与世界的关系而言,是改造与被改造的可意向关系。不言而喻,在实践活动的领域,人类最终所能实现的只能是一种人类能力的有限发展、一种有限的自由,至于全面的自由则根本无从谈起,因为人类无法摆脱自然必然性的制约——也实在没有必要摆脱,旧的自然必然性扬弃之日,即新的更为广阔的自然必然性出现之时,人所需要做的只是使自己的活动在尽可能更合理的条件下进行。正如马克思所说:"不管怎样,这个领域始终是一个必然王国。"①

理论活动是人类生命活动的手段的实现。它以把握世界为中介,体现了人的合规律性(对于"外在目的")的需要,是认识自由的实现。它并非精神活动,而是理论活动,折射的是人的一种理论态度。而且,就理论活动与工具的关系而言,是运用工具反映世界;就理论活动与客体的关系而言,是主体对客体的抽象;就理论活动与世界的关系而言,是反映与被反映的可认知关系。不难看出,理论活动是对于实践活动的一种超越。它超越了直接的内在"必需",也超越了实践活动的实用态度。理论家往往轻视实践活动,也从反面说明了这一点。但实现的仍然是片面的自由。

而且,实践活动是文明与自然的矛盾的实际解决,是基础,理论活动是文明与自然的矛盾的理论解决,是手段,但是,由于它们都无法克服手段与目的的外在性、活动的有限性与人类理想的无限性的矛盾,因此矛盾就永远无法解决,所以,就还要有一种生命活动的类型,去象征性地解决文明与自然的矛盾,这,就是审美活动的出现。

审美活动是文明与自然的矛盾的象征解决。它以理想的象征性的实现为中介,体现了人对合目的性与合规律性这两者的超越的需要,是情感自由的实现。它以实践活动、理论活动为基础但同时又是对它们的超越,它既不服从内在"必需"也不服从"外在目的",既不实际地改造现实世界,也不冷静地理解现实世界,而是从理想性出发,构筑一个虚拟的世界,以作为实践世界与理论世界所无法实现的那些缺憾的弥补。假如实践活动建构的是与现实世界的否定关系,是自由的基础的实现;理论活动建构的是与现实世界的肯定关系,是自由的手段的实现;审美活动建构的则是与现实世界的否定之否定关系,是自由的理想的实现。换言之,由于主客体在审美活动中的矛盾是主客体矛盾的最后表现,故审美活动只能产生于理论活动与实践活动的

---

① 《马克思恩格斯全集》第 25 卷,人民出版社 1974 年版,第 927 页。

基础之上。必须注意的是,三者既是并列的关系,也是递进的关系,但绝不是包含关系。审美活动是对于人类最高目的的一种"理想"的实现。通过它,人类得以借助否定的方式弥补实践活动和科学活动的有限性,假如实践活动与理论活动是"想象某种真实的东西",审美活动则是"真实地想象某种东西";假如实践活动与理论活动是对无限的追求,审美活动则是无限的追求。在其中,人的现实性与理想性直接照面,有限性与无限性直接照面,自我分裂与自我救赎直接照面。由此,马克思说的"真正物质生产的彼岸"或许就是审美活动之所在?而且,就审美活动与工具的关系而言,是运用工具想象世界;就审美活动与客体的关系而言,是主体对客体的超越;①就审美活动与世界的关系而言,是想象与被想象的可移情关系。因此,假如实践活动与理论活动是一种现实活动,审美活动则是一种理想活动,在审美活动中折射的是人的一种终极关怀的理想态度。

事实也确实如此,假如从不"唯"实践活动的人类生命活动原则出发,那么应当承认,审美活动无法等同于实践活动(尽管它与实践活动之间存在着彼此交融、渗透的一面),它是一种超越性的生命活动。具体来说,在人类形形色色的生命活动中,多数是以服从于生命的有限性为特征的现实活动,例如,向善的实践活动,求真的科学活动,它们都无法克服手段与目的的外在性、活动的有限性与人类理想的无限性的矛盾,只有审美活动是以超越生命的有限性为特征的理想活动(当然,宽泛地说,还可以加上宗教活动)。审美活动以求真、向善等生命活动为基础但同时又是对它们的超越。在人类的生命活动之中,只有审美活动成功地消除了生命活动中的有限性——当然只是象征性地消除。作为超越活动,审美活动是对于人类最高目的的一种"理想"实现。通过它,人类得以借助否定的方式弥补了实践活动和科学活

---

① 假如再作一下比较,则可以说:实践活动是实际地面对客体、改造客体,理论活动是逻辑地面对客体、再现客体,审美活动是象征地面对客体、超越客体。值得注意的是,范登堡指出:有三个领域能够把人类文化的自我投射推向极端,达到文化上的超越,它们是场景、内在的自我、他人的一瞥。不难看出,这三者正是审美活动的内容。

动的有限性,使自己在其他生命活动中未能得到发展的能力得到"理想"的发展,也使自己的生存活动有可能在某种意义上构成一种完整性。

需要强调,在这里,审美活动的超越性质至关重要。审美活动之所以成为审美活动,并不是因为它成功地把人类的本质力量对象化在对象身上,而是因为它"理想"地实现了人类的自由本性。阿·尼·列昂捷夫指出:最初,人类的生命活动"无疑是开始于人为了满足自己在最基本的活体的需要而有所行动,但是往后这种关系就倒过来了,人为了有所行动而满足自己的活体的需要"。① 这就是说,只有人能够,也只有人必须以理想本性的对象性运用——活动作为第一需要。人在什么层次上超出了物质需要(有限性),也就在什么程度上实现了真正的需要,超出的层次越高,真正的需要的实现程度也就越高,一旦人的活动本身成为目的,人的真正需要也就最终得到了全面实现。这一点,在理想的社会(事实上不可能出现,只是一种虚拟的价值参照),可以现实地实现;在现实的社会,则只能"理想"地实现。而审美活动作为理想社会的现实活动和现实社会的"理想"活动,也就必然成为人类"最高"的生命方式。当然,这也就是说,"因生命,而审美",生命之为生命,从生命活动走向审美活动,因此也就是必然的归宿。这就正如安简·查特吉所发现的:"将艺术看作本能或演化副产品的观点都不能令人满意。"②也就正如维戈茨基所发现的:"艺术是在生活最紧张、最重要的关头使人和世界保持平衡的一种方法。这从根本上驳斥了艺术是点缀的观点。"③至于结论,则无疑应当是:"人类经过演化,对美的对象产生反应,因为这些反应对生存有用。""我们觉得美的地方正是能够提高人类祖先生存机会的地方。"④

"因审美,而生命",指的则是审美活动必然走向生命活动,审美活动是

---

① 阿·尼·列昂捷夫:《活动 意识 个性》,李沂等译,上海译文出版社1980年版,第144页。马克思也曾指出人所具有的"为活动而活动""享受活动过程""自由地实现自由"的本性。
② 安简·查特吉:《审美的脑》,林旭文译,浙江大学出版社2016年版,第6页。
③ 维戈茨基:《艺术心理学》,周新译,上海文艺出版社1985年版,第346页。
④ 安简·查特吉:《审美的脑》,林旭文译,浙江大学出版社2016年版,第71页。

生命的理想本质的生成。可以简称为：生命的生成。它是从审美活动的角度看生命活动，涉及的是人类的特定功能，所谓"审美活动为什么满足人类生命活动的需要"，直面的困惑是："审美活动向何处去""审美活动为什么能够满足人类""审美活动如何创造了人类自己"。

在这方面，实践美学的"悦心悦意"之类的阐释，实在是很肤浅、很苍白，"以美启真、以美储善"之类，更是毫无道理。审美不是工具，艺术也不是婢女。如此来加以贬低排斥，却根本无视它在推动、调控人类自身行为方面的独立作用，是根本说不过去的。毕竟，审美活动并非实践活动的副产品，也并非无关宏旨。在生命的存在中，审美活动有其自身存在的理由，也是完全理直气壮的，无需像实践美学宣扬的那样像小媳妇一样地委身依附于物质实践。因此，重要的是要看到它在推动、调控人类自身行为方面的独立作用。人类是"因审美，而生命"，在审美活动中自己把握自己、自己成为自己、自己生成自己。

换言之，犹如直立的人、宗教的人、理性的人、实践的人都是人类生命进化的必然，审美的人，也是人类生命进化的必然。审美活动，不仅仅来自文化生命的塑造，也来自动物生命的"生物的"或"自然的"进化，是被进化出来的人类生命的必不可少的组成部分。审美的人，在生命的进化之树上至关重要。因为，生命的进化，首先当然是自然选择，但是同时还不可或缺的，则是审美选择。审美被进化出来，就代表着人类生命的优化，倘若没有被进化出来，则意味着人类生命的"劣化"。因而，犹如自然选择的"用进废退"，在人类生命的审美选择中，同样也是"美进劣退"，美者的生命优存，不美者的生命也就相应丧失了存在的机遇，并且会逐渐自我泯灭。因此，审美的人不但代表着"进化"的人，而且还更代表着"优化"的人。

当然，审美活动也就因此而不可能只是我们过去所肤浅理解的"无功利性"的问题，而应该是生命进化中的某种自鼓励、自反馈、自组织、自协同的生命机制。它意味着：生命之为生命必然会是一种目的行为，也必然存在着目的取向。然而，这"目的"是如此难以把握，尤其是有诸多的选择都对于个体而言还有害无益，但是对于全体而言却是有益无害，或者，有诸多的选择都对于个体而言尽管有利无害,但是对于全体而言却是有害无益,置身其中,即便是借助于理性甚至是高度发展的理性也仍旧是无法予以取舍。于是,作为某种自鼓励、自反馈、自组织、自协同的生命机制,它的必然导向目的的反馈调节就尤为重要。因为,具有意识能力的人类可以把目的主观化,更善于驱动着目的转而成为随后的行为,并且使之不致溢出必然导向的目的。

由此,不难联想,何以诗性思维要早出于抽象思维!我们如果不是从机械工业社会中所形成的类似电机、齿轮、转轴、驱动轮、传送带之间啮合传递的单向因果联系的旧式思维切入,应该就不难意识到:在诗性思维的背后,一定存在着一种逐渐形成着的重大的生命反馈调节机制。从动物祖先到早期人类,自然界的伟大创造一定在寻觅着潜在的生命机制指向未来的运行方向的校正方式。"自然界生成为人",就是要"生成"出这一生命反馈调节机制。而所谓的脱离动物界,也无非是指的这一生命反馈调节机制的从完全不自觉到较为自觉再到基本自觉。而且,这一点在人类的身上又体现得最为突出。这就正如普列汉诺夫所指出的:"需要是母亲。"客观的需要,迅即就会变为人类的主观努力。这是因为,就人类的生命机制而言,倘若没有内在的调节机制推动着他遥遥趋向于目的,那么在行为上也就很难出现相应的坚定追求,然而世界本身却不会主动趋近于人、服务于人,长此以往,生命难免就会颓废、衰竭乃至一蹶不振,甚至退出历史舞台。因此,随着意识能力的觉醒,在把客观目的变成主观意识、把生命发展的客观目的变成人类自我的主观追求的变客观需要为主观反映的过程中,人类无疑是最善于敏捷地将生命进化中的必然性掌控于自己的手中的。

因此,马克思说"人也按照美的规律来塑造物体",其实也就是在提示我们:人类禀赋着把客观目的主观化的自鼓励、自反馈、自组织、自协同的生命机制,因此而可以去主动地确证着生命,也完满着生命,享受着生命,更丰富着生命……倘若不存在潜在地指向某一目的的自鼓励、自反馈、自组织、自协同的生命机制,难道生命的进化是可以想象的吗?在进化过程中大自然对于所有的动物的要求是何等地苛刻——甚至苛刻到精确到小数点后面的很多很多位的地步。在这方面,不要说人类这样一种高级的生命系统了,即便是最简单的有机生命,也一定会进化出一种生命机制,一定存在自鼓励、自反馈、自组织、自协同,而且也一定是指向一定的目的的。不过,这"目的"不是一个主观范畴,也未必一定要被意识到。它是一个客观范畴,是生命进化在置身残酷无情的自然选择之时借助反馈调节而必然导向的目的。而且,这种自鼓励、自反馈、自组织、自协同的生命机制其实也并不神秘,借助今天的思想水准,也已经不难予以解释。"物竞天择,适者生存",但是,却并没有"上帝"预先为我们谋划,也并非自身在冥冥中自我谋划,人类只是在盲目、随机中借助自我鼓励、自我协调的生命机制为生命导航。否则,或者并非真实的生命,或者是已经被淘汰了的生命。至于这是一个有意识能力的自鼓励、自反馈、自组织、自协同的生命机制还是一个无意识能力的自鼓励、自反馈、自组织、自协同的生命机制却并不重要,因为,它仍旧已经是生命。

这也许正是"爱美之心,人皆有之"的深意之所在。纵观东西南北,在世界的每一个角落,我们至今也都没有发现一个不追求美、不爱艺术的民族,尽管其意识觉醒程度各自高低不同,这意味着:审美活动犹如阳光、空气和水,不但并非偶然产生,也并非可有可无,而是人类须臾不可或缺的。而且,它也不是实践活动的副产品,不是实践活动的消极结果。在把客观目的主观化的过程中,在自鼓励、自反馈、自组织、自协同的生命机制里,它起着最为重要而且也无可替代的积极作用。而且,因为它是无法完全意识到的,所以才是"非功利性"的,因为它又是把人类生命中的客观目的转换为主观的情感追求的,所以,才又禀赋着"主观的普遍性"。

由此,只要我们不要像实践美学那样从人类的角度忽视了"自然界生成为人"、从个人的角度忽视了审美是生命的必然,只要我们去毅然直面这个"生成"与"必然",就不难揭开审美之谜。如同历史上频繁出现的那些实体中心主义者一样,如果死死抓住"实践"要素不放,那就像盲人摸象的时候死死抓住的一条大象腿一样,其实,这充其量也只是审美活动作为生命机制的系统中的一端,但是却被错误地始终固执认定这就是全部,并且由此出发去解释审美之谜。然而,在简单的、直线的、单向的因果关系里,审美之谜却悄然而逝。

其实,审美活动关乎"自然界生成为人"中的"生成"。因此,生命诚可贵,审美价更高。这审美活动作为一种特定的生命自鼓励、自反馈、自组织、自协同的机制,它的存在就是为生命导航。人类在用审美活动肯定着某些东西,也在用审美活动否定着某些东西。从而,激励人类在进化过程中去冒险、创新、牺牲、奉献,去追求在人类生活里从根本而言有益于进化的东西。因此,关于审美活动,我们可以用一个最为简单的表述来把它讲清楚:凡是为人类的"无目的的合目的性"所乐于接受的、乐于接近的、乐于欣赏的,就是人类的审美活动所肯定的;凡是为人类的"无目的的合目的性"所不乐于接受的、不乐于接近的、不乐于欣赏的,就是人类的审美活动所否定的。伴随着生命机制的诞生而诞生的审美活动的内在根据在这里,在生命机制的巨系统里审美活动得以存身而且永不泯灭的巨大价值也在这里。

维戈茨基说:"没有新艺术便没有新人。""艺术在重新铸造人的过程中""将会说出很有分量的和决定性的话来。"[①]尼采说:"没有诗,人就什么都不是,有了诗,人就几乎成了上帝。"[②]不能不说,他们说得很有道理。

四、思的任务:生命美学作为未来哲学

由上所述,还回到一开始就在讨论的从"康德以后"到"尼采以后",还回到"美学的终结与思的任务",现在应该已经不难发现:美学其实确实并不如人们所想象的。作为美学学科的美学,作为美学教研室的教授们所教的美学,其实也根本不在现代社会的视野之内,康德、谢林、叔本华、尼采、海德格尔、阿多诺、马尔库塞……这些思想大家、哲学大师们眼中的美学,俨然也更多地只是一个问题、一条道路。这一点,在伊格尔顿《美学意识形态》中其实已经有所提示:"美学对占统治地位的意识形态形式提出了异常强有力的挑战,并提供了新的选择。""本书倒是试图在美学范畴内找到一条通向现代欧洲思想某些中心问题的道路,以便从那个特定的角度出发,弄清更大范围内

---

① 维戈茨基:《艺术心理学》,周新译,上海文艺出版社1985年版,第346页。
② 参见维戈茨基:《艺术心理学》,周新译,上海文艺出版社1985年版,第327页。

的社会、政治、伦理问题。"①而且,佩尔尼奥拉在《当代美学》中也同样已经有所提示:西方当代美学"将美学的根基扎在了四个具有本质意义的概念领域中,即生命、形式、知识和行为"。前两个是康德美学的发展,后两个是黑格尔美学的发展。而其中的"生命美学获得了政治性意义",并且,"已悄然出现并活跃于生命政治学"之中。

也因此,福柯当年的感叹无疑是十分深刻的:"假如我能早一点了解法兰克福学派,或者及时了解的话,我就能省却许多工作,不说许多傻话,在我稳步前进时会少走许多弯路,因为道路已经被法兰克福学派打开了。"何谓"道路已经被法兰克福学派打开了"?显然正是指的从"康德以后"到"尼采以后"的西方美学的成功探索。它昭示着康德、谢林、叔本华、尼采、海德格尔、阿多诺、马尔库塞等众多真正震撼了世界的大哲们的目光究竟在关注什么。遗憾的是,当下的美学研究大多都没有延续这一思想线索,当然,这些美学研究者都是一些美学教研室的教授,在他们看来,也许根本就毋需延续。

然而,在生命美学看来,如何延续他们的思路,却正是"美学终结"之后的"思的任务"。

因此,生命美学不应该是美学,而应该是"思"。它应该是"美学的终结",②也应该是"思的任务"的开启。

原来,美学的意义在美学之外。"形而上学的任务既不是在我们面前的现实中加入某些思考的东西,也不是用各种概念来构成现实,而是试图在自身中把握、显示和激发现实对我们而言所包含的最深刻的生命力。"③因此,美学家应该关心那些能够被称为美学的东西,而不是那些只是被声称为美

---

① 伊格尔顿:《美学意识形态》,王杰等译,广西师范大学出版社1997年版,第3、1页。
② 因此,我们才看到,在新时期的中国美学中,不但存在从"去实践化"、"弱实践化"与"泛实践化",到"去本质化"、"弱本质化"与"泛本质化"的过程,而且还存在"去本质化"、"弱本质化"与"泛本质化",到"去美学化"、"弱美学化"与"泛美学化"的过程。这意味着:美学的终结。
③ 奥伊肯:《新人生哲学要义》,张源等译,中国城市出版社2002年版,第160页。

学的东西,应该关心怎样去正确地说一句话而不仅仅是怎样说十句正确的话,因为好的美学与坏的美学之间的区别恰恰在于能否正确地说话,美学与非美学之间、美学与伪美学之间的区别恰恰也在于能否正确地说话。我在1991年的时候说过:美学,应该是"以探索生命的存在与超越为旨归的美学","它"追问的是审美活动与人类生存方式即生命的存在与超越如何可能这一根本问题"。① 遗憾的是,这些苦口良言至今也很少为人们所理解。其实,从那个时候开始,我要说的就是:传统的美学学科并不重要,重要的是审美与艺术问题。在被置身于"以审美促信仰"以及阻击作为元问题的虚无主义这样一个舞台中心之后,审美与艺术,也就成为了一个问题。

在这里,重要的是"思索它们",而不是"研究它们"②;是"谈论它们",而不是"言说它们"。③ 这当然已经不是传统意义上的美学。后者,按照巴赫金的界定,"关注的是审美客体是用什么形式什么材料创造出来的"。④ 或者,按照雅格布森的总结:"目的首先就是要回答这样一个问题:是什么使包含信息的字句变成了一件艺术品的?"⑤对此,海德格尔早就挑明:"这绝不是说对艺术家的活动应该从手工艺方面来了解。"⑥波普尔更是警示说:"那些伟大的哲学家并不肩负着美学追求,他们并不想当构筑体系的建筑师。"⑦

因此,我们倒不妨倾听一下埃克伯特·法阿斯的告诫:"艺术本身最终已经被一种非自然化的艺术理论毒害了,那种理论是由柏拉图,经过奥古斯

---

① 潘知常:《生命美学》,河南人民出版社1991年版,第13页。
② 帕斯卡尔。格鲁秀斯:《帕斯卡尔》,江绪林译,中华书局2003年版,第31页。
③ 维特根斯坦:《战时笔记(1914—1917)》,韩林合译,商务印书馆2005年版,第164页。
④ 塔马尔钦科:《关于俄罗斯当代文论的对话》,载《中华读书报》2004年10月27日第19版。
⑤ 达维德·方丹:《诗学:文学形式通论》,陈静译,天津人民出版社2007年版,第5页。
⑥ 海德格尔:《林中路》,孙周兴译,上海译文出版社1997年,第42—43页。
⑦ 波普尔:《通过知识获得解放》,范景中等译,中国美术学院出版社1996年版,第395页。

丁、康德和黑格尔直到今天的哲学家们提出来的。"幸而,"只有尼采对作为一种仍然有待阐述的新美学提供了一个总体的框架,事实上这个总体框架正通过当代科学家以及像我自己一样得益于他们的发现的批评家们的努力而出现。"[1]

在历史上,美学从未属于过自己,它曾经属于诗学,属于艺术哲学,属于科学,属于神学……而今,借助于尼采的提示,我们终于发现:对于美学的关注,不应该是出于对于审美奥秘的兴趣,而应该是出于对于人类解放的兴趣,对于人文关怀的兴趣。借助于审美的思考去进而启蒙人性,是美学的责无旁贷的使命,也是美学的理所应当的价值承诺。

结论就是这样:美学要以"人的尊严"去解构"上帝的尊严""理性的尊严"。过去是以"神性"的名义为人性启蒙开路,或者是以"理性"的名义为人性启蒙开路,现在,却是要以"美"的名义为人性启蒙开路。这样,关于审美、关于艺术的思考就一定要转型为关于人的思考。美学只能是借美思人,借船出海,借题发挥。美学其实是一个通向人的世界、洞悉人性奥秘、澄清生命困惑、寻觅生命意义的最佳通道。

这意味着,一方面,只有"具有充分的存在力量而向前进的人"、"保持自己完整性的人"、"具有本体论意义上的不满的人"、"能够把存在的一切方面都推向前进"的人,才会有完整的力量。因此,知识分子只信仰基督教等宗教,却不去信仰"信仰",是失败的。[2] 也因此,无疑就必然走向"以审美促信仰",走向美学。另一方面,虚无主义已经不但是"访客",而且还已经是"常客"。"人类正在成为一个娱乐至死的物种。"[3]这样,要阻击作为元问题的虚无主义,就还亟待走向美学。萨义德说:"知识分子是具有能力'向(to)'公众以及'为(for)'公众来代表、具现、表明讯息、观点、态度、哲学或意见的个人。"在这里,无论是"向(to)"还是"为(for)",都标明了知识分子的及物性,或者说对于现世进行反思与批判的能力。显然,因此也就还亟待走向美学。

---

[1] 埃克伯特·法阿斯:《美学谱系学》,阎嘉译,商务印书馆2011年版,第25、34页。
[2] 参见保罗·蒂利希:《政治期望》,徐钧尧译,四川人民出版社1989年版,第136—137页。
[3] 波兹曼:《娱乐至死》,章艳译,广西师范大学出版社2004年版,第131页。

因为美学具备了"向"或"为"公众说话的能力和愿望,可以成功地避免及物性的丧失,避免直面并进而解剖现世的能力的丧失。美学,因此而进入了当代思想的最前线。当然,在这个意义上,美学也已经成为未来的哲学。①

利奥塔说得不错:"恋爱中的人没有一个参加哲学家的宴会。""可是,谁又敢说,对生命做出理论性的思考不也是生活,或许还是更丰盛的生活?"②

还是尼采最富有先见之明:"即使人们闲置所有美(哲)学教席,我也不认为人类会停止美(哲)学的思考。"③

当然不会,因为,人类恰恰因此才真正开始了"美(哲)学的思考"。④

(原载《美与时代》2021 年第 24 期)

---

① 因此,生命美学涉及的当然不是启蒙现代性,但是却是审美现代性。现代性其实就是文明的教化。康德把它概括为"一切事情上都有公开运用自己理性的自由"。鲁迅说得更好:"东方发白,人类向各民族索要的是人。"其中,启蒙现代性侧重的是现代性的建构,关注的是现代性的现实层面以及工具理性和科学精神。审美现代性侧重的是现代性的反省,关注的是现代性的超越层面,是对工具理性和科学精神的反思,对理性的批判。所以,审美现代性一定是走向生命的。因此,关注审美现代性的美学也就一定是生命美学。
② 加塞尔:《什么是哲学》,商梓书等译,商务印书馆 1994 年版,第 69 页。
③ 尼采:《哲学与真理》,田立年译,上海社会科学院出版社 1993 年版,第 146 页。
④ 而且,这道路海德格尔早就已经阐明:"惟凭借对尼采当作伟大风格来思考和要求的东西的展望,我们才达到了他的'美学'的顶峰,而在那里,他的'美学'根本就不再是一种美学了。"然而,尼采无疑做得还十分不够。"尼采美学的问题提法推进到了自身的极端边界处,从而已经冲破了自己。但美学决没有得到克服,因为要克服美学,就需要我们的此在和认识的一种更为原始的转变,而尼采只是间接地通过他的整个形而上学思想为这种转变做了准备。"在他那里,"最艰难的思想只是变得更为艰难了,观察的顶峰也还没有被登上过,也许说到底还根本未被发现呢"。"只是达到了这个问题的门槛边缘,尚未进入问题本身中。"(海德格尔:《尼采》上卷,孙周兴译,商务印书馆 2014 年,第 155、22 页)

附录三 重要的不是美学的问题,而是美学问题
——关于生命美学的思考

一、美学研究的经验与教训昭示我们:在美学研究中,重要的不是美学的问题,而是——美学问题。

一般而言,围绕着生命自由的实现,人类的生命活动存在着三个层面:实践活动、认识活动、意义活动。而这三个层面又可以区分为两个维度:现实维度与超越维度。

现实维度,包括实践活动、认识活动。

实践活动是人类生命活动的自由的基础的实现。它以改造世界为中介,体现了人的合目的性(对于内在"必需")的需求,是意志的自由的实现。然而,在实践活动的领域,人类最终所能实现的只能是一种人类能力的有限发展、一种有限的自由,至于全面的自由则根本无从谈起,因为人类无法摆脱自然必然性的制约——也实在没有必要摆脱,旧的自然必然性扬弃之日,即新的更为广阔的自然必然性出现之时,人所需要做的只是使自己的活动在尽可能更合理的条件下进行。正如马克思所说:"不管怎样,这个领域始终是一个必然王国。"

认识活动是人类生命活动的手段的实现。它以把握世界为中介,体现了人的合规律性(对于"外在目的")的需要,是认识自由的实现。不难看出,认识活动是对于实践活动的一种超越。它超越了直接的内在"必需",也超越了实践活动的实用态度——理论家往往轻视实践活动,恰恰从反面说明了这一点。但是,它实现的仍然是有限的自由。假如说实践活动的失误在于目的向手段转化,那么认识活动的不足就在于:主客分离。

实践活动与认识活动构成了人类的现实维度,它们面对的是主体的"有何求"与对象的"有何用",都是以自然存在、智性存在的形态与现实对话,与世界构成的是"我—它"关系或者"我—他"关系,涉及的也只是现象界、效用领域以及必然的归宿,总之,瞩目的只是此岸的有限。因此,现实维度只是

一种意识形态、一个人类的形而下的求生存的维度,换言之,只是所谓的"现实关怀"。

超越维度是意义活动。

意义活动是人类生命活动的理想实现。人类生活于现实维度,瞩目于有限,但是,却又绝对不可能满足于有限。因此,就必然会借助于意义活动去弥补实践活动和认识活动的有限性,并且使得自己在其他生命活动中未能得到发展的能力得到"理想"的发展,也使自己的生存活动有可能在某种意义上构成一种完整性。也正是在这个意义上,只有意义活动,才是对于人类自由的一种真正实现。它以对于必然的超越,实现了人类生命活动的根本内涵。

意义活动构成了人类的超越维度,它起步于对于合目的性与合规律性的超越,是与信仰、爱与美的对话,与世界构成的是"我—你"关系,涉及的也只是本体界、价值领域以及超越必然的自由,总之,瞩目的已经是彼岸的无限。因此,超越维度是一个意义形态、一个人类的形而上的求生存意义的维度,换言之,则是所谓的"终极关怀"。

不过,还必须指出的是,意义活动的对于合目的性与和规律性的超越,只是象征性的,只能"理想地实现理想",亦即既不服从内在"必需"也不服从"外在目的",既不实际地改造现实世界也不冷静地理解现实世界,而是从理想出发,构筑一个虚拟的世界。相比之下,实践活动建构的是与现实世界的否定关系,是自由的基础的实现;理论活动建构的是与现实世界的肯定关系,是自由的手段的实现;意义活动建构的则是与现实世界的否定之否定关系,是自由的理想的实现。

因此,要强调的是,意义活动是一种只能以理想、目的、愿望的形式表现出来的人类生命活动,只能是一种主观性的、超越性的人类生命活动,它并不是成功地把人类的本质力量对象化在对象身上,而只是"理想"地实现了人类的自由本性,也只是理想本性的对象性运用。它的特性就在于:不是实现自由,而是"自由地实现自由"。也就是说,不是理想表现,而是表现理想,不是自由生命的表现,而是表现自由生命。

美学之为美学,它所面对的审美活动就隶属于意义活动。意义,是在生活里并没有而又必须有的东西,为此,人永远都要不懈追求,永远都要"在路上",人之为人,必须如此,也只能如此,正如马斯洛《人的潜能和价值》中提示的:"终极的人的状态仿佛是注定我们永远力求达到而又永远不可能达到的状态。"可是,另外一方面,在永远追求的道路上,人毕竟又希望时时刻刻都能够见到自己,以便见证自己、勉励自己、督促自己、纠正自己。换言之,意义,是看不见也摸不到的,但是"在路上"的人却必须见到它也必须摸到它,必须能够形象地宣喻:在纷纭复杂的生命探求中,意义在何处在,或者,意义在何处不在。这就犹如在日常生活中的照镜子,人类在灵魂进化、灵魂跋涉的路途中也亟待照镜子。于是,人之为人,在亟待"自由地实现自由"、亟待"表现理想"、亟待"表现自由生命"的进程中,也亟待主动地在想象中去构造一个外在的对象然后再加以认领。

而这,也就是审美活动之为审美活动的全部内涵。

显而易见,从对于隶属于超越维度的审美活动与隶属于意义活动的审美活动的考察开始,这就是"美学问题"。

人们常说,要做正确的事,而不要正确地做事。无疑,对于"美学问题"的关注,就是"做正确的事";而对于"美学的问题"的关注,则是"正确地做事"。

长期以来,生命美学正是始终从对于隶属于超越维度的审美活动与隶属于意义活动的审美活动的考察开始,始终从"做正确的事"开始,也始终从"美学问题"开始。

二、在美学研究中,"美学问题"要远比"美学的问题"更为重要,也更为根本。

围绕着"美学问题"的思考,在人与世界之间的超越维度以及围绕着生命自由的实现的意义活动的基础上,生命美学为自己的美学研究建立的是"价值—意义"框架。在生命美学看来,审美活动是进入审美关系之际的人类生命活动,它是人类生命活动的根本需要,也是人类生命活动的根本需要的满足,同时,它又是一种以审美愉悦("主观的普遍必然性")为特征的特殊价值活动、意义活动,因此,美学应当是研究进入审美关系的人类生命活动的意义与价值之学、研究人类审美活动的意义与价值之学。进入审美关系的人类生命活动的意义与价值、人类审美活动的意义与价值,就是美学研究中的一条闪闪发光的不朽命脉。

而"美学问题"的解决,其实也就意味着一切"美学的问题"的迎刃而解。

相比之下,实践美学的值得商榷之处也就在这里。它为自己建立的,是"认识—反映"框架。也因此,实践是物质的客观的活动,美是社会实践的产物,所以美是现实生活中的客观存在,美感是对美的反映,则都是不言而喻的前提。然而,正如美学界所多有批评的,这一"美学问题"本身却是非常可疑的,由此,实践美学也就无论再怎样去"正确地做事",都未能在"美学的问题"的解决上取得令人信服的成效。

例如,实践美学也注意到了审美活动中的"人的对象化"与"对象的人化"的问题,但是,由于"美是现实生活中的客观存在"这一前提的顽固存在,以至于实践美学总是不假思索地就将之归结为所谓的"物化",并且以为这恰恰证明了美是社会实践的产物。然而,从"价值—意义"框架来看,则应该很容易就能够正确意识到,审美活动中的"人的对象化"与"对象的人化"的指向其实都只是人的确证,而不是物化。

已如前述,意义,是看不见也摸不到的,但是"在路上"的人却必须看见它也必须摸到它,可是,如何才能够做到?区别于把一个非我的世界看作自我的实践活动,审美活动所亟待去做的,是把自我看作一个非我的世界,这也就是说,通过创造一个非我的世界的办法来证明自己。不能不说,人,真是非常聪明,他竟然发现了"人的对象化"与"对象的人化"的奥秘。由此,一旦把自我当作一个非我的世界,也就顺理成章可以在这个非我的世界中呈现"意义"。而人也正是借助这个非我的世界才得以看到自我、看到自己的精神面孔,并且因此而愉悦快乐。这,当然也就是审美活动之所以与人俱来、之所以在人类的生命活动中更为根本、更为核心的全部理由了。

再如,实践美学对于自然美的阐释一直为美学界所诟病。例如,月亮并没有被人的本质力量触及,可是,它却远比那些被人的本质力量触及过的对象为美。黄山的身上,是怎么积淀了人的本质力量的?被打死的七步蛇确实与人的本质力量有关,但是七步蛇却并不美。在梅花身上积淀了不同文明时代的社会本质(人的本质力量),可是为什么梅花在文明时代却自古迄今都是美的?诸如此类的问题举不胜举,也从来都是实践美学最为讳莫如深的话题。

然而,从"价值—意义"框架来看,问题却极为简单。自然美的问题,与自然无关,而首先与人有关。

以鲜花为例,心理学的研究成果告诉我们:当我们看鲜花的时候,呈现在眼中的,不仅仅是鲜花,而且还有对于鲜花的评价。就后者而言,因为我们"自由地实现自由""表现理想""表现自由生命"的生命需要从来就是一个黑洞,没有空间特征,没有位置特征,是无法表达的,不过,它又必须被表达,于是,我们只能通过把它与眼中所看到的事物联系在一起的方式,使它对象化、客体化,于是,就出现了一种特殊的生命活动方式:"自由地实现自由""表现理想""表现自由生命"的生命需要被投射在作为视觉对象的鲜花上,用王阳明的话说,就是"此花颜色,一时明白起来",当然,此时此刻鲜花被评价的已经不是那些它自己是怎样的自然属性而是它对我们来说是怎样的价值评价。显然,在审美活动中我们之所以能够"看"到鲜花的美,其实就是因为在鲜花身上看到了令我们喜爱的东西(在癞蛤蟆身上,则看到了令我们厌恶的东西)。而实践美学却误以为"鲜花的美"是客观的,这无疑与它错误地从"认识—反映"框架出发因而未能意识到鲜花的美只是出于我们对它的评价直接相关。

推而广之,与艺术美是人类自身"自由地实现自由""表现理想""表现自由生命"的生命需要主动地在想象中构造了一个外在的对象然后再加以认领不同,自然美是人类自身"自由地实现自由""表现理想""表现自由生命"的生命需要在自然世界的作为一种为人的存在中向人类显示出那些能够满足人类的需要的价值特性中认领自己。

就自然世界而言,当它显示的只是它自己"怎样"的时候,是无美可言的,也并非审美对象(当然,有些自然对象身上的诱发我们去审美的要素要比另外一些自然对象要更多），而当它显示的是对我来说"怎样"的时候，才有了一个美或不美的问题，也才成为审美对象。因此，自然世界本身并没有美，美并非自然世界固有的自然属性，而是人与自然世界之间的关系属性。也因此，自然世界当然不会以人的意志为转移，但是，自然世界的"审美属性"却是一定要以人的意志为转移的，因为它不是自然世界的自然属性，而是人类对于自然世界的价值评价。

由此，自然美的问题也就得以解决。

不难看出，在实践美学的"认识—反映"框架看来处处都存在"问题"的"美学的问题"，在生命美学的"价值—意义"框架看来，诸如此类的"美学的问题"则根本就不是问题。

三、进而言之，在美学研究中，对于"美学问题"的关注不但远比"美学的问题"更为重要，也更为根本，而且也远比"美学的问题"更加"美学"。

"美学"地思考美学，在生命美学看来，是对于美学之为美学的学科边界的内在限定。

英籍犹太裔物理化学家、哲学家波兰尼发现：一个学者的研究工作可以被分为两个层面，一个是可以言传的层面："集中意识"；还有一个，是不可言传只可意会的层面："支援意识"。前者，是指的在研究工作中一个学者的"怎样"，后者，则是指的一个学者在研究工作中的"何以"。显然，在这里，作为"支援意识"的"何以"是非常重要的。它告诉我们，任何一个学者的研究工作其实都是非常主观的，而不是完全客观的。当然，在一个学者全力思考的时候，"何以""主观"地在思考，很可能是为他所忽视不计的。然而，不论他忽视还是不忽视，这个"主观"都还是会自行发生着作用。因此，对学术研究中的主观属性不能不予以关注。

这也就是说，在思考"美学的问题"的时候，这个思考本身，也应该是美学的。当然，它并不涉及怎样去思考，但是，它却会涉及应该去思考什么与不应该去思考什么。

就以近年比较流行的生态美学为例。

生态美学的出现与当今世界的生态危机密切相关。尽管西方的生态批评、环境美学和景观美学事实上已经涵盖了所谓生态美学的内涵,但是,如果有学者愿意把自己的生态批评、环境美学或景观美学研究称为生态美学,我认为,也是无可非议的。然而,倘若把这样的生态美学无边界地推而广之,倘若将这样的生态美学去等同于美学,并且以为因此而就可以与国内关于美学基本理论的讨论的那些美学流派,例如实践美学、后实践美学去并列起来,那就难免令人困惑了。

首先,美学的思考必须是"美学"的,美学的"理论联系实际"也只能联系美学自身的"实际"。美学的发展,不应该通过不断去扩大理论的解释对象来完成(除非它承认自己是部门美学,例如环境美学、景观美学),而只能通过深化理论自身的思考来完成。在这个意义上,美学需要的是更加美学,是去"接着讲",而不是动辄否定前此的所有美学。何况,当今世界的危机也并不仅仅只是生态危机,而是三大危机:人与自然、人与他人、人与自我。那么,生态美学之外,其余的两大危机,美学又该去如何面对?

其次,生态美学提倡整体和谐、天人合一、天地神人、绿色人生、诗意地栖居,等等,这一切无疑都并不错。可是,这一切却不宜标榜为生态美学的独创,因为它们都是当代生态哲学的题中应有之义。而且,在生态美学之前的后实践美学就早已始终是这些原则的坚定拥护者。例如,早在生态美学出现之前,从二十多年前开始,生命美学就已经对之不断详加讨论。简单地把对于这些原则的提倡作为生态美学的贡献,简单地断言前此的美学流派都无视这些原则,是没有根据的。

当然,生命美学的提倡又与生态美学的提倡截然不同。在生命美学看来,美学的问题必须美学地去讨论,整体和谐、天人合一、天地神人、绿色人生、诗意地栖居等等,都应当提升凝结为美学自身的问题与范畴,也必须转化为对于美学自身关于美、美感、审美活动乃至艺术美、社会美、自然美等等的研究,更必须能够深化当下的美学研究,因为,美学必须是"一种尽力在通晓思维的历史和成就的基础上的理论思维",必须是历史性的思想和思想性的历史。否则,就难免会有"生态"无"美学",难免成为一种美学的生态呼吁,或者生态的美学呼吁。

最后,生态美学的真正美学探索,在于非人类中心主义与生态维度。可是,这恰恰意味着它已经悄悄从李泽厚的实践美学令人痛心地退回到了蔡仪的"见物不见人"的客观美学——而且,退得要比蔡仪更远。可惜,没有人,或许可以有生态,但是却绝不可能有美。须知,美是审美对象的共同的价值属性,而审美对象并不来自客体对象的自然属性,而来自审美活动对于客观对象的价值评价。因此,审美活动就必然与人有关。何况,不生态,也可以审美,例如从先秦到民国决溢1590次、改道26次的一直不那么生态的黄河,不也仍旧是审美对象? 可是,生态了,例如屎壳郎,却不一定就美;何况,黄山和回收的垃圾山,百灵鸟和毛毛虫,癞蛤蟆、玫瑰花和狗尾巴草都一样生态,但是也一样美吗?

而且,生态美学无疑有助于环境和景观建设,但是,它却进而认定自然世界天然为美,无需人的参与,这,无疑与前此历史上的全部美学思考背道而驰。

于是,问题也就转而成为:是这类的生态美学的思考是非美学的,还是前此历史上的全部美学思考是非美学的?

生命美学的选择无疑是前者。

进而,生态美学以它并不美学地对于"美学的问题"的思考,提示着我们:美学地思考美学是何等的重要。尽管海德格尔说过,"有待去思的东西实在是太重大了",可是,而今在生命美学看来,美学地"去思"却实在是更加"重大"。

(原载《学术月刊》2014年第9期)

附录四 "生命视界":生命美学的逻辑起点
——纪念改革开放四十周年

一、美学的秘密在于生命

2018年,中国走过了改革开放"新时期"的第四个十年,也是中国进入改革开放"新时代"的第一个十年的开端。

令人欣慰的是,中国的生命美学也同样走过了中国改革开放"新时期"的第四个十年,也正在走进一个全新的改革开放的"新时代"。

中国的生命美学诞生于1985年。就在1985年第1期的《美与当代人》(后易名为《美与时代》)上,我发表了生命美学的奠基之作:《美学何处去》。那一年,我二十八岁,像我们的改革开放的新时期一样年轻,一样朝气蓬勃。然而,在当时无论如何也无法想象到的是,在三十三年后的今天,中国的生命美学已经从无到有,俨然已经成为当代中国美学研究中的一道靓丽的景观。三十多年来,生命美学在国内已经得到美学界众多学者的坚定支持,而且还得到了诸如古代文学研究的大家陈伯海先生、哲学研究的大家俞吾金先生等一些美学界之外的著名专家的鼎力相助。

就我本人而言,关于生命美学的最为清晰的表述,应该是在1990年:"令人欣慰的是,经过几年的思考和求索,我越来越认识到:美学必须以人类自身的生命活动作为自己的现代视界,换言之,美学倘若不在人类自身的生命活动的地基上重新建构自身,它就永远是无根的美学,冷冰冰的美学,它就休想真正有所作为。"[①]

此后,我又指出:"美学即生命的最高阐释,即关于人类生命的存在及其超越如何可能的冥思。""所谓'生命美学',意味着一种以探索生命的存在与

---

① 潘知常:《生命活动:美学的现代视界》,载《百科知识》1990年第8期。

超越为旨归的美学。"①至于生命美学的内容,则:"其一是生命即审美,亦即围绕'人类的生存及其超越如何可能(审美活动如何可能)'这一根本问题,从生命活动看审美活动,以求深刻诠释:真正的生命活动即真正体现人的本质的生命活动,都必然是自由的生命活动,也必然是审美的生命活动。从而揭示审美活动的一般存在根据。其二是审美即生命,亦即围绕着人类的生存及其超越如何可能(审美活动如何可能)这一根本问题,从审美活动看生命活动,以求深刻诠释审美活动是以什么特殊方式使人类的生存及其超越成为可能的。从而揭示审美活动的特殊存在根据。"②也就是说,一方面是在同一中揭示审美与生命之间的相异性,一方面又在相异中深刻揭示审美与生命之间的同一性,从而最终揭示出审美活动的本体意义、存在意义、生命意义。

而且,即便是到了三十三年后的现在,我也仍旧坚持认为:美学的秘密在于(人的)生命;美学的秘密就是(人的)生命的秘密。美学的本性、美学的合法性根据,就来自对于(人的)生命的理解。(人的)生命是美学永恒的主旋律,永远是美学的主题。而且,生命与美学也是同一的,美学之为美学,源于生命,同于生命,更为了生命。因此美学是否美学以及美学本身的确立,都必须以是否回答了生命中的美学问题来确定。换言之,我们怎样理解美学,也就怎样理解人的生命;我们怎样理解人的生命,也就怎样理解美学。

但是,也存在误解。多年以来,提及生命美学,人们最喜欢问的是:"生命"是什么?自然的生命?动物的生命?人的生命?或者,人们往往以为它只是部门美学,类似生活美学。所以,也就总是误认为生命美学没有能够把"生命"讲清楚。其实,生命美学要关注的就是"生命"——人的生命。人们只是因为不了解人的生命,所以才会出现种种误解。

生命,如果没有特别注明,无疑都是指的人的生命。这是因为,这本来就是习惯用法,以医院为例,如果加以注明,例如动物医院,那当然就不是人

---

① 潘知常:《生命美学》,河南人民出版社1991年版,第6、13页。
② 潘知常:《中国美学精神》,江苏人民出版社1993年版,第568页。

的医院,否则,就一定是人的医院。再以生命的隐喻为例,例如政治生命、学术生命,也都是肯定只是人的生命的隐喻,生命美学也是如此。动物没有真正的审美,这应该是基本的共识,因而,能跟美学联系起来的"生命",当然也无疑完全是指的人的生命。

至于把生命美学等同于生活美学、身体美学,则还因为在某些人看来,倘若"生命"是指的人的生命,那只能是为了人的生活的美化,因为在他们看来,生命不存在任何的奥秘,而且在解释动物的时候,就已经给出解释了,现在需要解释的仅仅是人的生命在生活中、身体上的表现。

遗憾的是,美学的失误却恰恰就在这里。

究其本源,生命无疑与美学的关系最为密切。可是,为什么人们却偏偏视而不见?原来,他们是错误地把生命抽象化了。结果,就只能从"物"的角度来看待生命。自然,从"物"的角度是根本无法看到生命的,只能"见物不见人"。结果就必然把生命加以抽象化和片面化的理解,例如物性化或者神性化。不是"物"的一无所知,就是"神"的无所不知,但是却都不是用符合人的生命本性的方式来把握人的生命本身。换言之,"生命"本来并不简单,但是人们总是混同于"自然的生命""动物的生命""神的生命",因此也就总是在用知识论的思维范式在思考问题,或者是"物",或者是"神",或者是理性,总之都是从"对象"的角度、"抽象"的角度去考察。由此,"自然的生命""动物的生命""神的生命"的混同也都是可以理解的。而且,当然也就无法从逻辑上把生命真正与美学挂起钩来,美学与生命的联姻因此也就成为了不可能。[①]

因此,首先要改变的就是所谓的生命观念,只有从生命本性上把人和动物区别开来,人才有可能被真正提升为真正的人,美学也才有可能被提升为真正的美学。理解美学必须从生命出发,理解生命也必须从美学出发。理解生命与理解美学,究其根本而言,其实是完全一致的。过去,我们想当然地认定:生命只有一种,生命就是生命,那就是生物共有的生命。然而,这样

[①] 认真总结一下,不难发现,当代中国关于美学研究已经提出了多种路径,但是,却始终没有生命路径。其中的原因就在这里。

的生命其实仅仅是"物",结果,在美学里,人总是不像人,总是被作为一个披上了某种包装的"物"来看待。显然,这样的生命观念是亟待走出的。因为只有走出这样一种传统的生命观念,转而以新的生命观念去看人,才会发现区别于"物"的人,来自于"物"却又超越于"物"的人,充满了二律背反的矛盾的人,既是其所是又是其所不是的人。

而且,一旦将视线从"物的逻辑"转向"人的逻辑",也从"物的思维"转向"人的思维",关于生命美学的困惑也就迎刃而解。

众所周知,"人一半是天使,一半是野兽",人面兽身的斯芬克斯像更是人的真实写照。然而,人们却往往没有去深究:这又是因为什么?其实,这恰恰就意味着:在万物之中,人的生命是最难把握的。从物而来,最后也归结为物,并从物性得到说明。这一点,对于其他的动物都是对的,但是,唯独对人却根本行不通。而其中的"不通",也就正是人作为人而高于其他物的根本所在。人的特殊,就特殊在人来自于物却能超越于物。因为,人的生命尽管离动物很近,却也离上帝不远。

至于其中的缘由,则可以从马克思的一个发现加以解释:"当人们开始生产他们所必需的生活资料的时候(这一步是由他们的肉体组织所决定的),他们就开始把自己和动物区别开来。"①这就是说,人的生命与物的生命不同,后者只是自然的存在,而前者却是自觉的存在;后者只是被动地接受外在环境所赋予的一切,但是倘若环境不提供这一切,那就只能消失,前者却不但可以接受环境所赋予的一切,而且还可以自我创造新的一切。于是,人的生命已经不再是环境的一个组成部分,恰恰相反,逐渐地,环境倒是反而成为了人的生命的一个组成部分。

简而言之,人被改变的不仅仅是某种附加属性,因为任何的附加属性毕竟还是隶属于动物;人被改变的是根本属性:存在本性、生存方式,等等。因此,把人说成是什么或者不是什么,就都并不正确。当然,人与物有共同之处,这正是我们不论说人是个什么东西还是说人不是个什么东西的时候有

---

① 《马克思恩格斯全集》第3卷,人民出版社1960年版,第24页。

人都会很不高兴的原因。何以说人是"物"有人不开心,但是说人不是"物"有人也不开心?其中的原因就是因为人确实是"物",也确实有物性,说人与"物"毫不相关,强调只有抛开"物"才能了解人,无疑并不正确。人从动物而来,人以生物的形式存在。跟动物一样,人也是自在的存在;人之初,也是从动物起步;人的本能与欲望,更与动物无别;何况人也像动物一样,无法逃离生生死死之类的有限性。我们之所以常说人要战胜自己,也正是指的要战胜人身上的动物性。但是,人与"物"又确实截然不同。人什么都是,也什么都不是。人既是其所是,又是其所不是,还不是其所是。人是一切,又一切都不是。他不同于一切的"物",于是,才被称为人。而且,我们也才会自豪地宣称:人就是人!

无法设想,我们会宣称"树就是树""虎就是虎",因为当我们说"树就是树""虎就是虎"之时,无异于叠床架屋的重复。但是"人就是人"则不同。它意味着:人的自身内涵只能从人自身去挖掘,而不能借助于对于"物"的了解。也意味着:物不会问自己"是什么",人却必须去问自己"是什么"。这样,当我们宣称"人就是人"的时候,自身的生命就已经被两重化了:物性和超物性、生命性和超生命性、自然性和超自然性、历史性与超历史性……因而生命也就转而成为原生命—超生命,自在生命—自由生命。

由此,当我们宣称"人就是人"的时候,也就意味着生命已经超越了物的本性,并且使生命具有了超生命的更高目的、更高存在。换言之,人尽管来自生命,但又必须超越生命,而且还必须转而主宰自己的生命,这是人之为人的关键。倘若人不曾超越生命,假如人的一切都还是听任生命本能的操控,那人就还不是人,就还不过是一个人形动物。因此,超物之物、超生命的生命、超自然的自然存在,才是人之为人的根本特征。犹如加塞特指出的:"人不是一个物,谈论人的本性是不正确的,人并没有本性。……人类生活……不是一种物,没有一种本性,因此我们必须决定用与阐明物质现象根本不同的术语、范畴、概念来思考它。"[①]同样,中国当代哲学家高清海也认

---

① 转引自卡西尔:《人论》,甘阳译,上海译文出版社1985年版,第217—218页。

为,"生命的产生,是自然进化的一次重大飞跃;人的产生,则可以说是生命进化的一次重大飞跃。"①"生命是属于人的本体,人与他物的联系和分别首先就应当体现在这里。……人不能没有生命,人又不能不超越生命,这就是难点所在。所以在我们看来,只有从生命这一人的本体变化入手,才能理解'人'的真正本性。"②

进而,在人的生命这一神奇现象之上,我们看到了一种二重性的现象:原生命与超生命。因此,人的生命是原生命,也是超生命。前者意味着"人直接地是自然存在物",③后者则意味着人更是"有意识的存在物"。④ 这就类似于人的生命之中所实际存在着的两重死亡:心脏死亡与脑死亡。心脏死亡是物质生命的结束,脑死亡则是精神生命的结束。也类似于生命美学为人之为人所下的定义:人是动物与文化的相乘。相应地,我们又可以看到物质生命和精神生命的二重生命、物质需要和精神需要的二重需要、体力和智力的二重能力、物质创造和精神创造的二重创造、物质文明和精神文明的二重文明、物质生活与精神生活的二重生活,等等。这就类似于物理学的"波粒二象性":"现在有两种相互矛盾的实在的图景,两者中的任何一个都不能圆满地解释所有的光的现象,但是联合起来就能够了。"⑤光,既是粒子,也是波。人的生命也是一样,既是原生命的,也是超生命的。

不过,必须强调的是,人的生命无疑是二象的,但是却不是二元的。原

---

① 《高清海哲学文存》第1卷,吉林人民出版社1997年版,第5页。
② 高清海:《思想的解放与人的解放》,黑龙江教育出版社2004年版,第298页。还要说明的是,高清海先生于20世纪90年代末提出的"类哲学",在我看来其实也就是生命哲学。因此不但是对生命美学研究的支持,而且也给生命美学研究以启迪。
③ 《马克思恩格斯全集》第42卷,人民出版社1979年版,第169页。
④ 《马克思恩格斯全集》第42卷,人民出版社1979年版,第96页。
⑤ 爱因斯坦、英费尔德:《物理学的进化》,周肇威译,上海科学技术出版社1962年,第192页。

生命与超生命无疑不能简单等同,不能平分秋色。① 我们已经看到,大自然只塑造了人的一半,人不得不上路去寻找那另外一半,因此人生不是乐园,而是舞台。但是,恰恰又是人在自然赋予的物质生命基础上所创造的属于精神生命的这个第二生命才是属于人的特有的生命,只有人在自然赋予的物质生命基础上所创造的支配物质生命的那个生命,才是属于人所特有的生命。人的生命,也并不只是大自然的赋予,而且也是人自己的生命活动的作品。人,没有先在的本质。他的生命活动决定了他的本质。人没有前定本性,也没有固定本性;人是 X,人是生成为人的,也就是说,人不是先天给予的,而是后天生成的。因此,我们常说:人是人的最高本质;也常说:人的根本就是人本身。

也正是出于这个原因,人的命运也就不是操控于上帝手中,更不是被自然所操控,而是被人自己所操控。尽管作为双体动物,人是一种物,也确实是物质存在——物质存在的一种特殊形态,然而人又不是一般的物,而是一种高级的物,一种更为复杂的超生命、一种精神主体,这在所有动物中无疑又是唯一的。或者说,人是一种物质实体,这当然与大千世界的万千物质实体无从区别,但是,人又同时还是唯一的精神主体。而且,人和动物的区别不在于人所同时具有的物质性,而在于人所独具的精神性。人的肉体既属于自己,又不属于自己,是与生俱来的,而人的精神却截然不同,它唯独属于人类自身。因为,只有人才具有精神性,所以,精神性,才是人的本质。也因此,不是原生命,而是超生命,也才是人的本质。

这样,所谓生命美学,作为理论形态的人类生命的自我阐释、自我表达、自我反省,其中的"生命",当然就是应该以人的超生命为主导。生命美学之为生命美学,严格而言,当然也就应该是以超生命为主导的人的生命的美

---

① 国内关于生命哲学、生命美学的讨论曾有生物生命、精神生命、社会生命的分类,有学者例如封孝伦先生,就以之作为生命的内涵。这无疑是不甚妥当的。我的看法则从 1991 年出版《生命美学》以来就是一贯的:所谓"生命"就是"人的生命",至于"人的生命"的展开,则可以区别为生物生命的活动领域、精神生命的活动领域和社会生命的活动领域。

学。只是因为超生命其实就是人的生命的本质,而且超生命事实上也无法离开人的原生命,所以,我们才将所谓的美学称为:生命美学。

二、源于生命:美学的生命与生命的美学

进而言之,在生命美学,"美学"与"生命"之间是一而二、二而一的循环。也因此,一方面,美学的秘密在生命;另一方面,生命的秘密也在美学。这意味着:对于美学的理解必须借助生命,而对于生命的理解也必须借助美学。深入理解美学与深入理解生命是彼此一致的。美学研究的,当然是审美活动,但是美学所呈现的,却是对人自身的生命的诠释。当然,实践美学等也主张从人出发去看待审美活动或者因为人而去研究审美活动,但是,生命美学却有所不同,因为在生命美学看来,重要的是,亟待从对于自身生命的理解出发去研究审美活动。人之为人怎么去理解自身的生命,也就怎么去理解美学。

由此,美学之为美学,也就必须是也只能是生命美学。因为美学即人类生命意识的觉醒。它的评判标准也必然是:在其中人类生命意识是否已经觉醒,它所表达的是否人类生命意识的觉醒。美学之为美学,无非只是以理论的方式为人类生命提供了它所期待着的这一觉醒。同时,人之为人的自觉一旦改变,美学自身也就或迟或早一定会相应发生改变。

具体来看,生命美学与人类生命之间的内在统一性体现在:既源于生命、同于生命,也为了生命。

生命美学是美学的生命觉醒与生命的美学觉醒的内在统一。因此,生命的演进过程中所要面对的基本主题,与美学的反思过程中所要面对的基本主题,在生命美学,不论是从逻辑层面还是从历史层面,也就都是完全一致的,这就是:不但源于生命,而且同于生命,更是为了生命。

本节先看"源于生命"。

"源于生命",是指的从逻辑的层面看,美学与生命具有内在的统一性。生命是世界的主角,也是美学的主角。

首先是,它们互为前提。

无疑,这显然是由于人类生命的特殊性所导致。我已经说过,人类的生命是非常特殊的,可以命名为"以超生命为主导"。它是人的起点,也是美学的起点。

　　在大千世界,人当然也是一种物质存在,但是,人又是一种生命存在,因此也是一种与物质世界截然不同的特殊存在;进而,人当然还是一种生命存在,但是,他又是一种超生命存在,因此是一种与原生命截然区别的特殊生命。概括而言,我们可以称之为:"原生命与超生命的相乘。"[1]而且,类似于波粒二象性,原生命与超生命也是二象性的,互相激发、互相限制、互相提升,不过却不是二元性的,而要以"超生命为主导"。

　　美学也如此,"超生命为主导",也是美学的起点。费希特郑重提示过:"注意你自己,把你的目光从你的周围收回来,回到你的内心,这是哲学对它的学徒所提出的第一个要求。哲学所要谈的不是在你外面的东西,而只是你自己。"[2]卡西尔也说:"从人类意识最初萌发之时,我们就发现一种对生活的内向观察伴随着并补充着那种外向观察。""世界的起源问题与人的起源问题难分难解地交织在一起。""不先研究人的秘密而想洞察自然的秘密那是根本不可能的。"[3]福柯的看法也是一样:"哲学的问题……是关于我们自己是什么的问题。"[4]这意味着在世界的奥秘与生命的奥秘之间,哲学毫无疑问地要选择后者。美学也如是。而且,更为重要的是,生命的奥秘也同时还要借助于美学才能予以揭示。因为,美学之为美学的前提,与哲学一样,同样也正是人的生命意识的觉醒。

　　为此,早在1985年,我就批评美学是冷美学,冷落了生命,因此也必然

---

[1] 类似的概念,还有自然生命与价值生命、自在生命与自由生命、第一生命与第二生命、形下生命与形上生命……在我看来,包括原生命与超生命,都可以以"人是动物与文化的相乘"来阐释。
[2] 转引自《西方哲学原著选读》(下),北京大学哲学系外国哲学史教研室编译,商务印书馆1982年版,第320页。
[3] 卡西尔:《人论》,甘阳译,上海译文出版社1985年版,第5、6页。
[4] 转引自德赖弗斯、拉必诺:《超越结构主义与解释学》,张建超等译,光明日报出版社1992年版,第265页。

被冷落。人是自然的一部分,有"原生命",但是人还有超出自然的部分,有"超生命",这超出自然的部分无疑不能用自然的方式来表达,而要以精神的方式来表达。正如卡西尔所说:"人的本质不依赖于外部的环境,而只依赖于给予他自身的价值。"[1]遗憾的是,我们过去的美学研究却往往无视这一点,仍旧以非生命的观点去阐释"超生命",以抽象的观点去阐释"超生命",以阐释"物"的方法去阐释"超生命"。例如,不论以美为研究对象,以美感为研究对象,还是以审美关系为研究对象,也不论认识论美学还是实践论美学,都是以一个外在于人的对象作为研究对象,因而都是以人类自身的生命活动的遮蔽和消解为代价。这样,也就最终地确定了一种对美学的理解方式和对话方式:以理解物的方式去理解美学,以与物对话的方式去与美学对话。事实上,"超生命"向人昭示的却永远是源于人类家园并必然返回人类家园的活动这一根本线索。它的历史就是人类的历史。人类存在着,它就存在着;人类不会消亡,它就不会消亡。这就从根本上规定了美学的性质:美学即生命的最高阐释,即关于人类生命的存在及其超越如何可能的冥思。美学将不去追问作为实体或实体的某些属性的美,更不去追问作为美的反映的美感(在我看来,这一切统统是"假问题"。何况,美学要探讨的并非问题,而是秘密)。美学要追问的是审美活动与人类生存方式的关系即生命的存在与超越如何可能这一根本问题。换言之,所谓"生命美学",意味着一种以探索生命的存在与超越为旨归的美学。

其次是,它们互为见证。

人天生就是形而上学的审美动物。这当然是拜"超生命"所赐。因为"超生命"的实现有其特殊途径:它必须创造一个非我的世界来证明自己,也就是去主动地构造一个非我的世界来展示人的自我,主动展示人类在精神上站立起来的美好,以及人类尚未在精神上站立起来的可悲。因此,它是一种把精神从肉体中剥离出来的与人之为人的绝对尊严、绝对权利、绝对责任建立起一种直接关系的全新的阐释世界与人生的活动,也就是审美活动。

---

[1] 卡西尔:《人论》,甘阳译,上海译文出版社1985年版,第10页。

在人类形形色色的生命活动中,多数是以服从于生命的有限性为特征的现实活动,例如,向善的实践活动,求真的科学活动,它们都无法克服手段与目的的外在性、活动的有限性与人类理想的无限性的矛盾,只有审美活动是以超越生命的有限性为特征的理想活动(当然,宽泛地说,还可以加上宗教活动)。审美活动以求真、向善等生命活动为基础但同时又是对它们的超越。在人类的生命活动之中,只有审美活动成功地消除了生命活动中的有限性——当然,只是象征性地消除。作为超越活动,审美活动是对于人类最高目的的一种"理想"实现。通过它,人类得以借助否定的方式弥补了实践活动和科学活动的有限性,使自己在其他生命活动中未能得到发展的能力得到"理想"的发展,也使自己的生存活动有可能在某种意义上构成一种完整性。

由此,审美活动从无限而不是从有限、从超越而不是从必然、从未来而不是从过去的角度来规定人、阐释人,并且因此而构成了生命的形上维度。美学作为审美哲学,也天生就置身形而上学思考。也因此,美学直面的不是生命的意谓、本质,而是生命的意义。人是形而上的,美学也是形而上的;人是一种自由存在物,是以形而上学为本性的形而下存在,或以形而下为形式的形而上存在。美学也必然如此,美学的形而上学只不过是人的这一本性在理论上的自觉表达而已。人天生就是形而上学的审美动物,因此也就必须反思自己的生命——动物不会去反思这类问题。在反思中,意识被二重化。其中,对于"对象"的意识当然十分重要,但是,对于"对象"意识的意识更十分重要。这是一种超越对象意识的意识,也正是形而上学的思考内容,因此,人的生命存在本身就内在地包含了美学存在的形上根据。由此,关注终极价值、终极意义,关注超越性价值、绝对价值、根本价值,关注审美活动的形而上学属性,关注审美活动的本体维度,就成为美学研究的题中应有之义。

进而,确立美学的形而上学维度,就是确立审美的至高无上的精神维度,确立审美的至高无上的绝对尊严,美学也会因此而得以光荣"复魅"。由此,诗与思的对话,也就进入了生命美学的视野。它涉及的是审美的本体论维度,讨论的是"诗与哲学"(诗化哲学)的问题。因此,形而上学只有作为美学才是可能的;反之也是一样,美学只有作为形而上学才是可能的。这样,审美也就禀赋了在理解人的本质之时的优先性。于是,审美也就自然要比道德、比认识都更加根本;审美也就自然要成为人所固有的形而上活动。因此,审美也就必须要与形而上学联系起来。卡西尔指出:"把诗哲学化,把哲学诗化——这就是一切浪漫主义思想家的最高目标。"①"从尼采之后的哲学家,诸如维特根斯坦和海德格尔……都卷入了柏拉图所发动的哲学与诗之争辩中,而两者最后都试图拟就光荣而体面的条件,让哲学向诗投降。"②"与美学相比,没有一种哲学学说,也没有一种科学学说更接近于人类存在的本质。""每一个新的、伟大的艺术作品都揭示了人类存在的新的深度,并且因此而重新创造人类。"③这,当然就是生命美学的应运而生。最后是,它们互为创新。

人的生命是无限的开放的,美学的生命也是无限的开放的。与人的生命本性所具有的无限与开放相伴随的就是美学生命的无限与开放。

人有(存在于)未来,而动物没有,动物无法存在于未来;人有(存在于)时间,而动物没有,动物无法存在于时间;人有(存在于)历史,动物也没有,动物无法存在于历史;人有(存在于)意识,动物也没有,动物无法存在于意识。这样,人与理想的直接对应使得人不再存在于自然本性,而是存在于超越本性,不再存在于有限,而是存在于无限,不再存在于过去,而是存在于未来。于是,人永远高出于自己,永远是自己所不是而不是自己之所是。生命不再是封闭的、有限的,而成为开放的、无限的。

而且,人的本性在于:它的存在就是他的活动,其中无疑隐藏着人的秘密,而且是已经超出了物种的秘密的秘密。过去都是从本性理解存在,从存在说明活动,认为存在决定活动,现在则是存在在于活动,活动先于存在,这

---

① 卡西尔。见蒋孔阳主编:《二十世纪西方美学名著选》,复旦大学出版社1987年版,第16页。
② 罗蒂:《偶然、反讽与团结》,徐文瑞译,商务印书馆2003年版,第41页。
③ 盖格尔:《艺术的意味》,艾彦译,华夏出版社1999年版,第194、196页。

就意味着把人看成是在自身的活动中生成自身本质的,因此也就正好与物种的观点相反。这样,人的生命,只有体现为超生命,才能够是人的生命。人只是人。人是一切,但又不是一切,人不能被指定为任何一种"物",人是唯一突破了"物"的存在。人是自然的产物,但又是对自然的超越。人有原生命,又有超生命……既然如此,倘若再以物的方式去规定人,就必定是对人的抽象化。

与此相应,如果人被看作对固定的、有限的存在,那仍旧还是按照理解"物"的方式去理解人,遵循的还是"物的逻辑",例如,将人的本质确定化、普遍化,例如,追问的目标是"什么",追问的目的是把握"什么"——哪怕是人的"什么"。但是,假如人是开放的、无限的存在,那么对人的理解则只能依据"人的逻辑"。而人是没有最终结果、最终本质的。人怎样创造自己的生命,人也就怎样创造自己的本质。而且,人的本质也是永远"在路上"的,"一方面人具备种种能力,一方面他也有所欠缺","神无所不知,其他动物一无所知,只有人,只有人才知道自己有所不知"。① 因此,即便美学暂时还是不完备的、片面的,那也不足为奇,因为这正是美学之为美学,人本来就是不完备的,美学当然也会如此。同样,与自然学科的探索的答案都是固定的有所不同,美学的探索的答案却不是固定的。而这就注定了美学必定要超越物种的思维方式,必定要永远在路上。

因此,美学是一项永远的工作;美学无法最终说出人是什么,这不是美学的无能,而是人的本性使然。人的规定不是本然的而是变化的,是不可规定的;人没有先在的本质。他的活动决定他的本质。由于人在历史进程中的不断变化,美学也会不断地变换自己的内容,改变自己的形态。怎样认识人,就怎样建构美学;有什么样的美学,就有什么样的人;人怎么样,美学就怎么样,二者休戚与共,同舟共济,荣辱与共,相伴始终。而且,因为人永远不再是原来的人,所以美学也就永远不再是原来的美学。这就是美学一再宣布"终结",但是却始终"终"而不"结"的秘密。其实,人之"死"与美学之

---

① 加塞尔:《什么是哲学》,商梓书等译,商务印书馆1994年版,第40页。

"死"都只是对人的本质的重新解说。帕斯卡尔说:"能嘲笑哲学,这才真是哲学思维。"①马克思说:"理论只要彻底,就能说服人。所谓彻底,就是抓住事物的根本。但人的根本就是人本身。"②显然,美学的历史,也就是美学以人为核心的一部自我意识史和自我觉醒史。美学的不确定性,体现的正是人自身的不确定性。美学的与时俱进、不断创新也正是人的生命的与时俱进、不断创新。因此,美学的"终结"并不可怕,在"终结"的背后没有看到美学的创新才真正可怕。至于倘若有人贸然宣称美学已经在自己手中完成,那更是毫无疑问地葬送了美学。

三、同于生命:美学的存在与生命的存在

"源于生命",是从逻辑的层面看,其实,从历史的层面看,美学与生命仍旧具有其内在的统一性。美学的历史就是生命意识觉醒的历史。因此,在美学与生命之间,除了逻辑的统一性,还存在历史的统一性。

其中的原因,则是在于:与自然科学、宗教等学科不同,美学之为美学,有其自身的特殊性,就是必须在人的生命意识的觉醒中去考察审美活动。在这个意义上,美学对审美活动的理解,就其实质而言,其实不过就是对人自身生命的理解,而且,美学对于审美活动的考察,其实也正是对于人自身生命的考察。也因此,在美学的历史上,美学对于审美活动的把握,始终都要受到自身生命意识觉醒程度的制约。美学如何理解生命,也就如何理解审美活动;美学对于审美活动的不同看法,无非也就是人们对于生命的不同看法。

换言之,美学的研究与自然科学、宗教的根本不同在于:它面对的不是生命之外的自然的客观世界,也不是生命之外的高高在上的彼岸世界,而是内在于生命的人置身其中的世界,亦即人的世界。在其中,生命属于世界,世界也属于生命。由此不难看出,昔日的"见物不见人"的美学的缺憾恰恰

---

① 帕斯卡尔:《思想录》,何兆武译,商务印书馆1997年版,第6页。
② 《马克思恩格斯选集》第1卷,人民出版社1972年版,第9页。

在于：完全遗忘了人的生命存在，使美学彻底失去了生命意识，从而导致"见物不见人"的美学的出现。然而，这样一来，美学也就无法思想，人类也就不再需要美学了。因为"见物不见人"的美学所追求的仅仅是人的知识，而不是人的生命，美学与人的生命之间的内在关联已经不复存在。

而且，在此意义上，对于"美学古老而又年轻"这句美学界所有学人都经常挂在嘴上的名言，也就可以重新予以解读。它不是指的在希腊时代诞生但是在近代德国才得以命名，而是指的随着人自身生命意识的不断自觉，美学的自觉也在不断深入，以至于美学的历史如此悠久，但是却始终没有一个可以被公认的关于美的定义。因此，它才永远"古老而又年轻"。同样，对于"美是难的"这句美学界所有学人都经常挂在嘴上的名言，也可以重新予以解读。"美是难的"，不是因为美学学人无能，而是因为关于美乃至关于美学的思考无法等同于对自然科学的思考，它没有普遍的思想标准和绝对的理论形态，并且总是与置身具体生活境遇中的人们对于自身生命问题的重新思考直接相关。

同样，对于美学是"时代精神的精华"这句美学界所有学人都经常挂在嘴上的名言，也可以重新予以解读。我们可以将美学是"时代精神的精华"视作对于美学本性的最为精湛的概括，因为它意味着：美学要勇于以一种理论的方式成功地使自身真正成为"思想集中表现的时代"（黑格尔）。它与自身所处的时代彼此适应，不但折射着这个思想的隐秘灵魂，而且引导着这个时代的根本指向。而这当然就提示着我们：真正的美学，一定是伴随时代的不断前行而不断重新理解自身的美学。美学的更新，正是自由呼吸时代的奋进、挺立之风的必然结果。伽达默尔说：理论的本意就是对神圣事业的敬奉。我必须说，每个时代的美学，也必然是对每个时代的神圣事业的敬奉。相反，如果陷入了陈规旧习，也就失去了开拓创新的能力和勇气。倘若我们的美学深陷项目、奖励、领导批示的陷阱之中，"指鹿为马"，"跪着思考、跪着写作"，甚至不惜曲意逢迎，媚俗悦上，"著书都为稻粱谋"，那也就抹杀了美学的本意。

换言之，在美学中充满了门户之见也并不可怕。因为美学面对的是超生命,它只能立足于超生命去理解美学,反之,也只能立足于美学去理解超生命。超生命是开放的,不断更新的,因此,美学也必须是开放的和不断更新的。这一点,与科学所把握的物性的人以及神学所把握的神性的人完全不同。美学之为美学,唯有派别林立,才意味着走上了正途。至于派别以外的美学,那必然就是平庸的美学。因此,一旦幻想从绝对真理、唯我独尊的意义上去把握美学,美学就会立即成为"皇帝的新装";一旦号称自己的美学可以一言九鼎,而且包打天下,这样的美学的脸上所写的,就必定是两个字:无知!所以,自然科学只有一次"哥白尼革命",但是,在美学领域,却会不断出现"哥白尼革命",甚至随时都会出现"哥白尼革命"。并且,几乎所有的美学家都必须去积极而且主动地发起自己的前所未有的"哥白尼革命",而美学的历史其实也就是无穷无尽的"哥白尼革命"的历史。这无穷无尽的"哥白尼革命"可能是这一派的否定,也可能是另一派的颠倒,总之无非就是执着地围绕着"生命"这个主旋律而或者佯攻,或者迂回,或者智取,或者强攻……而美学也就是如此这般地永远"在路上",就是如此这般地永远"在远方"。

进而,与从逻辑的角度所看到的生命觉醒与美学觉醒的内在统一不同,在历史的角度,我们所看到的,是生命意识觉醒的历史与美学意识觉醒的历史的内在统一。美学,在此意义上,其实就是生命不断觉醒的特定的理论表征、特定的精神表达方式。由此我们不难理解,在美学史上,何以人的失落必然导致美学的失落,又何以人的觉醒必然导致美学的觉醒。而且,在美学的历史上,我们所看到的,就是一代又一代的学者为了认识人类自我的生命所进行的艰苦的精神跋涉。在跋涉的背后,则是人的生命存在及其在历史上的顿挫、发展,导演着美学的顿挫、发展。人类自身的生命意识恰似一只"看不见的手",在遥远的未知之处,决定着美学的探索、美学的命运。总之,从对人的生命的理解走向对美学的理解,从对美学的理解走向对人的生命的理解。我们在美学的历史进程中所看到的,始终是这样的内在循环。

当然,美学历史也并非杂乱无章,透过历史的百折千回,不难看出,其中的核心,就是从"原生命"到"超生命"的逻辑演进,也是从"爱智慧"到"爱生命"的逻辑演进。

如前所述,美学史的聚焦点是人,而且也只是人。人是美学舞台上始终如一的主人公。因此,对人的探索和关注,也就构成了美学史的根本内容,美学的历史从少年到白头,所写下的,都是人自己的历史。美学,无论怎样冲突、矛盾、曲折和分化,但是仍旧万变不离其宗,潜存着一个共同的主线,这就是人的生命意识的觉醒。它是美学的历史之中的共同坐标。美学的历史,从根本上说,就是以理论所表现的人的生命意识的生成历史。不过,美学家对于人的生命的关注也毕竟有起有伏,人的凸显,人的失落,因此在美学的历史中也是频繁出现之事。美学的历史充满了传奇,充满了惆怅,并且派别众多,道理就在这里。至于以符合人的生命的方式把握人,做到"人只能以人的方式来把握",那毕竟还是一个力争达到的目标。事实上,以把握物的方式、以非人的方式去把握人的生命,乃至去把握审美活动,恰恰也是屡见不鲜的。例如传统美学就往往高高在上,以"敌视人""敌视生命"作为基本特征,早在三十三年前的1985年,我就称之为:"冷美学"。在它那里,或者将人的生命活动理解为物质活动,隶属外在客体,亦即"只是从客体的或者直观的形式去理解";[1]或者将人的生命活动理解为精神活动,隶属内在世界,亦即将生命活动仅仅从"主观方面去理解"。其实都失之片面,也都是一种把人物化的物的思维方式,结果,则是把人看扁了,把人等同于物,都误解了人,也扭曲了人。

不过,必须指出的是,在美学的历史上,美学的觉醒是伴随着人的生命觉醒而逐渐深化的,在美学探索的路途中,百转千回,曲曲折折,凝结为各种问题、不同的理论乃至形形色色的主题,当然也都属正常。犹如我在考察中国美学的进程中所提出的"中华文明第一期"、"中华文明第二期"乃至"中华文明第三期",在美学的历程中,阶段的存在,地域的存在,都丝毫也不奇怪。因此,与对人在特定历史时期、特定地域内的自我理解密切相关,美学之为美学有其时代特色、民族特色,也是再正常不过的。有时,即便是那些远离

---

[1] 《马克思恩格斯选集》第1卷,人民出版社1972年版,第8页。

人的生命觉醒的虚幻规定,也都有其美学历史的存在根据。再者,即便是那些贴近人的生命觉醒的理论探索,也都是暂时的,都是亟待加以否定的,因为它们仍旧都是对生命中某一规定的片面思考的结果,都是相对的。不如此,美学就无法大步前行。因此,美学的历史尽管存在主线,亦即从"原生命"到"超生命"的逻辑演进、从"爱智慧"到"爱生命"的逻辑演进,但是,却毕竟是以多元的分裂方式去加以展现的。因为人的生命本身就是以多元的分裂形式去展现的。

当然,就本文所讨论的"同于生命"亦即生命与美学之间的历史统一性而言,这里亟待要强调的应当是其中的万变不离其宗,也就是:不离"同于生命"这一主线。

例如,希腊的本体论就不宜完全否定。因为其实它也是西方美学学者借以表达追求人的生命的形上之维亦即审美活动的形上之维的一种特定方式。洋溢其中的,是古代蒙昧初开的人们的对于"超生命"的渴望与追求。"美是什么",其实就是意在摆脱感官局限,意在摆脱本能意识,在当时的条件下,应该说正是意在人性的提升。"美是什么"意味着某种超物性,亦即不再斤斤计较于事物的物性,而以超物性来表达自身的对于人性的追求。这在当时,不论是推动人性提高,还是升华生命意识,都是意义重大的。由此,希腊的本体论其实也是期冀从"超生命"出发去看待事物的一种理论思维方式。当然,它仅仅在人的对象性存在中发现了人的超生命,也仅仅从对象的物性本质中开掘出人的超生命,而没有意识到这一切其实都是超生命的对象化,结果,就把人自身的超生命的规定混同于外在的物性规定,人的超生命因此也就仍旧沉埋在历史的迷雾之中。

再如,康德提出的"人是目的"也应作如是观。如前所述,抽象化的思维方式在西方传统美学中十分常见。或者物化,或者神化,都是所谓的抽象化,究其实质,无非是把人的"原生命"与"超生命"割裂开来,只承认其中单一的一元,因此在看待世界的时候,必然是或是或否,或这或那,总之都是出自物的本性、出自形式逻辑的非此即彼。不论是把人放在自然之内,还是把人放在自然之外,或者是把人放在高于人的存在,抑或把人放在低于人的存在,总之,都是作为外在世界,都是表达着人的物性。然而,对于人的以超生命为主导的生命的把握,恰恰是不应该在人之外的任何地方,而只能是着眼于人是人自己的生命活动的产物,人是被人自己造就为人的,因此,对人也就只能从人自身的活动去加以把握。不难看出,这也正是康德首先提出"人是目的"的意义所在。由此,美学的思维方式开始不复往昔,人不再被看作纯粹的被造物,也不再按照物种规定去理解人性,更不再仅仅从外部去寻找人的生成根源,而是转向了人自身,转向人的自身的超生命,从人的超生命去理解人性,人是人自己的生命活动的产物,人是被人自己造就为人的,这一点,因此也就成为了美学的立足基点。美学,也因此而找到了自身的理论归属。

又如,就中国美学而言,对于诗与人生的关注始终都是一个亮点。我们知道,西方美学长期以来都或者是走向神,或者是走向物,总之都是以扭曲人的生命的方式去表达人的生命的。永恒、完满、绝对、无限,乃至绝对真理的知识体系,正是西方美学的梦想。结果,在漫长的美学历史中,西方美学都没有得以从物的抽象化思维中抽身而出,因此它的理论探索也就难免会分裂人、失落人、扭曲人,甚至瓦解人,可是,西方美学往往忽视了的却是,在理念、自然、上帝、绝对背后,都有人的存在、人的超生命的存在,只是因为人被分裂、被肢解、被扭曲、被抽象,所以才始终视而不见。不过,我们每一个后来者却都深知:在西方美学的背后隐藏着的,是人的奥秘、超生命的奥秘。西方美学扭曲了生命,但是在它的理论思考之中深深吸引着我们的,却还是对于人的生命的关注。而中国的美学,例如庄子美学,则始终都以"绝圣弃智"为主题,也始终是以对非生命的美学反省为主,分裂人、瓦解人、失落人的美学,在中国美学中——起码是在道家美学中——是不受欢迎的,因而,中国美学始终存在着远离非生命的病症,将人从非现实的外在的物的层面转移到现实的人的层面、超生命的层面的努力。

四、为了生命:美学的自觉与生命的自觉

除了"源于生命""同于生命",生命与美学之间的内在统一性还表现在:

为了生命。

在这方面,人的生命与美学之间的相互影响同样值得注意。不难看到,美学的发展与人的生命是息息相关的。甚至,人的生命的自我觉醒似乎也就是为了最终得以走进美学。早在古希腊时期,哲学家们就已经发现:在观察世界的过程中,第一个无可回避的文本,竟然就是自己的身体。恩培多克勒指出:"我们是以自己的土来看'土',以自己的水来看'水',以自己的气来看神圣的'气',以自己的火来看毁灭性的'火',更以自己的爱来看'爱',以自己的憎恶来看'憎'。"①显然,不仅哲学如此,美学也如此。美学的生命与人的生命全然已经不再是两个彼此独立的问题,而是不应该彼此分开的问题了。美学的自觉与人的生命的自觉也同样。在此意义上,美学无疑并非科学,而是人类自身生命的思考。正是人的超生命,为美学提供了研究对象;人的生命,就是美学的斯芬克斯之谜。

另一方面,美学也影响着人的生命。鲁迅说过:在中国搬动一把椅子也要流血。这当然是从特定的方面说明了理论、观念对人的影响。柏林则说得更为具体:"人类和人类思想进步是反叛的结果,子革父命,至少是革去了父辈的信条,而达成新的信仰。这正是发展、进步赖以存在的基础。在这一过程中,那些提出恼人的问题并对问题的答案抱有强烈好奇心的人,发挥着绝对的核心作用。这种人在任何一个社会中通常都不多见。当他们系统从事这种活动并使用同样可以受到别人批判检验的合理方法时,他们便成为哲学家了。"②这就已经正式说到了思想。进而,兰德曼说:"人关于他的存在的想象确实影响着他的存在本身。""因此,他借以力图理解他自己的存在的那些概念确实对他的存在的自我实现施加了决定性的力量。人的每一个关于他自己的观念都成了指导和塑造他的理想。"③胡塞尔也说:"对于古希腊罗马人来说,什么是根本性的呢?通过比较分析可以肯定,它无非是'哲学

---

① 《西方哲学原著选读》(上),北京大学哲学系外国哲学史教研室编译,商务印书馆1981年版,第44页。
② 麦基编:《思想家》,周穗明等译,三联书店2004年版,第3页。
③ 麦基编:《思想家》,周穗明等译,三联书店2004年版,第9页。

的'人生存在形式:根据纯粹的理性,即根据哲学,自由地塑造他们自己,塑造他们的整个生活。"①因此,美学与哲学一样,应该是"人类的公仆",是"人类的父母官","承担着对整个人类的真正的存有的责任。人类真正的存有是追求理想目标,从根本上说,他只有通过哲学,——通过我们,如果严格地说我们还是哲学家的话,才能被实现。"②这就正如兰德曼所引述的:"格勒图森说,人是用第三人称还是用第一人称谈论他自己,结果是大不一样的。"③

而且,美学对于人的生命的影响也有其内在的根据。人不但要活着,而且还要有活法。相对而言,生理学和医学也影响人的生命,但是只是影响人的身体病变,心理学同样影响人的生命,不过仅仅是影响人的心理健康,美学则不同,它对于人的生命的影响侧重于意义和观念,是意在为人提供人生境界、思维方式和价值理念,为人的生命提供意义、价值的支撑。我们知道,人的生命是非专门化的,也是向世界开放的,还是不确定性的,而且,人的生命对于文化的依赖更是尤为根本。兰德曼指出:"人不是附加在动物基础上,有着特殊的人的特征的一种动物;相反,人一开始就是从文化基础上产生的,而且是完整的。"④文化是人的第二生命,也是真正的生命;文化是人的第二本性,也是人的真正本性。人的生命演进,其实也就是人的文化性不断同化人的动物性的过程。以此,人的生命的先天不足与后天需要都决定了,美学的影响不可或缺,也极为重要。在这个意义上,倘若说美学是理论形态的人,人则是事实形态的美学,甚至,说人就是美学的造物,应该也不为过。在历史上,不同美学也在对人进行着不同的再造,不同时代的美学更在塑造着不同的人的心灵。总之,正是在美学的塑造下,人类才从过去走到了现

---

① 胡塞尔:《欧洲科学危机和超验现象学》,张庆熊译,上海译文出版社1997年版,第8页。
② 胡塞尔:《欧洲科学危机和超验现象学》,张庆熊译,上海译文出版社1997年版,第19页。
③ 胡塞尔:《欧洲科学危机和超验现象学》,张庆熊译,上海译文出版社1997年版,第49页。
④ 转引自欧阳光伟:《现代哲学人类学》,辽宁人民出版社1986年版,第224页。

在,也必将从现在走向未来。

而这当然是与美学的评价密切相关。美学的所谓评价,实际上是人类自我创造、自我赋予的一种生存的澄明境界。一切有利于生命存在的东西都最终在某种意义上以这种或者那种方式被肯定,一切不利于生命存在的东西都最终在某种意义上以这种或者那种方式被否定。美学就是以这样的方式统摄着人类的生命存在活动。例如,以所谓否定性的评价态度为例,无疑,它是对一切不利于生命存在的东西的美学领会。生活中那些令人厌恶、反感的东西,它们本身无疑是坏的。然而当它们一旦被引入美学的价值内涵,并因此有了指称和价值授予的功能,就不再单纯地指"坏"这个事实,而成为人类自身的一次评价态度的觉醒了。因此,当我们能够判断生活中那些令人厌恶、反感的东西,其实也就意味着对于否定性的审美活动的某种评价与判断的形成,审美活动中的负面因素的否定性价值的形成。人类原来无法道出的某种东西被道出了,原来未曾领会的某种价值关系被领会了。对此,在社会学的层面,马克思曾有间接的提示,他指出:资本主义的特殊性矛盾表现为:"单个无产者的个性和强加于他的生存条件即劳动之间的矛盾。"①这意味着,劳动者的劳动不会使劳动者致富,而只会使资本致福,不会使劳动者文明,而只会使劳动的对象文明。这无疑就是人们常说的所谓人的异化。而能够"认识到产品是劳动能力自己的产品,并断定劳动同自己的实现条件的分离是不公平的、强制的,这是了不起的觉悟,这种觉悟是以资本为基础的生产方式的产物,而且也正是为这种生产方式送葬的丧钟,就像奴隶觉悟到他不能作第三者的财产,觉悟到他是一个人的时候,奴隶制度就只能人为地苟延残喘,而不能继续作为产生的基础一样。"②在这里,"了不起的觉悟",其中就包括评价的觉悟。而且是对于否定性的评价的觉悟。而在心理学的层面,弗洛姆也曾经有过类似的提示,他指出:人的超越性由创造性与破坏性两种本能构成。其中的破坏性,就类似于《浮士德》中的靡非斯

---

① 《马克思恩格斯全集》第3卷,人民出版社1960年版,第87页。
② 《马克思恩格斯全集》第46卷(上),人民出版社1979年版,第460页。

特身上的"否定的精神"。而否定性的美学评价当然就正是对于这一事实的美学揭示。

因此,还是"歌德说得好,每一个新概念都像是我们体内生出的新器官。我们通过自己的观念来看待事物。不过,依照大脑的正常接收模式,我们并不会发觉观念的存在,就像用眼睛看东西时也看不到眼睛本身一样。换句话说,思考,就是试图通过观念来捕捉现实;大脑自动自觉地通过观念来认识世界"。[1] 不过,"不会发觉观念的存在"却并不意味着观念的不存在。"大脑自动自觉地通过观念来认识世界",正说明着观念对于人的生命的深刻影响。在此意义上,费尔巴哈说:"真正的哲学不是创作书而是创作人。"[2]斯语何其深刻!

由此,美学之为美学,在我看来,最终也就必然会成为一种生活方式。过去看待世界的眼光是黑白两色的,借助美学,在看待世界的时候,眼光就开始变成了五彩缤纷的。借助美学,每个人看待世界的眼光都会更聪明,也更明白。由此,人生活在世界里,也生活在美学里。遗憾的是,人们往往只知道自己是生活在世界里,而忽视了其实自己还生活在美学里。然而,犹如前面所提及的"观念",其实,正是因为"观念"的缘故,因此,每个人都还生活在一种关于人生的终极假设里。而且,哪怕不假设,那也还是要被假设;根本不假设,则是完全不可能的,除非自己根本就不是人。既然如此,寻觅一种最美好的、最美丽的、最快乐的,同时也最聪明的、最智慧的假设,应该也是人生应有之义。

正是因此,美国哲学家艾德勒才说:"哲学是每一个人的事业。人都具有从事哲学思索的能力。在日常生活中,我们多多少少都要介入哲学的思考。只认清这点还不够。我们还有必要了解为什么哲学是每一个人的事业,哲学的事业是什么。以一个词来回答,是观念(ideas)。以两个词来回答,答案是大观念(great ideas)——这些观念对于了解我们自己,我们的社

---

[1] 加塞特:《艺术的去人性化》,莫妮娅译,译林出版社2010年版,第35页。
[2] 《费尔巴哈哲学著作选集》上卷,三联书店1959年版,250页。

会,以及我们居住的世界,是基本而且不可缺少的。我们将看到,这些观念构成了每一个人思想的词汇。这些词汇不同于特殊学科的概念,都是日常使用的词汇。它们不是术语,不属于专业知识的私人术语。每个人在日常会话中都用到它们。不过,并不是每一个人都能了解它们的含意,而且也不是每一个人都能对这些大观念所引起的问题给予足够仔细的考虑。为了要能了解它们的含意,思索由它们引起的问题,并能够尽可能找到这些问题彼此冲突的答案,就要从事哲学思维。"美学也如此。美学同样是每一个人的事业,同样是一种每一个人都具有的美学思考的能力。

因此,在日常生活中,人们所理解的审美活动与人们对审美活动的理解,实际上是一体的。而且,事实上并不存在是否需要美学的问题,而只存在需要什么样的美学的问题,或者说,只存在需要好的美学还是坏的美学的问题。一般而言,任何人都不可能不与审美活动发生关系,任何人都不可能在进入审美活动之时不存在某一美学的规范——尽管在程度上有轻与重、自觉与不自觉之分,在当代文化水平普遍提高的情况下,尤其如此。美学内在地决定着人类自身关于生命的自觉意识、自我发展、自我提升以及因此而达到的人生境界,因此美学之为美学显然不是与人无关的虚幻遐想,而是植根于人的生命之中与人的生命息息相关的生命之学。人的生命无疑是为美学的生命提供了永不枯竭的源头活水,而美学的自觉也同样为人的生命的自觉提供了永不枯竭的源头活水。而这,也就恰恰正是对于美学不但是"源于生命""同于生命",而且更还是"为了生命"的最为恰切的证明。

(原载《南京社会科学》2019年第2期,发表时有删节)

附录五　生命美学:从"本质"到"意义"
——关于生命美学的思考

三十年前,1984年的岁末,我撰写了自己关于美学思考的第一篇论文:《美学何处去》。始料不及的是,论文在1985年初发表后[①],竟然引发了在当时一统当代美学天下的实践美学之外的生命美学的诞生。而在今天,就生命美学的研究而言,不论是认同于生命美学的同行者,还是发表关于生命美学的论著、论文,都已经蔚然可观[②]。例如,生命美学的同行者已经有了封孝伦教授、黎启全教授、杨蔼琪教授、姚全兴教授、雷体沛教授、范藻教授、周殿富教授以及一批年富力强的副教授,等等,最近的作者,还有著名的陈伯海教授。发表的相关论文,也已经有了六百篇左右,这在20世纪的中国,除了实践美学学派之外,还没有哪个美学学派可以做到。也因此,应该实事求是地说,已经没有人能够否认,生命美学,作为当代美学的成果之一,业已在美学界为自己赢得了应有的学术地位。

不过,随之而出现的问题却是,应该如何去界定生命美学的特定取向、根本内涵?不难想象,三十年来,这类的问题在各种场合我都每每会被问及。而我的回答,则是从朦胧到清晰、从宽泛到具体,最后的概括则是:借助于胡塞尔"回到事实本身"的说法,生命美学是从理论的"事实"回到了前理论的生命"事实",是从生命经验出发对于美学的重构,也是在超越维度与终极关怀的基础上的对于美学的重构。因此,其实生命美学就是生命的自由表达,就是研究进入审美关系的人类生命活动的意义与价值之学,研究人类审美活动的意义与价值之学。

然而,就认真的学术讨论而言,这样的回答毕竟失之简略。现在,适逢《贵州大学学报》的约稿,在此,不揣简陋,我试做具体说明如下。

---

① 潘知常:《美学何处去》,载《美与当代人》1985年第1期。
② 参见林早:《二十世纪八十年代以来的生命美学研究》,载《学术月刊》2014年第9期。

一

人与世界之间,在三个维度上发生关系。首先,是"人与自然",这个维度,又可以被叫作第一进向,它涉及的是"我—它"关系。其次,是"人与社会",这个维度,也可以被称为第二进向,涉及的是"我—他"关系。同时,第一进向的人与自然的维度与第二进向的人与社会的维度,又共同组成了一般所说的现实维度与现实关怀。

现实维度与现实关怀面对的是主体的"有何求"与对象的"有何用",都是以自然存在、智性存在的形态与现实对话,与世界构成的是"我—它"关系或者"我—他"关系,涉及的只是现象界、效用领域以及必然的归宿,瞩目的也只是此岸的有限。因此,只是一种意识形态、一个人类的形而下的求生存的维度。

而且,置身现实维度与现实关怀的人类生命活动都是功利活动。

以实践活动为例,它以改造世界为中介,体现了人的合目的性(对于内在"必需")的需求,折射的是人的一种实用态度。而且,就实践活动与工具的关系而言,是运用工具改造世界;就实践活动与客体的关系而言,是主体对客体的占有;就实践活动与世界的关系而言,是改造与被改造的可意向关系。不言而喻,尽管实践活动对人类至关重要,但是却并非最为重要,也并非唯一重要,因为在其中人类最终所能实现的毕竟只是一种人类能力的有限发展、一种有限的自由,至于全面的自由则根本无从谈起。在实践活动中,人类无法摆脱自然必然性的制约——也实在没有必要摆脱,旧的自然必然性扬弃之日,即新的更为广阔的自然必然性出现之时,人所需要做的只是使自己的活动在尽可能更合理的条件下进行。正如马克思所说:"不管怎样,这个领域始终是一个必然王国。"[①]

再以认识活动为例,它以把握世界为中介,体现了人的合规律性(对于"外在目的")的需要,折射的是人的一种理论态度。而且,就认识活动与工

---

① 《马克思恩格斯全集》第25卷,人民出版社1974年版,第927页。

具的关系而言,是运用工具反映世界;就认识活动与客体的关系而言,是主体对客体的抽象;就认识活动与世界的关系而言,是反映与被反映的可认知关系。不难看出,理论活动是对于实践活动的一种超越。它超越了直接的内在"必需",也超越了实践活动的实用态度(理论家往往轻视实践活动,也从反面说明了这一点)。不过,它所能实现的仍旧只是一种人类能力的有限发展、一种有限的自由,至于全面的自由则根本无从谈起。因此,假如说实践活动的失误在于目的向手段转化,那么认识活动的不足就在于主客分离。

也因此,在现实维度与现实关怀的基础上,生命活动本身往往只能处于一种自我牺牲(放弃成长性需要)和自我折磨(停滞在缺失性需要)的尴尬境地,由此去建构美学,无疑是不可能的。

西方美学的困惑,无疑就在这里。

我们看到,从"美是难的",到"美感是难的",再到"美学是难的",西方美学历史上的很多美学家对于美学问题的思考都是以失败告终,究其原因,其实都是因为他们在现实维度与现实关怀的基础上去建构美学,斤斤计较于此岸的有限以及人类的形而下的求生存,于是,尽管答案各异,但是根本的思维模式却是不约而同的,这就是他们都始终坚信:在审美活动的背后,存在着一个终极根据。而西方美学的全部历程,其实也就都是执着地去思考这个终极根据的历程。显然,这就是"柏拉图之问"的意义。遗憾的是,本来执着地去思考这个终极根据其实并没有错,错的仅仅是,竟然误以为这个终极根据就是:"本质"。结果,在古代是"美的本质(理式)",最有代表性的是柏拉图美学;在近代是"美感的本质(判断力)",最有代表性的是康德的美学;"艺术的本质(理念)",最有代表性的是黑格尔的美学。

中国美学也是如此,本来,在上个世纪初,在王国维刚刚举起美学大旗的时候,他对美学还是充满了信心的。他强调:中国美学"无独立之价值""皆以侏儒倡优自处,世亦以侏儒倡优畜之""多托于忠君爱国劝善惩恶之意""自忘其神圣之位置与独立之价值,而蒽然以听命于众",①是"餔餟的"

---

① 《王国维文集》第 3 卷,中国文史出版社 1997 年版,第 3 页。

"文绣的"美学。① 而为了从根本上改变"我国哲学美术不发达"的现状,还在1906年的时候,王国维就在《论哲学家和美术家之天职》一文里发出了对于"纯文学""纯粹之美术"以及文学艺术的"独立之位置""独立之价值"的呼唤。王国维关于从"使命"到"天命"、从"忧世"(家国之戚)到"忧生"、从"政治家之眼"到"诗人之眼"(宇宙之眼)的企盼,更无疑就是这一呼唤的足以令人"眼界始大"的美学指向。也因此,他找到了"忧生"这个逻辑起点("忧生"既是美学的创造动因,也是美学的根本灵魂),而从个体生命活动出发对审美活动加以阐释,就正是王国维所馈赠我们的独得之秘。无疑,在此后的探索中,倘若我们由此振戈而上,大胆叩问生命,就肯定会有美学的不断进步;而倘若我们由此倒戈而退,不再叩问生命,则也就肯定会一事无成。

遗憾的是,在王国维身后,我们所看到的,却恰恰是"倒戈而退"。

一个令人痛心的事实竟然是:20世纪的美学历史的发展偏偏与我们开了一个不大不小的玩笑。面对王国维所开创的弥可珍贵的生命话语,能够在其中"呼吸领会者",在20世纪的中国,竟然寥寥无几。以李泽厚的实践美学为标志,20世纪中国美学最终转向的仍旧是"忧世"的陷阱!叶嘉莹先生不无痛心地说:"如果社会主义时代的学者,其对学术之见地,和在学术研究上所享有的自由,较之生于军阀混战之时代的静安先生还有所不如,那实在是极大的耻辱和讽刺。"②此话或许言重,但是无论如何,20世纪中国美学的不尽如人意完全可以从"忧生"起点的迷失得到深入的解释。③ 而且,只要我们考察一下王国维与叔本华(中国美学的起点正是从与西方现代美学的对话开始)、鲁迅与尼采、宗白华与歌德、朱光潜与克罗齐、李泽厚与黑格尔(李泽厚为什么反而会退回到西方传统美学,其中的奥秘颇值得深究)、世纪末的生命美学与以海德格尔为代表的现象学美学……这一系列循环往复的

---

① 《王国维文集》第1卷,中国文史出版社1997年版,第24、25页。
② 叶嘉莹:《王国维及其文学批评》,广东人民出版社1982年版,第488页。
③ 李泽厚先生深刻地发现了救亡压倒了启蒙,在20世纪80年代曾经引起众多的思考,但是如今想来,就实在肤浅。因为他并没意识到:即使是在启蒙中也还存在着一个更为深刻的"忧世"压倒了"忧生"的问题。

血脉相联的思想历程,考察一下从朱光潜到李泽厚的从西方现代美学(以及中国美学传统的)的倒戈而退,考察一下20世纪中国美学的百年历程所走过的从"忧生"美学(生命美学)到"忧世"美学(反映论美学、实践美学)再到"忧生"美学(生命美学)与"忧世"美学(反映论美学、实践美学)的彼此势均力敌甚至开始逐渐胜出的艰难曲折进程,考察一下经历了最为早出但又最早衰落(实际是被人为地贬到边缘,其中的过程颇值得探询)的曲曲折折,生命美学如何直到上个世纪80年代才终于得以正式走上美学的前台,迷失的美学讲坛也才因此而重获神圣的尊严……就可以意识到我们的美学所蒙受的"耻辱和讽刺"是何等的令人痛心!

我必须强调,上面所提及的朱光潜、宗白华、李泽厚等等,都是20世纪的美学栋梁,而且也都非常值得我们后学尊敬。然而,当然也无须为尊者讳,在他们的美学研究中,也确实存在着一个共同的美学误区。这就是都往往习惯于一个错误的理论界定:审美活动是"人的本质力量的一种对象化活动",由此,审美活动就始终是在现实维度与现实关怀的基础上去加以建构的,也始终是在斤斤计较于此岸的有限以及人类的形而下的求生存的基础上去加以把握的。这意味着,一方面,从根源的角度而言,审美活动是一种创美活动,它使得美作为人的本质力量被凝固在对象之中,另一方面,从本质的角度,审美活动又是赏美活动,它无非就是对于外在对象的观照,并且因为在外在对象身上看到了人的本质力量而产生审美愉悦。

显然,这实在是一个意味深长的失误。马克思的"人的对象化"与"对象的人化"指向的其实都只是人的确证,而不是物化,可是,在上述那些美学家那里,却偏偏被颠倒过来了,其结果,就是把美实体化。然而,美当然与对象世界有关,但是却并非对象世界。离开了审美对象与审美活动的关系,只从审美对象身上去寻找美的本质,就势必落入认识论框架,势必以理解物的方式去理解美,势必在审美活动所建构的审美对象身上抽象掉人的价值本身。

具体来看,在后实践美学出现之前,国内的所谓四派美学观点,实际都是从"美是否客观事物的属性"来划分,或者把客观绝对化,把主观统一于客观,认为主观源于客观(蔡仪、李泽厚。当然两者又有区别,以花为例,李泽厚认为"美是花的社会属性",蔡仪认为"美是花的自然属性"),或者把主观绝对化,客观统一于主观,认为客观源于主观(高尔泰),或者强调主客观的统一(朱光潜),然而这种主客观统一不是从本源的角度出发,而只是把两个已经分裂的东西连接起来而已,充其量只是一种外在的缝合。结果不但不能战胜主观派、客观派,而且最终只能走向主观派(叶秀山先生就认为:朱光潜先生的主客观统一实际是"统一于主观方面")。至于它们在文艺学中的典型表现,则显然就是反映论。然而,不论给反映论加上什么定语,例如能动的、审美的、创造的,都仍旧丝毫不能改变以主客二分为基础的反映论的本质。由此,在中国,四派不同的美学观点却在理论怪胎"形象思维"的问题上出现惊人的一致,就不会令人惊诧了。

也因此,必须看到,百年来,我们的美学一直走在一条错误的道路上。尽管在相当长的时间内,我们经常为百年来中国学术舞台上绝无仅有的三次美学热潮而自豪,经常为中国美学界中美学教授的队伍之庞大、美学成果之丰硕而欣喜,更经常为中国的大学中美学课程的普及程度之广泛而骄傲(据统计,1981年以来,出版了200多种美学原理教材),反映论美学、实践论美学之类不同学说的相继登场以及王国维、朱光潜、宗白华、李泽厚等美学名家的出现,也每每让我们津津乐道。然而,随着世纪末的临近与新世纪的降临,随着最后一次美学热的由"热"转"冷",我们却日益发现:我们仍旧要为百年来我们的美学智慧进步之缓慢而痛心疾首!

一切的一切都无法掩盖一个基本的事实:自上个世纪之初发端的中国美学并没有"接着王国维讲",而是逐渐远离了王国维所开辟的美学道路。而这,也就是我从1984年开始,以《美学何处去》一文作为"投名状",开始了自己的生命美学的艰难探索的根本原因。因为,在我看来,只有接着令人"眼界始大"的王国维讲,才有未来的中国美学。而且,"接着王国维讲",在中国,就是"接着"从《山海经》开始的庄子、禅宗、王阳明乃至《红楼梦》讲,在西方,就是接着令人"眼界始大"的从康德开始的现象学存在主义美学讲,诸如海德格尔、梅洛-庞蒂、盖格尔、杜夫海纳,等等。

无疑,不如此,就无法走出美学的误区,不如此,也就无法完成真正的令人"眼界始大"的全新美学。

二

还回到本文一开始就讨论的问题上来,在我看来,前此出现的美学误区,"误"就"误"在忽视了人与世界之间事实上还存在的第三个维度,这就是:人与意义的维度。

这个维度,应该被称作第三进向,涉及的是"我—你"关系。它所构成的,是所谓的超越维度与终极关怀。

置身超越维度与终极关怀的人类生命活动是意义活动。人类置身于现实维度,为有限所束缚,但是,却又绝对不可能满足于有限,因此,就必然会借助于意义活动去弥补实践活动和认识活动的有限性,并且使得自己在其他生命活动中未能得到发展的能力得到"理想"的发展,也使自己的生存活动有可能在某种层面上构成完整性。由此,正是意义活动,才达到了对于人类自由的理想实现。它以对于必然的超越,实现了人类生命活动的根本内涵。

同样,从美学的角度,长期以来,西方古代的与中国当代的美学家们都误以为美学所要探索的终极根据就是"本质",然而,这其实都必须要归咎于他们所置身的现实维度与现实关怀,以及因此而形成的"认识—反映"框架(西方古代美学是通过客观知识来探求真实存在的,具体阐释请参见另文)。可是,倘若转而置身超越维度与终极关怀,并且从"价值—意义"框架来看,则就不难发现,美学所要探索的终极根据恰恰不应是什么"本质",而只应是"意义"。这样,只要我们从"本质"的歧途回到"意义"的坦途,长期以来的美学困惑也就迎刃而解了。换言之,我们不妨简单地说,"本质"确实是"难的",因为它根本就是一个虚假的美学问题,但是,"意义"却不是"难的",因为它完完全全是一个真问题,一个真正的美学问题。

这也就意味着:前此的美学都是"本质"的,对它而言,意义,是一个盲点,可是,真正的美学却是"意义"的。

意义,应该是出自人类生命的根本需要。从表面看,人的生命活动似乎与动物的生命活动基本相似,然而,这却是一种极大的误解。例如,人和动物虽然都和物质世界打交道,但实际并不相同。动物所追求的,只是物质本身,人却不但追求物质本身,而且要追求物质的意义。这意义借助物质呈现出来,但它本身并非其中某种物质成分,而是依附于其中的能对人发生作用的信息。因此,人就不仅仅生活在物质世界,而且生活在意义世界。进而,人还要为这意义的世界镀上一层理想的光环,使之成为理想的世界,从而又生活在理想的世界里。并且,只有生活在理想的世界里,人才真正生成为人。

由此,意义先于事物,应该也必须成为阐释审美活动的必经途径,一种生存论的阐释路径。在这里,"此在与世界"的关系先于"主观与客观"的关系;人与世界的生存关系,也先于人与世界的认识关系。而且,人无需进入先验自我,而是径入生活世界,在这当中,万事万物自有意义,无需实践创造,也无需认识,而只需人去领悟。也因此,这意义居于实践活动之前,先于主客观,但却并不高于主客观,构成了一个我思维之前的世界,亦即我生活的世界。

由此,审美活动也就只能是一种使对象产生价值与意义的活动,一种解读意义、发现意义、赋予意义的活动。在审美活动中,人与世界之间是一种意向关系,也就是意义关系,而不是实体的关系。例如,根本并不存在"艳阳""明月",而只存在我们在关系性、意向性中观察到的形态各异的太阳的世界与月亮的世界。"天可问,风可雌雄""云可养,日月可沐浴焉",而且,还不妨"碧瓦初寒外""晨钟云外湿",在审美活动中所呈现的,就是这样一个"条件色"的世界而并非"固有色"的世界。

以西方美学为例,从康德开始,途经胡塞尔意向—现象学到海德格尔的生存—现象学,走过的正是从"本质"到"意义"的道路。其中,康德对于"现象"的关注首开先河(继而有叔本华的"表象"),不过,在他那里现象与物自体毕竟还是分开的。胡塞尔不同,在他看来,现象就是本质。而且,他与继康德之后的叔本华、克罗齐也不同,不但以非理性的主体否定了外在的客体,而且最终也否定了非理性的内在主体。世界、生命因此而成为无底的深渊(所以他所强调的"回到事物本身"就是回到背后没有什么"本质"之类的东西存在的事物本身)。结果,鲜活、灵动的生命反而得以从西方千年以来的主客分裂、束缚中飞升而出。

这就是说,胡塞尔第一次为人类展现出了一个"活的世界"。在他看来,自然科学自然尽管势力强大,然而无论如何也无法把世界全部瓜分,无论如何也还存在着被瓜分之后的"剩余者"。这"剩余者",就是他的现象学所要面对的活的世界。"我们处处想把'原初的直观'提到首位,也即想把本身包括一切实际生活的(其中也包括科学的思想生活),和作为源泉滋养技术意义形成的、于于科学的和外于科学的生活世界提到首位。""生活世界是自然科学的被遗忘了的基础"。① 更重要的是,这"剩余者"并没有丧失什么,不但没有丧失,而且反而为人类赢得了极为可贵的自由(这使我们想起胡塞尔在《笛卡尔沉思》中说的:"人们失去了整个世界,以便在'普遍的自身规定'中重新赢得它")。这样,胡塞尔就以他的勇敢探索,为人类打开了一扇自由的大门,一片广阔的田野——意识的田野。

平心而论,胡塞尔在超越主客关系的历史进程中实在是功不可没。不过,也并非大功告成。其中,一个最为关键的问题在于:现象与本质之类的对立只有在认识论范围内才存在,但是在本体论范围内则根本就不存在。胡塞尔却以为一切都只能在认识论范围内解决,于是仍旧力图在主体中解决,结果又重蹈了传统的或者主体或者客体的解决方式。最后,方法尽管有所更新,但是问题却仍旧没有解决。

而海德格尔的卓越之处就恰恰表现在这里。他果断地从知识论转入了生存论,取消了人的认识活动在西方哲学史中两千年的统治地位。率先宣布了从主客关系出发的思路的终结,转而走上了从超主客关系出发的全新的思路。② 显然,这就是海德格尔为什么要在《语言的本质》中征引德国诗人

---

① 胡塞尔:《欧洲科学危机和超验现象学》,张庆熊译,上海译文出版社1988年版,第70、58页。
② 参见拙著《生命美学论稿》中的相关讨论,郑州大学出版社2002年版。

格奥尔格的诗句"这些是烈火的征兆,不是信息"的深刻含义。由此,区别于胡塞尔的从知识与科学的事实"还原"到意识的事实,海德格尔则是进而从意识的事实"还原"到了生命的事实,也就是从理论的领域"还原"到了前理论的生命领域。难怪直到20世纪20年代中期,海德格尔在谈论哲学问题的时候,都更多地使用的不是"存在"概念,而是"生命"概念。原来,海德格尔的工作就是要把现象学理解为生命的元科学,就是要针对西方哲学从未能把握住事实上的生命经验这一痼疾,从根本上颠覆西方形而上学的传统。①

而从美学来看,在从康德开始途经胡塞尔意向—现象学的海德格尔的生存—现象学的大旗下,也集结了西方的众多的美学大家,在他们的美学研究中,西方的美学顺利达成了自身的世纪转型。"奥卡姆的剃刀"不复存在,"现象学的刷子"却得以大行其道。美从名词摇身一变而为形容词,审美对象也从"血亲"关系摇身一变而为"血缘"关系,转而从隐性位置,凸显为显性位置(美则从显性位置下降为隐性位置)。而且,它并非自上而下也不是自下而上,不是主观的东西,也不是心理的东西,不是观念客体,也不是实在客体,而是作为意识的意识、经验的经验的意向性活动(不是意识的基本结构,而是此在的基本结构)所创造的意义——意向性客体。顺理成章,西方美学因此而把"主客体交融"这个关键展开为全部的研究内容,主客相互从属、相互决定的"在直观中呈现出来的东西",也在这一美学中被正面地加以关注。

同样,在中国当代美学之外,在中国古典美学中也存在着这一取向,这就是从叶嘉莹先生就开始注意到的从"境界说"到"现象学"。遗憾的是,叶嘉莹先生毕竟并不从事美学基本理论的研究,因此也未能对这一重要线索详加阐释。对此,从二十年前开始,我就已经多次撰文予以阐释,例如,《中国美学的现象学诠释——中国美学与西方海德格尔现象学美学》《在思想的道路上——中国美学与西方海德格尔现象学美学》《儒家·道家·海德格尔》《道家·禅宗·海德格尔》《海德格尔的"存在"与中国美学的"道"》《海德格尔的"真理"与中国美学的"真"》《从庄玄到禅宗:中国美学的智慧——中

---

① 参见张汝伦:《〈存在与时间〉释义》的前言部分,学林出版社2012年版。

国美学与西方海德格尔现象学美学》,以及专著《王国维:独上高楼》,等等。①

无疑,从"境界说"到"现象学",也正是王国维作为世纪美学的领军人物的远见卓识。当然,因为时间的差异(现象学领军人物胡塞尔的《逻辑研究》于1900年出版,海德格尔的《存在与时间》则于1927年出版),可是王国维的《人间词话》却发表于1908年,因此,王国维没能与西方的现象学美学邂逅,而只能借道于西方的叔本华美学,但是,就王国维所推崇的"境界说"而言,在西方美学中与之对应的,却偏偏应该是西方现象学美学——尤其是海德格尔的生存—现象学美学。例如,在他看来,"一切境界,无不为诗人设。世无诗人,即无此种境界。夫境界之呈于吾心而见于外物者,皆须臾之物。惟诗人能以此须臾之物,镌诸不朽之文字,使读者自得之。遂觉诗人之言,字字为我心中所欲言,而又非我之所能自言,此大诗人之秘妙也。"②这里的"呈于吾心而见于外物"的境界,其实就是奠基于人与意义维度的意向性、意义性的世界,是"在直观中呈现出来的"世界,是被分割前的"未始有物"但又"诗意地存在着"的世界,也是"在认识以前而认识经常谈起的世界"③。

这样,不论是西方美学,还是中国古典美学,我们看到,都遥遥指向了一个方向,这就是:"意义"。而这也正是我在三十年中所孜孜以求的指向。生命美学为自己的美学研究建立的,就是一个"价值—意义"框架。在生命美学看来,审美活动是进入审美关系之际的人类生命活动,它是人类生命活动的根本需要,也是人类生命活动的根本需要的满足,同时,它又是一种以审美愉悦("主观的普遍必然性")为特征的特殊价值活动、意义活动,因此,美学应当是研究进入审美关系的人类生命活动的意义与价值之学、研究人类审美活动的意义与价值之学。进入审美关系的人类生命活动的意义与价值、人类审美活动的意义与价值,就是美学研究中的一条闪闪发光的不朽命脉。

---

① 参见拙著《中国美学精神》(江苏人民出版社1993年版)、《中西比较美学论稿》(百花洲文艺出版社2000年版),等。
② 王国维:《清真先生遗事·尚论》
③ 关于王国维与西方现象学美学的关系,参见拙著《王国维:独上高楼》,文津出版社2005年版。

三

进而,意义活动又构成了人类的超越维度,它面对的是对于合目的性与合规律性的超越,是以理想形态与灵魂对话,涉及的只是本体界、价值领域以及自由的归宿,瞩目的也已经是彼岸的无限。因此,超越维度是一个意义形态、一个人类的形而上的求生存意义的维度,用人们所熟知的语言来表述,则是所谓的终极关怀。

这当然是因为,对于"意义"的追求,将人的生命无可选择地带入了无限。维特根斯坦说:"世界的意义必定是在世界之外"。[①] 人生的意义也必定是在人生之外。意义,来自有限的人生与无限的联系,也来自人生的追求与目的联系。因此,没有"意义",生命自然也就没有了价值,更没有了重量。有了"意义",才能够让人得以看到苦难背后的坚持,仇恨之外的挚爱,也让人得以看到绝望之上的希望。因此,正是"意义",才让人跨越了有限,默认了无限,融入了无限,结果,也就得以真实地触摸到了生命的尊严、生命的美丽、生命的神圣。

而这也就意味着,意义活动还必将进而建立与超越维度、终极关怀之间的联系。

至于审美活动,它既奠基于超越维度与终极关怀,当然也同样是人类的意义活动,因此也同样禀赋着人类的意义活动的根本内涵。

例如,马克思指出:"假定人就是人,而人同世界的关系是一种人的关系,那么你就只能用爱来交换爱,只能用信任来交换信任,等等。"无疑,这也就是意义活动的假定。在意义活动中,必须"假定人就是人",必须从"人就是人"、"人同世界的关系是一种人的关系"、"只能用爱来交换爱,只能用信任来交换信任"的角度去看待外在世界,当然,这样一来,也就必然从自己所禀赋的人的意义、人的未来、人的理想、人所向往的一切的角度去看待外在世界。于是,超越维度与终极关怀的出场也就势所必然。因为所谓超越维

[①] 维特根斯坦:《逻辑哲学论》,郭英译,商务印书馆1985年版,第94页。

度、所谓终极关怀,无非也就是"人就是人""人同世界的关系是一种人的关系""只能用爱来交换爱,只能用信任来交换信任",无非也就蕴含着自己所禀赋的人的意义、人的未来、人的理想、人所向往的一切。无疑,这一切也都是审美活动的根本内涵。

当然,作为人类意义活动的一种,审美活动既存在异中之同,更存在同中之异。

例如,一般而言,终极关怀是不需要主动地在想象中去构造一个外在的对象的,而只需直接演绎甚至宣喻,例如,哲学是将意义抽象化、宗教是将意义人格化,而且,它们的意义生产方式是挖掘、拎取、释读、发现(意义凝结在世界中)。但是,审美活动却不然,尽管同样是瞩目彼岸的无限以及人类的形而上的生存意义,但是它却是通过主动地在想象中去构造一个外在的对象来完成的,是将意义形象化。而且,它的意义生产方式也是创生、共生的,不是先"生产"后"享受",而是边"生产"边"满足"。这是因为,在宗教、哲学等作为终极关怀的意义活动中,其表达方式大多为直接演绎甚至宣喻,然而,彼岸的无限以及人类的形而上的生存意义却又毕竟都是形而上的,都是说不清、道不明的,可是,人类出于自身生存的需要,却又亟待而且必须使之"清"、使之"明",那么,究竟如何去做,才能够使之"清"、使之"明"呢?审美活动所禀赋的,就正是这一使命。

再如,宗教活动也与终极关怀有关,但是,这终极关怀却又是一个精神与肉体的剥离器,在其中,灵魂与身体、精神与现实都被剥离得截然分明,有限与无限也都被剥离得截然分明。但是,审美活动却不同,在任何时刻,它都不会把灵魂与身体、精神与现实截然两分,也都不会把有限与无限截然两分。它的使命只是见证,是在身体中见证灵魂、在现实中见证精神,也是在有限中见证无限。也因此,在宗教活动中,尽管也是终极关怀,但是却不需要主动地在想象中去构造一个外在的对象,审美活动则不然,它需要主动地在想象中去构造一个外在的对象(犹如在这里自我必须对象化,终极关怀也必须对象化)。

而且,宗教是以神为本体,在审美活动,却是以人为本体。宗教的神本体是对人的本体的否定,例如基督教,救赎要靠神恩,是对于人的自由意志的否定的结果。审美活动不然,它是以人为本的,是爱的救赎,是对于人自身的有限的超越,也是对于人的自由意志的提升。

也因此,区别于一般的意义活动,审美活动走向的是一条为了见证自我而创造非我的世界的特殊道路。它深知,在非我的世界中只能见证自己的没有超越必然王国的本质力量、有限的本质力量,而审美活动亟待完成的,却是见证人类的全部的本质力量、理想的本质力量。而要做到这一点,审美活动亟待去做的,就无疑并非通过非我的世界来见证自己,而是为了见证自我而创造非我的世界——而且,还必须把这个非我的世界就看作自我。换言之,审美活动是主动地在想象中去构造一个外在的对象,并且借此呈现人对世界的全面理解,展示人之为人的理想自我,然后,再加以认领。因此,审美活动可以借助于中国美学所体察到的"无理而妙"来表达,在审美活动中,人类瞩目的彼岸的无限以及形而上的生存意义无疑同样不可"理"喻,但是,却又不难轻而易举地尽展其中的无穷"玄妙"。

由此,区别于实践活动、认识活动,审美活动是以理想的象征性的实现为中介,体现了人对合目的性与合规律性这两者的超越的需要。它既不服从内在"必需"也不服从"外在目的",不实际地改造现实世界,也不冷静地理解现实世界,而是从理想性出发,构筑一个虚拟的世界,以作为实践世界与认识世界所无法实现的那些缺憾的弥补。

而依照我在前面的讨论,假如实践活动建构的是与现实世界的否定关系,是自由的基础的实现,认识活动建构的是与现实世界的肯定关系,是自由的手段的实现,那么,审美活动建构的则是与现实世界的否定之否定关系,是自由的理想的实现。

进而,审美活动是对于人类最高目的的一种"理想"的实现。通过它,人类得以借助否定的方式弥补了实践活动和科学活动的有限性。假如实践活动与认识活动是"想象某种真实的东西",审美活动则是"真实地想象某种东西"。假如实践活动与认识活动是对无限的追求,审美活动则是无限的追求。假如实践活动是实际地面对客体、改造客体,认识活动是逻辑地面对客体、再现客体,审美活动则是象征地面对客体、超越客体。在其中,人的现实性与理想性直接照面,有限性与无限性直接照面,自我分裂与自我救赎直接照面,马克思说的"真正物质生产的彼岸",或许就应该是审美活动之所在?

而且,就审美活动与工具的关系而言,是运用工具想象世界;就审美活动与客体的关系而言,是主体对客体的超越;就审美活动与世界的关系而言,是想象与被想象的可移情关系。因此,假如实践活动与认识活动是一种现实活动,审美活动则是一种理想活动,在审美活动中,折射的是人的一种终极关怀的理想态度。

事实也确实如此,在人类形形色色的生命活动中,多数是以服从于生命的有限性为特征的现实活动,例如,向善的实践活动,求真的认识活动,它们都无法克服手段与目的的外在性、活动的有限性与人类理想的无限性的矛盾,只有审美活动是以超越生命的有限性为特征的理想活动,它成功地消除了生命活动中的有限性——当然只是象征性地消除。作为超越活动,审美活动是对于人类最高目的的一种"理想"实现。例如,在求真向善的现实活动中,人类的生命、自由、情感往往要服从于本质、必然、理性,但在审美活动之中,这一切却颠倒了过来,不再是从本质阐释并选择生命,而是从生命阐释并选择本质,不再是从必然阐释并选择自由,而是从自由阐释并选择必然,也不再是从理性阐释并选择情感,而是从情感阐释并选择理性……这一切无疑是"理想"的,也只能存在于审美活动之中,但是,对于人类的生命活动来说,却因此而构成了一种必不可少的完整性。

而这,也正是康德在审美活动中所发现的"谜样的东西":"主观的普遍必然性"("主观的客观性")。在黑格尔看来,这是美学家们有史以来所说出的"关于美的第一句合理的话"。具体来说,审美活动能够表达的只是"主观"的东西,但是,它所期望见证的东西却是"普遍必然"的东西;审美活动能够表达的,只是"存在者",但是,它所期望见证的却是"存在";审美活动能够表达的,只是"是什么",但是,它所期望见证的却是"是";审美活动能够表达的,只是"感觉到自身",但是,它所期望见证的却是"思维到自身";审美活动能够表达的,只是"有限性",但是,它所期望见证的却是"无限性"。

而且，审美活动就因为在创造一个非我的世界的过程中显示出了自己所禀赋的人的意义、人的未来、人的理想、人所向往的一切的全部丰富性而愉悦，同样，也因为在那个自己所创造的非我的世界中体悟到了自己所禀赋的人的意义、人的未来、人的理想、人所向往的一切的全部丰富性而愉悦。结果，审美活动因此而成为人之为人的自由的体验；美，则因此而成为人之为人的自由的境界。由此，人之为人的无限之维得以充分敞开，人之为人的终极根据也得以充分敞开。最终，审美活动的全部奥秘也就同样得以充分敞开。

不言而喻，生命美学所关注的，恰恰就是这个"谜样的东西"。在生命美学看来，唯有立足于超越维度与终极关怀，才能够破解这个"谜样的东西"，也才能够重构美学。而这，也就正是我在三十年中所孜孜以求的。1991年，我把自己关于生命美学的想法做了第一遍的梳理，出版了《生命美学》（河南人民出版社）；1996年，我把自己关于生命美学的想法做了第二遍的梳理，出版了《诗与思的对话——审美活动的本体论内涵及其现代阐释》（上海三联书店）；2002年，我又出版了《生命美学论稿》（郑州大学出版社），这意味着我把自己关于生命美学的想法梳理了第三遍；2009年，我在江西人民出版社出版了《我爱故我在——生命美学的视界》，继而，2012年，我又把自己关于生命美学的想法梳理了第四遍，出版了《没有美万万不能——美学导论》（人民出版社）。最近，2014年底，又在广西师范大学出版社出版了我的《头顶的星空——美学与终极关怀》。此外，在关于美学基本原理的六本专著之外，为了把这个"谜样的东西"展开在"从境界说到现象学"的历史事实之中，我还出版了中西比较美学方面的专著十二部。当然，这一切都并不意味着探索的结束，而仅仅意味着开始。不过，毕竟还要加以说明的是，它们的指向却都是一致的。本文的讨论，无非就是对于这一指向的提炼与概括。也因此，在阅读了本文之后，如果能够激发关注生命美学者的进而去阅读这些专著的兴趣，那么，笔者撰写本文的目的也就达到了。

（原载《贵州大学学报》2015年第1期）

附录六　美学的重构:以超越维度与终极关怀为视域

一

生命美学诞生于20世纪80年代。

关于生命美学,多年以来,我一般都是这样去加以表述:在生命美学看来,美学是一门关于人类审美活动的意义阐释的人文科学。或者,美学是一门关于进入审美关系的人类生命活动的意义阐释的人文科学。其中,所谓审美活动,亦即一种自由地表现自由的生命活动,它是人类生命活动的根本需要,也是人类生命活动的根本需要的满足。

而要深刻理解生命美学,则必须重返20世纪80年代的美学现场。

20世纪80年代,曾经是实践美学的一统天下。也许是因为从90年代起实践美学遭受到后实践美学(超越美学、生命美学)的致命阻击并从此一蹶不振的缘故,诸多学者在谈及实践美学的时候,都往往不屑一顾,即便是仍旧停留在实践美学学派中的学者们,也毫无例外地会打出拓展、转型等更新换代的旗号(诸如新实践美学、实践存在论美学等等)。其实,倘若从美学学术史的角度看,实践美学的意义是十分重大的。因为恰恰从它开始,中国多灾多难的现当代美学才第一次从意识形态属性的认识论美学中艰难地摆脱出来。

只要再回过头来重温一下朱光潜先生早在1949年8月就曾在《周论》周刊发表的《自由主义与文艺》一文中就已经慨然宣称过的"文艺不但自身是一种真正自由的活动,而且也是令人得到自由的一种力量",应该就不难想象,实践美学的问世究竟意义何在。无疑,自兹以后,中国的美学家们再也不希望美与艺术仅仅成为意识形态的传声筒、宣言书了。但是,实践美学的进步却也仅仅就在这里。它所战战兢兢提出的所谓"主体性"概念,其实也仍旧是在"跪着"研究美学。

换言之,仍旧是在现实维度与现实关怀的基础上去建构美学,应该是实践美学未能产生更大作为而且不得不半途而废的关键。

例如,不论实践美学内部有多少具体分歧,强调"人的本质力量的对象化",却是其共同之处。可是,由于现实维度与现实关怀使然,所谓的本质力量,也只能是没有超越必然王国的本质力量、有限的本质力量,诸如此类的本质力量的"对象化",可以"对象化"为人造自然,可以"对象化"为社会成果,但是,却就是不可能"对象化"为美。确实,马克思谈到过:人的本质是一切社会关系的总和。但是他也同时就在谈及这个问题的同时,曾特别强调要加上一个必不可少的限定语:"在其现实性上"。这意味着:"现实性"反映的是人类本性中的现实性、确定性的一面,即对必然的把握的一面。这无疑是对人的一种界定,但是,却并不意味着他认定人只能如此。准确地说,马克思是从历史性、现实性、可能性三个方面来强调人的本质的:在历史性上,人是以往全部世界史的产物;在现实性上,人是一切社会关系的总和;在可能性上,人是自由生命的理想实现。其中的"可能性",涉及的是"超越维度与终极关怀",关于人类审美活动的一切考察,无疑应该是源于立足于"可能性"也就是"超越维度与终极关怀"的考察。

再如,实践美学为了批判文革挟裹而来的"极左余孽",非常喜欢讨论所谓的"异化"。但是,马克思的"异化"概念与卢梭的"社会异化"、黑格尔的"理念异化"、费尔巴哈的"宗教异化"其实存在巨大区别。从一开始,马克思的"异化"概念就主要是侧重经济问题,这从《1844年经济学哲学手稿》的书名中刻意把"经济学"放在"哲学"的前面就可看出。而在后来的《大纲》《资本论》里,"异化"概念与劳动价值理论、剩余价值学说的联系就更加密切了。而且,在学习马克思的"异化"概念的时候,学者一般都会总结说:其间存在着两个必须的前提:商品生产的具体劳动与抽象劳动的分裂、使用价值与价值的分裂,显然,它们也都是纯粹经济学的前提,它们是在资本主义社会出现的,而且也是在资本主义社会才得以同时具备的。因此,马克思认为资本之谜即异化之谜,这当然十分深刻。但是这里的"异化"只是一种具体的不自由,是一种现实的批判,也还没有被上升到一般的不自由的高度,更没有从"可能性"也就是"超越维度与终极关怀"的层面去详细讨论,因此,实践美学由此去做宽泛理解乃至美学发挥,是并不适宜的。因此,借助于"人的本质力量的对象化""美的规律""劳动创造了美""自然的人化"等等"异化"劳动概念来讨论美学、建构美学,都是出于对于美学的片面理解,而且也与真正的美学研究渐行渐远。

而可以作为实践美学的"核心话语"的"主体性"概念,无疑也是从这里开始失足。因为希望能够有为出现"改革开放"转机的国家与民族大声疾呼的权利,希望能够"为现实而美学""为现代化而美学",就必须摆脱过去的毫无自主性的困境。"国家兴亡,匹夫有责。"实践美学孜孜以求地论证的,就是每一个人都有权利为"改革开放"、为"现代化"仗义执言。进入 21 世纪之后,实践美学的领军人物李泽厚先生干脆把他的哲学与美学称为"吃饭"哲学、"吃饭"美学,应该说,是已经把实践美学的全部底蕴完全都和盘托出了。

而生命美学之所以能够在 20 世纪 80 年代应运而生,之所以不惮"虽千万人,吾往矣",究其根本,也正是因为看到了实践美学的这一根本缺憾。在生命美学看来,人的审美权利是天赋人权,也是神圣不可侵犯的。美学之为美学,就是基于对于这一人的审美权利的捍卫与呵护,也就是基于为这一人的审美权利的大声疾呼。因此,倘若说实践美学关注的是人的"主体角色",生命美学关注的,则是人的"自由存在"。如果美学研究只是以"吃饭"为主,那么当然就要想办法去证明每一个人在当代社会的角色存在的合理性,以及他的发言权的合理性,于是,顺理成章,就会走向实践美学的道路。可是,如果美学研究转而以"人的审美权利神圣不可侵犯"为主,那么则当然就要想办法去证明每一个人的自由存在,去证明每一个人的审美权利都是神圣不可侵犯的,都是天赋人权。这样,从主体存在去思考美的奥秘,就必然走向对于"必然"的把握,从自由存在去思考美的奥秘,则必然走向对于"超越"的把握;从主体存在去思考美的奥秘,就必然走向对于"吃饭"问题的把握,从自由存在去思考美的奥秘,则必然走向对于"人类的审美权利神圣不可侵犯"的把握;从主体存在去思考美的奥秘,就必然走向对于"现实维度与现实关怀"的把握,从自由存在去思考美的奥秘,则必然走向对于"超越维度与终极关怀"的把握。

换言之,犹如认识论美学是把审美活动直接还原为认识活动,实践美学则是把审美活动直接还原为实践活动,然而,事实上审美活动是不可还原的。因此,假如实践美学关注的是人是"什么",生命美学关注的则是人之所"是"。而且,还不妨再作推论,假如后者是指的人的最高价值,前者则是指的人的次要价值;假如后者是指的人之为人的生成性,前者则是指的人之为人的结构性。并且,假如人的最高价值和人的次要价值的区分是着眼于生命的存在方式(审美活动"是什么"),人之为人的生成性和人之为人的结构性的区分则是着眼于生命的超越方式(审美活动"如何是")。由此,生命美学问世之初,就特别强调马克思所指出的人所具有的"为活动而活动""享受活动过程""自由地实现自由"的本性,道理也就显而易见了。

再换言之,实践美学普遍存在的缺陷是错误地将自由理解为消极自由(所谓对于必然的顺从)而不是积极自由。可是,消极自由只是对自由的一种空洞规定,实际却没有任何积极内容,这一点,在霍布士、斯密、休谟、康德、费希特那里都可以看到。可是,积极自由就全然不同了:"人不是由于有逃避某种事物的消极力量,而是由于有表现本身的真正个性和积极力量才得到自由。"[1]这就是积极自由,也就是生命美学所孜孜以求的"有表现本身的真正个性和积极力量"的"自由"。

总之,马克思指出:"假定人就是人,而人同世界的关系是一种人的关系,那么你就只能用爱来交换爱,只能用信任来交换信任,等等。"[2]生命美学就恰恰是从这一"假定"出发。它假定:在审美活动中,"人就是人","人同世界的关系是一种人的关系",因此"只能用爱来交换爱,只能用信任来交换信任",于是,在审美活动中,人自己所禀赋的人的意义、人的未来、人的理想、人所向往的一切就全然得以彰显。于是,"人是目的"的出场也就势所必然。因为所谓"人是目的",无非也就是"人就是人""人同世界的关系是一种人的

---

[1]《马克思恩格斯全集》第2卷,人民出版社1957年版,第167页。
[2]《马克思恩格斯全集》第42卷,人民出版社1979年版,112页。

关系""只能用爱来交换爱,只能用信任来交换信任",无非也就蕴含着自己所禀赋的人的意义、人的未来、人的理想、人所向往的一切。无疑,这一切也都是审美活动的根本内涵。而且,也都是生命美学亟待研究与揭示的美学内涵。这就正如在介绍陀思妥耶夫斯基的作品的时候索洛维约夫曾经说过的:"他相信的是人类灵魂的无限力量,这个力量将战胜一切外在的暴力和一切内在的堕落,他在自己的心灵里接受了生命中的全部仇恨,生命的全部重负和卑鄙,并用无限的爱的力量战胜了这一切,陀思妥耶夫斯基在所有的作品里预言了这个胜利。"[①]无疑,这也正是生命美学所希望"预言"的东西。生命美学之为生命美学,也无非就是"在所有的作品里预言了这个胜利"。

二

超越维度与终极关怀呈现的,是一种全新的视域,它所导致的,也必然是美学的全新建构。

首先,是美学的内容的全新建构。

美学的内容,涉及的是"研究什么"。它是对于美学的特定视界的考察,是美学之为美学的根本规定。在这个方面,从表面看,似乎并无歧义,美学研究的是美、审美与艺术,应该是学界的共识。但是,由于没有意识到现实维度、现实关怀与超越维度、终极关怀的根本差异,因而,长期以来都是在美、审美、艺术与人类现实生活之间关系的层面上打转,后来实践美学发现了其中的缺憾,就进而把人类现实生活深化为人类实践活动,从而避免了美、审美、艺术成为抽象的意识范畴的隐患,但是,却仍旧没有回答美、审美、艺术的独立价值这一根本问题。早在一百年前,王国维就发现:在中国,存在着"忧世"抑或"忧生"以及"以文学为生活"抑或"为文学而生活"的截然分明的两大美学传统。而且,对于中国的文学艺术,王国维就曾经批评说:"无独立之价值","皆以侏儒倡优自处,世亦以侏儒倡优畜之","多托于忠君爱

[①] 索洛维约夫:《神人类讲座》,张百春译,华夏出版社2000年版,第213页。

国劝善惩恶之意","自忘其神圣之位置与独立之价值,而蒇然以听命于众",并且造成了事实上的"我国哲学美术不发达"。①另一方面,同样还是王国维,却也曾经指出:"词至李后主,而眼界始大,感慨遂深。"王国维还曾经总结出其中的"自道身世之戚""担荷人类罪恶之意""其大小固不同""以血书"等基本的美学特征,并且因此而发出了对于"纯文学""纯粹之美术"以及文学艺术的"独立之位置""独立之价值"的呼唤。然而,从实践美学出发,无疑却并不能对这一切加以解说。当然,这也就是后来实践美学被普遍批评而且也逐渐式微淡出的根本原因。

而生命美学的贡献在于:把美、审美、艺术从维系于客体的人类现实生活转向了维系于主体的人类精神生活,也就是,不再从现实维度、现实关怀,而是转而从超越维度、终极关怀去对美、审美、艺术加以阐释。于是,美、审美、艺术并非意在认识生活,而是借酒浇愁、借花献佛,意在借用现实生活来表现不可表现的灵魂生活、精神生活这一根本奥秘也就昭然若揭。原来,美、审美、艺术并不是与人类现实生活"异质同构",而是与人类精神生活"异质同构"。是人类的精神之花,也是人类的精神替代品。"艺术创造和欣赏都是人类通过艺术品来能动地现实地复现自己,"马克思说,"从而在创造的世界中直观自身。"②这句话我们经常引用,但是,实事求是说,只有把美、审美、艺术从维系于客体的人类现实生活转向维系于主体的人类精神生活,也从现实维度、现实关怀转而向超越维度、终极关怀,我们才真正理解了它。

进而,在美学界,人们会经常言及自由。例如,"美是自由的形式"(李泽厚),"美是自由的象征"(高尔泰),而我自己也从上个世纪90年代之初就提出:"美是自由的境界。"可是,由于没有去严格区分人类现实生活与人类精神生活,也没有严格区分现实维度、现实关怀与超越维度、终极关怀,因此自由之为自由,也就没有被加以理解。在这里,它关涉的只能是马克思所指出的人所具有的"为活动而活动""享受活动过程""自由地实现自由"的本性。

---

① 《王国维文集》第3卷,中国文史出版社1997年版,第3页。
② 《马克思恩格斯全集》第42卷,人民出版社1979年版,第96页。

马克思指出:"自由不仅包括我靠什么生存,而且也包括我怎样生存,不仅包括我实现自由,而且也包括我在自由地实现自由。"这里的"靠什么生存""实现自由"就是指的对于必然的把握,而这里的"怎样生存""自由地实现自由",则是指的在对于必然的把握的基础上所实现的自我超越。阿·尼·列昂捷夫也指出:最初,人类的生命活动"无疑是开始于人为了满足自己最基本的活体的需要而有所行动,但是往后这种关系就倒过来了,人为了有所行动而满足自己的活体的需要"。[①] 在这里,"为了满足自己最基本的活体的需要而有所行动",就是指的对于必然的把握,"人为了有所行动而满足自己的活体的需要",则是指在对于必然的把握的基础上所实现的自我超越。无疑,它们涉及的或者是人类现实生活,或者是人类精神生活,或者是现实维度、现实关怀,或者是超越维度、终极关怀。也因此,对于美、审美、艺术的阐释,倘若不是从在对于必然的把握的基础上所实现的自我超越出发,则无疑都是完全不得要领的。

以审美活动与其他生命活动的区别为例,由于维系于客体的人类现实生活与维系于主体的人类精神生活以及现实维度、现实关怀与超越维度、终极关怀始终混淆不分,因此,对于审美活动的认识,也就始终停留在"悦耳悦目""悦心悦意""悦志悦神"的为实践活动、道德活动等而"悦"的层面,可是,对于审美活动的本体属性,却始终未能深刻把握。然而,只要从维系于客体的人类现实生活与维系于主体的人类精神生活以及现实维度、现实关怀与超越维度、终极关怀的不同层面出发,对于审美活动的本体属性,就不难有所了解。

这就是说,审美活动关注的已经全然不再是"活着",而是"如何活着",也不是是否吃得饱穿得暖,是否"茅屋为秋风所破",而是是否活得有"尊严"、有"人味",在这里,重要的不再是"财务自由",而是"诗与远方"。而且,也正是在"尊严""人味"和"诗与远方"中,让我们意外地发现了平等、自由、

[①] 阿·尼·列昂捷夫:《活动 意识 个性》,李沂等译,上海译文出版社 1980 年版,第 144 页。

博爱等价值的更加重要,更加珍贵。这样一来,我们也就不再可能回过头来再次置身那些在进入审美活动之前所曾经置身的低级的和低俗的东西之中了。我们被有效地从动物的生命中剥离出来。当然,为人们所熟知的从希腊美学开始的对于人类精神生命的悲剧"净化"说,道理就在这里。当一个人把人生的目标提高到自身的现实本性之上,当一个人不再为现实的苦难而是为人类的终极目标而受难、而追求、而生活,他也就进入了一种真正的人的生活。此时此刻,他已经神奇地把自己塑造成为一个真正的人,并且意味深长地发现:人就是人自己塑造的东西;为了这一切,人必须从自己的终极目标走向自己。

由此,不难发现,我们过去每每只注意到审美活动的非功利性,是何等的谬误。由于错误地将审美活动置身于它所不该置身的现实维度与现实关怀层面,结果,作为审美活动的本体属性的人的自由存在从未进入视野,进入的,仅仅只是作为第二性的角色存在(例如,主体角色的存在),因此,在审美活动中,自由偏偏是缺失的。人是目的、人的终极价值以及人的不可让渡、不可放弃的绝对尊严、终极意义也是缺失的。而且,为此人们甚至不惜把竭力突出主体角色(例如实践美学)、突出"非功利性"的失误归结为康德美学的贡献,其实,这却恰恰源于对康德美学的一知半解。正如海德格尔批评的:"康德本人只是首先准备性地和开拓性地作出'不带功利性'这个规定,在语言表述上也已经十分清晰地显明了这个规定的否定性;但人们却把这个规定说成康德唯一的,同时也是肯定性的关于美的陈述,并且直到今天仍然把它看作这样一种康德对美的解释而到处兜售。""人们没有看到当对对象的功利兴趣被取消后在审美行为中被保留下来的东西。""人们耽搁了对康德关于美和艺术之本质所提出的根本性观点的真正探讨。"[①]这个"耽搁",可以从席勒把康德的崇高误读为优美,把康德的精神、信仰误读为世俗、交往,把康德的超验误读为经验中看到,也可以从黑格尔的进而把康德的本体属性的审美误读为认识神性的审美看到。然而,究其实质,从康德开

---

① 海德格尔:《尼采》上卷,孙周兴译,商务印书馆2014年版,第129页。

始,西方美学对于审美活动的思考的真谛却始终都在于"人的自由存在"。因此,我们在关注康德的所谓"人为自然界立法"之时,应该关注的,就不是他如何去颠倒了主客关系,而是他的对于"人的自由存在"的绝对肯定。"人的自由存在",是绝对不可让渡的自由存在,也是人的第一身份、天然身份,完全不可以与"主体性"等后来的功利身份等同而语,所以,康德才会赋予人一个"合目的性的决定","不受此生的条件和界限的限制,而趋于无限"。①才会认定:审美"在自身里面带有最高的利害关系",②才会要求通过审美活动这一自由存在"来建立自己人类的尊严"。③

这当然是因为超越维度与终极关怀层面的存在。正是由于超越维度与终极关怀层面的存在,人与现实的关系让位于人与理想的关系。人首先要直接对应的是理想而不是现实,而且,人与现实的对应,也必须要以与理想的对应为前提。可是,人与理想之间的直接对应,无疑就是自由者与自由者之间的直接对应,因此,人也就如同神一样,先天地禀赋了自由的能力。所以,人有(存在于)未来,而动物没有,动物无法存在于未来;人有(存在于)时间,而动物没有,动物无法存在于时间;人有(存在于)历史,动物也没有,动物无法存在于历史;人有(存在于)意识,动物也没有,动物无法存在于意识。这样,人与理想的直接对应使得人不再存在于自然本性,而是存在于超越本性,不再存在于有限,而是存在于无限,不再存在于过去,而是存在于未来。于是,人永远高出于自己,永远是自己所不是而不是自己之所是。

无疑,这里的人的存在,其实就是自由的存在。置身于人与理想的直接对应,每个人都不再经过任何中介地与绝对、神圣照面,每个人都是首先与绝对、神圣相关,然后才是与他人相关,每个人都是以自己与理想之间的关系作为与他人之间关系的前提,于是,也就顺理成章地导致了人类生命意识的幡然觉醒。人类内在的神性,也就是无限性,第一次被挖掘出来。每个人

---

① 康德:《实践理性批判》,韩水法译,商务印书馆1999年版,第177—178页。
② 康德:《判断力批判》上卷,宗白华译,商务印书馆1964年版,第45页。
③ 康德:《论优美感和崇高感》,何兆武译,商务印书馆2001年版,第3页。

都是生而自由的,因而每个人自己就是他自己的存在的目的本身,也是从他自身展开自己的生活的,自身就是自己存在的理由或根据;也因此,他只以自身作为自己存在的根据,而不需要任何其他存在者作为自己存在的根据。所谓社会关系,在生而自由而言,也是第二位的,自由的存在才使得一切社会关系得以存在,而不是社会关系才使得个人的自由存在得以存在。

而美学之为美学,当然也必须以自由为核心,以守护"自由存在"并追问"自由存在"作为自身使命,以尊重和维护每一个体的自由存在,尊重和维护每一个体的唯一性和绝对性,尊重和维护每一个体的绝对价值、绝对尊严作为自身使命。而这也正是生命美学的始终不渝的选择。而且,也正是由于生命美学的不懈努力,在中国,"人的自由存在"才第一次地得以真正进入了美学。

三

其次,是美学的方式的全新建构。

美学的方式,涉及的是"怎样研究"。它是对于美学的特定范型的考察,是美学之为美学的逻辑规定。

由于超越维度与终极关怀所呈现的全新的视域,美学研究必然出现考察角度的转换。具体来说,就是从考察美、审美、艺术与现实生活的认识、反映关系到考察美、审美、艺术与精神生活的象征、表现关系。

超越维度与终极关怀的层面,作为一个全新的逻辑支点,将人类的精神生活凸显而出,也将人之为人的无限本质和内在神性凸显而出,生命的精神之美、灵魂之美,被从肉体中剥离出来。它是生命的第二自然,也是生命的终极意义、根本意义。联想威尔逊所指出的"人类社会的进化是沿着遗传的二元路径进行的:文化路径和生物学路径",[1]我们不难意识到,精神生活,意味着人类的遗传信息之外的文化信息。人类只是一个半成品,犹如爱默生所言,人长着一张粗糙的脸。是文化信息才使得人一步一步地完成从动物

---

[1] 威尔逊:《论人性》,方展画等译,浙江教育出版社2001年版,第7页。

到人的不断提升,而这恰恰也就提示着我们:精神生活有着至关重要的作用。

然而,我们的美学却往往只关注到人类的现实生活,并且把美、审美、艺术作为现实的形象化、思想的形象化、真理的形象化,并且由此走入了心物二元对立的困境。这无疑隐含着对于美、审美、艺术的严重误解。事实上,美、审美、艺术只是人类精神生命的象征与表现。它是借酒浇愁、借花献佛,也就是借现实生活之"酒"浇精神生活之"愁",也是借现实生活之"花"献精神生活之"佛"。现实生活之所以被引入美、审美、艺术,其实不是因为它的重要,而是因为精神生活的无法言喻。也因此,现实生活的在美、审美、艺术中的显现,其实并不是简单的转移、位移,而是复杂的提纯、转换。同样,美、审美、艺术的真正价值也不在于它的认识与反映,而在于它的象征与表现,在于它对于无法言喻的精神生活的象征与表现,在于它的借用现实生活去塑造的精神王国。中国美学反复强调的"象外之境""言外之意",其不朽的美学贡献也就在这里。"象外"的"境"、"言外"的"意",强调的就是精神之花、精神替代品,它告诉我们,美、审美、艺术不是与现实生活异质同构,而是与精神生活异质同构,也必然是也仅仅是精神生活的象征与表现。

而这就再一次地涉及到我们前面已经讨论过的对于审美活动的根本属性的阐释。如前所述,在超越维度与终极关怀的层面,审美活动所涉及的是在对于必然的把握的基础上所实现的自我超越与"人的自由存在",它是在对于必然的把握的基础上所实现的自我超越与"人的自由存在"的象征与表现,也因此,为王国维等美学家所孜孜以求的美、审美、艺术的"独立之位置""独立之价值",也就在于:它是通过"象外"的"境"、"言外"的"意"的对于生命的自由表现、对于人类精神生活的自由表现,亦即客体形象对自由生命的表现。这正是美、审美、艺术的奥秘之所在,也是美、审美、艺术与人类的内在关联之所在。美、审美、艺术,因此而成为人类的特殊存在方式。"大多数人是不提炼自己主观印象的",高尔基发现:他们"总是运用现成的形式",但是艺术家却要"找到自己,找到自己对生活、对人、对既定事实的主观态度,把这种态度体现在自己的形式中,自己的字句中"。因此,"艺术家是这样一个人,他善于提炼自己个人的——主观的——印象,从其中找出具有普遍意义的——客观的——东西,他并且善于用自己的形式去表达自己的观念"。①只有这样,才是真正地道出了审美中的自由的特殊本质与秘密。

不言而喻,这里的所谓"象外"的"境"、"言外"的"意",就是人们所常常言及的"形式"。不过,这"形式"又与实践美学所提倡的"有意味的形式"不同。在实践美学,"有意味的形式"被借助来说明"形式里积淀了内容",因此,"有意味的形式"就是美。可惜,这种阐释只能用来解读工艺品的形式,却无法用来阐释美、审美、艺术的形式。是无法用来解读审美现象的。这是因为,形式中的所谓"意味",则是双向建构、双向创造的,既类似于"找对象",也类似于"谈恋爱",既"随物婉转",又"与心徘徊"。它并非先在、永恒,更非事先积淀,而是在形式创造的现场即时即地不断加以生成。换言之,这"意味"不是先"生产"后"享受",而是边"生产"边"享受",是在"形式"的形成中形成的。"艺术对于先于它并独立于它的那种现成的形式是毫无关系的。而宁可说艺术活动从开始到结束都只存在于形式的创造中,只有在这种情况下,形式才真正获得它的存在。"②而兰德尔在剖析不同交响乐的不同存在意义时也指出:"所有这些不同语言的表现——谱写出的交响乐,演奏出的交响乐,录制的交响乐,复制的交响乐,听到的交响乐——共有的是这样一个东西!它使我们能够说,每一种语言表现出来的都是同一首交响乐,它使交响乐成了'这一首'而不是其他的。确定这首交响乐的是一种特殊的结构,无论这首交响乐是以什么方式表现出来的,只要没有这种结构,它就既不可能是'这一首'交响乐,也不可能被想象为这首交响乐,也不可能通过任何语言被表达为这首交响乐。"③"这一首",是这首交响乐的特定内容,但同时也是这首交响乐的特殊形式。其中,内容与形式是完全同一的,甚至,内容就是形式,形式也就是内容。或者说,内容已经完全转化为形式。而在

---

① 高尔基:《文学书简》(上),曹葆华等译,人民文学出版社 1962 年版,第 426 页。
② 转引自朱狄:《艺术的起源》,中国社会科学出版社 1982 年版,第 100 页。
③ 李普曼编:《当代美学》,邓鹏译,光明日报出版社 1986 年版,第 146 页。

形式之外则一无所有。于是,特定的形式,也就成为特定生命的自由表现,成为人类特定精神生活的自由表现。海德格尔之所以把真理的原始显现(在作品中形成的真理,作品就是真理)称为"艺术真理",并且区别于具有派生性质的"理论真理",正是这个意思。中国美学突出强调"神似",而不强调"形似",也正是这个意思。

同时,超越维度与终极关怀所呈现的全新的视域,还会推动美学的研究方法从形而上学的思辨转换为形而上的辩证分析。

既然美都是在"有意味的形式"的创造中生成的,既然在形式之外、形式之前、形式之上,都没有美。那么,美学研究所亟待追问的,就是美究竟何在,美存在于何处,美以何种方式存在,美如何存在。而这就意味着:"形式之外无内容。"这就类似《海上钢琴师》中的钢琴神童,他的生命中只有八十八个钢琴键,因此,他所创造的美,也就都与这八十八个钢琴键有关。所谓的美学分析,就是要分析这八十八个钢琴键是怎样把美创造出来的。遗憾的是,在美学界充斥了大量的粗放式的形而上学的思辨研究,一谈到美,就是天人合一、物我一如、情景交融,即便是一些美学大家也不能够例外,可是,一旦离开那八十八个钢琴键,而去大谈天人合一物我一如,美究竟何在、美存在于何处、美以何种方式存在、美如何存在等问题却根本不去回答,又怎么能被称作美学研究? 那只是在写美学散文! 遗憾的是,我们的美学研究却普遍忽视了这个问题,结果是,我们的美学研究成果作家不看,艺术家也不看。像中国美学的研究论著,只要一讲到作品,就是情景交融之类,空洞之极。

进而,在"有意味的形式"的创造中生成的美也并不同于宗教与哲学。它并非低级,黑格尔的失足就在于对此的蔑视。我们经常会说:形象大于思想。其实,如果在理论思维的概念形式中,"意味"能够更准确、更纯粹予以表达,又有什么必要还要借助于形式的象征与表现? 形象的"大"就"大"在它是人从自己所不是而不是从自己之所是、从无限而不是从有限、从未来而不是从过去,总之,从高出于自己的自己,所直观到的"意味"。同时,形象的"大"还"大"在它是激起情感,而不是传达情感。卡西尔指出:"有了艺术的形而上学的合法根据,而且还有神化的艺术,艺术成了'绝对'或者神的最高显现之一。"①马克思也指出:"人只有凭借现实的、感性的对象才能表现自己的生命。"②"'绝对'或者神的最高显现"表现的是什么?人"凭借现实的、感性的对象形象"又表现了什么样的"自己的生命"?这恰恰意味着:形象不是思想、认识的注脚;也恰恰意味着:对于"形象大于思想"中的"大"的探讨,对于美、审美、艺术中的"大于"思想的内涵的形而上的辩证分析,就正应该是我们亟待展开的美学研究工作。

具体来说,美、审美、艺术与现实生活的关系类似于地球的"公转"与"自转",也类似于"粮食"与"酒"。长期以来,我们仅仅满足于指出了其中的"公转",满足于指出"酒"与"粮食"的关系。但是,"自转"自身的内在奥秘,"酒"自身的内在奥秘,却被我们有意无意地予以忽视。韦勒克、沃伦早就提示:"多数学者在遇到要对文学作品作实际分析和评价时,便会陷入一种令人吃惊、一筹莫展的境地。"③遗憾的是,这种"令人吃惊、一筹莫展的境地"在西方存在,在中国也同样存在。至于出现的原因,则当然不是一句"美学研究者的懒惰"就可以搪塞的。因为,它是出之于超越维度、终极关怀的层面的缺失。

歌德指出:"文艺作品的题材是人人可以看见的,内容意义经过一番努力才能把握,至于形式对大多数人是一个秘密。"④那么,"形式"为什么竟然会"对大多数人是一个秘密"?个中原因在于:形式本身,不像我们以为的那样仅仅只是中介,而且还是完全透明的。西方人经常说:艺术是人与自然相乘。何谓"相乘"?那就是1+1不等于2,而是大于2。换言之,日常生活中的符号传达与美、审美、艺术中的形式表现尽管都属于波普尔所揭示的"世

---

① 转引自刘小枫选编:《德语美学文选》(上),华东师范大学出版社2006年版,第400页。
② 《马克思恩格斯全集》第42卷,人民出版社1979年版,第168页。
③ 韦勒克、沃伦:《文学理论》,刘象愚译,江苏教育出版社2005年版,第155—156页。
④ 转引自王岳川编:《宗白华学术文化随笔》,中国青年出版社1996年版,第123页。

界三",可是,内涵却又大有不同。长期以来,我们不关注美学的形而上的辩证分析,正是因为忽视了其中的区别。

具体来看,符号传达与超越维度、终极关怀的层面并不相关。它类似于人体挂图,仅仅只是联系于人类现实生活的中介、手段,是对概念的图示、证明与指称,意在传达背后的目的,也仅仅意在传达。其中,能指与所指同时具备,所谓的意义也是指称出来的,并且是用形象去比喻某种观念,完全透明,也没有独立存在的价值,充其量也只是一种传达的手段和工具,在符号之外的意义才是最最重要的东西。然而,众多的美学家却偏偏都是在符号传达的意义上来研究美、审美、艺术。即便大家如卡西尔、苏珊·朗格,也未能幸免。而因为符号之外的意义是已知的,所以也就没有必要去对符号本身进行辩证分析——更没有必要进行形而上的辩证分析了。可是,形式的象征与表现就不同了。它与超越维度、终极关怀的层面直接相关,并且联系于人类精神生活,没有所指,只有能指,因此,形式本身就是意义,而且不透明,还禀赋着独立存在的价值,更在不断地生成之中。因此无法认知,只能体验。如此一来,对形式的象征、表现本身去倾尽全力进行辩证分析,就是必须的也是必要的了。

更加重要的是,还必须对形式进行形而上的辩证分析。这是因为,美、审美与艺术是"把自然的东西弄成一个心情的东西",[①]也是"借他人之酒杯,浇自己之块垒"。因此,其实在形式中借用的现实生活的信息并不重要,重要的却是形式所提供的"象外之境""言外之意"。大卫·艾尔金斯认为:"当我们被一首曲子打动,被一首诗感动,被一幅画吸引,或被一场礼仪或一种象征符号所感动时,我们也就与灵魂不期而遇了。"[②]野村良雄断言:"总的说来,很难否认在音乐中有着某种超音乐的东西,那么,这种东西究竟是什么呢?""德国是高度追求纯音乐与绝对音乐性质的东西,而把音乐当成一种哲

[①] 《费尔巴哈哲学著作选集》下卷,荣震华等译,商务印书馆1984年版,第459页。
[②] 大卫·艾尔金斯:《超越宗教》,顾肃等译,上海人民出版社2007年版,第38页。

学式的东西来掌握的。"①精神分析理论家兰克则指出:"艺术家不可能心平气和地与其作品以及接受作品的社会打交道。艺术家的贡献永远针对创造自身,指向生活的基本意义,指向上帝。"②可是,我们每每会犯的错误却是,误以为这一切都是现实生活的直接转移或移位,而忽视了其中存在着"粮食"与"酒"的区分,忽视了其中的提纯、转换,更忽视了形式创造其实是一种形而上的创造能力,一种对于大于思想的形象的创造能力。它"在一刹那的时间里表现出一个理智和情绪复合物东西"。③ 这"复合物东西"是一个想象空间、意义空间、价值空间,简而言之,是一个自由的境界(这正是我始终把美之为美界定为"自由的境界"的原因)。也因此,在美学研究中,我们的工作就不仅是进行辩证分析,不仅是把那些参与"自由的境界"的形成的要素一并指认出来,④而且还要进而把在作品中形成的"自由的境界"本身指认出来。无疑,在我看来,这正是我们美学研究中的缺失,也正是我们在美学研究中亟待展开的工作。

四

超越维度与终极关怀呈现的全新的视域,也推动着生命美学本身的全新建构。

生命美学,在中国现当代美学中源远流长。王国维,是中国现代美学的第一人,同时也是中国生命美学的第一人。在他之后,还有鲁迅、张竞生、宗白华、方东美、吕澂、范寿康、朱光潜(早期),等等。此后,因为种种原因,出现了暂时的中断,但是从20世纪80年代开始,在对前辈学人的生命美学研

---

① 野村良雄:《音乐美学》,金文达等译,人民音乐出版社1991年版,第60—61、第90页。
② 转引自贝克尔:《拒斥死亡》,林和生译,华夏出版社2001年版,第200页。
③ 彼得·琼斯:《意象派诗选》,裴小龙译,漓江出版社1986年版,第152页。
④ 诸多形式的要素都是"创造过程本身的必要要素",因此要去辩证分析它们自身所出现的提纯与转换。参见卡西尔:《人论》,甘阳译,上海译文出版社2013年版,第242页。

究几乎是一无所知的情况下,生命美学又再度登场。1984年年底,我写了《美学何处去》,正式提出了生命美学的构想。1989年,在拙著《众妙之门——中国美感心态的深层结构》的最后一章,在谈及当代美学建构的基本设想的时候,我又提出"美是自由的境界",提出"现代意义上的美学应该是以研究审美活动与人类生存状态之间关系为核心的美学"。继而,在1990年,我再次把自己对于生命美学的基本构想写成了专文,在《百科知识》第8期发表了题为《生命活动:美学的现代视界》的论文。1991年,我在河南人民出版社正式出版了《生命美学》。现在,美学界一般认为:中国美学史中的生命美学的正式诞生,以我的这本书的正式出版作为标志。

迄至今日,生命美学的发展已经蔚为大观。就以范藻教授的统计为例:

进入中国国家图书馆网络主页,在文津搜索系统里,"全部字段"栏中分别输入"生命美学""实践美学""实践存在论美学""新实践美学""和谐美学",查询结果如下:

有关生命美学及其相关主题的专著有58本;论文达2200篇,其中有少量的研究艺术的"生命意识"的论文;在报纸上发表的文章也有180篇。

有关实践美学及其相关主题的专著有29本;论文3300篇,如果将其中的后实践美学、新实践美学和"社会实践"意义上研究文学、艺术、教育和文化的论文剔除的话,这个数字将大大降低;在报纸上发表的文章200篇。

有关实践存在论美学及其相关主题的专著有8本;有论文200篇;在报纸发表的文章20篇。

有关新实践美学及其相关主题的专著有8本;论文450篇;在报纸上发表的文章23篇。

有关和谐美学及其相关主题的专著有12本;论文1900篇;在报纸上发表的文章62篇。①

当然,任何统计都可能是有缺陷的,这个统计或许也是如此。但是,无

---

① 参见潘知常、范藻:《"我们是爱美的人"——关于生命美学的对话》,载《四川文理学院学报》2016年第3期。

论如何,它却也毕竟让人耳目一新。长期以来,国内的美学界在面对美学研究成就的时候,往往还仅仅凭借主观印象或几篇评论文章,结果往往就不太能够反映真实的情况。现在这个统计只用"专著""论文"等来"投票",结论无疑比较翔实可信。

而且,在这个统计当中,生命美学的异峰突起,也理应引起足够的重视。因为与其他美学主张的大多出自同一师门并且往往只是师徒相传不同,也与实践美学的只在某一时间段形成高峰不同,生命美学既不是同一师门、师徒相传,也不是在某一时间段形成高峰,而是在中国现当代美学的历程中始终存在,而且一波连着一波,学术影响不断扩散。这实在是中国的现当代美学历程中的一段传奇。我甚至因此而认为:在中国的现当代美学史中,生命美学应该是元美学,也应该是主流美学。何况,再考虑到实践美学与西方的东欧马克思主义美学(列宁、卢卡契)之间的关系,以及生命美学与西方的西欧马克思主义美学(法兰克福学派)之间的关系,考虑到从康德到尼采、海德格尔、福柯乃至整个法兰克福学派、现代主义美学与后现代主义美学的生命美学谱系,我们更应该因此而认为:在中国的现当代美学史中,生命美学应该是元美学,也应该是主流美学。

可是,在跨度长达一百年左右的时间里,没有人刻意组织,也没有师门的一脉相传,研究者甚至彼此互不相识,生命美学为什么却偏偏波澜壮阔而且至今不断发展呢?又为什么能够创造出生命美学研究者发表论文排名第二,生命美学研究者出版的美学专著排名第一的优异成绩?我们必须要问,这么多人、这么多的研究成果,其中的万语千言又都在思考什么?其实,原因也十分简单,这当然是因为所有的生命美学的研究者都有意无意地觉察到了"人及其生命的意义"这个核心,察觉到了超越维度和终极关怀的存在。

这一点,仅从生命美学名称中的"生命"二字就可以看出。尽管正式提出"生命美学"是由于1991年的我的《生命美学》一书,可是,对于"生命"现象与美学之间关系的关注,却堪称中国现当代美学的主旋律。王国维的"生命意志"、鲁迅的"进化的生命"、张竞生的"生命扩张"、宗白华的"生命形式"方东美的"'广大和谐'的生命精神"、吕澂的美是"主体生命和情感在物象上的投射"、范寿康的美的价值就是"赋予生命的一种活动"、朱光潜（早期）的"人生的艺术化"……还有当代的潘知常、封孝伦、范藻、黎启全、陈伯海、朱良志、姚全兴、成复旺、雷体沛、周殿富、陈德礼、王晓华、王庆杰、刘伟、王凯、文洁华、叶澜、熊芳芳等的对于生命美学的提倡，作为核心范畴，"生命"，在其中频繁出现，这无疑并非偶然。它意味着：一代又一代的美学家都已经逐渐意识到，也都在孜孜以求着美、审美、艺术与维系于主体的人类精神生活的联系，也都不约而同地把美、审美、艺术看作人类的精神之花朵、生命之花朵。无疑，相对于把美、审美、艺术与维系于客体的人类现实生活联系起来，把美、审美、艺术看作实践活动的花朵，生命美学也许更加接近超越维度、终极关怀，也更加接近美、审美、艺术的真相。

当然，对于超越维度、终极关怀的领悟也还需要一个漫长的过程，也并不能一蹴而就。但是，十分可贵的是，在中国现当代美学历程中，一代又一代的美学家们都始终在这条路上艰辛而行。例如，在 20 世纪，没有哪个美学家比王国维、鲁迅走得更远。在 20 世纪美学的历程中，他们的思想探索就有如美学先知，弥足珍贵。

而宗白华与方东美的美学思考也应该放在这样的一个大的美学背景下来思考。在宗白华看来，美学之为美学，应该是奠基在"宇宙生命论"之上的。由于"哲学就是宇宙诗"，因此可以在宇宙大化的流行之中去体会生命存在的意义和价值，"优游"于大自然的生命节奏中，"游心太玄"，以心灵去领悟宇宙。而方东美则提倡"广大和谐"的生命精神，固守着人类生命与宇宙大生命的合流同化。无疑，这也正是以一种特殊的中国方式的对于超越维度、终极关怀的探索与寻觅。也正是我们今天所孜孜探索的生命美学的一个重要组成部分。当然，由于时代的久远，他们的美学探索中还存在着自然思维的明显痕迹，也还没有完全摆脱中国传统美学的对于自由的"自在"的理解，不过，这也是我们所完全无法去苛求于前辈美学大家的地方。

至于 20 世纪 80 年代以来的生命美学，则显然也正是在王国维、鲁迅、宗白华、方东美的身后去"接着讲"的。从 20 世纪 80 年代开始，我在一系列的论著中始终都在强调：对于美学的研究必须以超越维度与终极关怀作为必要的对应,因此,为美学补上超越的维度与终极关怀,也是生命美学所始终一贯的努力所在。这就是说,美学要从"人性"之问、"现实维度"之问、"忧世"之问、"仁爱"之问、"现实关怀"之问转向"神性"(灵性)之问、"信仰维度"之问、"忧生"之问、"爱"之问、"终极关怀"之问。西方诗人里尔克曾经在一首诗中写道:"没有认清痛苦,/爱也没有学成,/那在死中携我们而去的东西,/其帷幕还未被揭开。"在我看来,这也是百年中国美学的艰难探索与美学历程的深刻写照。首先是"认清痛苦"("个体的觉醒"),继而是"学成"了爱("信仰的觉醒"),最终,是走向了"神性之问""超越维度之问"与"终极关怀之问"。由此,"其帷幕还未被揭开"的美学困局终于被一举打破,生命美学的"帷幕"也得以彻底"揭开"。

反观实践美学,毋庸置疑,在20世纪的中国,实践美学影响很大,理应得到尊重,可是,它却是从20世纪五六十年代才开始,80年代逐步正式定型,但又从90年代开始就实际上宣告了鼎盛时代的终结。后来的继承者,完全赞同实践美学而且完全照搬作为实践美学领军人物李泽厚先生的美学主张的论文和论著几乎已经无法看到,他们大都是另立门户,已经是以"新实践美学""实践存在论美学"的旗号独立发展了。而且,即便是主将李泽厚,也实际上放弃了实践美学的基本立场,毅然宣布,要开始回到"生命"了。例如,2012年上海译文出版社推出了李泽厚的《中国哲学如何登场》,在其中,他强调"回归到我认为比语言更根本的'生'——生命、生活、生存了。中国传统自上古始,强调的便是'天地之大德曰生','生生之谓易'。这个'生'或'生生'究竟是什么呢?这个'生',首先不是现代新儒家如牟宗三等人讲的'道德自觉''精神生命',不是精神、灵魂、思想、意识和语言,而是实实在在的人的动物性的生理肉体和自然界的各种生命"。显然,李泽厚先生已经不但从"实践本体"退到"情感本体",而且又再退到(应该是回归)"生命本体",无疑,这已经清楚表明:作为实践美学的领军人物,李泽厚先生已经悄悄地放弃了实践美学,也已经悄悄地成为生命美学的同路人了。至于其中的原因,那当然是因为置身现实维度与现实关怀使然。由于将美、审美、艺术维系于现实生活,结果所谓的本质力量,也只能是没有超越必然王国的本质力量、有限的本质力量,它的"对象化",固然可以"对象化"为人造自然,可以"对象化"为社会成果,但是,却根本无法"对象化"为美。因此,李泽厚先生就只能晚年变法,重新回到将美、审美、艺术维系于精神生活的正确道路上来——尽管,他距离超越维度与终极关怀还路途遥远。

再进而反观国内的美学研究。应该说,超越维度与终极关怀的匮乏,也恰恰就是国内的美学研究未能获得长足进展的关键所在。

例如关于"美的神圣性"的讨论。2014年年底北京的学者专门开会,对"美的神圣性"予以认真讨论。"美的神圣性",我在1991年出版的《生命美学》中就已经予以正式提倡,可是,一直知音稀少。孰料在二十年后终于有了回响。遗憾的是,我看到众多的美学家们竟然认为:中国的"万物一体"就是神圣美,中国的天人合一、意象说就是神圣美,这实在是难以置信,"美的神圣性",是在西方基督教影响下的美学成果,也是在超越维度与终极关怀背景下的美学成果,怎么在超越维度与终极关怀一直都未能出现的古老中国也古已有之了呢?因此,在我看来,正是由于超越维度与终极关怀的匮乏,国内关于"美的神圣性"事实上并未能够深入下去。

再如生态美学的研究。本来,它应该主要是研究环境问题的,也应该属于环境美学的范围,在这方面,国内的美学研究应该说已经成果丰硕,可喜可贺。但是,现在国内的生态美学研究却存在一种值得商榷的取向:它竟然越门墙而出,不是研究环境问题,而是转而针对美学基本问题,而且动辄宣称美学基本问题的研究已经被它的研究统统改朝换代了。这显然不太妥当。而且,对研究生态的学者讲美学,对研究美学的学者讲生态,这样的生态美学研究未免也有点匪夷所思。可是,为什么会如此?当然也是因为美学研究本身远离了超越维度与终极关怀所致,置身现实维度与现实关怀的美学,当然会走上实用美学的道路,也当然会走上"学以致用"的道路。由此视角出发,生态美学的对于美学基本理论的僭越,自然也是必然的。

又如所谓的"文化研究"。现在,美学界有一些学者从美学研究退出,转向了文化研究。但是,他们却还是坚称自己所做的是美学研究。但是,如果把文化研究当作美学内容的拓展,那无疑是有益的。如果把文化研究当作美学学科的转型,那则无疑是有害的。美学研究与文化研究,彼此之间当然存在交叉,但是,毕竟更有不同。简而言之,只有文化中的美丑等问题才是美学研究,至于文化中的意识形态问题、阶级阶层女性民族等问题,则显然与美学没有什么勾连。而且,美不能独立存在,必须要结合对象的存在而存在,例如结合艺术作品的存在而存在,结合文化现象的存在而存在。因此,借助艺术和文化来探讨美和审美,是必须的。可是,这却并不意味着我们就必须转向文化研究。也因此,强调美学研究的向文化研究去转型,只会带来美学的迷途,也只意味着对于美学根本困惑、时代难题的逃避,不会带来美学的新生。当然,这样一种错误的做法,还是与超越维度与终极关怀的匮乏直接相关。如果不是因为错误地置身现实维度与现实关怀,又怎么可能会挟裹美学去堕入文化研究的迷津?

与所谓的文化研究相关的,是"日常生活审美化"研究,这样一种在消费经济与非理性化时代才得以出现的美学路径,如果作为美学研究的辅助,当然也无可厚非,并且可以理解。但是倘若以此作为美学的转型,则有点令人深深不安。无论如何,美学都是在超越维度与终极关怀层面出现和发生作用的,离开了这个层面,就无所谓美学。一旦错误地将审美活动置身于它所不该置身的现实维度与现实关怀层面,无疑就会导致作为审美活动的本体属性的"人的自由存在"的逸出美学视野,继而进入美学视野的,也就只是作为第二性的角色存在(而且,是连实践美学的"主体"角色都不如的"世俗"角色)。结果,在"日常生活审美化"的研究中,自由偏偏是缺失的。人是目的,人的终极价值,以及人的不可让渡、不可放弃的绝对尊严、终极意义也是缺失的。可是,任何时候,美学都不应该是一种对于某种生活情趣、生活趣味的关注,正如海德格尔批评的:"康德本人只是首先准备性地和开拓性地作出'不带功利性'这个规定,在语言表述上也已经十分清晰地显明了这个规定的否定性;但人们却把这个规定说成康德唯一的,同时也是肯定性的关于美的陈述,并且直到今天仍然把它看作这样一种康德对美的解释而到处兜售。""人们没有看到当对对象的功利兴趣被取消后在审美行为中被保留下来的东西","人们耽搁了对康德关于美和艺术之本质所提出的根本性观点的真正探讨"。① 这个"耽搁",可以从席勒把康德的"崇高"误读为"优美",把康德的"精神""信仰"误读为"世俗""交往",把康德的"超验"误读为"经验"中看到,也可以从黑格尔的进而把康德的本体属性的审美误读为认识属性的审美中看到。当然,还可以从今天的"日常生活审美化"的研究中看到。遗憾的是,为康德以来的美学家们所孜孜以求的"人的自由存在",以及"不受此生的条件和界限的限制,而趋于无限"②的美,在今天的"日常生活审美化"的研究中却偏偏不见了。

最后以美育研究为例。美育研究当然很重要,可是,美育研究在中国实效并不大,也有目共睹。原因何在?其实就是在于我们的美学远离了超越维度与终极关怀,还是停留在"非功利性"层面,而没有进入超越维度与终极关怀,也就是进入"人的自由存在"。一旦进入"自由存在",就不难发现,事实上,真正的美育应该是对于人之为人的神圣不可侵犯的自由权利的维护与呵护。我们之所以要关注美育,也无非是因为我们希望通过审美活动这一自由存在"来建立自己人类的尊严"。③

例如,在美育教育中,"审美权"的给予就要比某些审美技巧、机能的学习更加重要。1948年通过的《世界人权宣言》第27条对艺术的具体规定为:"(一)人人有权自由参加社会的文化生活,享受艺术,并分享科学进步及其产生的福利。(二)人人以由于他所创作的任何科学、文学或美术作品而产生的精神的和物质的利益,有享受保护的权利。"不难发现,其中,审美也是人们的一项基本权利,是基本人权的重要组成部分。可是,现在我们的审美却每每被"他者"越俎代庖,是"他者"去安排我们看什么和不看什么,安排我们听什么和不听什么,也是"他者"在要求我们只能这样去审美和不能那样去审美……在这样的情况下,美育又何以可能?因此,真正的美育研究必须从"审美权"的给予开始,也必须从拒绝"审美权"的被剥夺开始。遗憾的是,

---

① 海德格尔:《尼采》上卷,孙周兴译,商务印书馆2014年版,第129页。
② 康德:《实践理性批判》,韩水法译,商务印书馆1999年版,第177—178页。
③ 康德:《论优美感和崇高感》,何兆武译,商务印书馆2001年版,第3页。

这一点,在美育教育中还很少被提及,更不要说被关注、被重视了。

而且,正如恩斯特·卡西尔所说:"艺术并不是对一个现成的既与的实在的单纯复写。它是导向对事物和人类生活得出客观见解的途径之一。他不是对实在的模仿,而是对实在的发现。"①也因此,美育的对于某些审美技巧、机能的学习,就必须让位于对于自由生命的存在的唤醒。某些审美技巧、机能的学习之所以也是美育的题中应有之义,完全只是因为它可以让审美创造者更为清楚地洞悉应该如何在审美创造中完成形象表现,审美特征是如何增值的,审美结构是如何优化的,等等。而且,如何引导审美欣赏者自觉地利用艺术形式去将自我对象化,去自我肯定、自我享受、自我实现、自我超越、自我塑造,才是美育之为美育的关键之关键。柯勒律治指出:"我们知道某人是诗人,是基于他把我们变成了诗人这一事实;我们知道他在表现他的情感,这是基于他在使我们能够表现我们自己的情感这一事实。"②对此,我们必须深长思之。

也因此,超越维度与终极关怀也就不应该仅仅只是生命美学的抉择,而应该成为当代中国美学的共同抉择。无疑,在一个宗教信仰匮乏的国度,要将这样一个抉择贯彻到底,一定分外艰难。可是当我们听到苏格拉底疾呼审美活动是在"代神说话""不是人的而是神的,不是人的制作而是神的诏语";③当我们获悉费希特倡导:"只有那具有宗教感的眼睛才深入了解真正美的王国";④当我们知道黑格尔在《哲学史讲演录》中提示:"人从'彼岸'被召回到精神面前"是基督教在信仰建构中的巨大贡献,⑤而"后来在哲学中这个原则才又以真正的方式再现";⑥当我们得知海涅曾经欣慰地将"在哲学中

---

① 卡西尔:《人论》,甘阳译,上海译文出版社2013年版,第244页。
② 科林伍德:《艺术原理》,王志元等译,中国社会科学出版社1985年版,第121—122页。
③ 柏拉图:《文艺对话集》,朱光潜译,人民文学出版社1983年版,第8、9页。
④ 费希特:《人的使命》,梁志学等译,商务印书馆1982年版,第138页。
⑤ 黑格尔:《哲学史讲演录》第3卷,贺麟等译,商务印书馆2014年版,第409页。
⑥ 黑格尔:《哲学史讲演录》第3卷,贺麟等译,商务印书馆2014年版,第415页。

这个原则才又以真正的方式再现"的成果之一——康德美学称之为"精神革命",①就不难意识到:除了毅然置身超越维度与终极关怀,当代的中国美学,也实在别无选择。

胡塞尔的毕生努力都是围绕着它对自己提出的那个问题:我如何才能成为一个有价值的哲学家?

美学也如此,生命美学更是如此,它也必须围绕着这个同样的问题。

至于答案,则无疑显而易见。

只要我们毅然置身于超越维度与终极关怀,那么,我们也就可以问心无愧地说:我们已经成为一个有价值的美学家。

同样,只要我们的美学毅然置身于超越维度与终极关怀,那么,我们也就还可以问心无愧地说:我们的美学也已经成为一种有价值的美学。

(原载《西北师范大学学报》2016年第6期)

---

① 海涅:《论德国宗教和哲学的历史》,海安译,商务印书馆1974年版,第96页。

附录七 无神的时代:审美何为?

一、无神的时代:世界已经成年

当今之世,众所周知,世界已经成年,也已经进入无神时代。

还在20世纪,人类社会的发展就已经逐渐把世界挤出了千余年来精心构筑的伊甸乐园。迄至20世纪初年,哥白尼的日心说、达尔文的进化论、马克思的唯物史观、爱因斯坦的相对论、尼采的酒神哲学、弗洛伊德的无意识学说,分别从地球、人种、历史、时空、生命、自我等方面把上帝从神圣的宝座上拉了下来。"一切都四散了,"叶芝感叹而言,"再也保不住中心,世界上到处弥漫着一片混乱。"为此,他不惜在《基督重临》中预言:"无疑神的启示就要显灵,无疑基督就将重临。"然而这两个"无疑"透露出来的恰恰是"可疑"。

一切的一切都确实可疑。

"基督重临",无疑极为重要,也十分必需。这是因为,起码从历史的进程来看,现代历史的大门是被基督教开启的。我们知道,现代社会的崛起,与作为一种社会取向的价值选择、社会发展的动力选择密切相关。对此,学术界的普遍看法是:与"先基督教起来"密切相关。正是基督教的崛起,促成了为现代社会的崛起所必需的一个充分保证每个人都能够自由自在生活与发展的社会共同体的出现以及在这个共同体中的"一点两面"亦即自由与"在灵魂面前人人平等""在法律面前人人平等"的出现。可是,而今基督教却已经盛世不再。

然而,严峻的问题是,在消解了"非如此不可"的"沉重"之后,人类却又开始面对着"非如此不可"的"轻松":一方面消解了"人的自我异化的神圣形象"(马克思),另一方面却又面对着"非神圣形象中的自我异化"(马克思)。[①] 这"非神圣形象中的自我异化",这(发展到极端的)"非如此不可"的"轻松",

---

[①] 《马克思恩格斯选集》第1卷,人民出版社1995年版,第2页。

又成为20世纪文化所遗留给21世纪文化的文化癌症、文化艾滋病,也成为从20世纪文化开始的对于自由的放逐。而且,在"人的自我异化的神圣形象"时代,现实生活永远并非"就是如此",而是"并非如此"。对生活,它永远说"不",对理想,它却永远说"是"。在此意义上,世界、人生都犹如故事,重要的不在多长,而在多好。我们可以称之为:神圣文化。其根本特征则是:"非如此不可"的"沉重"。然而,在"非神圣形象中的自我异化"时代,现实生活却永远不是"并非如此",而是"就是如此"。而且,对于生活,它永远说"是",对理想,它却永远说"不"。世界、人生都犹如故事,重要的不在多好,而在多长。这,就是它的坚定信念。我们可以称之为:物性文化。其根本特征则是:"非如此不可"的"轻松"。

于是,当今之世,就开始从对于"神圣形象的自我异化"的批判进入到了对于"非神圣形象的自我异化"的批判。作为"人的自我异化的神圣形象"的"神"的生存与作为"非神圣形象中的自我异化"的"虫"的生存都已经不复是人类的理想。就西方而言,不单单要走出异化为"神"的"神圣形象的自我异化",而且还要走出异化为"虫"的"非神圣形象中的自我异化",也就是要同时从"神"的生存、"虫"的生存回到"人"的生存。

在古老的中国,情况就更为复杂了。宗教的基因先天不足,这在中国是不争的事实;在几大古代文明中,古老的中国文化距"神"最远,这在中国也是不争的事实。当然,这一切都并不意味着中国就无路可走。在古老的中国文化之中,还毕竟幸存着宗教与神的生命基因,因此,也还毕竟可以有所作为。然而,现在的问题是:而今已经没有了西方以基督教作为现代社会孕育而出的温床的特定条件。在西方,由于科学在当时的不发达,基督教的问世实在是适逢其时,因此不但得以独霸一时,而且更以无可置疑的强势完成了现代社会的建构。现在,情况却全然不同。宗教的神秘以及它自身的魅力都已经被"祛魅",即便是在西方,"上帝"也已经从世界退出,徐徐回到了教堂之内。按照西方学者的说法,现在"世界已经成年",因此,即便是西方的基督教信徒,在思考的也都已经是"非宗教的宗教建构",这样,我们哪怕是还想再去重走西方的借助宗教以建构现代社会的老路,都已经绝无可能。

这样看来,不但在西方"基督重临"十分可疑,而且,在中国,"基督降临"也十分可疑。

然而,倘若没有基督教,那么,那个为现代社会的崛起所必需的充分保证每个人都能够自由自在生活与发展的社会共同体又如何可能?在这个共同体中的"一点两面"亦即自由与"在灵魂面前人人平等""在法律面前人人平等"又如何可能?而且,倘若在西方还可以以它们业已脱胎而出作为慰藉,那么,在中国,每个人都能够自由自在生活与发展的社会共同体尚在建构之中,自由以及"在灵魂面前人人平等""在法律面前人人平等"也尚在建构之中,那么,又如何可能?

意识及此,在当代中国所普遍存在着的宗教呼唤以及宗教焦虑也就不难理解了。平心而论,这"呼唤"以及"焦虑",应该说都是于史有据、于理有据的。

然而,就现代社会的建构而言,在宗教之外,也并非就无路可行。

对此,我在《让一部分人在中国先信仰起来——中国文化的"信仰困局"》[①]一文中已经剖析过:从西方现代社会的崛起来看,事实上,其中的重大推动作用,从表面看,是源于基督教,从深层看,却是源于在基督教背后所蕴含着的信仰。

如前所述,西方现代社会的崛起确实与"先基督教起来"直接相关,但是,这只是表面现象,面对西方现代社会的崛起,亟待引起我们关注的,其实不仅仅是基督教,还更应该是在基督教中所蕴含的"信仰"。因为西方现代社会崛起中的所谓"先基督教起来",其实却是因为要借此而"先信仰起来"。而这也就意味着,只要能够"先信仰起来",就一定能够先现代化起来。而且,更为重要的是,对于后发的现代社会而言,只要能够"先信仰起来",却又可以不必先"先基督教起来",显然,对于奔进在现代化征程中的全世界的非基督教国家与民族(例如中国),这,实在是一个生死攸关的启示。

具体来看,涂尔干指出:"宗教是一种与既与众不同又不可冒犯的神圣

---

① 参见《上海文化》2015 年第 8、10、12 期。

事物有关的信仰与仪轨所组成的统一体系,这些信仰与仪轨将所有信奉它们的人结合在一个被称为'教会'的道德共同体之内。"①显然,在他看来,宗教应该区分为信仰、仪式、信徒三个因素。其中,"仪式、信徒"两者,可以称之为"宗教组织";"信仰",则可以称之为"宗教精神"。显然,对于"宗教组织"与"信仰"的区别异常重要。因为正是"信仰"的存在,才使得基督教得以真正"表达了神圣事物本质的表象",②也真正得以"直接由心到心,由灵魂到灵魂,直接发生在人与上帝之间"。③

由此,往往简单否定基督教的对于西方现代社会的崛起的重大推动的人,不难意识到原来历史上对于基督教的批判主要是集中在"宗教组织"而并非"信仰"。例如,对于文艺复兴,马克思其实就已经提示过,它主要是"对教会的攻击"。④ 往往简单肯定基督教对于西方现代社会的崛起的重大推动的人,也不难意识到,原来在肯定基督教"信仰"的时候,其实也不必一并连基督教都肯定下来。

须知,信仰并不仅仅属于基督教,也并不仅仅属于宗教。人类是意义的动物,信仰,则是对于人类借以安身立命的终极意义的孜孜以求。卡西尔指出:人类"被一个共同的纽带结合在一起",这个"共同纽带"就是终极意义,也就是"信仰"。⑤ 它是人类的本体论诉求、形而上学本性,也是人类的终极性存在,借用蒂利希的看法:它是"人类精神生活的深层""人类精神生活所有机能的基础"。⑥

从表面看,宗教似乎只是对某种超自然力量的孜孜以求,但是,真正的宗教,却必须是对超自然力量背后的人类借以安身立命的终极价值的孜孜以求。这就是宗教的"本体论诉求与形而上学本性",宗教也因此而与人类

---

① 涂尔干:《宗教生活的基本形式》,渠东等译,上海人民出版社2006年版,第54页。
② 普理查德:《原始宗教理论》,孙尚扬译,商务印书馆2001年版,第67页。
③ 詹姆斯:《宗教经验种种》,尚新建译,华夏出版社2005年版,第17页。
④ 《马克思恩格斯全集》第7卷,人民出版社1960年版,第383页。
⑤ 参见卡西尔:《人论》,甘阳译,上海译文出版社1985年版,第78页
⑥ 蒂利希:《文化神学》,陈新权等译,工人出版社1988年版,第9页。

的信仰息息相通。所以,黑格尔才会时时提示着宗教中的所谓"庙里的神",①因此,宗教同样具备着人类的本体论诉求与形而上学本性。正如保罗·蒂利希曾郑重提示的:宗教是文化的一个维度,而不仅是一个方面。这里的"宗教",其实就是指的宗教背后的"信仰"。这是因为,不是宗教缔造了人,而是人缔造了宗教。宗教的本质无疑也就是人的本质。因而人的超越本性应该也就是宗教的超越本性。而宗教对于人性中的神性的强调,则恰恰是对于人自身中超出自然的部分亦即超越本性的部分的强调。这个部分,当然也就是人类的本体论诉求与形而上学本性。无疑,正是这个"本体论诉求与形而上学本性",使得宗教不但应该蕴含"仪式、信徒",而且还应该遥遥指向"信仰"。

换言之,在所追求的超自然力量的背后,宗教还隐现着对于人类借以安身立命的终极价值的追求。它起源于对人的"有限性"之克服和超越的"领悟无限的主观才能","它使人感到有无限者的存在",②这也就是麦克斯·缪勒所揭示的宗教所蕴涵的信仰内涵——"领悟无限",或者斯特伦所揭示的"终极实体":"在宗教意义中,终极实体意味一个人所能人认识到的、最富有理解性的源泉和必然性。它是人们所能认识到的最高价值,并构成人们赖以生活的支柱和动力。"③由此,人类的"何以来、何以在、何以归",人类的心有所安、命有所系、灵有所宁、魂有所归,都因此而得以解决。

而基督教的对于社会崛起的重大推动作用,也恰恰就在于此。这就犹如西方人类学家瓦茨剖析的:"要衡量一个民族的文明程度,几乎没有比这更可靠的信号和标准的了——那就是看这个民族是否达到了这一程度,纯粹的道德命令是否得到了宗教的支持,并与它的宗教生活交织在一起。"④而

---

① 黑格尔:《逻辑学》上卷,杨一之译,商务印书馆1974年版,第2页。
② 麦克斯·缪勒:《宗教学导论》,陈观胜等译,上海人民出版社1989年版,第11页。
③ 斯特伦:《人与神:宗教生活的理解》,金泽等译,上海人民出版社1992年版,第3页。
④ 瓦茨。转引自包尔生:《伦理学体系》,何怀宏、廖申白译,中国社会科学出版社1988年版,第355页。

西方现代社会的崛起,无疑也因为它"得到了宗教的支持,并与它的宗教生活交织在一起"。例如,基督教所带来的,就恰恰是"新信仰的力量"。①

遗憾的是,对此,众多研究者却往往习焉不察。因此才一味祈求"基督再临"或者"基督降临"。其实,我们亟需的并不是基督教(也包括其他宗教),而只是信仰。

换言之,现代社会的崛起,必须有一个充分保证每个人都能够自由自在生活与发展的社会共同体的出现,也必须在这个共同体中的"一点两面"亦即自由与"在灵魂面前人人平等""在法律面前人人平等"的出现,但是,推动这一切的出现的,在过去,是间接地借助于基督教;在现在,却可以直接地借助于信仰。

而且,这信仰可以是宗教的,也可以是非宗教的;可以是有神的,也可以是无神的。

总之,可以"无神论",但是,却不可以"无信仰"。

由此,也许我们就可以深刻理解为什么西方哲学家休谟不惜把没有信仰的人比作禽兽,为什么西方思想家托克维尔不惜把没有信仰的人比作奴隶的原因之所在。当然,也就可以深刻理解为什么康德要大声疾呼必须批判知识并为信仰留出地盘的原因之所在。

二、走向无神的信仰:审美应运而生

然而,信仰固然极为重要,但是,它又如何可能?

人类进入信仰的方式,比较常见也比较有效的,当然是宗教。这是为宗教的身心合一的践行方式所决定的,也是为历史所已经证实的。然而,如前所述,进入无神时代,宗教与信仰之间的"强相关"却已经逐渐转换为了"弱相关"(但是,也并不是"不相关")。那么,人类进入信仰的方式何在?毋庸讳言,众多的学人都因此而非常悲观。认为在人类的前面即将来临的,必将是一个"虚无的时代"。然而,正如西方人常说的,上帝在为人类关上一扇门

---

① 汤因比:《历史研究》(上),曹未风译,上海人民出版社1997年版,第160页。

的时候,也必然会为人类打开一扇窗。在人类进入信仰的方式的问题上也是如此。在"有神的信仰"淡出之后,"无神的信仰"也依旧可能。

这是因为,按照以黑格尔为代表的学术界的普遍看法,组成人类的信仰领域的,并不仅仅是宗教,在宗教之外,还有哲学与艺术。这也就是说,在无神时代,要走向无神的信仰,借助于哲学与艺术,无疑也完全可能。

何况,在"无神的信仰"的时代,哲学、艺术与信仰的关系,也已经从"弱相关"转为了"强相关"。

这当然是由于世界的成熟。所谓信仰,是指的对于人类借以安身立命的终极价值的孜孜以求。在信仰的维度,人类面对的是在生活里没有而又必须有的至大、至深、至玄的人类生存的东西。它必须是具备普遍适用性的,即不仅必须适用于部分人,而且必须适用于所有人;也必须是具有普遍永恒性的。它又必须是人类生存中的亟待恪守的东西,是信念之中的信念,也是信念之上的信念,这就是:"人是目的"。在此意义上,信仰之为信仰,也就是对以人作为终极价值的固守,并且以之作为先于一切、高于一切、重于一切也涵盖一切的世界之"本"、价值之"本"、人生之"本"。毫无疑问,如此之信仰,在人类之初,还主要地只能借助于宗教的温床去加以培养,而且最好是借助于一神教的温床,哲学与艺术,暂时还只是一种辅助的推动力量,尽管也必不可少。但是,在人类成年以后,信仰的逐步成熟,已经使得它完全可以被移花接木,被完整地移植到哲学与艺术的温床上去继续培养。

例如哲学。在哲学之中,原本就存在着一种信仰与哲学之间的深刻的内在关联,并且完全能够将从宗教中以"启示"的方式孵化而出的深刻思想转而在哲学的追问中予以发扬光大。例如,中世纪以后,全部的西方哲学,究其根本而言,无非也就是把从基督教的启示真理给予人类的感悟转换为哲学的非启示真理,转换为理性的思考。像康德,他曾经自述自己的哲学所亟待思考的三大问题是:我能认识什么?我应做什么?我希望什么?众所周知,这也就是他的哲学的三大批判的主题。当然,倘若转换为基督教的语言,那也可以说,他所讨论的问题无非是:"上帝(自由)"是无法认识的(《纯粹理性批判》),但是必须去相信"上帝"(自由)的存在(《实践理性批判》),并且希望借助审美直观,让"上帝"(自由)直接呈现出来(《判断力批判》)。

众所周知,对此,雅斯贝斯称之为"哲学信仰"。这是无神的信仰,是有信仰的思想,也是有思想的信仰,但却不是"以哲学代宗教",而是"以哲学促信仰"。当然,这必然意味着哲学本身的内在转型,意味着从追求真理转向追求自由。能够为已经成年的世界做出自己的贡献的哲学应该是净化灵魂、纯化精神的哲学,应该是对于作为绝对者的存在的言说的哲学,也应该是关注灵魂不朽的哲学,以及在自由中呈现存在、守护存在的哲学。

在中国也如此,尽管在中国佛教等诸多宗教都是积极推动了社会进步的,也都是有益于信仰建设的,但是,有鉴于中国的实际情况:尽管宗教感不强,但是却有自己独立的哲学,这无疑与犹太民族就完全不同;同时,中国又宗教与哲学不分,这无疑又与西方的宗教与哲学鲜明二分截然不同。因此,"以哲学促信仰",起码在中国的信仰建构中,就特别切实可行。

其次,就要谈到艺术。

在中国,尽管没有宗教传统,但是却有美学传统。也因此,在信仰的建构中,在中国,艺术的作用、审美的作用就特别突出。

这是因为,与实践活动的通过非我的世界来见证自己因此在非我的世界中也只能见证自己的没有超越必然王国的本质力量、有限的本质力量不同,审美活动亟待完成的,却是见证人类理想的本质力量。而要做到这一点,审美活动亟待去做的,就无疑只能为了见证自我而创造非我的世界——而且,还必须把这个非我的世界就看作自我。换言之,审美活动只能主动地在想象中构造一个外在的对象,并且借此呈现人对世界的全面理解,展示人之为人的理想自我,然后,再加以认领。这样,审美活动就因为在创造一个非我的世界的过程中显示出了自己所禀赋的"人是目的"的全部丰富性而愉悦,同时,也因为在那个自己所创造的非我的世界中体悟到了自己所禀赋的"人是目的"的全部丰富性而愉悦。结果,审美活动因此而成为人之为人的自由的体验,美,则因此而成为人之为人的自由的境界。由此,人之为人的无限之维得以充分敞开,人之为人的终极根据也得以充分敞开,最终,审美活动的全部奥秘也就同样得以充分敞开。

例如,马克思指出:"假定人就是人,而人同世界的关系是一种人的关系,那么你就只能用爱来交换爱,只能用信任来交换信任,等等。"[①]无疑,这也就是审美活动的假定。在审美活动中,必须"假定人就是人",必须从"人就是人""人同世界的关系是一种人的关系""只能用爱来交换爱,只能用信任来交换信任"的角度去看待外在世界,当然,这样一来,也就必然从自己所禀赋的人的意义、人的未来、人的理想、人所向往的一切的角度去看待外在世界。于是,"人是目的"的出场也就势所必然。因为所谓"人是目的",无非也就是"人就是人""人同世界的关系是一种人的关系""只能用爱来交换爱,只能用信任来交换信任",无非也就蕴含着自己所禀赋的人的意义、人的未来、人的理想、人所向往的一切。无疑,这一切也都是审美活动的根本内涵。

因此,审美活动在人类进入信念的方式中,就意义特别重大。

首先,审美活动是对于人类固守"人是目的"的激励。既然人类在审美活动中把自我变成了对象,变成了自己可以看到也可以感觉到的东西,无疑,其中首先就应该是把人类对于"人是目的"的固守变成对象,变成自己可以看到也可以感觉到的东西,并且以之作为自己为之生、为之死的根本目标。其次,审美活动又是人类拒绝固守"人是目的"的鞭策。众所周知,尽管我们期望自己"尽力做到像人那样为人生活",但是,事实上这却毕竟只是理想,现实的状况是:我们偏偏未能固守"人是目的"。正如帕斯卡尔说过:"人既不是天使,又不是禽兽;但不幸就在于想表现为天使的人却表现为禽兽。"[②]确实,人类不但有在精神上站立的光荣,而且也有精神上爬行的耻辱。而审美活动之为审美活动的可贵之处就在于:它不但见证着我们距离在精神上的站立有多近,而且更见证着我们距离在精神上的站立有多远。就后者而言,西方哲学家雅斯贝斯说过:"世界诚然是充满了无辜的毁灭。暗藏的恶作孽看不见摸不着,没有人听见,世上也没有哪个法院了解这些(比如说在城堡的地堡里一个人孤独地被折磨至死)。人们作为烈士死去,却又不

[①] 《马克思恩格斯全集》第 42 卷,人民出版社 1979 年版,112 页。
[②] 帕斯卡尔:《思想录》,何兆武译,商务印书馆 1985 年版,161 页。

成为烈士,只要无人作证,永远不为人所知。"①这个时刻,或许人类再一次体验到了亚当、夏娃的那种一丝不挂的恐惧与耻辱,然而,审美活动却必须去作证。它犹如一面灵魂之镜,让人类在其中看到了自己灵魂的丑陋。

因此,作为人的自我的对象化的感性显现,作为一种以可感的形式使心灵成为对象的生命活动,审美活动指引着生命又发现着生命,确证着生命也提升着生命,享受着生命更丰富着生命……并且,因此而得以塑造着人类的"以人为终极价值"的灵魂,也塑造人类的"人是目的"的最高生命。而这当然也就是信仰之为信仰的实现。

美学家经常迷惑不解:为什么在美感中情感的自我实现能成为其他心理需要的自我实现的核心或替代物呢?为什么在美感中情感需要能够体现各种心理需要呢?为什么美感既不能吃又不能穿更不能用,但人类却把它作为永恒的追求对象? 其实,原因就在这里。有一句著名的广告语声称:人类失去联想,世界将会怎样? 我们更可以说:人类失去审美,世界将会怎样?试想,一旦没有了审美,人类还是人类吗? 显然,缺乏美感,将导致人类精神贫血,也必将是人类精神萎弱的象征。在人类生命进程中,是人类选择了美感,正是在美感中,人类才找到了自己。也因此,审美影响的不是人的生命的存在,而是人的生命的质量。何况,在审美中,人类还意外地发现了平等、自由、正义等价值的更加重要,更加珍贵。于是,人类也就不再可能回过头来重新置身那些低级的和低俗的东西之中。借此,人类被有效地从动物的生命中剥离出来,并且通过重返自由存在来"把肉体的人按到地上",②"来建立自己人类的尊严"。③

反之,莱因在《经验政治学》一书中指出:没有什么可怕的。这话最使人放心,也最令人恐惧。确实,在某些人看来:上帝死了,我们就可以无所不

---

① 雅斯贝斯:《悲剧知识》。转引自刘小枫编:《人类审美困境中的审美精神》,知识出版社1994年版,457页。
② 席勒:《论崇高Ⅱ》,见《席勒散文选》,张玉能译,百花文艺出版社1997年版,第99—103页。
③ 康德:《论优美感和崇高感》,何兆武译,商务印书馆2001年版,第3页。

为！但是,在无神的时代,我们就真的可以无所不为了吗？当然,倘若以为上帝之死就是人类之死,那自然就会无所畏惧。可是倘若知道上帝之死并不是人类之死,而是人类之新生,是人类必须挺身而出地为自己负起应有的责任,那就必然进而知道:人的绝对尊严、绝对权利、绝对选择、绝对责任,都是绝对不可以亵渎,也都是绝对不可以须臾放弃的。孔子说:"君子有三畏,畏天命,畏大人,畏圣人之言。"孟子说:"人不可以无耻","耻之于人大矣！为机变之巧者,无所用耻焉"。中国人也常说:"士可杀不可辱。"这里的"畏""知耻""不可辱",就是人类之为人类的底线,也是人类之为人类的"怕"。康·帕乌斯托夫斯基在著名的《金玫瑰》一书中讲到:他曾为蒲宁的《轻轻的气息》而深深感动,并且赞叹说:"它不是小说,而是启迪,是充满了怕和爱的生活本身。"由此,他宣称,正是通过这篇小说,"我第一次彻底地理解了何谓艺术,以及艺术有多么崇高的、永恒的感染力"。[1] 在审美之中,人类所捍卫的,正是这样的"充满了怕和爱的生活本身",审美的"崇高的、永恒的感染力",也恰恰就在这里。

终其一生,陀思妥耶夫斯基才会念念不忘要培养起自己的"花园":"地上有许多东西我们还是茫然无知的,但幸而上帝还赐予了我们一种宝贵而神秘的感觉,就是我们和另一世界、上天的崇高世界有着血肉的联系,我们的思想和情感的根子就本不是在这里,而是在另外的世界里。哲学家们说,在地上无法理解事物的本质,就是这个缘故。上帝从另外的世界取来种子,播在地上,培育了他的花园,一切可以长成的东西全都长成了,但是长起来的东西是完全依靠和神秘的另一个世界密切相连的感觉而生存的。假使这种感觉在你的心上微弱下去,或者逐渐消灭,那么你心中所长成的一切也将会逐渐灭亡。于是你就会对生活变得冷漠,甚至仇恨。"[2]由上所述,我们不难恍然大悟:这实在是一生都在思考上帝之后人类将何去何从的陀思妥耶

---

[1] 帕乌斯托夫斯基:《金玫瑰》,戴骢译,百花文艺出版社1987年版,第291页。
[2] 陀思妥耶夫斯基:《卡拉马佐夫兄弟》,耿济之译,人民文学出版社1981年版,第479页。

夫斯基作为先知先觉者的睿智。其实,这培养起自己的"花园"也就是培养自己的信仰,陀思妥耶夫斯基所发现的,正是在无神时代进入无神信仰中审美活动所肩负的重大使命。

三、观念转换:从消极的审美到积极的审美

然而,意识到了在无神时代进入无神信仰中审美活动所肩负的重大使命,还不是困惑的结束,而恰恰是一个更为艰难的困惑的开始。

这是因为,我们势必还面临着审美观念的根本转换。

如前所述,中国是一个没有宗教传统的古国,但是又是一个具有美学传统的古国。也因此,一旦意识到在无神时代进入无神信仰中审美活动所肩负的重大使命,众多的学者都立即想当然地认定,这无疑正是中国的优势之所在。早在一百年前,也已经有著名学者喊出了"以美育代宗教"的口号,而且,这口号还迅即在中国风行起来,直到今天。可惜,不要说美育是无法取代宗教的,而只能够与宗教一同去促进信仰,而且,何谓审美?何谓美育?还更是亟待重新思考的。

这是因为,在中国,传统的审美观尽管价值重大,但是,却根本无助于进入信仰。

1918年4月在柏林物理学会举办的麦克斯·普朗克六十岁生日庆祝会上,爱因斯坦曾经做过一个很有哲学意味的判断,他把人们进入科学与艺术的动机区分为:消极的与积极的。消极的动机是"逃避的",他说:"把人们引向艺术和科学的最强烈的动机之一,是要逃避日常生活中令人厌恶的粗俗和使人绝望的沉闷,是要摆脱人们自己反复无常的欲望的桎梏。一个修养有素的人总是渴望逃避个人生活而进入客观知觉和思维的世界。"而积极的动机则是"介入的":"人们总想以最适当的方式来画出一幅简化的和易领悟的世界图像,于是他就试图用他的这种世界体系(cosmos)来代替经验的世界,并来征服它。"[①]

---

① 参见《爱因斯坦文集》第1卷,许良英等编译,商务印书馆1976年版。

显然，这是一个意义重大的美学贡献。

当然，就人类的审美而言，不论是消极的还是积极的，都无疑还有价值也是有意义的。但是，对于进入信仰而言，却唯独积极的审美动机才是有价值的和有意义的。

审美为人类提供的，是一种象征化的神圣体系。按照马斯洛的提示，应该是为人类提供一种"优心态文化"。可是，所谓的"神圣"与"优心态"又并不相同。还存在现实关怀与终极关怀之分。现实关怀，涉及的只是现实目标的实现。与终极关怀相关的"神圣"与"优心态"，按照卡西尔的说法，则"与其说是一种单纯的期望，不如说已变成了人类生活的一个绝对命令。并且这个绝对命令远远超出了人的直接实践需要的范围——在它的最高形式中它超出了人的经验生活的范围。这是人的符号化的未来"。[①] 而且，与现实目标的实现相比，它是"智慧的范围"，而现实目标的实现则是"精明的范围"，它是"绝对命令"，而现实目标的实现则是"远见"；它是预言、允诺，而现实目标的实现则是预告、预示。

换言之，积极的审美与"人是目的"密切相关。这是人类从终极关怀的角度为自身所建构的"神圣"与"优心态"。它不能作为人间天堂，也不能作为现实目标，永远也不能彻底地实现于人生的当下之中，只能存在于遥不可及的未来，只是关注人生痛苦的参照系，意在激发人们对现实的不满，但因此它也就永远地吸引着人走向更美好的未来、更完满的人格。歌德指出："生活在理想世界，也就是要把不可能的东西当作仿佛是可能的东西来对待。"[②] 萨瓦托也认为："人总是艰难地构造那些无法理解的幻想，因为这样，他才能从中得到体现。人所以追求永恒，因为他总得失去；人所以渴望完美，因为他有缺陷；人所以渴望纯洁，因为他易于堕落。"[③] 无疑，这是"只有'人'才独能具有美的理想，像人类尽在他的人格里面那样；他作为睿智，能

---

① 卡西尔：《人论》，甘阳译，上海译文出版社2013年版，第92—93页。
② 转引自卡西尔：《人论》，甘阳译，上海译文出版社2013年版，第92—93页。
③ 萨瓦托：《英雄与坟墓》，申宝楼等译，云南人民出版社1993年版，第59页。

在世界一些事物中独具完满性的理想。"①至于积极的审美,则可以被认为是这一理想的象征性的实现。

遗憾的是,迄至目前,我们还必须说,我们的美学还停留在消极的审美的水平上。从表面看,美学研究的是美、审美与艺术,应该是学界的共识。但是,由于没有意识到现实关怀与终极关怀的根本差异,因而,长期以来都是在审美与人类现实生活之间关系的层面上打转。后来实践美学发现了其中的缺憾,也只是进而把人类现实生活深化为人类实践活动,仅仅避免了审美的成为抽象的意识范畴的隐患,但是,却仍旧没有关注审美的独立价值这一根本问题。把非功利作为审美的核心;视美为实践活动积淀下的"有意味的形式";片面强调"悦耳悦目""悦心悦意""悦志悦神"等为实践活动、道德活动等的"愉悦",作为社会生活的认识或者作为内在情感的传达;把艺术之美降低为工艺之美……总之,是把审美看作现实生活的满足于现实目标的实现。其结果,就是审美成为趣味、成为陶冶、成为宣泄,因此,尽管仍旧可以被称为审美,但是却只是消极的审美,更根本无助于人类的进入信仰。

显然,要进入信仰,就必须从消极的审美转向积极的审美。然而,这也并不容易。因为积极的审美涉及的是精神的世界,犹如三维空间中的存在,消极的审美涉及的是现实的世界,只属于二维平面中的存在。从二维空间向三维空间的过渡,绝对不可能一蹴而就。

为此,目前亟待完成的,是两个根本的美学转换。

首先,是在审美的一般本性的层面:

在这个层面,生命超越是把握审美的一般本性的钥匙。但是,由于维系于客体的人类现实生活与维系于主体的人类精神生活以及现实维度、现实关怀与超越维度、终极关怀始终混淆不分,因此,对于审美活动的认识,往往也就始终停留在"悦耳悦目""悦心悦意""悦志悦神"的为实践活动、道德活动等而"悦"的层面,对于审美活动的本体属性,却始终未能深刻把握。然而,只要从维系于主体的人类精神生活以及终极关怀的层面出发,就不难发

---

① 康德:《判断力批判》上卷,宗白华译,商务印书馆1964年版,第71页。

现,过去每每只注意到审美活动的非功利性,是何等的谬误。而且,由于错误地将审美活动置身于它所不该置身的现实关怀层面,结果,作为审美活动的本体属性的人的自由存在从未进入视野,进入的,仅仅只是作为第二性的角色存在(例如,主体角色的存在),因此,在审美活动中,自由偏偏是缺失的。人是目的,人的终极价值,以及人的不可让渡、不可放弃的绝对尊严、终极意义,也是缺失的。

事实上,置身审美之中的人的存在,只能够是自由的存在。这是因为,从维系于主体的人类精神生活以及终极关怀的层面出发,每个人都不再经过任何中介地与绝对、神圣照面,每个人都是首先与绝对、神圣相关,然后才是与他人相关,每个人都是以自己与绝对、神圣之间的关系作为与他人之间关系的前提,于是,也就顺理成章地导致了人类生命意识的幡然觉醒。人类内在的神性,也就是无限性,第一次被挖掘出来。每个人都是生而自由的,因而每个人自己就是他自己的存在的目的本身,也是从他自身展开自己的生活的,自身就是自己存在的理由或根据;也因此,他只以自身作为自己存在的根据,而不需要任何其他存在者作为自己存在的根据。于是,人也就如同神一样,先天地禀赋了自由的能力。所以,人有(存在于)未来,而动物没有,动物无法存在于未来;人有(存在于)时间,而动物没有,动物无法存在于时间;人有(存在于)历史,动物也没有,动物无法存在于历史;人有(存在于)意识,动物也没有,动物无法存在于意识。这样,人与理想的直接对应使得人不再存在于自然本性,而是存在于超越本性,不再存在于有限,而是存在于无限,不再存在于过去,而是存在于未来。于是,人永远高出于自己,永远是自己所不是而不是自己之所是。

而审美之为审美,也就势必孜孜以求于借助追问自由问题而殊死维护人之为人的不可让渡的无上权利、至尊责任这一唯一前提,人之为人从各种功利角色、功利关系中抽身而出,从关系世界中抽身而出,不再受无数他者的限制,不再是角色中、关系中的自己,而成为自由的自己,无角色、无关系的自己。自由也居于优先的、领先的位置,每一个人也因此而真正获得精神上的自由和灵魂得救的自主权。因此,也就走向了积极的审美,并且以自由作为核心,以守护"自由存在"并追问"自由存在"作为根本追求,以尊重和维护每一个体的自由存在,尊重和维护每一个体的唯一性和绝对性,尊重和维护每一个体的绝对价值、绝对尊严作为自身使命。

其次,是在审美的特殊本性的层面:

在这个层面,意象呈现是把握审美的特殊本性的钥匙。可是,我们的美学却往往只关注到人类的现实生活,也只把审美维系于客体,维系于现实。所谓审美,无非就是现实的形象化、思想的形象化、真理的形象化;所谓美也无非就是现实生活的简单转移、位移,现实生活的反映,是现实的异质同构甚至图解,是符号性存在,也是"观物以取象"的结果,因此,完全可以去透过现象看本质,去直接关注符号背后的意义和内容。由此,进入信仰的自身使命自然也就根本无从谈起。

然而,这仅仅只是消极的审美。倘若从积极的审美出发,一切却完全不同了。因为,此时审美之为审美已经转换为一种意象呈现。这"意象呈现",是意象建构的意思,也就是说,它并不是客体的意义的"再现",也不是主体的情感的"表现",而是客体形象对自由生命的建构。人们都熟知黑格尔把艺术的特殊本性规定为"感性直观的思",而把宗教与哲学两者的特殊本性规定为"超验表象的思""纯粹的思"。可是,何谓"感性直观的思",却始终没有人能够解释清楚。其实,在我看来,就应该是"意象呈现",也就是:外在意象对自由生命的建构。

这意味着,所谓的审美关系,其实完全是一种独立的关系形态,也是自由的存在形态。它把审美维系于主体,维系于精神生活,是由客体形象与自由生命之间所形成的一种关系。在其中,仅仅保留形式自身的与自由生命密切相关的表现性一面,现实生活之所以进入审美,也已经不是与现实生活之间的异质同构,而是与精神生活之间的异质同构。它的反映现实生活,也不是为了达到对于现实的认识,而是为了引发体验,为了表现自由生命,是为精神空间的打造而服务。

换言之,审美的意象呈现,是将人类的精神生活凸显而出,也将人之为人的无限本质和内在神性凸显而出,生命的精神之美、灵魂之美,被从肉体中剥离出来。它是生命的第二自然,也是生命的终极意义、根本意义。于是乎,审美只是人类精神生命的象征与呈现。它是借酒浇愁、借花献佛,也就是借现实生活之"酒"浇精神生活之"愁",或者借现实生活之"花"献精神生活之"佛"。现实生活之所以被引入审美,其实不是因为它的重要,而是因为精神生活的无法言喻。而且,也已经是现实生活的提纯、转换。同样,审美的真正价值也不在于它的认识与反映,而在于它的象征与呈现,在于它对于无法言喻的精神生活的象征与呈现,在于它的借用现实生活去塑造的精神王国。中国美学反复强调的"象外之境""言外之意",其不朽的美学贡献也就在这里。"象外"的"境"、"言外"的"意",强调的就是精神之花、本体性存在,它告诉我们,其中,内容与形式是完全同一的,甚至,内容就是形式,形式也就是内容。或者说,内容已经完全转化为形式。而在形式之外则一无所有。于是,特定的形式,也就成为特定生命的自由表现,成为人类特定精神生活的自由表现。审美的"独立之位置""独立之价值",也就在于:它是通过"象外"的"境"、"言外"的"意"的对于生命的自由表现、对于人类精神生活的自由表现,亦即客体形象对自由生命的表现。这正是审美的奥秘之所在,也是审美与人类的内在关联之所在。审美,因此而成为人类的特殊存在方式。

四、内在生命的"根本转换":审美何以能够走向信仰?

弄清了审美的真实含义,也就不难弄清审美何以能够走向信仰。

事实上,基督教的得以走向信仰,与它所实现的一种内在的生命根本转换有关。西方学者斯特伦指出:"根本转换,是指人们从深陷于一般存在的困扰(罪过、无知等)中,彻底地转变为能够在最深刻的层次上,妥善地处理这些困扰的生活境界。这种驾驭生活的能力使人们体验到一种最可信和最深刻的终极实体。"①这就是说,在基督教看来,"从陷于一般存在的困扰(罪过、无知等)中",往往能够推动当事人进入宗教之门,也就是所谓的天国,或

---

① 斯特伦:《人与神——宗教生活的理解》,金泽等译,上海人民出版社1991年版,第2页。

者说,往往能够推动当事人走向信仰。

无疑,在西方的基督教中所实现的生命的"根本转换"实在是人类生命的"化蛹为蝶",在我看来,它实在是一种神奇。由此起步,宗教才第一次真正得以走向了信仰。

然而,要真正地深刻把握这一神奇,却要从对于基督教自身所实现的从多神教向一神教的深刻转换的这一核心入手。

在基督教之外,世界上的诸多宗教(包括佛教)都是多神教。无疑,多神教的根本缺憾是明显的。多神,意味着在思想的层面还没有能够形成一种统摄一切的力度与高度,这样一来,往往就会形成多种标准、多种力量。其结果,则是现实关怀眼光的形成。首先,多神的相对存在与彼此功能的有限,必然使得宗教自身成为功利的。人与神之间往往会成为一场交易。需要的时候,祭祀之,不需要了,则不祭祀之,或者转而祭祀他神。如此的灵活,一切的原则无疑也就会被置之脑后。其次,多神所形成的世界虽然被号称为有机宇宙,有限的无限,无限的有限,因此而有了希腊所谓的"家园感",形成了希腊的美的宗教、富于人性的宗教以及"爱美的人",也因此而有了中国的"天人合一"与"逍遥游",但是,却也很容易导致人类的牺牲自己,与天地万物为伍。孙悟空的七十二变、庄子的不知道自己是蝴蝶还是人,都曾经被赞美,可是,如果从深层的角度去思考,却不得不说,这无疑会引诱人类忘记自己的本性甚至会去向动物学习。须知,人一旦不能独立存在,就会被命运支配(这就是古希腊命运悲剧的来源)。最后,多神必然导致诸神的权能都十分有限,导致神与神之间的争斗。可是,倘若连诸神自身都难保,那又怎么能够给人类以鼓舞?"人生不如意事常八九",那么,一个更加合乎人性的光辉未来又在哪里?于是,受苦没有了意义,爱,也无法长久。无论受苦还是爱,都要靠个体的人格来支撑。最终,既然诸神都无法给我们一个更加合乎人性的光辉未来,那也就只好向他们去祈求多子、多福、免灾、晋升等等的福利了。

例如,中国人对于"陷于一般存在的困扰(罪过、无知等)"的漠视显然就与多神教背景有关。从现实关怀眼光出发,又怎么能够承认"陷于一般存在的困扰(罪过、无知等)"的存在,更不要说去毅然直面了;同样的,从现实关怀的眼光出发,则一切都要靠个体的人格来支撑,可是,这又如何可能？如此一来,受苦还有什么意义？爱,又如何长久？也因此,要中国人在"陷于一般存在的困扰(罪过、无知等)"之时去为爱转身、为信仰转身,去实现"根本转换"与化蛹为蝶,那全然就是荒诞的天方夜谭!

然而,一神教就截然不同。一神教,意味着一种统摄一切的力度与高度的出现,更意味着终极关怀眼光的出现。

以基督教为例,作为一神教,基督教沿袭犹太教与天主教而来,但是又远为深刻。

犹太教的精髓就在于一神崇拜,它提倡的是唯一神,因此,它才能够将散布各地的犹太人在精神上凝聚起来。"原罪",可以让历经不幸的犹太人能够对自己有个交代,"选民",更是让犹太人的未来有了保障。因此信仰也就成为犹太民族历久弥坚的财富。犹太民族的坚忍不拔、犹太民族的强大凝聚力,都可以从这里得到解释。

基督教的起步也由此开始,不过,却又在此基础上作出根本转换。它坚持了一神教的优点,但是把选民变成了"上帝面前人人平等",这就使得追随者从犹太民族扩展到了所有人,遥遥开启了现代"自由、平等、博爱"的源头。"原罪"也被大大拓展。犹太教也关注原罪,但是却更看重亚伯拉罕与上帝之间的签约。可是,一旦认定自己是上帝的选民,那也就不会热衷于灵魂的问题了,因为只要恪守着那份签约就一定会得救。基督教不同,它关心原罪的清洗,关心赎罪,由此,也就必然会关注灵魂。这样,重要的就不是意在强调罪人这样一个事实,而是要昭示这样一个希望:每个人都有可能重新做人,因此从"千禧年"转向了"救赎说",也从犹太教的祭祀和律法转向了内在的信仰(基督:我喜爱怜悯,不喜欢祭祀),从犹太教的效果论转向了动机论,从犹太教的直观性转向了形而上学(当然,在犹太教的"肉身"之外,希腊唯心主义哲学为基督教提供了"精神")。而且,基督教对于原罪的强调不但改变了个人的身份,而且还改变了人与上帝的关系(基督不再是复国救主而是灵魂救赎者)。不是罪与罚,而是爱与被爱(犹太教是复仇,基督教是爱),成为了更为基本的关系。而且,从无形的圣灵——上帝转向有形的救世主——耶稣,至高无上的信仰也得以肉身化了,从而有了更多的普及空间。

基督教对于天主教的转换也值得关注。

基督教是耶稣基督亲自创立的教会。人所共知,它经历了两次大分裂,一次是1054年东正教与天主教的分裂,另一次就是马丁·路德创立的新教(基督教)与天主教的分裂。就后者来看,简单而言,天主教强调教会、神职人员、圣事等中介的重要作用,但是基督教却强调"因信称义",也就是在蒙恩之外,还可以因信,而且,《圣经》具有最高的权威,信徒可以借此直接与上帝相遇,因此而越过了天主教坚持的教会释经权。

具体来看,作为一神教的基督教所带来的根本转换是:

首先,为爱与信仰找到了出口,走出了神的迷宫。一切都不再是神,不再是一个神的战场、英雄的战场,而成为被上帝所创造的。世界成为受造的世界,并且因此而出新了管理的问题(社会科学)、规律的问题(自然科学)、意义的问题(人文科学)、审美的问题(美学)。由此,上帝成为绝对的、无限的,而不再是相对的、有限的。

其次,人不再是万物中的一分子,而是万物之灵。自然成为一个对象,成为偶然和被造,人则要为其负责,同时,动物也与人区分开来,人可以被拯救,动物却不能。这样,人也就离开世界而成为一个自由的主体,成为上帝的肖像,成为上帝的子孙。上帝也只与人对话,人类因此而获得了解放。更为重要的是,每个人都是作为一个不可替代的个体而去独自面对绝对而唯一的神的,每个人都是首先与唯一的神发生关系,然后才是与他人发生关系,人与神的关系先于人与人的关系,由此,也就有了自由意志的问题。

最后,神成为唯一。一切都只有他才能够做到,而且,一切也只有期待他,倘若他不出手,那也只有继续期待。于是,宗教不再是一场交易,而是一种期待。受苦,因此而有了意义。因为靠上帝去支撑,而且上帝不会忘记回报(工作也因此而成为一件快事)。中国常见的愤世嫉俗、怀才不遇因此也就都不常见到。爱,也因为有上帝的支撑而成为常态。一个更加合乎人性的光辉未来,引领着人生并且成为人生的全部。

与此相应,历史也从有限走向了无限,并被附加了目的、意义与价值。爱因斯坦说过:宇宙中最不可理解的,就是我们可以理解宇宙。这是一个奇迹,这个奇迹的创造者,就是基督教。这样,曾经的历史是循环的,无始无终的,而现在是直线的,也有始有终了。自然,开端意味着理由,理由的出现就是历史的根据。同时,开端也意味着希望。于是从命运到天佑,古希腊的宿命被基督教的希望取代了。最后,进步的观念应运诞生。有著名作家说:生活在别处。其实,历史也在别处。于是,历史不再是帝王将相的历史,而成为人类精神的历史,它是人类从有限走向无限的故事,也是人类从相对走向绝对的故事,总之,是从心路历程走向天路历程、从尘世走向天国的故事。

这样一来,区别于中国文化的自在与逍遥(有缘有故的苦难与有缘有故的爱)的"乐感文化"以及印度的苦难与解脱(无缘无故的苦难与无缘无故的放弃)的"苦感文化",西方文化走向了原罪与救赎(无缘无故的苦难与无缘无故的爱)的"罪感文化"。

而且,在基督教文化的影响下,西方文化起码在三个方面出现了根本的变化:

第一个方面,是强调人应离开自然本能而从精神世界的角度来对自己加以评价,所谓灵与肉,也就是不从"肉"的角度来评价自身,而从"灵"的角度来评价自身;不从自然世界的角度来评价自身,而从精神世界的角度来评价自身。结果,就出现了一种新的阐释世界的模式,这种阐释世界的模式发现了这个社会不但有自然的异己力量,而且社会也在成为一种强大的异己力量。"陷于一般存在的困扰(罪过、无知等)"就是这样形成的。那么,怎样去战胜它呢？西方走向了信仰,也就是走向了从精神上重新界定痛苦的道路。

第二个方面,是把无限提升到了绝对的精神高度。它把古希腊的自然的人变成了基督教的精神的人,这时人就成了一个终极关怀的象征,成了无限性的象征。西方人得以悟出了一个非常重要的道理:人需要先满足超需要,然后才满足需要;人只有实现超生命,才能实现生命。

第三个方面,是强调了在信仰中获得救赎。什么叫在信仰中获得救赎呢？那就是它发现了人的有限性,也发现了人是无法走出"陷于一般存在的困扰(罪过、无知等)"的苦难这一悲剧的。唯一的选择,就是去赌信仰存在,赌上帝存在。也就是靠"赌"的办法去在信仰中获得救赎。"赌",把精神从肉体中剥离了出来,和上帝建立起一种直接的关系。于是,也就赋予了人的精神生命以一种高于世俗秩序的神圣秩序和独立的价值。因此,不论是起初的"信仰后的理解",还是后来的"理解后的信仰",总之是信仰不变,也就是对于精神力量的高扬不变。结果,西方基督教通过对于上帝的信仰而升华了人的存在。使人获得了新的精神生命。

而在这当中,最为关键的是,在基督教中人与人的关系被人与神的关系所取代。人首先要直接对应的是神,至于与他人的对应,则必须要以与神的对应为前提,由此,"陷于一般存在的困扰(罪过、无知等)",对于首先关注人与神的关系的人来说,就没有必要去遮遮掩掩,也没有必要去闭目不视,是什么就是什么,一切都是神的安排。进而,如果人生只有一次,那么,复仇、倾轧,就都是必要的。恶的循环历史也就是必然的。可是,假如人生有无数次呢?那么,不去斤斤计较于一时一地的得失就是再自然不过的,于是,真正的审判也就随之转向了天国。试问,是自己去私立公堂去宣判(这就是中国的"快意恩仇"之类的现世报),还是期待着末日的审判?选择是明显的。何况,因为人与神的关系先于人与人的关系,为爱转身,为信仰转身,不去计较尘世的恩怨,而去倾尽全力地为爱为信仰而奉献,也就被禀赋了深刻的意义。受苦,因此也有了意义,更有了重量。因为在这一切的背后都有上帝在支撑,而且,上帝是不会忘记回报的。于是,我们看到了在《传道书》中所竭力提倡的"敬畏上帝,谨守它的诫命,这是人当尽的本分"。

就是这样,在基督教中,人类才第一次得以在为爱转身,为信仰转身中实现了"根本转换",实现了"化蛹为蝶",人的无限本质和内在神性因此而得以被揭示,精神的人也因此而具有了绝对的意义,人,不再是一个"行者"(例如孙悟空),而成为一个"信者"(例如班扬的《天路历程》、但丁的《神曲》、塞万提斯的《堂吉诃德》、歌德的《浮士德》中的主角),亘古以来的心路历程终于转而成为了天路历程。

而这也就同时让我们洞察到内在的与审美的契合与一致。

这是因为,我们过去在基督教中所看到的人的无限本质和内在神性的被揭示、精神的人的具有了绝对的意义,以及借助对于上帝的信仰而升华了人的存在,并且使人获得了新的精神生命,现在在审美中都完全可以看到。①

在介绍陀思妥耶夫斯基的作品的时候,索洛维约夫曾经说过:"他相信的是人类灵魂的无限力量,这个力量将战胜一切外在的暴力和一切内在的堕落,他在自己的心灵里接受了生命中的全部仇恨,生命的全部重负和卑鄙,并用无限的爱的力量战胜了这一切,陀思妥耶夫斯基在所有作品里预言了这个胜利。"②无疑,这也正是审美的根本奥秘之所在。为人们所熟知的所谓"审美非功利"问题,如果换一个更为准确的说法,应该是所谓的"边缘情境"。这是德国哲学家雅斯贝斯提出来的一种看法。它指的是当一个人面临绝境——无缘无故的绝境的时候的突然觉醒,这个时候,与日常生活之间的对话关系出现了突然的全面的断裂,赖以生存的世界瞬间瓦解,于是,人们第一次睁开眼睛,重新去认识这个自以为熟识的世界。这个时候,生命的真相得以展现。也是这个时候,每个人也才真正成为了自己,真正恍然大悟,真正如梦初醒。用雅斯贝斯的话说,人只是在面临自身无法解答的问题,面临为实现意愿所做努力的全盘失败时,换一句话说,只是在进入边缘情境时,才会恍然大悟,也才会如梦初醒。于是,就毅然转过身去,去面对爱,面对信仰,所谓为爱转身,为信仰转身,全然地把自己的所作所为倾注于对于爱和信仰的奉献。当然,这也就是"根本转换",也就是"化蛹为蝶",更当然就是审美之为审美的关键所在。

而且,从表面上看,审美中的为爱转身、为信仰转身仅仅是洁身自好,其实,却绝对不仅仅如此。这是因为,转身,让我们意外地发现了平等、自由、博爱等价值的更加重要,更加珍贵。这样一来,我们也就不再可能回过头来再次置身那些低级的和低俗的东西之中了。我们被有效地从动物的生命中

---

① 注意,多神教的宗教(例如佛教)也不是不存在与审美的内在一致,但是却主要是与"悦耳悦目""悦心悦意""悦志悦神"的"愉悦"一致,与"趣味的满足"一致,也就是与消极的审美一致。

② 索洛维约夫:《神人类讲座》,张百春译,华夏出版社 2000 年版,第 213 页。

剥离出来。须知,为人们所熟知的从希腊美学开始的对于人类精神生命的悲剧"净化"说,道理就在这里。

也因此,审美中的为爱转身、为信仰转身不在于制造奇迹,而在于让人类感受到美好的未来的存在,美好的未来的注视,美好的未来的陪伴。为爱转身、为信仰转身,不是要证明那些看见的人生,而是要证明那些看不见的人生。而当一个人把人生的目标提高到自身的现实本性之上,当一个人不再为现实的苦难而是为人类的终极目标而受难、而追求、而生活,他也就进入了一种真正的人的生活。此时此刻,他已经神奇地把自己塑造成为一个真正的人,并且发现:人就是人自己塑造的东西,为了这一切,人必须从自己的终极目标走向自己。

于是,我们过去在基督教中所看到的人的无限本质和内在神性的被揭示、精神的人的具有了绝对的意义,以及借助对于上帝的信仰而升华了人的存在,并且使人获得了新的精神生命,现在,在审美中也都完全可以看到。

也因此,在无神的时代,要实现无神的信仰,借助于审美,也就完全可能的。

当然,这也并非易事。正如黑格尔所强调的:"关于精神的知识是最具体的,因而是最高的和最难的。"[1]

而且,"也许这种不协调的现象也需要更长的时间才能解决,而且我们也无法预料将以什么形式来解决。"鲍桑葵说,"但是,尽管有这一切不利的条件,人现在却是比过去任何时候都更加是人了,他必将能够找到满足对于美的迫切需要的方法。"[2]

也因此,无论如何,置身无神时代,审美,都必将是我们的到信仰之路的第一步,也必将是我们的到信仰之路的最为重要的一步!

(原载《东南学术》2017年第1期)

---

[1] 黑格尔:《精神哲学》,杨祖陶译,人民出版社2006年版,第1页。
[2] 鲍桑葵:《美学史》,张今译,商务印书馆1985年版,第598页。

附录八 "美在境界""境界本体"究竟是何时提出的?

美学争论,从来就是美学进步的关键所在。有人认为,重要的是具体问题的研究,而不是美学争论。这无疑是值得商榷的。以盖房子为例,修下水道、建客厅、设计后花园……固然都很重要,但是,假如连什么是"房子"都不知道,却也是根本没有办法盖房子的。这,其实也就是美学争论的重要性。古今中外的美学史都以美学争论中出现的诸家学说来作为主体,并且也以此去衡量不同学者在学术史上的贡献之大小,道理就在这里。

关于生命美学,我的基本思考,可以称之为"情本境界生命论"。只是,因为我的美学思考一直都是相对于李泽厚先生的美学思考而存在,所以,从1985年开始,在将近四十年的时间里,相对于李泽厚先生的"主体性实践哲学",我始终就把我的哲学思考称为"情本境界论生命哲学"(或者"情本境界生命论哲学");相对于李泽厚先生的"实践美学",我始终也把我的美学思考称为"生命美学"(其实应该称之为"情本境界论生命美学",或者"情本境界生命论美学")。

当然,这也就是我始终没有在我提出的"生命美学"前面冠以"情本境界论"也没有直接称之为"境界本体生命论美学"而只是径直称之为"生命美学"的原因。

而且,我多次说过,与西方的生命美学不同,在我所提倡的生命美学看来,哲学以及美学,都应以提升生命的境界为核心,所谓"成人之美",因此,应该是"安身立命"之学。其中,哲学之为哲学,是对于人类以情为本的生命境界的反思;美学之为美学,则是对于人类以情为本体的审美生命境界的反思。

具体来说,我所提倡的生命美学有三个关键词:生命视界、情感为本、境界取向。

生命视界——

在1985年,在《美学何处去》(《美与当代人》1985年第1期)一文中,我就已经开始"呼唤着既能使人思、使人可信而又能使人爱的美学,呼唤着真正意义上的,面向整个人生的,同人的自由、生命密切联系的美学"。并且指出:"真正的美学应该是光明正大的人的美学、生命的美学。"美学应该爆发一场真正的"哥白尼式的革命",应该进行一场彻底的"人本学还原",应该向人的生命活动还原,向感性还原,从而赋予美学以人类学的意义。"美学有其自身深刻的思路和广阔的视野。它远远不是一个艺术文化的问题,而是一个审美文化的问题,一个'生命的自由表现'的问题。"

情感为本——

在黄河文艺出版社1989年出版的《众妙之门——中国美感心态的深层结构》中,我已经明确提出:情感"不但提供一种'体验—动机'状态,而且暗示着对事物的'认识—理解'等内隐的行为反应"。过去大多存在一种误解,认为它只是思想认识过程中的一种副现象,这是失之偏颇的。(第72页)"不论从人类集体发生学和个体发生学的角度看,'情感—理智'的纵式框架都是'理智—情感'横式框架的母结构。"(第73页)

境界取向——

还是在1989年,在《众妙之门——中国美感心态的深层结构》中,我已经明确提出:"因此,美便似乎不是自由的形式,不是自由的和谐,不是自由的创造,也不是自由的象征,而是自由的境界。"

无疑,关于"生命视界、情感为本",显然易见,在当代美学的历程中,应该以生命美学的提出为最早。

"境界取向",可能会有些误解。因为国内后来提倡"境界美学"的学者又陆续出现了几位。

不过,我却仍旧要说,"境界取向",还是生命美学提出得最早。

具体来说,从1985年开始,将西方的存在主义—现象学思想与中国传统美学的境界说融会贯通,就是我始终如一的美学追求。也因此,我也从1985年以来就一直都在关注"美在境界"乃至"境界本体"的问题。

而且,口说无凭,这一切,都可以以文章的发表的时间作为证明。

我最早提出"美在境界"与"境界本体",是在1989年:

在《众妙之门——中国美感心态的深层结构》中,我已经明确提出:"因此,美便似乎不是自由的形式,不是自由的和谐,不是自由的创造,也不是自由的象征,而是自由的境界。它不是主体的也不是客体的,不是主观的也不是客观的,而是全面的和最高的主体性对象。它不是与人类的生存漠不相关的东西,而是人类安身立命的根据,是人类生命的自救,是人类自由的谢恩。至于审美,则是对于自由的境界的直接领悟。"(第3页)

熟悉当代中国美学的学人都知道,这里的"美是自由的形式"是李泽厚先生提出的,"美是自由的和谐"是周来祥先生提出的,"美是自由的创造"是蒋孔阳先生提出的,"美是自由的象征"是高尔泰先生提出的,至于我的看法,在1989年就已经很明确,而且也始终没有改变过:美是自由的境界。

同时,在该书里我还多次提及——

审美活动"为人们展示出与现实世界截然相反的自由境界、意义境界"。(第4页)

"正是孔子率先在审美中领悟到了自由的境界"。(第4页)

"审美活动所直接领悟到的自由境界在中国人的心目中始终是最高境界。"(第4页)

不过,在此前后,关于境界,我已经多次探讨过。例如,在1991年,我指出:要关注"中国美学学科的境界形态,所谓境界形态是相对于西方美学的实体形态而言的"。(《中国美学的学科形态》,《宝鸡文理学院学报》1991年第4期)

而在1985年,我在《从"意境"到"趣味"》(《文艺研究》1985年第1期)中已经论述了"意境"说在中国古典美学中的从"和"—"意境"—"趣味"的演进历程;在1988年,我在《王国维"意境"说与中国古典美学》(《中州学刊》1988年第1期)中又论述了王国维"意境"说与中国古典美学的区别,以及所禀赋的"新的眼光"。同样在1988年,我在《游心太玄》中还指出了作为审美快乐的(逍遥)"游"是"一种最高的趋于极致的审美境界","一种人的最高自觉和人的价值的最完美的实现,一种人生的最高境界"。(《游心太玄》,载《文艺

研究》1988年第1期)

随后,在1991年,我在《生命美学》(河南人民出版社)一书中更是已经开始系统而且深入地讨论"境界本体"的问题了。在《生命美学》中,有专门一节,题目就叫作"美是自由的境界"(参见该书第188—209页)。并且指出:自由境界是"一种本体意义上的形式"(第199页),是"人之为人的根基,是人之生命的依据,是灵魂的归依之地"(第191页)。

两年后,1993年,我在《中国美学精神》(江苏人民出版社)一书里明确提出了"境界美学"的概念,并且又集中讨论了中国美学所追求的自由境界,更集中探讨了西方存在主义—现象学美学与中国传统美学的"境界说"的融会贯通。例如:《海德格尔的"存在"与中国美学的"道"》《海德格尔的"真理"与中国美学的"真"》。进而,在第四章的"言—象—意—道"一节,还专门考察了"境界"中的"意象"与"意境"的区别。

而在1997年出版的《诗与思的对话——审美活动的本体论内涵及其现代阐释》(上海三联书店)中,我更是全书都以"境界本体"作为"审美活动的本体论内涵"——其实也就是审美本体的内涵的。并且,在该书的第241—256页,我并且再一次专门论述了"美是自由的境界"这一基本看法。

具体来说,从1989年到1997年,将近十年的时间,我在《众妙之门》《美的冲突》《生命美学》《中国美学精神》《诗与思的对话——审美活动的本体论内涵及其现代阐释》这几本专著里,已经反复论证过——

就美的本体而言,应当是:美在境界。

美在境界涉及的是"美的根源,亦即美从根本上是如何可能的"这一"根本层面"。

美涉及的是"人类的自由的生命世界。或者说,是人类从梦寐以求的自由理想出发,为自身所主动设定、主动建构起来的某种意义境界、价值境界"。

美是自由的境界,是"人的自由本性的实现""人的一种自由本性的敞开"。

"自由的境界","是人的最高生命世界,是人的最为内在的生命灵性,是人的真正留居之地,是充满爱、充满理解、充满理想的领域,是人之为人的根基,是人之生命的依据,是灵魂的归依之地。"

"自由的境界","内在于人又超越于人。它不是一面机械反映外在世界的镜子,不是一部按照逻辑顺序去行动的机器,更不是一种与人类生存漠不相关的东西,而是人类安身立命的根据,是人类生命的自救,是人类自由的谢恩。它'为天地立心,为生民立命',为人类展现出与现实世界截然相异的一片生命之岛;它为晦暗不明的现实世界提供阳光,使其怡然澄明;它是使生命成为可能的强劲手段,是使人生亮光朗照的潜在诱因,是使世界敞开的伟大动力;是一种人类精神上的难以安分的诱惑,诱惑着人们在追求中实现自己的自由本性——哪怕只是在理想的瞬间得以实现。如果我们不理解这诱惑、这追求,我们也就不可能理解人、理解自由境界。"

自由境界区别于物理世界、精神世界。

自由境界涉及的是第三性质的世界,所谓"世界3"。

自由境界只涉及外在世界的形式,自由境界只涉及生命的形式,作为自由境界只涉及自由的生命的形式。

同时,我在这几本书里还从"美之为美"和"美怎么样"的层面具体剖析了作为本体存在的境界的方方面面。例如,就以"美怎么样"而论,就剖析了美作为境界本体的生成层面、类型层面、历史维度层面、组合结构层面,以及主客体角度、内容角度、内涵角度……等等

....

而且,我要强调,以上所列举的都是1989年到1997年的例子。其实,1997年以后,我对于"美在境界""境界本体"的研究更十分频繁、十分细致、十分认真。

当然,在生命美学之外,国内在美学领域论及"美在境界""境界本体"者还有几位学者(例如张世英、陈望衡)。不过,他们提出"美在境界""境界本体"的时间,即便是最早的,也已经是在1995年以后。张世英是从1995年开始,陈望衡则是从1999年起步。

当然,关于"美在境界""境界本体",更远的,还可以追寻到王国维、宗白

华等先生们的有关思考。不过,他们的思考毕竟不是在直接为美下定义,也不是关于"美在境界""境界本体"的正面论述。因此,是"远因",但却不是"近因"。

生命美学要追寻的,是直接为美下定义,也是关于"美在境界""境界本体"的正面论述。因此,说"美在境界""境界本体"的提出是从生命美学开始的,应该是经得起历史考验的。也因此,每当我偶尔看到有学者自诩创立了"境界本体论美学"的新说甚至新学派的时候,就往往一方面为之而欣喜,一方面也特别希望他能够提及一下我在这个方面的"首创"与"独创"的工作,毕竟,要创立"境界本体论美学"的新说甚至新学派,关于"美在境界""境界本体"的思考总是应该完全或者主要由自己"首创"与"独创"。否则,这个"境界本体论美学"的新说甚至新学派无疑很难经受得起历史的考验。

以上是我关于国内美学界关于"美在境界""境界本体"的提出的点滴回忆。国内美学界对于"美在境界""境界本体"的探索还有没有比生命美学的探索(1989年)在时间上更早的?或者有没有在广度上有所拓展、深度上更为深入的?或许还有?

为此,我曾经在不同场合公开提出过这个问题,也很希望各位当代美学的亲历者帮助我寻找答案。

毕竟,离开了真正的历史事实,离开了对于"首创"与"独创"的辨析,不仅仅是中国当代美学,也不仅仅是美学史,即便是任何的历史研究的成果,也都是没有意义的。

2019年8月21日,南京,卧龙湖明庐

附录九 生命美学:从"新时期"到"新时代"
——纪念改革开放四十周年

一、回顾过去:新时期的生命美学

2018年,中国走过了改革开放新时期的第四个十年,也是中国进入改革开放新时代的第一个十年的开端。

令人欣慰的是,中国的生命美学也同样走过了中国改革开放新时期的第四个十年,也正在走进一个全新的改革开放的新时代。

中国的生命美学诞生于1985年。就在1985年第1期的《美与当代人》(后易名为《美与时代》)上,我发表了生命美学的奠基之作:《美学何处去》。那一年,我二十八岁,像我们的改革开放的新时期一样年轻,一样朝气蓬勃。然而,在当时无论如何也无法想象到的是,在三十三年后的今天,中国的生命美学已经从无到有,俨然已经成为当代中国美学研究中的一道靓丽的景观。据四川文理学院范藻教授登录国家图书馆查询,三十多年来,生命美学在国内已经得到美学界众多学者的坚定支持,而且还得到了诸如古代文学研究的大家陈伯海先生、哲学研究的大家俞吾金先生等一些美学界之外的著名专家的鼎力相助。迄今为止,围绕着生命美学,国内已经出版了58本书,发表了2200篇论文(2014年林早副教授在《学术月刊》也曾经撰文做过类似的介绍),对比一下实践美学的29本书、3300篇论文,实践存在论的8本书和450篇论文,新实践美学的8本书、450篇论文,和谐美学的12本书、1900篇论文,应该说,这是生命美学的一个不错的成绩。当然,也许正是因此,后来范藻教授又为此而专门撰文,将生命美学称为"崛起的美学新学派",文章载于2016年3月14日《中国社会科学报》。

当然,中国的生命美学的诞生也并非偶然,更绝非个别学者的心血来潮,而是我们国家改革开放新时期的产物。事实上,中国的改革开放新时期的四十年,也恰恰就是中国的生命美学的四十年。四十年里,生命美学披荆斩棘,艰难前行,固然离不开美学界众多学者的共同努力,但是,没有人能够否认,拜改革开放新时期所赐,才是生命美学四十年来一路迤逦前行、不断茁壮成长的根本原因之所在。没有改革开放的新时期,就没有生命美学的问世。生命美学是改革开放新时期四十年的产物,同时,也是改革开放新时期四十年的见证。

具体来说,没有四十年改革开放新时期的思想解放、"冲破牢笼",就没有生命美学。

改革开放新时期的四十年,首先就是源于思想解放,突破陈规。正是当年那场缘起于南京大学的思想解放的大讨论催生了我们国家的改革开放。自由的思想一旦被桎梏在"牢笼"之中,就一定是一个僵化、保守的时代的到来,想象力就会萎缩,创造力更会蜕化,"万马齐暗究可哀"的沉闷局面也是必然的。也因此,改革开放新时期的四十年,思想解放与改革开放,应该是一条清晰可见的生命线、主旋律。改革开放新时期的四十年,也就是思想解放的历史。没有各种观念激烈冲撞、各种思想的深刻嬗变,新时期整整四十年的大思路、大决策、大提速,都是无法想象的。

对于生命美学而言,自然也是这样。区别于中国美学的另一大亮丽景观——实践美学的诞生于上个世纪的五六十年代,鼎盛于八九十年代,中国的生命美学完完全全就是改革开放新时期的产物。遥想当年,思想解放的滚滚春潮,激励着一代学人意气风发、锐意创新。作为一个二十八岁的青年,我躬逢其盛,沐浴着改革开放新时期的春风雨露,也在这个思想创新的新时期成长起来。当时,邓小平"摸着石头过河""大胆试,大胆闯"的呼唤激励着所有的国人,也激励着所有的美学学者,更激励着我这个年轻的学人。这就正如《国际歌》里所唱到的"冲破牢笼",确实,思想解放就是要"冲破牢笼"。也因此,尽管在改革开放新时期之初,美学思想的桎梏是比较严重的,"打棍子,戴帽子,抓辫子"的做法也时有所见,要冲破思想的"牢笼",也确实并非易事。何况,在创新与探索的道路上,还不但要与他人的落后观念作斗争,而且要与自身的落后观念作斗争,不但要否定他人,而且更要否定自己,犹如破茧化蝶,进步恰恰与痛苦同在。值得庆幸的是,生命美学没有辜负这个新时期,也没有愧对这个新时期。

同时,没有四十年改革开放新时期的思想解放、百家争鸣,同样就没有生命美学。

思想解放,是学术发展的沧桑正道;学术争鸣,则是学术发展的"最大红利"之所在。没有学术争鸣,就没有不同学说的竞争,没有学术本身的分化、整合、裂变与更新。纵观古今中外,学术争鸣最生机勃勃、最剑拔弩张的时期,必然也就是学术思想进展最为深入、最为充分的时期,学术巨匠"群星闪耀"的时期。西方的古希腊、中国的春秋战国,无不如是。而且,特别需要指出的是,这里的百家争鸣并不同于当下的不疼不痒的"学术商榷"。它所涉及的方方面面,不论是范围之广还是程度之深,都是前所未有的。其中最为可贵的,则是得以从深层次、建设性的角度来高屋建瓴地展开论辩,也得以从学说体系入手进行全新的大胆创新。也正是在这个意义上,我们今天才会感慨万端地赞美那个我们共同起步的新时期是"人文社会科学发展的春天"。

美学领域也是如此。中国的生命美学的诞生、发展与繁荣,都是出之于形成各种学说多向互动的竞争格局的改革开放的新时期。在这个竞争格局里,每个学者都勇于提出自己的学术见解,也勇于质疑他人的学术见解,当然,同时所有人都还异常珍惜每个人所应有的自我辩护的自由。不同学术观点、学术流派,都能够去彼此相互了解、相互切磋、相互学习、取长补短。在这方面,熟悉中国美学研究的现状的人都知道,在上个世纪的80年代,中国全然已经是实践美学的一统天下。但是,当我以一个初出茅庐的年轻学人的身份对之提出质疑的时候,实践美学的代表李泽厚先生却丝毫不以为忤。1991年,我把拙作《生命美学》寄给他指正的时候,他立即回信,给我以鼓励,而且,还提出可以开一个学术讨论会,他愿意亲自与会。实践美学另外一个代表人物蒋孔阳先生也是这样。上个世纪90年代,我在给蒋孔阳先生的信中提及自己对于实践美学的疑惑以及自己对于实践美学的批评的时候,他立即给我回信。在信中,他写道:"来信收到,甚为高兴!我也曾听说过,你写了评'美是人的本质力量对象化'的文章,我认为很好。学术上谁也不应称霸,应当有自由的争鸣空气。不能只让我说,不让他说。争鸣空气愈是激烈,议论愈是××(信件字迹看不清楚),学术就愈是繁荣。不然,只是一家独鸣,大家喊万岁,那还有什么学术?"只要想一想当时我还只有三十多岁,初生牛犊,而蒋孔阳先生早已名动天下。而且,我还是在批评实践美学,那么,立刻就会知道,蒋孔阳先生的信写下的其实不是他一个人的心声,而是改革开放新时期的心声。显然,完美无缺的绝对真理是不存在的,神圣至尊的垄断地位也是不存在的,唯一存在的,就是对真理的不懈探索。这无疑已经成为新时期的共识,而且也已经成为学术争鸣中必须恪守"我不同意你的观点,但誓死捍卫你发言的权利"的学术底线的根本原因。

最后,没有四十年改革开放新时期的思想解放、团结奋进,同样也就没有生命美学。

思想解放,是再造学术辉煌的生命线,学者之间的鼎力相助,则是学术进步的内在动力。《第二十二条军规》的作者海勒在《上帝知道》中曾经感叹:"人怎能独自温暖?"其实,在学术研究的道路上,也同样不能"独自温暖"。值得庆幸的是,思想解放的新时期,给生命美学提供了"相濡以沫"的最佳空间。同样是根据范藻教授等学者的统计,三十三年来,潘知常、封孝伦、范藻、黎启全、朱良志、宋耀良、姚全兴、成复旺、司有伦、钱志熙、刘成纪、刘承华、雷体沛、周殿富、陈德礼、王晓华、萧湛、韩世纪、王庆杰、刘伟、王凯、文洁华、叶澜、熊芳芳等众多的专家、学者,都曾经有关于生命美学的论著问世(发表过关于生命美学的论文的就更多了)。《光明日报》《学术月刊》《贵州大学学报》《四川文理学院学报》和《美与时代》也都曾开辟过"生命美学研究专栏",刘再复、劳成万、阎国忠、周来祥、陈望衡、王世德、姚文放、杜卫、张节末、吴风、李西建、丁枫、宋蒙、邹其昌、郭永健、章辉等美学专家,也都热情撰文,对生命美学予以鼓励。

例如,早在1991年潘知常的《生命美学》出版以后,著名美学家劳承万教授(湛江师范学院前中文系主任)就在《社会科学家》1994年第5期发表了名为《当代美学起航的信号》的文章,预言说:生命美学"是当代中国美学起航的信号"。同时,阎国忠先生(北京大学教授、博导)在《文艺研究》1994年第1期《第四届全国美学会议综述》中曾说:"生命美学的出现对于超越建国之后先后占据主导地位的认识论美学与实践美学的'自身局限'有积极意义。"

继而,阎国忠先生也在他的《走出古典——中国当代美学论争述评》一书中指出:"潘知常的生命美学坚实地奠定在生命本体论的基础上,全部立论都是围绕审美是一种最高的生命活动这一命题展开的,因此保持理论自身的一贯性与严整性。比较实践美学,它更有资格被称为一个逻辑体系。"又说:上个世纪的 90 年代初,当代美学从实践美学时期向后实践美学时期转换。后实践美学时期"比较重要和产生较大影响的是出现了……'生命美学'……等等。美学于此脱出了实践美学的'襁褓',而呈现出更加开放的态势"。"事实上,实践美学确实遇到不少问题,这一点不仅李泽厚意识到了,其他许多学者也感到了,正是这个缘故,所以……'生命美学'……等等先后问世,美学确实……开始脱离了'实践美学'的襁褓,跨入了新的探索时期。"因此,实践美学"即将成为过去的风景","它作为一种美学思考,无疑已经过去了。但是它的生命已注入进美学的肌体中,成为它不可缺少的一个部分。它本身虽然没有超出古典美学的范围,但是它却培育了超出古典美学的若干现代因素,从而使我国美学迅速地跨进到 20 世纪及 21 世纪成为可能。所谓……生命美学……的提出,或许可以作为一种例证。"①

一年后,阎国忠先生又在《文艺研究》1997 年第 1 期(又载人大《美学》复印资料 1997 年第 3 期)发表了名为《评实践美学与生命美学的论争》的长篇论文。他认为:实践美学与生命美学的论争"虽然也涉及哲学基础方面的问题,但主要是围绕美学自身问题展开的,是真正的美学论争,因此,这场论争同时将标志着中国(现代)美学学科的完全确立"。

然后,在两年以后,阎国忠先生又在《美学百年·序》(载《中华读书报》1999 年 10 月 13 日)中说:"中国需要美学,而且百年来已建构和发展了自己的美学。从王国维的以'境界'为核心概念的美学,到宗白华、朱光潜、吕荧等的以美感态度或美感经验为核心概念的美学,蔡仪的以典型为核心概念

---

① 阎国忠:《走出古典——中国当代美学论争述评》,安徽教育出版社 1996 年版,第 410、466、410 页。

的美学,到李泽厚、蒋孔阳等的以'实践'为基础概念的美学,再到周来祥的以'和谐'为核心概念的美学以及另一些人主张的以'生命'或'存在'为基础概念的美学,中国至少已形成了六七种模式,且各有其独特贡献。"

对于生命美学,著名美学家周来祥先生(山东大学教授、博导)的看法也十分类似。他在《光明日报》1997年2月12日撰文称:"实践美学应为自由美学,后实践美学应为生命美学……"随后,他又在《新中国美学50年》(载《文史哲》2000年第4期)中说:"随着朱光潜、蔡仪、吕荧等老一辈的相继去世,随着美学探讨的发展,美坛上也由老四派发展为自由说、和谐说、生命美学说等新三派。"对此,倘若我们参照一下由今日中国哲学编辑委员会主编的《今日中国哲学》,不难发现,对改革开放以来的中国美学,该书也同样是选编了三种不同的美学观点,即美是和谐说、美是自由说、美是生命说。(参见《今日中国哲学》,广西人民出版社1996年版,第339、702页)。并且指出:"……当然对美的本质还有一些不同的见解,但当今美坛主要的有这三大派别,大概已逐步趋于共识。"

二、后美学时代的审美哲学

在中国的四十年改革开放新时期中,生命美学的贡献首先是在于:关于美学学科本身的反省与思考。[①]

"美学终结",是改革开放新时期四十年中美学学科建设所邂逅的巨大困惑。在经历了80年代的短暂的蜜月期之后,"美学热"就迅即沦落为"美

[①] 三十多年来,国内关于生命美学的研究成果很多,这里,仅我本人的研究来看,除了文章中屡屡提及的《生命美学》(河南人民出版社1991年版)之外,还有《关于审美活动的本体论内涵》(载《文艺研究》1997年第1期)、《诗与思的对话——审美活动的本体论内涵及其现代阐释》(上海三联书店1997年版)、《生命美学论稿》(郑州大学出版社2001年版)、《传媒批判理论》(新华出版社2002年版,该书详细梳理了西方法兰克福学派,等等)、《新意识形态与中国传媒》(香港银河出版社2001年版,该书是我本人的从法兰克福学派美学出发的文化批评、美学批评文集)、《没有美万万不能——美学导论》(人民出版社2012年版)、《头顶的星空——关于美学与终极关怀》(广西师范大学出版社2016年版、2017年版)、《信仰困局中的审美救赎》(人民出版社2017年版),等等,可以参看。

学冷",在疯狂的迷恋之后,美学学者吃惊地发现:美学,仅仅是德国古典哲学结下的一个怪胎。美学竟然成为二级学科,其实也只是在中国特有的一道风景。于是,人们开始一哄而散,留守的美学学者则争相开始了美学的大逃亡:美学转向艺术哲学,美学转向文化研究,美学转向生活美学,美学转向生态美学……如此等等。然而,生命美学却从未加入这美学的大逃亡,而是从自身诞生之初就为美学学科本身的正确定位贡献了自己的智慧,提供了自己的思考。

在生命美学看来,作为德国古典哲学结下的一个怪胎,美学之为美学,确实是有待我们去对于它的学科定位予以深刻反省,并且作出自己的深刻思考;但是,我们又必须看到:近现代以来,中西方思想家又毫无例外地都在共同关注着审美的问题,所谓的19世纪,也因此而可以被称为"审美的世纪",所以,其中的审美取向,无疑也是必须给予高度重视的。这样来看,正确的解释或许应该是:绝非审美的问题并不重要,而是现行的美学学科无法成功地予以应对。这样,一走了之,实施美学的大逃亡,其结果,无非是在离开美学的同时也离开对于审美的问题的必要的关注,无疑,这并非问题的正确解决。

换言之,"美学终结",其实只是传统的知识论思路的终结。美学之为美学,恰恰正是传统的知识论思路的结晶,意味着从传统的知识论思路出发的对于审美问题的思考。众所周知,"美是什么",就是它的典型追问方式。也因此,"美学终结",当然并不意味着人类的对于审美问题的思考的终结,而只是意味着爱智慧的美学被终结、爱智的美学追求也被终结。但是,人类的对于审美问题的思考却并未被终结,而只是重新开始。这就是说,"美学终结",还恰恰意味着对于传统的知识论的美学范式的种种前提的深刻反省并对之加以质疑和批判,从而使得其中的那些传统知识论美学未思的领域得以全然敞开,最终,"嘲弄美学""终结美学",也就成为最终达到真正的"思",最终成功地担负起"美拯救人类"这一时代重负的起步。因此,在"美学终结"的背后,隐现的恰恰应该是:对于被长期遮蔽了的审美问题的真正追问的真诚期待。

这样来看,所谓的"美学终结",其实也仍旧是在坚持一种关于审美的思考。而且也必然是有其具体的针对性的——必然只是针对过去的对于审美问题的种种非审美的理解。

具体来看,对于审美问题的思考有其不可或缺的生命前提,可是传统的爱智慧的美学恰恰丢失了这一生命前提,因此,传统的美学的陷入困境无疑也就是必然的。这样,对于"美学终结"的反省也就并非简单地抛弃美学就可以奏效,更并非转而去研究艺术、文化、生活、生态……就可以奏效。因为如此一来,其中至关重要的对于审美问题的关注也就同时被抛弃了。其实,在这里,首先涉及到的,就是从知识论出发与从生命论出发的对于美学学科本身的不同的思考与反省。在生命美学之前,国内关注的都是"何为美学""什么是美学",都是把美学当成了一个现成的东西,没有异议,也没有分歧,并且往往都会略过对于美学学科本身亦即"美学问题"的反思,而去直接把注意力集中在美学的具体问题亦即"美学的问题"的研究上,这就正如马克思所批评的:"这些新出现的批判家中甚至没有一个人想对黑格尔体系进行全面的批判,尽管他们每一个人都断言自己已超出了黑格尔的哲学。"①美学界对于知识论传统的对于美学学科的定位也从未想到要"进行全面的批判"。但是,生命美学率先提出而且始终坚持"重要的不是美学的问题,而是美学问题",重要的不是美学思考中的"集中意识",而是"支援意识",也率先提出而且始终提醒:美学研究亟待从对于美学学科本身的规定性开始反省,因为,重要的不是"何为美学""什么是美学",而是"美学何为""人类为什么需要美学"。亦即:美学学科的对于人类的意义。② 亦即:"何为美学"是由美学对于人类的意义也就是"美学何为"来决定的。由此,关于"美学终结",生命美学自然也就始终看法不同。

---

① 《马克思恩格斯全集》第3卷,人民出版社1960年版,第21页。
② 参见潘知常《生命美学》(河南人民出版社1991年版)的前言"生命活动:美学的现代视界"、《诗与思的对话——审美活动的本体论内涵及其现代阐释》(上海三联书店1997年版)的前言"美学何为",以及《重要的不是美学的问题,而是美学问题》(《学术月刊》2014年第9期)。

进而,在生命美学看来,"美学终结"其实仅仅是"美的形而上学"(美学)与"艺术形而上学"(艺术哲学)已经不复存在。现在确实已经难以孤立地谈论美、谈论艺术,因为这其实都是以一个外在于人的对象作为研究对象,因而都是以人类自身的生命活动的遮蔽和消解为代价,都是以理解物的方式去理解审美、以与物对话的方式去与审美对话。当然,这一切也并不就意味着美与艺术从此都不再值得去加以研究,更不意味着与此相应的学科从此也不再存在。应运而生的,恰恰是可以从审美出发去谈美与艺术。"美",在"审美"中才成为可能;"艺术",也只有在审美中作为审美对象,才成为可能。也正是出于这样一个原因,所以在1991年,生命美学就指出:"作为人类最高生命存在方式的审美活动"才是最为根本的,至于"为某些美学家所津津乐道的美、审美、审美关系或艺术,则不过是生命活动的外化、内化、凝固或二级转化。"①因此,生命美学"不追问美和美感如何可能,不追问审美主体和客体如何可能,也不追问审美关系和艺术如何可能,而去追问作为人类最高生命存在方式的审美活动如何可能"。②

而这也就是说,尽管对于"美"的研究已经没有必要,而且也已经成为了一个"假问题",但是,对于"审美"的研究却仍旧必要,而且还是一个"真问题"。只是,对于"审美"的研究无法再由"美学"来完成,因为它是奠基于传统的知识论思路之上的。能够胜任这一研究的,只能是:审美学。

令人欣慰的是,审美学,也恰恰正是生命美学多年以来矢志不移的美学追求。

众所周知,生命美学多年以来矢志不移的美学追求,首先就是"去实践化"。在生命美学,"生命",作为美学的视界被第一次引入(犹如"实践"的视界被实践美学第一次引入)。不过,它不是"关于生命的美学",而是"基于生命的美学",不是"为生命"的美学,而是"因生命"的美学。因此,它关注得更多的是以"生命"为视界去研究审美活动,而不是转而去研究生命的方方面

---

① 潘知常:《生命美学》,河南人民出版社1991年版,第9页。
② 潘知常:《生命美学》,河南人民出版社1991年版,第6页。

面,更不是仅仅局限于去研究生命与美的关系(尽管必然会涉及)。生命美学以"生命"作为视界,是因为"生命"的不同于"自然",因此,借助于生命的启迪,美学自身才得以深刻意识到:再也不能以自然科学的方法来建构美学。于是,借助于生命的立场、视界来冲击本质主义的思维,冲击包括实践美学在内的传统美学,并且建构"新美学",也就成为生命美学的必然选择。

更为重要的是,就生命美学而言,倘若只关注到"去实践化"的努力,又是远远不够的。因为"去实践化"毕竟仅仅是生命美学在面对的特定对象——实践美学时所做出的某种选择。在"去实践化"的背后,隐含着的,是生命美学的根本选择:"去本质化"。这意味着,人在实践与认识之前就已经与世界邂逅,"我存在"而且"必须存在"才是第一位的,人作为"在世之在",首先是生存着的。在进入科学活动之前生命已在;在进入实践活动之前生命也已在。存在先于真理,存在先于本质。所谓"我在。但我没有我。所以我们生成着"(恩斯特·布洛赫),所谓不是"更多的生命"而是"比生命更多"(西美尔),也所谓"生命"不是"活着",而是——"活出"。而且,一旦以这个"生成着"、"比生命更多"和"活出"的"生命"为生命,也就必然会走向"去本质化"。因此,审美与艺术的秘密其实并不隐身于实践关系之中,当然也不隐身于认识关系之中,而是隐身于生命关系之中。这是一种在实践关系、认识关系之前的存在性的关系。换言之,审美活动已经不是"逻辑的东西",而是"先于逻辑的东西""逻辑背后的东西"。它在理性思维之前,是先于理性思维的思维,即先于理性,先于认识,先于意识……它无关乎现实世界中的"真理",而只是超越世界中的"真在"。也因此,对于生命美学而言,不但"实践",即便"本质"也同样都是必须被"加括号"、必须被"悬置"的。唯有如此,才能够将被实践美学遮蔽与遗忘的领域充分地展现出来,由此,美学成功实现了从"概念"世界向"生命"世界的根本转换。

同样由此,生命美学所矢志不移的"去本质化",也就会表现为"去美学化"。因为,在生命美学看来,就学科而言,孜孜以求审美活动背后的"本质""根据"的"美学"(学科)其实并不存在,所谓"美学"(学科)其实只是西方以"美学"方式研究审美活动的产物,真正存在的,应该是孜孜以求审美活动的意义与价值的"审美学"。而且,认真梳理一下西方美学,应该也不难发现:从字源的初始含义来看,其实美学本来就应该是"审美学",只是由于知识论美学传统的作祟,才错误地把"审美学"称为"美学"。这一点,从康德本来更看重的是形容词 aesthetisch(审美的)但是最后却不得不接受 Aesthetik 就可以知道。这样,海德格尔曾经的追问"哲学如何在现时代进入终结了?"以及"关于哲学之终结的谈论意味着什么?"现在也就统统都不再难以理解。所谓"哲学的终结",就意味着某种"完成"。这也就是说,传统的哲学已经"完成"了它的历史使命。然而,这同时就又是说,新的哲学又即将开启全新的使命。美学也如此。事实上,以美学的方式谈论审美活动,是西方的一个独创,也是本质化的思考方式的存身之地。同样,在中国它也是实践美学的存身之地。也因此,"去美学化"并不意味着研究的结束,而只意味着"美学"的研究方式的结束。

或者,十分显然,审美活动是不能借助"本质"去把握的,这已经毋庸置疑,而且也恰恰是生命美学要"去美学化"的根本原因;但是,审美活动却又毕竟是可以借助"非本质化"去把握的,这也同样毋庸置疑,而且又恰恰是生命美学竭力推举"审美学"的根本原因!因此,只要我们念及海德格尔那惊天一问:"一种非对象性的思与言如何可能?"念及海德格尔何以毅然从"理论的东西"向"前理论的东西"挺进,也就会意识到:对于美学而言,重要的不是放弃思想,而是学会思想,并且是比过去更为深刻地去思想——尽管它已经是"非美学的思想"。于是,"后美学"以及"非美学的思想",也就顺理成章地成为后当代美学的立身之本,当然,"后美学"以及"非美学的思想"的集中体现,就是"审美学"的横空出世。[①]

不过,生命美学又并不等同于"后美学"以及"非美学的思想"。美学进步也亟待体现为诸多美学学派、美学视界的百花齐放。因为美学的进步,必

---

① 此处的"美学"与"审美学"的严格区别与详细讨论,是为了使得后美学时代的美学问题的焦距更为清晰。不过,在此后的行文中,鉴于学术界已经源远流长的传统,我不得不依照固习,仍旧称"审美学"为"美学"。当然,我相信聪慧的读者都已经心领神会:本书中所提及的"美学",其实都应该被理解为"审美学"。

须以学派的方式推进,也必须以学派对话的方式展开,是叔本华所谓的"多头怪物"。而且,事实上没有"唯一"的美学,只有"不同"的美学。也因此,对于"后美学"以及"非美学的思想"等问题具体加以展开,无疑也并非生命美学自身之所能。就生命美学而言,它的"所能"仅仅在于:在"后美学"以及"非美学的思想"的基础上的重新的自我定位。这就是:后美学时代的审美哲学、后形而上学时代的审美形而上学、后宗教时代的审美救赎诗学。

具体来说,"后美学时代的审美哲学",是"把哲学诗化"(卡西尔)、把美学问题提升为哲学问题,从而将美学与哲学互换位置。在生命美学看来,在审美活动中才隐藏着解决哲学问题的钥匙。因此,美学应该是第一哲学,也亟待从审美活动看生命活动,借助思与诗的对话去反思人类生命活动的终极意义,并且对于"人类生命活动如何可能"这一根本问题给出美学的回答。其次,"后形而上学时代的审美形而上学",是"把诗哲学化"(卡西尔),把哲学引入美学,把哲学问题还原为美学问题。它涉及的是审美活动的本体论维度,侧重的是审美对于精神的意义,是从生命活动看审美活动,关注的是诗与思的对话,讨论的是"诗与哲学"(诗化哲学)的问题。最后,"后宗教时代的审美救赎诗学"涉及的在劳动与技术的异化时代里失落了的自由与灵魂的赎回,谈论的是审美的价值论维度以及审美对于人生的意义,关注的则是诗与人生的对话以及"诗与人生"(诗性人生)的问题。

例如审美哲学,在生命美学而言,它意味着自己的对于美学学科本身的反省与思考,也意味着生命美学的学科取向。

我们知道,在西方美学史中,从柏拉图到康德,"生命"与"审美"都是截然对立的。彻底打破"生命"与"审美"的界限,开始从审美去探究生命的秘密,在西方,是从尼采开始的。从此,审美对象不再仅仅是美与艺术,而是全部的生命。所谓审美活动,无非是生命的凝练与强化。由此,也溢出了"艺术"和"美"的藩篱。这就正如西美尔所提示的:"不管19世纪的理性主义运动多么丰富多彩,也还是没有发展出一种综合的核心概念……只是到了这个世纪的末叶,一个新的概念才出现:生命的概念被提高到了中心地位。""尽管形式和生命之间的长期冲突在很多历史时代一直很尖锐,但除了我们这个时代以外,没有任何一个时代能把这个冲突揭示得像它的基本主题一样清楚。"①

在此基础上,卡西尔发现:"把诗哲学化,把哲学诗化——这就是一切浪漫主义思想家的最高目标。"②"从尼采之后的哲学家,诸如维特根斯坦和海德格尔……都卷入了柏拉图所发动的哲学与诗之争辩中,而两者最后都试图拟就光荣而体面的条件,让哲学向诗投降。"③而诗之所以能够取代哲学,当然是因为它自身所禀赋的那谢林所谓的"直观"特性,亦即本体可以被直观,由此,过去是诗让位于哲学,现在却是哲学让位于诗。而且,"与美学相比,没有一种哲学学说,也没有一种科学学说更接近于人类存在的本质了"。"每一个新的、伟大的艺术作品都揭示了人类存在的新的深度,并且因此而重新创造人类。"④

杜夫海纳则精辟阐释了其中的内在转换:"在人类经历和各条道路的起点上,都可能找出审美经验;它开辟通向科学和行动的途径。原因是:它处于根源部位上,处于人类在与万物混杂中感受到自己与世界的紧密关系的这一点上。这就是为什么某些哲学偏重选择美学的原因,因为这样它们可以寻根溯源,它们的分析也可以因为选择美学而变得方向明确,条理清楚。"因此,美学才会转而成为哲学的根基。这就是他津津乐道的所谓"美学对于哲学的贡献"。

正是因此,从康德开始,由尼采奠基,才开始了康德的"审美判断力"、谢林的"诗是人类的女教师"、尼采的艺术是"生命的形而上学"、海德格尔的"诗意的思"、英伽登的"形而上学质"、杜夫海纳的"美学对哲学的主要贡献"是美学在考察原始经验时能够把思想带回到它们的起源上去、伽达默尔的

---

① 西美尔:《现代文化的冲突》。刘小枫编:《现代性中的审美精神》,学林出版社 1997 年版,第 419、433 页。
② 卡西尔。见蒋孔阳主编:《二十世纪西方美学名著选》,复旦大学出版社 1987 年版,第 16 页。
③ 罗蒂:《偶然、反讽与团结》,徐文瑞译,商务印书馆 2003 年版,第 41 页。
④ 盖格尔:《艺术的意味》,艾彦译,华夏出版社 1999 年版,第 194、196 页。

"艺术经验"确证"解释学的真理"……等思与诗的思考。

显然,在当代哲学开始意识到在审美活动中隐藏着解决哲学问题的钥匙的时候,在哲学开始意识到越是去关注人的精神生存就会越是去关注审美活动(因为这是作为人的最为根本的存在方式)的时候,在哲学已经开始意识到了对于审美生存的关注不是哲学的失误而是哲学的梦醒(因为审美生存已经不是哲学的一个重要问题,而就是哲学的问题——哲学的核心问题、根本问题)的时候,美学,也就一跃而成为第一哲学。而且,这也恰恰正是当今之世只有大哲学家才会成为大美学家以及要成为大美学家则一定要同时成为大哲学家的内在奥秘之所在。

由此,我们再看黑格尔的提示:"精神的哲学是一种审美的哲学。"①或者,再看阿多诺的提示:"这些问题需要审美哲学介入。"②应该也就更加深切体味到以"审美哲学"取"美学"而代之的极端重要性与完全的正确性。

不过,不论是康德,还是尼采、黑格尔、阿多诺,对于审美哲学的设想却毕竟还只是一种零星的深刻思考、一种美学设想,而在中国的生命美学这里,则开始正式启动了从美学向审美哲学的必要转换。在生命美学看来,以"审美哲学"取代"美学",绝对并非意气用事,也绝对并非属于术语之争,而是意味着关于审美问题的思考的从科学范式向人文范式、从知识论向生命论的深刻转换。它远离了所谓的智慧与真理,直接回归于人类的审美活动,也是对于"美学何为""美学对人类的意义"的回答。于是,重要的也就不再是"美是什么",而是"人类的生命活动为什么需要审美";与此相应,于是,审美活动也就不再是一种认识活动,而成为一种特殊的价值活动、意义活动,它是人类生命活动的根本需要,也是人类生命活动的根本需要的满足。

换言之,在这里,所谓审美活动,最为惹人注目的不是它的"意谓""本质",而是它的"意义"。而对于审美活动的意义的研究,当然只能是阐释的,

---

① 张世英:《自我实现的历程——解读黑格尔的〈精神现象学〉》,山东人民出版社2001年版,第9页。
② 阿多诺:《美学理论》,王柯平译,四川人民出版社1998年版,第564—565页。

只能是哲学的。因此,与其说关于审美的研究是美学的,就远不如说是哲学的要更为准确。哲学,是"时代精神的精华","文明的活的灵魂"的自觉与觉醒,然而,这"自觉"与"觉醒"一般当然是通过理性反思亦即"纯粹的思"的形式体现出来,但是有的时候,也会通过"感性直观的思"的形式体现出来,这就是所谓的审美。而对于体现了"时代精神的精华""文明的活的灵魂"的"自觉"与"觉醒"的"感性直观的思"的形式的哲学研究,应该就是审美哲学(而不是"美学")。① 因此,对于审美活动的意义的哲学阐释,这,就是生命美学所谓的审美哲学。

进而,审美哲学也就必然与生命美学彼此相同、彼此同一。这是因为:在进入认识活动之前,人类的生命活动已在;在进入实践活动之前,人类的生命活动也已在。因此重要的就不是为生命寻求一种知识性的根据,而是去直接关注生命本身。② 这样,一旦远离所谓的智慧与真理,转而去关注人类的生存处境,去思考"人类的生命活动为什么需要审美",无疑也就必然会从"爱智慧"到"爱生命",从"智慧之爱"到"生命之爱"。于是,审美活动对于生命活动的意义,就成为了生命美学所亟待回应的第一位的问题。

这一点,早在1991年,在我的《生命美学》一书中有着大量的讨论,例如:"美学必须以人类自身的生命活动作为自己的现代视界,换言之,美学倘若不在人类自身的生命活动的地基上重新建构自身,它就永远是无根的美学,冷冰冰的美学,它就休想真正有所作为。"生命美学是"以人类的自身生命作为现代视界的美学"。生命美学,"要追问的是审美活动与人类生存方式的关系,即生命的存在与超越如何可能这一根本问题。""'生命美学',意

---

① 与康德类似,生命美学也遵照美学界的习惯,沿袭了"美学"的传统称呼,但是,从科学范式向人文范式的深刻转换,以及不再是"美是什么"而是"人类的生命活动为什么需要美"的追问,还有对于审美活动的"意义"而不是"意谓""本质"的关注,则是其中始终都在固守的基本原则与底线。
② 以知识为中心,会把存在本身扭曲为概念所能够把握的本质,其结果是在客观知识中安身立命,并且把外部知识内化为理性(所谓"积淀"),甚至,连人本身都成为了客观知识的客体,可是,审美活动本身却消失不见了,而生命美学则是从"概念世界"回到更为根本的"生命世界"。

味着一种以探索生命的存在与超越为旨归的美学。"①

换言之,在生命美学看来,审美活动就是生命活动。生命自己生成自己,自己推动自己,自己创生自己,也自己毁灭自己,这一切岂不是都与审美活动十分相似？因此,审美活动与生命活动其实就是同一个东西,也是一对可以互换的概念。这就是说：从生命活动的角度看,审美活动是生命活动的最高存在;从审美活动的角度看,生命活动则是审美活动的存在源头。

在此意义上,从人的生命活动出发去考察人类的审美与艺术,或者,研究进入审美关系的人类生命活动的意义与价值的学科,就是所谓的生命美学,也就是所谓的审美哲学。

胡塞尔在1906年的日记中强调："只有一个需要使我念念不忘：我必须赢得清晰性,否则我就不能生活;除非我相信我会达到清晰性,否则我是不能活下去的。"②

对于生命美学而言,也是如此,我们的生命美学也必须"赢得清晰性",否则,我们就"不能生活",也"不能活下去"。

无疑,"审美哲学",这应该就是生命美学所首先为自己从而也是为四十年改革开放新时期中中国的美学研究所"赢得"的得以安身立命的学科的"清晰性"。

三、后形而上学时代的审美形而上学

在中国的四十年改革开放新时期中,生命美学的贡献其次是关于审美的本体论维度的反省与思考。

在这方面,生命美学关注的是：诗与思的对话。

在1997年出版的《诗与思的对话——审美活动的本体论内涵及其现代阐释》(上海三联书店)一书中,我对于生命美学提出的"诗与思的对话"这样一个重要领域,以三十万字的篇幅,做出了详尽的讨论。而其中的基本思路

---

① 潘知常：《生命美学》,河南人民出版社1991年版,第2、7、13页。
② 引自施皮格伯格：《现象学运动》,王炳文等译,商务印书馆1995年版,第129页。

则是:走向审美形而上学。

审美形而上学涉及的是审美的本体论维度,讨论的是"诗与哲学"(诗化哲学)的问题。

确实,形而上学是人类的宿命。因此,尽管过去形而上学确实问题重重,但是,却丝毫也不意味着对于形而上学重建工作的忽视(甚至,我们对海德格尔重建形而上学的工作也没有给以足够重视,人们津津乐道的,也是海德格尔与现象学,而不是海德格尔与形而上学的重建)。事实上,亟待否定的,只能是具体的形而上学,而并非形而上学本身。而且,"哲学就是在这些问题中看到了自己的真正历史使命。所以,形而上学就是表示真正哲学的别称"。① 美学无疑也是如此。把美学变成消费美学,把审美超越变为审美宣泄,在"祛魅"的旗号下走向泛审美甚至审美的泛滥,无疑无论如何都不是美学的正途。因此,无论美学历经了多少次坎坷而重新上路,形而上学的问题都永远会是第一问题。没有形而上学,其实也就无所谓思想;没有形而上学,同样其实也就无所谓对于形而上学的克服。形而上学是美学之母,美学则是形而上学之子。重新确立美学的形而上学维度,就是重新确立审美的至高无上的精神维度。重新确立审美的至高无上的绝对尊严,美学也会因此而得以光荣"复魅"。

更为重要的是,某种具体的形而上学没落之时,恰恰也就是它所蕴含的真理真正显露之时。深刻的思想就隐身在趋于黄昏时刻的形而上学之中。显然,正是因为洞察到了这一点,阿多诺才毫不犹豫地将保存形而上学真理的任务拱手交给了审美经验。"第一哲学在很大程度上变成了审美的哲学。"② 审美,就是这样,不但被带进了审美哲学,而且也被带进了审美形而上学,带进了哲学本身。因此,形而上学只有作为美学才是可能的;反之也是一样,美学只有作为形而上学才是可能的。

于是,在审美中,人得以凭借形而上的体验以取代昔日的认识,尼采因

---

① 海德格尔:《尼采》上卷,孙周兴译,商务印书馆2002年版,第438页。
② 韦尔施:《重构美学》,陆扬等译,上海译文出版社2006年版,第58页。

此才认为:艺术是更加本质的现象,认识反而不是(把尼采与形而上学联系起来,实属海德格尔的一个创见)。因此,审美也就禀赋了在理解人的本质之时的优先性。于是,审美也就自然要比道德、比认识都更加根本;审美也就自然要成为人所固有的形而上活动。由此,审美也就必须要与形而上学联系起来。这,当然就是审美形而上学的应运而生。

在这方面,中国的生命美学也并不落后于西方的美学家。在《生命美学》一书中,早在1991年,中国的生命美学也提出:"生命的有限","是生命的永恒背景,人类正是从这里艰难起飞,冲破种种羁绊与桎梏,追寻着生命的存在与超越的可能"。而审美,则正是"赋予本无意义的存在以形而上学的充足理由"。"审美活动是作为活动之活动的根本活动",因此,要"把审美活动作为一种本体活动或一种生命存在方式,并由此出发去考察审美活动"。[1]

也因此,在生命美学看来,生命从根本上来看,其本身就是审美的,这就是审美形而上学。换言之,审美对于个体生命而言,就是生命的形而上的需求,这也就是审美形而上学。再换言之,审美对于人的生存而言,具有本体论的意义,只有审美的生存,才是真正的人的生存,这还是审美形而上学。

而且,审美活动不再被看作人的生命活动中的一种,而是被看作人的活动的根本维度。这就是审美形而上学。人的生命活动,只有在审美的维度上进行的才是真正属人的活动。这也是审美形而上学。同时,人类的认识活动、道德活动、语言活动,乃至理解、意志、交往、生存、实践活动等等,总之,无论何种活动,都只有首先在审美的维度上进行,才是真正属人的活动,这还是审美形而上学。

由此,审美形而上学把人类精神、人的审美的存在方式推到了美学的前台,把形而上学的重建作为自己的美学使命。而"终极关怀",也就成为审美形而上学的关键词。在生命美学看来,审美活动是"生命的终极追问、终极意义、终极价值"。"对于审美活动的研究,也就正是对于这种绝对的价值关

---

[1] 潘知常:《生命美学》,河南人民出版社1991年版,第20、42、8页。

怀的生命存在方式的研究,弄清楚这一点,应该说是美学研究的根本前提。"①当然也正是因为这个原因,在三十多年的生命美学的研究历程中,关于"终极关怀",也就被生命美学加以详尽而且认真的考察与讨论②。

在生命美学看来,形而上学的维度不仅赋予了审美以无上的价值,而且赋予了审美以无上的尊严。它是人类所期盼的永恒之物,也是人类终极的精神诉求,类似于黑格尔所向往的"自由理性"的"自由愉悦",或者,不妨称之为"形而上的愉悦"。也因此,它在审美活动中将作为目的判断中的那个无条件的"目的"而莅临,为人类的生命活动指明根本目标与最终目的。在这个意义上,生命美学预期将以形而上学的本体维度护送生命回家。它把形而上学引入生命。也以形而上学的眼光来洞悉生命,并且以立足生命的形而上学的视角把美学推上世纪的舞台。

四、后宗教时代的审美救赎诗学

在中国的四十年改革开放新时期中,生命美学的贡献的第三个方面,是关于审美的价值论维度的反省与思考。

在这方面,生命美学关注的是:诗与人生的对话。

问题的源头,在于"宗教的退场",也就是后宗教时代的到来。

但是,即便在后宗教时代,人类理想的生命存在仍旧是需要赎回的,也是已经失落了的。在过去的"宗教"与"有神"时代,是借助于宗教去赎回(也有人是借助于理性),但是,在"非宗教"与"无神"的后宗教时代,却只能借助于审美去赎回。"人与神"的时代,是以神为中心,通过宗教,传播的是上帝救赎的福音。在"人与人"的时代("无神的时代"),是以人为中心,通过审美,传递的是审美救赎的福音。

审美救赎,意味着对于自己所希望生活的以审美方式的赎回。人注定

---

① 潘知常:《生命美学》,河南人民出版社1991年版,第106、9页。
② 参见潘知常《生命美学》,河南人民出版社1991年版,第106—139页;潘知常《头顶的星空——美学与终极关怀》全书,广西师范大学出版社2016年版。

为人,但是却又命中注定生活在自己并不希望的生活中,而且也始终处于一种被剥夺了的存在状态,它一直存在,但是却又一直隐匿不彰,以致只是在变动的时代中我们才第一次发现,也才意识到必须要去赎回,然而,因为已经没有了彼岸的庇护,所以,这所谓的赎回也就只能是我们的自我救赎。

审美救赎的对立面,则是虚无主义。

"虚无主义意味着,最高价值的自行贬黜。"①它是一种现代之后的特定现象(正如吉登斯所说:"从一开始,启蒙主义理论中就包含有虚无主义的萌芽。"②)。在过往的将"最高价值"绝对化之后,虚无主义则是将"虚无"绝对化。而且,一旦"虚无"被绝对化,它也就成了绝对的否定,成了关于"虚无"的主义。当然,这是一种完全错误的逻辑倒置、否定性的逻辑倒置,蕴含着深刻的逻辑错误,但是,也折射出现代化进程中的某种内在困惑。

虚无主义是一种世界性的现象,正如沃林所描述的:"'灵魂丧失'的现时代之幽灵,开始萦绕在他们所说所写的一切事物之中,无论其主题是什么。到了20世纪20年代早期,他们已完全相信自己正在经历一场深刻的危机,一场'文化危机''学术危机''价值危机''精神危机'。"③不过,又主要是一种西方现象,所谓"欧洲虚无主义"。这是因为,虚无主义的关键是"上帝之死"(按照尼采的说法,人已经被连根拔起亦即虚无主义的肆虐,这是一个不新的东西,只是隐藏了两千年而已),而在中国,因为宗教感的匮乏,所以出现的虚无主义就不能与"欧洲虚无主义"相提并论,但是,就广义而言,在外在的合法性规范的崩解的角度,却也毕竟存在着内在的根本一致。

这个内在的根本一致,就体现在:在消解了"非如此不可"的"沉重"之后,人类又必须开始面对着"非如此不可"的"轻松":一方面消解了"人的自我异化的神圣形象"(马克思),另一方面却又面对着"非神圣形象中的自我异化"(马克思)。这"非神圣形象中的自我异化",这(发展到极端的)"非如

---

① 海德格尔:《尼采》上卷,孙周兴译,商务印书馆2002年版,第26页。
② 吉登斯:《现代性的后果》,田禾译,译林出版社2011年版,第43页。
③ 沃林:《存在的政治——海德格尔的政治思想》,周宪等译,商务印书馆2000年版,第27页。

此不可"的"轻松",又成为20世纪乃至21世纪的文化癌症、文化艾滋病,也成为从20世纪文化开始的对于自由的放逐。而且,在"人的自我异化的神圣形象"时代,现实生活永远并非"就是如此",而是"并非如此"。对生活,它永远说"不";对理想,它却永远说"是"。在此意义上,世界、人生都犹如故事,重要的不在多长,而在多好。我们可以称之为:神圣文化。其根本特征则是:"非如此不可"的"沉重"。然而,在"非神圣形象中的自我异化"时代,现实生活却永远不是"并非如此",而是"就是如此"。而且,对于生活,它永远说"是";对理想,它却永远说"不"。世界、人生都犹如故事,重要的不在多好,而在多长。这,就是它的坚定信念。我们可以称之为:物性文化。其根本特征则是:"非如此不可"的"轻松"。

于是,当今之世,就开始从对于"神圣形象的自我异化"的批判进入到了对于"非神圣形象的自我异化"的批判。可是,必须指出的是,无论作为"人的自我异化的神圣形象"的"神"的生存,抑或作为"非神圣形象中的自我异化"的"虫"的生存,都已经不复是人类的理想。这样,不单单要走出异化为"神"的"神圣形象的自我异化",而且还要走出异化为"虫"的"非神圣形象中的自我异化",同时从"神"的生存、"虫"的生存回到"人"的生存,已经成为一个共同的选择。

在无神的现代,人如何独自承担起全部的责任?在非宗教、无宗教的时代,人如何获救?无疑,失落的生命的赎回的一个重要的途径(当然,并非唯一的途径),就是审美活动。值得注意的是,早在1991年出版的《生命美学》中,生命美学就已经提出,要把虚无主义作为直面的对象,认为"今后的两个世纪将是虚无主义的世纪"。而且,值此之际,却"只有一个上帝能够救渡我们,这就是:审美活动"。因为审美与艺术,"正是人类的自我拯救"。[①]

而生命美学的深刻无疑也就在这里。相对于其他美学对于"异化"(例如启蒙美学)、"生态危机"(例如生态美学)、"物化"(例如日常生活审美化)、"愚昧"(例如实践美学)等等的关注,生命美学关注的正是当代世界的根本

---

① 潘知常:《生命美学》,河南人民出版社1991年版,第308、272页。

困惑:虚无主义;而要建构的,则正是在克服虚无主义的基础上的截然不同于传统美学的审美救赎诗学。①

这当然就要呼唤美学自身的转型！在传统美学,"救赎"的内涵并不被关注,因为已经有了宗教的救赎,因此,审美只是一种趣味、一种品位,而现在,审美却必须被提升为救赎,也只能是救赎。

在此意义上,虚无主义与现代性如影随形,而生命美学的表达则是对于虚无主义的表达的克服,生命美学就正是对于虚无主义的克服,也是对于"审美救赎诗学"的呼唤。

在无神的现代,人如何独自承担起全部的责任？生命美学,就是一种思考存在、拒绝虚无的审美救赎诗学、一种重新美学地肯定这个世界的审美救赎诗学。因为,"审美活动固然不会产生导真、储善之类的作用,但却可以去塑造人的灵魂,塑造人的最高生命"。②

在这方面,西方美学家的思考给我们以深刻启迪。西方美学家佩尔尼奥拉就指出:西方当代美学"将美学的根基扎在了四个具有本质意义的概念领域中,即生命、形式、知识和行为"。前两个是康德美学的发展,后两个是黑格尔美学的发展。而其中的"生命美学获得了政治性意义",并且,"已悄然出现并活跃于生命政治学"之中。③

而且,在这方面,西方的从康德以来的美学思考也给予中国的生命美学以深刻的启迪。在前康德时代,西方的审美其实只意味着某种"趣味""品

---

① 需要说明的是,多年以来,提及生命美学,人们最喜欢问的是:"生命"是什么？自然的生命？动物的生命？人的生命？并且总是误认为生命美学没有能够把"生命"讲清楚,其实,生命美学要关注的并不是"生命",而仍然只是审美。因此,生命美学直面的也就不是生命的意谓、本质,而是生命的意义。于是,生命美学才促成了生命与美的结盟(过去是生命与"神"的结盟、生命与"本质"的结盟),也才在美学史上第一次提出:美是一切生命的(自然、动物尤其是人的)最高境界。而生命的救赎也不再来自宗教,而是来自审美,因为审美活动本身就是生命活动中的最为形而上的维度。
② 潘知常:《生命美学》,河南人民出版社1991年版,第293页。
③ 佩尔尼奥拉:《当代美学》,裴亚莉译,复旦大学出版社2017年版,第2页。

位",但是从康德开始,审美却逐渐成了"大词",所谓审美解放、审美超越、审美救赎、审美净化……甚至审美被认为可以代替宗教,审美被认为就是现代社会的乌托邦。因为,"'美'的判断是否成立和缘何成立,这是(一个人或一个民族的)力量的问题"。① 例如德国的浪漫主义,一般都认为是世俗化的,但是海涅却专门指出:其中蕴含着"中世纪文艺的复活",也就是对于相对肉的灵的一面以及相对于物质的精神一面的强调。为此,他不惜刻意强调德国浪漫主义与歌德的切割。又如席勒对于崇高的强调,无疑也是因为对于其中的绝对自我的一面的高度关注。

更为中国美学家所熟知的,是尼采、海德格尔以及法兰克福学派美学。沃林就曾经称其中的本雅明的美学为"救赎美学",其实,他们都是"救赎美学"。其根本目的,则是赎回"最虔诚、最善良的人来"。②

不过,在西方社会出现的救赎美学无疑又不能被等同于西方的唯美主义或者审美主义。因为后者都是竭力强调审美与艺术的自主与特殊,而前者却在竭力强调审美与艺术的普遍性,后者其实是在处处要把审美、艺术与人类的其他生命活动加以区分,前者却是在把审美与艺术作为一切的尺度,换言之,世界之为世界,唯有从审美与艺术出发,才能够被理解。正如阿多诺所提示的:"在绝望面前,唯一可以尽责履行的哲学就是,站在救赎的立场上,按照它们自己将会呈现的那种样子去沉思一切事物。……通过救赎来照亮世界……必须形成这样的洞察力,置换或疏远这个世界,揭示出它的裂缝、它的扭曲和贫乏,就像它有朝一日将在救世主的阳光中所呈现出的那样。"③沃林也提示:"从浪漫主义时代以来,在'唯美主义'的幌子下,美学越来越多地假定了某种成熟的生命哲学的特征。正是这个信念把从席勒到福楼拜,再到尼采,再到王尔德,一直到超现实主义者的各个不同的审美领域

---

① 尼采:《悲剧的诞生》,周国平译,上海译文出版社2017年版,第31页。
② 本雅明:《本雅明论教育》,徐维东译,吉林出版集团有限责任公司,2011年版,第44页。
③ 马丁·杰:《阿道尔诺》,胡湘译,湖南人民出版社1988年版,第20页。

的理论家们统一起来了。尽管这些人之间存在着种种差异和区别,但他们都同意这样一个事实:审美领域体现了价值和意义的源泉,它显然高于单调刻板日常状态中的'单一生活'。"①

无疑,生命美学所提倡的审美救赎诗学也是如此。它涉及的是审美的价值论内涵,讨论的是"诗与人生"(诗性人生)的问题。而且,倘若审美的本体论维度强调的是审美对于精神的意义,审美的价值论维度强调的则是审美对于人生的意义。

在生命美学看来,审美生存,就是生命的理想状态,因此,审美的人生是人类失去了的理想生命的赎回,这就是审美救赎诗学。换言之,对于虚无主义的文化而言,审美生存,是起死回生的良方,这也是审美救赎诗学。再换言之,审美生存不是人类众多生存方式中的一种,而是人类生存方式的顶点,至于其他的人类生存方式,都只有在审美生存的尺度上才能够被理解与阐释,这还是审美救赎诗学。

也因此,相对于"终极关怀"成为了审美形而上学的关键词,"审美救赎",则成为了审美救赎诗学的关键词。对此,生命美学也早已予以了充分的关注。例如,早在1991年,《生命美学》一书就已经援引陀思妥耶夫斯基的名言"美能拯救人类",并且对"救赎之爱""救赎之星"②背后的"审美救赎"问题,做出了认真的反思与研究。在这个意义上,虚无主义的问题视阈成为了生命美学的根本预设。在宗教衰微以后,亟待去寻找新的精神替代物,以"审美救赎"去取代"宗教救赎",正是生命美学所面对的重大课题。

确实,在无宗教的时代,宗教救赎的退场呼唤着审美救赎的出场。因为,对于我们而言,每一次的审美经验,都无异于一次走失的天堂的赎回,也因此,在天堂消失之后的今天,审美,也就理所当然地成为了"天堂"。当然,

---

① 沃林:《存在的政治——海德格尔的政治思想》,周宪等译,商务印书馆2000年版,第217页。
② 潘知常:《生命美学》,河南人民出版社1991年版,第27、305、307页。

审美救赎不能包办一切(例如,不能取代马克思所关注的"劳动救赎"),审美救赎也与宗教救赎并不相同,但是,审美救赎却又确实意义重大。马尔库塞说:"艺术不能改变世界,但是,它能够致力于变革男人和女人的意识和冲动,而这些男人和女人是能够改变世界的。"[①]应该也就是这个意思。但是,审美救赎究竟是如何"变革男人和女人的意识和冲动"的?对此,马尔库塞乃至西方的众多美学家却也毕竟都语焉未详,而这,就正是中国的生命美学期冀大展身手的舞台。

例如,审美对于人类自身的生产亦即审美生产,就是生命美学频繁关注的一个重要领域。人类自身的生产与物质生产,是人类众所周知的两大生产。区别于实践美学的对于物质生产的关注,生命美学关注的则是人类自身的生产。在生命美学看来,人类自身的生产,才是人类审美愉悦的源头。而且,它并非意在"悦耳悦目""悦心悦意""悦志悦神",而是意在为人类生命的生产——尤其是精神生命的生产!也因此,达尔文才提示说:由于审美的生产,动物才不断进化,人也才最终进化为"人";因此,"人类的由来",就"由来"于人类的审美生产!而这,也正是生命美学所期冀予以揭示的:理想的人,就"由来"于人类的审美生产;至于全面而自由发展的人,当然无法离开人类的社会实践,但是,也毕竟与人类的审美生产密切相关。

五、展望未来:新时代的生命美学

四十年,对于生命美学的探索历程而言,无疑十分漫长,但是,对于人类的思想历程而言,却毕竟只是短短的一瞬。也因此,关于生命美学的思考,应该说,也仍旧是在路途中。

生命美学自然也不能例外。作为审美哲学,生命美学在长期的探索中在本体论维度形成了自己的审美形而上学取向,而在价值论维度也形成了自己的审美救赎诗学取向,生命美学即审美形而上学+审美救赎诗学。同

[①] 马尔库塞:《审美之维》,李小兵译,广西师范大学出版社2001年版,第212页。

时,生命美学也敏捷地寻找到了自己关注的焦点:"诗与哲学"和"诗与人生"。而生命美学的突出的贡献,则体现在对于"诗化哲学"和"诗性人生"的深刻思考。

不过,生命美学的探索无疑远未结束。

例如,在今后的探索中生命美学亟待更加主动地回到中国传统美学。因为在中国传统美学中潜藏着丰富的审美形而上学+审美救赎诗学的资源,对于"诗与哲学""诗与人生"以及"诗化哲学""诗性人生"的思考也是一座富矿。不过,生命美学又毕竟肩负着自己的历史重任,而并非中国传统美学的简单照搬。这是因为,就中国传统美学而言,它的生命美学的思考无疑源远流长,但是,却也毕竟更多地关注的仅仅只是虚"物"的问题,而生命美学却要进而去关注虚"无"的问题。在这方面,生命美学还有很长的思想道路要去跋涉。

同样,在今后的探索中生命美学也亟待更加积极地直面西方近现代美学。因为在西方近现代美学中同样潜藏着丰富的审美形而上学+审美救赎诗学的资源,对于"诗与哲学""诗与人生"以及"诗化哲学""诗性人生"的思考也是一座富矿。不过,生命美学也毕竟肩负着自己的历史重任,而并非西方近现代美学的简单照搬。这是因为,相对于西方近现代美学的侧重于理性的丰富性,以便给予自我感觉以充分的形而上的根据,中国的生命美学应当侧重的应该是自由意志与自由权利。在西方近现代美学,是期望从窒息理性的使人不成其为人的"铁笼"(马克斯·韦伯)中破"笼"而出,在中国的生命美学,却应当是从窒息人性的不把人当人的"铁屋"(鲁迅)中破"屋"而出。自由意志与自由权利的成长,因此而成为生命美学的中国特色、中国方案。

更为重要的是,不论是美学的创新,还是生命美学的创新,都仍旧亟待思想解放的推动。过去的美学发展已经告诉我们,谁先解放思想,谁就占据主动。抢占学术创新的先机,抢抓美学发展的机遇,在美学研究中拥有主动权、话语权,都是与率先解放思想息息相关的。无疑,今后的美学发展也必将如此。幸而,我们从"中国特色社会主义新时期"又进入了更加波澜壮阔的"中国特色社会主义新时代",毫无疑问,这个新时代必将成为我们再一次让思想"冲破牢笼"、再一次开创未来美学蓬勃发展的光荣与梦想的根本保证。

任重而道远!

中国的生命美学将会继续努力——不懈努力!

(原载《学术研究》2018年第4期)

附录十　超验之美：在信仰与自由与爱之间
——读阎国忠老师《攀援集》的一点体会

一

胡塞尔曾自陈，他的毕生努力都是围绕着对自己提出的那个问题：我如何才能成为一个有价值的哲学家？

拜读阎国忠老师的美学论集《攀援集》，我认为，他的毕生努力其实也都是围绕着对自己提出的一个问题：我如何才能成为一个有价值的美学家？

我这样说，当然是因为，在中国，要做一个有价值的美学家实在并不容易。

就以阎国忠老师十分擅长的西方美学史研究和美学基本理论研究领域来看，只要稍加回顾，则不难发现，在这两个领域，尽管研究者众多，西方美学史著作和美学基本原理的著作也出版了很多，但是，缺憾却仍旧存在。

这缺憾，在西方美学史领域，首先当然就是对于基督教文化乃至基督教美学的影响的漠视。

就对于西方美学的深刻影响而言，基督教，是一个漫长的故事，也是一个不得不说的故事。

然而，在很长时间内，这个故事却曾经被漫不经心地加以忽视。例如，西方的哲学大家黑格尔就曾经仅仅在百页左右的篇幅里将西方一千年左右的中世纪哲学匆匆掠过，"我们打算穿七里靴尽速跨过这个时期"，[①]可是，今天我们却发现，这一千年却实在是不能"尽速跨过"。

在国内的众多西方美学专家那里，就更是如此了。对于他们而言，西方美学，当然就是希腊美学，然后是近代美学（尤其是德国古典美学），至于基督教美学，那只能是左道旁门，完全可以忽略。

---

① 黑格尔：《哲学史讲演录》第3卷，贺麟等译，商务印书馆1983年版，第233页。

然而,也正是因此,结果也就往往忽视了希腊美学的缺憾。事实上,希腊美学固然精彩纷呈,也固然源远流长,但是却无可讳言,由于出之于多神教的历史背景,它也毕竟并不彻底。例如,它是所谓的"荷马方式",仅仅出之于理性的思考,也只是世俗人本主义的体现,认为人是理性的人。结果,尽管它关注的已经是人,但是却不是人的超越性,也未曾发现神性,只是为了人而祈求神。这样,尽管它也出自内在的困惑,但是却从未与人类自身的有限性联系起来。它所面对的,也只是:"人是谁"。与"人是谁"对应的,则是"美的精神",也就是所谓"希腊精神"。充斥其中的,则是"有死的肉体"与此岸的美,也是酒神精神之美。但是,从人的自然本能需求出发去关注人自身所遇到的问题,并去追问产生的原因,这尽管肯定的仍旧是人,但是无论如何都肯定的毕竟不是人的超越性,也都只是"人本追问"。因此,尽管黑格尔说:它建设的是"美的家园";马克思也说:它是"美的、艺术的、自由的、人性的宗教";威尔·杜兰则说:它是富于人性的宗教。但是,对于这类评价,过去我们往往都只是从积极的意义上去理解,其实,其中也确实还隐含着对希腊美学的不足的洞察。

也因此,基督教美学以及基督教美学对于后世的影响,就是一个非常值得关注的领域。

相对于中国的儒教,在西方,基督教,才是西方人的精神的第一次觉醒,也才真正结束了"万古长如夜"的时代,是人类社会的真正转折点。因此,从表面看,西方美学的很多范畴都来自希腊,但是他们却统统都是被基督教美学"重新界定"了的。因此,黑格尔在《历史哲学》中就反复强调:新教的根本精神,是"人类靠自己是注定要变成自由的",新教是"自由精神的旗帜"。因此,新教"实质上……是一个有思维的精神"。当然,"这个原则最初只是在宗教的范围内被理解到……好像只是被置于对宗教事务的关系之中,还没有被推广应用到主观原则本身的另外进一步的发展里面去","只有后来在哲学中这个原则才又以真正的方式再现"(康德从美学去"再现"、歌德从文学去"再现")。当然,这指的是在近代哲学中以康德为代表的哲学家们以思维的形式所敏捷意识到的活东西。不过,岂止是近代的哲学,即便是近代的美学,也都无非是新教精神的现实化。因此,黑格尔称之为"第二次的世界创造":"在这个第二次的创造里面,精神才最初把自己理解为我就是我、理解为自我意识。"①

例如,它是所谓的"圣经方式",也转而出之于神性的思考,是宗教人本主义的体现。它认为人是神性的人,应该有信仰地活着。结果,尽管它关注的仍旧是人,但却已经是人的超越性,或者,已经是人的神性,应该为了神而超越人。这样,它也就第一次地将内在的困惑与人类自身的有限性联系起来。于是,它所面对的是"我是谁"。与"我是谁"对应的,则是"基督精神"。充斥其中的,则是"不死的灵魂"与彼岸的美,也是日神精神之美。无疑,这是一种"神本追问"。人固然来自自然,但是也毕竟因为超出了自然才被称为人,显然,对于前者,固然可以借助自然来达到,但是,对于后者,却只能通过神性去规定。

可惜,国内众多的西方美学史专家却把这一关键点轻轻放过。他们没有能够去深入思考:何以只有基督教才能够催生美学的深刻思考,何以只有在基督教这个"蛹"里,西方美学才能够完成自身的凤凰涅槃,也才从追问"人是谁"到追问"我是谁"。确实,从人的自然本能需求的角度,无疑很难理解与接受这样一种全新的向度。只有从人的神性需求的角度,才能够理解与接受。换言之,从人的神性需求的角度,问的已经不是人是什么什么⋯⋯的动物,因为他毕竟还是动物,而是在问人的未来,也就是人之为人的能够超出动物的属性。而这就意味着,一切从人的现实本性、从形下角度的对于价值与意义的界定,都是完全无效的。价值与意义的界定,只能出之于人的超越本性、形上角度。也因此,这一界定也就必然完全是否定的,而且,还根本不是为我们所熟知的所谓"否定之否定"——所谓否定中蕴含着肯定,而就是完全的否定、彻底的否定、绝对的否定。

在这个意义上,人与世界最为根本的意义关联、最终目的与安身立命之

---

① 黑格尔:《哲学史讲演录》第3卷,贺麟等译,商务印书馆1983年版,第417、414、415、271页。

处的皈依,其实就意味着人永远高出于自己,永远是自己所不是而不是自己之所是,也意味着人不再存在于有限,而是存在于无限,不再存在于过去,而是存在于未来。人类的生命意识因此而得以幡然觉醒。人之为人,也得以被激励着毅然转过身去,不再经过任何中介地与最为根本的意义关联、最终目的与安身立命之处的皈依直接照面。并且,人之为人都首先是与最为根本的意义关联、最终目的与安身立命之处的皈依相关,都是与最为根本的意义关联、最终目的与安身立命之处的皈依的相关为前提,然后才是与现实社会的他人、他者的相关。精神、灵魂,被从肉体中剥离出来,作为生命中的神性、神圣而被义无反顾地加以固守。由此,恰如施莱尔马赫所说:"当世界精神威严地昭示于我们时,当我们听到它的活动声响,感到它的活动法则是那么博大精深,以致我们面对永恒的、不可见的东西而满怀崇敬,还有什么比这心情更自然吗?一旦我们直觉到宇宙,再回过头来用那种眼光打量自身,我们比起宇宙来简直渺小到了极点,以致因有限的人生深感谦卑……"[1]由此,信仰遭遇了美学,美学也遭遇了信仰。信仰在寻求美学的理解,美学也在寻求信仰的提升。原来,在美学之中,原本就存在着一种信仰与美学之间的极为深刻的内在关联,并且完全能够将从宗教中以"启示"的方式孵化而出的深刻思想转而在美学的追问中予以发扬光大。难怪席勒会强调:"还要有两个可靠的锚——宗教和审美趣味。"[2]从而,借助基督教,开拓出了美学所意想不到的新问题,也增加了对于审美的理解,并且,最终地改变了美学的进程。

其次的缺憾,存在于美学基本理论的研究领域。首先,当然就是对于超越维度与终极关怀的漠视。

我们常说,历史是逻辑的展开,而逻辑则是历史的浓缩。既然如此,那么我们就必须看到,在西方美学之中,通过漫长的美学历史浓缩到一起的,

---

[1] 施莱尔马赫:《论宗教:对有文化的蔑视宗教者的讲话》。转引自张志刚:《宗教学是什么?》,北京大学出版社2002年版,第188页。

[2] 《席勒散文选》,张玉能译,百花文艺出版社1997年版,第148页。

正是超越维度与终极关怀。这应该是西方美学同时也是美学自身中之精华的精华、核心的核心。西方思想家的最大贡献,其实就正是对于超越维度与终极关怀的开掘。他们成功地将基督教的启示真理提升为非启示真理,也成功地将基督教的启示方式转换为哲学的反思方式、追问方式。而且,即使是在具体的美学研究中存在着超越维度与终极关怀的客观模式与主观模式,也有由神到人与由人到神,但是,超越维度与终极关怀,却是其中的万变中的不变。

在西方,由于信仰维度是始终存在的,从信仰维度构建美学,对于西方美学家来说,其实已经化为血肉、融入身心。而且,正是由于超越维度与终极关怀层面的存在,人与现实的关系让位于人与理想的关系。人首先要直接对应的是理想而不是现实,于是,人与现实的对应,也必须要以与理想的对应为前提。而人与理想之间的直接对应,无疑就是自由者与自由者之间的直接对应,因此,人也就如同神一样,先天地禀赋了自由的能力。对此,西方美学家堪称心中有数,各个都心照不宣。由此我们看到,艾略特明确提出:我不相信,在基督教信仰完全消失以后,欧洲文化还能够残存下去。罗丹也指出:犹如整个希腊都浓缩于帕提侬神殿,整个法国都蕴藏在大教堂里。因此,当我们看到苏格拉底所疾呼的审美活动是在"代神说话""不是人的而是神的,不是人的制作而是神的诏语",①当我们看到费希特说"只有那具有宗教感的眼睛才深入了解真正美的王国",②当我们看到歌德说"艺术是立足于一种宗教感上的,它有着既深且固的虔诚。正因为这样,艺术才乐于跟宗教携手而行",③当我们看到雪莱说"诗是神圣的东西""诗拯救了降临于人间的神性,以免它腐朽",④应该说,对于西方美学家的从信仰维度构建美

---

① 柏拉图:《柏拉图文艺对话集》,朱光潜译,人民文学出版社1983年版,第8、9页。
② 费希特:《人的使命》,梁志学等译,商务印书馆1982年版,第138页。
③ 歌德:《歌德格言和感想录》,程代熙等译,中国社会科学出版社1982年版,第92页。
④ 雪莱,见《十九世纪英国诗人论诗》,人民文学出版社1984年版,第153、155页。

学,无疑绝对不会再存在任何的怀疑。再看看柏克所疾呼的美"能引起爱",①冯哈特曼所疾呼的美是"有所领悟的爱的生活",②克莱夫·贝尔疾呼的"把艺术和宗教看作是一对双胞胎",③就丝毫也不会怀疑。

在中国,情况无疑要复杂一些。从表面看,美学研究的是美、审美与艺术,应该是学界的共识。但是,由于没有意识到现实维度、现实关怀与超越维度、终极关怀的根本差异,因而,长期以来都是在美、审美、艺术与人类现实生活之间关系的层面上打转。后来实践美学发现了其中的缺憾,就进而把人类现实生活深化为人类实践活动,从而避免了美、审美、艺术成为抽象的意识范畴的隐患,但是,却仍旧没有避免美、审美、艺术的独立价值这一根本问题。然而,逐渐地,学者们却发现:必须把美、审美、艺术从人类现实生活转向人类精神生活,也就是,不再从现实维度、现实关怀,而是转而从超越维度、终极关怀去对美、审美、艺术加以阐释。于是,美、审美、艺术并非意在认识生活,而是借酒浇愁、借花献佛,意在借用生活来表现不可表现的灵魂生活、精神生活这一根本奥秘也就昭然若揭。原来,美、审美、艺术并不是与人类现实生活"异质同构",而是与人类精神生活"异质同构"。是人类的精神之花,也是人类的精神替代品。"艺术创造和欣赏都是人类通过艺术品来能动地现实地复现自己,"马克思说,"从而在创造的世界中直观自身"。④ 这句话我们经常引用,但是,实事求是说,只有把美、审美、艺术从人类现实生活转向人类精神生活,也从现实维度、现实关怀转而向超越维度、终极关怀,我们才真正理解了它。

二

众所周知,学术研究贵在"照着讲",更贵在"接着讲"。而今回头来看,

---

① 朱光潜:《西方美学史》上册,人民文学出版社1979年版,第243页。
② 鲍桑葵:《美学史》,张今译,商务印书馆1985年版,第546页。
③ 克莱夫·贝尔:《艺术》,周金环等译,中国文联出版公司1984年版,第54页。
④ 《马克思恩格斯全集》第46卷,人民出版社1979年版,第96页。

数十年的美学研究,在阎国忠老师的身后,不难看到的,是一条清晰的探索轨迹:既始终"照着"西方美学史和美学基本理论研究的精华在"讲",也始终"接着"西方美学史和美学基本理论研究的"缺憾"在讲。

首先,从时间上看,阎国忠老师是国内美学家中较早意识到西方美学史、美学基本理论研究的精华与西方美学史、美学基本理论研究的"缺憾"的。阎国忠老师完成的第一部专著,是《古希腊罗马美学》(北京大学出版社1981年版),这同时也是他为北京大学1977和1978级学生开设的同一名称的断代史课。这在当时的国内美学界,应该说是独步一时的。而且,也已经区别于朱光潜先生在《西方美学史》中的注重讲述思想家的文艺理论,而开始关注美学概念和范畴的涵义阐释,并且试图在它们中间找到一种逻辑关系。"整体的美学史",是阎国忠老师在《古希腊罗马美学》的序言中提出的概念,纵观全书,这个概念也确实是统管了全书的。美学家的思想以及美学家提出的概念范畴,在书中呈现为一个有内在逻辑关系的整体。"和谐""善""理念""整一""悲剧""崇高"之间的内在的逻辑顺序被呈现出来,古希腊和罗马的美学也被表述为一个一脉相承的历史过程。不过,当时阎国忠老师也确实还没有清晰意识到西方美学史和美学基本理论研究的精华与"缺憾"究竟何在。这一点,可以从1982年,他应北京大学出版社之约写过的《西方美学史撷华》的长文与1986年又应邀写的《西方美学的历史与逻辑》一文中看到。在这两篇文章中,中世纪神学美学都没有被真正置于视野之中。

但是,转机很快到来。1989年,阎国忠老师就写完并出版了《基督教与美学》一书(一学生协助写了文艺复兴部分)。到了2003年,这本书又以《美是上帝的名字——中世纪神学美学》题名重新出版,较之初版,这一版的变动较大,不但删除了原来的文艺复兴部分,而且还增添了"早期经典"及"隐秘教派"部分,另外,还加入了关于圣奥古斯丁和圣托马斯·阿奎那两篇评传,这样,全书就堪称一部以中世纪基督教神学的历史发展为主线的学术专著,既严整,又充实。而且,这也意味着阎国忠老师迎难而上,正式进入了基督教美学这个美学宝库。

无疑,阎国忠老师是在通过自己的研究提示我们:一直为西方学界漠视的中世纪基督教神学美学其实是美学的第二个渊源,如果只承认古希腊罗马美学的传统,忽视中世纪神学美学的影响,对西方美学史,乃至美学本身就不会有正确和全面的认识。这个断言,当时并没有引起多少人的注意,但是,今天来看,却已经为西方美学史的研究者们所普遍接受。

当然,阎国忠老师也深知其中的风险与艰辛,为了区别于当时国内的对于中世纪美学与基督教美学视而不见的所谓西方美学史,阎国忠老师称自己的美学史为"另一类西方美学史"。这是因为,在他看来:"整个西方美学史就是提出并确认存在一种超验之美,探讨如何通过审美超越,从经验之美升达到超验之美并与之融通起来,为人的自我实现和自我救赎,即人的自由提供一种可能。"①显而易见,不要说是在当时,即便是在现在,阎国忠老师的这样一个断言,可能也要激起不少西方美学专家的反弹。无疑,阎国忠老师就是在这个意义上,才称自己心目中的西方美学史为"另一类西方美学史"。不过,在我看来,这却不是"另一类西方美学史",而是就是西方美学史、真正的西方美学史。因为否则我们的西方美学史的研究就会落入"丧失了来自形而上的超验层面的支撑",或者是落入"批判陷入了肤浅的经验主义和功利主义"。②

人与世界之间,在三个维度上发生关系。首先,是"人与自然",这个维度,又可以被叫作第一进向,它涉及的是"我—它"关系。其次,是"人与社会",这个维度,也可以被称为第二进向,涉及的是"我—他"关系。同时,第一进向的人与自然的维度与第二进向的人与社会的维度,又共同组成了一般所说的现实维度与现实关怀。然而,美之为美却奠基于意义维度与终极关怀。这个维度,应该被称作第三进向,涉及的是"我—你"关系。组成人类的意义活动的,恰恰就是审美活动,当然还有宗教与哲学。它是"感性直观

---

① 阎国忠:《攀援集——经验之美与超验之美》,中国社会科学出版社2014年版,第483页。
② 阎国忠:《攀援集——经验之美与超验之美》,中国社会科学出版社2014年版,第483页。

的思",而后面的两者却是"超验表象的思""纯粹的思";审美活动是以形象去呈现绝对价值、终极价值,而宗教与哲学却是以信仰去坚守绝对价值、终极价值,或者是以概念去表征绝对价值、终极价值。

显然,相对于把美学与知识维系在一起,西方从中世纪美学、基督教美学开始的把美学与精神生活维系在一起,西方的中世纪美学、基督教美学以及由此开始发端的超验之美,因此而成为对于美学的超越维度与终极关怀的层面的回归。这是美学之为美学的真正开始。正如威廉·巴雷特在论及基督教的历史贡献的时候曾经说过的:"这个转变是有决定性的。"[1]西方美学的全新的现代维度,由此而徐徐展开。

这是一种精神的美学、灵魂的美学(所以阎国忠老师才处处强调西方美学与信仰、与爱、与自由的密切关系),按照黑格尔的说法,是"精神在艺术、宗教、哲学中的圆满完成"。也正是出于这个原因,"精神高于自然"(黑格尔),也就成为其中的一个基本的美学底线。正如黑格尔所说:"他们的眼光老是望着天上。"[2]由此,人的绝对尊严、绝对自由、绝对价值无比庄严地登上了美学舞台。

当然,于是就还要再一次地提到黑格尔的发现:"关于精神的知识是最具体的,因而也是最高的和最难的。"西方的美学历程也是这样,一旦真正触及了"最具体"的美学命脉,也就踏上了探求"最高的和最难的"美学真谛的道路。

遗憾的是,由于年龄的关系,阎国忠未能再鼓余勇,为我们写出一部完整的以"超验之美"的追问为核心的西方美学史。他说:"年纪大了,没有勇气面对几千年积累下来的庞大的历史资料。"不过,阎国忠老师也并没有停止探索的脚步,而是历经坎坷、披荆斩棘,在经过了长期的认真研究之后,为我们勾勒出了以超验之美为核心的西方美学史的逻辑框架。

其中,柏拉图无疑是西方美学的奠基者和开创者。他所谓的"美本身"

---

[1] 威廉·巴雷特:《非理性的人》,杨照明等译,商务印书馆1999年版,第95页。
[2] 黑格尔:《黑格尔早期神学著作》,贺麟译,上海人民出版社2012年版,31页。

就是指超验之美,由于超验之美是超越一切经验之上的,所以他认为通达超验之美之路只有爱和"回忆"。① 同时,美学学科的诞生,也与超验之美密切相关。恰是在审美超越性的意义上,鲍姆加登将美与诗理解为哲学问题,而且这在德国古典美学中形成了一种传统。还有康德,他将超验世界称为"物自体",并把它看作是构成美学的"绝对合目的性的主观性原则"的"超感性的机体",在他看来,审美活动就是一种与超验的即自由的根底相结合并为实现其过渡提供了可能的生命活动。谢林同样相信有一个超验世界的存在,并且相信这个超验世界的"初象之美"能够通过艺术的"映象之美"显现出来。迄至黑格尔,他尽管批评了康德以"理性的主观观念"的形式去调和超验世界与经验世界的对立,以主观合目的性去解释审美的超越性,但也同时肯定了谢林将超验世界与经验世界的统一理解为"理念"本身,将艺术看作是超验之美的显现。在黑格尔看来,"绝对理念"就是"绝对心灵",而"绝对心灵"就是"绝对的自我外化",哲学、宗教、艺术都属于"绝对心灵"的领域。艺术的目的是"绝对本身的感性表现",美则是"将理念化为符合现实的具体形象,而且与现实结合成为直接的妥帖的统一体"。② 最后,即便在当代,美学学科的发展也还是离不开超验之美。杜夫海纳、海德格尔、梅洛-庞蒂的存在主义对经验之美与超验之美做了第二次综合。

坦率说,为了学习美学,我学习过国内的许多西方美学史著作,这些著作各有特色,也各具成就,但是,也难免都有遗珠之憾。这就是对于西方美学的主脉——超验之美的漠视。例如美的神圣性问题,在西方,它本来是意味着与终极意义、根本意义密切相关的精神性的美、灵魂的美进入了美学研究的视野,而且,它完全来自西方的基督教文化,可是,我却经常看到,国内的不少西方美学研究者却偏偏把它比附为中国美学的"美大圣神",甚至把它泛化为无处不在的超越美。然而,超越之美与超验之美却是截然不同的。

---

① 阎国忠:《攀援集——经验之美与超验之美》,中国社会科学出版社2014年版,第484页。
② 阎国忠:《攀援集——经验之美与超验之美》,中国社会科学出版社2014年版,第484页。

以我个人的对于西方美学史的阅读与学习体会而言,在西方的超验之美的背后应运而生的,应该是一种把精神从肉体中剥离出来的与人之为人的绝对尊严、绝对权利、绝对责任建立起一种直接关系的全新的阐释世界与人生、阐释美学的模式。美固然无处不在,但是,美也不是万金油。就美之为美而言,它应该是生命的终极价值、根本价值、绝对价值的呈现。生命的终极价值、根本价值、绝对价值的呈现,这就是美的根本秘密,也是西方美学家们披荆斩棘艰难思索之后的恍然大悟。

当然,对于习惯了超越之美的中国人来说,对于作为超验之美的生命的终极价值、根本价值、绝对价值的呈现,可能会有些陌生。其实,借助中国人所熟知的马克思的话来说,它无非就是"假定人就是人,而人同世界的关系是一种人的关系,那么你就只能用爱来交换爱,只能用信任来交换信任,等等"。① 在这里,亟待去做的,是不再关注现实的价值标准,而去转而关注终极的世界之"本"、价值之"本"、人生之"本",作为依据的,也已经不是现实的道德与政治标准,而是终极的人之为人的绝对尊严、绝对权利、绝对责任。它面对的是在生活里没有而又必须有的至大、至深、至玄的人类生存的终极意义。这个终极意义,必须是具备普遍适用性的,即不仅必须适用于部分人,而且必须适用于所有人;也必须是具有普遍永恒性的,即不仅必须适用于此时此地彼时彼地,而且必须适用于所有时间所有地点;还必须是为所有人所"发现"而且也为所有人所坚信的。或者说,这个终极意义,就是以"人是目的""人是终极价值"来定义国家、社会与人生,也是以"人是目的""人是终极价值"来定义美、审美与艺术。

俄罗斯哲学家别尔嘉耶夫指出:"只有在人与上帝的关系上才能理解人。不能从比人低的东西出发去理解人,要理解人,只能从比人高的地方出发。"②这句话无疑有助于我们去深刻理解作为生命的终极价值、根本价值、绝对价值的呈现的超验之美。类似于对于纯粹的红、纯粹的白、纯粹的圆、

---

① 马克思:《马克思恩格斯全集》第42卷,人民出版社1979年版,112页。
② 别尔嘉耶夫:《论人的使命》,张百春译,学林出版社2000年版,第63—64页。

纯粹的方的关注。科学家告诉我们，其实大自然里是并没有纯粹的红、纯粹的白、纯粹的圆、纯粹的方的，只是因为人类渴望纯粹的红、纯粹的白、纯粹的圆、纯粹的方，所以才会转而以纯粹的红、纯粹的白、纯粹的圆、纯粹的方来衡量现实的一切。这当然是人类的虚拟，但也是人类的一种价值预设。其中存在着某种高于、多于具体事物的东西，而这"多于"和"高于"，就类似于人类的超验之美。人们可以从现实的红、现实的白、现实的圆、现实的方来考察问题，但是，也可以从纯粹的红、纯粹的白、纯粹的圆、纯粹的方来考察问题。无疑，一旦从后者出发来考察问题，就意味着必须转过身去考察问题。它考察的是：现实中形形色色、纷纭万状的现实的红、现实的白、现实的圆、现实的方，是接近于纯粹的红、纯粹的白、纯粹的圆、纯粹的方，还是远离纯粹的红、纯粹的白、纯粹的圆、纯粹的方。而这正是俄罗斯哲学家别尔嘉耶夫指出的"只有在人与上帝的关系上才能理解人"，它追求的是无限大，大到全人类都毫无例外地予以认可追求；也是最完美，完美到全人类都毫无例外地无限向往。也因此，它需要去做的，就仅仅是去见证人之为人的绝对尊严、绝对权利、绝对责任，仅仅是去见证人之为人的成为"人"而不是成为"某种人"，为此，它不惜去逆向观察，去从未来来看现在、从超越来看现实、从无限来看有限。于是，它先满足超需要，然后再满足需要；先实现超生命，然后再实现生命；而且，不再从"肉"的角度来评价自身，而是从"灵"的角度来评价自身；不再从自然世界的角度来评价自身，而是从精神世界的角度来评价自身。它孜孜以求于如何在生命的虚空里去不懈打捞"爱与美"的意义，孜孜以求于我是谁、我从哪里来、我到哪里去，以及"人类希望什么""人类将走向何处"之类的根本困惑，孜孜以求于在人之"所是""所以是"之外的"所应当是"以及在人类亟待证实的东西之外的人类亟待证明的东西。

总之，超验之美指向的是生存的终极困惑与终极目标，类似于存在论的"终极存在"、知识论的"终极解释"、意义论的"终极价值"。它是世间唯有人自身才去孜孜以求的问题。源于人类精神生活的根本需求，指向人类生存的根本问题。知道了这一点，也就知道了西方美学历程的根本走向。同时，也就知道了阎国忠老师倾尽毕生之力去不懈探索的良苦用心。

三

更值得注意的是,阎国忠老师的研究并没有止步于西方美学史。进而,他又在美学基本理论研究领域提出了自己的看法。

阎国忠老师指出:所谓西方美学史,其实就是被整合在一起的各种版本的美学原理。因此,他十分注意在西方美学家的思想之后"接着讲"自己对于美学基本问题的思考。而且,在他的美学思考中,还始终坚持从超验之美的角度出发。在他看来,将美学置于神学的语境中可能不是最为恰当的选择,但是,这却无疑要较之过去的被框定在自然哲学的框架里要更为合适。正像康德说的,美是不可分析的,美与人、与善、与知识相关,也与心境和习俗相关,更与信仰相关。在这个意义上,似乎应该说,美是一种过渡:一半在感性中,一半在理性中,即信仰中。由此,他积极探索,审慎构想,最终借助柏拉图和基督教神学的思想资源,发展而为自己的美学体系。这体系,可以称之为:信仰美学。

阎国忠老师指出:美学固然是感性之学,但是,在一定意义上,也是信仰之学。人必须超越自己,这是信仰之所以可能的前提。

可是,这一切究竟如何可能?

在这里,涉及的是对于宗教与宗教精神以及对于信仰本身的正确把握。

首先是宗教与宗教精神的区别。

涂尔干指出:"宗教是一种与既与众不同又不可冒犯的神圣事物有关的信仰与仪轨所组成的统一体系,这些信仰与仪轨将所有信奉它们的人结合在一个被称为'教会'的道德共同体之内。"[1]这就是说,宗教可以区分为信仰、仪式、信徒三个因素。其中,"仪式、信徒"两者,可以称之为"宗教组织";"信仰",则可以称之为"宗教精神"。前者是看得见的教会,后者是看不见的教会。前者,以宗教载体以及宗教风俗为主,后者,以基督教的思想文化体系为主;前者,意味着基督教文明,后者,意味着基督教文化。

---

[1] 涂尔干:《宗教生活的基本形式》,渠东等译,上海人民出版社2006年版,第54页。

对于"宗教组织"与"宗教精神"的区别无疑异常重要。众多的西方美学研究者都忽视了基督教美学的宝库,就是因为对于这两者的简单混同。因此,他们在拒绝基督教组织的同时,也就拒绝了其中的"表达了神圣事物本质的表象"①的信仰,"直接由心到心,由灵魂到灵魂,直接发生在人与上帝之间"的信仰。②

同时,信仰也并不唯独属于宗教。

人类是意义的动物,信仰,则是对于人类借以安身立命的终极意义的孜孜以求。卡西尔指出:人类"被一个共同的纽带结合在一起",这个"共同纽带"就是终极意义,也就是"信仰"。③ 它是人类的本体论诉求、形而上学本性,也是人类的终极性存在,借用蒂利希的看法:它是"人类精神生活的深层""人类精神生活所有机能的基础"。④ 至于人类的哲学、艺术与宗教等等,则"都被看作是同一主旋律的众多变奏"。可惜我们过去既误解了哲学、艺术,也误解了宗教,或者误以为信仰只隶属于宗教,⑤或者误以为信仰只隶属于哲学、艺术,其实,尽管在形式上存在理论的、感性的抑或天启的区别,但是,这三者的深层底蕴却都应该是信仰。

具体来看,宗教当然不是哲学,也当然不是艺术,但是,它却同样具备着人类的本体论诉求与形而上学本性。正如西方哲人保罗·蒂利希曾郑重提示的:宗教是文化的一个维度,而不仅是一个方面。这里的"宗教",其实就是指的宗教背后的"信仰"。这是因为,不是宗教缔造了人,而是人缔造了宗教。宗教的本质无疑也就是人的本质。因而人的超越本性应该也就是宗教的超越本性。而宗教对于人性中的神性的强调,则恰恰是对于人自身中超

---

① 普理查德:《原始宗教理论》,孙尚扬译,商务印书馆2001年版,第67页。
② 詹姆斯:《宗教经验种种》,尚新建译,华夏出版社2005年版,第17页。
③ 参见卡西尔:《人论》,甘阳译,上海译文出版社1985年版,第78页。
④ 蒂利希:《文化神学》,陈新权等译,工人出版社1988年版,第9页。
⑤ 哲学、艺术都是在宗教的基础上起步的。因此与信仰并非水火不容。歌德说:如果人不信仰哲学,那就信仰宗教吧,其实也是在提示我们去关注哲学、艺术背后的信仰。

出自然的部分亦即超越本性的部分的强调。这个部分,当然也就是人类的本体论诉求与形而上学本性。无疑,正是这个"本体论诉求与形而上学本性",使得宗教不但应该蕴含"仪式、信徒",而且还应该遥遥指向"信仰"。遗憾的是,对此,众多西方美学研究者却往往习焉不察。

因此,从表面看,宗教似乎只是对某种超自然力量的孜孜以求,但是,真正的宗教,却必须是对超自然力量背后的人类借以安身立命的终极价值的孜孜以求。这就是宗教的"本体论诉求与形而上学本性",宗教也因此而与人类的信仰息息相通。所以,黑格尔才会时时提示着宗教中的所谓"庙里的神",①可惜,自古到今,诸多的宗教偏偏都是有"庙"无"神",尽管也追求某种超自然力量,但是,在超自然力量的背后的人类借以安身立命的终极价值却相对淡漠甚至空空如也;当然,有的宗教却不然,不但有"庙",而且有"神"。在所追求的超自然力量的背后,还隐现着对于人类借以安身立命的终极价值的追求。它起源于对人的"有限性"之克服和超越的"领悟无限的主观才能","它使人感到有无限者的存在",②这也就是麦克斯·缪勒所揭示的宗教所蕴涵的信仰内涵——"领悟无限",或者斯特伦所揭示的"终极实体":"在宗教意义中,终极实体意味一个人所能认识到的、最富有理解性的源泉和必然性。它是人们所能认识到的最高价值,并构成人们赖以生活的支柱和动力。"③由此,人类的"何以来,何以在,何以归",人类的心有所安、命有所系、灵有所宁、魂有所归,都因此而得以解决。

由此,不难想到,基督教恰恰是一种不但有"庙"而且有"神"的宗教,一种能够透过对超自然力量背后的人类借以安身立命的终极意义的孜孜以求去实现人类的"本体论诉求与形而上学本性"的宗教。而基督教本身对于美学的重大启迪,也恰恰就在于其中"起拯救作用的,并不是宗教本身,而是宗

---

① 黑格尔:《逻辑学》上卷,杨一之译,商务印书馆1974年版,第2页。
② 麦克斯·缪勒:《宗教学导论》,陈观胜等译,上海人民出版社1989年版,第11页。
③ 斯特伦:《人与神:宗教生活的理解》,金泽等译,上海人民出版社1992年版,第3页。

教信仰所提倡推行的仁爱与正义",①也就是生命的终极价值、根本价值、绝对价值的美的呈现。

阎国忠老师说:所谓西方美学史,其实就是被整合在一起的各种版本的美学原理。显然,借助信仰思考而呈现出来的生命的终极价值、根本价值、绝对价值的美,就应该属于美学原理的核心所在。阎国忠老师还说,他十分注意在西方美学家的思想之后"接着讲"自己对于美学基本问题的思考。显然,在这里,亟待"接着讲"的,就正是对于借助信仰思考而呈现出来的生命的终极价值、根本价值、绝对价值的美的弘扬。

我还注意到,阎国忠老师把自己的关于美学基本理论的思考称作"信仰美学",而且,美、爱、自由和艺术这四个概念,是阎国忠老师的美学体系中的四个核心概念。而且,围绕这四个概念,阎国忠老师也已经逐渐建立起自己富有特色的美学思想体系。

具体来说,美和爱的关系是阎国忠老师从上世纪90年代以来就思考的一个问题,在他看来,这是任何一种有影响的美学必须面对的一个基本问题。他最早的一篇思考爱、自由与美的文章,是1995年发表的,题为《美·爱·自由(论纲)》(《学术论丛》1995年第5期),隔了十四年后,又于2009年发表了《爱的哲学与美的哲学》(《文艺研究》2009年第7期),继续推出他对于爱与美的思考。至于对于信仰的思考,"2004年,潘知常教授约我为《学术月刊》就审美活动与信仰问题写一篇笔谈,从此,开始介入信仰问题的讨论"。

在这当中,信仰问题当然最为重要。因为这是美学研究的一个全新的重要维度。阎国忠老师指出:我们的理论界、学术界、文化界很少讲信仰,其实,信仰是少不了的。人和动物的区别,说到底,就是人会反思,有实现自我的需要,也就是有信仰。而且,信仰对于个人是精神支柱,是一切行为的最终指向和根本动力;对于民族是精神的图腾,是民族之所以凝聚在一起,团结奋斗,兴旺繁荣的保证。没有信仰的人,也许是物质生活上的富豪,但必定是精神上的侏儒;没有信仰的民族,也许能够统领一个时代,但必定不会

---

① 博泰罗等:《上帝是谁》,万祖秋译,中国文学出版社1999年版,第161页。

有辉煌的未来。

因此,信仰本质上就是从此岸的、经验的世界向彼岸的、超验的世界的超越。当然,这完全是属于精神领域的事。那么,信仰意味着什么呢?首先,意味着在自己之外,在最高层面和终极意义上,为自己树立了一个敬畏、崇拜、向往的目标。其次,信仰意味着在存在或真、善、美面前,找到了自己应有的位置和意义。因为你意识到了你既不是一切,也不是中心,在你之外还有另一种你永远无法企及的伟大的存在。再次,信仰意味着你有了一种最高的需求,一种趋向真、善、美的动力。总之,信仰意味着你在现实的物质生活之外有了一种超越的精神生活,意味着你正在走出自我并踏上通往理想境界的途中。可惜的是,美学一经诞生便以科学自命,不再侈谈信仰。殊不知信仰是人类生命之维,即便是最纯粹的科学也不能完全排除信仰,何况美学这样与人类生命攸关的科学。

还值得关注的,是阎国忠老师对于自由、爱与美学的关系的思考。

按照我的理解,对于自由与爱的提倡,与对于信仰的理解直接相关。

信仰是人类对于自己的一种终极关怀。但是,一般而言,信仰又是孕育于宗教之中的。在西方,则是孕育于基督教之中。马克思说过:它是"人的自我异化的神圣形象",①"是还没有获得自身或已经再度丧失自身的人的自我意识和自我感觉","是人的本质在幻想中的实现",是"锁链上那些虚构的花朵。"② 显然,在基督教那里,价值关系是存在的,但却是被颠倒了的;自我意识也是存在的,但也是被颠倒了的。那么,如何把这个被颠倒了的"信仰"再颠倒过来了?这正是西方从康德开始所艰辛探索着的工作。其中的关键,恩格斯也早已指明:"经济的、政治的和其他的反映同人的眼睛中的反映完全一样,它们都通过聚光透镜,因而都表现为倒立的影像——头足倒置。只是缺少一个使它们在观念中又正过来的神经器官。"③西方的康德等美学

---

① 《马克思恩格斯选集》第1卷,人民出版社1995年版,第2页。
② 《马克思恩格斯选集》第1卷,人民出版社1995年版,第1页。
③ 《马克思恩格斯选集》第4卷,人民出版社1995年版,第699页。

家们所思考的,就是这个"神经器官",显然,阎国忠老师通过自由与爱所提供的,也是这个"神经器官"。

自由,是基督教给予人类社会的最大贡献。我过去多次说过,中世纪以后,全部的西方哲学,究其根本而言,无非也就是把从基督教的启示真理给予人类的感悟转换为哲学的非启示真理,转换为理性的思考。例如康德,他曾经自述自己的哲学所亟待思考的三大问题是:我能认识什么?我应做什么?我希望什么?众所周知,这也就是他的哲学的三大批判的主题。当然,倘若转换为基督教的语言,那也可以说,他所讨论的问题无非是:"上帝(自由)"是无法认识的(《纯粹理性批判》),但是必须去相信"上帝"(自由)的存在(《实践理性批判》),希望借助审美直观,让"上帝"(自由)直接呈现出来(《判断力批判》)。

当然,之所以如此,其中是有其深刻原因的。我们知道,基督教的最大转换,是个人与神之间的直接对应。其结果,因为每个人都是不再经过任何中介地与绝对、唯一的神照面,每个人都是首先与绝对、唯一的神相关,然后才与他人相关,每个人都是以自己与神之间的关系作为与他人之间关系的前提,于是,也就顺理成章地导致了人类自由意识的幡然觉醒。人类内在的神性,也就是无限性,第一次被挖掘出来。

由于在基督教中人与人的关系被人与神的关系所取代。人首先要直接对应的是神,至于与他人的对应,则必须要以与神的对应为前提,而人与神之间的直接对应,无疑应该是自由者与自由者之间的直接对应,因此人也就如同神一样,先天地禀赋了自由的能力。所以,人有(存在于)未来,而动物没有,动物无法存在于未来;人有(存在于)时间,而动物没有,动物无法存在于时间;人有(存在于)历史,动物也没有,动物无法存在于历史;人有(存在于)意识,动物也没有,动物无法存在于意识。人与神的直接对应使得人不再存在于自然本性,而是存在于超越本性,不再存在于有限,而是存在于无限,不再存在于过去,而是存在于未来。人永远高出于自己,永远是自己所不是而不是自己之所是。

当然,这里的人的存在,其实就是自由的存在。

由上述讨论出发,长期以来为我们所见惯不惊的西方思想家的关于人与世界的讨论也才能够令我们幡然醒悟。例如,关于"感觉到自身"与"思维到自身",其实,就现实关怀而言,"感觉到自身"无疑是指的是实是、什么、实然、知识的、实体属性、逻辑的确实、怎样活、经验的世界、有限目的、客观的正确,等等,都是指的现实关怀、形下维度,而"思维到自身"则无疑是指的应是、应如何、应然、价值的、价值属性、道德的确实、为何活、超验的世界、无限目的、主观的确信,等等。而康德之所以强调后者不属于知识领域,而属于信仰领域,之所以强调必须"假定有一位上帝"①,也突然让我们恍然大悟,原来,"使一个人成为幸福的人与使一个人成为善良的人并非一回事"。② 西方的思想家也都是在强调"作为本体看的人",强调"人就是创造的最后目的"③,强调要把人"提升到地球上一切其他有生命的存在物之上"④,强调要"赋予人作为一个人格的生存的存在以一绝对的价值"⑤。

　　至于爱,则当然就是自由的表征。借助中国人所熟知的马克思的话来说,它是"假定人就是人,而人同世界的关系是一种人的关系,那么你就只能用爱来交换爱,只能用信任来交换信任,等等"。⑥ 因此,所谓爱,无异于一种对于生命的终极价值、根本价值、绝对价值的坚守,所谓"和基督一起屈服,胜过和凯撒一起得胜"。英国小说家西雪尔·罗伯斯曾经为一句墓碑上的话而感动:"全世界的黑暗也不能使一支小蜡烛失去光辉。"爱,就是永远也不会"失去光辉"的在"全世界的黑暗"中的"一支小蜡烛"。

　　西方哲学家丹尼尔·贝尔说:"每个社会都设法建立一个意义系统,人们通过它们来显示自己与世界的联系。"⑦美学也"需要设法建立一个意义系

---

① 康德:《判断力批判》下卷,韦卓民译,商务印书馆1993年版,第119页。
② 康德:《道德形而上学原理》,苗力田译,上海人民出版社2002年版,第62页。
③ 康德《判断力批判》下卷,韦卓民译,商务印书馆1993年版,第100页。
④ 康德:《实用人类学》,邓晓芒译,重庆出版社1987年版,第2页。
⑤ 康德:《判断力批判》上卷,宗白华译,商务印书馆1985年版,第45页。
⑥ 《马克思恩格斯全集》第42卷,人民出版社1979年版,第112页。
⑦ 丹尼尔·贝尔:《资本主义文化矛盾》,赵一凡等译,三联书店1989年版,第197页。

统",当然,这也就是阎国忠老师的全部努力的深刻用心之所在。

四

还回到本文开头所提出的那个"胡塞尔问题":我如何才能成为一个有价值的哲学家?

也是在本文的开头,我说:在拜读阎国忠老师的美学论集《攀援集》的时候,我认为,他的毕生努力其实也都是围绕着这样一个他对自己提出的类似的问题:我如何才能成为一个有价值的美学家?

是的,要回答这个问题,实在并不容易。

时间已经非常久远,还是在上个世纪的80年代之初,我在郑州大学毕业留校之后,曾经向学校提出考研的要求,但是被拒绝了,换来的补偿是,我可以去北京大学进修学习,时间多长,由我自己决定。于是,1983年寒假后,我就去了北京大学哲学系,随美学研究生班(其中有张法、刘小枫等),开始了将近两年的刻苦学习。记得当时一起进修学习的,还有王旭晓、章启群、王鲁湘等十几位来自不同高校的年轻教师。那是一个意气风发的时代,也是一个非常年轻的时代。阎国忠老师当时也才四十七岁,比现在的我还要年轻许多。当时,因为学习西方美学史的课程,我跟阎国忠老师多有接触。而且,到现在我也必须要说,我在西方美学史方面的学习,就是从跟随阎国忠老师的学习开始的。当然,也就从那时开始,阎国忠老师严谨求实、不慕虚名的学风,就给我以深刻影响。而且,或许也就是出于这个原因,这次细读阎国忠老师的《攀援集》的时候,看到阎国忠老师讲的他的老师朱光潜先生做学问的时候无时无刻不以"忠"和"公"作为道德尺度,忠于学术,公于学术,因为要忠,所以怀有"宗教家的精神","死心塌地爱护自己的职守,坚持到底,以底于成"。我就觉得,这也是阎国忠老师身上最感人的地方。而当我看到阎国忠老师讲的他的老师朱光潜先生曾经一个人抱病去北大图书馆查找资料,出门时由于气力不支坐在台阶上,被一个学生发现后扶回家中,我也觉得,这何尝又不是阎国忠老师的美学一生的象征。我还看到,阎国忠老师讲:如果说宗白华先生的美学是"散步",那么我的美学就像是攀援。散步是一种休闲,一种享受;攀援则是一种拼搏,一种奋斗。我也觉得,这确实就是这么多年来我所了解的阎国忠先生,一个以拼搏为乐、以奋斗为乐的令人尊敬的美学前辈。

台湾某汽水有一句广告词:"生命就应该浪费在美好的事物上。"我相信,这也一定是阎国忠老师的心声。

当然,岁月给我留下的更多的记忆,是后来的阎国忠老师对我的美学研究工作的关心与批评。从上个世纪的 80 年代开始,我提出了自己的关于生命美学的设想,以我当时二十多岁的年龄,无疑决然想象不到这会给我日后的学术生涯带来什么。探索者的艰难,是我在后来的经历中才逐渐咀嚼到的。可是,早在 1995 年,阎国忠老师就在《走出古典——当代中国美学论争述评》中给了生命美学以与实践美学等其他美学主张同等的地位。只要联想到那个时候的我还只是一个不满四十岁的年轻人,就会知道,阎国忠老师的这一评价是何等不易。继之,在 1997 年第 1 期的《文艺研究》上,阎国忠老师又发表了《关于审美活动——评实践美学与生命美学的论争》,再后来,在 2001 年第 6 期的《郑州大学学报》,阎国忠老师又发表了《何谓美学——100 年来中国学者的追问》,不久,他又把这篇文章扩展成了一本专著:《美学建构中的尝试与问题》,把生命美学与其他六种美学模式并列,作为 20 世纪中国美学探索的主要成就。可是,这对于一个当时仅仅四十多岁的年轻学人来说,该是何等的诚惶诚恐?!无疑,阎国忠老师的鼓励对于我的鞭策是十分重要的。当然,阎国忠老师对生命美学也多有商榷,这些商榷,也早就化作了我在推进、完善生命美学时的动力。

不过,也有歉疚之事。记得是在本世纪初年的时候,阎国忠老师约我写一本《二十世纪中国文艺美学史》,这是他主编的丛书中的一本,我一开始热情很高,不但积极准备,而且还去北京开了一次筹备会。而且,趁开会之便,又去阎国忠老师家里拜访了一次。可是,后来越写越觉得自己并不适合,可能自己也毕竟年轻,竟然没有想到中途撒手会给阎国忠老师带来的被动,竟然就率意而为,直接给阎国忠老师去信,推掉了这个任务。我猜,我的率意一定给阎国忠老师带来了不小的麻烦,可是,我后来惊奇地发现,阎国忠老师竟然丝毫不以为忤,还是照常与我联系、交流,还约我去他后来任职的浙江台州学院开会。阎国忠老师的宽容与大度,让我始终难忘。

这次的阅读阎国忠老师的《攀援集》,给我的感受也是这样。

众所周知,而今的学术风向早已斗转星移。"著书都为稻粱谋",类似阎国忠老师这样的著名学者,往往是走去申请重大项目,然后交给其他人去做的路子,自己主要只负责申报项目和申报奖项,剩下的,就是去指导具体完成项目的年轻学人如何去写作。我要声明,我丝毫没有贬低这样一种学术生产模式的意思,凡是存在的,都是合理的。时代使之然,自然也没有必要苛求于任何一个学人。不过,我也认为,一个学人也可以通过与这样一种学术风气保持距离的方式,来表明自己的态度。而且,这很重要!因为实在没有办法设想,康德与黑格尔怎么去组合一个学术团队,更无法设想,黑格尔的《哲学史讲演录》《美学》《历史哲学》《宗教哲学讲演录》竟然是他指导不同学术团队合力完成的成果。在人文科学,其实谁都知道,倘若如此,那只是笑柄而已。也因此,无论别人如何选择,我这十五年来是始终固执坚持不去申报诸如重大项目之类的项目的。当然,这会因此而影响诸多的"福利",那也只能如此了。无疑,就是出于这个原因,我很推崇阎国忠老师的研究工作。尤其是年过花甲之后,身居北京大学,又具学术盛名,却竟然能够如此孜孜以求,自己思考,自力更生,一个字一个字,都是自己去写,哪怕年过八十,也还是自己亲笔去写学术论文——为心中的困惑而写,为学术而写,而不是为评奖而写,更不是为完成项目而写。我认为,这才是一个美学家身上的最最可贵的东西,也才是阎国忠老师留给我们的一瓣心香。

也因此,我要说,阎国忠老师已经以其毕生之力,让自己真正成为了一个有价值的美学家!

这,就是我在阅读阎国忠老师《攀援集》之后想说的第一句话,也是我在完成这篇读书心得后想说的最后一句话。

(原载徐辉等编《攀援:美学高原前的足迹》,文化艺术出版社2018年版)

附录十一　本书主要参考文献

《老子注译及评介》,陈鼓应著,中华书局1984年版
《庄子集释》,郭庆藩辑,中华书局1982年版
《五灯会元》,普济著,中华书局1984年版
《文心雕龙注》,刘勰著,范文澜注,人民文学出版社1958年版
《沧浪诗话校释》,严羽著,郭绍虞校释,人民文学出版社1983年版
《姜斋诗话笺注》,王夫之著,戴鸿森笺注,人民文学出版社1981年版
《船山古近体诗评选三种》,王夫之著,船山学社1917年版
《原诗》,叶燮著,霍松林校注,人民文学出版社1979年版
《苦瓜和尚画语录》,石涛著,《知不足斋丛书》
《中国美学史资料选编》(上下册),北京大学哲学系美学教研室编,中华书局1982年版
《历代论画名著汇编》,沈子丞编,文物出版社1982年版
《王国维文学美学论著集》,周锡山编校,北岳文艺出版社1987年版
《美学散步》,宗白华著,上海人民出版社1981年版
《管锥编》,钱锺书著,中华书局1979年版
《谈艺录》,钱锺书著,中华书局1984年版
《美学论集》,李泽厚著,上海文艺出版社1980年版
《美学四讲》,李泽厚著,三联书店1989年版
《美学新论》,蒋孔阳著,人民文学出版社1993年版
《1844年经济学—哲学手稿》,马克思著,刘丕坤译,人民出版社1979年版
《判断力批判》上卷,康德著,宗白华译,商务印书馆1985年版
《判断力批判》下卷,康德著,韦卓民译,商务印书馆1993年版
《美学》(1—3卷),黑格尔著,朱光潜译,商务印书馆1979—1981年版
《作为意志和表象的世界》,叔本华著,石冲白译,商务印书馆1982年版

《悲剧的诞生》,尼采著,周国平译,三联书店1986年版

《精神分析引论》,弗洛伊德著,高觉敷译,商务印书馆1986年版

《存在与时间》,海德格尔著,陈嘉映等译,三联书店1987年版

《人论》,卡西尔著,甘阳译,上海译文出版社1985年版

《美学与哲学》,杜夫海纳著,孙非译,中国社会科学出版社1985年版

《真理与方法》,伽达默尔著,王才勇译,辽宁人民出版社1987年版

《艺术》,克莱夫·贝尔著,周金环等译,中国文联出版公司1986年版

《美学新解》,布洛克著,滕守尧译,辽宁人民出版社1987年版

《论艺术的精神》,康定斯基著,查立译,中国社会科学出版社1987年版

《抽象与移情》,W.沃林格著,王才勇译,辽宁人民出版社1987年版

《艺术心理学》,列·谢·维戈茨基著,周新译,上海文艺出版社1985年版

《当代美学》,M.李普曼编,邓鹏译,光明日报出版社1986年版

《西方美学家论美和美感》,北京大学哲学系美学教研室编,商务印书馆1980年版

《西方的没落》,斯宾格勒著,陈晓林译,黑龙江教育出版社1988年版

《后现代主义与文化理论》,杰姆逊著,唐小兵译,陕西师范大学出版社1986年版

《非理性的人》,白瑞德著,彭镜禧译,黑龙江教育出版社1988年版

潘知常生命美学系列

- ◆《美的冲突——中华民族三百年来的美学追求》
- ◆《众妙之门——中国美感心态的深层结构》
- ◆《生命美学》
- ◆《反美学——在阐释中理解当代审美文化》
- ◆《美学导论——审美活动的本体论内涵及其现代阐释》
- ◆《美学的边缘——在阐释中理解当代审美观念》
- ◆《美学课》
- ◆《潘知常美学随笔》

Life Aesthetics Series